HT66Fxx Flash 单片机原理与实践

钟启仁　编著

北京航空航天大学出版社

内容简介

本书主要针对盛群半导体最新研发的 HT66Fxx Flash 单片机的特性、功能、指令及相关的外围模块，编辑了一系列的基本实验，并详细介绍了 HT66Fx0 的内部架构、基本功能特性、指令等。

本书由浅入深介绍单片机的原理并结合应用范例，既适合单片机的初学者自学，也可供在校大学生与技术人员开发单片机相关应用产品时参考。

图书在版编目(CIP)数据

HT66Fxx Flash 单片机原理与实践 / 钟启仁编著. --北京：北京航空航天大学出版社，2011.1
ISBN 978-7-5124-0316-1

Ⅰ.①H… Ⅱ.①钟… Ⅲ.①单片微型计算机 Ⅳ.①TP368.1

中国版本图书馆 CIP 数据核字(2011)第 004040 号

版权所有，侵权必究。

HT66Fxx Flash 单片机原理与实践
钟启仁 编著
责任编辑 卫晓娜 张 楠

*

北京航空航天大学出版社出版发行
北京市海淀区学院路 37 号(邮编 100191)　http://www.buaapress.com.cn
发行部电话：(010)82317024　传真：(010)82328026
读者信箱：emsbook@gmail.com　邮购电话：(010)82316936
涿州市新华印刷有限公司印装　各地书店经销

*

开本：787×1092　1/16　印张：32.75　字数：838 千字
2011 年 1 月第 1 版　2011 年 1 月第 1 次印刷　印数：4 000 册
ISBN 978-7-5124-0316-1　定价：69.00 元(含光盘 1 张)

推荐序

随着经济能力逐渐增加，人们逐渐重视提高生活质量，生活上希望能有各种电子产品代劳，使生活过得更舒适、更悠闲。因此各式各样的产品推陈出新，小家电产品、白色家电、个人医疗检测产品、影音设备、居家安防监控、汽车电子等，不胜枚举。为满足轻薄短小的各种需求，因此电子产品在功能、性能、操作、安全性等各方面变化多端、种类繁多。这些电子产品的控制核心即单片机就能满足上述的需求。最近 20 年来半导体制程技术突飞猛进，使得单片机价格不断下降，集成度更高，特性更佳及质量更稳定。随着半导体技术的发展，许多外加零件可以与单片机集成在一起，单片机也更加多元化，功能与性能不断提升，价格也不断下降，造就更大需求，使得单片机的应用更加普及。单片机应用领域广泛，需要更多应用开发的人才，前景十分亮丽。

单片机是最基本的硬件结构，必须有软件(程序代码)配合，才能控制电子产品的动作。本书作者明新科技大学钟启仁教授，在单片机理论与实践方面有很丰富的经验，研究论文及成果相当丰硕；同时指导学生参加许多单片机创意竞赛，历届成绩都名列前茅。钟教授有很高的教学热忱，同时也出版过单片机方面的书籍，此次以盛群半导体(Holtek)新推出的 New Flash 单片机为主体，相当系统地从基本硬件结构解说，至软件编写以及操控，内容详尽清楚。钟教授多年来采用盛群半导体研发的单片机做研究，因此对盛群半导体的单片机相当熟悉，能够深入浅出地介绍。此书同时有应用范例，可以让读者将理论与实际结合在一起。初学者可以循序阅读本书，已有经验的读者可以依据个人基础，跳过一些基本章节。

盛群半导体是单片机的领导厂商，开发种类繁多的单片机，客户群涵盖世界知名厂商。盛群半导体在 OTP 单片机占有一席之地，目前更推出不同系列的 New Flash 单片机，功能、性能更加优异。钟教授具有多年教学以及实践经验，而且非常熟悉盛群半导体单片机的结构及特点，所以此书不仅介绍 New Flash 单片机的硬件结构及软件编写，对于 New Flash 单片机独特的功能项目更有详尽说明，此类独特功能在应用上会更有效率，读者可以深入研究这些功能。此书系统地引导初学者循序渐进，由浅入深；阅读流畅，内容丰富。读者阅读完此书，在单片机理论与实践能力方面，必然会有很好的收获。

个人认为此书是非常优良的单片机书籍，特别推荐给对单片机应用有兴趣的读者，希望通过钟教授的引领，能增强读者对单片机的应用能力，同时结合盛群半导体的单片机和开发工具，使中国台湾的单片机研发环境更加坚实，提升产业竞争力。

盛群半导体

执行副总　张　治　谨识

前言

单片机(Microcontroller Unit,MCU)历经 4 位、8 位、16 位及 32 位等开发过程,被广泛地应用于各种生活领域,只要与操作界面有关的应用,都能发现它的踪迹。在国外,单片机的使用数量甚至成为评估收入与经济状况的指标之一。据 Databeans 调查报告指出,因自动化与多功能要求设计渐成趋势,单片机市场 2007~2012 年复合成长率(Compound Annual Growth Rate,CAGR)达 8%,其中消费性电子、工业自动化、汽车电子与医疗电子,将会是市场成长的主要领域。

长久以来,盛群半导体公司(Holtek Semiconductor Inc.)鉴于 IC 市场竞争越来越激烈,从消费性电子设计公司成功转型为专业单片机设计,专注于通用型与嵌入式单片机开发。除了消费性、计算机外围、通信领域的嵌入式单片机外,也提供 I/O、LCD、A/D、RF 及 A/D LCD 等通用型单片机。盛群半导体公司的定位是以单片机为核心技术的 IC 设计公司,不同于中国台湾其他单片机制造商,该公司的营销网络遍及全球,涵盖欧洲、北美、中南美洲等地,其产品线广泛,不仅消费性产品用的单片机在德国获得飞利浦家电的采用,更是中国台湾最早推出符合工业标准规格单片机的设计公司。中国大陆市场也于近年展开,成立了盛扬半导体公司,在 I/O、LCD 控制芯片以及 Phone Controller 市场均有所斩获。最值得一提是该公司自行开发的设计工具,操作容易而且效能绝佳,并且具备价格竞争优势,被欧美客户广泛采用。此外,该公司也与业界合作开发,除提供汇编语言外,也有 C 语言编译器,算是中国台湾提供 IC 开发工具上最为齐备的半导体厂商。

盛群半导体公司除提供 8 位的 OTP 与 Mask 型的单片机外,近年来更积极致力于可重复读写的 E^2PROM 单片机开发,在技术层次上将足以赶上国外厂商。HT66Fx0 系列为盛群半导体公司所研发设计的"Enhanced A/D Flash Type MCU with E^2PROM",被广泛地应用于工业产品、家用电器、玩具等。由于它的可靠度高、故障率低、成本低廉、开发工具齐备,在单片机的市场上早已占有一席之地。

本书主要针对 HT66x0 系列单片机的特性、功能、指令及相关的外围模块,编辑了一系列的基本实验,如 HT66Fx0 的内部架构、基本功能特性、指令的应用都有详细的说明介绍。本书共分为 5 章,各章的内容如下:

第 1 章 **HT66Fx0 系列单片机简介**:本章除了说明单片机特点之外,也介绍盛群半导体公司的 HT66Fx0 家族成员的特性;并针对单片机的未来发展趋势,提出笔者个人的一些浅见。

第 2 章 HT66Fx0 系列系统架构：本章以循序渐进的方式，针对 HT66Fx0 的内部硬件架构（包含内存架构、I/O 特性以及看门狗定时器、Timer Module、中断、SPI/I²C 传输接口、A/D 转换接口、LVD、LCD 接口等）做一番详尽的介绍。建议读者在阅读本章时，能与第 4 章的基础实验相互搭配，如此方能增加对 HT66Fx0 单片机内部相关寄存器的印象，以免只是纸上谈兵而失去学习的效果与兴趣。

第 3 章 HT66xx 系列指令集与开发工具：本章除了说明 HT66Fx0 系列的指令之外，也将程序的编译流程与宏的写法加以介绍。另外，所谓"工欲善其事，必先利其器"，盛群半导体公司提供了相当完善的开发工具，如 HT-ICE 以及完整的集成开发环境（HT-IDE3000）等，HT-IDE3000 中的软硬件仿真功能（Virtual Peripheral Manager，VPM）更能让使用者在未接硬件电路（或没有 ICE）的情况下，先行验证程序的功能，本章有详细的操作解说。

第 4 章 基础实验篇：本章介绍几个基础实验，如跑马灯、LED、扫描式键盘、步进电机控制、Timer Module 与 WDT 应用、外部中断、A/D、PWM、HALT Mode、SLOW Mode、SPI/I²C 接口等。希望通过这些基础实验，让读者对 HT66Fx0 的控制以及其内部各个单元，都能有初步的了解与认识。

第 5 章 进阶实验篇：本章介绍几个较深入的实验，如 PWM 直流电机控制、点矩阵控制、LCD 接口应用、LCM 控制、矩阵式与半矩阵式按键输入装置、Timer Module "单脉冲输出"与"捕捉输入"模式、I²C Master-Slave 数据传输、MicorWire-Bus 与 I²C-Bus E²PROM 读写控制等。相信通过这些实验，必定能够让读者对于单片机的运用能有更深一层的了解。

本书所有的例题程序及硬件电路，都经过实际的测试无误。读者可以直接编译之后烧录或是以 ICE 模拟，验证其正确性。由于所有实验都经过精心的安排与实际测试，每一个实验都有不同程度的学习。读者需注意的是：虽然汇编语言不及 VB 或 VC 等高级语言来得人性化，但是在许多应用的场合，为了整体系统的效率（如 RAM、ROM 的需求，CPU 的执行速度等），不得不使用汇编语言来编写程序，所以鼓励读者要多写程序、多除错，如此方能累积自己编写程序的经验。笔者经常告诉学生的座右铭是："**程序一次写对，未必是好事；唯有从错误中学习，才是真正个人的经验累积**。"只要耐心研读，相信假以时日您也可以成为单片机应用的佼佼者。书中的实验内容与顺序都经过刻意的安排。读者会发现越到后面的实验，大部分只是把之前使用的子程序加以重新组合而已，因此特别将几个常用的子程序列于附录中供读者参考，以便在需要之时可以快速查阅。

随书的光盘中，除了各个实验的原始程序（Source Code）之外，同时将实验中所使用的相关 IC 数据也收录于光盘中，虽然是原文的内容，但却是 IC 制造厂商所提供最完整的数据。想要淋漓尽致地发挥 IC 的特性及功能，仔细阅读原厂的数据手册是不可缺少的必经过程。希望读者能够耐心地研读，相信这对产品的设计、开发一定有所帮助。另外，由盛群半导体公司所提供的开发环境——HT-IDE3000V7 也一并收入于光盘中，不过在此还是鼓励读者多上网（www.holtek.com）下载最新的程序版本，同时也可取得产品的最新信息。

在编写本书的期间，双亲的骤逝使笔者历经人生最落寞、低潮的阶段，感谢所有的家人、尤其是内人，在这段期间给予的包容、支持与鼓励，也通过本书的出版再度表达对父、母亲的追思与怀念。

最后，衷心感谢盛群半导体公司给予写作本书的机会，尤其是产品二处处长王明坤先生、技术企划部经理林俊谷先生、市场企划部副理林景仁先生、产品推广部王国会经理以及应用验证部余文华先生在写作上提供的种种协助；另外，还有许多在校稿过程提供宝贵意见与解答疑问的幕后英雄，笔者在此一并表达感激之意，没有您们的协助，就没有本书的顺利出版。

期望在这么多幕后英雄的默默付出中完成的本书，能带领读者一窥单片机的奇妙世界，也企盼读者能不吝于对本书的批评及指正。

钟启仁　于风岗

目 录

第1章 HT66Fx0 系列单片机简介 ... 1
1.1 单片机介绍及其未来趋势 ... 2
1.2 HT66Fx0 单片机的特点介绍 ... 7
1.3 HT66Fx0 家族介绍 ... 11
1.4 HT66Fx0 硬件引脚功能描述 ... 23

第2章 HT66Fx0 家族系统结构 ... 33
2.1 HT66Fx0 系列内部结构 ... 34
2.2 程序存储器(Flash Program Memory) ... 35
2.3 数据存储器(Data Memory)结构 ... 38
2.4 中断(Interrupt)机制与外部中断 ... 55
2.5 定时器模块(TM) ... 62
2.6 输入/输出(Input/Output)控制单元 ... 119
2.7 比较器(Comparator) ... 128
2.8 串行接口模块(SIM) ... 131
2.9 模拟/数字转换接口(ADC) ... 144
2.10 LCD 界面(SCOM Module) ... 151
2.11 振荡器配置(Oscillator) ... 152
2.12 看门狗定时器(WDT) ... 155
2.13 时基定时器 ... 157
2.14 复位(Reset)与系统初始化 ... 158
2.15 省电模式与唤醒 ... 165
2.16 低电压复位(LVR) ... 167
2.17 低电压侦测模块(LVD) ... 169
2.18 工作模式与快速唤醒 ... 170
2.19 配置选项设定 ... 177
2.20 实验导读指引 ... 178

目 录

第 3 章　HT66Fx0 指令集与开发工具 ………………………………………… 181
3.1　HT66Fx0 指令集与寻址方式 ………………………………………………… 182
3.2　汇编程序 ……………………………………………………………………… 204
3.3　程序的编译 …………………………………………………………………… 210
3.4　HT-IDE3000 使用方式与操作 ………………………………………………… 211
3.5　VPM 使用方式与操作 ………………………………………………………… 230
3.6　e-Writer 烧录器操作说明 …………………………………………………… 236

第 4 章　基础实验篇 ……………………………………………………………… 248
4.0　本书实验相关事项提醒 ……………………………………………………… 249
4.1　LED 跑马灯实验 ……………………………………………………………… 252
4.2　LED 霹雳灯查表实验 ………………………………………………………… 256
4.3　单颗七段数码管控制实验 …………………………………………………… 260
4.4　指拨开关与七段数码管控制实验 …………………………………………… 264
4.5　按键控制实验 ………………………………………………………………… 266
4.6　步进电机控制实验 …………………………………………………………… 270
4.7　4×4 键盘控制实验 …………………………………………………………… 279
4.8　喇叭发声控制实验 …………………………………………………………… 283
4.9　CTM Timer/Counter 模式控制实验 ………………………………………… 290
4.10　STM 中断控制与比较匹配输出实验 ……………………………………… 294
4.11　模拟/数字转换（ADC）接口控制实验 …………………………………… 302
4.12　外部中断控制实验 ………………………………………………………… 306
4.13　ETM 单元 PWM 输出控制实验 …………………………………………… 312
4.14　模拟比较器模块与其中断控制实验 ……………………………………… 317
4.15　WDT 控制实验 ……………………………………………………………… 321
4.16　省电模式实验 ……………………………………………………………… 326
4.17　I^2C 串行接口控制实验 …………………………………………………… 333
4.18　SPI 串行接口控制实验 …………………………………………………… 345
4.19　f_{SYS} 切换与 SLOW Mode 实验 ………………………………………… 351
4.20　I^2C 接口唤醒功能实验 …………………………………………………… 354

第 5 章　进阶实验篇 ……………………………………………………………… 361
5.1　直流电机控制实验 …………………………………………………………… 362
5.2　马表－多颗七段显示器控制实验 …………………………………………… 368
5.3　静态点矩阵 LED 控制实验 ………………………………………………… 372
5.4　动态点矩阵 LED 控制实验 ………………………………………………… 377
5.5　LCD 界面实验 ………………………………………………………………… 383
5.6　LCM 字型显示实验 …………………………………………………………… 393

5.7　LCM 自建字型实验 ……………………………………………………… 409
5.8　LCM 与 4×4 键盘控制实验 …………………………………………… 412
5.9　LCM 的 DD/CG RAM 读取控制实验 ………………………………… 414
5.10　LCM 的 4 位控制模式实验 …………………………………………… 419
5.11　比大小游戏实验 ………………………………………………………… 426
5.12　STM 单元脉冲测量与 LCM 控制实验 ………………………………… 430
5.13　ETM"单脉冲输出"模式与脉冲测量实验 ……………………………… 438
5.14　中文显示型 LCM 控制实验 …………………………………………… 444
5.15　半矩阵式键盘与 LCM 控制实验 ……………………………………… 447
5.16　HT66F50 内建 E^2PROM 内存读写实验 ……………………………… 453
5.17　I^2C 接口 E^2PROM 读写控制实验 ……………………………………… 460
5.18　MicroWire-BUS 接口 E^2PROM 读写控制实验 ………………………… 480

附　录 …………………………………………………………………………… 496

A．HT66Fx0 指令速查表 …………………………………………………… 497
B．HT66Fx0 系列程序内存映像图 ………………………………………… 500
C．HT66Fx0 系列特殊功能寄存器配置 …………………………………… 500
D．HT66Fx0 的频率来源结构与操作模式 ………………………………… 504
E．HT66x0 计时相关单元架构 ……………………………………………… 505
F．HT66F40/50 中断机制 …………………………………………………… 507
G．LCM 指令速查表 ………………………………………………………… 508
H．常用图表页码速查表 …………………………………………………… 509

第 1 章

HT66Fx0 系列单片机简介

本章除了说明单片机的特点及目前发展趋势之外,也将针对盛群半导体公司所设计、生产的 A/D Flash Type with E^{2}PROM 单片机——HT66Fx0 家族成员的特性、引脚功能进行描述与介绍,对应用时所需的复位电路、振荡器连接方式也有详细的说明。本章的内容包括:

1.1　单片机介绍及其未来趋势　　　1.3　HT66Fx0 家族介绍
1.2　HT66Fx0 单片机的特点介绍　　1.4　HT66Fx0 硬件引脚功能描述

第 1 章 HT66Fx0 系列单片机简介

1.1 单片机介绍及其未来趋势

单片机（Microcontroller Unit，MCU）是半导体市场最重要的元件，其在日常生活中的应用极为广泛，各种家电几乎都可以看见它的踪迹，如音响、电话、洗衣机、遥控器、咖啡炉、电风扇、冷气机等。随着电子科技的应用领域由家用电器延伸至手持消费设备，单片机的应用也由家用电器领域扩展至手持式消费设备（如数字摄影机、数字相机、MP3 等）、掌上型设备（如掌上型游戏机、电子宠物等）以及手持通信设备（包括手机、GPS、PDA、智能手机与股市传讯设置）。同时，汽车领域也逐渐导入更多的电子功能设计，汽车电子应用领域中使用到单片机的场合相当多，如安全气囊、智能安全带、胎压监测（Tire Pressure Monitoring，TPM）、车载娱乐系统、引擎控制、刹车防抱死系统、车载网络系统、监控设备与车用导航系统等，一辆汽车所需使用到的单片机数目多达数十个甚至上百个，这将会是未来极具潜力的市场之一。

图 1.1.1 是根据世界半导体贸易统计组织（WSTS）在 2007 年所做的整体单片机市场统计与预测，虽然单片机的平均单价（ASP）逐年下滑，但是数量与营业额还是处于稳定成长的阶段。不管是车用或是 3C 的产品，甚至医疗、健身器材等，单片机的应用领域随着单价的降低将持续扩大。

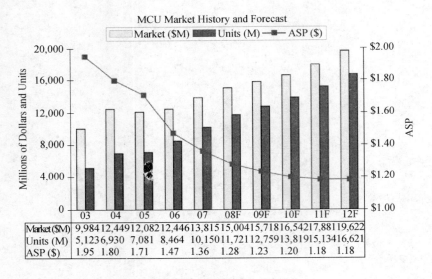

资料来源：WSTS，IC Insights

图 1.1.1 整体单片机市场趋势

单片机（MCU）与微处理器（Microprocessor Unit，MPU）最基本的差别是单片机内含 ROM 或 Flash 存储器，并可编程设计、储存使用者赋予的指令。由于越来越多的微处理器被应用在控制领域，因此单片机与微处理器已经越来越难以界定。仅能大致定义 MPU 强调运算效能，而 MCU 则着重于控制功能以及外围设备的集成。单片机追求的是"短小精悍、五脏俱全"，因此在小小一颗封装中就完整具备了处理器、内存、外围 I/O 等功能，所以初期才会被人称为"单芯片（Single Chip）"，意指过去同样的电路系统需依赖多颗芯片的搭配、组合才能实现。除了内含 ROM 或 Flash 存储器的基本配备之外，近些年来单片机制造厂商更是将一些常用的外围元件,如 A/D、D/A、Timer、PWM、串行传输口等,集成到单片机芯片内部,促使单片机的应用更加广泛。在集成趋势发展之下,单片机核心集成多项功能以及提高存储器(RAM、ROM)容量已经成为客户的基本需求,内置 Flash 存储器已成为产品的主流。另外,将多媒体外围集成于单片机也是一个开发趋势,应用上包括数字相机、PDA、打印机、影像处理设备与高速存取设备等。而单片机搭配上 DSP(Digital Signal Processor)强化处理器运算效能,也是另一种技术导向。

由上述所提及的若干应用领域,相信读者已能轻易体会单片机的无所不在,正因为其无所不在,所以其需求量才相当可观,单就最普遍的 8 位 8051 架构的单片机来说,全球一年的出货需求就高达 33 亿颗,这还不包含其他仍在强劲成长的 16 位、32 位或非 8051 架构的 8 位单片机(请参考图 1.1.2)。单片机整体出货量相当庞大,根据 In-Stat 统计,2007 年 MCU 的产值已达 138 亿美元,2006~2010 年的年复合成长率(CAGR)约 4.2%,其屡屡创下超过预期的成长表现,显示市场需求不断被开发。正由于市场广阔,使得单片机不易像其他通用型处理芯片(如 CPU、GPU)般的形成独占、垄断的局面,研制单片机芯片的业者只要能贴近、切中某一产业或某一特定应用的控制需求,就能在市场上争得一席之地。

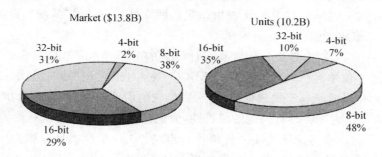

图 1.1.2　2007 年 4、8、16 与 32 位单片机市场分布

自 1971 年 Intel 推出编号为 4004 的微处理器开始,4 位单片机就已经存在,至今仍有许多应用是采用 4 位单片机,如电子计算器、电子数字表、电子玩具、LCD 控制、红外线遥控器、小型家电、电池充电器、来电显示器(Caller ID)等。同时业者也仍持续在生产提供 4 位单片机,如 Atmel 的 MARC4 架构系列、日本 OKI 的 nx 63K 系列、中国台湾义隆电子的 EM73 系列、Epson 的 S1C6x 系列、Renesas 的 720 族系与 HMCS400 族系、Samsung 的 S3C1 与 S3C7 系列,以及 Winbond 的 W541 系列与 W742E/Cxxx 系列等。数年前业界出现了用 8 位单片机取代 4 位单片机的呼声,认为 4 位单片机存在的唯一优势在于价格,只要让 8 位单片机的单价逼近 4 位水平,即可将其替代;然而对大规模量产的单片机而言,微幅的单价差异就会造成相当可观的采购总额差。因此,8 位单片机仍然不易将 4 位单片机完全取代,不过单价积极降低的 8 位单片机也确实取代了 4 位单片机领域中属于较高阶运用的部分。无论就用量规模还是市场销售总额来看,8 位单片机都是目前 MCU 中的第一主流,胜过 16 位、32 位以及前述的 4 位单片机,且应用的层面也最广、最多。除 8051 架构的单片机外,常见的 8 位 MCU 架构还有 Atmel 的 AVR 系列、Infineon 的 XC800 族系与 C500/C800 族系、Microchip 的 PIC10/12/16/18 系列、Motorola/Freescale 的 68HC05/08/11 系列、NS 的 COP8 系列、Renesas 的 740 族系、ST 的 uPSD/ST5/ST6/ST7/ST9 系列,以及 Zilog 的 Z8 族系、eZ80 族系。因为 8 位单片机用

量最大、技术最成熟,中国台湾也有多家公司投入 8 位单片机的行列,如盛群半导体(Holtek)、凌阳科技(Sunplus)、义隆电子(Elan)、华邦电子(Winbond)、松翰科技(SONiX)等。

当需要更快速、大量的运算控制,而 8 位单片机的效能资源无法满足应用需求时,就必须考虑采用 16 位单片机,如数字相机、VCD/DVD 播放机、汽车安全气囊、引擎控制、防盗系统等。16 位单片机的供货商目前仍由欧美以及日系 IC 设计公司掌握,主要有 Infineon 的 XC166 族系与 C166 族系、TI 的 MSP430 系列、Motorola/Freescale 的 68HC12 系列、68HCS12 系列、Microchip 的 PIC24 系列、NXP 的 XA 系列、NS 的 CompactRISC 系列与 CP3000 族系、MAXIM 的 MAXQ 系列、Renesas 的 H8 系列、Intel 的 80251 系列、8096/80196/80296 系列、ST 的 ST9/ST10/Super10 系列等。

至于 32 位的领域,单片机与微处理器已经很难明确分界,凡是诉求嵌入式应用的 32 位 MPU 或 MCU 都能算是 32 位单片机;其架构选择相当多样,例如以桌上型运算延伸的 x86 (IA-32)、POWER/PowerPC、MIPS、SPARC,加上 SuperH、i960、ARM、Fujitsu 的 FR 族系、Infineon 的 TriCore 族系等。至于应用方面,由于 32 位 MCU/MPU 已具有相当丰富的运算能力及硬件资源,因此其应用层面与类型也就特别广泛,小至 PDA、可携式媒体播放设备(Portable Multimedia Player,PMP),大至电信机房的交换机、晶圆厂的制程设备都有其踪影;此外,如医疗仪器、军用设施也都有使用。

如图 1.1.3 所示,依据世界半导体贸易统计组织的分析,32 位单片机的市场成长力道颇大,2010 年将超越 8 位单片机;不过,根据 SEMICO Research 公司的调查显示:"相对于 16 位与 32 位,8 位单片机虽然是属于比较低阶的产品,但它的应用广泛,而且单片机并不需要先进的制程能力,所以虽然它不再具有高度的成长性,但仍保有相当不错的获利能力",如图 1.1.4 所示,因此,相当多的厂商仍持续关注 8 位单片机市场。8 位单片机目前朝向三个方向演变:首先是集成越来越多的外围元件,并由此带来更多创新产品与应用;其次是以 IP 核心方式,与

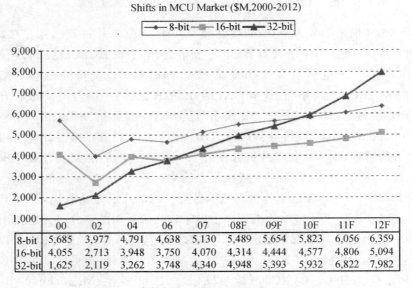

资料来源:WSTS,IC Insights

图 1.1.3　单片机市场的消长

ASIC 和 FPGA 集成；再来则是朝极度简化发展，在原本单片机中包含的电路功能拆解，减少 I/O 或只保留特定功能，针对特殊应用进行设计。因此 8 位单片机占据主流的原因在于其功能和价格适中，向下打压 4 位单片机发展空间，往上挤压 16 位单片机应用范围。

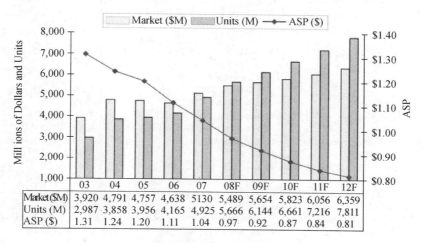

资料来源：WSTS, IC Insights

图 1.1.4　8 位全球单片机市场预估

盛群半导体公司鉴于 IC 市场竞争将越来越激烈，近年来从消费性电子设计公司成功转型为专业单片机设计公司，专注于通用型与嵌入式单片机开发。除了消费性、计算机外围、通信领域的嵌入式单片机外，也提供 I/O、LCD、A/D、RF 及 A/D、LCD、Flash 等通用型单片机。该公司的定位是以单片机为核心技术的 IC 设计公司，不同于中国台湾其他单片机制造商，其营销网络遍及全球，涵盖欧洲、北美、中南美洲等地，产品线广泛，不仅消费性产品用的单片机在德国获得飞利浦家电的采用，更是中国台湾最早推出符合工业规格的单片机设计公司。早期以提供 8 位的 OTP 与 Mask 形式的单片机为主，不过近年来已朝向可重复读写的 E^2PROM、Flash 单片机发展，在技术层次上将足以赶上国外厂商。

盛群半导体公司的产品线相当的完整，其主要产品如表 1.1.1 所列，光是 8 位单片机就有数 10 项不同应用领域的专用产品，使用者可以依自己需求挑选最适用的单片机，以达到降低生产成本的最终目的，本书将以 A/D Type Flash MCU——HT66Fx0 家族为例，希望通过本书的介绍让读者能对这一系列的单片机有所认识，由于盛群半导体公司 MCU 系列的兼容性很高，若能彻底了解 HT66Fx0 家族的架构，想要再跨足其他系列的单片机必定有事半功倍的效果。本书就以盛群半导体公司的 HT66F50 为主体，带领读者一探单片机世界的奥秘。

第1章 HT66Fx0系列单片机简介

表1.1.1 盛群半导体公司主要产品一览表

8-Bit OTP MCU		8-Bit Flash MCU
Cost-Effective I/O Type MCU Enhanced I/O Type MCU I/O Type MCU Small Package I/O Type MCU I/O Type MCU with 16×16 High Current LED Driver I/O Touch Type MCU LCD Type MCU Cost-Effective A/D Type MCU Enhanced A/D Type MCU A/D Type MCU TinyPower™ A/D Type MCU with DAC Small Package A/D Type MCU A/D Type MCU with 16×16 High Current LED Driver Multiple-Channel A/D Type MCU A/D Type MCU with LCD TinyPower™ A/D Type MCU with LCD 24V VFD MCU A/D Type MCU with UART A/D Touch Type MCU A/D Type MCU with SPI Interface I/O Type USB MCU with SPI A/D Type USB MCU with SPI I/O Type MCU with USB Interface	A/D Type MCU with USB Interface 27 MHz Keyboard/Mouse TX MCU 27 MHz Keyboard/Mouse RX MCU 2.4 GHz Keyboard/Mouse TX MCU 2.4 GHz Keyboard/Mouse RX MCU R-F Type MCU C/R-F Type MCU Remote Type MCU Remote Type MCU with LCD Remote Type MCU with RF USB Audio MCU Phone MCU Phone MCU with DTMF Receiver CID Phone MCU CID Phone MCU with CPT Phone MCU with LCD CID Phone MCU with LCD Enhanced Voice MCU A/D Type Voice MCU Q-Voice™ MCU Enhanced Music MCU Enhanced ROMless Music MCU	I/O Flash Type MCU with EEPROM Enhanced I/O Flash Type MCU with EEPROM A/D Flash Type MCU with EEPROM Enhanced A/D Flash Type MCU with EEPROM Brushless DC Motor Flash Type MCU Flash Type Voice MCU
Display Driver	Memory	Remote Controller
RAM Mapping LCD Controller & Driver RAM Mapping LED Controller & Driver Telephony LCD Driver VFD Controller & Driver VFD Clock Dot Character VFD Controller & Driver Other	3-wire EEPROM I^2C EEPROM	Remote Type MCU Remote Type MCU with LCD Remote Type MCU with RF 2^{12} Encoder/Decoder 3^9 Encoder 3^{12} Encoder/Decoder 3^{18} Encoder/Decoder Learning Encoder TV Remote Controller
Power Management	Voice/Music	Computer
TinyPower™ LDO TinyPower™ LDO with Detector High PSRR LDO General Purpose LDO TinyPower™ Voltage Detector Step-Down DC/DC Converter PFM Step-up DC/DC Converter High Efficiency Synchronous Step-up DC/DC Converter Charge Pump DC/DC Converter	Enhanced Voice MCU A/D Type Voice MCU Flash Type Voice MCU Q-Voice™ MCU Enhanced Music MCU Enhanced ROMless Music MCU EasyVoice™ Sound Effects	A/D Type MCU with SPI Interface I/O Type USB MCU with SPI A/D Type USB MCU with SPI I/O Type MCU with USB Interface A/D Type MCU with USB Interface I/O Type MCU 27 MHz Keyboard/Mouse TX MCU 27 MHz Keyboard/Mouse RX MCU 2.4 GHz Keyboard/Mouse TX MCU 2.4 GHz Keyboard/Mouse RX MCU Mouse Keyboard

续表 1.1.1

8-Bit OTP MCU		8-Bit Flash MCU
Communication	Analog	Video
Phone MCU Phone MCU with DTMF Receiver CID Phone MCU CID Phone MCU with CPT Phone MCU with LCD CID Phone MCU with LCD Telecom Peripheral Basic Dialer	D/A Converter General OP Amplifier Audio Amplifier White LED Driver(Backlight) White LED Driver(Lighting)	CCD/CIS Analog Signal Processor CCD Vertical Driver Image Signal Processor
Miscellaneous		
Timepiece Clinical Thermometer Camera Peripheral PIR Controller Touch Key		

注：本表所列的产品内容乃于 2009.10.26 摘自盛群半导体股份有限公司网站，最新的产品信息请读者随时至网页查询：http://www.holtek.com/chinese/products/default.htm。

1.2 HT66Fx0 单片机的特点介绍

  盛群半导体股份有限公司于 2009 年第四季度推出全新系列的 Enhanced Flash MCU，包含 I/O 型的 HT68Fxx 系列及 A/D 型的 HT66Fx0 系列，全系列均符合工业上－40～85℃工作温度与高抗噪声的性能要求，配合盛群 ISP(In-System Programming)技术方案，可轻松实现成品固件更新，全系列搭配非易失性数据存储器(E^2PROM)，可在生产过程或成品工作中储存相关调校参数与数据，并且不因电源关闭而消失，可有效提高生产效能与产品弹性。

  Enhanced Flash MCU 系列 Program Memory 为 2～8 K 字，SRAM 由 96～384 B，内建 64～256 B Data E^2PROM，除 Crystal、ERC Mode 外并内建精准 Internal RC Oscillator，提供 4 MHz、8 MHz、12 MHz 及 32 kHz 共 4 种频率。具有 4 个 Software SCOM 输出，可直接驱动小点数 LCD Panel，通信接口有 SPI、I^2C、UART、USB 等多种。

  HT68Fxx 与 HT66Fx0 系列皆内建盛群全新设计的定时器模块(Timer Module，TM)，具备 Capture、Compare、Timer/Event、Single Pulse Output、PWM 等 5 种工作模式；A/D 型 HT66Fx0 系列内建 12 位快速 ADC，并提供内建的参考电压源。

  全系列提供 16～48 Pin 的多种封装形式，配合 Enhanced Flash MCU 的丰富硬件资源及使用弹性，适合各种应用领域的产品，诸如家电、工业控制、汽车及医疗保健等。

  本书以介绍 HT66Fx0 系列的 Enhanced A/D Flash Type 的 8 位单片机为主，其采用高效能精简指令(Reduce Instruction Set，RISC)架构，内部具备 RAM、E^2PROM 的数据存储器。此系列 IC 采用先进的 CMOS 技术制造，因此具有低功率消耗、高执行速度的特性。8～12 组 A/D 通道(Analog to Digital Channel)分辨率达 12 位，使得 HT66Fx0 系列单片机可直接与外部模拟信号连接(如传感器输出)。此外，TM(定时器模块，Timer Module)的 PWM(Pulse

第1章 HT66Fx0 系列单片机简介

Width Modulation）输出搭配简易的 RC 电路可做为模拟信号输出（Digital to Analog）或其他 PWM 的控制应用。而盛群单片机一般共同具备的特性，如省电模式、唤醒功能、振荡器选项、可编程分频器（Programmable Frequency Divider，PFD）等也都集成于 HT66Fx0 系列单片机中。使用者依应用的需求仅需外加少量的外部元件即可成为完整的产品。A/D、TM、TBC（Time Base Interrupt）、内建 E^2PROM、LCD 输出接口、高效能、低功耗、低成本及双向 I/O 等特点使 HT66Fx0 系列单片机的应用领域相当广泛，如检测信号处理、电机驱动、工业控制、子系统控制（Sub-System Control）以及消费性电子产品等。

HT66Fx0 内建串行接口模块（SIM），由目前应用最广泛的 SPI 与 I^2C 接口所组成，使其可以很容易与外接的硬件设备达成数据传输的目的。HXT、LXT、ERC、HIRC 与 LIRC 等多种的振荡器选择，让使用者在选择上更具弹性。在成本考虑的前提下，甚至不需外接任何的元件，即可提供单片机正常运作所需的振荡信号。6 种工作模式以及高速、低速系统振荡电路的自由切换，更可以让系统在运作效能与节省功耗上取得最佳的平衡点。HT66Fx0 系列家族成员请参考表 1.2.1，成员间的主要差异在于 RAM、E^2PROM、程序内存的容量以及 I/O 脚数的不同。另外，同一型号亦提供多种的引脚封装类型，使用者可依实际的应用需求挑选最合适的型号与封装类型。请注意，在成员编号中若冠上 U 或 B 字母，分别代表具备 UART 或 USB 接口，对于有 UART 或 USB 串行需求的应用而言，是相当方便的选择。不过碍于篇幅的限制，本书并不包括这类接口的说明，有兴趣钻研的读者请自行研读原厂的数据手册。

表 1.2.1 HT66Fx0 系列家族成员

Part No.	VDD	Program Memory	Data Memory	Data EEPROM	I/O	TImer Module	Interrupt Ext.	Interrupt Int.	Stack	A/D	Interface	Package
HT66F20	2.2~5.5 V	1 K×14	64×8	32×8	18	10-Bit CTMx1 10-Bit STMx1	2	9	4	12-bit×8ch	SPI/I^2C	16 DIP/NSOP/SSOP, 20 DIP/SOP/SSOP
HT66F30 HT66FU30 HT66FB30	2.2~5.5 V	2 K×14	96×8	64×8	22	10-Bit CTMx1 10-Bit ETMx1	2	9	4	12-bit×8ch	SPI/I^2C UART USB	16 DIP/NSOP/SSOP, 20 DIP/SOP/SSOP, 24 SKDIP/SOP/SSOP,
HT66F40 HT66FU40 HT66FB40	2.2~5.5 V	4 K×15	192×8	128×8	42	10-Bit CTMx1 10-Bit ETMx1 16-Bit STMx1	2	9	8	12-bit×8ch	SPI/I^2C UART USB	24/28 SKDIP/SOP/SSOP, 44 QFP,32/40/48 QFN, 48SSOP
HT66F50 HT66FU50 HT66FB50	2.2~5.5 V	8 K×16	384×8	256×8	42	10-Bit CTMx2 10-Bit ETMx1 16-Bit STMx1	2	9	8	12-bit×8ch	SPI/I^2C UART USB	28 SKDIP/SOP/SSOP, 44 QFP,40/48 QFN, 48SSOP
HT66F60 HT66FU60 HT66FB60	2.2~5.5 V	12 K×16	576×8	256×8	50	10-Bit CTMx2 10-Bit ETMx1 16-Bit STMx1	4	11	12	12-bit×12ch	SPI/I^2C UART USB	44/52 QFP,40/48 QFN, 48SSOP

HT66Fx0 的特点如下：

➤ 工作电压：2.2~5.5 V（f_{SYS}=8 MHz）、2.7~5.5 V（f_{SYS}=12 MHz）、4.5~5.5 V（f_{SYS}=20 MHz）；

➤ 指令周期（Instruction Cycle）在 V_{DD}=5 V、f_{SYS}=20 MHz 时可达 0.2 μs；

➤ 具备省电模式与唤醒功能，可降低系统功耗；

- 双频率系统，可由芯片配置选项（Configuration Options）选择系统工作频率是 High Speed Oscillation（包含 HXT[①]、ERC[②]、HIRC[③]）或 Low Speed Oscillation（LIRC[④]、LXT[⑤]）；
- 内建 4 MHz、8 MHz、12 MHz 振荡电路（HIRC），可不需再外接任何零件；
- 可经由软件控制 MCU 工作于 6 种不同的工作模式（NORMAL、SLOW、IDLE0、IDLE1、SLEEP0 及 SLEEP1）；
- 63 个高功能指令，因为是精简指令（RISC）架构，可说是易学、易懂、易上手。一个指令周期只需要 4 个 Clock 的时间，而且除了改变 PC（Program Counter）指令与查表指令需要两个指令周期之外，其余的指令都只需要一个指令周期的执行时间；
- 位操作（Bit Manipulation）指令与查表（Table Read）指令；
- 堆栈深度：4～12 层；
- Flash Type 程序内存（Program Memory）：1 K×14 位～12 K×16 位；
- RAM 数据存储器（Data Memory）：64×8 位～576×8 位；
- E^2PROM 数据存储器：32×8 位～256×8 位；
- 18～50 个双向输入/输出引脚（部分引脚拥有一个以上的功能，此处所言的双向输入/输出引脚是指最多可当成 I/O 功能应用的脚数）；
- 提供 4 个偏压比为 1/2，可由软件控制的 LCD COM 端控制引脚；
- 2～4 个中断输入引脚；
- 具多重的定时器模块（Timer Module，TM），提供时间量测、输入捕捉（Input Capture）、比较匹配输出（Compare Match Output）、PWM 与单脉冲输出（Single Pulse Output）等功能；
- SPI/I^2C 串行传输接口模块（Serial Interface Module，SIM）；
- 两组比较器（Comparator）模块；
- 两组时基中断（Time Base Interrupt）功能，可提供规律的中断信号；
- 具有看门狗 WDT 的功能，使系统更加稳定（即其万一死机时，系统具有自动复位的功能）；
- 提供 8～12 个通道的模拟/数字转换（Analog to Digital）接口，分辨率达 12 位；
- 低电压自动复位电路（Low Voltage Reset Circuit，LVR）：在电源电压不稳或电源需要连续开关的系统中，很可能会有 Reset 不良的问题发生，使得设计者不得不在系统中再加上一些电路以克服此问题，但徒然增加了系统的成本。HT66F 系列将电源下降检测的功能设计在单片机内部，提供使用者多一项选择。可选定 4 种不同的复位电压：2.1 V、2.55 V、3.15 V、4.2 V（精确度±5%）；
- 低电压检测电路（Low Voltage Detector，LVD）：可选定 8 种不同的电压：2.0 V、2.2 V、2.4 V、2.7 V、3.0 V、3.3 V、3.6 V、4.4 V（精确度±5%）；当 V_{DD} 低于使用者选定的

[①] External Crystal Oscillator：外部石英振荡器。
[②] External RC Oscillators：外部 RC 振荡器。
[③] Internal RC Oscillators：内部 RC 振荡器，可由配置选项选定 4 MHz、8 MH 或 12 MHz。
[④] Internal RC Oscillators：内部 RC 振荡器，32 kHz。
[⑤] External 32.768 kHz Oscillator：外部 32 768 Hz 振荡器。

电压且超过 t_{LVD} 的时间之后，LVD 模块会设定 LVDF 中断标志。使用者可以利用 LVDF 位的检查或中断机制的运用，使得当 V_{DD} 低于设定值后立即将重要数据进行备份(如复制到 E^2 PROM)，避免数据的遗失；

> 多种的芯片封装形式：24/28 SKDIP/SOP/SSOP、44 QFP、32/40/48 QFN；
> 采用 CMOS 结构，具有强大的 I/O 驱动能力(工作在 V_{DD} 为 5 V 时，I/O Port Source Current ≒ −7.4 mA; Sink Current ≒ 20 mA)。在未接任何负载时，HT66Fx0 运行于最高速度(HXT，20 MHz)所消耗的最大电流约为 9 mA；当进入省电模式后(参考 2.15 节)，若未使能 WDT，最低只需要 2 μA 的电流(1 μA，@V_{DD}=3 V)；若是使能 WDT 功能，也只需要 5 μA 的电流(3 μA，@V_{DD}=3 V)，可以说是相当的省电。

除了上述特点外，盛群半导体公司也提供了相当完善的开发工具，如 HT-ICE 以及完整的集成开发环境(HT-IDE3000)等，HT-IDE3000 中的软硬件仿真功能(Virtual Peripheral Manager，VPM)更能让使用者在未接硬件电路的情况下，先行验证程序的功能。有了如此完整的开发环境，除了可以节省产品的开发时间之外，更可以使初学者在短时间之内了解 HT 系列单片机的特性及产品开发技巧(请参考图 1.2.1)。

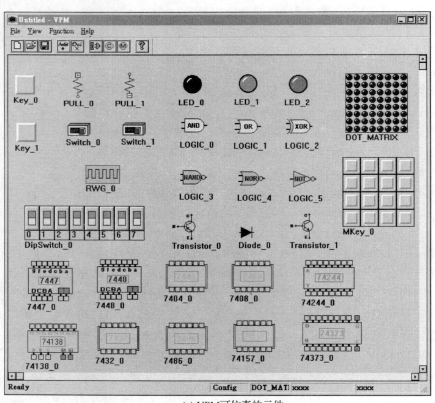

(a) VPM可仿真的元件

图 1.2.1　HT66Fx0 系列相关的开发工具

(b) e-ICE

(c) 最新OTP/Flash整合型烧录器e-Writer

图 1.2.1　HT66Fx0 系列相关的开发工具(续)

1.3　HT66Fx0 家族介绍

HT66Fx0 系列家族成员，其指令完全兼容，成员间的主要差异在于程序内存与数据存储器的容量、I/O 引脚总数以及外围设备的多少（如 Timer、PWM、ADC 等）。使用者可以根据所设计的系统实际需求，从中挑选出最符合经济效益的型号。编号中若冠上 U 或 B 字母，分别代表具备 UART 或 USB 接口，本书并不包括这类接口的说明，有兴趣的读者请自行研读原厂的数据手册。

除此之外，同一型号的单片机也提供不同的引脚封装方式，让使用者的选择更具弹性，图 1.3.1～图 1.3.5 为 HT66Fx0 家族多样化的引脚、脚数封装形式。读者若欲了解更详细的数据，可到盛群半导体公司的网站查询（http://www.holtek.com）。各引脚功能简述请参考表 1.3.1～表 1.3.5 与 1.4 节的说明，除了电源引脚外，所有的引脚在撰写程序过程中均可直接参考其名称；而多数的引脚具有多重功能，请参考后续各章节的说明。

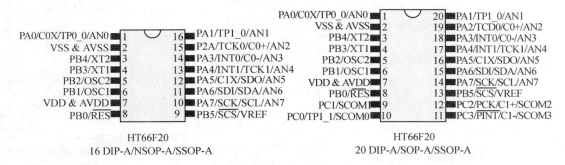

图 1.3.1　HT66F20 各式封装与引脚

由引脚图中不难看出，大多数的引脚都由多个功能共用，如 HT66F60-48 QFN 封装编号 10 的引脚，其为 PA0、C0X、TP0_0、AN0 共用，这表示除做为一般 I/O 使用外，该引脚尚具备比较器 0 输出(C0X)、TM0(定时器模块 0)输出以及模拟通道 0 输入(AN0)的功能。当这些功能同时输出时，则以"/"符号右方的功能优先实现。另外，部分功能具备"引脚重置"的机制，亦即可将某一功能由原定的引脚转移至其他引脚实现，这引脚在引脚图中是以"[ ]"符号加以区分。以 HT66F60-48 QFN 封装为例，TP0_0 功能原是配置于 Pin-10，但亦可将其转移至 Pin-29 实现；至于如何控制其转移，则请读者参阅 2.6.10 节的说明。

第1章 HT66Fx0 系列单片机简介

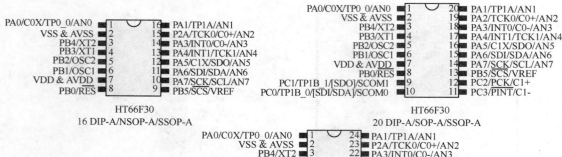

图 1.3.2　HT66F30 各式封装与引脚

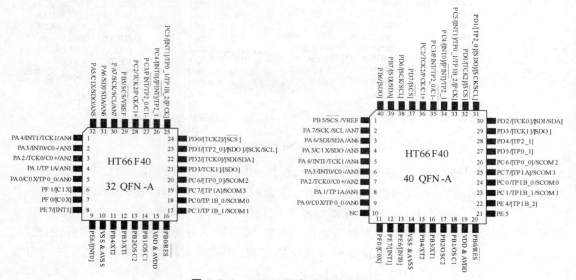

图 1.3.3　HT66F40 各式封装与引脚

第1章 HT66Fx0系列单片机简介

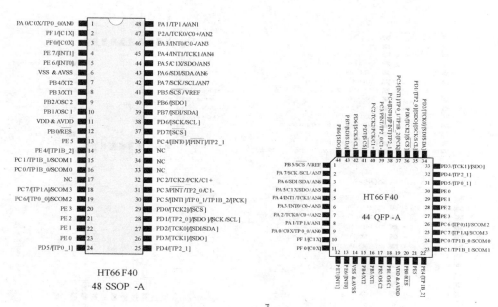

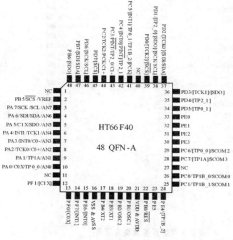

图1.3.3 HT66F40各式封装与引脚(续)

第1章 HT66Fx0 系列单片机简介

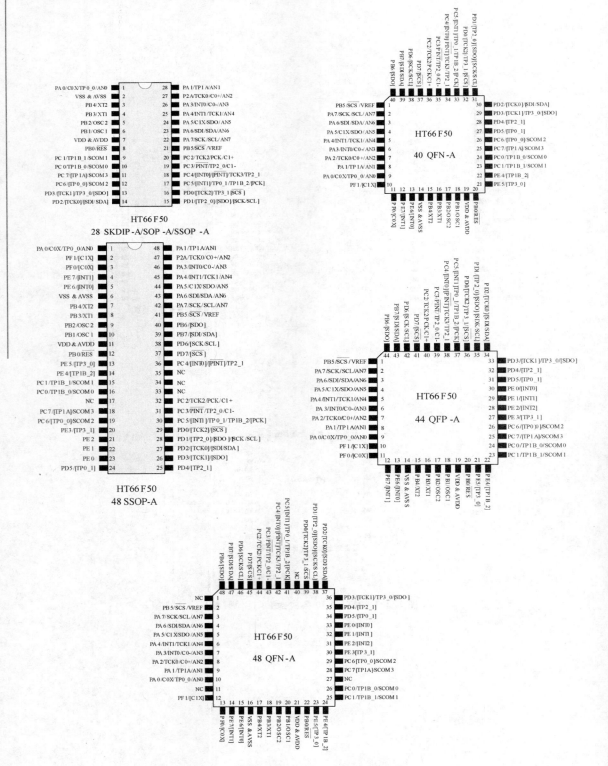

图 1.3.4 HT66F50 各式封装与引脚

第 1 章 HT66Fx0 系列单片机简介

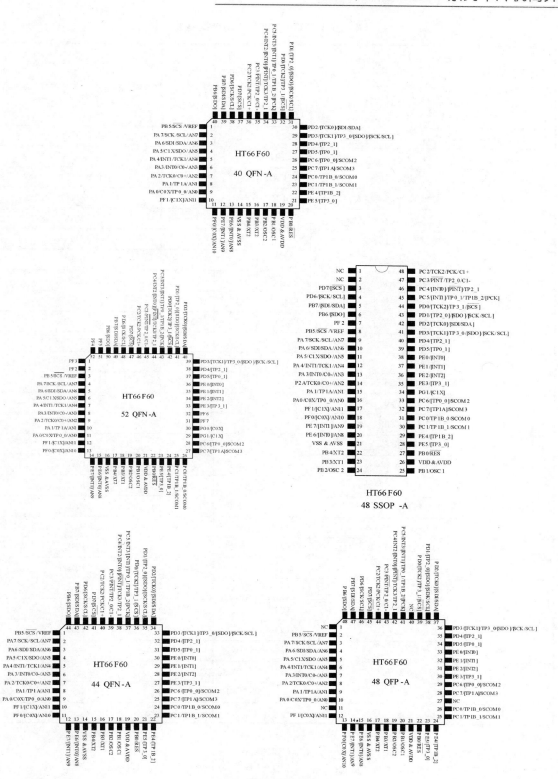

图 1.3.5 HT66F60 各式封装与引脚

第 1 章 HT66Fx0 系列单片机简介

表 1.3.1 HT66F20 引脚功能摘要

Pin Name	Function	OP	Input Type	Output Type	Pin-Shared Mapping
PA0~PA7	Port A	PAWU PAPU	ST	CMOS	—
PB0~PB5	Port B	PBPU	ST	CMOS	—
PC0~PC3	Port C	PCPU	ST	CMOS	—
AN0~AN7	ADC 输入	ACERL	AN	—	PA0~PA7
VREF	ADC 参考电压输入	ADCR1	AN	—	PB5
C0−、C1−	比较器 0/1 反相端输入	CP0C CP1C	AN	—	PA3、PC3
C0+、C1+	比较器 0/1 同相端输入		AN	—	PA2、PC2
C0X、C1X	比较器 0/1 输出		—	CMOS	PA0、PA5
TCK0、TCK1	TM0、TM1 输入	—	ST	—	PA2、PA4
TP0_0	TM0 输入/输出	TMPC0	ST	CMOS	PA0
TP1_0、TP1_1	TM1 输入/输出	TMPC0	ST	CMOS	PA1、PC0
INT0、INT1	外部中断 0/1		ST	—	PA3、PA4
PINT	外围中断		ST	—	PC3
PCK	外围频率输出		—	CMOS	PC2
SDI	SPI 数据输入		ST	—	PA6
SDO	SPI 数据输出		—	CMOS	PA5
SCS	SPI 从机选择		ST	CMOS	PB5
SCK	SPI 串行频率		ST	CMOS	PA7
SCL	I²C 频率		ST	NMOS	PA7
SDA	I²C 数据		ST	NMOS	PA6
SCOM0~SCOM3	SCOM0~SCOM3	SCOMC	—	SCOM	PC0、PC1、PC2、PC3
OSC1	HXT/ERC 引脚	CO	HXT	—	PB1
OSC2	HXT 引脚	CO	—	HXT	PB2
XT1	LXT 引脚	CO	LXT	—	PB3
XT2	LXT 引脚	CO	—	LXT	PB4
RES	复位输入	CO	ST	—	PB0
VDD	电源输入	—	PWR	—	—
AVDD	ADC 电源输入	—	PWR	—	—
VSS	地端	—	PWR	—	—
AVSS	ADC 地端	—	PWR	—	—

说明：

OP：可由配置选项(Configuration Option)控制寄存器选用；

PWR：Power Supply，CO：配置选项(Configuration Option)，AN：模拟输入(Analog Input)；

ST：斯密特触发输入(Schmitt Trigger Input)，CMOS：CMOS 输出，NMOS：NMOS 输出；

HXT/LXT：高/低频石英振荡器（High/Low Frequency Crystal Oscillator）；

注意：① PA 各个引脚可通过 PAWU 寄存器的设定，决定其是否具备"唤醒（Wake-Up）"功能；

② 任何 ST 输入形式的引脚在芯片内部均包含 Pull-High 电阻的设计，可通过特殊功能寄存器的设定加以选用；

③ 上表是针对 HT66F20 封装脚数最多的芯片所做的说明，部分引脚在封装脚数较少的芯片上并未实现。

表 1.3.2　HT66F30 引脚功能摘要

Pin Name	Function	OP	Input Type	Output Type	Pin-Shared Mapping
PA0～PA7	Port A	PAWU PAPU	ST	CMOS	—
PB0～PB5	Port B	PBPU	ST	CMOS	—
PC0～PC7	Port C	PCPU	ST	CMOS	—
AN0～AN7	ADC 输入	ACERL	AN	—	PA0～PA7
VREF	ADC 参考电压输入	ADCR1	AN	—	PB5
C0−、C1−	比较器 0/1 反相端输入	CP0C CP1C	AN	—	PA3、PC3
C0+、C1+	比较器 0/1 同相端输入		AN	—	PA2、PC2
C0X、C1X	比较器 0/1 输出	—	—	CMOS	PA0、PA5
TCK0、TCK1	TM0、TM1 输入	—	ST	—	PA2、PA4
TP0_0、TP0_1	TM0 输入/输出	TMPC0	ST	CMOS	PA0、PC5
TP1A	TM1 输入/输出	TMPC0	ST	CMOS	PA1
TP1B_0、TP1B_1	TM1 输入/输出	TMPC0	ST	CMOS	PC0、PC1
INT0、INT1	外部中断 0/1	—	ST	—	PA3、PA4
$\overline{PINT}$	外围中断	PRM0	ST	—	PC3 or PC4
PCK	外围频率输出	PRM0	—	CMOS	PC2 or PC5
SDI	SPI 数据输入	PRM0	ST	—	PA6 or PC0
SDO	SPI 数据输出	PRM0	—	CMOS	PA5 or PC1
$\overline{SCS}$	SPI 从机选择	PRM0	ST	CMOS	PB5 or PC6
SCK	SPI 串行频率	PRM0	ST	CMOS	PA7 or PC7
SCL	I^2C 频率	PRM0	ST	NMOS	PA7 or PC7
SDA	I^2C 数据	PRM0	ST	NMOS	PA6 or PC0
SCOM0～SCOM3	SCOM0～SCOM3	SCOMC	—	SCOM	PC0、PC1、PC6、PC7
OSC1	HXT/ERC 引脚	CO	HXT	—	PB1
OSC2	HXT 引脚	CO	—	HXT	PB2
XT1	LXT 引脚	CO	LXT	—	PB3
XT2	LXT 引脚	CO	—	LXT	PB4
$\overline{RES}$	复位输入	CO	ST	—	PB0
VDD	电源输入	—	PWR	—	—
AVDD	ADC 电源输入	—	PWR	—	—

第1章 HT66Fx0 系列单片机简介

续表 1.3.2

Pin Name	Function	OP	Input Type	Output Type	Pin-Shared Mapping
VSS	地端	—	PWR	—	—
AVSS	ADC 地端	—	PWR	—	—

说明：

OP：可由配置选项（Configuration Option）或控制寄存器选用；

PWR：Power Supply，CO："配置选项（Configuration Option）"，AN：模拟输入（Analog Input）；

ST：斯密特触发输入（Schmitt Trigger Input），CMOS：CMOS 输出，NMOS：NMOS 输出；

HXT/LXT：高/低频石英振荡器（High/Low Frequency Crystal Oscillator）；

注意：① PA 各个引脚可通过 PAWU 寄存器的设定，决定其是否具备"唤醒（Wake-Up）"功能；

② 任何 ST 输入形式的引脚在芯片内部均包含 Pull-High 电阻的设计，可通过特殊功能寄存器的设定加以选用。

③ 上表是针对 HT66F30 封装脚数最多的芯片所做的说明，部分引脚在封装脚数较少的芯片上并未实现。

表 1.3.3 HT66F40 引脚功能摘要

Pin Name	Function	OP	Input Type	Output Type	Pin-Shared Mapping
PA0～PA7	Port A	PAWU PAPU	ST	CMOS	—
PB0～PB7	Port B	PBPU	ST	CMOS	—
PC0～PC7	Port C	PCPU	ST	CMOS	—
PD0～PD7	Port D	PDPU	ST	CMOS	—
PE0～PE7	Port E	PEPU	ST	CMOS	—
PF0～PF1	Port F	PFPU	ST	CMOS	—
AN0～AN7	ADC 输入	ACERL	AN	—	PA0～PA7
VREF	ADC 参考电压输入	ADCR1	AN	—	PB5
C0−、C1−	比较器 0/1 反相端输入	CP0C CP1C	AN	—	PA3、PC3
C0+、C1+	比较器 0/1 同相端输入	CP0C CP1C	AN	—	PA2、PC2
C0X、C1X	比较器 0/1 输出	CP0C CP1C PRM0	—	CMOS	PA0、PA5 or PF0、PF1
TCK0～TCK2	TM0～TM2 输入	PRM1	ST	—	PA2、PA4、PC2 or PD2、PD3、PD0
TP0_0、TP0_1	TM0 输入/输出	TMPC0 PRM2	ST	CMOS	PA0、PC5 or PC6、PD5

续表 1.3.3

Pin Name	Function	OP	Input Type	Output Type	Pin-Shared Mapping
TP1A	TM1 输入/输出	TMPC0 PRM2	ST	CMOS	PA1 or PC7
TP1B_0～TP1B_2	TM1 输入/输出	TMPC0 PRM2	ST	CMOS	PC0、PC1、PC5 or 一、一、PE4
TP2_0、TP2_1	TM2 输入/输出	TMPC1 PRM2	ST	CMOS	PC3、PC4 or PD1、PD4
INT0、INT1	外部中断 0/1	PRM1	ST	—	PA3、PA4 or PC4、PC5 or PE6、PE7
$\overline{PINT}$	外围中断	PRM0	ST	—	PC3 or PC4
PCK	外围频率输出	PRM0	—	CMOS	PC2 or PC5
SDI	SPI 数据输入	PRM0	ST	—	PA6 or PD2 or PB7
SDO	SPI 数据输出	PRM0	—	CMOS	PA5 or PD3 or PB6
$\overline{SCS}$	SPI 从机选择	PRM0	ST	CMOS	PB5 or PD0 or PD7
SCK	SPI 串行频率	PRM0	ST	CMOS	PA7 or PD1 or PD6
SCL	I²C 频率	PRM0	ST	NMOS	PA7 or PD1 or PD6
SDA	I²C 数据	PRM0	ST	NMOS	PA6 or PD2 or PB7
SCOM0～SCOM3	SCOM0～SCOM3	SCOMC	—	SCOM	PC0、PC1、PC6、PC7
OSC1	HXT/ERC 引脚	CO	HXT	—	PB1
OSC2	HXT 引脚	CO	—	HXT	PB2
XT1	LXT 引脚	CO	LXT	—	PB3
XT2	LXT 引脚	CO	—	LXT	PB4
$\overline{RES}$	复位输入	CO	ST	—	PB0
VDD	电源输入	—	PWR	—	—
AVDD	ADC 电源输入	—	PWR	—	—
VSS	地端	—	PWR	—	—
AVSS	ADC 地端	—	PWR	—	—

说明：

　　OP：可由配置选项(Configuration Option)或控制寄存器选用；

　　PWR：Power Supply，CO：配置选项(Configuration Option)，AN：模拟输入(Analog Input)；

　　ST：斯密特触发输入(Schmitt Trigger Input)，CMOS：CMOS 输出，NMOS：NMOS 输出；

　　HXT/LXT：高/低频石英振荡器(High/Low Frequency Crystal Oscillator)；

　　注意：① PA 各个引脚可通过 PAWU 寄存器的设定，决定其是否具备"唤醒(Wake-Up)"功能；

　　　　② 任何 ST 输入形式的引脚在芯片内部均包含 Pull-High 电阻的设计，可通过特殊功能寄存器的设定加以选用；

　　　　③ 上表是针对 HT66F40 封装脚数最多的芯片所做的说明，部分引脚在封装脚数较少的芯片上并未实现。

表 1.3.4 HT66F50 引脚功能摘要

Pin Name	Function	OP	Input Type	Output Type	Pin-Shared Mapping
PA0~PA7	Port A	PAWU PAPU	ST	CMOS	—
PB0~PB7	Port B	PBPU	ST	CMOS	—
PC0~PC7	Port C	PCPU	ST	CMOS	—
PD0~PD7	Port D	PDPU	ST	CMOS	—
PE0~PE7	Port E	PEPU	ST	CMOS	—
PF0~PF1	Port F	PFPU	ST	CMOS	—
AN0~AN7	ADC 输入	ACERL	AN	—	PA0~PA7
VREF	ADC 参考电压输入	ADCR1	AN	—	PB5
C0−、C1−	比较器 0/1 反相端输入	CP0C CP1C	AN	—	PA3、PC3
C0+、C1+	比较器 0/1 同相端输入	CP0C CP1C	AN	—	PA2、PC2
C0X、C1X	比较器 0/1 输出	CP0C CP1C PRM0	—	CMOS	PA0、PA5 or PF0、PF1
TCK0~TCK3	TM0~TM3 输入	PRM1	ST	—	PA2、PA4、PC2、PC4 or PD2、PD3、PD0、—
TP0_0、TP0_1	TM0 输入/输出	TMPC0 PRM2	ST	CMOS	PA0、PC5 or PC6、PD5
TP1A	TM1 输入/输出	TMPC0 PRM2	ST	CMOS	PA1 or PC7
TP1B_0~TP1B_2	TM1 输入/输出	TMPC0 PRM2	ST	CMOS	PC0、PC1、PC5 or —、—、PE4
TP2_0、TP2_1	TM2 输入/输出	TMPC1 PRM2	ST	CMOS	PC3、PC4 or PD1、PD4
TP3_0、TP3_1	TM3 输入/输出	TMPC1 PRM2	ST	CMOS	PD3、PD0 or PE5、PE3
INT0、INT1	外部中断 0/1	PRM1	ST	—	PA3、PA4 or PC4、PC5 or PE6、PE7
$\overline{PINT}$	外围中断	PRM0	ST	—	PC3 or PC4
PCK	外围频率输出	PRM0	—	CMOS	PC2 or PC5
SDI	SPI 数据输入	PRM0	ST	—	PA6 or PD2 or PB7

续表 1.3.4

Pin Name	Function	OP	Input Type	Output Type	Pin-Shared Mapping
SDO	SPI 数据输出	PRM0	—	CMOS	PA5 or PD3 or PB6
$\overline{SCS}$	SPI 从机选择	PRM0	ST	CMOS	PB5 or PD0 or PD7
SCK	SPI 串行频率	PRM0	ST	CMOS	PA7 or PD1 or PD6
SCL	I^2C 频率	PRM0	ST	NMOS	PA7 or PD1 or PD6
SDA	I^2C 数据	PRM0	ST	NMOS	PA6 or PD2 or PB7
SCOM0~SCOM3	SCOM0~SCOM3	SCOMC	—	SCOM	PC0、PC1、PC6、PC7
OSC1	HXT/ERC 引脚	CO	HXT	—	PB1
OSC2	HXT 引脚	CO	—	HXT	PB2
XT1	LXT 引脚	CO	LXT	—	PB3
XT2	LXT 引脚	CO	—	LXT	PB4
$\overline{RES}$	复位输入	CO	ST	—	PB0
VDD	电源输入	—	PWR	—	—
AVDD	ADC 电源输入	—	PWR	—	—
VSS	地端	—	PWR	—	—
AVSS	ADC 地端	—	PWR	—	—

说明：
　　OP：可由配置选项（Configuration Option）或控制寄存器选用；
　　PWR：Power Supply，CO：配置选项（Configuration Option），AN：模拟输入（Analog Input）；
　　ST：斯密特触发输入（Schmitt Trigger Input），CMOS：CMOS 输出，NMOS：NMOS 输出；
　　HXT/LXT：高/低频石英振荡器（High/Low Frequency Crystal Oscillator）；
　　注意：① PA 各个引脚可通过 PAWU 寄存器的设定，决定其是否具备"唤醒（Wake-Up）"功能；
　　　　　② 任何 ST 输入形式的引脚在芯片内部均包含 Pull-High 电阻的设计，可通过特殊功能寄存器的设定加以选用；
　　　　　③ 上表是针对 HT66F50 封装脚数最多的芯片所做的说明，部分引脚在封装脚数较少的芯片上并未实现。

表 1.3.5　HT66F60 引脚功能摘要

Pin Name	Function	OP	Input Type	Output Type	Pin-Shared Mapping
PA0~PA7	Port A	PAWU PAPU	ST	CMOS	—
PB0~PB7	Port B	PBPU	ST	CMOS	—
PC0~PC7	Port C	PCPU	ST	CMOS	—
PD0~PD7	Port D	PDPU	ST	CMOS	—
PE0~PE7	Port E	PEPU	ST	CMOS	—
PF0~PF7	Port F	PFPU	ST	CMOS	—
PG0~PG1	Port G	PGPU	ST	CMOS	—

第 1 章　HT66Fx0 系列单片机简介

续表 1.3.5

Pin Name	Function	OP	Input Type	Output Type	Pin-Shared Mapping
AN0~AN11	ADC 输入	ACERL ACERH	AN	—	PA0~PA7、 PE6、PE7、PF0、PF1
VREF	ADC 参考电压输入	ADCR1	AN	—	PB5
C0-、C1-	比较器 0/1 反相端输入	CP0C CP1C	AN	—	PA3、PC3
C0+、C1+	比较器 0/1 同相端输入	CP0C CP1C	AN	—	PA2、PC2
C0X、C1X	比较器 0/1 输出	CP0C CP1C PRM0	—	CMOS	PA0、PA5 or PF0、PF1 or PG0、PG1
TCK0~TCK3	TM0~TM3 输入	PRM1	ST	—	PA2、PA4、PC2、PC4 or PD2、PD3、PD0、—
TP0_0、TP0_1	TM0 输入/输出	TMPC0 PRM2	ST	CMOS	PA0、PC5 or PC6、PD5
TP1A	TM1 输入/输出	TMPC0 PRM2	ST	CMOS	PA1 or PC7
TP1B_0~TP1B_2	TM1 输入/输出	TMPC0 PRM2	ST	CMOS	PC0、PC1、PC5 or —、—、PE4
TP2_0、TP2_1	TM2 输入/输出	TMPC1 PRM2	ST	CMOS	PC3、PC4 or PD1、PD4
TP3_0、TP3_1	TM3 输入/输出	TMPC1 PRM2	ST	CMOS	PD3、PD0 or PE5、PE3
INT0~INT3	外部中断 0~3	PRM1	ST	—	PA3、PA4、PC4、PC5 or PC4、PC5、PE2、— or PE0、PE1、—、— or PE6、PE7、—、—
$\overline{PINT}$	外围中断	PRM0	ST	—	PC3 or PC4
PCK	外围频率输出	PRM0	—	CMOS	PC2 or PC5
SDI	SPI 数据输入	PRM0	ST	—	PA6 or PD2 or PB7
SDO	SPI 数据输出	PRM0	—	CMOS	PA5 or PD3 or PB6 or PD1
$\overline{SCS}$	SPI 从机选择	PRM0	ST	CMOS	PB5 or PD0 or PD7
SCK	SPI 串行频率	PRM0	ST	CMOS	PA7 or PD1 or PD6 or PD3

续表 1.3.5

Pin Name	Function	OP	Input Type	Output Type	Pin-Shared Mapping
SCL	I²C 频率	PRM0	ST	NMOS	PA7 or PD1 or PD6 or PD3
SDA	I²C 数据	PRM0	ST	NMOS	PA6 or PD2 or PB7
SCOM0～SCOM3	SCOM0～SCOM3	SCOMC	—	SCOM	PC0、PC1、PC6、PC7
OSC1	HXT/ERC 引脚	CO	HXT	—	PB1
OSC2	HXT 引脚	CO	—	HXT	PB2
XT1	LXT 引脚	CO	LXT	—	PB3
XT2	LXT 引脚	CO	—	LXT	PB4
RES	复位输入	CO	ST	—	PB0
VDD	电源输入	—	—	PWR	—
AVDD	ADC 电源输入	—	—	PWR	—
VSS	地端	—	—	PWR	—
AVSS	ADC 地端	—	—	PWR	—

说明：
　　OP：可由配置选项(Configuration Option)或控制寄存器选用；
　　PWR：Power Supply，CO：配置选项(Configuration Option)，AN：模拟输入(Analog Input)；
　　ST：斯密特触发输入(Schmitt Trigger Input)，CMOS：CMOS 输出，NMOS：NMOS 输出；
　　HXT/LXT：高/低频石英振荡器(High/Low Frequency Crystal Oscillator)；
　　注意：① PA 各个引脚可通过 PAWU 寄存器的设定，决定其是否具备唤醒(Wake-Up)功能；
　　　　② 任何 ST 输入形式的引脚在芯片内部均包含 Pull-High 电阻的设计，可通过特殊功能寄存器的设定加以选用；
　　　　③ 上表是针对 HT66F60 封装脚数最多的芯片所做的说明，部分引脚在封装脚数较少的芯片上并未实现。

1.4 HT66Fx0 硬件引脚功能描述

　　图 1.4.1 是 HT66Fx0 基本应用电路架构，由于多数的引脚都拥有两个以上的功能，以下的说明是以功能为主简略叙述，详细的用法与控制方式请读者精读第 2 章的论述。图 1.4.1 中的复位外接电路为增强抗 ESD 与电源噪声的建议接法，由于 HT66Fx0 全系列均内建 Reset 电路，此外加电路在一般应用非属必要。

1.4.1 单片机电源引脚(VDD、VSS)

　　HT66Fx0 的工作电压相当宽广，2.2～5.5 V 均可正常操作。但电压的高低也影响着单片机可运作的频率范围，其关系如表 1.4.1 所列。

第1章 HT66Fx0 系列单片机简介

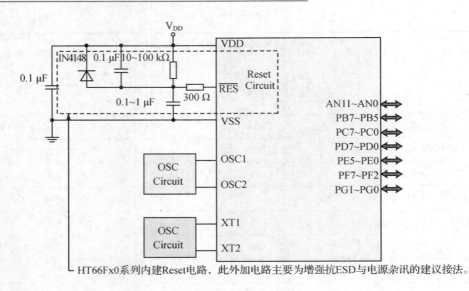

HT66Fx0系列内建Reset电路,此外加电路主要为增强抗ESD与电源杂讯的建议接法。

图 1.4.1　HT66Fx0 基本应用电路

表 1.4.1　HT66Fx0 工作电压与工作频率关系

工作电压	工作频率	
	最低	最高
2.2～5.5 V	DC	8 MHz
2.7～5.5 V	DC	12 MHz
4.5～5.5 V	DC	20 MHz

在未接任何负载时,HT66Fx0 单片机运行最高速度(HXT,20 MHz)所消耗的最大电流约为 9 mA;当进入省电模式后(参考 2.15 节),若未使能 WDT,最低只需要 2 μA 的电流(1 μA,@ $V_{DD}=3$ V);若是使能 WDT 功能,也只需要 5 μA 的电流(3 μA,@ $V_{DD}=3$ V),可以说是相当的省电。

参考表 1.4.2,比较 HT66Fx0 运作于各类工作模式的电流消耗,如何让系统效能、功耗在最佳的平衡点运作,可说是设计者在节能产品设计上最大的课题。HT66Fx0 家族提供 6 种工作模式(Operation Mode),使用者可依据应用的需求,让单片机随时维持在效能/功耗最佳的平衡点下运作。

表 1.4.2　HT66Fx0 各工作模式的电流消耗

工作模式	测试状态			Typ.	Max.	Unit
	V_{DD}/V	工作频率	外围装置			
NORMAL Mode $f_{SYS}=f_H$ (HXT、ERC、HIRC)	3	$f_{SYS}=f_H=4$ MHz	ADC off、WDT on	0.7	1.1	mA
	5			1.8	2.7	mA
	3	$f_{SYS}=f_H=8$ MHz	ADC off、WDT on	1.6	2.4	mA
	5			3.3	5.0	mA
	3	$f_{SYS}=f_H=12$ MHz	ADC off、WDT on	2.2	3.3	mA
	5			5.0	7.5	mA
NORMAL Mode $f_{SYS}=f_H$(HXT)	5	$f_{SYS}=f_H=20$ MHz	ADC off、WDT on	6.0	9.0	mA

续表 1.4.2

工作模式	测试状态			Typ.	Max.	Unit
	V_{DD}/V	工作频率	外围装置			
SLOW Mode $f_{SYS}=f_L$ (LXT、LIRC)	3	$f_{SYS}=f_L$	ADC off、WDT on	10	20	μA
	5			30	50	μA
IDLE0 Mode (LXT or LIRC on)	3	—	ADC off、WDT on	1.5	3.0	μA
	5			3.0	6.0	μA
IDLE1 Mode (HXT、ERC、HIRC)	3	—	ADC off、WDT on $f_{SYS}=12\ MHz\ on$	550	830	μA
	5			1300	2000	μA
SLEEP0 Mode (LXT and LIRC off)	3	—	ADC off、WDT off		1.0	μA
	5				2.0	μA
SLEEP1 Mode (LXT and LIRC on)	3	—	ADC off、WDT on	1.5	3.0	μA
	5			2.5	5.0	μA

注：表中的电流值是单片机未连接任何负载时的量测值。

1.4.2 振荡电路相关引脚(OSC1、OSC2、XT1、XT2)

HT66Fx0 的系统频率(System Clock)可机动运作于高速(f_H)或低速(f_L)两种频率，可由芯片的配置选项(Configuration Options)选择高速频率的来源为 HXT、ERC 或 HIRC，低速频率来源为 LXT 或 LIRC(参考 2.11 节)。当进入 SLEEP、IDLE 模式时，系统会自动关闭高速系统振荡电路(包含 HXT、ERC 与 HIRC)，同时将忽略所有的外部信号以节省功耗。除非是在启用 WDT 功能的情况下进入 SLEEP 模式，否则系统会连低速系统振荡电路(LXT、LIRC)也一并关闭，达到更进一步达到节能的效果。HT66Fx0 系列支持 8 种不同的振荡形式(参考表 1.4.3)，如此多样的选择提供使用者能在运行速度与功耗间取得最佳的平衡点，让整体效能处于最佳的状态。

表 1.4.3 HT66Fx0 系列支持的振荡形式

振荡形式	简 称	频率范围	使用引脚
External Crystal	EXT	400 kHz～20 MHz	OSC1/OSC2
External RC	ERC	8 MHz	OSC1
Internal High Speed RC	HIRC	4、8 or 12 MHz	—
External Low Speed RC	LXT	32.768 kHz	XT1/XT2
Internal Low Speed RC	LIRC	32 kHz	—

HIRC 与 LIRC 振荡形式是由芯片内部 RC 振荡器提供系统工作频率，因此无需外接任何的元件。但 RC 振荡形式的工作频率还受芯片封装形式与电路板布线的影响；即使是同一型号的芯片所产生的振荡频率也很难完全相同。但由于 RC 振荡形式的电路极为简单、成本相当低廉，在工作频率不需非常精确的场合，倒是一项节省成本的选择。盛群公司在 IC 内部并入了频率补偿的电路设计，并在 IC 制造过程中精密的微调，使得频率受 V_{DD}、温度、制程的影响降至最低；以 $V_{DD}=5\ V$ 或 3.3 V、温度 25℃为例，当设定的输出频率为 4、8 或 12 MHz 时，

其频率变动范围在 2% 以内。

另外,比较特别的是 OSC1、OSC2、XT1、XT2 振荡器相关功能是与 PB1~PB4 的引脚共用,当不使用振荡器功能时,这些引脚可做为一般 I/O 使用。

图 1.4.2 为 HXT 振荡模式的建议连接方式,对大多数的石英振荡器来说,只要直接将其连接于 OSC1、OSC2 引脚即可提供振荡所需的相位与振幅;但陶瓷振荡器(Ceramic Resonator)与部分石英振荡器则需外加两个小电容(C1、C2)以确保振荡电路得以正常工作,表 1.4.4 是 C1、C2 电容的建议值;读者可以查阅振荡器供货商的产品规格书,以取得电容的正确数值。请注意,图 1.4.2 中的 R_P 电阻通常都不需连接,而在 OSC1、OSC2 引脚间存在大约 7 pF 的杂散电容,这在图中并未加以标示。

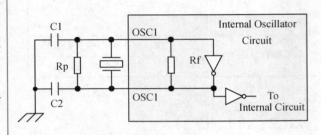

图 1.4.2 HXT 振荡电路连接方式

表 1.4.4 C1、C2 建议值

HXT C1、C2 建议值		
振荡频率/MHz	C1/pF	C2/pF
12	0	0
8	0	0
4	0	0
1	100	100

在 ERC 振荡模式下,其频率取决于 R_{OSC} 的阻值(R_{OSC} 的值需在 56 kΩ~2.4 MΩ 间)。电路连接方式请参考图 1.4.3,电容的目的仅在提高振荡器的稳定度,其值与频率无关。此振荡模式仅使用 OSC1 引脚,OSC2 仍维持 PB2 的 I/O 功能。

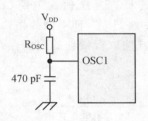

图 1.4.3 ERC 振荡电路连接方式

ERC 的优点是结构很简单,只要一个电阻和电容即可,因此成本极低。但一般来说,其振荡器输出频率易受 V_{DD}、温度、电阻误差以及 IC 本身制程改变的影响。盛群公司在 IC 内部并入了频率补偿的电路设计,并在 IC 制造过程中精密的微调,使得频率受 V_{DD}、温度、制程的影响降至最低;以 $V_{DD}=5$ V、温度 25 ℃、$R_{OSC}=120$ kΩ 为例,此时 ERC 的输出频率为 8 MHz,而其变动范围在 2% 以内。但即使如此,在时序精确度要求较高的场合仍不建议使用。所以,RC 振荡器的方式并不适用对工作频率要求相当精确及稳定的场合(详细的参数关系请参考盛群公司官方网站所公布的数据)。

LXT 振荡形式为低速频率来源的选择之一,LXT 提供 32.768 kHz 的固定频率,电路连接方式请参考图 1.4.4;在 XT1、XT2 引脚间需连接一个 32.768 kHz 的石英振荡器。此外,电路中的 C1、C2 与 R_P 电阻是提供振荡不可或缺的元件,在讲求频率精确度的应用场合,这些元件也提供所需的电路补偿,以提供精确、稳定的振荡频率。读者可以查阅振荡器供货商的产品规格书,以取得电容的正确数值。请注意,在 XT1、XT2 引脚间存在大约 7 pF 的杂散电容,在图中并未加以标示;图 1.4.4 中 C1、C2 的建议值为 10 pF,R_P 阻值约在 5~10 MΩ 之间。

LXT 振荡形式提供两种工作模式,分别是快速启动模式(Quick Start Mode)与低功耗模式(Low Power Mode),可由"LXTLP"位加以选择;当选用 Quick Start Mode(LXTLP="0")

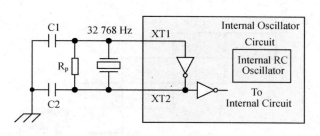

图 1.4.4　LXT 振荡电路连接方式

时,LXT 能在最短时间内起振并进入稳定状态,这也是 Power-on 时系统的初始设定模式。当 LXT 进入稳定输出后,建议将其切换为 Low Power Mode(LXTLP＝"1"),此时 LXT 继续稳定的振荡,但消耗较低的电流。由于 LXT 振荡器唯有在起振时需要较大电流,对于以电池为供电装置的应用产品上,建议在 Power-on 后约 2 s,即设定 LXTLP＝"1",采用低功耗模式,以降低电流的耗损。请注意,不论 LXTLP 位的设定为何,LXT 振荡电路均可正常运作;唯一的差异仅是"Low Power Mode"需要较长的起振时间。

HT66Fx0 芯片内部将系统频率(System Clock, f_{SYS})以 4 个周期为单位称为指令周期(Instruction Cycle)。每一个指令周期可再细分为 4 个非重叠时段(T1～T4),如图 1.4.5 所示。程序计数器(Program Counter, PC)是在 T1 加一,而在 T4 时依据 PC 值将指令从程序存储器调入内部的指令寄存器(Instruction Decoder),至于指令的译码与执行则是在下一个指令周期的 T1～T4 完成。如此看来,似乎执行一个指令需要花费两个指令周期的时间,其实不然。由于 HT66Fx0 芯片内部采用流水线作业(Pipeline Scheme)的架构,除了跳转指令与分支指令(即改变 PC 值的指令)之外,绝大多数指令的执行都只需花费一个指令周期的时间。请参考图 1.4.6 的例子与说明。

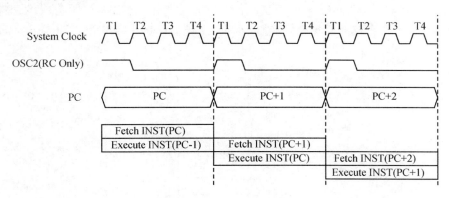

图 1.4.5　Clock 与指令周期的关系

首先,在第一个指令周期时,依据 PC 值在程序存储器提取指令(Fetch 1:"MOV A,30")。在第二个指令周期时,除了针对"MOV A,30"进行译码与执行之外(Execute 1),同时也将下一个指令调入指令寄存器(Fetch 2:"MOV 06,A")。在此执行期间,操作数(数据存储器)的读取是在 T2 进行,而运算结果的储存则是在 T4 完成。至于在执行分支及跳转指令(如"CALL"、"JMP"等)时,由于必须先将流水线中的指令"清空(Flush)"以便存放新进的指令,所以必须两个指令周期的时间才能完成。

第 1 章　HT66Fx0 系列单片机简介

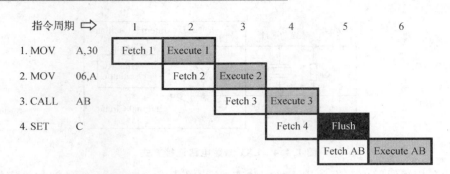

图 1.4.6　HT66Fx0 Pipeline 架构图例

1.4.3　复位引脚($\overline{\text{RES}}$)

HT66Fx0 外部复位输入引脚是与 PB0 所共用，由于在芯片内部已配备了复位电路的设计（请参考 2.14 节中系统复位的相关说明），使用者可根据应用的需求，考虑外部复位的必要性。通过"配置选项"的设定可以选择是否启用芯片外部复位的功能，在不需外部复位的情况下，该引脚可当一般 I/O 使用。

HT66Fx0 系统复位输入脚，引脚内部为斯密特触发（Schmitt Trigger）的形式。系统复位的主要目的是让单片机回到预设的系统状况。当 $\overline{\text{RES}}$ 引脚输入低电平，HT66Fx0 随即进入复位状态，待 $\overline{\text{RES}}$ 引脚恢复高电平之后才恢复正常的工作。虽然 HT66Fx0 芯片内部提供了 RC 复位功能，但是若 V_{DD} 上升速度太慢或是在供电瞬间无法于短时间内达到稳定状态，就可能导致复位程序无法顺利完成，使得单片机不能正常运作。因此建议在 $\overline{\text{RES}}$ 引脚外接一组 RC 电路，以提供足够的延迟时间让电源达到稳定的状态。图 1.4.7 为复位电路接法，连接至 $\overline{\text{RES}}$ 引脚的接线应越短越好，以降低噪声的干扰。图中 300 Ω 电阻与二极管所构成的回路可提供 ESD[⑥] 保护，若电源噪声较高的场合，则建议加上 C1 电容。图 1.4.8 为 HT66Fx0 $\overline{\text{RES}}$ 引脚复位时序。

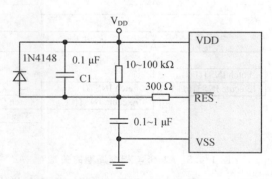

图 1.4.7　HT66Fx0 引脚复位电路

---

⑥　静电放电（Electrostatic Discharge，ESD）是造成大多数电子元件或电子系统受到过度电性应力（Electrical Overstress）破坏的主要因素。这种破坏将导致半导体元件，形成一种永久性的毁坏，因而影响集成电路的电路功能，使得电子产品工作不正常。

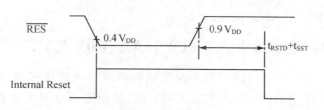

图1.4.8　HT66Fx0引脚复位时序

1.4.4　ADC相关引脚(AVDD、AVSS、VREF、AN11～AN0)

HT66Fx0内建8～12通道的模拟一数字转换接口,其工作电压(AVDD、AVSS)为独立供应,可降低ADC转换电路受单片机运作的影响,VREF为ADC转换参考电压输入端,AN11～AN8(HT66F60 Only)、AN7～AN0则为模拟信号输入引脚,请参考2.9节的说明。

1.4.5　定时器模块相关引脚(TCKn、TPn_0/1、TP1A、TP1B_0/1/2)

HT66Fx0系列依型号的不同配置了2～4组的定时器模块(TM),每个TM均搭配一个TCKn输入引脚,作为外部计数频率输入、检测输入信号正负缘的变化,或是做为脉冲宽度量测之用。每个TM也至少配置了一个输出引脚(TPn_0、TPn_1、TP1A、TP1B_0、TP1B_1、TP1B_/2等),当TM运作于Compare Match Mode时,若发生"比较匹配"的状况,定时器模块将根据控制位的设定将输出的电平设为高、低,或者反态(Toggle),也可做为PWM波形的输出引脚,请参阅2.5节的说明。

1.4.6　外部中断输入引脚(INT0、INT1、INT2、INT3)

HT66Fx0家族提供2～4个外部中断输入引脚(INT0～INT3),所谓外部中断(External Interrupt)是指当INT0～INT3引脚的输入信号发生"特定"的电平变化时所引发的中断,请参阅2.4节的说明。

1.4.7　SIM接口相关引脚(SCK/SCL、SDI/SDA、SDO、$\overline{SCS}$、PCK、$\overline{PINT}$)

HT66Fx0系列单片机配备串行接口模块(SIM),提供两组应用相当广泛的串行传输接口,分别为:四线式的SPI(使用SCK、SDI、SDO、$\overline{SCS}$)与双线式的I^2C(使用SCL、SDA),可通过软件设定择一使用。此外,SIM模块尚配备PCK(外围频率输出)引脚,通过该引脚输出的频率信号可让外部硬件电路与单片机内部频率达到同步的作用。$\overline{PINT}$则是外界装置要求单片机服务的中断输入引脚,功能其实与外部中断(INT0～INT3)差不多,但其触发电平不如外部中断具备弹性的选择,唯有当$\overline{PINT}$引脚出现"1"到"0"的变化方能触发单片机的外围装置中断,请参阅2.8节的说明。

1.4.8　LCD接口相关引脚(SCOM3～SCOM0)

HT66Fx0单片机提供偏压比(Bias)为1/2,4个COM端的LCD界面(SCOM3～SCOM0),其SEG(Segment)端的段数就取决于整体I/O引脚的规划。SCOM0～SCOM3是由PC引脚引出,可为PC[3:0]或PC[1:0]与PC[7:6]的组合。实际所对应的引脚、脚数会因不同型号而异,请参阅 2.10 节的说明。

1.4.9 比较器引脚(C0+/C0-、C1+/C1、C0X/C1X)

C0+/C0-、C1+/C1- 为 HT66Fx0 内建的两组模拟电压比较器(Comparator)输入引脚,比较器输出状态将记录在 C0OUT/C1OUT 位,使用者可选择是否将比较结果由 C0X/C1X 引脚输出。当输出状态产生改变时,若相关中断位已使能,则 CPU 将跳至对应的中断向量执行中断服务子程序,请参阅 2.7 节的说明。

1.4.10 输入/输出引脚(PA、PB、PC、PD、PE、PF、PG)

HT66Fx0 系列的输入/输出单元是采用存储器映射式(Memory Mapped I/O)的结构,也就是说每一个 I/O 口都对应到一个数据存储器的地址(SFR),这在第 2 章的内容中有详细的探讨,请读者自行参阅。HT66Fx0 单片机的每一个引脚都可以用指令单独的规划成输入或输出的形式,在 $V_{DD}=5$ V 的工作状态下,每个引脚的驱动电流为:Sink Current(I_{OL})$=20$ mA、Source Current(I_{OH})$=-7.4$ mA;而在 $V_{DD}=3$ V 时,每个引脚的驱动电流为:$I_{OL}=9$ mA、$I_{OH}=-3.2$ mA;而整颗单片机所能提供 I/O 驱动总电流量为:$I_{OL}=80$ mA、$I_{OH}=-80$ mA;如此强大的驱动能力,可以说是 HT66Fx0 的特点之一。另外,几乎所有的引脚均具备多重的功能,而各型号又具备多种脚数的封装形式,让使用者的选择更具弹性;以下说明中的引脚对应关系是以脚数最多、功能最完整的 HT66F60 52 QFP-A 封装为例。各 I/O 端口的功能与特点归纳如下,详细的说明尚请参考第 2 章各相关章节的内容:

(1) PA 为一双向的 I/O Port(PA7~PA0),每个位都是一个独立的个体,可通过 PAC 控制寄存器来规划各自的输入/输出功能,并可由 PAPU 控制寄存器选择各个引脚是否接上内部的上拉电阻(Pull-high Resistor,R_{PH}),当工作电压为 5 V 时,R_{PH} 的值在 10~50 kΩ 之间($R_{PH}=20\sim100$ kΩ@$V_{DD}=3$ V)。

PA 的引脚具多重功能,PA7~PA0 除可当成一般的 I/O 使用之外,它同时也是模拟信号输入至内部 A/D 模块的通道(AN0~AN7),请参考 2.9 节的说明。PA 的每一个引脚均具有唤醒(Wake-Up)功能,可经由 PAWU 控制寄存器加以选用,有关唤醒的相关说明请参考 2.15 节的内容。

PA0 也可以扮演比较器 0(Comparator 0)输出的角色—C0X,此时 C0X 的状态代表 C0+与 C0-模拟输入电压比较的结果,请参考 2.7 节。此外,PA0 尚可做为 STM 比较匹配的输出—TP0_0;请参考 2.5.1 节。

PA1 亦可做为 ETM 的捕捉输入或比较匹配输出—TP1A;请参考 2.5.3 节。

PA2 可做为 Comparator 0 模拟电压输入引脚—C0+;在 STM 计数频率选择是来自外部时,此一引脚则为频率信号输入之处—TCK0。

PA3 则是 Comparator 0 模拟电压输入引脚—C0-;同时也是外部中断触发信号输入之处—INT0,参考 2.4 节。

PA4 是外部中断触发信号输入之处—INT1;当 ETM 计数频率选择是来自外部时,此一引脚则为频率信号输入之处—TCK1。

PA5 也可扮演 Comparator 1 输出的角色—C1X,此时 C1X 的状态代表 C1+与 C1-模拟输入电压比较的结果。此外,当选用 SIM 模块的 SPI 功能时,PA5 尚做为串行数据输出的引脚—SDO,请参考 2.8.1 节。

PA6 在选用 SIM 模块的 SPI 功能时,尚做为串行数据输入引脚—SDI;而若选用 SIM 模块 I^2C 功能,PA6 则做为 I^2C 接口的数据引脚—SDA,请参考 2.8.2 节。

PA7 在选用 SIM 模块的 SPI 功能时,做为参考频率引脚—SCK;而若选用 SIM 模块 I^2C 功能,PA7 则做为 I^2C 接口的频率引脚—SCL。

(2) PB 为一双向的 I/O Port(PB7~PB0),每个位都是一个独立的个体,可通过 PBC 控制寄存器来规划各自的输入/输出功能,并可由 PBPU 控制寄存器选择是否接上内部的上拉电阻(R_{PH}),当工作电压为 5 V 时,R_{PH} 的值在 10~50 kΩ 之间(R_{PH} = 20~100 kΩ@ V_{DD} = 3 V)。

PB 的部分引脚具多重功能,通过配置选项的设定,PB0 可做为芯片外部复位信号输入引脚—$\overline{RES}$,请参考 2.9 节。而 PB1~PB4 则又做为频率信号输入之用(OSC1、OSC2、XT1、XT2),进一步说明请参考 2.11 节。PB5 则为 ADC 模块外部参考电压输入引脚—VREF;同时又是 SIM 模块操作于 SPI Slave 功能时的使能引脚—$\overline{SCS}$。

(3) PC 是双向的 I/O Port(PC7~PC0),每一个脚可以通过 PCC 控制寄存器单独定义其为输入或输出。由 PCPU 控制寄存器选择是否接上内部上拉电阻(R_{PH}),当工作电压为 5 V 时,R_{PH} 的值在 10~50 kΩ 之间(R_{PH} = 20~100 kΩ@ V_{DD} = 3 V)。

PC0~PC7 的引脚具多重功能,PC0、PC1 尚可做为 ETM 捕捉输入/比较匹配的输出—TP1B_0、TP1B_1(请参考 2.5.3 节),并且可将这两个引脚规划为互补式(Complement)输出,增加其驱动能力(请参考 2.6.9 节);此外也是 LCD 接口的 SCOM0、SCOM1 信号输出引脚(请参考 2.10 节)。

PC2 在 TM2 计数频率选择是来自外部时,此一引脚则为频率信号输入之处—TCK2(请参考 2.5.2 节);也可做为 Comparator 1 模拟电压输入引脚—C1+;同时 PC2 也是 SIM 模块外部外围装置的频率信号引脚—PCK。

PC3 尚可做为 STM 捕捉输入/比较匹配的输出—TP2_0;也可做为 Comparator 1 模拟电压输入引脚—C1-;同时 PC3 也是 SIM 模块外部外围装置的中断触发信号引脚—$\overline{PINT}$。

PC4 尚可做为 TM2 捕捉输入/比较匹配的输出—TP2_1;并且可将其与 TP2_0 引脚规划为互补式(Complement)输出,增加其驱动能力。同时,PC4 也是外部中断触发信号输入之处—INT2,参考 2.4 节。在 TM3 计数频率选择是来自外部时,此一引脚则为频率信号输入之处—TCK3(请参考 2.5.2 节)。

PC5 可做为 TM1 捕捉输入/比较匹配的输出—TP1B_2;或是 TM0 比较匹配的输出—TP0_1,并且可将其与 TP0_0 引脚规划为互补式增加其驱动能力。PC5 也是外部中断触发信号输入之处—INT3。

PC6、PC7 尚可做为 LCD 接口的 SCOM2、SCOM3 信号输出引脚(请参考 2.10 节)。

(4) PD 是双向的 I/O Port(PD7~PD0),每一个脚可以通过 PDC 控制寄存器单独定义其为输入或输出。由 PDPU 控制寄存器选择是否接上内部上拉电阻(R_{PH}),当工作电压为 5 V 时,R_{PH} 的值在 10~50 kΩ 之间(R_{PH} = 20~100 kΩ@ V_{DD} = 3 V)。PD 可为单纯的 I/O 引脚,不过 HT66Fx0 系列提供功能引脚重置(Re-mapping)的机制,可将单片机部分功能于 PD 实现。

(5) PE 是双向的 I/O Port(PE7~PE0),每一个脚可以通过 PEC 控制寄存器单独定义其为输入或输出。由 PEPU 控制寄存器选择是否接上内部上拉电阻（R_{PH}），当工作电压为 5 V 时，R_{PH} 的值在 10～50 kΩ 之间（R_{PH}＝20～100 kΩ@ V_{DD}＝3 V）；HT66F60 单片机的 PE6、PE7 尚可作为模拟通道（AN8～AN9）的输入引脚。另外，经由功能引脚重置的机制，可将单片机 INT0，INT1 功能于 PE6、PE7 实现。

（6）PF 为双向的 I/O Port（PF7～PF0），每一个脚可以通过 PFC 控制寄存器单独定义其为输入或输出。由 PFPU 控制寄存器选择是否接上内部上拉电阻（R_{PH}），当工作电压为 5V 时，R_{PH} 的值在 10～50 kΩ 之间（R_{PH}＝20～100 kΩ@ V_{DD}＝3 V）；HT66F60 单片机的 PF0、PF1 尚可作为模拟通道（AN10～AN11）的输入引脚。另外，经由功能引脚重置的机制，可将单片机 C0X、C1X 功能于 PF0、PF1 实现。

（7）PG 为双向的 I/O Port（PG1～PG0），仅 HT66F60 52 QFP-A 封装配备 PG 引脚，且其仅有两位的宽度。每一个脚可以通过 PGC 控制寄存器单独定义其为输入或输出。由 PGPU 控制寄存器选择是否接上内部上拉电阻（R_{PH}），当工作电压为 5 V 时，R_{PH} 的值在 10～50 kΩ 之间（R_{PH}＝20～100 kΩ@ V_{DD}＝3 V）；经由功能引脚重置的机制，可将单片机 C0X、C1X 功能于 PG0、PG1 实现。

以上仅是针对 HT66Fx0 家族引脚功能概略叙述，详细的功能操作还是请读者参阅各个相关章节。参考图 1.3.1～图 1.3.5，HT66Fx0 系列的引脚大多拥有多重的功能，当这些功能同时输出时，则以"/"符号右方的功能优先实现。另外，部分功能具备引脚重置（Pin-shared Function Pin-remapping）的机制，亦即可将某一功能由原定的引脚转移至其他引脚实现，这引引脚在引脚图中是以"[ ]"符号加以区分；可经由 PRM0、PRM1 以及 PRM2 控制寄存器的设定，将其由原来指定的引脚转移至其他引脚上实现，这样的设计使得芯片应用时在引脚的规划上更具弹性，请读者参考 2.6.10 小节的说明。

第 2 章

HT66Fx0 家族系统结构

本章将以循序渐进的方式，对 HT66Fx0 内部硬件结构做一番详尽的介绍。第 1 章已详细说明硬件引脚功能，本章将逐一介绍存储器结构、I/O 特性、TM(Timer Module)以及其他外围设备（如 ADC、WDT、SIM、LVR、LVD、LCD 等。读者在阅读完本章之后，除了对HT66Fx0 家族有更完整的认识之外，也有助于理解以后各章的硬件设计及程序设计。建议读者研读本章时能够结合第 4 章的基础实验同步进行，在理论与实践相互呼应之下，必定有事半功倍的学习效果。本章的内容包括：

- 2.1　HT66Fx0 系列内部结构
- 2.2　程序存储器(Flash Program Memory)
- 2.3　数据存储器(Data Memory)结构
- 2.4　中断(Interrupt)机制与外部中断
- 2.5　定时器模块(TM)
- 2.6　输入/输出(Input/Output)控制单元
- 2.7　比较器(Comparator)
- 2.8　串行接口模块(SIM)
- 2.9　模拟/数字转换接口(ADC)
- 2.10　LCD 界面(SCOM Modle)
- 2.11　振荡器配置(Oscillator)
- 2.12　看门狗定时器(WDT)
- 2.13　时基定时器
- 2.14　复位(Reset)与系统初始化
- 2.15　省电模式与唤醒
- 2.16　低电压复位(LVR)
- 2.17　低电压侦测模块(LVD)
- 2.18　工作模式与快速唤醒
- 2.19　配置选项设定
- 2.20　实验导读指引

第 2 章 HT66Fx0 家族系统结构

2.1 HT66Fx0 系列内部结构

HT66Fx0 系列单片机的内部结构如图 2.1.1 所示，其以 8 位精简指令单片机核心为主体，搭配 Flash 程序存储器(Flash Program Memory，ROM)、数据存储器(包含 RAM Data Memory 与 E^2PROM Data Memory)、特殊功能寄存器(Special Function Register，SFR)、输入/输出端口(I/O Ports)、SPI/I^2C 串行接口模块(Serial Interface Module，SIM)、定时器模块(Timer Module，TM)、中断控制电路(Interrupt Controller)、多通道模拟－数字转换器(Multi-Channel ADC)、比较器(Comparator)、LCD 接口(提供 COM3～COM0 输出)与看门狗定时器(Watchdog Timer，WDT)等。其中数据存储器(Data Memory)的宽度为 8 位，程序存储器则依不同型号而有所差异，其宽度在 14～16 位。

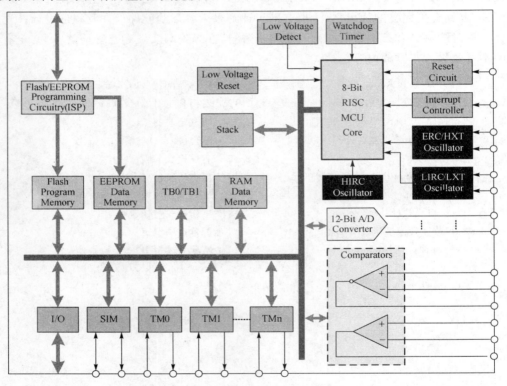

图 2.1.1 HT66Fx0 家族内部方框图

单片机核心(MCU Core)是由程序计数器(Program Counter，PC)、算术/逻辑运算单元(Arithmetic/Logic Unit，ALU)与控制单元(Control Unit，CU)所组成。程序的执行是以程序计数器的值为地址到程序存储器中读取指令码(Op-Code)并存放于控制单元内部的指令寄存器(Instruction Register)，再通过指令译码器(Instruction Decoder)译码之后，搭配时序产生电路(Timing Generator)产生一连串的硬件信号依次控制各个单元而完成。

请注意：PC 值是指向 CPU 下一个要执行的指令地址，即当 CPU 依据 PC 值将指令读回指令寄存器时，其将自动指向下一个指令地址；由于 HT66Fx0 系列单片机属 RISC 结构，具有每个指令仅占一个程序存储器空间的特性，因此在 CPU 依目前 PC 值读回指令时，PC 将自动加一指向下一个地址的指令。而若目前读回的指令为跳转指令（如 CALL、JMP、RET），或是条件分支指令（如 SNZ、SZ、SDZ、SDZA、SIZ、SIZA）的判断条件成立时，其将改变程序的既定执行程序（即执行下一行指令），所以 PC 值必须重新指向指定的指令地址，这也是为什么此类指令执行的时间要比其他指令多耗费一个指令周期（Instruction Cycle）的原因。

算术/逻辑运算单元可执行 8 位的算术与逻辑运算，除了保存数据运算的结果之外，同时也会改变状态寄存器（Status Register）的相关位（参考 2.3.11 节），以作为条件式分支指令的判断依据。与 ALU 单元相关的指令有：①算术运算指令，如 ADD、ADC、SUB、SBC、DAA；②逻辑运算指令，如 AND、OR、XOR、CPL；③递增（INC）、递减（DEC）指令；④移位指令，如 RL、RR、RLC、RRC；⑤条件分支指令，如 SZ、SNZ、SDZ、SIZ；第 3 章对 HT46Fx0 单片机有详细的介绍，请读者参阅。

2.2 程序存储器（Flash Program Memory）

HT66Fx0 系列内含 Flash 程序存储器，支持程序重复烧录功能，使得产品开发过程更加便利；不同型号单片机的存储器容量大小略有差异，提供使用者更具弹性的选择。程序存储器（以下简称 ROM）主要用来存放程序与固定的常数数据。配合程序计数器（Program Counter, PC）来选择下一个所要执行的指令地址；而查表指令（TABRD）与表格指针（Table Pointer, TBLP、TBHP）的搭配运用，可以读取存放于程序存储器内的表格数据。

图 2.2.1 为 HT66Fx0 家族程序存储器映射图（Memory Map），PC 必须具备足够的位宽度，才能保证单片机能够读取（Fetching）储存于程序存储器中任一位置的指令。HT 系列单片机将程序计数器分为两部分，其一是代表低 8 位的 PCL 寄存器；而剩余的位则统称为"PC High-Byte"（其位数则依型号而异），如表 2.2.1 所列。

表 2.2.1 HT66Fx0 系列 PC、寻址能力与堆栈层数

型号	Program Counter		寻址能力	Program Banks	堆栈层数
	PC High Byte	PCL Register			
HT66F20	PC9，PC8	PCL7～PCL0	1 K×14 Bits	—	4
HT66F30	PC10～PC8	PCL7～PCL0	2 K×14 Bits	—	4
HT66F40	PC11～PC8	PCL7～PCL0	4 K×15 Bits	—	8
HT66F50	PC12～PC8	PCL7～PCL0	8 K×16 Bits	—	8
HT66F60	PC13～PC8	PCL7～PCL0	12 K×16 Bits	0，1	12

请注意：HT66F60 的程序存储器容量为 12 K×16 Bits，分为 Bank0（8 K×16 Bits）与 Bank1（4 K×16 Bits）两个区块；必须通过 Bank Pointer Register（BP）的 PMBP0 位来选定所要读取的程序存储器区块。

观察图 2.2.1 所示的 HT66Fx0 家族的程序存储器映射图，首先注意到的是：HT66Fx0 复位后的 PC 值（即复位向量，Reset Vector）是指向程序存储器的第一个地址—0000h。这表示当 HT66Fx0 复位之后，单片机会到程序存储器的第一个位置（0000h）去读取指令来执行，所以使用者的程序必须从此位置开始存放；这一动作在汇编程序中，通常是以"ORG"指令来

第 2 章　HT66Fx0 家族系统结构

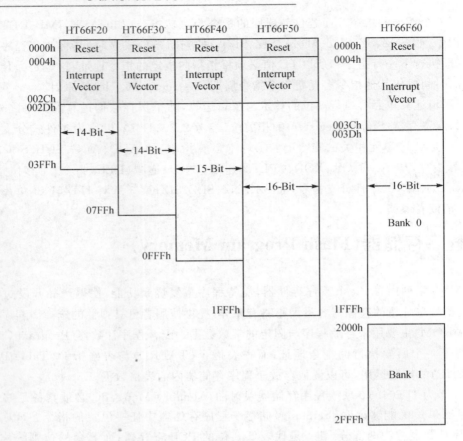

图 2.2.1　HT66Fx0 系列程序存储器映射图

完成，请读者参阅第 3 章的说明。另外，有一些特定的地址是中断(Interrupt)发生时，CPU 会固定跳去执行中断服务子程序(Interrupt Service Routine, ISR)的位置，一般称之为中断向量(Interrupt Vector)，简言之就是 ISR 的程序进入点；进一步的说明请读者参考 2.4 节有关中断的介绍。

堆栈存储器(Stack Memory)是另一个与程序执行流程息息相关的单元，它记录了程序的返回地址(Return Address)。HT66Fx0 系列的堆栈存储器是独立于程序存储器与数据存储器之外的一块专门用来储存 PC 值的空间；当发生中断(Interrupt)或执行"CALL"指令时，单片机会先将目前的 PC 值存放于堆栈存储器，然后将所调用的子程序地址放入 PC，如此便完成了调用子程序的跳转动作；而当执行到"RET"、"RET A, x"与"RETI"指令时，单片机则从堆栈存储器中取出返回地址并放入 PC，而完成由子程序返回主程序(或原调用处)的动作。

如图 2.2.2 所示，程序返回地址的存放是根据堆栈指针(Stack Pointer, SP)由堆栈存储器的底端(Bottom of Stack)逐次向上存放；而返回地址的取回则是依 SP 值由堆栈存储器的最上层(Top of Stack)依次往底层读取；此即所谓先进后出(First In Last Out, FILO)的存储器管理机制。由于堆栈空间有一定的限制，因此读者对于子程序的调用就必须格外的谨慎，以免因为调用太多层造成堆栈区溢出(Stack Overflow)，使得 PC 无法取回正确的返回地址而导致程序执行失序、死机；各型号的堆栈层数如表 2.2.1 所列。

如前所述，程序存储器除了存放程序代码之外，也可用来存放固定的常数数据，例如七段

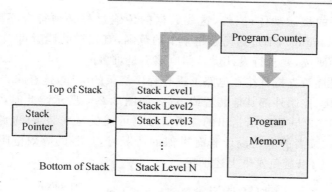

图 2.2.2　堆栈存储器

数码管的显示码、点矩阵字型码及字符串数据等,搭配特殊的查表指令(TABRDC [m]、TABRDL[m]),每笔数据的位数为程序存储器的宽度。

参考图 2.2.3,TBLP、TBHP 寄存器的内容为所要读取的程序存储器地址。读回的数据位数等同于程序存储器的宽度,然而在"TABRD [m]"指令中只指出了存放低 8 位的数据存储器地址([m]),剩下的数据位则固定存放于 TBLH 寄存器。

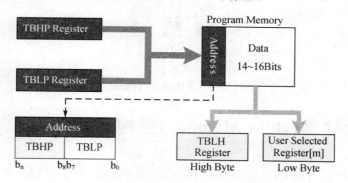

图 2.2.3　HT66Fx0 查表指令示意图

Flash Type 的程序存储器支持在线烧录(In Circuit Programming)功能,使得开发过程中可以在电路上直接烧录修改程序之外,对于未来产品的软件更新、升级也提供了莫大的便利性。只需通过 HT66Fx0 的 5 个引脚(如表 2.2.2 所列)即可进行程序的烧录。

表 2.2.2　HT66Fx0 In Circuit Programming 使用引脚

HT66Fx0 引脚	烧录时功能	功　能
PA0	DATA	串行数据输入/输出
PA2	CLK	串行时钟信号
PB0	$\overline{\text{RES}}$	复位
VDD	VDD	电源供应
VSS	VSS	地线

在程序的烧录过程中,$\overline{\text{RES}}$引脚会由烧录器(Writer)强制拉至低电平以阻止单片机的正常运行,通过 DATA(PA0)与 CLK(PA2)进行烧录器与 HT66Fx0 的双向通信与程序代码传

输后,即可完成程序的烧录动作;当然,这些数据的传输过程必须符合盛群公司内定的语法(Protocol)与时序(Timing),不过这已超越本书的范围,有兴趣的读者可上网查询盛群公司相关的文件,若能细心研读,要自行设计烧录器应该不是难事。

如前所述,在线烧录支持直接在电路上进行程序烧录的动作,这意味着单片机的烧录引脚原本就设计用来连接、控制外部其他装置或电路,如图 2.2.4 所示。此时,即使单片机不运行程序,但通过 PA0、PA2 与 PB0 所送出的烧录信号仍可能受这些装置、电路的影响,导致烧录程序无法正确完成。读者的应用设计若有类似的情况时,负载的等效电阻值需大于 1 kΩ、等效电容值需小于 1 nF,以避免发生上述干扰。

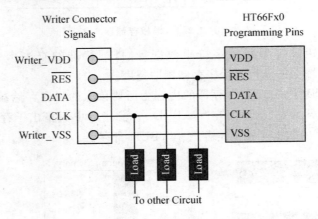

图 2.2.4 "在线烧录"引脚连接

2.3 数据存储器(Data Memory)结构

HT66Fx0 的数据存储器可区分为随机存取(Data Memory RAM,RAM)与非易失性(EEPROM Data Memory,E^2PROM)两大区块。如图 2.3.1 所示,RAM 中包含了用来控制外

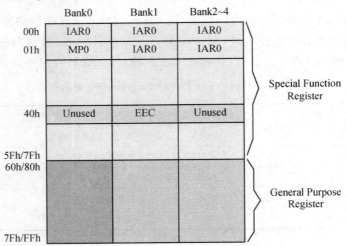

图 2.3.1 HT66Fx0 系列 RAM 数据存储器与特殊功能寄存器

围单元相关特性的特殊功能寄存器(SFR),以及可以当成一般存储单元使用的通用存储器(GPR);E^2PROM 则可用来储存系统断电后仍需保留的数据,其读、写必须通过 EEC、EEA 与 EED 这 3 个特殊功能寄存器控制,请参阅 2.3.12 节的详细介绍。各型号的数据存储器容量如表 2.3.1 所列。

表 2.3.1 HT66Fx0 系列 RAM/E^2PROM 存储器容量

型号	RAM 容量	RAM Banks	EEPROM 容量	EEPROM 地址范围
HT66F20	64×8 Bits	0:60h～7Fh	32×8 Bits	00h～1Fh
		1:60h～7Fh		
HT66F30	96×8 Bits	0:60h～7Fh	64×8 Bits	00h～3Fh
		1:60h～7Fh		
		2:60h～7Fh		
HT66F40	192×8 Bits	0:80h～FFh	128×8 Bits	00h～7Fh
		1:80h～BFh		
HT66F50	384×8 Bits	0:80h～FFh	256×8 Bits	00h～FFh
		1:80h～FFh		
		2:80h～FFh		
HT66F60	576×8 Bits	0:80h～FFh	256×8 Bits	00h～FFh
		1:80h～FFh		
		2:80h～FFh		
		3:80h～FFh		
		4:80h～FFh		

HT66Fx0 的 RAM 存储器由 2～5 组存储区(Bank)组成,其中包含可任由使用者运用的通用存储器(General Purpose Register,GPR)以及控制单片机内部运作与外围设备特性与功能的特殊功能寄存器(Special Function Register,SFR)。存储区(Bank)的选择通过 BP(Bank Pointer)寄存器中的 DMBP 相关位进行切换;请注意,除了 EEC 寄存器仅能在 Bank1 被选定的情况下存取之外,其余的特殊功能寄存器不管选定哪个 Bank,均存取到同一个寄存器。以 HT66F40 为例,当读取 00h 地址时,不论 DMBP[0]设定为"0"或"1"都是读到 MP0 的值;而读取 40h 的地址时,若 DMBP[0]="1",则可读取到 EEC 寄存器的值;但若 DMBP[0]="0",那将仅能读回"00h"的数值(由于 Bank0 的 40h 是保留区,依 HT66Fx0 数据手册中的叙述,当读取这些保留区时读回的数值为"00h")。至于通用存储区,则依选定的 Bank 指向不同的实体存储器空间,有关 BP 特殊功能寄存器的介绍请参考 2.3.5 小节。

不同型号的 HT66Fx0 单片机在 RAM 的容量与装置功能上都有些许的差异,因此在相关地址与特殊功能寄存器的安排上也略有不同;因此将其整理于表 2.3.1 与表 2.3.2。

表 2.3.2　HT66Fx0 系列特殊功能寄存器配置

RAM Address	Device HT66F 20	30	40	50	60	Register Name	Register Description
00H	●	●	●	●	●	IAR0	Indirect Addressing Register 0
01H	●	●	●	●	●	MP0	Memory Pointer 0
02H	●	●	●	●	●	IAR1	Indirect Addressing Register 1
03H	●	●	●	●	●	MP1	Memory Pointer 1
04H	●	●	●	●	●	BP	Bank Pointer
05H	●	●	●	●	●	ACC	Accumulator
06H	●	●	●	●	●	PCL	Program Counter Low Byte
07H	●	●	●	●	●	TBLP	Table Pointer Low Byte
08H	●	●	●	●	●	TBLH	Table Data High Byte
09H	●	●	●	●	●	TBHP	Table Pointer High Byte
0AH	●	●	●	●	●	STATUS	Status Register
0BH	●	●	●	●	●	SMOD	System Mode
0CH	●	●	●	●	●	LVDC	Low Voltage Detect
0DH	●	●	●	●	●	INTEG	Interrupt Edge Select
0EH	●	●	●	●	●	WDTC	Watchdog Control
0FH	●	●	●	●	●	TBC	Time Base Control
10H	●	●	●	●	●	INTC0	Interrupt Control Register 0
11H	●	●	●	●	●	INTC1	Interrupt Control Register 1
12H			●	●	●	INTC2	Interrupt Control Register 2
13H					●	INTC3	Interrupt Control Register 3
14H	●	●	●	●	●	MFI0	Multi Function Interrupt 0
15H	●	●	●	●	●	MFI1	Multi Function Interrupt 1
16H	●	●	●	●	●	MFI2	Multi Function Interrupt 2
17H			●	●	●	MFI3	Multi Function Interrupt 3
18H	●	●	●	●	●	PAWU	Port A Wake-up
19H	●	●	●	●	●	PAPU	Port A Pull-high
1AH	●	●	●	●	●	PA	Port A Data
1BH	●	●	●	●	●	PAC	Port A Control
1CH	●	●	●	●	●	PBPU	Port B Pull-high
1DH	●	●	●	●	●	PB	Port B Data
1EH	●	●	●	●	●	PBC	Port B Control
1FH	●	●	●	●	●	PCPU	Port C Pull-high
20H	●	●	●	●	●	PC	Port C Data
21H	●	●	●	●	●	PCC	Port C Control

续表 2.3.2

RAM Address	Device HT66F					Register Name	Register Description
	20	30	40	50	60		
22H			●	●	●	PDPU	Port D Pull-high
23H			●	●	●	PD	Port D Data
24H			●	●	●	PDC	Port D Control
25H			●	●	●	PEPU	Port E Pull-high
26H			●	●	●	PE	Port E Data
27H			●	●	●	PEC	Port E Control
28H			●	●	●	PFPU	Port F Pull-high
29H			●	●	●	PF	Port F Data
2AH			●	●	●	PFC	Port F Control
2BH					●	PGPU	Port G Pull-high
2CH					●	PG	Port G Data
2DH					●	PGC	Port G Control
2EH	●	●	●	●	●	ADRL	A/D Data Low Byte
2FH	●	●	●	●	●	ADRH	A/D Data High Byte
30H	●	●	●	●	●	ADCR0	A/D Control 0
31H	●	●	●	●	●	ADCR1	A/D Control 1
32H	●	●	●	●	●	ACERL	A/D Channel Select 0
33H					●	ACERH	A/D Channel Select 1
34H	●	●	●	●	●	CP0C	Comparator 0 Control
35H	●	●	●	●	●	CP1C	Comparator 1 Control
36H	●	●	●	●	●	SIMC0	SIM Control 0
37H	●	●	●	●	●	SIMC1	SIM Control 1
38H	●	●	●	●	●	SIMD	SIM Data Register
39H	●	●	●	●	●	SIMA/SIMC2	I^2C SlaveAddress/SIM Control 2
3AH	●	●	●	●	●	TM0C0	TM0 Control 0
3BH	●	●	●	●	●	TM0C1	TM0 Control 1
3CH	●	●	●	●	●	TM0DL	TM0 Counter Low Byte
3DH	●	●	●	●	●	TM0DH	TM0 Counter High Byte
3EH	●	●	●	●	●	TM0AL	TM0 CCRA Low Byte
3FH	●	●	●	●	●	TM0AH	TM0 CCRA High Byte
40H						Unused	In Bank 0
	●	●	●	●	●	EEC	In Bank 1
41H	●	●	●	●	●	EEA	EEPROM Address
42H	●	●	●	●	●	EED	EEPROM Data

续表 2.3.2

RAM Address	Device HT66F 20	30	40	50	60	Register Name	Register Description
43H	●	●	●	●	●	TMPC0	TM Pin Control 0
44H			●	●	●	TMPC1	TM Pin Control 1
45H			●	●	●	PRM0	Pin-remapping Register 0
46H			●	●	●	PRM1	Pin-remapping Register 1
47H			●	●	●	PRM2	Pin-remapping Register 2
48H	●	●	●	●	●	TM1C0	TM1 Control 0
49H	●	●	●	●	●	TM1C1	TM1 Control 1
4AH		●	●	●	●	TM1C2	TM1 Control 2
4BH	●	●	●	●	●	TM1DL	TM1 Counter Low Byte
4CH	●	●	●	●	●	TM1DH	TM1 Counter High Byte
4DH	●	●	●	●	●	TM1AL	TM1 CCRA Low Byte
4EH	●	●	●	●	●	TM1AH	TM1 CCRA High Byte
4FH		●	●	●	●	TM1BL	TM1 CCRB Low Byte
50H		●	●	●	●	TM1BH	TM1 CCRB High Byte
51H			●	●	●	TM2C0	TM2 Control 0
52H			●	●	●	TM2C1	TM2 Control 1
53H			●	●	●	TM2DL	TM2 Counter Low Byte
54H			●	●	●	TM2DH	TM2 Counter High Byte
55H			●	●	●	TM2AL	TM2 CCRA Low Byte
56H			●	●	●	TM2AH	TM2 CCRA High Byte
57H			●	●	●	TM2RP	TM2 CCRP
58H			●	●	●	TM3C0	TM3 Control 0
59H			●	●	●	TM3C1	TM3 Control 1
5AH			●	●	●	TM3DL	TM3 Counter Low Byte
5BH			●	●	●	TM3DH	TM3 Counter High Byte
5CH				●	●	TM3AL	TM3 CCRA Low Byte
5DH				●	●	TM3AH	TM3 CCRA High Byte
5EH	●	●	●	●	●	SCOMC	LCD Control
5FH							Unused
60H ⋮ 7FH	GPR	GPR	Unused	Unused	Unused	Unused	此区域为 HT66F20/30 General Purpose Data Memory

想要对单片机操控自如、发挥其最大效能,一定得先彻底了解特殊功能寄存器的特性。但对初学者而言,一开始就要记住这么多不同功能的寄存器(而且各个位又有不同的控制用途),

难免会有"雾里看花、越看越花"的感觉,导致对单片机的学习失去信心及兴趣。在此强烈建议初学者务必结合第 4 章的实习内容,以循序渐进、边做边学的方式逐一了解各个特殊功能寄存器的作用,如此方能达到事半功倍的效果。不需强迫自己记下所有寄存器的功用,只要稍做了解、需要使用时知道到哪里取得数据即可;一些常用的功能设定,用久、用多了,自然而然就不会忘记了。

2.3.1　IAR0(00h):间接寻址寄存器 0(Indirect Addressing Register 0)
2.3.2　MP0(01h):数据存储器指针 0(Data Memory Pointer 0)

　　IAR0 是一个 8 位间接寻址寄存器,它主要是结合 MP0 寄存器(Data Memory Pointer 0)来完成间接存取数据存储器的工作。在 HT66Fx0 单片机内部实际上并没有 IAR0 寄存器,但若指令以 IAR0 作为操作数时,单片机的动作是将 MP0 寄存器内所存放的内容当成数据存储器(指的是 GPR 或 SFR)的地址,然后针对该地址内的数据执行指定的运算,此即所谓间接寻址(Indirect Addressing Mode)。请参考以 HT66F50 为例的说明:

　　例:将 80h~8Fh(共 16 B)数据存储器内容清除为 0。

```
1.            INCLUDE    "HT66F50.INC"
2.            MOV        A,80h       ;将欲清除的存储器起始地址
3.            MOV        MP0,A       ;存入 MP0(01h)中
4.            MOV        A,16        ;设定 A = 16
5.  LOOP:     CLR        IAR0        ;清除 MP0 所指定的存储器地址
6.            INC        MP0         ;MP0 加 1,指向下一个地址
7.            SDZ        ACC         ;ACC = ACC - 1
8.            JMP        LOOP        ;若 ACC≠0,继续下一个地址
9.            ...
```

　　首先请读者注意的是:每一个特殊功能寄存器都占据 RAM 存储器中的一个地址,理当以这些地址来进行数据的存取。但是光看地址实在很难联想起该寄存器的功能及作用。鉴于此,盛群半导体公司在设计相关开发工具时,特别将特殊功能寄存器的名称与其在数据存储器中所占地址的对应关系定义在"HT66F50.INC"档案中,使用者只要在程序开头先以"IN-CLUDE"指令将此定义文件加载,就可以直接使用特殊功能寄存器的名称来撰写程序,增加程序的可读性及编写时的方便性,而本例中第一行指令的目的就在此。而 HT-IDE3000 V7.0 以后的版本,当在项目中指定 MCU 型号后,就会在编译时自动加载此定义档,使用者无须再自行添加。

　　请特别注意第 5 行的"CLR IAR0"指令,其动作并不是将 00h 的存储器地址内容清除。如前述说明:指令中若以 IAR0 作为操作数时,HT66F50 的动作是将 MP0 寄存器内所存放的内容当成数据存储器的地址,然后针对该地址内的数据执行所指定的运算。当第 1 次执行第 5 行时 MP0=80h,所以 80h 的地址内容被清除为 0;同理,当(ACC)-1≠0 第 2 次执行第 5 行时 MP0=81h,因此 81h 的地址内容被清除为 0;其余以此类推。此段程序中利用 ACC(即累加器)作为计数器,控制所要清除的存储器地址数目;MP0 则当成地址指针,记录所要清除的数据存储器地址。

2.3.3　IAR1(02h)：间接寻址寄存器1(Indirect Addressing Register 1)
2.3.4　MP1(03h)：数据存储器指针1(Memory Pointer 1)

HT66Fx0 单片机提供了两组寄存器用于间接寻址，IAR0 与 MP0 是其中一组，IAR1 与 MP1 则是另外一组；指令中若以 IAR1 作为操作数时，单片机的动作是将 MP1 寄存器内所存放的内容当成数据存储器的地址，然后针对该地址内的数据执行所指定的运算。至于详细的运用方式，请读者参阅前一小节中的说明。不过请读者注意，MP0、IAR0 仅能针对 Bank 0 的数据存储器进行间接寻址，也就是说即使是 BP(Bank Pointer)=1，但 MP0、IAR0 也只是针对 Bank 0 的数据存储器执行间接寻址指定的运算。然而 MP1、IAR1 则须视 BP 的设定，以决定是针对哪一组 Bank 的数据存储器进行间接寻址。其次，若间接寻址的对象是 EEC 寄存器，则 BP 务必设定为 Bank1；至于其他 SFR，则不论 BP 的设定为何值，间接寻址的方式都是指向同一组实体寄存器。

2.3.5　BP(04h)：存储区指针(Bank Pointer)

HT66Fx0 系列单片机的数据存储器(RAM)分为 2~5 组 Banks，可以通过 BP(Bank Pointer)特殊功能寄存器进行切换，如图 2.3.1 所示。BP 寄存器的 DMBP[2:0] 位是用来选择数据存储器 RAM 地址 00h~FFh 所对应的 Bank；但请注意 SFR 中，仅 EEC 寄存器必须在 BP="1"时才能进行正确的存取，BP 的设定对于其他特殊功能寄存器并无任何作用，如表 2.3.2 所列。同时特别提醒读者，位于 Bank0 以外的 GPR 必须以间接寻址的方式方能进行读写。此外，由于 HT66F60 的程序存储器也可分为两个 Banks，其切换也是通过 BP 特殊功能寄存器的设定完成，请参考表 2.3.3。由于 HT66Fx0 家族成员的数据存储器与程序存储器的容量并非相同，因此在 BP 寄存器的定义上略有差异，请读者特别留意。

表 2.3.3　HT66Fx0 系列 BP 特殊功能寄存器

MCU Type	Bank Pointer Register							
HT66F20 HT66F40	Name	—	—	—	—	—	—	—	DMBP0
	RW	R	R	R	R	R	R	R	R/W
	POR	—	—	—	—	—	—	—	0
HT66F30 HT66F50	Name	—	—	—	—	—	—	DMBP1	DMBP0
	RW	R	R	R	R	R	R	R/W	R/W
	POR	—	—	—	—	—	—	0	0
HT66F60	Name	—	—	PMBP0	—	—	DMBP2	DMBP1	DMBP0
	RW	R	R	R/W	R	R	R/W	R/W	R/W
	POR	—	—	0	—	—	0	0	0
	Bit	7	6	5	4	3	2	1	0

Bit　7-6　未定义，读取时将读到 0

Bit　5　PMBP0(Program Memory Bank Pointer 0)：程序存储区选择位仅定义于 HT66F60 中；其他型号并未配置，读取时将读到 0

```
1=Program Memory Bank1(Address:2000h～2FFFh)
0=Program Memory Bank0(Address:0000h～1FFFh)
```
Bit 4-3 未定义,读取时将读到 0
Bit 2-0 DMBP[2:0](Data Memory Bank Pointer):数据存储区选择位

DMBP[2:0]	Data Memory	单片机型号(HT66F)				
		20	30	40	50	60
000	Bank 0	●	●	●	●	●
001	Bank 1	●	●	●	●	●
010	Bank 2	—	●	●	●	●
011	Bank 3	—	—	—	●	●
100	Bank 4	—	—	—	—	●

2.3.6　ACC(05h):累加器(Accumulator)

累加器是与算术/逻辑单元(ALU)关系最密切的寄存器,也是所有数据存储器中唯一可以执行常数值运算的寄存器,所以凡是立即数(Immediate Data)的运算以及存储器间(GPR 与 SFR)的数据传送,都必须通过 ACC 寄存器来完成。

2.3.7　PCL(06h):程序计数器低 8 位(Low Byte of Program Counter)

HT66Fx0 系列单片机的程序计数器宽度为 10～14 位,其中的低 8 位(即 PCL)可以当成一般的寄存器作为指令的操作数。程序计数器的值是代表单片机下一个要执行的指令存放地址;因此,通过改变 PCL 可以达到程序跳转的目的,此即一般所谓的计算式跳转(Computational Jump),使得程序的撰写更具弹性。请看以下范例程序:

```
1.  ADDM    A,PCL       ;将 PCL 与 ACC 相加,结果存回 PCL
2.  JMP     CASE0       ;若 ACC = 0,跳至 CASE0
3.  JMP     CASE1       ;若 ACC = 1,跳至 CASE1
4.  JMP     CASE2       ;若 ACC = 2,跳至 CASE2
5.  ….
```

如上例,根据不同的 ACC 值控制 CPU 跳到不同的程序地址:A="0"跳至 CASE0,A="1"跳至 CASE1,A="2"跳至 CASE2,…,有点类似 C 程序语言中"switch"与"case"指令功效。但是要注意的是:由于芯片内部的算术逻辑运算电路(Arithmetic/Logic Unit,ALU)均只有 8 位,因此当"ADDM A,PCL"指令产生进位时,并不会将进位累进至程序计数器的高字节,也就是说计算式跳转仅限于同一个程序页范围(HT66Fx0 系列单片机的程序存储器以 256 个空间为单位,称为一页,"Program Page")。所以,在运用此类计算式跳转时,请特别注意发生进位时的情况。

2.3.8 TBLP(07h)：表格指针低字节(Table Pointer Low Byte)
2.3.9 TBLH(08h)：表格数据读取高位(Table High Bits)
2.3.10 TBHP(09h)：表格指针高字节(Table Pointer High Byte)

HT66Fx0 系列提供查表专用指令——"TABRD [m]"，方便使用者在查表时使用，TBLP、TBHP 寄存器的内容是代表所要读取的程序存储器地址。读回的数据位数是等同于程序存储器的宽度，然而在"TABRD [m]"指令中只指出了存放低 8 位的数据存储器地址([m])，剩下的数据位则存置于 TBLH 寄存器，请参考图 2.3.2 与以下范例说明。

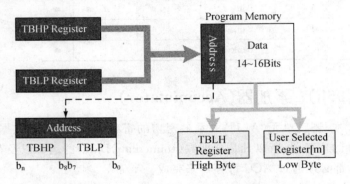

图 2.3.2 HT66Fx0 查表指令示意图

范例：以"TABRD [m]"指令读取程序存储器中的建表数据。

```
1.     MOV     A,HIGH TABLE
2.     MOV     TBHP,A              ;设定 TBHP 地址
3.     MOV     A,LOW TABLE
4.     MOV     TBLP,A              ;设定 TBLP 地址
5.     TABRD   DATA1_LO            ;读取数据
6.     MOV     A,TBLH
7.     MOV     DATA1_HI,A          ;高位数据存至 DATA1_HI
8.     INC     TBLP                ;指向下一地址
9.     TABRD   DATA2_LO            ;读取数据
10.    MOV     A,TBLH
11.    MOV     DATA2_HI,A          ;高位数据存至 DATA1_HI
12.    ORG     0700H
13. TABLE DC   1122H,3344H,5566H   ;数据建表区
```

本例假设建表数据存放于程序存储器 TABLE 地址(即 700h)处，故程序首先以 HIGH、LOW 伪指令取出其地址并分别放在 TBHP、TBLP 指针中，在读取第一笔数据之后将指针递增，指向下一笔数据并读取；执行完本例程序后，DATA1_HI＝11h、DATA1_LO＝22h、DATA2_HI＝33h、DATA2_LO＝44h。指令的相关说明请读者参阅第 3 章内容。

提醒读者的是：TBLH 是一个只读(Read Only)的寄存器，无法用"TABRD [m]"以外的指令来更改其值。因此，最好避免在主程序与中断服务子程序中同时使用查表指令。如果无法避免的话，最好在查表指令之前除能中断，等 TBLH 的值存放到适当寄存器之后再将其使

能,以免发生 TBLH 在中断服务子程序中被破坏的情形;此外,所有查表指令的执行都需要耗费两个指令周期的时间。

2.3.11 STATUS(0Ah):状态寄存器(Status Register)

Status 寄存器由指令执行结果的状态标志位(C、AC、Z、OV),以及系统状态标志位(PDF、TO)组成;现将其整理于表 2.3.4 中。C、AC、Z、OV 标志位除了自动真实反应指令执行结果的状态之外,亦能以指令改变其值;但任何写入 Status 寄存器的动作,都无法改变 PDF 与 TO 标志位。TO 标志位仅受系统启动(Power-up)、WDT 计时溢出以及执行"HALT"或"CLR WDT"指令所影响;PDF 标志位则受系统启动以及执行"HALT"或"CLR WDT"指令所影响。

表 2.3.4 HT66Fx0 的 STATUS 寄存器

Name	—	—	TO	PDF	OV	Z	AC	C
RW	R	R	R	R	R/W	R/W	R/W	R/W
POR			0	0	x	x	x	x
Bit	7	6	5	4	3	2	1	0

Bit 7-6　未定义,读取时将读到 0

Bit 5　TO:看门狗定时器状态位(WDT Time Overflow Status Bit)
　　　1=看门狗定时器溢出时
　　　0=Power-up、执行"CLR WDT"或"HALT"指令之后

Bit 4　PDF:省电状态位(Power-Down Flag)
　　　1=执行"HALT"指令后
　　　0=Power-up,或执行"CLR WDT"指令之后

Bit 3　OV:溢出标志位(Overflow Flag)①
　　　1=若执行运算时造成 Bit7 进位而 Bit6 没有进位;或 Bit6 进位而 Bit7 没有进位,则表示发生溢出,OV 被设定为 1
　　　0=若执行运算时造成 Bit7 与 Bit6 皆有进位;或 Bit7 与 Bit6 皆无进位,则表示未发生溢出,OV 被设定为 0

Bit 2　Z:零标志位(Zero Flag)
　　　1=当执行算数/逻辑指令后结果等于 0 时
　　　0=当执行算数/逻辑指令后结果不为 0 时

Bit 1　AC:辅助进借位标志位(Auxiliary Carry Flag)
　　　执行加法指令(ADD、ADC、ADDM、ADCM)时:
　　　1=执行加法指令后,低 4 位(Low Nibble)有进位时
　　　0=执行加法指令后,低 4 位(Low Nibble)无进位时
　　　执行减法指令(SUB、SBC、SUBM、SBCM)时:
　　　1=执行减法指令后,低 4 位(Low Nibble)无借位时
　　　0=执行减法指令后,低 4 位(Low Nibble)有借位时

Bit 0　C:进/借位标志位(Carry Flag)
　　　执行加法指令(ADD、ADC、ADDM、ADCM)时:
　　　1=执行加法指令后产生进位时

---

① 此位仅在带符号(Signed Number)系统中有意义,当 OV=1 时代表运算结果超出系统本身可以表示的范围。

0＝执行加法指令后没有进位时

执行减法指令(SUB、SBC、SUBM、SBCM)时：

1＝执行减法指令后无借位时

0＝执行减法指令后有借位时

当进入中断处理程序或执行子程序调用时，Status 寄存器的内容并不会自动的保留至堆栈区(Stack Memory)。若其内容涉及后续程序的执行，且在子程序执行过程中又会破坏其内容时，使用者务必先保留状态寄存器的动作，然后再开始子程序的处理；在结束子程序运行返回原调用处之前，再将保留的状态值重新加载至 Status 寄存器，以确保后续程序得以正常执行。请注意：HT 系列单片机并不支持 PUSH、POP 等堆栈处理指令，所有状态值或寄存器的保留均须由使用者自行以"MOV"指令将其复制到适当的数据存储器中。

2.3.12 EEPROM Data Memory

本节介绍的特殊功能寄存器					
名称	地址	备注	名称	地址	备注
EEA	41h	EEPROM Address Register	EEC	Bank 1, 40h	EEPROM Control Register
EED	42h	EEPROM Data Register			

HT66Fx0 系列单片机内建电可擦可编程只读数据存储器(EEPROM Data Memory, E^2 PROM)，可用来储存系统断电后仍需保留的数据。家族各成员的 E^2PROM 容量略有差异，以提供使用者更具弹性的选择。请参考表 2.3.1。E^2PROM Data Memory 的读写，必须通过 EEC、EEA 与 EED 这 3 个特殊功能寄存器的控制才能完成，请参阅表 2.3.5～表 2.3.7。

表 2.3.5 HT66Fx0 系列 EEC 寄存器

Name	—	—	—	—	WREN	WR	RDEN	RD
RW	R	R	R	R	R/W	R/W	R/W	R/W
POR	—	—	—	—	0	0	0	0
Bit	7	6	5	4	3	2	1	0

Bit 7-4　未定义，读取时将读到 0

Bit 3　WREN：EEPROM 写入使能(EEPROM Write Enable)

　　　1＝数据写入使能

　　　0＝禁止数据写入

Bit 2　WR：EEPROM 写入控制(EEPROM Write Control)

　　　1＝启动 EEPROM 数据写入程序(当 WREN＝1 时)

　　　0＝当 EEPROM 写入程序完成时，此位自动清除为 0

Bit 1　RDEN：EEPROM 读取使能(EEPROM Read Enable)

　　　1＝数据读取使能

　　　0＝禁止数据读取

Bit 0　RD：EEPROM 读取控制(EEPROM Read Control)

　　　1＝启动 EEPROM 数据读取程序(当 RDEN＝1 时)

　　　0＝当 EEPROM 读取程序完成时，此位自动清除为 0

表 2.3.6　HT66Fx0 系列 EED 寄存器

EED7	EED6	EED5	EED4	EED3	EED2	EED1	EED0
R/W	R/W	R/W	R/W	R/W	R/W	R/W	R/W
Bit7	6	5	4	3	2	1	Bit0

Bit　7-0　EED7～EED0：EEPROM 读写数据

当写入数据至 EEPROM 时，此寄存器存放欲写入的数据；当读取 EEPROM 时，由指定地址所读出的数据将存放在此寄存器。此寄存器 Power-on 时为未知状态

表 2.3.7　HT66Fx0 系列 EEA 寄存器

型　号	EEA Register								EEPROM 容量	地址范围
HT66F20	—	—	—	EEA4	EEA3	EEA2	EEA1	EEA0	32×8 Bits	00h～1Fh
HT66F30	—	—	EEA5	EEA4	EEA3	EEA2	EEA1	EEA0	64×8 Bits	00h～3Fh
HT66F40	—	EEA6	EEA5	EEA4	EEA3	EEA2	EEA1	EEA0	128×8 Bits	00h～7Fh
HT66F50/60	EEA7	EEA6	EEA5	EEA4	EEA3	EEA2	EEA1	EEA0	256×8 Bits	00h～FFh
	Bit7	6	5	4	3	2	1	Bit0		

Bit　7-0　EEA7～EEA0：要存取的 EEPROM 地址

由于各型号内建的 EEPROM 容量不一，故代表存取地址的 EEA 寄存器各位的定义亦有些许的差异。请注意，标示"—"的为未定义位，读取时将读到 0。所有定义位 Power-on 时为未知状态

EEPROM 的读取程序的操作步骤：①设定 RDEN＝1 以使能 E^2PROM 的读取功能；②EEA 寄存器指定欲读取的数据地址；③设定 RD＝1 启动读取程序；④当 E^2PROM 控制接口完成指定地址的数据读取后，会自行清除 RD 位，使用者可通过 RD 位是否为"0"判定读取程序是否完成。读出的数据将置于 EED 寄存器，除非启动新的读、写程序，否则该笔数据将一直存于 EED 中。

EEPROM 的写入程序则依以下顺序进行：①设定 WREN＝1 以使能 E^2PROM 的写入功能；②EEA 与 EED 寄存器分别指定所要写入的地址与数据；③设定 WR＝1 启动写入程序；④当 E^2PROM 控制接口完成指定地址的数据写入后，会自行清除 WR 位；使用者可通过检查 WR 位的状态判断写入程序是否已完成。

HT66Fx0 系列单片机提供 E^2PROM 接口读、写完成的中断机制，使用者亦可启动 E^2PROM 中断功能，则当完成读取或写入程序后，E^2PROM 接口会以中断方式通知 CPU。欲启动 E^2PROM 的中断机制，除了必须设定 DEE、EMI 位为"1"之外，还必须将 DEE 隶属的多功能中断加以使能。当 E^2PROM 接口完成读、写程序后将设定 DEF 中断标志位，此时若堆栈存储器尚有空间储存返回地址，则 CPU 将跳至多功能中断所对应的向量地址执行 ISR；请注意，当进入 ISR 后多功能中断请求标志位会由系统自动清除，而 DEF 标志位须由使用者自行清除。有关中断机制的详细说明，请参阅 2.4 节。

请读者特别注意：E^2PROM 的读、写控制相关位（RDEN、RD、WREN 与 WR）是隶属位于 Bank1 的 EEC 寄存器，使用时务必将 BP 寄存器切换至 Bank1，并搭配 IAR1 与 MP1 间接寻址寄存器进行所需的操控。由于系统 Power-on 时的 BP 指向 Bank0，因此 EEC 寄存器独立于 Bank1，再加上 WREN、WR 位的初值均为"0"，可避免 E^2PROM 的存储器数据被不经意的破

坏。当数据写入 E^2PROM 后,也应将 WREN 清除为"0",以免非预期的写入动作破坏存储器的数据。

以下两个范例分别说明如何通过 EEA、EED 与 EEC 这 3 个特殊功能寄存器完成对 E^2PROM 数据存储器的读、写程序:

范例一:将 EEPROM_DATA 的内容复制到 EEPROM_ADRES 所指定的地址。

```
1.              MOV     A,EEPROM_ADRES
2.              MOV     EEA,A               ;设定 EEPROM 地址
3.              MOV     A,EEPROM_DATA
4.              MOV     EED,A               ;设定 EEPROM 地址
5.              MOV     A,040H
6.              MOV     MP1,A               ;使 MP1 指向 EEC REG.
7.              MOV     A,01H
8.              MOV     BP,A                ;切换至 BANK 1
9.              SET     IAR1.3              ;WREN=1,启动 EEPROM 写入功能
10.             SET     IAR1.2              ;WR=1,启动 EEPROM 写入程序
11. WriteWait:  SZ      IAR1.2              ;等待写入程序完成
12.             JMP     WriteWait
13.             CLR     IAR1                ;除能 EEPROM READ/WRITE
14.             CLR     BP
```

范例二:将 EEPROM_ADRES 所指定的地址内容读出,并复制到 READ_DATA。

```
1.              MOV     A,EEPROM_ADRES
2.              MOV     EEA,A               ;设定 EEPROM 地址
3.              MOV     A,040H
4.              MOV     MP1,A               ;使 MP1 指向 EEC REG.
7.              MOV     A,01H
8.              MOV     BP,A                ;切换至 BANK 1
9.              SET     IAR1.1              ;RDEN=1,启动 EEPROM 读取功能
10.             SET     IAR1.0              ;RD=1,启动 EEPROM 读取程序
11. ReadWait:   SZ      IAR1.0              ;等待读取程序完成
12.             JMP     ReadWait
13.             CLR     IAR1                ;除能 EEPROM READ/WRITE
14.             CLR     BP
15.             MOV     A,EED
16.             MOV     READ_DATA,A         ;将数据复制到 READ_DATA
```

以上范例是以 CPU 持续检查 WR、RD 位来判断 E^2PROM 接口是否已完成数据的读、写程序;这种由 CPU 主动询问外围设备是否已完成工作的方式称为"轮询(Polling)"。依 HT66Fx0 数据手册的叙述,E^2PROM 的读取时间(t_{EERD})约为 45~90 μs、写入时间(t_{EEWR})约在 2~4 ms,让 CPU 停滞于检查状态这么长的时间势必将大幅降低 CPU 的执行效率。因此,HT66Fx0 的 E^2PROM 接口提供中断(Interrupt)的功能,在启动读取或写入程序后,CPU 可以继续执行原来的程序,当 E^2PROM 完成读取或写入动作后,会主动以中断信号通知 CPU;请读者参考 2.4 节中断的相关说明。

后续章节将一一针对HT66Fx0家族的特殊功能寄存器(SFR)做详尽的说明,但为方便读者查阅,先将寄存器名称与位定义整理于表2.3.8中。请注意,同一SFR的各个位在不同的家族成员可能有不相同的定义,使用时要多加留意。

表 2.3.8 HT66Fx0 系列特殊功能寄存器名称与位定义速查表

地址	寄存器名称	Type HT66F	位序号与名称							
			Bit7	Bit6	Bit5	Bit4	Bit3	Bit2	Bit1	Bit0
00h	IAR0	All								
01h	MP0	20/30	—							
		40/50/60								
02h	IAR1	All								
03h	MP1	20/30	—							
		40/50/60								
04h	BP	20/40	—	—	—	—	—	—	—	DMBP0
		30/50	—	—	—	—	—	—	DMBP1	DMBP0
		60	—	—	PMBP0	—	—	DMBP2	DMBP1	DMBP0
05h	ACC	All								
06h	PCL	All								
07h	TBLP	All								
08h	TBLH	20/30								
		40	—							
		50/60								
09h	TBHP	20	—	—	—	—	—	—	—	—
		30	—	—	—	—	—	—	—	—
		40								
		50								
		60								
0Ah	STATUS	All	—	—	TO	PDF	OV	Z	AC	C
0Bh	SMOD	All	CKS2	CKS1	CKS0	FSTEN	LTO	HTO	IDLEN	HLCLK
0Ch	LVDC	All			LVDO	LVDEN		VLVD2	VLVD1	VLVD0
0Dh	INTEG	20/30/40/50	—	—	—	—	INT1S1	INT1S0	INT0S1	INT0S0
		60	INT3S1	INT3S0	INT2S1	INT2S0	INT1S1	INT1S0	INT0S1	INT0S0
0Eh	WDTC	All	FSYSON	WS2	WS1	WS0	WDTEN3	WDTEN2	WDTEN1	WDTEN0
0Fh	TBC	All	TBON	TBCK	TB11	TB10	LXTLP	TB02	TB01	TB00
10h	INTC0	20/30/40/50	—	CP0F	INT1F	INT0F	CP0E	INT1E	INT0E	EMI
		60	—	INT2F	INT1F	INT0F	INT2E	INT1E	INT0E	EMI
11h	INTC1	20/30/40/50	ADF	MF1F	MF0F	CP1F	ADE	MF1E	MF0E	CP1E
		60	MF0F	CP1F	CP0F	INT3F	MF0E	CP1E	CP0E	INT3E

第 2 章 HT66Fx0 家族系统结构

续表 2.3.8

地址	寄存器名称	Type HT66F	Bit7	Bit6	Bit5	Bit4	Bit3	Bit2	Bit1	Bit0
12h	INTC2	20/30/40/50	MF3F	TB1F	TB0F	MF2F	MF3E	TB1E	TB0E	MF2E
		60	ADF	MF3F	MF2F	MF1F	ADE	MF3E	MF2E	MF1E
13h	INTC3	60	MF5F	TB1F	TB0F	MF4F	MF5E	TB1E	TB0E	MF4E
14h	MFI0	20/30	—	—	T0AF	T0PF	—	—	T0AE	T0PE
		40/50/60	T2AF	T2PF	T0AF	T0PF	T2AE	T2PE	T0AE	T0PE
15h	MFI1	20	—	—	T1AF	T1PF	—	—	T1AE	T1PE
		30/40/50/60	—	T1BF	T1AF	T1PF	—	T1BE	T1AE	T1PE
16h	MFI2	All	DEF	LVF	XPF	SIMF	DEE	LVE	XPE	SIME
17h	MFI3	50/60	—	—	T3AF	T3PF	—	—	T3AE	T3PE
18h	PAWU	All								
19h	PAPU	All								
1Ah	PA	All								
1Bh	PAC	All								
1Ch	PBPU	20/30	—	—						
		40/50/60								
1Dh	PB	20/30	—	—						
		40/50/60								
1Eh	PBC	20/30	—	—						
		40/50/60								
1Fh	PCPU	20	—	—	—	—				
		30/40/50/60								
20h	PC	20	—	—	—	—				
		30/40/50/60								
21h	PCC	20	—	—	—	—				
		30/40/50/60								
22h	PDPU	40/50/60								
23h	PD	40/50/60								
24h	PDC	40/50/60								
25h	PEPU	40/50/60								
26h	PE	40/50/60								
27h	PEC	40/50/60								
28h	PFPU	40/50	—	—	—	—	—	—		
		60								
29h	PF	40/50	—	—	—	—	—	—		
		60								

续表 2.3.8

地址	寄存器名称	Type HT66F	Bit7	Bit6	Bit5	Bit4	Bit3	Bit2	Bit1	Bit0
2Ah	PFC	40/50	—	—	—	—	—	—		
		60								
2Bh	PGPU	60	—	—	—	—	—	—		
2Ch	PG	60								
2Dh	PGC	60								
2Eh	ADRL (ADRFS=0)	All								
	ADRL (ADRFS=1)	All						—	—	—
2Fh	ADRH (ADRFS=0)	All								
	ADRH (ADRFS=1)	All	—	—	—	—	—			
30h	ADCR0	20/30/40/50	START	EOCB	ADOFF	ADRFS	—	ACS2	ACS1	ACS0
		60	START	EOCB	ADOFF	ADRFS	ACS3	ACS2	ACS1	ACS0
31h	ADCR1	All	ACS4	V125EN	—	VREFS	—	ADCK2	ADCK1	ADCK0
32h	ACERL	All	ACE7	ACE6	ACE5	ACE4	ACE3	ACE2	ACE1	ACE0
33h	ACERH	60	—	—	—	—	ACE11	ACE10	ACE9	ACE8
34h	CP0C	All	C0SEL	C0EN	C0POL	C0OUT	C0OS	—	—	C0HYEN
35h	CP1C	All	C1SEL	C1EN	C1POL	C1OUT	C1OS	—	—	C1HYEN
36h	SIMC0	All	SIM2	SIM1	SIM0	PCKEN	PCKP1	PCKP0	SIMEN	—
37h	SIMC1	All	HCF	HAAS	HBB	HTX	TXAK	SRW	IAMWU	RXAK
38h	SIMD	All								
39h	SIMA SIMC2	All	IICA6	IICA5	IICA4 CKPOLB	IICA3 CKEG	IICA2 MLS	IICA1 CSEN	IICA0 WCOL	TRF
3Ah	TM0C0	All	T0PAU	T0CK2	T0CK1	T0CK0	T0ON	T0RP2	T0RP1	T0RP0
3Bh	TM0C1	All	T0M1	T0M0	T0IO1	T0IO0	T0OC	T0POL	T0DPX	T0CCLR
3Ch	TM0DL	All								
3Dh	TM0DH	All	—	—	—	—	—			
3Eh	TM0AL	All								
3Fh	TM0AH	All	—	—	—	—	—			
40h	EEA (Bank1 Only)	20	—	—	—	—				
		30	—	—	—					
		40	—	—						
		50/60								

续表 2.3.8

地址	寄存器名称	Type HT66F	Bit7	Bit6	Bit5	Bit4	Bit3	Bit2	Bit1	Bit0
41h	EED	All								
42h	EEC	All	—	—	—	—	WREN	WR	RDEN	RD
43h	TMPC0	20	—	—	T1CP1	T1CP0	—	—	—	T0CP0
		30	T1ACP0	—	T1BCP1	T1BCP0	—	—	T0CP1	T0CP0
		40/50/60	T1ACP0	T1BCP2	T1BCP1	T1BCP0	—	—	T0CP1	T0CP0
44h	TMPC1	40							T2CP1	T2CP0
		50/60	—	—	T3CP1	T3CP0	—	—	T2CP1	T2CP0
45h	PRM0	30					—	PCPRM	SIMPS0	PCKPS
		40/50	—	C1XPS0	—	C0XPS0	PDPRM	SIMPS1	SIMPS0	PCKPS
		60	C1XPS1	C1XPS0	C0XPS1	C0XPS0	PDPRM	SIMPS1	SIMPS0	PCKPS
46h	PRM1	40/50	TCK2PS	TCK1PS	TCK0PS	—	INT1PS1	INT1PS0	INT0PS1	INT0PS0
		60	TCK2PS	TCK1PS	TCK0PS	INT2PS1	INT1PS1	INT1PS0	INT0PS1	INT0PS0
47h	PRM2	40	—	TP21PS	TP20PS	TP1B2PS	TP1APS	TP01PS	TP00PS	
		50/60	TP31PS	TP30PS	TP21PS	TP20PS	TP1B2PS	TP1APS	TP01PS	TP00PS
48h	TM1C0	All	T1PAU	T1CK2	T1CK1	T1CK0	T1ON	T1RP2	T1RP1	T1RP0
49h	TM1C1	20	T1M1	T1M0	T1IO1	T1IO0	T1OC	T1POL	T1DPX	T1CCLR
		30/40/50/60	T1AM1	T1AM0	T1AIO1	T1AIO0	T1AOC	T1APOL	T1CDN	T1CCLR
4Ah	TM1C2	30/40/50/60	T1BM1	T1BM0	T1BIO1	T1BIO0	T1BOC	T1BPOL	T1PWM1	T1PWM1
4Bh	TM1DL	All								
4Ch	TM1DH	All	—	—	—	—	—	—	—	—
4Dh	TM1AL	All								
4Eh	TM1AH	All								
4Fh	TM1BL	30/40/50/60								
50h	TM1BH	30/40/50/60								
51h	TM2C0	40/50/60	T2PAU	T2CK2	T2CK1	T2CK0	T2ON	—	—	—
52h	TM2C1	40/50/60	T2M1	T2M0	T2IO1	T2IO0	T2OC	T2POL	T2DXP	T2CCLR
53h	TM2DL	40/50/60								
54h	TM2DH	40/50/60								
55h	TM2AL	40/50/60								
56h	TM2AH	40/50/60								
57h	TM2RP	40/50/60								
58h	TM3C0	50/60	T3PAU	T3CK2	T3CK1	T3CK0	T3ON	T3RP2	T3RP1	T3RP0
59h	TM3C1	50/60	T3M1	T3M0	T3IO1	T3IO0	T3OC	T3POL	T3DPX	T3CCLR
5Ah	TM3DL	50/60								
5Bh	TM3DH	50/60	—	—	—	—	—	—	—	—

续表 2.3.8

地址	寄存器名称	Type HT66F	位序号与名称							
			Bit7	Bit6	Bit5	Bit4	Bit3	Bit2	Bit1	Bit0
5Ch	TM3AL	50/60								
5Dh	TM3AH	50/60	—	—	—	—	—	—		
5Eh	SCOMC	All			ISEL1	ISEL0	SCOMEN	COM3EN	COM2EN	COM1EN	COM0EN

注:"—"表示该位未定义。

2.4 中断(Interrupt)机制与外部中断

本节介绍的特殊功能寄存器		
名称	地址	备注
INTC0	10h	Interrupt Control Register 0
INTC1	11h	Interrupt Control Register 1
INTC2	12h	Interrupt Control Register 2
INTC3	13h	Interrupt Control Register 3 (for HT66F60 Only)
INTEG	0Dh	External Interrupt Trigger Edge Control Register
MFI0	14h	Multi-Function Interrupt Register 0
MFI1	15h	Multi-Function Interrupt Register 1
MFI2	16h	Multi-Function Interrupt Register 2
MFI3	17h	Multi-Function Interrupt Register 3 (for HT66F50/60 Only)

中断机制是单片机相当重要的资源,当外部事件或单片机内部装置须处理紧急重要程序时,可通过中断方式暂时停止 CPU 当前的程序运作,而优先执行提出中断请求(Interrupt Request)的装置所对应的处理程序;此程序一般称为中断服务子程序(Interrupt Service Routine,ISR),而 ISR 在程序存储器中的起始存放地址称为中断向量(Interrupt Vector)。HT66Fx0 提供了数种不同的中断来源(Interrupt Source),其结构均是属于可屏蔽式的中断(Maskable Interrupt),也就是当有中断请求产生时,CPU 不一定会跳到相关的中断向量地址去执行 ISR,需视单片机内部中断相关控制位的设置而定。换言之,可屏蔽式中断提供更灵活的运用,使用者可通过程序控制在何时启动所需的中断机制,让系统运作的更有效率。为便于记忆,盛群对中断相关位的命名方式有一定的规则,请读者参考表 2.4.1。

表 2.4.1 HT66Fx0 系列中断相关 SFR 位

功能/装置	使能位	中断标志位	备注
总中断控制	EMI	—	1:使能,此时 CPU 是否接受中断,需视个别中断使能位而定 0:除能所有中断(不论个别中断使能位设定为何)
比较器	CPnE	CPnF	n=0、1

续表 2.4.1

功能/装置	使能位	中断标志位	备注
INTn 引脚	INTnE	INTnF	n=0～3
A/D 转换器	ADE	ADF	—
多功能机制	MFnE	MFnF	n=0～5
Time Base（时基）	TBnE	TBnF	n=0、1
SIM	SIME	SIMF	—
LVD	LVE	LVF	—
EEPROM	DEE	DEF	—
PINT 引脚	XPE	XPF	—
TM（定时器模块）	TnPE	TnPF	n=0～3
	TnAE	TnAF	
	TnBE	TnBF	

HT66Fx0 系列的中断来源可区分为①外部中断：由 INT0～INT3 或 $\overline{\text{PINT}}$ 引脚输入的中断请求信号；②内部中断：由单片机内部装置（如定时器模块（TM）、LVD、SIM 等）所产生的中断请求。而中断相关控制位可归类为两大类：①决定中断功能是否启动的使能位（Enable Bit，如 ADE、INT0E、MF1E…）；②反映中断是否发生的中断请求标志位（Request Flag，如 ADF、INT0F、MF1F…），这些状态标志位有的在进入 ISR 后系统会自动将其清除，有些则需使用者以指令自行清除，在使用上要特别小心，以免发生中断嵌套（Nest Interrupt）的问题。

由于家族中各成员所提供的中断资源不尽相同，因此在 SFR 的配置上有不一样的编排方式；读者在使用上需留意各型号间的差异，如表 2.4.2 所列，若能搭配表 2.4.1 的命名规则，读者则可大致领略出各位的功能如 CP0E 是用以控制比较器 0（Comparator0）中断是否启动的使能位，而 CP0F 则是反映比较器 0（Comparator0）是否产生中断请求的状态标志位。提出这样的说明，是希望读者不要被一堆的 SFR 位所震慑，只要细心领会应该可以体会其中的关系。

表 2.4.2 HT66Fx0 系列中断相关特殊功能寄存器

型号	Interrupt SFR	Bit Position							
		7	6	5	4	3	2	1	0
HT66F20	INTC0	—	CP0F	INT1F	INT0F	CP0E	INT1E	INT0E	EMI
	INTC1	ADF	MF1F	MF0F	CP1F	ADE	MF1E	MF0E	CP1E
	INTC2	MF3F	TB1F	TB0F	MF2F	MF3E	TB1E	TB0E	MF2E
	MFI0	—	—	T0AF	T0PF	—	—	T0AE	T0PE
	MFI1	—	—	T1AF	T1PF	—	—	T1AE	T1PE
	MFI2	DEF	LVF	XPF	SIMF	DEE	LVE	XPE	SIME

续表 2.4.2

型号	Interrupt SFR	Bit Position							
		7	6	5	4	3	2	1	0
HT66F30	INTC0	—	CP0F	INT1F	INT0F	CP0E	INT1E	INT0E	EMI
	INTC1	ADF	MF1F	MF0F	CP1F	ADE	MF1E	MF0E	CP1E
	INTC2	MF3F	TB1F	TB0F	MF2F	MF3E	TB1E	TB0E	MF2E
	MFI0	—	—	T0AF	T0PF	—	—	T0AE	T0PE
	MFI1	—	T1BF	T1AF	T1PF	—	T1BE	T1AE	T1PE
	MFI2	DEF	LVF	XPF	SIMF	DEE	LVE	XPE	SIME
HT66F40 HT66F50	INTC0	—	CP0F	INT1F	INT0F	CP0E	INT1E	INT0E	EMI
	INTC1	ADF	MF1F	MF0F	CP1F	ADE	MF1E	MF0E	CP1E
	INTC2	MF3F	TB1F	TB0F	MF2F	MF3E	TB1E	TB0E	MF2E
	MFI0	T2AF	T2PF	T0AF	T0PF	T2AE	T2PE	T0AE	T0PE
	MFI1	—	T1BF	T1AF	T1PF	—	T1BE	T1AE	T1PE
	MFI2	DEF	LVF	XPF	SIMF	DEE	LVE	XPE	SIME
For 50 only	MFI3	—	—	T3AF	T3PF	—	—	T3AE	T3PE
HT66F60	INTC0	—	INT2F	INT1F	INT0F	INT2E	INT1E	INT0E	EMI
	INTC1	MF0F	CP1F	CP0F	INT3F	MF0E	CP1E	CP0E	INT3E
	INTC2	ADF	MF3F	MF2F	MF1F	ADE	MF3E	MF2E	MF1E
	INTC3	MF5F	TB1F	TB0F	MF4F	MF5E	TB1E	TB0E	MF4E
	MFI0	T2AF	T2PF	T0AF	T0PF	T2AE	T2PE	T0AE	T0PE
	MFI1	—	T1BF	T1AF	T1PF	—	T1BE	T1AE	T1PE
	MFI2	DEF	LVF	XPF	SIMF	DEE	LVE	XPE	SIME
	MFI3	—	—	T3AF	T3PF	—	—	T3AE	T3PE

观察表 2.4.2 可以发现，控制中断功能的使能位与请求标志位分别位于两大类别的寄存器：中断控制寄存器（Interrupt Control Register）与多功能中断寄存器（Multi-Function Interrupt Register）。使能位若隶属中断控制寄存器（INTC0～INTC3），则其中断资源被单一外围模块所独占，如 ADE、INT0E～INT3E、CP0E～CP1E 等；当中断发生时，其相对的状态标志位（ADF、INT0F～INT3F、CP0F～CP1F 等）会被设定为"1"，待进入对应的中断向量地址执行 ISR 后，HT66Fx0 单片机将自动清除该标志位，代表该次的中断请求事件已经处理完毕；未处理的中断事件的状态标志位将一直维持在"1"。当然，使用者亦可使用指令清除状态标志位。

使能位若隶属多功能中断寄存器（MFI0～MFI3），则其中断资源被多个外围模块所共用，如 T0PE～T3PE、T0AE～T3AE、XPE、LVE 等；当中断发生时，其相对的状态标志位（如 T0PF～T3PF、T0AF～T3AF、XPF、LVF 等）会被设定为"1"；同时，外围模块所隶属的多功能中断寄存器状态位（位于 INTC0～INTC3 寄存器的 MF0F～MF5F 位）亦将设定为"1"。由于隶属同一多功能中断寄存器的外围模块使用同一个中断向量，所以进入 ISR 后，使用者必须由多功能中断寄存器的状态位判断究竟是何模块产生中断请求，再跳至各模块专属的子程序执行既定的程序。请注意，执行完 ISR 后，HT66Fx0 单片机并不会自动清除多功能中断寄存器的状态标志位,使用者务必自行以指令将标志位清除。

图2.4.1～图2.4.3是盛群公司所提供的HT66Fx0系列中断机制的结构示意,本书第4章的实验内容将以HT66F50为主体,因此这里只针对HT66F50的中断机制提出详细的说明,对于家族的其他成员,相信读者也能触类旁通。

首先必须注意的是:EMI位可视为启动中断的总枢纽,当其为"0"时,即使其他中断控制位是处于使能状态,CPU仍不会理会任何中断请求,这一点在使用中断机制时要特别注意,不要只记得启动所要使用的中断使能位,而忽略了须将EMI位设定为"1"的前提。

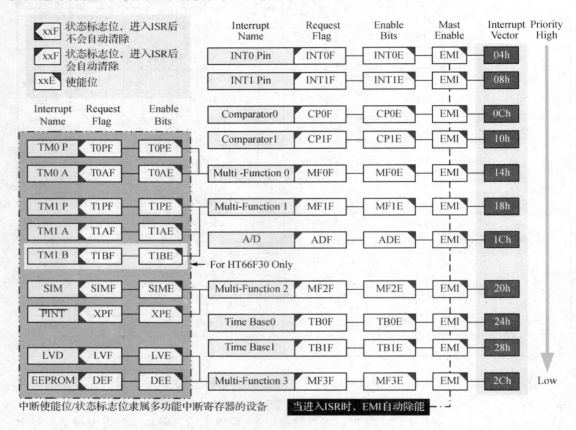

图2.4.1　HT66F20/30中断机制

下面以HT66F50为例,说明中断机制的运作。HT66F50提供了11种不同的中断来源(Interrupt Source),各个中断向量地址与优先级(Priority)如图2.4.3所示,请读者注意:图中所列的优先级是指当中断"同时"发生时的优先权关系;若非"同时"发生,则先发生者就取得高优先级,此时图2.4.3所列的优先关系并不成立。在11种不同的中断来源中,有7个中断源是由单一的外围模块所独占(包含:INT0～1、Comaparator 0～1、A/D、Time Base 0～1),其他4个(Multi-Function 0～3)则由另外13个外围设备中断源所共用(包含:TM0P～TM3P、TM0A～TM3A、TM1B、SIM、External Peripheral($\overline{\text{PINT}}$)、LVD、E^2 PROM);此类由多个外围设备所共用的中断源特称为多功能中断(Multi-Function Interrupt,MFI),表示这类中断源是由两个以上的外围设备所共用。因此,当使用这类中断控制时,必须更详细地掌握内部各个外围设备的中断使能位与反应是否产生中断请求的状态标志位;HT66F50采用了4组

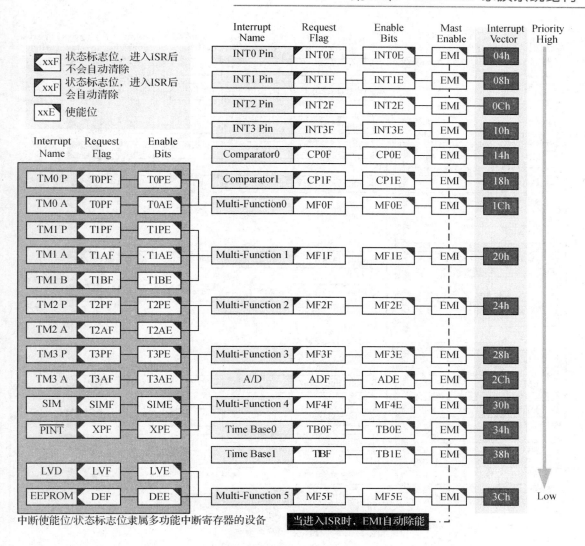

图 2.4.2　HT66F60 中断机制

特殊功能寄存器 MFI0～MFI3 作为多功能中断的控制；以下分别说明中断资源由单一外围模块独占或数个外围模块共用时在实际操作上的差异：

（1）中断资源由一外围模块独占：此类装置的中断使能位与状态标志位隶属 INTC0～INTC2 中断控制寄存器；欲启动此类装置的中断时，只需将 EMI 与其对应的使能位设定为"1"即可。当装置产生中断请求时，中断机会会自动设定该装置所对应的状态标志位。CPU 发现状态标志位为"1"时，会暂停目前程序的执行，并将当前的 PC 值存入堆栈存储器（此即保留返回地址），接着清除 EMI 与装置所属的状态标志位，并跳至对应的向量地址执行 ISR。待执行至 RETI 指令时，除重设 EMI 为"1"之外，并由堆栈区取回返回地址置入 PC，让程序恢复至之前暂停处继续往下执行。以 A/D 装置为例，欲启动其中断，必须先设定 EMI 与 ADE 位为"1"；当 A/D 转换完成时，系统会自动设定 ADF 为"1"。CPU 发现 ADF 为"1"时，则在堆栈区保留返回地址后跳至 01Ch 地址执行 ISR，同时将 EMI 与 ADF 位清除为"0"；待执行至 RETI 指令时，将 EMI 重新设定为"1"，并由堆栈区取回返回地址让程序回复至之前暂停处继续

第 2 章 HT66Fx0 家族系统结构

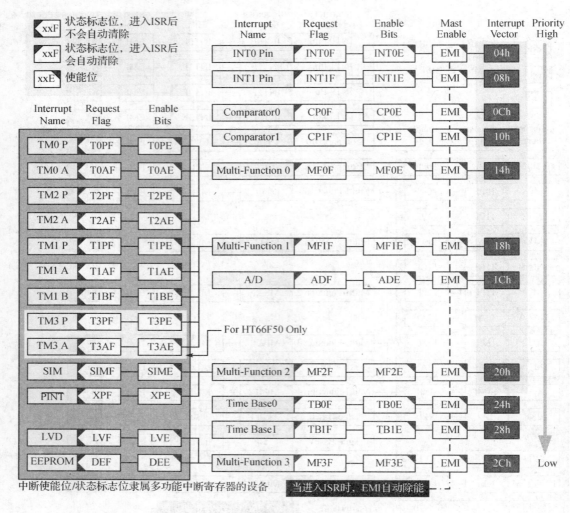

图 2.4.3　HT66F40/50 中断机制

执行。

(2) 中断资源由数个外围模块共用：此类装置的中断使能位与状态标志位隶属 MFI0～MFI3 多功能中断寄存器；欲启动此类装置的中断功能时，除了需将 EMI 与其对应的使能位设定为"1"之外，还需将该装置所隶属的多功能中断寄存器在中断控制寄存器的使能位也设定为"1"。以 E^2PROM 写入中断为例，由于其隶属于 MFI3 多功能中断寄存器，所以除了必须将 EMI、DEE 位设定为"1"之外，还需将 MF3E 位设为"1"。当 E^2PROM 写入完成时，中断机制除设定 DEF 为"1"之外还会设定 MF3F 为"1"。CPU 发现 MF3F 为"1"时，则将 EMI 与 MF3F 位清除为"0"，并在堆栈区保留返回地址后随即跳至 02Ch 地址执行 ISR。由于 02Ch 向量地址是由 E^2PROM 写入完成与低电压侦测中断所共用，所以在两个装置中断都启动的情形下，使用者必须在 ISR 中先行判断是何者所产生的中断请求（DEF="1"或 LVF="1"），然后再执行必要的处理程序。请注意，当进入 ISR 时，系统仅自动清除 MF3F 状态标志位，DEF 与 LVF 须由使用者自行以指令清除，在使用上务必格外小心。

CPU 一旦接收中断，首先会将当前的 PC 值存入堆栈存储器，接着将中断源所对应的中断向量加载到 PC 中,此程序除了让 CPU 开始执行 ISR 之外,也确保当 CPU 结束 ISR 程序执行后得以返回原中断处继续运行。HT66Fx0 单片机的中断机制具备一项特点:即使中断已经使能,HT66Fx0 在进入 ISR 之前,仍会先检查堆栈存储器是否仍有空间存放返回地址。若堆栈存储器已经塞满了,则将暂缓执行目前的 ISR,待堆栈存储器有空间存放返回地址时再去执行;如此的设计,可以排除部分因为堆栈溢出而导致程序无法正常执行的状况。不过,HT66Fx0 单片机只有在进入 ISR 前,才会检查堆栈存储器是否仍有空间。所以使用者必须留意,在 ISR 中别有太多层级的子程序调用,否则仍会造成堆栈溢出。

ISR 的最后一个指令可以是"RET"或"RETI"指令,两者都可促使 CPU 从堆栈存储器取返回地址并加载 PC,不同的是:"RETI"指令在返回主程序之前会先将"EMI"位设定为"1"(中断使能),而"RET"指令则不会。若读者设计一个理应重复发生的中断请求,却发现每次 RESET 之后 ISR 总是仅能进入一次,很有可能是因为 ISR 的最后一个指令使用了"RET";使得第一次执行 ISR 后 EMI="0",后续发生的中断请求不被单片机所接收。

再次提醒读者:一旦进入中断,HT66Fx0 单片机的中断机制会自动先将 EMI 位清除(中断除能),这样设计是为了避免发生中断嵌套(Interrupt Nesting)的情形,因此在 ISR 执行的过程中若仍有其他的中断发生,HT66Fx0 只会将其对应的标志位设定为"1",但并不会进入其向量位置执行 ISR。读者在应用上若在 ISR 执行过程中仍允许其他中断请求发生的话,就必须在 ISR 程序中自行将 EMI 位设定为"1"。各个外围模块产生中断请求的时机与控制,请读者参考本章各节有关模块功能说明,本节最后介绍外部中断(External Interrupt)相关设置。

HT66Fx0 家族提供 2～4 个外部中断输入脚(INT0～INT3),INTEG 寄存器是选择外部中断触发条件的特殊功能寄存器;外部中断(External Interrupt)是指当 HT66Fx0 单片机的 INT0～INT3 引脚输入信号发生特定电平变化时所引发的中断,请参考图 2.4.4 与表 2.4.3 的说明。

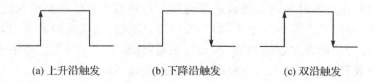

(a) 上升沿触发　　　(b) 下降沿触发　　　(c) 双沿触发

图 2.4.4　HT66Fx0 外部中断触发形式

表 2.4.3　HT66Fx0 INTEG 特殊功能寄存器

MCU Type	INTEG Register							
HT66F20/30/40/50	—	—	—	—	INT1S1	INT1S0	INT0S1	INT0S0
	R	R	R	R	R/W	R/W	R/W	R/W
HT66F60	INT3S1	INT3S0	INT2S1	INT2S0	INT1S1	INT1S0	INT0S1	INT0S0
	R/W	R/W	R/W	R/W	R/W	R/W	R/W	R/W
	Bit7	6	5	4	3	2	1	Bit0

Bit　7～4　未使用:读取时间的值为 0(for HT66F20/30/40/50)
Bit　7～6　INT3S1-INT3S0:INT3 触发条件选择位(INT3 Edge Select Bits)
　　　　　 00=禁止 INT3 中断
　　　　　 01=选择上升沿触发(Rising Edge Trigger)模式

		10＝选择下降沿触发(Falling Edge Trigger)模式
		11＝选择双沿触发(Dual Edge Trigger)模式
Bit	5～4	INT2S1-INT2S0：INT2 触发条件选择位(INT2 Edge Select Bits)
		00＝禁止 INT2 中断
		01＝选择上升沿触发(Rising Edge Trigger)模式
		10＝选择下降沿触发(Falling Edge Trigger)模式
		11＝选择双沿触发(Dual Edge Trigger)模式
Bit	3～2	INT1S1-INT1S0：INT1 触发条件选择位(INT1 Edge Select Bits)
		00＝禁止 INT1 中断
		01＝选择上升沿触发(Rising Edge Trigger)模式
		10＝选择下降沿触发(Falling Edge Trigger)模式
		11＝选择双沿触发(Dual Edge Trigger)模式
Bit	1～0	INT0S1-INT0S0：INT0 触发条件选择位(INT0 Edge Select Bits)
		00＝禁止 INT0 中断
		01＝选择上升沿触发(Rising Edge Trigger)模式
		10＝选择下降沿触发(Falling Edge Trigger)模式
		11＝选择双沿触发(Dual Edge Trigger)模式

由表 2.4.3 可知，INTEG 寄存器除了用来选择 INT0～INT3 的触发形式之外，还可用来失能 INT0～INT3 的中断功能。此外，由于 INT0～INT3 是与 I/O 功能共用引脚，要启用外部中断功能时，除必须将对应的中断使能位设为"1"，对应的 I/O 端口也必须定义成输入的形式；而此时引脚所配置的上拉电阻功能仍有效，使用者可视实际需求通过相关寄存器加以选用。

读完本节有关中断介绍之后，相信读者已大致对拥有丰富外围模块的 HT66Fx0 单片机有了初步的认识，也极有可能为如此繁多的控制机制所震慑，笔者当然也不例外。光是中断就有七八个相关特殊功能寄存器，再加上其他的外围模块，谁有能力完全记住呢？但为了因应日新月异的产品应用，现今单片机内部整合越来越多样的外围模块已是必然的设计趋势。所以，还是鼓励读者提早面对这个不争的事实，耐心的学习。不过，笔者强调的学习方式是不要硬着头皮去死记所有特殊功能寄存器的功能，而是稍做浏览，忘了也无所谓。将来应用上需要使用到某一模块时，只要能翻阅到相关章节再潜心研究就可以了。

2.5 定时器模块(TM)

本节介绍的特殊功能寄存器					
名称	地址	备注	名称	地址	备注
TMPC0	43h	TM Input/Output Control Register 0	TMPC1	44h	TM Input/Output Control Register 1

定时器/计数器(Timer/Counter)可说是单片机的基本配备，其主要作为时间的控制与量测，或事件次数的计数。HT66Fx0 系列单片机内部均配置定时器模块(Timer Module，TM)，可提供以下功能：定时器/计数器、输入捕捉(Input Capture)、比较匹配输出(Compare Match Output)、单脉冲输出(Single Pulse Output)以及 PWM 信号产生(Pulse Width Modulation，PWM)。每个 TM 单元提供了 2～3 个中断资源，并可搭配专属的 I/O 引脚，使定时器模块得

以发挥更灵活的应用。

如表 2.5.1 所示，HT66Fx0 系列依型号不同配置了 2～4 组的定时器模块，编号为 TM0、TM1、TM2 与 TM3；这几组 TM 若按照功能区分，可分为三大类：精简型 TM(Compact Type TM,CTM)、标准型 TM(Standard Type TM,STM)以及增强型 TM(Enhance Type TM,ETM)，其之间的差异简列于表 2.5.2；详细介绍请见本节后续说明。请特别注意，除 HT66F20 的 TM1 为 STM 型态之外，其他各型号所配置的 TM1 均属于 ETM。

表 2.5.1　HT66Fx0 家族配置的定时器模块类型与名称

MCU Type	TM0	TM1	TM2	TM3
HT66F20	10-Bit CTM	10-Bit STM	—	—
HT66F30	10-Bit CTM	10-Bit ETM	—	—
HT66F40	10-Bit CTM	10-Bit ETM	16-Bit STM	—
HT66F50	10-Bit CTM	10-Bit ETM	16-Bit STM	10-Bit CTM
HT66F60	10-Bit CTM	10-Bit ETM	16-Bit STM	10-Bit CTM

表 2.5.2　CTM、STM 与 ETM 比较

功　能	Compact TM	Standard TM	Enhance TM
定时器/计数器	√	√	√
输入捕捉	—	√	√
比较匹配输出	√	√	√
单一脉冲输出	—	√	√
PWM 通道数	1	1	2
PWM 波形式对齐方式	Edge	Edge	Edge/Center
PWM 周期与占空比调整	周期或占空比	周期或占空比	周期或占空比

CTM、STM 与 ETM 计数模块提供多样化的功能，从单纯的计时操作到 PWM 波形输出一应俱全。读者可将 TM 视为一个持续运作的计数器(Counter)，其计数数值会与使用者预设的数值进行比较；当 Counter 计数值与默认值相等时(此称为"比较匹配"，Compare Match)，即产生计数模块中断请求信号，同时清除计数器并进一步改变 TM 输出引脚的状态。至于计数频率的来源，则是取决于控制寄存器中 TnCK[2] [2:0]三个位的设定(n＝0～3，为模块编号)，可以是系统频率 f_{SYS}、高频振荡电路频率 f_H、时基计数器频率 f_{TBC}，或是由外部引脚输入。请注意，当 TnCK[2:0]＝101 时，频率信号输入回路被切断，此时计数器无法计数。

CTM、STM 计数模块内部配备两组比较器(命名为 A 比较器与 P 比较器)，当发生比较匹配即产生中断信号时，除了向 CPU 提出中断服务请求之外，也借此信号将计数器清除为零并改变 TM 输出引脚的状态；除了 A 与 P 比较器之外，ETM 计数模块多配备了一组 B 比较器，因此提供比 CTM、STM 多一组的中断资源。

---

[2] TnCK：Clock Source for TMn，其中 n 为模块编号；如表 2.5.1 所列，各型号配置了为数不一的定时器模块，本书以 n 代表模块编号，读者在使用时再将 n 以要使用的模块编号带入即可(n＝0～3)。

第 2 章　HT66Fx0 家族系统结构

单片机内建定时器与计数器的运作其实是完全相同的,差异仅在于计数信号是取自芯片内部既有的频率(此称定时器),还是通过芯片的引脚由外部输入(此谓计数器)。HT66Fx0 系列单片机的 TM 均配置了一个 TCKn 输入引脚,作为外部计数频率输入脚;因此,若计数频率是由 TCKn 输入时,TM 即工作在计数器状态。

每个定时器模块也至少配置了一个输出引脚,当 TM 运作于 Compare Match Mode 时,若发生比较匹配,定时器模块将根据控制位的设定把输出的电平设为 High、Low,或者反态(Toggle);其次,该引脚也可作为 PWM 波形的输出引脚。TCKn 与 TM 所配置的输出引脚都是属于多功能的引脚,是否启动作为定时器模块的配置脚应视相关引脚控制寄存器的设定;不同型号、不同类型的定时器模块所配置的脚数与引脚控制寄存器(TM Output Pin Control Register)略有差异,请参考表 2.5.3;至于引脚控制寄存器的详细内涵,则整理于表 2.5.4。

表 2.5.3　HT66Fx0 单片机各类型 TM 所配置引脚名称与控制寄存器

MCU Type	CTM	STM	ETM	控制寄存器
HT66F20	TP0_0	TP1_0,TP1_1	—	TMPC0
HT66F30	TP0_0,TP0_1	—	TP1A,TP1B_0,TP1B_1	TMPC0
HT66F40	TP0_0,TP0_1	TP2_0,TP2_1	TP1A,TP1B_0,TP1B_1,TP1B_2	TMPC0,TMPC1
HT66F50	TP0_0,TP0_1 TP3_0,TP3_1	TP2_0,TP2_1	TP1A,TP1B_0,TP1B_1,TP1B_2	TMPC0,TMPC1
HT66F60	TP0_0,TP0_1 TP3_0,TP3_1	TP2_0,TP2_1	TP1A,TP1B_0,TP1B_1,TP1B_2	TMPC0,TMPC1

表 2.5.4　HT66Fx0 TM Output Pin Control Register

MCU Type	寄存器	Bit 7	Bit 6	Bit 5	Bit 4	Bit 3	Bit 2	Bit 1	Bit 0
HT66F20	TMPC0	—	—	T1CP1	T1CP0	—	—	—	T0CP0
	POR	.	.	0	1	.	.	.	1
HT66F30	TMPC0	T1ACP0	—	T1BCP1	T1BCP0	—	—	T0CP1	T0CP0
	POR	1	.	0	1	.	.	0	1
HT66F40	TMPC0	T1ACP0	T1BCP2	T1BCP1	T1BCP0	—	—	T0CP1	T0CP0
	POR	1	0.	0	1	.	.	0	1
	TMPC1	—	—	—	—	—	—	T2CP1	T2CP0
	POR	.	.	.	.	.	.	0	1
HT66F50/60	TMPC0	T1ACP0	T1BCP2	T1BCP1	T1BCP0	—	—	T0CP1	T0CP0
	POR	1	0.	0	1	.	.	0	1
	TMPC1	—	—	T3CP1	T3CP0	—	—	T2CP1	T2CP0
	POR	.	.	0	1	.	.	0	1

注:各型号的引脚控制寄存器中对应位若已定义,则该位的属性为可读、可写,当设定为"1"时,表示启用该引脚配置为定时器模块功能;设定为"0"时,表示该引脚为 I/O 引脚或其他功能。标示"—"为未定义位,读取时的值为 0。表中 POR(Power-On Reset)是代表电源启动时各位默认值。

图 2.5.1 以 HT66F50 单片机为例,说明其 TM1 定时器模块相关引脚;请注意 HT66F50 的 TM1 是属于 ETM 类型的定时器模块,因此除了 P 比较器外,其还配置了 A 比较器与 B 比较器。在 Compare Match Output 运作模式下,当 A 比较器比较匹配条件成立时,将依使用者的设定改变 TP1A 的输出状态;同理,若 B 比较器比较匹配条件成立,则会改变 TP1B 的输出

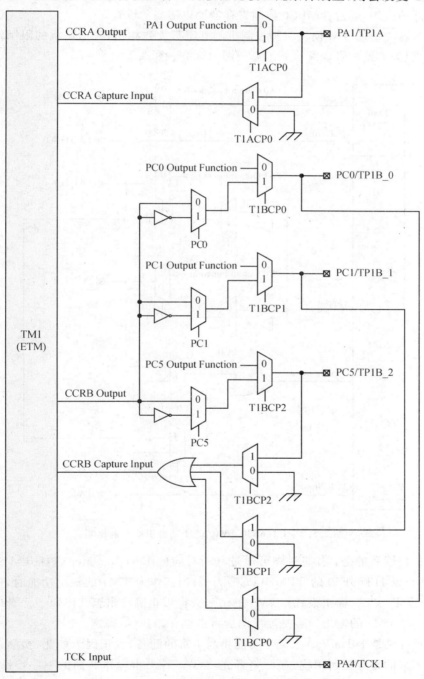

图 2.5.1　HT66F40/50/60 TM1 功能引脚控制机制

状态。但由图 2.5.1 可看出,TP1B 可通过 TP1B_0、TP1B_1、TP1B_2 这 3 个引脚输出,读者可依据应用需求通过 TMPC0 控制器加以设定。而若运作于 Input Capture 模式时,若 TP1A 引脚出现指定的电平变化时,当前计数值将记录于 CCRA 寄存器中;然而,触发 CCRB 寄存器记录当前计数值的信号,则是由 TP1B_0、TP1B_1、TP1B_2 三者"OR"的结果所组成。使用者务必结合实际的应用,通过 TMPC0 控制寄存器加以适当的设置。

其他型号各类型的 TM 模块引脚控制机制其实都大致相仿,碍于篇幅的限制作者无法一一举例详述,但为方便读者参阅将其汇总于图 2.5.2~图 2.5.6。

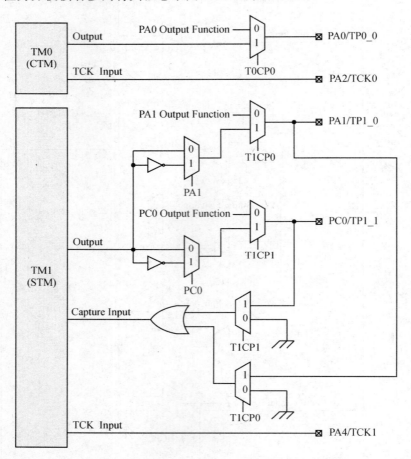

图 2.5.2　HT66F20 TM0/TM1 功能引脚控制机制

另外要提醒读者的是:有些引脚可通过其所对应的 Port Register 选择 TM 模块引脚的输出是否反向;以 HT66F50 的 TP1B0(PC0)为例,当其作为 TM1 的输出功能时,使用者必须先把 PCC.0 设定为"0"(输出模式),TM1 的信号方得以正确输出至 TP1B0。若此时设定 PC.0 设定为"1",则 TM1 的输出信号是经反向后再送至 TP1B0 引脚。

TM 单元可说是 HT66Fx0 家族中功能相当丰富的配备,也正因为如此,初学者在刚接触时难免会被繁多的寄存器所困扰,在此笔者先将 TM 各类型运作共同的一些特性整理如下,希望对读者的学习能有所帮助:

(1) TMnD:负责计数的寄存器,当启动时其值自动清为零,并接收使用者选定的频率来

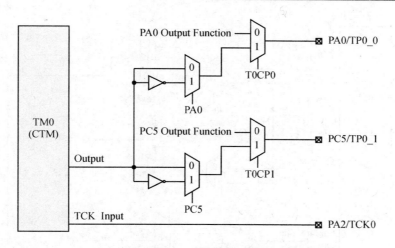

图 2.5.3　HT66F30/40/50/60 TM0 功能引脚控制机制

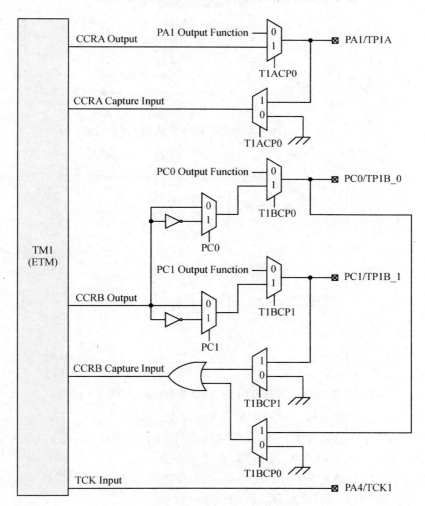

图 2.5.4　HT66F30 TM1 功能引脚控制机制

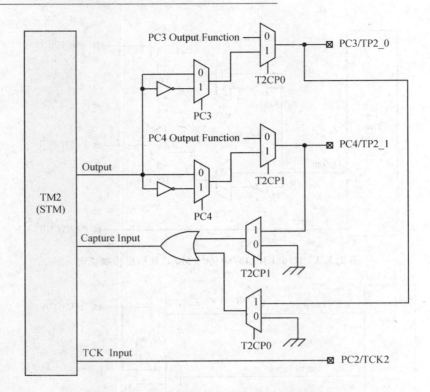

图 2.5.5　HT66F40/50/60 TM2 功能引脚控制机制

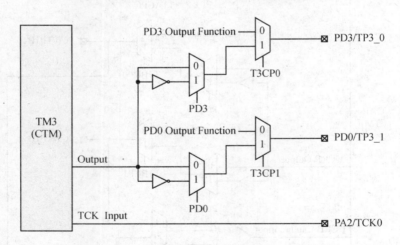

图 2.5.6　HT66F50/60 TM3 功能引脚控制机制

源往上递增（TMnD 由 TMnDH、TMnDL 寄存器组成）；

(2) 比较器 A：在计数过程中，TM 会将 TMnD 的计数值与使用者在 TMnA 寄存器的设定值进行比对（TMnA 由 TMnAH、TMnAL 寄存器组成）；

(3) 比较器 P：在计数过程中，TM 会将 TMnD 的计数值与使用者在 TMnRP 寄存器 (STM) 或 TnRP(CTM、ETM) 位的设定值进行比对；

(4) 比较器 B：仅在 ETM 定时器模块配置，在计数过程中，TM 会将 TMnD 的计数值与使用者在 TMnB 寄存器的设定值进行比对（TMnB 由 TMnBH、TMnBL 寄存器组成）；

（5）而若 TM 是运行于捕捉输入(Input Capture)模式，则当 TM 配置的输入引脚出现指定的电平变化时，当前的 TMnD 计数值将自动记录于 TMnA、TMnB 寄存器；也因为这类寄存器扮演者提供比对(Comapre)或捕捉(Capture)数据的角色，因此一般被称为 CCRA/CCRB 寄存器(Compare/Capture Register, CCR)。

（6）请注意，当写入数据至 TMnA、TMnB 这类由两个字节所组成的寄存器时，必须先写入低字节再写入高字节；而读取 TMnD、TMnA、TMnB 寄存器时则须先读取高字节再读取低字节，如此才能正确完成数据的读写程序。

由于定时器模块功能相当丰富，想要运用自如，必须花费相当的时间研读数据手册方能掌握其控制诀窍；笔者特别针对：比较匹配输出(Compare Match Output)、定时/计数(Timer/Counter)、脉宽调制/单脉冲输出(PWM/Single Pulse Output)以及输入捕捉(Input Capture)等模式，模拟定时器模块的简捷启动程序引导，让使用者能在最短的时间内达到控制的目的；这些引导程序适用于 CTM、STM 与 ETM 计数模块，但由于模块的功能相当广泛，以下所列程序并无法包含各类应用的设定步骤。此外，各功能的设定程序未必一定要按照表中所列的先后顺序执行。

（1）比较输出模式：每个 TM 模块基本上都配备了一对用以比较的寄存器——TMnA、TMnB(仅 ETM 配置)与 TnRP(TM2RP for STM)，当 TMnD 计数值与 TMnA 或 TnRP/TM2RP 的设定值产生比较匹配的状况时，TM 模块即根据使用者所设定的输出功能需求，改变相关引脚的输出状态；其启动程序请参考表 2.5.5。注意，STM 的 TnRP 为 8 位，是独立的控制寄存器——TM2RP；CTM、ETM 的 TnRP 为 3 位，隶属于 TMnC0 控制寄存器。

表 2.5.5　比较输出模式快速启动程序

步骤	操作内容	寄存器	相关位	附注
1	设定频率源	TMnC0	TnCK[2:0]	选择 TM 计数频率来源
2	设定 TMnA/TnRP 计数值	TMnAH/TMnAL	所有位	设定计数器比较值
		TMnC0/T1RP	TnRP[2:0]/TM2RP[7:0]	
3	选择 TMnA 或 TnRP/TM2RP 比较	TMnC1	TnCCLR=1	选择当计数值等于 TMnA 时清除计数器
			TnCCLR=0	选择当计数值等于 TnRP/TM2RP 时清除计数器
4	设定 TM 模式	TMnC1	TMn[1:0]=00	"00"选择为 Compare Match Output
5	选择 TM 输出引脚	TMPC0/TMPC1	所有位	选定共用引脚的输出功能
6	设定输出引脚的初始状态	TMnC1	TnOC=1	选择首次比较匹配前输出引脚为 High
			TnOC=0	选择首次比较匹配前输出引脚为 Low
7	设定输出功能	TMnC1	TnIO[1:0]=01	选择发生比较匹配时，引脚输出为 Low
			TnIO[1:0]=10	选择发生比较匹配时，引脚输出为 High
			TnIO[1:0]=11	选择发生比较匹配时，引脚输出反态

续表 2.5.5

步骤	操作内容	寄存器	相关位	附注
8	设定输出极性	TMnC1	TnPOL=1	选择 TM 输出信号反向后再送至输出引脚
			TnPOL=0	选择 TM 输出信号直接送至输出引脚
9	设定中断	INTC1/INTC2	MF1E、MF0E	选择比较匹配时是否产生中断请求
		MFI1/MFI0	TnAE、TnPE	
10	启动 TM 计数	TMnC0	TnON:0⇨1	复位 TMnD 为零并启动定时器模块开始计数
11	停止计数功能	TMnC0	TnPAU:0⇨1	停止 TM 计数
			TnON:1⇨0	停止计数功能

（2）定时/计数模式：此模式提供与比较输出模式相同的功能，但所有的操作仅限于 TM 模块内部，因此并不会有信号输出至外部引脚；其启动程序请参考表 2.5.6。

表 2.5.6　定时/计数模式快速启动程序

步骤	操作内容	寄存器	相关位	附注
1	设定频率源	TMnC0	TnCK[2:0]	选择 TM 计数频率来源
2	设定 TMnA/TnRP 计数值	TMnAH/TMnAL	所有位	设定计数器比较值
		TMnC0/T1RP	TnRP[2:0]/TM2RP[7:0]	
3	选择 TMnA 或 TnRP/TM2RP 比较	TMnC1	TnCCLR=1	选择当计数值等于 TMnA 时清除计数器
			TnCCLR=0	选择当计数值等于 TnRP/TM2RP 时清除计数器
4	设定输出功能	TMPC0/TMPC1	TnIO[1:0]=00	"00"表示无输出，其他设定值未定义
5	设定 TM 模式	TMnC1	TnM[1:0]=11	"11"选择为 Timer/Counter 运作模式
6	设定中断	INTC1/INTC2	MF1E、MF0E	选择比较匹配时是否产生中断请求
		MFI1/MFI0	TnAE、TnPE	
7	启动 TM 计数	TMnC0	TnON:0⇨1	复位 TMnD 为零并启动定时器模块开始计数
8	停止计数功能	TMnC0	TnPAU:0⇨1	停止 TM 计数
			TnON:1⇨0	停止计数功能

（3）脉宽调制/单一脉冲模式：此模式可输出 PWM 信号或单一脉冲至外部引脚，通过 TMnA、TMnB（仅 ETM 配置）、TnRP（TM2RP for STM）寄存器的设定，可以改变 PWM 波形的周期、占空比（Duty Cycle）以及脉冲的宽度；其启动程序请参考表 2.5.7。

第 2 章 HT66Fx0 家族系统结构

表 2.5.7 脉宽调制/单一脉冲模式快速启动程序

步骤	操作内容	寄存器	相关位	附 注
1	设定频率源	TMnC0	TnCK[2:0]	选择 TM 计数频率来源
2	设定 PWM 控制	TMnC1	TnDPX=1	选择 TMnA 控制周期、TnRP 决定占空比
			TnDPX=0	选择 TnRP 控制周期、TMnA 决定占空比
3	设定 TMnA/TnRP 计数值	TMnAH/TMnAL	所有位	设定 PWM 周期、占空比参数
		TMnC0/T1RP	TnRP[2:0]/TM2RP[7:0]	
4	设定波形对齐形式	TMnC2	T1PWM[1:0]	仅 ETM 模块具备此功能
5	设定 TM 模式	CTRL1	TnM[1:0]=10	"10"选择为 PWM 或 Single Pulse 运作模式
6	选择 TM 输出引脚	TMPC0/TMPC1	所有位	选定共用引脚的输出功能
7	设定输出引脚的初始状态	TMnC1	TnOC=1	选择 Active High
			TnOC=0	选择 Active Low
8	设定输出功能	TMnC1	TnIO[1:0]=00	强制输出为 Inactive State
			TnIO[1:0]=01	强制输出为 Active State
			TnIO[1:0]=10	选择为 PWM 输出
			TnIO[1:0]=11	选择为 Single Pulse 输出
9	设定输出极性	TMnC1	TnPOL=1	选择 TM 输出信号反向后再送至输出引脚
			TnPOL=0	选择 TM 输出信号直接送至输出引脚
10	设定中断	INTC1/INTC2	MF1E、MF0E	选择比较匹配时是否产生中断请求
		MFI1/MFI0	TnAE、TnPE	
11	启动 TM 计数	TMnC0	TnON:0⇨1	复位 TMnD 为零并启动定时器模块开始计数
12	停止计数功能	TMnC0	TnPAU:0⇨1	停止 TM 计数
			TnON:1⇨0	停止计数功能
13	设定输出电平（Active 与 Inactive 电平由 OC 位决定）	TMnC1	TnIO[1:0]=00	强迫 TM 输出为 Active 电平
		TMnC2	TnIO[1:0]=01	强迫 TM 输出为 Inactive 电平

（4）输入捕捉模式：此模式是在 TM 模块启动计数后，当输入引脚有上升沿、下降沿或双沿信号变化时，会将计数器的计数值记录于 TMnA、TMnB（仅 ETM 配置）寄存器；其启动程序请参考表 2.5.8。

表 2.5.8　输入捕捉模式快速启动程序

步骤	操作内容	寄存器	相关位	附注
1	设定频率源	TMnC0	TnCK[2:0]	选择 TM 计数频率来源
2	设定 TM 模式	TMnC1	TnM[1:0]=01	"01"选择为 Capture Input 运作模式
3	选择 TM 输入引脚	TMPC0/TMPC1	所有位	选定共用引脚的功能
4	设定输入引脚的触发条件	TMnC1	TnIO[1:0]=00	"00"选择为上升沿触发
			TnIO[1:0]=01	"01"选择为下降沿触发
			TnIO[1:0]=10	"10"选择为双沿触发
5	设定中断	INTC1/INTC2 MFI1/MFI0	MF1E、MF0E TnAE、TnPE	选择比较匹配时是否产生中断请求
6	启动 TM 计数	TMnC0	TnON:0⇨1	复位 TMnD 为零并启动定时器模块开始计数
7	捕捉计数值	—	—	当 TM 输入引脚出现触发条件时
8	停止计数功能	TMnC0	TnPAU:0⇨1	停止 TM 计数
			ON:1⇨0	停止计数功能
9	停止输入捕捉功能	TMnC1	TnIO[1:0]=11	关闭 Capture Input 功能,但 TM 仍继续计数

表 2.2.5～表 2.2.8 所列的启动程序是提供快速使用 TM 模块的参考,对于经验丰富的读者来说,相信已能从中看出一些端倪;但对初学者或许有点一头雾水、不知所云的感觉。以下的章节,将进一步详细说明 CTM、STM 以及 ETM 等定时器模块的电路结构与控制方式,还请读者继续耐心的研读。

2.5.1　精简型定时器模块(Compact Type TM,CTM)

本节介绍的特殊功能寄存器						
名称	地址	备注	Type	名称	地址	备注	Type
TM0C0	3Ah	TM0 Control Register 0	All	TM0C1	3Bh	TM0 Control Register 1	All
TM0DL	3Ch	TM0 Counter Low Byte	All	TM0DH	3Dh	TM0 Counter High Byte	All
TM0AL	3Eh	TM0 Capture Register A Low Byte	All	TM0AH	3Fh	TM0 Capture Register A High Byte	All
TM3C0	58h	TM3 Control Register 0	50/60	TM3C1	59h	TM3 Control Register 1	50/60
TM3DL	5Ah	TM3 Counter Low Byte	50/60	TM3DH	5Bh	TM3 Counter High Byte	50/60
TM3AL	5Ch	TM3 Capture Register A Low Byte	50/60	TM3AH	5Dh	TM3 Capture Register A High Byte	50/60

CTM 是所有家族成员均具备的定时器模块,也是 3 种计数模块中功能最少的类型。但即使如此,其所具备的 3 种工作模式仍足以满足一般应用的需求。3 种工作模式分别为:比较匹

配输出(Compare Match Output)、定时/计数(Timer/Counter)、以及脉宽调制(PWM)输出模式,同时可结合一个外部输入脚,以及一或两个的输出脚进行运作;HT66Fx0家族各型号所配置的CTM模块与特性整理如表2.5.9所列,除HT66F20之外,其余成员的CTM模块均拥有两个输出脚,使用者可以选择是单一输出、也可以控制两个脚输出相同或反向的信号。

表 2.5.9　HT66Fx0 家族所配置的 CTM 模块

MCU Type	位数	TM 编号	TM 输入引脚	TM 输出引脚
HT66F20	10-Bit	TM0	TCK0	TP0_0
HT66F30	10-Bit	TM0	TCK0	TP0_0、TP0_1
HT66F40	10-Bit	TM0	TCK0	TP0_0、TP0_1
HT66F50	10-Bit	TM0、TM3	TCK0、TCK3	TP0_0、TP0_1；TP3_0、TP3_1
HT66F60	10-Bit	TM0、TM3	TCK0、TCK3	TP0_0、TP0_1；TP3_0、TP3_1

如图 2.5.7 所示,CTM 以 10-Bit 向上计数型计数器(Up-counter)为核心,结合两个内部寄存器 TMnA(10-Bit)与 TnRP(3-Bit)寄存器所组成,其计数频率源、工作模式与输出特性是由 TMnC0 与 TMnC1 特殊功能寄存器所控制。通过 TnCK[2:0] 位的设定,可以选择 7 种不同的频率信号作为 10-Bit 计数器 TMnD[9:0](Counter Register)的计数频率源 f_{INT};当启动计数时(设定 TnON=1),TMnD 计数器会先清除为零,接着根据所选择的频率源开始往上递增。计数过程中,比较器 A 与 P 会将其数值分别与 TMnA(10-Bit)、TnRP(3-Bit)的设定值进行比较,而不同的工作模式在比较匹配时会产生不同的动作。请注意,本节中的 n 代表 0 或 3 的定时器模块编号,参考表 2.5.9)。

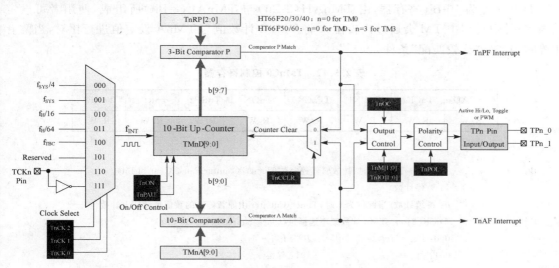

图 2.5.7　CTM 定时器模块内部结构

CTM 定时器模块的运作由 6 个特殊功能寄存器搭配完成,有关工作模式的设定、计数频率源的选择以及其他相关的控制都是通过设定 TMnC1 与 TMnC0 特殊功能寄存器来完成,请参考表 2.5.10～表 2.5.13 的说明。

表 2.5.10　TMnDH 与 TMnDL 计数器

TMnDL：Counter Register Low-Byte

TMnD[7:0]							
R	R	R	R	R	R	R	R
Bit7	6	5	4	3	2	1	Bit0

TMnDH：Counter Register High-Byte

—						TMnD[9:8]	
R	R	R	R	R	R	R	R
Bit7	6	5	4	3	2	1	Bit0

TMnD 为 10-Bit 只读寄存器，由 TMnDH（2-Bit）与 TMnDL（8-Bit）所组成，其内容代表 CTM 定时器模块计数值。请注意，TMnD 为只读寄存器，若读取其中未定义位时将传回 "0"。

表 2.5.11　TMnAL 与 TMnAH 寄存器

TMnAL：Compare/Capture Register(CCRA) Low-Byte

TMnA[7:0]							
R/W	R/W	R/W	R/W	R/W	R/W	R/W	R/W
Bit7	6	5	4	3	2	1	Bit0

TMnAH：Compare/Capture Register(CCRA) High-Byte

—						TMnA[9:8]	
R	R	R	R	R	R	R/W	R/W
Bit7	6	5	4	3	2	1	Bit0

TMnA 亦为 10-Bit 寄存器，由 TMnAH（2-Bit）与 TMnAL（8-Bit）所组成，使用者可设定其内容；计数过程中 TM 会通过比较器 A 将 TMnD 计数值与 TMnA 设定值进行比对，当两者相等时即产生 "比较匹配" 条件。

表 2.5.12　TMnC0 控制寄存器

TnPAU	TnCK2	TnCK1	TPnCK0	TnON	TnRP2	TnRP1	TnRP0
R/W	R/W	R/W	R/W	R/W	R/W	R/W	R/W
Bit7	6	5	4	3	2	1	Bit0

Bit 7　TnPAU：TMn 定时/计数暂停控制位(Timer/Counter Pause Control Bit)
　　　　1：暂停计数
　　　　0：继续计数（当此位为 0 时，Timer/Counter 由原暂停时的数值继续往上计数）

Bit 6~4　TnCK[2:0]：TMn 计数频率选择位(Clock Source Selection Bits)
　　　　000：$f_{INT} = f_{SYS}/4$　　　　100：$f_{INT} = f_{TBC}$
　　　　001：$f_{INT} = f_{SYS}$　　　　　101：保留
　　　　010：$f_{INT} = f_H/16$　　　　 110：$f_{INT} = TCKn$
　　　　011：$f_{INT} = f_H/64$　　　　 111：$f_{INT} = \overline{TCKn}$

Bit 3　TnON：TMn 定时/计数控制位(TMn On/Off Control Bit)
　　　　1：开始计数（当此位为 1 时，Timer/Counter 由 000h 开始往上计数）
　　　　0：停止计数

Bit 2~0　TnRP[2:0]：TMnRP 寄存器(TMnRP 3-Bit Register)
　　　　000：周期 = 1024×f_{INT}　　　100：周期 = 512×f_{INT}

001：周期＝128×f_{INT}　　　　101：周期＝640×f_{INT}
010：周期＝256×f_{INT}　　　　110：周期＝768×f_{INT}
011：周期＝384×f_{INT}　　　　111：周期＝896×f_{INT}

TnRP[2:0]是用来设定内部3位比较器的比较值,在计数过程中除了通过比较器A将TMnD与TMnA进行比对之外,CTM还会通过比较器P将计数器的最高3位(TMnD[9:7])与TnRP[2:0]进行比较,以判定是否发生比较匹配;也因为只取计数器最高3位进行比对,所以CCRP比较匹配应发生于128个计数频率整数倍的时间点上;请注意,当TnRP[2:0]＝000时,CCRP比较匹配时间最长。

TnON位控制CTM的计数是否开始,当其由"0"变为"1"时,计数器值将回归至零,并接收TnCK[2:0]所选定的频率源开始计数,而若CTM是操作于Compare Match Output模式时,CTM的输出引脚也将回归至TnOC位所设定的初始状态(参考TMnC1控制寄存器)。而当TnON位由"1"变为"0"时,计数动作即停止(这样可降低CTM的功耗),TMnD将停滞于目前计数值。设定TnPAU＝"1"可暂停CTM计数,重新启动时(TnPAU＝"0")TMnD将由暂停时的数值继续计数。如前所述,TnCK[2:0]用以选定频率来源,当设定为"101"时,将保留频率计数,建议使用者不要使用;而若选定频率来自外部(TCKn引脚),则可进一步选定为上升沿(TnCK[2:0]＝110)或下降沿(TnCK[2:0]＝111)触发。

表 2.5.13　TMnC1控制寄存器

TnM1	TnM0	TnIO1	TnIO0	TnOC	TnPOL	TnDPX	TnCCLR
R/W	R/W	R/W	R/W	R/W	R/W	R/W	R/W
Bit7	6	5	4	3	2	1	Bit0

Bit 7~6　TnM[1:0]：TMn模式控制位(TM0 Mode Control Bits)
　　　　00：比较匹配(Compare Match)输出模式　　01：未定义
　　　　10：脉冲宽度调制模式(PWM Mode)　　　　11：定时/计数(Timer/Counter)模式

Bit 5~4　TnIO[1:0]：TPn_0、TPn_1输出功能(Output Function)
　　　　操作于"Compare Match Output"模式时(TnM[1:0]＝00)：
　　　　00：当比较匹配时,输出维持不变　　01：当比较匹配时,输出"0"
　　　　10：当比较匹配时,输出"1"　　　　11：当比较匹配时,输出转态(Toggle)
　　　　操作于"PWM"模式时(TnM[1:0]＝10)：
　　　　00：强制为非启动(Inactive)状态　　01：强制为启动(Active)状态
　　　　10：PWM输出　　　　　　　　　　11：未定义
　　　　若操作于"Timer/Counter时"模式(TnM[1:0]＝11),则这两个位无作用。

Bit 3　　TnOC：TPn_0、TPn_1输出控制位(Output Control Bit)
　　　　若操作于"Compare Match Output"模式时(TnM[1:0]＝00)：
　　　　1：在首次比较匹配前输出维持在"1"　　0：在首次比较匹配前输出维持在"0"
　　　　操作于"PWM"模式时(TnM[1:0]＝10)：
　　　　1：启动电平为"1"(Active High)　　　0：启动电平为"0"(Active Low)

Bit 2　　TnPOL：TPn_0、TPn_1输出极性控制位(Polarity Control Bit)
　　　　1：反向后再输出　　　　　　　　　　0：直接输出

Bit 1　　TnDPX：PWM模式的Duty与Period切换控制位
　　　　1：TnRP控制Duty,TMnA控制Period　　0：TnRP控制Period,TMnA控制Duty

Bit 0　　TnCCLR：TMn清除控制位(TMn Counter Clear Control Bit)

1：当比较器 A 比较匹配时即清除计数器
0：当比较器 P 比较匹配或计数器溢出(若 TnRP=0)时清除计数器

如前所述，CTM 计数模块提供 3 种不同的工作模式，使用者可通过 TMnC1 特殊功能寄存器的 TnM[1:0]位加以选定；但请读者注意，在进行模式切换之前必须先停止定时器模块的运作，以确保其正常运行。

TnIO[1:0]是选择 TPn_0、TPn_1 输出引脚状态的变化规则，在"Compare Match Output"模式下，可指定 CCRA 比较匹配时引脚状态是高态、低态、反态或维持于原状态；而若在"PWM"模式时，可利用 TnIO[1:0]位设定 TPn_0、TPn_1 引脚状态是正常的 PWM 输出、或强制其为 Active(01)/Inactive(00)电平(此时，除了无 PWM 波形输出至 TPn_0、TPn_1 引脚之外，其余所有计数机制与 PWM 完全相同，且 PWM 仍维持运作，相关中断也仍会产生)。至于 Active、Inactive 电平以及首次"比较匹配"的引脚输出状态，是取决于 TnOC 位的设定；TnPOL 位则可进一步选择是否经过反向器后再行输出。一旦 TM 输出引脚状态改变之后，可通过 TnON 位由"0"变为"1"的变化使其恢复至初始状态。请注意，TnIO[1:0]所选定的状态必须与 TnOC 不同，否则在"比较匹配"时输出引脚将不会有任何的状态改变。例如在 TnOC=1、TnIO[1:0]=10 的设定状况下，在"比较匹配"前输出维持于"1"，而"比较匹配"时亦输出"1"。

当运行于 Timer/Counter 模式时，必须将 TM 相关输出引脚失能；此时计数动作与"Compare Match Output"模式动作相同，但不会输出状态至 TPn_0、TPn_1 引脚。TnDPX 位决定了"PWM"模式下，PWM 周期与占空比的控制机制。当 TnDPX="1"时，CCRA 比较匹配重新启动 CTM 的计数，故此时是由 TMnA 控制 PWM 周期，而占空比由 TnRP 控制；反之，TnDPX="0"时，CCRP 比较匹配重新启动 CTM 的计数，故此时改由 TnRP 决定 PWM 周期、TMnA 控制占空比。TnCCLR 用来设定 TMnD 计数器的清除时机是 CCRP 或 CCRA 发生"比较匹配"时，此位在 PWM 模式下操作时并无任何作用；此外，一般计数机制惯用的"溢出清除(Overflow Clearing)"，可通过设定 TnRP[2:0]=000 与 TnCCLR=0 来实现。请注意，在 Compare Match Output 模式下，TMnA 不可设定为零。有关 CTM 工作模式的运作，请参考以下 3 小节的范例说明。

1. 比较匹配输出模式(Compare Match Output Mode, TnM[1:0]=00)

图 2.5.8 是 CTM 在 Compare Match Output 模式下的操作范例，本例假设 TnOC="0"(TM 输出引脚在首次比较匹配前维持低态)、TnCCLR="0"(当 TnRP 比较匹配时清除 TMnD 计数器)，请参考以下说明：

① 使用者设定 TnON="1"，此时 CTM 先将计数器清除(TMnD[9:0]=000h)，并根据 TnOC="0"的设定将 TM 输出引脚维持在低态，接着接收 TnCK[2:0]所选择的频率信号开始往上递增(即 TMnD 计数器随着输入脉冲逐次加一)。

② 当 TMnD 计数值递增至使用者在 TMnA 寄存器所设定的数值时(Compare Match)，CTM 会设定 TnAF 中断标志位[3]，并将 TM 输出转态(因为 TnIO[1:0]="11")。由于 TnC-

---

[3] 若此时对应的中断已被使能，CPU 将至对应向量地址执行 ISR。此外，图 2.5.8 中，有关 TnPF 与 TnAF 的清除是由软件指令达成，由于这两个标志位属于多功能中断寄存器，当进入 ISR 时 HT66Fx0 并不会自动将其清除，这在使用时须特别注意。

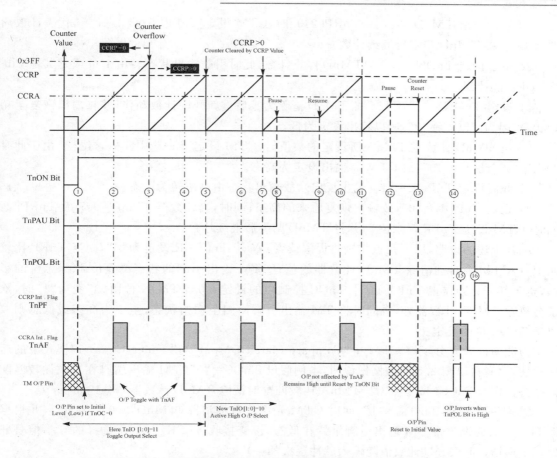

图 2.5.8 CTM Compare Match Output 范例图示(TnCCLR=0)

CLR 设定为"0",所以 TMnD 继续往上计数,并不会因 TMnA 的比较匹配而执行清除 TMnD 的动作。

③ 由于此阶段 TnRP[2:0]设定为零,故 TMnD 将持续计数,直至溢出(Overflow,3FFh 变为 000h)时,CTM 会设定 TnPF 中断标志位[③],TMnD 由 000h 继续向上计数。

④ 当 TMnD 再次计数至 TMnA 所设定的数值时,CTM 再次设定 TnAF 标志位[③],并将输出转态。由于 TnCCLR="0",所以 TMnD 不会清除,并继续往上计数。

⑤ 由于此阶段 TnRP[2:0]不为零,当计数至 TMnD [9:7]=TnRP[2:0] 时,CTM 设定 TnPF 标志位[③],代表计数周期结束,并将 TMnD 归零后继续计数。

⑥ 当 TMnD 计数至 TMnA 所设定的数值时,CTM 设定 TnAF 中断标志位[③]。由于此时 TnIO[1:0]设定为"10",故将输出设定为高态。

⑦ 当计数至 TMnD [9:7]=TnRP[2:0]时,CTM 将设定 TnPF 标志位[③],代表计数周期结束,并将 TMnD 归零后继续计数。

⑧ 由于设定 TnPAU="1",故 TMnD 暂停计数。

⑨ 设定 TnPAU="0",致使 TMnD 恢复计数动作。

⑩ 当 TMnD 计数至 TMnA 所设定的数值时,CTM 设定 TnAF 标志位[③]。由于此时 TnIO[1:0]设定为"10",故输出仍维持于高态。

⑪ 当计数至 TMnD[9:7]＝TnRP[2:0]时,CTM 设定 TnPF 中断标志位③,代表计数周期结束,并将 TMnD 归零后继续计数。

⑫ 由于设定 TnON＝"0"故 TMnD 停止计数,此时引脚输出状态转由 I/O 或是其他 Pin-shared 功能控制。

⑬ 设定 TnON＝"1",CTM 将 TMnD 清除为零后重新开始计数动作,并将输出恢复至初始状态(因为 TnOC＝"0",所以输出设定为低态)。

⑭ 当 TMnD 计数至 TMnA 所设定的数值时,CTM 设定 TnAF 中断标志位③。由于此时 TnIO[1:0]设定为"10",故 CTM 将输出设定为高态。

⑮ 此时设定 TnPOL＝"1"(输出反向),故输出状态由高态转为低态。

⑯ 设定 TnPOL＝"0",故输出恢复原来的高态;同时,当计数至 TMnD[9:7]＝TnRP[2:0]时,CTM 设定 TnPF 标志位③,并将 TMnD 归零后继续计数。

综合上述的说明,以下几点特别再提醒读者：①若 TnCCLR 设定为"0",则当 TnRP 比较匹配时,CTM 会自动清除 TMnD 计数器的值;②TM 输出引脚的状态受 TnAF 标志位的影响,至于其变化则需视 TnIO[1:0]、TnOC 控制位的设定;③当 TnON 位由"0"变为"1"时,除了会清除 TMnD 计数器外,也同时将 TM 输出引脚回归至初始状态,至于为高态或低态则取决于 TnOC 位的设定。

为能使读者充分了解 CTM 中"Compare Match Output"与"Timer/Counter"模式下的运作特性,笔者再以图 2.5.9 为例做说明,本例假设 TnOC＝"0"(TM 输出引脚在首次比较匹配前维持低态)、TnCCLR＝"1"(当 TMnA 比较匹配时清除 TMnD 计数器),分述如下：

① 使用者设定 TnON＝"1",此时 CTM 先将计数器清除(TMnD[9:0]＝000h),并根据 TnOC＝"0"的设定将 TM 输出引脚维持在低态,接着接收 TnCK[2:0]所选择的频率信号开始往上递增(即 TMnD 计数值随输入脉冲逐次加一)。

② 当 TMnD[9:0]计数值递增至使用者在 TnRP[2:0]所设定的数值时,虽为"比较匹配",但由于 TnCCLR 设定为"1"(指定当 TMnA 比较匹配时清除 TMnD),所以此时 CTM 并不会清除计数器,亦不会产生 TnPF 中断标志位,同时 TMnD 继续往上计数。

③ 由于此阶段 TMnA 设定不为零,故当计数至 TMnD＝TMnA 时,CTM 会设定 TnAF 中断标志位④,并将输出转态(因为 TnIO[1:0]＝"11")。在将 TMnD 清除后,继续由 000h 向上计数。

④ 当 TMnD 再次计数至 TMnA 所设定的数值时,CTM 再次设定 TnAF 中断请求标志位④,并将输出转态。在将 TMnD 清除后,继续由 000h 向上计数。

⑤ 当 TMnD 计数至 TMnA 所设定的数值时,CTM 设定 TnAF 中断标志位④。由于此时 TnIO[1:0]设定为"10",故将输出设定为高态。

⑥ 由于设定 TnPAU＝"1",所以 TMnD 暂停计数。

⑦ 设定 TnPAU＝"0",致使 TMnD 恢复计数动作。

⑧ 当 TMnD 计数至 TMnA 所设定的数值时,CTM 设定 TnAF 中断标志位④。由于此时 TnIO[1:0]设定为"10",故输出继续维持在高态。

---

④ 若此时对应的中断已被使能,CPU 将至对应向量地址执行 ISR。此外,图 2.5.3 中,有关 AF 的清除是由软件指令达成,AF 标志位是属于多功能中断寄存器,当进入 ISR 时 HT66Fx0 并不会自动将其清除,这在使用时须特别注意。

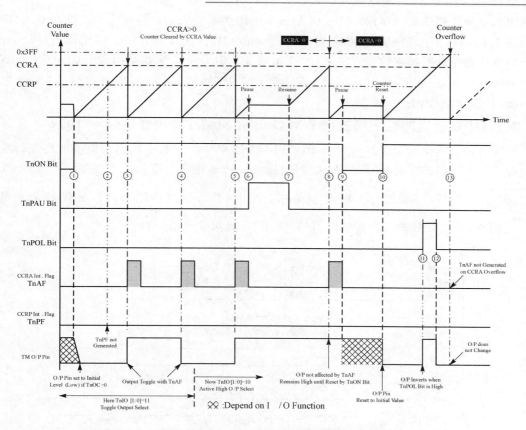

图 2.5.9　CTM Compare Match Output 范例图示（TnCCLR＝1）

⑨ 由于设定 TnON＝"0"，故 TMnD 停止计数，此时引脚输出状态转由 I/O 或是其他 Pin-shared 功能控制。

⑩ 设定 TnON＝"1"，CTM 将 TMnD 清除为零后重新开始计数，并将输出设定为低态（因为 TnOC＝"0"）。

⑪ 此时设定 TnPOL＝"1"（输出反向），故 CTM 将输出由低态转为高态。

⑫ 设定 TnPOL＝"0"，使得输出恢复原来的低态。

⑬ 由于此阶段 TMnA 设定值为零，当 TMnD 计数溢出时（3FFh 变为 000h）时，TMnD 会由 000h 继续向上计数；请注意，此时并不会产生 TnAF 标志位，输出的状态也不会改变。

在观察图 2.5.9 时请读者特别留意以下几点：①由于 TnCCLR 设定为"1"，所以当 CCRA 比较匹配时，CTM 才会清除 TMnD 计数器的值；②TM 输出引脚的状态是受 TnAF 标志位的影响，至于其变化则需视 TnIO[1:0]、TnOC 控制位的设定；③当 TnON 位由"0"变为"1"时，CTM 除了清除 TMnD 计数器外，也同时将 TM 输出引脚回归至初始状态，至于为高态或低态则取决于 TnOC 位的设定；④在 TnCCLR 设定为"1"的情形下，即使发生 TnRP 比较匹配也不会产生 TnPF 中断标志位；⑤若 TMnA 设定为零，当 TMnD 计数溢出时并不会产生 TnAF 中断标志位，且 TMnD 仍继续计数。

2. 定时/计数模式（Timer/Counter Mode，TnM[1:0]＝11）

"Compare Match Output"与"Timer/Counter"模式相比较，两者间的差异仅在于后者不

会输出信号至任何引脚,故可将 TPn_0、TPn_1 引脚当成一般 I/O 脚或作为其他功能用;读者可参考 2.5.1.1 节中范例说明,熟悉"Timer/Counter"模式的运作方式。而 Timer 与 Counter 的区别则仅在于计数频率的来源不同,若频率来源是取自于系统本身的信号(TnCK[2:0]=000~100),则称之为"Timer"。反之,若计数频率是经 TCKn 引脚由外部输入,即称之为"Counter"(TnCK[2:0]=110 或 111)。

3. 脉冲宽度调制输出模式(PWM Output Mode;TPnM[1:0]= 10)

脉宽调制(Pulse Width Modulation,PWM)是以单片机的数字输出对模拟电路进行控制的一种非常有效的技术,广泛应用在从测量、通信到功率控制与变换的许多领域中;Duty Cycle=$\frac{T_{ON}}{T_{PWM}} \times 100\%$,一般称为工作周率或占空比(本书将以占空比称之),是代表一个周期(T_{PWM})当中,输出方波维持在高电位(T_{ON})的比例,请参考图 2.5.10。

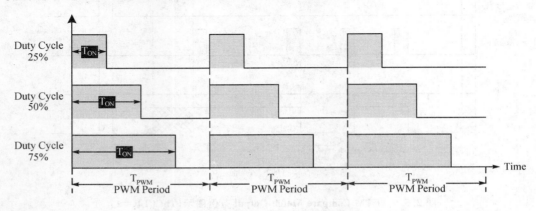

图 2.5.10　PWM 周期与占空比关系

图 2.5.11 是 CTM 操作于 PWM 模式下的范例,本例假设 TnDPX 设定为"0"(以 TMnA 控制占空比、TnRP 决定 PWM 周期),请参考以下说明:

① 注意在启动计数之前,输出状态由 I/O 或其他 Pin-shared 功能所控制,当设定 TnON="1"启动计数时,CTM 先将计数器清除(TMnD[9:0]=000h),并根据 TnOC[5] 的设定将输出维持在高态(Active Level),接着依据 TnCK[2:0]所选择的频率信号开始往上递增。

② 由于设定 TnDPX="0",所以当 TMnD 计数值等于使用者在 TMnA 所设定的数值时,CTM 会设定 TnAF 中断标志位[6]、将输出转为低态,并继续计数。

③ 当计数至 TMnD[9:7]=TnRP[2:0]时,CTM 设定 TnPF 中断标志位[6]、将输出转为高态,同时 TMnD 由 000h 重新开始计数。

④ 当计数至 TMnD[9:0]=TMnA[9:0]时,CTM 设定 TnAF 标志位[6]、将输出转为低态,并继续计数。

---

⑤ 以下有关图 2.5.11 的说明是针对 TnOC=1(设定 PWM 输出为 Active High)的情况;当 TnOC 设定为 0 时,除了输出状态相反之外,其余动作完全相同。

⑥ 若此时对应的中断已被使能,CPU 将来至对应的向量地址执行 ISR。此外,图 2.5.11 中,有关 TnAF 与 TnPF 的清除是由软件指令达成,由于这两个标志位是属于多功能中断寄存器,当进入 ISR 时 HT66Fx0 并不会自动将其清除,这在使用时须特别注意。

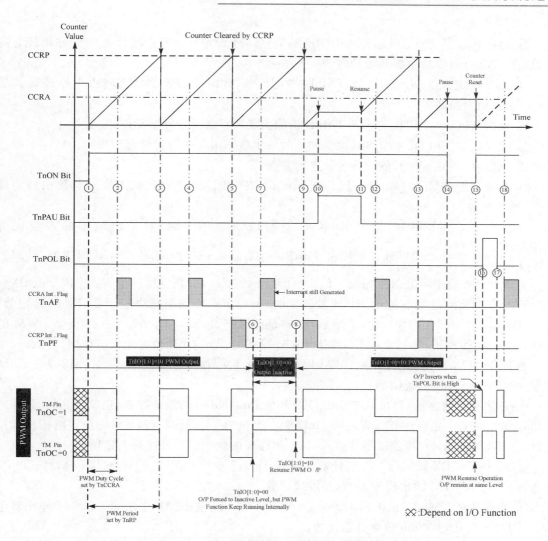

图 2.5.11　CTM PWM Mode 范例图示(TnDPX=0)

⑤ 当计数至 TMnD[9:7]=TnRP[2:0]时,CTM 设定 TnPF 中断标志位⑥、将输出转为高态,同时将 TMnD 归零后重新开始计数。

⑥ 若设定 TnIO[1:0]="00",将强制输出状态回归至 Inactive Level(当 TnOC 设定为"1",Inactive Level 为低态),故此时输出为 Low。

⑦ 虽然 TnIO[1:0]="00",但 PWM 仍持续运作,故当计数至 TMnD[9:0]=TMnA[9:0]时,CTM 仍会设定 TnAF 标志位⑥并继续计数。

⑧ 设定 TnIO[1:0]="10",重新启动引脚输出。

⑨ 计数至 TMnD[9:7]=TnRP[2:0]时,CTM 设定 TnPF 中断标志位⑥、将输出转为高态,且 TMnD 在归零后重新开始计数。

⑩ 由于设定 TnPAU="1",故 TMnD 暂停计数。

⑪ 设定 TnPAU="0",故 TMnD 恢复计数动作。

⑫ 当计数至 TMnD[9:0]=TMnA[9:0]时,CTM 设定 TnAF 标志位⑥、将输出转为低

态,并继续计数。

⑬ 再次计数至 TMnD[9:7]＝TnRP[2:0],CTM 设定 TnPF 中断标志位[⑥]、输出转为高态,且将 TMnD 归零后重新开始计数。

⑭ 由于设定 TnON＝"0",故 TMnD 停止计数,此时引脚输出状态转由 I/O 或是其他 Pin-shared 功能控制。

⑮ 设定 TnON＝"1",CTM 将 TMnD 清除为零后重新开始计数动作。

⑯ 此时设定 TnPOL＝"1"(输出反向),故输出状态由高态转为低态。

⑰ 设定 TnPOL＝"0",输出恢复原来的高态。

⑱ 当计数至 TMnD[9:0]＝TMnA[9:0]时,CTM 设定 TnAF 标志位[⑥]、将输出转为低态,并继续计数。

观察图 2.5.11 可知,若 TnDPX＝"0"、TnOC＝"1"时,其输出波形的占空比为 $\frac{CCRA \times f_{INT}^{-1}}{PWM\ 周期} \times 100\%$。PWM 周期则由 TnRP 决定:当 TnRP＝"0"时,PWM 周期为 1 024× f_{INT}^{-1};否则 PWM 周期＝TnRP×128× f_{INT}^{-1}。针对图 2.5.11,有几点提醒读者:①因 TnDPX＝"0",TMnD 的清除是发生在 CCRP 比较匹配时,所以 PWM 周期是决定于 TnRP 的设定值;②当 TnIO[1:0]＝"00"/"01"时,TPnAO 状态是停滞于 Inactive/Active Level,但是 PWM 的运作并不因此而停止;③当 CTM 操作于 PWM 模式时,TnCCLR 位并无任何作用。

通过 TnDPX 位的切换,可将 PWM 周期改为由 TMnA 寄存器控制;图 2.5.12 是 TnDPX 设定为"1"的操作范例,说明如下:

① 在启动计数之前,输出状态由 I/O 或其他 Pin-shared 功能所控制;当设定 TnON＝"1" 启动计数时,CTM 先将计数器清除(TMnD[9:0]＝000h),并根据 TnOC[⑦] 的设定将输出维持在高态(Active Level),接着依据 TnCK[2:0]所选择的频率信号开始往上递增。

② 由于 TnDPX 设定为"1",当计数至 TMnD[9:7]＝TnRP[2:0]时,CTM 会设定 TnPF 中断标志位[⑧]、将 TM 输出转为低态,并继续计数。

③ 当计数至 TMnD[9:0]＝TMnA[9:0]时,CTM 设定 TnAF 中断标志位[⑧]、将输出转为高态,同时 TMnD 由 000h 重新开始计数。

④ 当计数至 TMnD[9:7]＝TnRP[2:0]时,CTM 设定 TnPF 标志位[⑧]、将输出转为低态,并继续计数。

⑤ 当计数至 TMnD[9:0]＝TMnA[9:0]时,CTM 设定 TnAF 中断标志位[⑧]、将输出转为高态,同时将 TMnD 归零后重新开始计数。

⑥ 若设定 TnIO[1:0]＝"00",将强制输出状态回归至 Inactive Level(当 TnOC 设定为 "1",Inactive Level 为低态),故此时输出为 Low。

⑦ 虽然 TnIO[1:0]＝"00",但 PWM 仍持续运作,故当计数至 TMnD[9:7]＝TnRP[2:0] 时,CTM 设定 TnPF 标志位[⑧]并继续计数。

[⑦] 以下有关图 2.5.12 的说明是针对 TnOC＝「1」(设定 PWM 输出为 Active High)的情况;若 TnOC 设定为「0」时,除了 TM 输出引脚状态相反之外,其余动作完全相同。

[⑧] 若此时对应的中断已被使能,CPU 将至对应的向量地址执行 ISR。此外,图 2.5.12 中,有关 TnAF 与 TnPF 的清除是由软件指令达成,由于这两个标志位是属于多功能中断寄存器,当进入 ISR 时 HT66Fx0 并不会自动将其清除,这在使用时须特别注意。

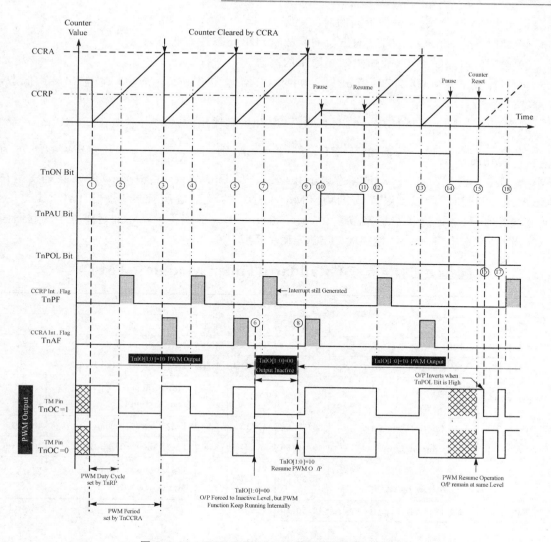

图 2.5.12　CTM PWM Mode 范例图示(TnDPX＝1)

⑧ 设定 TnIO[1:0]＝"10"，重新启动 TM 输出引脚的 PWM 功能。

⑨ 计数至 TMnD[9:0]＝TMnA[9:0]时，CTM 设定 TnAF 中断标志位⑧、将输出转为高态，且 TMnD 在归零后重新开始计数。

⑩ 由于设定 TnPAU＝"1"，故 TMnD 暂停计数。

⑪ 设定 TnPAU＝"0"，致使 TMnD 恢复计数动作。

⑫ 当计数至 TMnD[9:7]＝TnRP[2:0]时，CTM 设定 TnPF 标志位⑧、将输出转为低态，并继续计数。

⑬ 再次计数至 TMnD[9:0]＝TMnA[9:0]，CTM 设定 TnAF 中断标志位⑧、输出转为高态，且将 TMnD 归零后重新开始计数。

⑭ 由于设定 TnON＝"0"，故 TMnD 停止计数。

⑮ 设定 TnON＝"1"，CTM 将 TMnD 清除为零后重新开始计数动作，请注意，此时输出仍维持于原来状态(高态)，此特性与 Compare Match Output 模式在 TnON 位由"0"变为"1"

⑯ 此时设定 TnPOL="1"（输出反向），故输出由高态转为低态。

⑰ 设定 TnPOL="0"，故输出恢复原来的高态。

⑱ 当计数至 TMnD[9:7]=TnRP[2:0]时，CTM 设定 TnPF 标志位[⑧]、将输出转为低态，并继续计数。

观察图 2.5.12，当 TnDPX="1"、TnOC="1"时，其输出波形的占空比在 TnRP[2:0]≠0 时为 $\frac{128 \times TnRP}{TMnA} \times 100\%$；而在 TnRP[2:0]=0 时则为 $\frac{1\,024}{TMnA} \times 100\%$。PWM 周期为 $TMnA \times f_{INT}^{-1}$。检视图 2.5.12，请留意以下几点：①因 TnDPX="1"，TMnD 的清除是发生在 CCRA 比较匹配时，所以 PWM 周期由 TMnA[9:0]的设定值所控制；②当 TnIO[1:0]="00"/"01"时，虽然输出状态是停滞于 Inactive/Active Level，但是 PWM 的运作并不因此而停止；③当 CTM 操作于 PWM 模式时，TnCCLR 位不具任何作用。

2.5.2 标准型定时器模块（Standard Timer Module；STM）

本节介绍的特殊功能寄存器

名 称	地 址	备 注	Type	名 称	地 址	备 注	Type
TM1C0	48h	TM1 Control Register 0	20	TM1C1	49h	TM1 Control Register 1	20
TM1DL	4Bh	TM1 Counter Low Byte	20	TM1DH	4Ch	TM1 Counter High Byte	20
TM1AL	4Dh	TM1 Compare/Capture Register A Low Byte	20	TM1AH	4Eh	TM0 Compare/Capture Register A High Byte	20
TM2C0	51h	TM2 Control Register 0	40/50/60	TM2C1	52h	TM2 Control Register 1	40/50/60
TM2DL	53h	TM2 Counter Low Byte	40/50/60	TM2DH	54h	TM2 Counter High Byte	40/50/60
TM2AL	55h	TM2 Compare/Capture Register A Low Byte	40/50/60	TM2AH	56h	TM2 Compare/Capture Register A High Byte	40/50/60
TM2RP	57h	TM2 Compare Register P	40/50/60				

STM 提供 5 种不同的工作模式，分别为：比较匹配输出（Compare Match Output）、定时/计数（Timer/Counter）、脉冲宽度调制（PWM）、输入捕捉（Input Capture）以及单脉冲输出（Single Pulse Output）模式。STM 可搭配一个外部输入脚，以及一或两个输出脚进行运作。HT66Fx0 家族各型号所配置的 STM 模块与特性整理如表 2.5.14 所列，除 HT66F30 之外，家族其余成员均配置 STM 模块。该模块拥有两个输出脚，使用者可以选择是单一输出、也可以控制两个引脚输出相同或反向的信号。请留意 HT66F20 的 STM 模块编号为 TM1，且其宽度为 10-Bit；而 HT66F40/50/60 的 STM 宽度为 16-Bit，而模块编号均为 TM2。

表 2.5.14 HT66Fx0 家族所配置的 STM 模块

MCU Type	位 数	TM 编号	TM 输入引脚	TM 输出引脚
HT66F20	10-Bit	TM1	TCK1	TP1_0、TP1_1
HT66F30	—	—	—	—
HT66F40	16-Bit	TM2	TCK2	TP2_0、TP2_1

第 2 章 HT66Fx0 家族系统结构

续表 2.5.14

MCU Type	位 数	TM 编号	TM 输入引脚	TM 输出引脚
HT66F50	16-Bit	TM2	TCK2	TP2_0、TP2_1
HT66F60	16-Bit	TM2	TCK2	TP2_0、TP2_1

如图 2.5.13 所示，STM 以 10-Bit/16-Bit 向上计数型计数器（Up-counter）为核心，搭配两个内部寄存器 TMnA(10-Bit/16-Bit)与 TMnRP(3-Bit/8-Bit)所组成，其计数频率源、工作模式与输出特性是由 TMnC0 与 TMnC1 寄存器控制。通过 TnCK[2:0]位的设定(本节中，n=1 for HT66F20、n=2 for HT66F40/50/60)，可以选择 7 种不同的频率信号作为计数器（Counter Register, TMnD[9:0]/ TM2D[15:0]）的计数频率源；当启动计数时（设定 TnON="1"），TMnD 寄存器会先清除为零，接着根据所选择的频率源开始往上递增。此外，STM 模块中还配置两组比较器：比较器 A 与比较器 P；在计数过程中会将 TMnD 数值与 TMnA(10-Bit/16-Bit)、TMnRP(3-Bit/8-Bit)的设定值进行比较，而不同的工作模式在比较匹配时将产生不同的动作。有关工作模式的设定、计数频率源的选择、以及其他相关的控制都是通过 TMnC1 与 TMnC0 特殊功能寄存器加以设定，请参考表 2.5.15～表 2.5.19 的说明。为避免混淆，以下笔者仅以 HT66F40/50/60 的 STM 模块（TM2）为例说明，读者若欲针对 HT66F20 的 STM 进行了解，请务必注意其模块编号为 TM1、TM1A 与 A 比较器为 10-Bit、T1RP 与 P 比较器为 3-Bit。

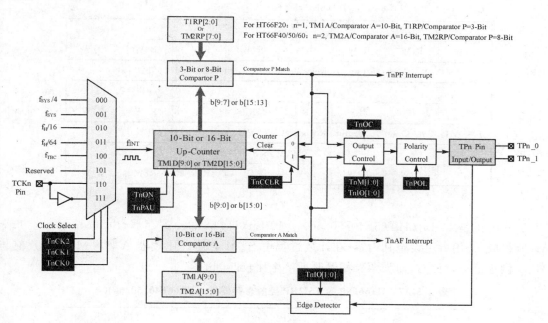

图 2.5.13 STM 定时器模块内部结构

表 2.5.15 HT66Fx0 的 TMnDL 与 TMnDH 控制寄存器

TMnDL：TMn Counter Register Low-Byte(n=1 for HT66F20,n=2 for HT66F40/50/60)

TMnD[7:0]							
R	R	R	R	R	R	R	R

TM1DH：TM1 Counter Register High-Byte(for HT66F20 only)

—						TMnD[9:8]	
R	R	R	R	R	R	R	R

TM2DH：TM 2 Counter Register High-Byte(for HT66F40/50/60)

TMnD[15:8]							
R	R	R	R	R	R	R	R
Bit7	6	5	4	3	2	1	Bit0

TMnD 为 16-Bit(HT66F40/50/60)/ 10-Bit(HT66F20)的只读寄存器,由 TMnDH 与 TMnDL 所组成,其内容代表 STM 定时器模块的计数值。请注意,TMnD 为只读寄存器,读取其中未定义位时将传回"0"。

表 2.5.16 HT66Fx0 的 TMnAL 与 TMnAH 控制寄存器

TMnAL：TMn Compare/Capture Register(CCRA) Low-Byte
(n=1 for HT66F20,n=2 for HT66F40/50/60)

TMnA[7:0]							
R/W	R/W	R/W	R/W	R/W	R/W	R/W	R/W

TM1AH：TM1 Compare/Capture Register(CCRA) High-Byte(for HT66F20 only)

—						TM1A[9:8]	
R	R	R	R	R	R	R/W	R/W

TM2AH：TM2 Compare/Capture Register(CCRA) High-Byte(for HT66F40/50/60)

TM2A[15:8]							
R/W	R/W	R/W	R/W	R/W	R/W	R/W	R/W
Bit7	6	5	4	3	2	1	Bit0

TMnA 也是 16-Bit(HT66F40/50/60) / 10-Bit(HT66F20)寄存器,由 TMnAH 与 TMnAL 所组成,使用者可设定其内容;在计数过程中 STM 会通过比较器 A 将 TMnD 计数值与 TMnA 设定值进行比对,而当两者相等时即产生比较匹配的条件。

表 2.5.17 HT66Fx0 的 TM2RP 控制寄存器(for HT66F40/50/60)

TM2RP[7:0]							
R/W	R/W	R/W	R/W	R/W	R/W	R/W	R/W
Bit7	6	5	4	3	2	1	Bit0

Bit 7~0 TM2RP[7:0]：STM 周期控制寄存器(Period Control Register)
当 TM2RP[7:0]=0 时,计数周期=65536×f_{INT}^{-1}；
而若 TM2RP[7:0]≠0,则计数周期=256×TM2RP[7:0]×f_{INT}^{-1}

TMnRP 是用来设定内部比较器的比较值,在计数过程中除通过比较器 A 将 TMnD 与 TMnA 进行比对之外,STM 还会通过比较器 P 将 TMnD 与 TMnRP 进行比较,以判定是否发生比较匹配。请注意,HT66F20 配置的 STM 计数宽度为 10-Bit、CCRP 为 3-Bit(隶属 TM1C0 特殊功能寄存器),而 CCRP 比较匹配是在 TM1D[9:7]=T1RP[2:0]时发生;但因为只取计数器最高 3 位进行比对,因此 CCRP 比较匹配应发生于 128 个计数频率整数倍的时间点上。至于 STM 计数宽度为 16-Bit 的 HT66F40/50/60 单片机,其所配置的 CCRP 为独立的 8-Bit 寄存器,CCRP 比较匹配是指 TM2D[15:8]=TM2RP[7:0]时;因此 CCRP 比较匹配应发生于 256 个计数频率整数倍的时间点上;请注意,当 TMnRP 设定为零时,CCRP 比较匹配时间最长。

表 2.5.18　HT66Fx0 的 TMnC0 控制寄存器

	Bit7	6	5	4	3	2	1	Bit0
HT66F20	T1PAU	T1CK2	T1CK1	T1CK0	T1ON	T1RP[2:0]		
	R/W	R/W	R/W	R/W	R/W	R/W	R/W	R/W
HT66F40/50/60	T2PAU	T2CK2	T2CK1	T2CK0	T2ON	—	—	—
	R/W	R/W	R/W	R/W	R/W	R	R	R

Bit　7　TnPAU：TMn 定时/计数暂停控制位(Timer/Counter Pause Control Bit)
　　　　1：暂停计数
　　　　0：继续计数(当此位为 0 时,Timer/Counter 由原暂停时的数值继续往上计数)

Bit　6～4　TnCK[2:0]：TMn 计数频率选择位(Clock Source Selection Bits)
　　　　000：$f_{INT}=f_{SYS}/4$　　　100：$f_{INT}=f_{TBC}$
　　　　001：$f_{INT}=f_{SYS}$　　　　101：保留
　　　　010：$f_{INT}=f_H/16$　　　110：$f_{INT}=TCK_n$
　　　　011：$f_{INT}=f_H/64$　　　111：$f_{INT}=\overline{TCK_n}$

Bit　3　TnON：TMn 定时/计数控制位(TMn On/Off Control Bit)
　　　　1：开始计数(当此位为 1 时,Timer/Counter 由 000h 开始往上计数)
　　　　0：停止计数
　　　　(PS：以上的说明中,n=1 for HT66F20;n=2 for HT66F40/50/60)

Bit　2～0　保留(读取时其值为 0;for HT66F40/50/60)

Bit　2～0　TM1RP[2:0]：STM 周期控制寄存器(Period Control Register)(for HT66F20 only)
　　　　000：周期=$1024 \times f_{INT}^{-1}$　　　100：周期=$512 \times f_{INT}^{-1}$
　　　　001：周期=$128 \times f_{INT}^{-1}$　　　101：周期=$640 \times f_{INT}^{-1}$
　　　　010：周期=$256 \times f_{INT}^{-1}$　　　110：周期=$768 \times f_{INT}^{-1}$
　　　　011：周期=$384 \times f_{INT}^{-1}$　　　111：周期=$896 \times f_{INT}^{-1}$

TnON 位控制 STM 的计数是否开始,当其由"0"变为"1"时,计数器值将回归至零,并接收 TnCK[2:0]所选定的频率源开始计数,而若 STM 是操作于 Compare Match Output 模式时,STM 的输出引脚也将回归至 TnOC(参考 TnCTL1 寄存器)位所设定的初始状态。当 TnON 位由"1"变为"0"时,计数动作将停止(此举可降低 TM 的功耗),而 TMnD 将停滞于目前计数的值。设定 TnPAU="1"可暂停 STM 计数,重新启动时(TnPAU="0")TMnD 将由暂停时的数值继续计数。

如前所述,TnCK[2:0]用以选定频率来源,请注意"101"为系统保留状态,建议读者不要将其设定为"101";而若选定的频率是来自外部(TCKn 引脚),则可进一步选定为上升沿(TnCK[2:0]=110)或下降沿(TnCK[2:0]=111)触发。

表 2.5.19　HT66Fx0 的 TMnC1 寄存器(n=1 for HT66F20;n=2 for HT66F40/50/60)

TnM1	TnM0	TnIO1	TnIO0	TnOC	TnPOL	TnDPX	TnCCLR
R/W	R/W	R/W	R/W	R/W	R/W	R/W	R/W
Bit7	6	5	4	3	2	1	Bit0

Bit 7~6　TnM[1:0]：STM 模式控制位(Mode Control Bits)
　　　　00：STM 为"比较匹配输出"模式(Compare Match Output Mode)
　　　　01：STM 为"输入捕捉"模式(Input Capture Mode)
　　　　10：STM 为"脉冲宽度调制或单一脉冲输出"模式(PWM/Single Pulse Mode)
　　　　11：STM 为"定时/计数器"模式(Timer/Counter Mode)

Bit 5~4　TnIO[1:0]：TPn_0、TPn_1 功能选择位
　　　　若 STM 为"比较匹配输出"模式时(TnM[1:0]=00,此时 TPn_0、TPn_1 为输出)：
　　　　00：比较匹配时,输出维持不变
　　　　10：比较匹配时,输出为高态
　　　　01：比较匹配时,输出为低态
　　　　11：比较匹配时,输出转态(Toggle)
　　　　若 STM 为"输入捕捉"模式时(TnM[1:0]=01,此时 TPn_0、TPn_1 为输入)：
　　　　00：在 TPn_0 或 TPn_1 输入为上升沿(Rising Edge)时,记录当前 TMnD 的值
　　　　01：在 TPn_0 或 TPn_1 输入为下降沿(Falling Edge)时,记录当前 TMnD 的值
　　　　10：在 TPn_0 或 TPn_1 输入为下降沿以及上升沿时,均会记录当前 TMnD 的值
　　　　11：停止捕捉输入功能
　　　　若 STM 为"脉冲宽度调制或单一脉冲输出"模式(TnM[1:0]=10)：
　　　　00：强制输出为非启动(Inactive)状态　　　10：PWM 输出
　　　　01：强制输出为启动(Active)状态　　　　11：单脉冲输出
　　　　当 STM 运作于"定时/计数器"模式(TnM[1:0]=11)时,则这两个位无作用。

Bit 3　　TnOC：输出电平控制位(Output Control Bit)
　　　　若 STM 为"比较匹配输出"模式时(TP2M[1:0]=00)：
　　　　1：首次比较匹配前输出维持在"1"
　　　　0：首次比较匹配前输出维持在"0"
　　　　若 STM 为"脉冲宽度调制或单一脉冲输出"模式(TnM[1:0]=10)：
　　　　1：输出启动电平为"1"(Active High)　　0：输出启动电平为"0"(Active Low)

Bit 2　　TnPOL：输出极性控制位(Output Polarity Control Bit)
　　　　1：输出反向　　　　　　　　0：输出不反向

Bit 1　　TnDPX：PWM 模式的 Duty 与 Period 切换控制位
　　　　1：TMnRP 控制 Duty,TMnA 控制 Period
　　　　0：TMnRP 控制 Period,TMnA 控制 Duty

Bit 0　　TnCCLR：计数器清除控制位(Counter Clear Control Bit)
　　　　1：当 TMnA 比较匹配时即清除计数器
　　　　0：当 TM2RP 比较匹配或计数器溢出(若 TM2RP=0)时清除计数器

STM 提供 5 种不同的工作模式,使用者可通过 TMnC1 特殊功能寄存器的 TnM[1:0]位加以选定;但请读者注意,在进行模式切换之前必须先停止定时器模块的运作,以确保其正常运行。

TnIO[1:0]是选择 TPn_0、TPn_1 输出引脚状态的变化规则,在 Compare Match Output 模式下,可指定 CCRA 比较匹配时输出引脚状态是高态、低态、反态或维持于原状态;而若运行于 PWM 或 Single Pulse Output 模式时,可利用 TnIO[1:0]位设定 TPn_0、TPn_1 引脚状态是正常的 PWM 输出、或强制其为 Active(01)/Inactive(00)电平(此时,除了无 PWM 波形输出至 TPn_0、TPn_1 引脚之外,其余所有计数机制与 PWM 完全相同,且 PWM 仍维持运作,相关中断也仍会产生)。至于 Active、Inactive 电平以及首次比较匹配的引脚输出状态,则取决于 TnOC 位的设定;TnPOL 位则可进一步选择是否经过反向器后再输出。一旦 TM 输出引脚状态改变之后,可将 TnON 位由"0"变为"1"使其回复至初始状态。请注意,TnIO[1:0]所选定的状态必须与 TnOC 不同,否则在比较匹配时输出引脚将不会有任何的状态变化。

当运行于 Timer/Counter 模式时,必须将 TM 相关输出引脚失能;此时计数动作与 Compare Match Output 模式动作相同,但不会输出状态至 TPn_0、TPn_1 引脚(此时输出引脚可作为其他功能使用)。TnDPX 位决定了 PWM 模式下,PWM 周期与占空比的控制机制。当 TnDPX="1"时,CCRA 比较匹配即重新启动 CTM 的计数,故此时是 TMnA 控制 PWM 周期,而占空比则由 TnRP 控制;反之,TnDPX="0"时,CCRP 比较匹配会重新启动 CTM 的计数,故此时改由 TnRP 决定 PWM 周期、TMnA 控制占空比。TnCCLR 用来设定 TMnD 计数器的清除时机是在 CCRP 或 CCRA 发生比较匹配时,此位在 PWM 模式下操作时并无任何作用;此外,一般计数机制惯用的溢出清除(Overflow Clearing),可通过设定 TnRP[2:0]=000 与 TnCCLR=0 来实现。请注意,在 Compare Match Output 模式下,TMnA 不可设定为零。

STM 所提供的 Compare Match Output、Timer/Counter、PWM 这 3 个工作模式的动作与 CTM 相同,请读者参阅 2.5.1 节中的范例说明,此处不再赘述。唯一要注意的是 HT66F40/50/60 所配置的计数器(TMnD)宽度由 CTM 的 10-Bit 扩增为 16-Bit,而 TMnRP 寄存器亦由 3-Bit 扩增为 8-Bit。至于捕捉输入(Input Capture)以及单一脉冲输出(Single Pulse Output)工作模式的动作,请参考以下两节的叙述。

1. 输入捕捉模式(Capture Input Mode;TnM[1:0]=01)

输入捕捉模式是指通过外部输入信号的触发,将 STM 模块的计数值记录于 TMnA 寄存器,通常可用于脉冲宽度的量测。在此模式下,外部信号是由 TPn_0 或 TPn_1 引脚输入,通过 TnIO[1:0]的设定,可选择 TMnA 捕捉计数值的时机是在输入信号的上升沿、下降沿或双沿(即正、下降沿均记录计数值)。在 TnON 位由"0"变为"1"时,计数器即归零,并接收 TnCK[2:0]所选定的频率源开始计数,当 TPn_0 或 TPn_1 引脚出现选定的电平变化时,定时器模块就将当下的 TMnD 计数值记录于 TMnA 寄存器,并设定 TM 中断请求标志位 TnAF。然而,计数的动作并不因外部的触发而暂停,当计数至 CCRP 比较匹配时,TMnD 会在归零后继续计数,与此同时也将设定 TM 中断请求标志位 TnPF。因此,若量测的脉冲宽度超过 CCRP 溢出周期时,亦可通过溢出的次数与 TMnA 记录值推算出脉冲的宽度。请注意,当 TnIO[1:0]=11 时,虽然 STM 的输入捕捉功能被关闭,但计数动作仍未间断,而且 STM 中断请求仍会发生。

由于 TPn_0 或 TPn_1 输入引脚是与其他功能共用,所以使用上要特别小心;若该引脚是定义成输出功能,那么一旦输出信号符合 TnIO[1:0]所选择的电平变化,也会产生上述的捕捉动作(亦即会将 TMnD 计数值记录于 TMnA 寄存器内)。另外,TnCCLR 与 TnDPX 控制位在此模式下并无任何作用,此时 TMnD 的清除只会发生在以下 3 种状况:① TnON 位由 "0"变为"1"、② TnRP 比较匹配、③ TMnD 计数溢出(当 TnRP 设定为零时)。

图 2.5.14 是 STM 于 Input Capture 模式下的操作范例,请参考以下说明:

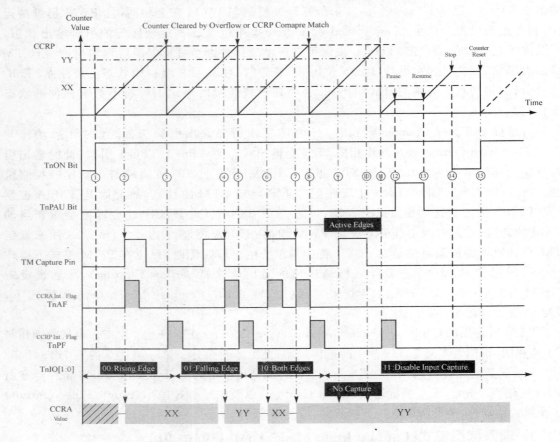

图 2.5.14　STM Input Capture 模式操作范例图示

① 使用者设定 TnON="1",此时 STM 将 TMnD 计数器清除并接收 TnCK[2:0]所选择的频率信号开始往上递增;请注意在 TnON="1"之前,即使 TPn_0 或 TPn_1 引脚有符合选定的电平变化,STM 并不会将 TMnD 计数值加以记录。

② 由于 TnIO[1:0]=00,因此当 TPn_0 或 TPn_1 出现上升沿信号变化时,STM 即将当时的计数值(XX)记录至 TMnA 寄存器,并同时设定 TnAF[⑨] 中断请求标志位,接着继续计数的动作。

③ 当计数至 TnRP 比较匹配时,STM 会设定 TnPF 中断标志位[⑨],并将 TMnD 清除后继续计数。

④ 由于此阶段设定 TnIO[1:0]=01,因此当 TPn_0 或 TPn_1 出现下降沿信号变化时,

---

⑨ 若此时对应的中断已被使能,CPU 将至对应的向量地址执行 ISR。此外,图 2.5.14 中,有关 TnAF 与 TnPF 的清除是由软件指令达成,由于这两个标志位是属于多功能中断寄存器,当进入 ISR 时 HT66Fx0 并不会自动将其清除,这在使用时须特别注意。

STM 即将当时的计数值(YY)记录至 TMnA 寄存器,并同时设定 TnAF 中断请求标志位[9],接着继续计数。

⑤ 当计数至 TnRP 比较匹配时,STM 会设定 TnPF 中断标志位[9],并将 TMnD 计数器清除后继续计数。

⑥ 因本阶段设定 TnIO[1:0]=10(上升沿或下降沿),因此当 TPn_0 或 TPn_1 出现上升沿信号变化时,STM 即将当时的计数值(XX)记录至 TMnA 寄存器,并同时设定 TnAF 中断请求标志位[9],接着继续计数。

⑦ 由于 TnIO[1:0]=10(上升沿或下降沿),因此当 TPn_0 或 TPn_1 出下降沿信号变化时,STM 即将当时的计数值(YY)记录至 TMnA 寄存器,并设定 TnAF 中断请求标志位[9],接着继续计数。

⑧ 当计数至 TnRP 比较匹配时,STM 会设定 TnPF 中断标志位[9],并将 TMnD 清除后继续计数。

⑨ 至此以后设定 TnIO[1:0]=11(No Capture),因此不论 TPn_0 或 TPn_1 引脚上有任何的电平变化,都不再有计数值记录至 TMnA 的状况。

⑩ TPn_0 或 TPn_1 引脚上出现下降沿电平变化,但因 TnIO[1:0]=11 故计数值不会记录至 TMnA。

⑪ 计数至 TnRP 比较匹配,STM 设定 TnPF 中断标志位[9],并将 TMnD 计数器清除后继续计数。

⑫ 由于设定 TnPAU="1",致使 TMnD 暂停计数。

⑬ 设定 TnPAU="0",故 TMnD 恢复计数动作。

⑭ 由于设定 TnON="0",因此 TMnD 停止计数。

⑮ 设定 TnON="1",STM 将 TMnD 清除为零后重新开始计数动作。

检视图 2.5.14 的说明中,请读者注意以下几点:①STM 欲操作 Input Capture 模式时,必须设定 TnM[1:0]=01,触发电平则取决于 TnIO[1:0]控制位;②当 TPn_0 或 TPn_1 引脚出现选定的触发电平时,TMnD 计数器的值将自动记录于 TMnA 寄存器中;③计数的最大值由 TnRP 寄存器决定;④TnCCLR、TnDPX、TnOC、TnPOL 位在 Input Capture 模式不具任何作用。

2. Single Pulse Output Mode(TnM[1:0]=10、TnIO[1:0]=11)

单脉冲输出模式是当触发信号到达时,由 TPn_0 或 TPn_1 引脚输出一个脉冲,该脉冲的宽度由 TMnA 寄存器决定(TMnA×f_{INT}^{-1}),脉冲的电平则可由 TM2C1 的相关位予以设定。触发脉冲信号开始输出的来源有二:①通过指令让 TnON 位由"0"变为"1",此即软件触发(S/W Trigger);②由 TCKn 引脚输入上升沿信号,此称硬件触发(H/W Trigger,此时 TnON 位会自动设为"1")。欲使 STM 操作于 Single Pulse Output 模式,除了设定 TnM[1:0]=10 之外,TnIO[1:0]也必须设定为 11;而且在此工作模式下,TMnRP 并无任何作用。一旦触发信号到达后,脉冲即开始输出;而脉冲的结束将发生在 TMnA 比较匹配或 TnON 位由"1"变为"0",如图 2.5.15 所示。

图 2.5.16 是 STM 在 Single Pulse Output 模式下的操作范例,请参考以下说明:

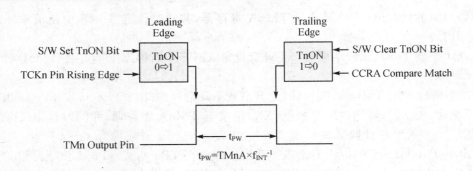

图 2.5.15 Single Pulse Output 模式的触发与脉冲输出

① 首先请注意,若 TnOC="1"[⑩](设定输出为 Active High),则在触发计数之前,STM 会将输出设为低态。当 TnON 位由"0"变为"1"后(S/W Trigger),STM 先将 TMnD 计数器清除,并将输出转为高态,接着根据 TnCK[2:0]所选择的频率信号开始往上递增。

② 请注意,在 Single Pulse Output 模式下,TMnRP 并无任何作用。因此当计数至 TM1D[9:7]=T1RP[2:0](HT66F20)或 TM2D[15:8]=TM2RP[7:0]时,STM 不会设定 TnPF 标志位、也不会清除 TMnD,只是继续计数。

③ 当计数至 TMnD=TMnA 时,STM 将停止计数(Match Stop)。其次,设定 TnAF 中断标志位[⑪],并将输出转为低态、TnON 位清除为"0"。请注意,此时 TMnD 停滞于原计数值,并不会因 TMnA 比较匹配而清除。

④ 当 TCKn 引脚状态出现由"0"变为"1"的变化时(H/W Trigger),STM 会自动将 TnON 位设为"1",同时清除 TMnD 计数器,并将输出转为高态,接着根据 TnCK[2:0]所选择的频率信号开始往上递增。

⑤ 此时设定 TnIO="00",将强制输出引脚的状态回归至 Inactive Level(当 TnOC 设定为"1",Inactive Level 为低态),故此时输出为 Low,计数器仍持续计数。

⑥ 虽 TCKn 引脚回归至低态,但因 TnON 位仍为"1",因此 TMnD 继续计数。

⑦ 设定 TnIO="11",重新恢复引脚的单脉冲输出,故此时输出转为高态。

⑧ 当计数至 TMnD=TMnA 时,STM 将停止计数,同时设定 TnAF 中断标志位[⑪],并将输出转为低态、TnON 位清除为"0"。此时 TMnD 停滞于原计数值,并不因 CCRA 比较匹配而清除。

⑨ TnON 位由"0"变为"1"后,STM 清除 TMnD 计数器,并将输出转为高态,接着根据 TnCK[2:0]所选择的频率信号开始往上递增。

⑩ 由于设定 TnPAU="1",导致 TMnD 暂停计数。

⑪ 设定 TnPAU="0",故 TMnD 恢复计数动作。

⑫ 此刻 TMnD=TMnA,STM 停止计数,并设定 TnAF 中断标志位[⑪],同时将输出转为

---

⑩ 以下有关图 2.5.16 的说明是针对 TnOC=1 的情况;若 TnOC 设定为 0 时,除了 TM 输出状态相反之外,其余动作完全相同。

⑪ 若此时对应的中断已被使能,CPU 将至 014h 执行 ISR。此外,图 2.5.16 中,有关 TnPF 与 TnAF 的清除是由软件指令达成,由于这两个标志位是属于 MFIC0 多功能中断寄存器,当进入 ISR 时 HT66Fx0 并不会自动将其清除,这在使用时须特别注意。

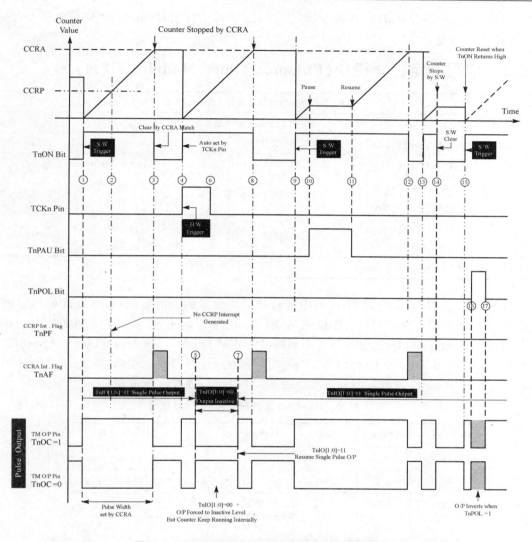

图 2.5.16 STM Single Pulse Output 模式范例图示

低态、TnON 位清除为"0"。TMnD 停滞于原计数值,并不因 CCRA 比较匹配而清除。

⑬ 设定 TnON 位由"0"变为"1",STM 清除 TMnD 计数器,并将输出转为高态,接着根据 TnCK[2:0]所选择的频率信号开始计数。

⑭ 设定 TnON="0",故 TMnD 停止计数,同时输出回归至低态(TnOC 设定为"1"时的 Inactive Level)。

⑮ 设定 TnON 位为"1",STM 清除 TMnD 计数器,并将输出转为高态,接着依 TnCK[2:0]所选择的频率信号开始计数。

⑯ 此时设定 TnPOL="1"(输出反向),故输出由高态转为低态。

⑰ 设定 TnPOL="0",故输出恢复至原来的高态。

针对图 2.5.16 的说明,摘录以下几点提醒读者:①STM 欲操作 Single Pulse Output 模式时,TnRP 寄存器不具任何作用;②计数至 TMnA 比较匹配时 STM 会停止计数,并设定 TnAF 中断请求标志位,但并不清除 TMnD 计数器的内容;③TnON 位由"0"变为"1"时,将开始启动脉冲的输出与 TMnD 的计数动作；④TCKn 输入引脚出现"0"变为"1"的电平变化时，TnON 位会自动设为"1"。

2.5.3 增强型定时器模块(Enhance Timer Module；ETM)

本节介绍的特殊功能寄存器

名 称	地 址	备 注	型 号	名 称	地 址	备 注	型 号
TM1C0	48h	TM1 Control Register 0	30/40/50/60	TM1C1	49h	TM1 Control Register 1	30/40/50/60
TM1DL	4Bh	TM1 Counter Low Byte	30/40/50/60	TM1DH	4Ch	TM1 Counter High Byte	30/40/50/60
TM1AL	4Dh	TM1 Compare/Capture Register A Low Byte	30/40/50/60	TM1AH	4Eh	TM1 Compare/Capture Register A High Byte	30/40/50/60
TM1BL	4Fh	TM1 Compare/Capture Register B Low Byte	30/40/50/60	TM1BH	50h	TM1 Compare/Capture Register B High Byte	30/40/50/60
TM1C2	4Ah	TM1 Control Register 2	30/40/50/60				

ETM 是除了 HT66F20 之外，家族中所有成员均配置的定时器模块，所支持的功能也最为完备。ETM 提供 5 种不同的工作模式，分别为：比较匹配输出(Compare Match Output)、定时/计数(Timer/Counter)、脉冲宽度调制输出(PWM Output)、输入捕捉(Input Capture)以及单脉冲输出(Single Pulse Output)模式；同时可搭配一个外部输入引脚，以及 1～4 个输出引脚进行运作；HT66Fx0 家族各型号所配置的 ETM 模块与特性整理如表 2.5.20 所列。

表 2.5.20 HT66Fx0 家族所配置的 ETM 模块

MCU Type	位 数	TM 编号	TM 输入引脚	TM 输出引脚
HT66F20	—			
HT66F30	10-Bit	TM1	TCK1	TP1A、TP1B_0、TP1B_1
HT66F40	10-Bit	TM1	TCK1	TP1A、TP1B_0、TP1B_1、TP1B_2
HT66F50	10-Bit	TM1	TCK1	TP1A、TP1B_0、TP1B_1、TP1B_2
HT66F60	10-Bit	TM1	TCK1	TP1A、TP1B_0、TP1B_1、TP1B_2

ETM 的功能均配置于编号为 1 的定时器模块(TM1)，主要由 10-Bit 向上计数及向下计数型计数器(Up/Down-counter)、两组 10-Bit 捕捉寄存器(TM1A、TM1B)、周期控制寄存器(T1RP)、TM1C0、TM1C1 与 TM1C2 控制寄存器所组成，其内部结构如图 2.5.17 所示。此外，ETM 内部还包含 3 组比较器：比较器 A(10-Bit)、比较器 B(10-Bit)以及比较器 P(3-Bit)，其功能在于判断是否产生比较匹配的状况。

ETM 以 10-Bit 向上/向下计数型计数器(TM1D[9:0])为核心，通过 T1CK[2:0]选择 7 种不同的计数频率源，当启动计数时 TM1D 由零开始往上递增，计数过程中通过比较器 A、B 与 P 3 组比较器将计数值与 TM1A[9:0]、TM1B[9:0]、T1RP[2:0]进行比较，而不同的工作模式在比较匹配时会产生不同的动作。有别于 CTM 与 STM，由于 ETM 拥有两组 CCR 寄存器(TM1A 及 TM1B)，因此操作在 PWM 模式时可拥有较多的弹性及选择，包括周期与占空比皆可变化的单通道 PWM 输出、占空比可变的双通道 PWM 输出(此时 PWM 周期可有 8 种选择);而在输出波形时可选择边沿对齐(Edge Align)或中心对齐(Center Align)。有关工作模式的设定、计数频率源的选择、以及其他相关的控制都是通过 TM1C2、TM1C1 与 TM1C0 这 3 个特殊功能寄存器加以设定,请参考表 2.5.21～表 2.5.26 的说明。

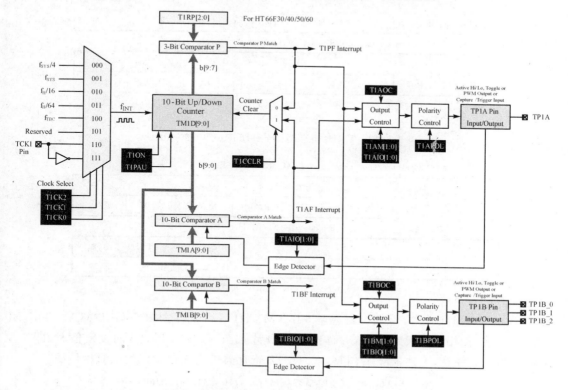

图 2.5.17　ETM 定时器模块内部结构(for HT66F30/40/50/60)

表 2.5.21　TM1D 寄存器(for HT66F30/40/50/60)

TM1DL:TM1 Counter Register Low-Byte

TM1D[7:0]							
R	R	R	R	R	R	R	R

TM1DH:TM1 Counter Register High-Byte

—						TM1D[9:8]	
R	R	R	R	R	R	R	R
Bit7	6	5	4	3	2	1	Bit0

TM1D 为 10-Bit 只读寄存器,由 TM1DH 与 TM1DL 所组成,其内容代表 ETM 定时器模块的计数值。TM1D 为只读寄存器。

表 2.5.22　TM1A 寄存器（for HT66F30/40/50/60）

TM1AL：TM1 Compare/Capture Register A(CCRA) Low-Byte

TM1A[7:0]							
R/W	R/W	R/W	R/W	R/W	R/W	R/W	R/W
Bit7	6	5	4	3	2	1	Bit0

TM1AH：TM1 Compare/Capture Register A(CCRA) High-Byte

						TM1A[9:8]	
R	R	R	R	R	R	R/W	R/W
Bit7	6	5	4	3	2	1	Bit0

表 2.5.23　TM1B 寄存器（for HT66F30/40/50/60）

TM1BL：TM1 Compare/Capture Register B(CCRB) Low-Byte

TM1B[7:0]							
R/W	R/W	R/W	R/W	R/W	R/W	R/W	R/W
Bit7	6	5	4	3	2	1	Bit0

TM1BH：TM1 Compare/Capture Register B(CCRB) High-Byte

—						TM1B[9:8]	
R	R	R	R	R	R	R/W	R/W
Bit7	6	5	4	3	2	1	Bit0

TM1A 与 TM1B 均为 10-Bit 寄存器，由 TM1AH/TM1BH（2-Bit）与 TM1AL/TM1BL（8-Bit）所组成，使用者可设定其内容；而当 TM1D 计数至 TM1A/TM1B 的设定值时，即产生比较匹配条件。注意，上述 TM1D、TM1A、TM1B 寄存器中的未定义位读取时将传回"0"。

表 2.5.24　TM1C0 控制寄存器（for HT66F30/40/50/60）

T1PAU	T1CK2	TP1CK1	TP1CK0	T1ON	T1RP2	T1RP1	T1RP0
R/W	R/W	R/W	R/W	R/W	R/W	R/W	R/W
Bit7	6	5	4	3	2	1	Bit0

Bit 7　T1PAU：TM1 定时/计数暂停控制位（Timer/Counter Pause Control Bit）
　　　　0：继续计数（TM1D 由原暂停时的数值继续往上计数）
　　　　1：暂停计数

Bit 6~4　T1CK[2:0]：TM1 计数频率选择位（Clock Source Selection Bits）
　　　　000：$f_{INT} = f_{SYS}/4$　　　100：$f_{INT} = f_{TBC}$
　　　　001：$f_{INT} = f_{SYS}$　　　　101：保留
　　　　010：$f_{INT} = f_H/16$　　　　110：$f_{INT} =$ TCK1
　　　　011：$f_{INT} = f_H/64$　　　　111：$f_{INT} = \overline{TCK1}$

Bit 3　T1ON：TM1 定时/计数控制位（TM1 On/Off Control Bit）
　　　　1：开始计数（TM1D 由 000h 开始往上计数）
　　　　0：停止计数

Bit 2~0　T1RP[2:0]：TM1 周期控制寄存器（Period Control Register）
　　　　000：周期 = $1024 \times f_{INT}^{-1}$　　　100：周期 = $512 \times f_{INT}^{-1}$
　　　　001：周期 = $128 \times f_{INT}^{-1}$　　　101：周期 = $640 \times f_{INT}^{-1}$
　　　　010：周期 = $256 \times f_{INT}^{-1}$　　　110：周期 = $768 \times f_{INT}^{-1}$

011：周期＝$384×f_{INT}^{-1}$　　111：周期＝$896×f_{INT}^{-1}$

　　T1ON 位控制 ETM 的计数是否开始，当其由"0"变为"1"时，计数器值将回归至零，并接收 T1CK[2:0]所选定的频率源开始计数，而若操作于 Compare Match Output 模式时，ETM 的 TP1A 引脚输出也将回归至 T1AOC(参考 TM1C1 寄存器)位所设定的初始状态。当 T1ON 位由"1"变为"0"时，计数动作将停止(此举可降低 TM 的功耗)，而 TM1D 将停滞于目前计数值。设定 T1PAU＝"1"可暂停 ETM 计数，重新启动时(T1PAU＝"0")TM1D 将由暂停时的数值继续计数。

　　如前所述，T1CK[2:0]用以选定频率来源，请注意"101"为系统保留状态，建议读者勿将 T1CK[2:0]设定为"101"；而若选定频率是来自外部(TCK1 引脚)，则可进一步选定为上升沿(T1CK[2:0]＝110)或下降沿(T1CK[2:0]＝111)触发。

　　T1RP[2:0]是用来设定比较器 P 的比较值，在计数过程中 TM1D 的计数值除通过了比较器 A/比较器 B 与 T1MA/T1MB 进行比对之外，ETM 还会将计数器的最高 3 位(TM1D[9:7])与 T1RP[2:0]通过比较器 P 进行比较，以判定是否发生"比较匹配"；也因为只取计数器最高 3 位进行比对，所以 CCRP 比较匹配应发生于 128 个计数频率整数倍的时间点上。在 T1CCLR 位设定为"0"时(隶属 TM1C1 寄存器)，若发生 CCRP 比较匹配，ETM 即会清除 TM1D 计数器；因此也可将 CCRP 视为计数周期的控制寄存器。

　　由表 2.5.25 可知，ETM 提供 5 种不同的工作模式，使用者可通过 TM1C1 特殊功能寄存器的 T1AM[1:0]位加以选定 CCRA 的工作模式；但在进行模式切换之前必须先停止定时器模块的运作，以确保其正常运行。

　　T1AIO[1:0]位是设定 TP1A 引脚状态的变化规则。在 Compare Match Output 模式下，可通过这两个位设定 CCRA 比较匹配时，TP1A 为高态、低态、反态或维持原状态。当运行于 PWM 或 Single Pulse Output 模式时，可利用 T1AIO[1:0]位设定 TP1A 引脚状态是正常的 PWM 输出、或强制其为 Active(01)/Inactive(00)电平(此时，除了无 PWM 波形输出至 TP1A 引脚之外，其余所有计数机制与 PWM 完全相同，且 PWM 仍维持运作，相关中断也仍会产生)。至于 Active、Inactive 电平以及首次比较匹配的 TP1A 引脚状态，则取决于 T1AOC 位的设定；T1APOL 位可进一步选择是否经过反向器后输出至 TP1A。一旦 TP1A 输出引脚状态改变之后，可将 TnON 由位"0"变为"1"使其回复至初始状态。注意：T1AIO[1:0]所选定的状态必须与 T1AOC 不同，否则在比较匹配时 TP1A 引脚将不会有任何的状态变化。

表 2.5.25　TM1C1 控制寄存器(for HT66F30/40/50/60)

T1AM1	T1AM0	T1AIO1	T1AIO0	T1AOC	T1APOL	T1CDN	T1CCLR
R/W	R/W	R/W	R/W	R/W	R/W	R/W	R/W
Bit7	6	5	4	3	2	1	Bit0

Bit　7～6　　T1AM[1:0]：TM1 CCRA 模式控制位(TM1 CCRA Mode Control Bits)
　　　　　　　00：CCRA 为"比较匹配输出"模式(Compare Match Output Mode)
　　　　　　　01：CCRA 为"输入捕捉"模式(Input Capture Mode)
　　　　　　　10：CCRA 为"脉冲宽度调制"或"单脉冲输出"模式(PWM/Single Pulse Output Mode)
　　　　　　　11：CCRA 为"定时/计数器"模式(Timer/Counter Mode)

Bit　5～4　　T1AIO[1:0]：TP1A 功能选择位
　　　　　　　若 CCRA 为"比较匹配输出"模式时(T1AM[1:0]＝00，此时 TP1A 为输出)：

00：比较匹配时，TP1A 维持不变　　　10：比较匹配时，TP1A 输出"1"
01：比较匹配时，TP1A 输出"0"　　　11：比较匹配时，TP1A 转态(Toggle)
若 CCRA 为"输入捕捉"模式时(T1AM[1:0]＝01，此时 TP1A 为输入)：
00：在 TP1A 信号为上升沿(Rising Edge)时，记录当前 TM1D 的值
01：在 TP1A 信号为下降沿(Falling Edge)时，记录当前 TM1D 的值
10：在 TP1A 信号为下降沿及上升沿时，均记录当前 TM1D 的值
11：停止输入捕捉功能
若 CCRA 为"脉冲宽度调制"或"单脉冲输出"模式时(T1AM[1:0]＝10)：
00：强制 TP1A 为非启动(Inactive)状态　　10：PWM 输出
01：强制 TP1A 为启动(Active)状态　　　　11：单脉冲输出
若 CCRA 为"定时/计数器"模式时(T1AM[1:0]＝11)，这两个位无作用。

Bit 3　T1AOC：TP1A 输出控制位(TP1A Output Control Bit)
若 CCRA 为"比较匹配输出"模式时(T1AM[1:0]＝00，此时 TP1A 为输出)：
1：首次比较匹配前使 TP1A 维持在"1"　　0：首次比较匹配前使 TP1A 维持在"0"
若 CCRA 为"脉冲宽度调制"或"单脉冲输出"模式时(T1AM[1:0]＝10)：
1：TP1A 启动电平为"1"(Active High)　　0：TP1A 启动电平为"0"(Active Low)

Bit 2　T1APOL：TP1A 极性控制位(TP1A Polarity Control Bit)
1：将 TP1A 反向后输出　　　　　　　　0：TP1A 直接输出

Bit 1　T1CDN：计数器向上/向下计数状态标志位(Count Up/Down Flag)
1：向上计数(Count Down)　　　　　　　0：向下计数(Count Up)

Bit 0　T1CCLR：计数器清除控制位(Counter Clear Control Bit)
1：当 TM1A 比较匹配时即清除计数器
0：当 TM1RP 比较匹配或计数器溢出(CCRP 为零时)时清除计数器

当运行于 Timer/Counter 模式时，TM 相关输出引脚将失能；此时计数动作与 Compare Match Output 模式动作相同，但不会输出状态至 TP1A 引脚(此时输出引脚可作为其他功能使用)。由于 Timer/Counter 模式并无信号输出，所以此时 T1APOL、T1AOC 两位不具任何作用。

T1CCLR 位决定 TM1D 计数器的清除时机是在 TM1A 或 T1RP 比较匹配时；当 T1CCLR＝"0"且 T1RP 亦为零时，TM1D 在计数溢出时自动清除。由于此位决定了计数器的清除时机，因此在"PWM"模式下，T1CCLR 亦决定了 PWM 周期是由 TM1A 或 T1RP 控制的；操作在 Input Capture 模式时 T1CCLR 位并无作用。

与 CTM、STM 计数模块不同的是 ETM 所配置的计数器具备向上、向下计数的功能，可通过 T1CDN 得知目前计数器是处于向上或向下计数阶段。

TM1C2 寄存器中大多数位的功能与 TM1C1 是完全相同，只是控制对象改为 TM1B 寄存器与 TP1B_0、TP1B_1、TP1B_2 引脚而已，故不再赘述。须说明的是最低两个位的定义与 TM1C1 不同；T1PWM[1:0]是运行于 PWM 模式时，选择 PWM 波形输出特性的控制位，可以指定其为：边沿对齐(Edge Aligned)、中心对齐—比较匹配产生于向上计数阶段、中心对齐—比较匹配产生于向下计数阶段、中心对齐—向上/向下计数阶段均产生比较匹配等 4 种 PWM 输出模式，其间的差异请参考后续的范例说明。

表 2.5.26　TM1C2 控制寄存器（for HT66F30/40/50/60）

T1BM1	T1BM0	T1BIO1	T1BIO0	T1BOC	T1BPOL	T1PWM1	T1PWM0
R/W	R/W	R/W	R/W	R/W	R/W	R/W	R/W
Bit7	6	5	4	3	2	1	Bit0

Bit 7～6　T1BM[1:0]：TM1 CCRB 模式控制位（TM1 CCRB Mode Control Bits）
　　　　00：CCRB 为"比较匹配输出"模式（Compare Match Output Mode）
　　　　01：CCRB 为"输入捕捉"模式（Input Capture Mode）
　　　　10：CCRB 为"脉冲宽度调制"或"单脉冲输出"模式（PWM/Single Pulse Output Mode）
　　　　11：CCRB 为"定时/计数器"模式（Timer/Counter Mode）

Bit 5～4　T1BIO[1:0]：TP1B_0、TP1B_1、TP1B_2 功能选择位
　　　　若 CCRB 为"比较匹配输出"模式时（T1BM[1:0]=00，此时引脚为输出功能）：
　　　　00：比较匹配时，输出维持不变　　　　10：比较匹配时，输出"1"
　　　　01：比较匹配时，输出"0"　　　　　　11：比较匹配时，输出转态（Toggle）
　　　　若 CCRB 为"输入捕捉"模式时（T1BM[1:0]=01，此时引脚为输入功能）：
　　　　00：在输入信号为上升沿（Rising Edge）时，记录当前 TM1D 的值
　　　　01：在输入信号为下降沿（Falling Edge）时，记录当前 TM1D 的值
　　　　10：在输入信号为下降沿及上升沿时，均记录当前 TM1D 的值
　　　　11：停止输入捕捉功能
　　　　若 CCRB 为"脉冲宽度调制"或"单脉冲输出"模式时（T1BM[1:0]=10）：
　　　　00：强制输出为非启动（Inactive）电平　　10：PWM 输出
　　　　01：强制输出为启动（Active）电平　　　　11：单脉冲输出
　　　　若 CCRB 为"定时/计数器"模式时（T1BM[1:0]=11），这两个位无作用。

Bit 3　　T1BOC：TP1B_0、TP1B_1、TP1B_2 输出控制位（Output Control Bit）
　　　　若 CCRB 为"比较匹配输出"模式时（T1BM[1:0]=00，此时为输出功能）：
　　　　1：首次比较匹配前使输出维持在"1"　　0：首次比较匹配前使输出维持在"0"
　　　　若 CCRB 为"脉冲宽度调制"或"单脉冲输出"模式时（T1BM[1:0]=10）：
　　　　1：输出启动电平为"1"（Active High）　　0：输出启动电平为"0"（Active Low）

Bit 2　　T1BPOL：TP1B_0、TP1B_1、TP1B_2 输出极性控制位（Polarity Control Bit）
　　　　1：反向后输出　　　　　　　　　　　　0：直接输出

Bit 1～0　T1PWM[1:0]：PWM 模式选择位（PWM Mode Selection Bits）
　　　　00：边沿对齐模式（Edge Aligned Mode）
　　　　01：中心对齐模式 0（Center Aligned Mode 0），向上计数时产生比较匹配
　　　　10：中心对齐模式 1（Center Aligned Mode 1），向下计数时产生比较匹配
　　　　11：中心对齐模式 2（Center Aligned Mode 2），向上/向下计数时产生比较匹配
　　　　（中心对齐模式中的比较匹配包含 TM1A 与 TM1RP 寄存器）

由于 ETM 配置了两组 CCR 寄存器，所以同时可就同一计数频率源指定两个不同的计数长度，在应用上可以作更灵活的变化。TM1A 与 TM1B 可搭配的工作模式简列于表 2.5.27。ETM 所提供的 Compare Match Output、Timer/Counter 两个工作模式的动作与 CTM 相同，请读者可参考 2.5.1 小节的说明；不过为了加深读者印象，笔者再以范例解说 Compare Match Output 模式的运作。毕竟，定时器模块可说是 HT66Fx0 家族的核心，若能对其运作了如指掌，对于芯片的功能就大致掌握了六七成了。至于 PWM、Input Capture 以及 Single Pulse Output 模式的操作，也请参考后续的范例说明。

表 2.5.27 ETM TM1A/TM1B 搭配功能

ETM 工作模式		TM1A				
		Compare Match Output	Timer/Counter	PWM Output	Single Pulse Output	Input Capture
TM1B	Compare Match Output	√	√	√	—	—
	Timer/Counter	√	√	√	—	—
	PWM Output	√	√	√	—	—
	Single Pulse Output	—	—	—	√	—
	Input Capture	√	√	√	—	√

1. 比较匹配输出模式(Compare Match Output Mode, T1AM[1:0]= T1BM[1:0]=00)

TM1A 与 TM1B 未必得运行于同一模式，如表 2.5.27 所示，当 TM1A 操作于 Compare Match Output 模式时，TM1B 仍可运行于 Single Pulse Output 以外的 4 种模式。不过为避免读者混淆，本节的范例假设 TM1A、TM1B 均操作在 Compare Match Output 模式。如果读者曾详读 2.5.1 节，相信对此模式的运行方式已不陌生；就是在比较匹配条件成立时，在对应的 TM 输出引脚产生指定的状态变化。由于 ETM 配置的比较器包含 A、B、P 这 3 组，此意味着 TM1A、TM1B、T1RP 这 3 个设定值均会影响比较匹配的产生时机；当 TM1D 计数值与 TM1A/TM1B 的设定相等时，将改变 TP1A/TP1B 输出引脚的状态，其变化规则取决于 TM1C1/TM1C2 控制寄存器中 T1AIO[1:0]/T1BIO[1:0]位的设定。以下范例中，请特别注意 T1CCLR 的设定对 ETM 操作于 Compare Match Output 模式的影响。

图 2.5.18 是 ETM 在 Compare Match Output 模式下操作范例，本例假设 T1AOC= T1BOC="0"(TM 输出引脚在首次比较匹配前维持低态)、T1CCLR="0"(当 T1RP 比较匹配时清除 TM1D 计数器)，请参考以下说明：

① 使用者设定 T1ON="1"，此时 ETM 先将计数器清除(TM1D[9:0]=000h)，并根据 T1AOC/T1BOC="0"的设定将 TP1A/TP1B 输出引脚维持在低态，接着接收 T1CK[2:0]所选择的频率信号开始往上递增(注意：TP1B 是指隶属 TM1B 控制的 TP1B_0、TP1B_1、TP1B_2 输出引脚)。

ⓐ 当 TM1D 计数值递增至使用者在 TM1B 所设定的数值时，ETM 设定 T1BF 中断标志位[12]，并将 TP1B 输出转态(因为 T1BIO[1:0]="11")。

② TM1D 计数值递增至 TM1A 所设定的数值时，ETM 会设定 T1AF 中断标志位[12]，并将 TP1A 输出转态(因为 T1AIO[1:0]="11")。由于 T1CCLR 的设定为"0"，所以 TM1D 继续

---

[12] 若此时对应的中断已被使能，CPU 将至对应向量地址执行 ISR。此外，图 2.5.18 中，有关 T1AF、T1BF 与 T1PF 的清除是由软件指令达成，由于这两个标志位是属于多功能中断寄存器，当进入 ISR 时 HT66Fx0 并不会自动将其清除，这在使用时须特别注意。

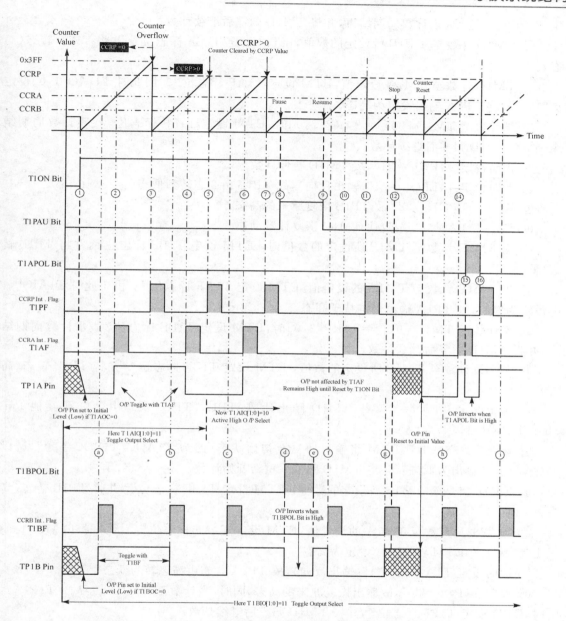

图 2.5.18 ETM Compare Match Output 模式范例图示（T1CCLR=0）

往上计数，并不会因 CCRA 的比较匹配而执行清除 TM1D 的动作。

③ 由于此阶段 T1RP[2:0]的设定为零，故 TM1D 将持续计数，直至溢出（Overflow，3FFh 变为 000h）时，ETM 会设定 T1PF 中断标志位[12]，TM1D 由 000h 继续向上计数。

ⓑ 当 TM1D 再次计数至 TM1B 所设定的数值时，ETM 设定 T1BF 标志位[12]，并将 TP1B 转态（低态）。

④ TM1D 再次计数至 TM1A 设定的数值，ETM 设定 T1AF 标志位[12]，并将 TP1A 转态。由于 T1CCLR="0"，所以 TM1D 不会被清除，且继续计数。

⑤ 由于此阶段 T1RP[2:0]不为零，当计数至 TM1D[9:7]=T1RP[2:0] 时，ETM 即设

定 T1PF 标志位[12]代表计数周期结束,并将 TM1D 归零后继续计数。

ⓒ TM1D 计数至 TM1B 所设定的数值,ETM 设定 T1BF 标志位[12],并将 TP1B 转态(高态)。

ⓕ TM1D 计数至 TM1A 设定值,ETM 设定 T1AF 标志位[12]。因此时 T1AIO[1:0]设定为"10",故将 TP1A 输出设定为高态。

⑦ 当计数至 TM1D[9:7]=T1RP[2:0]时,ETM 设定 T1PF 标志位[12]代表计数周期结束,并将 TM1D 归零后继续计数。

⑧ 由于设定 T1PAU="1",故 TM1D 暂停计数。

ⓓ 此时设定 T1BPOL="1"(输出反向),故 TP1B 由高态转为低态。

ⓔ 设定 T1BPOL="0",故 TP1B 恢复原来的高态。

⑨ 设定 T1PAU="0",致使 TM1D 恢复计数动作。

ⓕ 当 TM1D 计数至 TM1B 所设定的数值时,ETM 设定 T1BF 标志位[12],并将 TP1B 转态(低态)。

⑩ 当 TM1D 计数至 TM1A 的设定值,ETM 设定 T1AF 标志位[12]。由于此时 T1AIO[1:0]设定为"10",故 TP1A 输出仍维持于高态。

⑪ 当计数至 TM1D[9:7]=T1RP[2:0]时,ETM 设定 T1PF 标志位[12]表示计数周期结束,并将 TM1D 归零后继续计数。

ⓖ TM1D 计数至 TM1B 所设定的数值,ETM 设定 T1BF 标志位[12],并将 TP1B 转态(高态)。

⑫ 由于设定 T1ON="0"故 TM1D 停止计数,TP1A、TP1B 状态由 I/O 或其他 Pin-Shared 功能控制。

⑬ 设定 T1ON="1",ETM 将输出回复至初始状态(因为 T1AOC/T1BOC="0",所以 TP1A/TP1B 输出为低态),并将 TM1D 归零后重新开始计数。

ⓗ TM1D 计数至 TM1B 所设定的数值,ETM 设定 T1BF 标志位[12],并将 TP1B 转态(高态)。

⑭ 当 TM1D 计数至 TM1A 的设定值,ETM 设定 T1AF 标志位[12]。因此时 T1AIO[1:0]设定为"10",故 ETM 将 TP1A 设定为高态。

⑮ 此时设定 T1APOL="1"(输出反向),故 TP1A 状态由高态转为低态。

⑯ 设定 T1POL="0",故输出恢复原来的高态;同时,当计数至 TM1D[9:7]=T1RP[2:0]时,ETM 设定 T1PF 标志位[12],并将 TM1D 归零后继续计数。

ⓘ TM1D 计数至 TM1B 所设定的数值,ETM 设定 T1BF 标志位[12],并将 TP1B 转态(低态)。

综合上述的说明,请读者注意以下几点:①若 T1CCLR="0",则当 T1RP 比较匹配时,ETM 将自动清除 TM1D 计数器;②TP1A 输出状态是受 T1AF 标志位的影响,至于其变化则需视 T1AIO[1:0]、T1AOC 控制位的设定;同理,TP1B 的状态则受 T1BF 标志位的影响,其变化则由 T1BIO[1:0]、T1BOC 位所控制;③当 T1ON 位由"0"变为"1"时,除了会清除 TM1D 计数器外,也同时将 TP1A/TP1B 输出引脚回归至初始状态,至于为高态或低态则取决于 T1AOC/T1BOC 位的设定。

图 2.5.19 是假设 T1AOC=T1BOC="0"、T1CCLR="1"(当 TM1A 比较匹配时清除

TM1D 计数器),请参考以下说明:

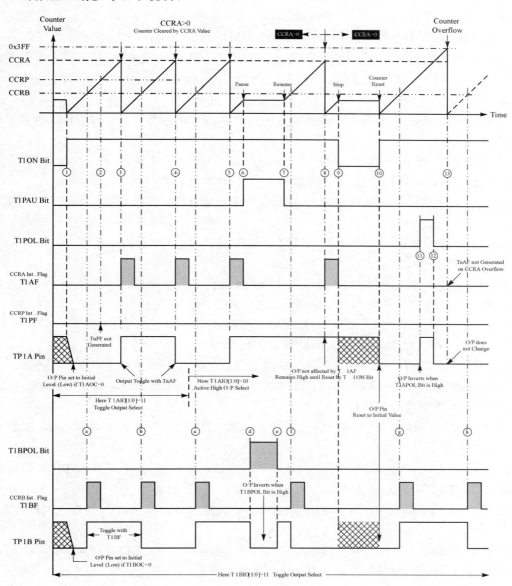

图 2.5.19 ETM"Compare Match Output"模式范例图示(T1CCLR=1)

① 设定 T1ON="1",此时 ETM 先将 TM1D 计数器清除,并根据 T1AOC="0"、T1BOC="0"的设定,将 TP1A、TP1B 输出引脚维持在低态,接着接受 T1CK[2:0]所选择的频率信号开始往上递增;

ⓐ 当 TM1D 计数值递增至使用者在 TM1B 所设定的数值时,ETM 设定 T1BF 中断标志

位[13]，并将 TP1B 输出转态(因为 T1BIO[1:0]="11")。

② 当计数至 TM1D[9:0]=T1RP[2:0]时，虽为比较匹配，但因 T1CCLR 设定为"1"，所以 ETM 并不会清除计数器，亦不会产生 T1PF 中断标志位，TM1D 继续往上计数。

③ 由于此阶段 TM1A 的设定不为零，故当计数至 TM1D=TM1A 时，ETM 设定 T1AF 标志位[13]，并将 TP1A 转态(因为 T1AIO[1:0]="11")。在将 TM1D 清除后，继续由 000h 向上计数。

ⓑ 当 TM1D 再次计数至 TM1B 所设定的数值时，ETM 设定 T1BF 标志位[13]，并将 TP1B 转态(低态)。

④ 当 TM1D 再次计数至 TM1A 所设定的数值时，ETM 设定 T1AF 标志位[13]，并将 TP1A 转态。将 TM1D 清除后，继续计数。

ⓒ TM1D 计数至 TM1B 所设定的数值，ETM 设定 T1BF 标志位[13]，并将 TP1B 转态(高态)。

⑤ 当计数至 TM1D=TM1A 时，ETM 设定 T1AF 标志位[13]。由于此时 T1AIO[1:0]设定为"10"，故将 TP1A 设定为高态。

⑥ 由于设定 T1PAU="1"，所以 TM1D 暂停计数。

ⓓ 此时设定 T1BPOL="1"(输出反向)，故 TP1B 由高态转为低态。

ⓔ 设定 T1BPOL="0"，故 TP1B 恢复原来的高态。

⑦ 设定 T1PAU="0"，致使 TM1D 恢复计数动作。

ⓕ 当计数至 TM1D=TM1B 时，ETM 设定 T1BF 标志位[13]，并将 TP1B 转态(低态)。

⑧ 当计数至 TM1D=TM1A 时，ETM 设定 T1AF 标志位[13]。此时 T1AIO[1:0]设定为"10"，故 TP1A 仍旧维持于高态。

⑨ 由于设定 T1ON="0"故 TM1D 停止计数，TP1A、TP1B 状态由 I/O 或其他 Pin-Shared 功能控制。

⑩ 设定 T1ON="1"，ETM 将 TM1D 归零后重新开始计数，并将 TP1A、TP1B 输出设定为低态(因为 T1AOC=T1BOC="0")。

ⓖ TM1D 计数至 TM1B 所设定的数值，ETM 设定 T1BF 标志位[13]，并将 TP1B 转态(高态)。

⑪ 此时设定 T1APOL="1"(输出反向)，故 ETM 将 TP1A 由低态转为高态。

⑫ 设定 T1APOL="0"，使得 TP1A 恢复原来的低态；

⑬ 由于此阶段 TM1A 设定值为零，当 TM1D 计数溢出(3FFh 变为 000h)时，TM1D 会由 000h 继续向上计数；请注意，此时并不会产生 T1AF 标志位，TP1A 的状态也不会改变；

ⓗ 当计数至 TM1D=TM1B 时，ETM 设定 T1BF 标志位[13]，并将 TP1B 转态(低态)。

观察图 2.5.19，以下几点请读者注意：①若 T1CCLR="1"，则当 TM1A 比较匹配时，ETM 将自动清除 TM1D 计数器；②TP1A 输出状态是受 T1AF 标志位的影响，至于其变化则需视 T1AIO[1:0]、T1AOC 控制位的设定。同理，TP1B 的状态则受 T1BF 标志位的影响，其

---

[13] 若此时对应的中断已被使能，CPU 将至对应向量地址执行 ISR。此外，图 2.5.19 中，有关 T1AF、T1BF 与 T1PF 的清除是由软件指令达成，由于这两个标志位是属于多功能中断寄存器，当进入 ISR 时 HT66Fx0 并不会自动将其清除，这在使用时须特别注意。

变化则由 T1BIO[1:0]、T1BOC 位所控制；③当 T1ON 位由"0"⇨"1"时,除了会清除 TM1D 计数器外,也同时将 TP1A/TP1B 输出引脚回归至初始状态,至于为高态或低态则取决于 T1AOC/T1BOC 位的设定；④若 T1CCLR="1",即使产生 TM1D 与 T1RP 比较匹配,ETM 也不会设定 T1PF 中断请求标志位；⑤在 T1CCLR="1"的情况下,若 TM1A 为零,则在 TM1D 计数溢出时并不会产生 T1AF 标志位,TP1A 亦维持于原状态。

2. 定时/计数模式(Timer/Counter Mode. T1AM[1:0]＝T1BM[1:0]＝11)

Compare Match Output 与 Timer/Counter 模式相比,两者间的差异仅在于后者不会输出信号至任何引脚,故可将 TP1A、TP1B 引脚当成一般 I/O 脚或作为其他功能用；读者可参考 2.5.3.1 节中的范例说明,了解 Timer/Counter 模式的运作方式。

3. PWM 模式(T1AM[1:0]＝T1BM[1:0]＝10,T1AIO[1:0]＝T1BIO[1:0]＝10)

ETM 操作于 PWM 模式时,其输出有多样选择,主要区别在于单通道或双通道输出,以及边沿对齐(Edge Align)或中心对齐(Center Align);并具备如下两点操作特性:①当 T1CCLR=1,PWM 的周期与占空比分别由 TM1A、TM1B 寄存器控制、PWM 信号由 TP1B 引脚输出(单通道 PWM),TP1A 引脚会被强制作为一般 I/O,此时 T1RP 并无作用；②当 T1CCLR=0,则可支持双通道 PWM,信号分别由 TP1A 与 TP1B 引脚输出,周期由 T1RP 寄存器决定,TM1A、TM1B 寄存器则分别决定由 TP1A、TP1B 引脚输出的 PWM 信号的占空比。由于 T1RP 仅为 3 位,且比较匹配仅发生在 TM1D[9:7]＝T1RP[2:0],所以 PWM 周期仅能为 128 个计数频率的 1～8 倍。此处的 TP1B 泛指 TP1B_0、TP1B_1 与 TP1B_2 等引脚；以下采用 4 个范例说明其间的差异。

图 2.5.20 是 ETM 单通道(T1CCLR=1)、边沿对齐(T1PWM[1:0]＝00)PWM Output 模式下的操作范例,由 TP1B 输出 PWM 波形的周期是由 TM1A 决定(TM1A×f_{INT}^{-1}),而占空比为 $\frac{TM1B}{TM1A}\times 100\%$；兹说明如下：

① 在启动计数之前,TP1B 状态由 I/O 或其他 Pin-Shared 功能控制。若 T1BOC=1[14](设定 TP1B 为 Active High),则当使用者启动计数(设定 T1ON="1"),ETM 先将 TM1D 计数器清除,并根据 T1BOC 的设定将 TP1B 维持在"1",接着接收 T1CK[2:0]所选择的频率信号开始往上递增。

② 当 TM1D 计数至 TM1B 所设定的数值时,ETM 会设定 T1BF 中断标志位[15],并将 TP1B 转为低态。

③ 当 TM1D 计数值至 TM1A 所设定的数值时,ETM 会设定 T1AF 中断标志位(参考[15])。由于 T1CCLR 设定为"1",因此 TM1D 将由 000h 重新开始计数。

④ 当 TM1D=TM1B,ETM 设定 T1BF 标志位[15],并将 TP1B 转为低态。

---

[14] 以下有关图 2.5.20 的说明是针对 T1BOC=1 的情况；若 T1BOC 设定为「0」时,除了 TP1B 状态相反之外,其余动作完全相同。

[15] 若此时对应的中断已被使能,CPU 将至向量地址执行 ISR。此外,图 2.5.20 中,有关 T1AF 与 T1BF 的清除是由软件指令达成,由于这两个标志位是属于 MFIC1 多功能中断寄存器,当进入 ISR 时 HT66Fx0 并不会自动将其清除,这在使用时须特别注意。

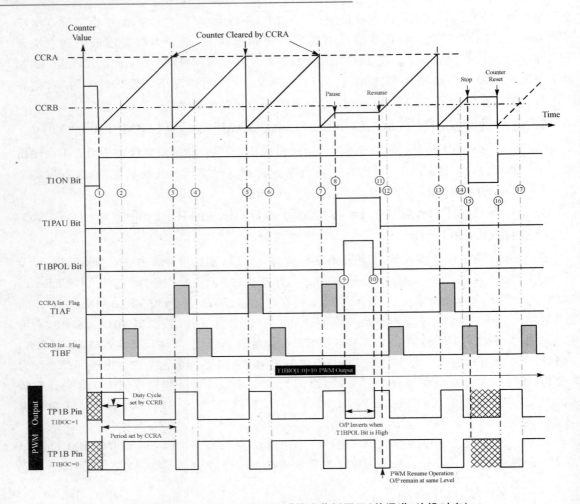

图 2.5.20　ETM "PWM Output"模式范例图示(单通道,边沿对齐)

⑤ 当 TM1D＝TM1A,ETM 设定 T1AF 标志位[15],并将 TP1B 转为高态。由于 T1CCLR 设定为"1",因此 TM1D 将由 000h 重新开始计数。

⑥ 当 TM1D＝TM1B,ETM 设定 T1BF 标志位[15],并将 TP1B 转为低态。

⑦ 当 TM1D＝TM1A,ETM 设定 T1AF 标志位[15];由于 T1CCLR 设定为"1",因此 TM1D 将由 000h 重新开始计数。

⑧ 由于设定 T1PAU＝"1",故 TM1D 暂停计数,而 TP1B 维持原来状态(高态)。

⑨ 此时设定 T1BPOL＝"1"(输出反向),故 TP1B 由高态转为低态。

⑩ 设定 T1BPOL＝"0",所以 TP1B 恢复原来的高态。

⑪ 设定 T1PAU＝"0",致使 TM1D 恢复计数动作,此时 TP1B 仍维持于高态。

⑫ 当 TM1D＝TM1B,ETM 设定 T1BF 标志位[15],并将 TP1B 转为低态。

⑬ 当 TM1D＝TM1A,ETM 设定 T1AF 标志位[15],并将 TP1B 转为高态;因 T1CCLR 设定为"1",TM1D 归零重新开始计数。

⑭ 当 TM1D＝TM1B,ETM 设定 T1BF 标志位[15],并将 TP1B 转为低态。

⑮ 由于设定 T1ON＝"0",故 TM1D 停止计数,此时 TP1B 状态由 I/O 或其他 Pin-Shared

功能控制。

⑯ 设定 T1ON="1",ETM 将 TM1D 归零后重新开始计数,并依 T1BOC="1"的设定将 TP1B 输出设定为高态。

⑰ 当 TM1D=TM1B,ETPU 设定 T1BF 标志位[⑮],并将 TP1B 转为低态。

检视图 2.5.20 除上述说明外,有以下几点提供读者参考:①若 T1CCLR=1,则当 TM1D=TM1A 时将清除 TM1D 计数器,并重新启动计数。因此,TM1A 的设定值决定了 PWM 的周期($TM1A \times f_{INT}^{-1}$);②占空比取决于 TM1B($\frac{TM1B}{TM1A} \times 100\%$);③设定 T1BIO[1:0]=00 或 01 时,将导致 TP1B 无 PWM 波形的输出,但 ETM 内部的 PWM 计数机制仍持续运行,所以在 Comparator A 与 B 比较匹配时仍会产生 T1AF、T1BF 中断标志位。

图 2.5.21 是 ETM 单通道(T1CCLR=1)、中心对齐(T1PWM[1:0]=11)PWM 输出模式下的操作范例,由 TP1B 输出 PWM 波形周期由 TM1A 决定、占空比由 TM1B 控制;说明如下:

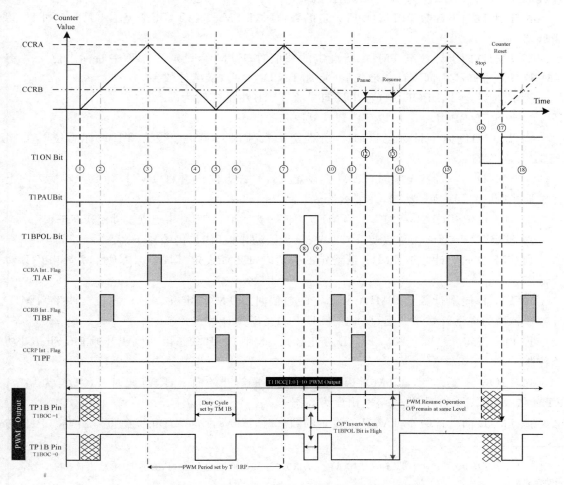

图 2.5.21　ETM"PWM Output"模式范例图示(单通道,中心对齐)

① 在启动计数之前,TP1B 状态由 I/O 或其他 Pin-Shared 功能控制(此处 TP1B 泛指

TP1B_0、TP1B_1 与 TP1B_2 等引脚)。若 T1BOC=1[16](设定 TP1B 为 Active High),则当设定 T1ON=1 时,ETM 先将 TM1D 计数器清除,并依 T1BOC 的设定将 TP1B 输出维持在"1",接着接收 T1CK[2:0]所选择的频率信号开始往上递增。此时 T1CDN=0,表示 TM1D 处于向上计数阶段。

② 当 TM1D 计数至 TM1B 所设定的数值时,ETM 会设定 T1BF 中断标志位[17],并将 TP1B 转为低态。

③ TM1D 计数值至 TM1A 所设定的数值时,ETM 会设定 T1AF 中断标志位[17]。由于本例设定 T1PWM[1:0]=11(中心对齐),因此 ETM 会将 TM1D 计数器由向上计数转换为向下计数的形式(此时 T1CDN 为 1,表示 TM1D 处于向下计数阶段),并继续计数。

④ 当 TM1D 向下计数至 TM1B 所设定的数值时,ETM 会设定 T1BF 标志位[17],并将 TP1B 转为高态。

⑤ TM1D 向下计数至零时,ETM 会设定 T1PF 标志位[17],并将 TM1D 计数器转换为向上计数形式(此时 T1CDN 为 0),并继续计数。

⑥ TM1D 向上计数至 TM1B 所设定的数值时,ETM 设定 T1BF 标志位[17],并将 TP1B 转为低态。

⑦ TM1D 向上计数至 TM1A 所设定的数值时,ETM 会设定 T1AF 中断标志位[17],并将 TM1D 计数器转换为向下计数形式后(此时 T1CDN=1),继续计数。

⑧ 此时设定 T1BPOL=1(输出反向),故 TP1B 由低态转为高态。

⑨ 设定 T1BPOL=0,所以 TP1B 恢复原来的低态。

⑩ 当 TM1D 向下计数至 TM1B 所设定的数值时,ETM 会设定 T1BF 标志位[17],并将 TP1B 转为高态。

⑪ TM1D 向下计数至零时,ETM 会设定 T1PF 标志位[17],并将 TM1D 计数器转换为向上计数形式(此时 T1CDN 为 0),并继续计数。

⑫ 由于设定 T1PAU="1",故 TM1D 暂停计数,而 TP1B 维持于原来状态(高态)。

⑬ 设定 T1PAU="0",致使 TM1D 恢复计数动作,TP1B 仍维持于高态。

⑭ TM1D 向上计数至 TM1B 所设定的数值时,ETM 设定 T1BF 标志位[17],并将 TP1B 转为低态。

⑮ TM1D 向上计数至 TM1A 所设定的数值时,ETM 设定 T1AF 标志位[17],并将 TM1D 计数器转换为向下计数形式后(此时 T1CDN=1),继续计数。

⑯ 由于设定 T1ON="0",TM1D 停止计数,此时 TP1B 状态由 I/O 或其他 Pin-Shared 功能控制。

⑰ T1ON 恢复为"1",ETM 将 TM1D 归零后重新开始向上计数(此时 T1CDN 为"0")。ETM 依 T1BOC="1"的设定将输出设为高态。

⑱ TM1D 向上计数至 TM1B 所设定的数值时,ETM 设定 T1BF 标志位[17],并将 TP1B 转

---

[16] 以下有关图 2.5.21 的说明是针对 T1BOC=1 的情况;当 T1BOC 设定为「0」时,除了 TP1B 输出状态相反之外,其余动作完全相同。

[17] 若此时对应的中断已被使能,CPU 将至向量地址执行 ISR。此外,图 2.5.21 中,有关 T1AF、T1BF 与 T1PF 的清除是由软件指令达成,由于这两个标志位是属于 MFIC1 多功能中断寄存器,当进入 ISR 时 HT66Fx0 并不会自动将其清除,这在使用时须特别注意。

为低态。

观察图 2.5.21，以下几点提供读者参考：① 于"中心对齐"工作模式下，若 T1CCLR＝1，则当 TM1D＝TM1A 时 TM1D 计数器将由向上计数转为向下计数，并于向下计数至零后重新转为向上计数，因此，TM1A 的设定值决定了 PWM 的周期（$2×TM1A×f_{INT}^{-1}$）；② 占空比取决于 TM1B（$\frac{2×TM1B-1}{2×TM1A}×100\%$）；③ 设定 T1BIO[1:0]＝00 或 01 时，将导致 TP1B 无 PWM 波形的输出，但 ETM 内部的 PWM 计数机制仍持续运行，所以在比较器 A 与 B 比较匹配时仍会产生 T1AF、T1BF 中断标志位；而在 TM1D 计数至零时也会产生 T1PF 中断标志位。

比较图 2.5.20 与图 2.5.21，读者应可看出单通道边沿对齐与中心对齐 PWM 输出波形的差异，若为边沿对齐则 PWM 波形输出是起始于 TM1D 计数器归零时；中心对齐则是指 PWM 波形的输出是对称于 TM1D＝000h（首次的输出例外）。此外，中心对齐有 3 种模式可挑选，其间的差异仅在于 T1AF、T1BF 标志位的设定时机，而所产生的 PWM 输出波形完全相同。图 2.5.21 为单通道输出（T1CCLR＝"1"），T1RP 虽无作用，但在 TM1D 计数至零时仍会设定 T1PF 中断标志位。图 2.5.21 中是以 T1PWM[1:0]＝11 为例，在此设定下，当 TM1D 向下计数或向上计数至 TM1A/TM1B 寄存器设定值时，会分别设定 T1AF/T1BF 标志位；若 T1PWM[1:0]＝01，则仅在 TM1D 向上计数至 TM1A/TM1B 的默认值时设定 T1AF/T1BF 标志位；而若 T1PWM[1:0]＝10，则仅在 TM1D 向下计数至 TM1A/TM1B 的默认值时设定 T1AF/T1BF 标志位（中心对齐模式在 TM1D 计数至零时均会设定 T1PF 标志位）。

双通道主要是指同时由 TP1A、TP1B 输出两组周期同受控于 T1RP 寄存器、占空比分别由 TM1A、TM1B 所控制的 PWM 波形。图 2.5.22 是 ETM 双通道（T1CCLR＝0）、边沿对齐（T1PWM[1:0]＝00）PWM 输出模式下的操作范例，说明如下：

① 在启动计数之前，TP1A/TP1B 状态由 I/O 或其他 Pin-Shared 功能控制（此处 TP1B 泛指 TP1B_0、TP1B_1 与 TP1B_2 等引脚）；当设定 T1ON＝"1"启动计数时，ETM 先将 TM1D 计数器清除，并根据 T1AOC/T1BOC[18] 的设定将 TP1A/TP1B 设定为 1/1，接着接收 T1CK[2:0] 所选择的频率信号开始往上递增。

② 当 TM1D 计数至 TM1B 所设定的数值时，ETM 会设定 T1BF 中断标志位[19]，并将 TP1B 转为低态。

③ 当计数至 TM1D＝TM1A 时，ETM 会设定 T1AF 中断标志位[19]，并将 TP1A 转为低态。

④ 当计数至 TM1D[9:7]＝T1RP[2:0] 时，ETM 设定 T1PF 中断标志位[19]，并将 TP1A/TP1B 转为高态。由于 T1CCLR 设定为"0"，因此 TM1D 将先归零后再开始计数。

⑤ TM1D 计数至 TM1B 所设定的数值时，ETM 设定 T1BF 标志位[19]，并将 TP1B 转为低态。

---

[18] 以下有关图 2.5.22 的说明是针对 T1AOC/T1BOC＝1 的情况；若 T1AOC/T1BOC 设定为「0」时，除了 TP1A/TP1B 输出状态相反之外，其余动作完全相同。请注意，T1AOC 与 T1BOC 的设定并不需相同，使用者可设定 TP1A/TP1B 为 0/1 或 1/0。

[19] 若此时对应的中断已被使能，CPU 将至向量地址执行 ISR。此外，图 2.5.22 中，有关 T1AF、T1BF 与 T1PF 的清除是由软件指令达成，由于这两个标志位是属于 MFIC1 多功能中断寄存器，当进入 ISR 时 HT66Fx0 并不会自动将其清除，这在使用时须特别注意。

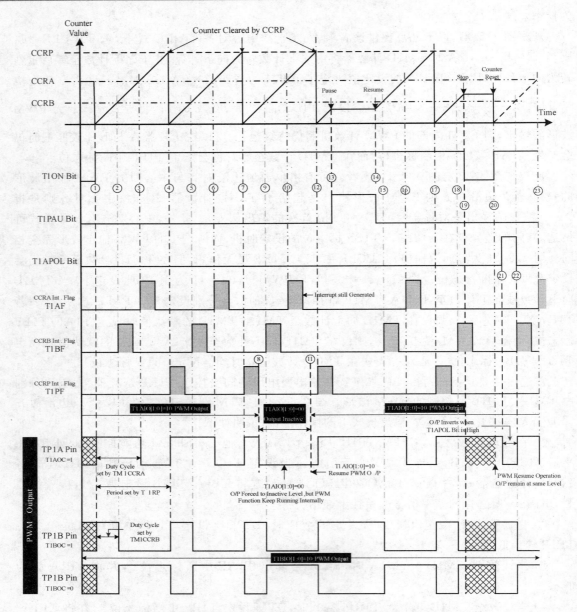

图 2.5.22　ETM"PWM Output"模式范例图示（双通道，边沿对齐）

⑥ 计数至 TM1D＝TM1A 时，ETM 设定 T1AF 标志位[19]，并将 TP1A 转为低态。

⑦ 当计数至 TM1D[9:7]＝T1RP[2:0]，ETM 会设定 T1PF 标志位[19]，并将 TP1A/TP1B 转为高态，TM1D 于归零后重新开始计数。

⑧ 由于设定 T1AOC＝00，此将导致 TP1A 输出为 Inactive 电平，因 T1AOC 为"1"，故 TP1A 被强制为低态。

⑨ 当计数至 TM1D＝TM1B 时，ETM 设定 T1BF 标志位[19]，并将 TP1B 转为低态。

⑩ 计数至 TM1D＝TM1A 时，虽因 T1AOC＝00 之故，TP1A 仍被强制处于低态，但 ETM 仍会设定 T1AF 标志位[19]。

⑪ 设定 T1AOC=10，恢复 TP1A 引脚的 PWM 输出功能。
⑫ 当计数至 TM1D[9:7]=T1RP[2:0]，ETM 设定 T1PF 标志位[19]，并将 TP1A/TP1B 转为高态，TM1D 于归零后重新开始计数。
⑬ 设定 T1PAU="1"，故 TM1D 暂停计数，而 TP1A/TP1B 维持于原状态（高态）。
⑭ 设定 T1PAU="0"，TM1D 恢复计数动作，此时 TP1A/TP1B 仍维持原状态。
⑮ 当计数至 TM1D=TM1B 时，ETM 设定 T1BF 标志位[19]，并将 TP1B 转为低态。
⑯ 计数至 TM1D=TM1A 时，ETM 设定 T1AF 标志位[19]，并将 TP1A 转为低态。
⑰ 当计数至 TM1D[9:7]=T1RP[2:0]，ETM 设定 T1PF 标志位[19]，并将 TP1A/TP1B 转为高态，TM1D 于归零后重新开始计数。
⑱ 当计数至 TM1D=TM1B 时，ETM 设定 T1BF 标志位[19]，并将 TP1B 转为低态。
⑲ 设定 T1ON="0"故 TM1D 停止计数，TP1A/TP1B 输出状态由 I/O 或其他 Pin-Shared 功能控制。
⑳ 设定 T1ON="1"，ETM 将 TM1D 归零后重新开始计数，注意：此时 TP1A/TP1B 输出因 PWM 周期的重新起始而转为高态。
㉑ 设定 T1APOL="1"（输出反向），故 TP1A 由高态转为低态。
㉒ 设定 T1BPOL="0"，所以 TP1A 恢复原来的高态；此时 TM1D=TM1B，ETM 设定 T1BF 标志位[19]，并将 TP1B 转为低态。
㉓ 计数至 TM1D=TM1A 时，ETM 设定 T1AF 标志位[19]，并将 TP1A 转为低态。

检视图 2.5.22，以下几点提供读者参考：①若 T1CCLR=0，则当 TM1D[9:7]=T1RP[2:0]时将清除 TM1D 计数器，并重新启动计数。所以，T1RP 的设定值决定了 PWM 的周期[20]；②TP1A、TP1B 输出的 PWM 波形占空比分别为 $\frac{TM1A}{PWM}\times 100\%$、$\frac{TM1B}{PWM}\times 100\%$）；③设定 T1AIO[1:0]/T1BIO[1:0]=00 或 01 时，将导致 TP1A/TP1B 引脚无 PWM 波形的输出，但 ETM 内部的 PWM 计数机制仍持续运行，所以在 Comparator A、B 与 P 比较匹配时仍会产生 T1AF、T1BF 与 T1PF 中断标志位。

图 2.5.23 是 ETM 双通道（T1CCLR=0）、中心对齐（T1PWM[1:0]=11）PWM 输出模式下的操作范例，其 PWM 周期仍是由 T1RP[2:0]决定，而占空比分别由 TM1A、TM1B 寄存器所控制，说明如下：

① 在启动计数之前，TP1A/TP1B 状态由 I/O 或其他 Pin-Shared 功能控制（此处 TP1B 泛指 TP1B_0、TP1B_1 与 TP1B_2 等引脚）。当设定 T1ON=1 启动计数时，ETM 先将 TM1D 计数器清除，并依 T1AOC/T1BOC[21] 的设定将 TP1A/TP1B 输出维持在"1"，接着接收 T1CK[2:0]所选择的频率信号开始往上递增。此时 T1CDN=0，表示 TM1D 处于向上计数阶段。

---

[20] 若 T1RP≠000h，则 PWM 周期为 $256\times T1RP\times f_{INT}^{-1}$；若 T1RP 为零，则 PWM 周期为 $2048\times T1RP\times f_{INT}^{-1}$。
[21] 以下有关图 2.5.22 的说明是针对 T1AOC/T1BOC=1（设定 TP1A/TP1B 为 Active High）的情况；若 T1AOC/T1BOC 设定为「0」时，除了 TP1A/TP1B 输出状态相反之外，其余动作完全相同。请注意，T1AOC 与 T1BOC 的设定并不需相同，使用者可设定 TP1A/TP1B 为 0/1 或 1/0。

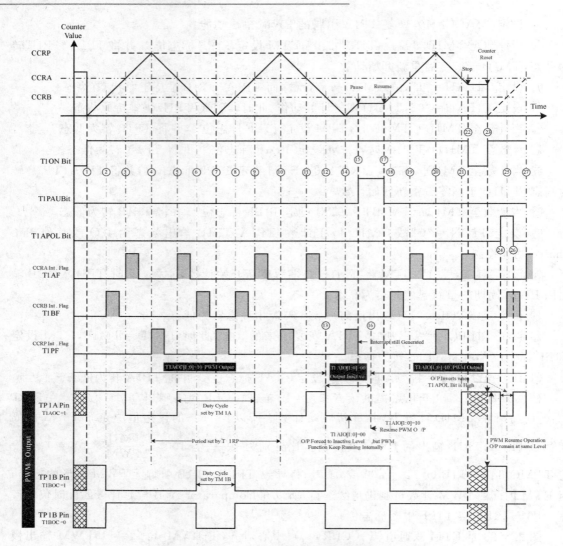

图 2.5.23 ETM"PWM Output"模式范例图示(双通道,中心对齐)

② 当计数至 TM1D＝TM1B 时,ETM 设定 T1BF 中断标志位[22],并将 TP1B 转为低态。

③ 计数至 TM1D＝TM1A 时,ETM 设定 T1AF 中断标志位[22],并将 TP1A 转为低态。

④ 计数至 TM1D[9:7]＝T1RP[2:0]时,ETM 设定 T1PF 中断标志位[22],因本例设定 T1PWM[1:0]＝11(中心对齐),故 ETM 将 TM1D 计数器由向上计数转换为向下计数的形式(此时 T1CDN 为 1,表示 TM1D 处于向下计数阶段),并继续计数。

⑤ 向下计数至 TM1D＝TM1A 时,ETM 设定 T1AF 标志位[22],并将 TP1A 转为高态。

⑥ 向下计数至 TM1D＝TM1B 时,ETM 设定 T1BF 标志位[22],并将 TP1B 转为高态。

⑦ TM1D 向下计数至零时,ETM 会设定 T1PF 标志位[22],并将 TM1D 计数器转换为向上

---

[22] 若此时对应的中断已被使能,CPU 将至向量地址执行 ISR。此外,图 2.5.23 中,有关 T1AF、T1BF 与 T1PF 的清除是由软件指令达成,由于这两个标志位是属于 MFIC1 多功能中断寄存器,当进入 ISR 时 HT66Fx0 并不会自动将其清除,这在使用时须特别注意。

计数形式(此时 T1CDN 为 0),并继续计数。

⑧ 计数至 TM1D=TM1B 时,ETM 设定 T1BF 标志位[20],并将 TP1B 转为低态。

⑨ 计数至 TM1D=TM1A 时,ETM 设定 T1AF 中断标志位[20],并将 TP1A 转为低态。

⑩ 当计数至 TM1D[9:7]=T1RP[2:0]时,ETM 设定 T1PF 标志位[20],并将 TM1D 计数器由向上计数转换为向下计数形式(此时 T1CDN 为 1),并继续计数。

⑪ 向下计数至 TM1D=T1A 时,ETM 设定 T1AF 标志位[20],并将 TP1A 转为高态。

⑫ 向下计数至 TM1D=TM1B 时,ETM 设定 T1BF 标志位[20],并将 TP1B 转为高态。

⑬ 由于设定 T1AOC=00,此举导致 TP1A 输出为 Inactive 电平,因 T1AOC 为"1",故 TP1A 被强制为低态。

⑭ TM1D 向下计数至零时,ETM 会设定 T1PF 标志位[20],并将 TM1D 计数器转换为向上计数形式(此时 T1CDN 为 0),并继续计数。

⑮ 由于设定 T1PAU="1",故 TM1D 暂停计数,而 TP1A/TP1B 维持于原状态。

⑯ 设定 T1AOC=10,恢复 TP1A 引脚的 PWM 输出功能,但 TP1A 仍维持原状态。

⑰ 设定 T1PAU="0",致使 TM1D 恢复计数动作,TP1A/TP1B 维持于原状态。

⑱ 向上计数至 TM1D=TM1B 时,ETM 设定 T1BF 标志位[20],并将 TP1B 转为低态。

⑲ 向上计数至 TM1D=TM1A 时,ETM 设定 T1AF 中断标志位[20],并将 TP1A 转为低态。

⑳ 当计数至 TM1D[9:7]=T1RP[2:0]时,ETM 设定 T1PF 标志位[20],并将 TM1D 计数器由向上计数转换为向下计数形式(此时 T1CDN 为 1),并继续计数。

㉑ 向下计数至 TM1D=TM1A 时,ETM 设定 T1AF 标志位[20],并将 TP1A 转为高态。

㉒ 由于设定 T1ON="0",TM1D 停止计数,此时 TP1A/TP1B 状态由 I/O 或其他 Pin-Shared 功能控制。

㉓ T1ON 恢复为"1",ETM 将 TM1D 归零后重新开始向上计数(此时 T1CDN 为"0")。请注意,此时 TP1A/TP1B 恢复至初始状态。

㉔ 设定 T1APOL="1"(输出反向),故 TP1A 由高态转为低态。

㉕ 向上计数至 TM1D=TM1B 时,ETM 设定 T1BF 标志位[20],并将 TP1B 转为低态。

㉖ 设定 T1APOL="0",所以 TP1A 恢复原来的高态。

㉗ 向上计数至 TM1D=TM1A 时,ETM 设定 T1AF 中断标志位[20],并将 TP1A 转为低态。

观察图 2.5.23,以下几点提供读者参考:① 于"中心对齐"工作模式下,若 T1CCLR=0,则当计数至 TM1D[9:7]=T1RP[2:0]时,TM1D 计数器将由向上计数转为向下计数,并于向下计数至零后重新转为向上计数。因此,T1RP 的设定值决定了 PWM 的周期[20];② TP1A、TP1B 输出的 PWM 波形占空分别为 $\frac{2\times TM1A-1}{PWM 周期}\times 100\%$、$\frac{2\times TM1B-1}{PWM 周期}\times 100\%$);③ 设定 T1AIO[1:0]/T1BIO[1:0]=00 或 01 时,虽导致 TP1A/TP1B 无 PWM 波形的输出,但 ETM 内部的 PWM 计数机制仍持续运行,所以在比较匹配时仍会产生 T1AF、T1BF、T1PF 中断标志位。

---

[20] 若 T1RP≠000h,则 PWM 周期为 $256\times T1RP\times f_{INT}^{-1}$;若 T1RP 为零,则 PWM 周期为 $2\,046\times T1RP\times f_{INT}^{-1}$。

观察双通道（T1CCLR="0"）边沿对齐（图 2.5.22）与中心对齐模式（图 2.5.23），请读者注意 PWM 波形启动输出的时机；在边沿对齐模式下当 TM1D 为零时，TP1A、TP1B 是同时启动，此意味着电源电流在同一时间转变，这在高功率的应用场合很容易衍生电源干扰的相关问题。而反观中心对齐模式，TP1A、TP1B 输出的 PWM 波形是一前一后依次展开，这样将可降低电源电流转变时，所衍生的相关问题。

比较图 2.5.20 与图 2.5.22、图 2.5.21 与图 2.5.23，可以看出单通道与双通道 PWM 波形输出的差异。由于双通道输出时，TM1A、TM1B 寄存器的功能是分别控制 TP1A、TP1B 输出波形的占空比；故 T1RP 寄存器决定 PWM 的周期。但因为 T1RP 只有 3 个位，所以在双通道 PWM 输出的状况下，PWM 的周期就只能有 8 种不同的宽度选择，即 $256 \times n \times f_{INT}^{-1}$（n=1～7）或 $2046 \times f_{INT}^{-1}$。表 2.5.28 为"PWM Output"模式单通道/双通道、边沿对齐/中心对齐的周期、占空比与 TM1A、TM1B、T1RP、T1CCLR 的关系：

表 2.5.28 ETM"PWM Output"模式总结

T1CCLR	MODE	Duty Cycle(×100%)		PWM Period (T_{PWM})
		TP1A	TP1B	
0	Edge Aligned	$\dfrac{TM1A \times f_{INT}^{-1}}{T_{PWM}}$	$\dfrac{TM1B \times f_{INT}^{-1}}{T_{PWM}}$	If T1RP[2:0]≠0: $T_{PWM} = T1RP \times 128 \times f_{INT}^{-1}$ If T1RP[2:0]=0: $T_{PWM} = 1024 \times f_{INT}^{-1}$
1	Edge Aligned	×	$\dfrac{TM1B \times f_{INT}^{-1}}{T_{PWM}}$	$T_{PWM} = TM1A \times f_{INT}^{-1}$
0	Center Aligned	$\dfrac{(2 \times TM1A - 1) \times f_{INT}^{-1}}{T_{PWM}}$	$\dfrac{(2 \times TM1B - 1) \times f_{INT}^{-1}}{T_{PWM}}$	If T1RP[2:0]≠0: $T_{PWM} = T1RP \times 256 \times f_{INT}^{-1}$ If T1RP[2:0]=0: $T_{PWM} = 2046 \times f_{INT}^{-1}$
1	Center Aligned	×	$\dfrac{(2 \times TM1B - 1) \times f_{INT}^{-1}}{T_{PWM}}$	$T_{PWM} = 2 \times TM1A \times f_{INT}^{-1}$

4. Single Pulse Output 模式（T1xM[1:0]=10，T1xIO[1:0]=11；x=A and B）

ETM 的 Single Pulse Output 模式是当触发信号到达时，由 TP1A、TP1B 引脚输出宽度分别为 $TM1A \times f_{INT}^{-1}$、$(TM1A - TM1B) \times f_{INT}^{-1}$ 脉冲，脉冲的电平则可由 TM1C1、TM1C2 的相关位设定。TP1A 的触发信号的来源有两个：①通过指令让 T1ON 位由"0"变为"1"，此即"软件触发"；②由 TCK1 引脚输入上升沿信号，此称硬件触发（此时 T1ON 位会自动设为"1"）。至于 TP1B 的脉冲输出，则是起始于 TM1D 计数值与 TM1B 比较匹配时（此处的 TP1B 泛指 TP1B_0、TP1B_1 与 TP1B_2 等引脚）。

欲使 ETM 操作于 Single Pulse Output 模式，除了设定 T1AM[1:0]/ T1BM[1:0]=10 之外，T1AIO[1:0]、T1BIO[1:0] 也必须设定为 11；在此模式下，T1RP[2:0]、T1CCLR 与 T1DPX 位并无作用。一旦触发信号到达后，脉冲即开始输出；而脉冲的结束将发生在 TM1A

比较匹配或 T1ON 位由"1"变为"0"。图 2.5.24 是 ETM 在 Single Pulse Output 模式下操作的范例,请参考以下的说明:

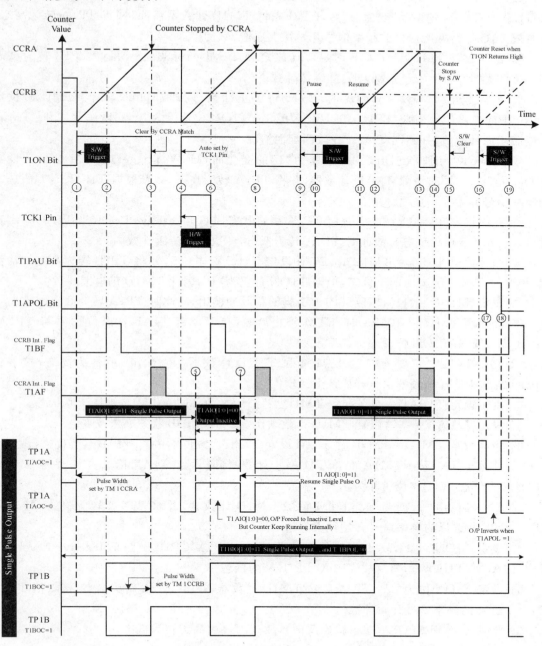

图 2.5.24 ETM"Single Pulse Output"模式范例图示

① 首先请注意,若 T1AOC/T1BOC="1"[24](设定 T1AO/T1BO 为 Active High),则在触发计数之前,ETM 会将 TP1A/TP1B 输出设为低态(T1AOC/T1BOC 为"1"时的 Inactive Level)。当 T1ON 位由"0"变为"1"后,ETM 先将 TM1D 计数器清除,并将 TP1A 转为高态,接着依 T1CK[2:0]所选择的频率信号开始往上递增。

② 当计数至 TM1D＝TM1B 时,ETM 设定 T1BF 中断标志位[25],并将 TP1B 转为高态(T1BOC 为"1"时的 Active Level),并继续计数。

③ 当计数至 TM1D＝TM1A 时,ETM 将停止计数(此即"Match Stop")。其次,设定 T1AF 中断标志位[25],并将 TP1A/TP1B 转为低态、T1ON 位清除为"0"。请注意,此时 TM1D 是停滞于原计数值,并不因 TM1A 比较匹配而清除。

④ 当 TCK1 引脚状态出现由"0"变为"1"的变化时(H/W Trigger),ETM 会自动设定 T1ON 位为"1",同时清除 TM1D 计数器,并将 TP1A 转为高态,接着根据 T1CK[2:0]所选择的频率信号开始往上递增。

⑤ 此时设定 T1AIO＝"00",强制 TP1A 引脚状态回归至 Inactive Level(当 T1AOC＝"1"时,Inactive Level 为低态),故此时 TP1A 转为低态,计数器仍持续计数。

⑥ 当计数至 TM1D＝TM1B 时,ETM 设定 T1BF 标志位[25],并将 TP1B 转为高态。请注意,虽此时 TCK1 引脚回归至低态,但因 T1ON 位仍为"1",因此 TM1D 仍继续计数。

⑦ 设定 T1AIO＝"11",恢复 TP1A 引脚的单脉冲输出,故此时 TP1A 转为高态。

⑧ 计数至 TM1D＝TM1A 时,ETM 停止计数,接着设定 T1AF 标志位[25],并将 TP1A/TP1B 转为低态、T1ON 位清除为"0"。

⑨ T1ON 位由"0"变为"1",ETM 清除 TM1D 计数器,并将 TP1A 转为高态,接着依 T1CK[2:0]所选择的频率信号开始往上递增。

⑩ 由于设定 T1PAU＝"1",导致 TM1D 暂停计数,而 TP1A/TP1B 维持于原状态。

⑪ 设定 T1PAU＝"0",恢复 TM1D 计数动作,TP1A/TP1B 状态亦未改变。

⑫ 当计数至 TM1D＝TM1B 时,ETM 设定 T1BF 标志位[25],并将 TP1B 转为高态。

⑬ 计数至 TM1D＝TM1A 时,ETM 停止计数,接着设定 T1AF 标志位[25],并将 TP1A/TP1B 转为低态、T1ON 位清除为"0"。

⑭ T1ON 位由"0"变为"1",ETM 清除 TM1D 计数器,并将 TP1A 转为高态,接着依 T1CK[2:0]所选择的频率信号开始往上递增。

⑮ 设定 T1ON＝"0",故 TM1D 停止计数,同时 TP1A/TP1B 回归至 Inactive Level。因设定 T1AOC/T1BOC 为"1",故 TP1A/TP1B 转为低态。

⑯ 设定 T1ON 位为"1",ETM 清除 TM1D 计数器,并将 TP1A 转为高态,接着依 T1CK[2:0]所选择的频率信号开始计数。

⑰ 此时设定 T1APOL＝"1"(输出反向),故 TP1A 由高态转为低态。

---

[24] 以下有关图 2.5.24 的说明是针对 T1AOC/T1BOC＝1 的情况;若 T1AOC/TP1BOC 设定为 0 时,除了 TP1A/TP1B 输出状态相反之外,其余动作完全相同。请注意,T1AOC 与 T1BOC 的设定并不需要一样,使用者可设定 T1AOC/T1BOC 为 1/0 或 0/1。

[25] 若此时对应的中断已被使能,CPU 将至向量地址执行 ISR。此外,图 2.5.24 中,有关 T1AF、T1BF 的清除是由软件指令达成,由于这两个标志位是属于 MFIC1 多功能中断寄存器,当进入 ISR 时 HT66Fx0 并不会自动将其清除,这在使用时须特别注意。

⑱ 设定 T1POL="0",致使 TP1A 恢复至原来的高态。

⑲ 当计数至 TM1D=TM1B 时,ETM 设定 T1BF 标志位[26],并将 TP1B 转为高态。

观察图 2.5.24,有关 ETM 的 Single Pulse Output 模式请读者注意以下几点:①TP1A 所输出的脉冲宽度为 $TM1A \times f_{INT}^{-1}$;TP1B 则是在触发信号到达时,先延迟 $TM1B \times f_{INT}^{-1}$ 的时间后,再输出宽度为 $(TM1A-TM1B) \times f_{INT}^{-1}$ 的脉冲信号;②当 TCK1 由 "0" 变为 "1" 时,T1ON 将自动设为 "1"。所以,即使 TCK1 回归至低态,但因 T1ON 位仍为 "1",故 TM1D 仍继续计数;③设定 T1AIO[1:0]/T1BIO[1:0]=00 或 01 时,虽导致 TP1A/TP1B 停滞于指定状态,但 ETM 内部计数机制仍持续运行,因比于比较匹配时仍会产生 T1AF、T1BF 标志位;④若 TM1B≥TM1A 则 TP1B 无脉冲输出,若 TM1A/TM1B 设定为零则 TP1A/TP1B 将无脉冲输出。

5. Capture Input 模式(T1xM[1:0]= 01;x=A and B)

ETM 的 Input Capture 模式与 STM 的 Input Capture 模式(见 2.5.2.1 节)工作原理相同,但因为 ETM 拥有 TM1A、TM1B 两组寄存器,因此当 TP1A、TP1B 引脚出现上升沿、下降沿信号时,会依据个别的触发形式选择,在适当时机将 TM1D 当前的计数值分别记录于 TM1A、TM1B 寄存器中(此处 TP1B 泛指 TP1B_0、TP1B_1 与 TP1B_2 等引脚)。图 2.5.14 是 ETM 在 Input Capture 模式下操作的范例,请参考以下的说明:

① 设定 T1ON="1",此时 ETM 将 TM1D 计数器清除并接收 T1CK[2:0]所选择的频率信号开始往上递增;请注意在 T1ON="1" 之前,即使 TP1A/TP1B 引脚有符合选定的电平变化,ETM 并不会将 TM1D 计数值加以记录。

② 由于 T1xIO[1:0]=00,因此当 TP1A/TP1B 出现上升沿信号变化时,ETM 即将当时的 TM1D 计数值(ZZ)记录至 TM1x 寄存器,并同时设定 T1xF[26] 中断请求标志位,接着继续计数的动作(此处的 "x" 可为 A 或 B,分别代表 TM1A/TM1B 运作时的相关控制位)。

③ 计数至 TM1D[9:7]=T1RP[2:0]时,ETM 设定 T1PF 中断标志位[26],并将 TM1D 清除后继续计数。

④ 此阶段设定 T1xIO[1:0]=01,故当 TP1x 出现下降沿信号变化时,ETM 即将当时的 TM1D 计数值(YY)记录至 TM1x,并同时设定 T1xF 标志位[26],接着继续计数。

⑤ 计数至 TM1D[9:7]=T1RP[2:0]时,ETM 设定 T1PF 标志位[26],并将 TM1D 清除后继续计数。

⑥ 本阶段设定 T1xIO[1:0]=10(上升沿或下降沿),因此当 TP1x 出现上升沿信号变化时,ETM 即将当时的计数值(ZZ)记录至 TM1x,并设定 T1xF 标志位[26],接着继续计数。

⑦ 由于 T1xIO[1:0]=10(上升沿或下降沿),故当 TP1x 出现下降沿信号变化时,ETM 即将当时的计数值(YY)记录至 TM1x,并设定 T1xF 标志位[26],接着继续计数。

⑧ 计数至 TM1D[9:7]=T1RP[2:0],ETM 设定 T1PF 标志位[26],并将 TM1D 清除后继续计数。

⑨ 至此以后设定 T1xIO[1:0]=11(No Capture),因此不论 TP1x 引脚上有任何的电平变化,都不再有计数值记录至 TM1x 的状况,也不设定 T1xF 标志位。

---

[26] 若此时对应的中断已被使能,CPU 将至对应的向量地址执行 ISR。此外,图 2.5.25 中,有关 T1AF/T1BF、T1PF 的清除是由软件指令达成,由于这两个标志位是属于多功能中断寄存器,当进入 ISR 时 HT66Fx0 并不会自动将其清除,这在使用时须特别注意。

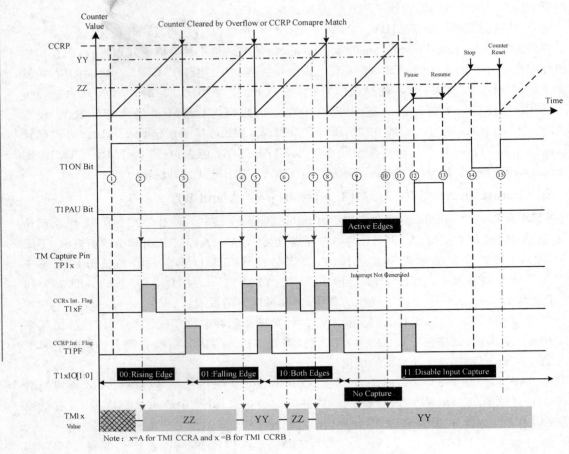

图 2.5.25 ETM"Input Capture"模式范例图示

⑩ TP1x 引脚上出现下降沿的电平变化,但因 T1xIO[1:0]＝11 故计数值不会记录至 TM1x,也不产生 T1xF 标志位。

⑪ 计数至 TM1D[9:7]＝T1RP[2:0],ETM 设定 T1PF 标志位,并清除 TM1D 计数器后继续计数。

⑫ 由于设定 T1PAU＝"1",致使 TM1D 暂停计数。

⑬ 设定 T1PAU＝"0",故 TM1D 恢复计数动作。

⑭ 由于设定 T1ON＝"0",因此 TM1D 停止计数。

⑮ 设定 T1ON＝"1",ETM 将 TM1D 清除为零后重新开始计数动作。

检视图 2.5.25 的说明中,请读者注意以下几点:①ETM 欲操作在 Input Capture 模式时,必须设定 T1AM[1:0]/T1BM[1:0]＝01 且 TP1A/TP1B 需定义为输入模式;触发电平则取决于 T1AIO[1:0]/ T1BIO[1:0]控制位;②当 TP1A/TP1B 引脚出现选定的触发电平时,TM1D 计数器的值将自动记录于 TM1A/TM1B 寄存器中;③计数的最大值由 T1RP[2:0]决定;④T1CCLR、T1DPX、T1AOC/T1BOC;T1APOL/T1BPOL 位在 Input Capture 模式下不具任何作用;⑤如欲读取 TM1A/TM1B 的捕捉值,必须先读取 TM1AH/TM1BH 再读 TM1AL/TM1BL。

2.6 输入/输出(Input/Output)控制单元

本节介绍的特殊功能寄存器					
名 称	地 址	备 注	名 称	地 址	备 注
PAPU	19h	Port A Pull-high Control Register	PEPU	25h	Port E Pull-high Control Register
PA	1Ah	Port A I/O Register	PE	26h	Port E I/O Register
PAC	1Bh	Port A I/O Control Register	PEC	27h	Port E I/O Control Register
PBPU	1Ch	Port B Pull-high Control Register	PFPU	28h	Port F Pull-high Control Register
PB	1Dh	Port B I/O Register	PF	29h	Port F I/O Register
PBC	1Eh	Port B I/O Control Register	PFC	2Ah	Port F I/O Control Register
PCPU	1Fh	Port C Pull-high Control Register	PGPU	2Bh	Port G Pull-high Control Register
PC	20h	Port C I/O Register	PG	2Ch	Port G I/O Register
PCC	21h	Port C I/O Control Register	PGC	2Dh	Port G I/O Control Register
PDPU	22h	Port D Pull-high Control Register			
PD	23h	Port D I/O Register			
PDC	24h	Port D I/O Control Register			

　　HT66Fx0 家族拥有各式的封装方式,同一型号也有不同脚数,给使用者提供相当弹性的选择(请参考图 1.3.2～图 1.3.5);以 HT66F50-44 QFN 封装形式的单片机为例,其提供 42 根双向输出/输入引脚,以 8-Bit 为一组,分为 PA、PB、PC、PD、PE 与 PF(其中 PF 仅包含两个位)。I/O 引脚各自拥有不同的功能,可以增加单片机的应用弹性,然而有限的 I/O 引脚却经常限制了设计者的思维。HT66Fx0 系列单片机以一个 I/O 脚拥有多种功能的方式克服上述的问题,此称为多功能 I/O 引脚(Multi-Function I/O Pins)。这类引脚的功能有些是在配置选项中指定,部分则是可由应用程序执行时通过特殊功能寄存器加以选定。

　　图 2.6.1 是 44-Pin QFN 封装的 HT66F50 单片机,几乎所有的 I/O 引脚均具有多重功

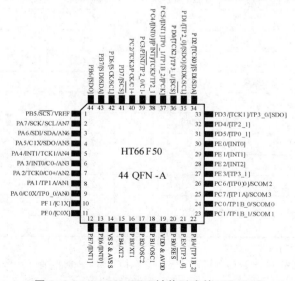

图 2.6.1　44-Pin QFN 封装形式的 HT66F50

能,部分功能还可转移至其他引脚实现(图中以"[ ]"符号标示);以下小节将先探讨 HT66Fx0 系列单片机基本 I/O 的功能与结构,其次再针对多功能引脚的控制加以说明。

2.6.1　PA～PG 基本 I/O 功能

HT66Fx0 家族的输出/输入端口采用存储器映射式 I/O(Memory-Map I/O)结构;亦即其每一个 I/O 端口都对应到一个数据存储器(SFR)的位置,各端口的地址分配如表 2.3.3 所示;这类结构的优点是:所有单片机所提供的指令均可直接针对 I/O 端口作运算。基本上,PA～PG 都可作为双向 I/O Port 使用,而且每个位都是一个独立的个体,可通过对应的 I/O 控制寄存器(PAC～PGC)来定义每一个引脚的输入/输出模式。就基本 I/O 功能而言,每一个 Port 的控制由 3 组特殊功能寄存器组成,分别为:I/O Ports:Px,Port Control Register:PxC 及 Pull-high Register:PxPU;其中"x"代表 A～G 的 I/O 端口编号。不同型号、封装的 HT66Fx0 单片机所配置的 I/O 端口个数以及每个 I/O 端口的引脚数不尽相同,如表 2.6.1 所列。读取未配置的寄存器或位时将回传"0"。

表 2.6.1　HT66Fx0 的 PA～PG 寄存器与引脚数配置

MCU Type	封装引脚数	I/O Port 编号与配置引脚数(PX、PXC、PXPU)						
		A	B	C	D	E	F	G
HT66F20	16	[7:0]	[5:0]	x	x	x	x	x
	20	[7:0]	[5:0]	[3:0]	x	x	x	x
HT66F30	16	[7:0]	[5:0]	x	x	x	x	x
	20	[7:0]	[5:0]	[3:0]	x	x	x	x
	24	[7:0]	[5:0]	[7:0]	x	x	x	x
HT66F40	24	[7:0]	[5:0]	[7:0]	x	x	x	x
	28	[7:0]	[5:0]	[7:0]	[3:0]	x	x	x
	32	[7:0]	[5:0]	[7:0]	[3:0]	[7:6]	[1:0]	x
	40	[7:0]	[7:0]	[7:0]	[7:0]	[7:4]	[1:0]	x
	44	[7:0]	[7:0]	[7:0]	[7:0]	[7:0]	[1:0]	x
	48	[7:0]	[7:0]	[7:0]	[7:0]	[7:0]	[1:0]	x
HT66F50	28	[7:0]	[5:0]	[7:0]	[3:0]	x	x	x
	40	[7:0]	[7:0]	[7:0]	[7:0]	[7:4]	[1:0]	x
	44	[7:0]	[7:0]	[7:0]	[7:0]	[7:0]	[1:0]	x
	48	[7:0]	[7:0]	[7:0]	[7:0]	[7:0]	[1:0]	x
HT66F60	40	[7:0]	[7:0]	[7:0]	[7:0]	[7:4]	[1:0]	x
	44	[7:0]	[7:0]	[7:0]	[7:0]	[7:0]	[1:0]	x
	48	[7:0]	[7:0]	[7:0]	[7:0]	[7:0]	[1:0]	x
	52	[7:0]	[7:0]	[7:0]	[7:0]	[7:0]	[7:0]	[1:0]

如表 2.6.2 所列,每一个 I/O 引脚(Pxn)都对应着一个控制位 PxCn。当设定 PxCn="1",表示 Pxn 为输入模式;反之,若 PxCn="0",则 Pxn 为输出模式("x"代表配置的端口编号

A~G,"n"则代表位)。

表 2.6.2 HT66Fx0 PAC~PGC 控制寄存器

PxC	PxC7	PxC6	PxC5	PxC4	PxC3	PxC2	PxC1	PxC0
	Bit7	6	5	4	3	2	1	Bit0
Bit	7~0	PxC[7:0]：Port x 输入/输出控制位(Input/Output Control Bits)						

1＝将 Pxn 定义为输入模式
0＝将 Pxn 定义为输出模式
("x"代表配置的端口编号 A~G,n 代表位；请参考表 2.6.1)
(未配置的位仅能读取,且读回的值为"0"。)

范例：将 PA 的高 4 位设为输出模式、低 4 位设为输入模式；PF0、PF1 分别为输入、输出。

```
1.  INCLUDE   HT66F50.INC       ;加载 HT66F50 定义档
2.  MOV       A,00001111B       ;Acc = 00001111B
3.  MOV       PAC,A             ;存入 PA 控制寄存器(PAC)中
4.  SET       PFC.0             ;设定 PFC[0]为 1,输入模式
5.  CLR       PFC.1             ;设定 PFC[1]为 0,输出模式
```

图 2.6.2 是 HT66Fx0 系列单片机 I/O 引脚的结构,由于部分引脚具有多重功能,在此无法一一列举,图 2.6.2 所示仅以 I/O 功能为主做说明。除了负责将输出数据锁存的数据锁存器(Data Bit Latch,DB_Latch)之外,还有一个用来选择输入或输出功能的控制寄存器(Control Bit Latch,CB_Latch)。在使用 I/O 端口之前,必须以指令先将 CB_Latch 控制寄存器作适当的定义,然后才能将数值正确的写到 I/O 口上。

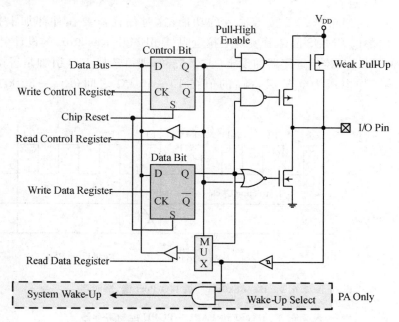

图 2.6.2 HT66Fx0 单片机 I/O Port 内部电路结构

如前所述：所有的 I/O 口都可以被单独定义为输入或输出的功能。当 CB_Latch 控制寄

存器写入"1"时，表示其对应的引脚被定义成输入模式；反之，若控制寄存器是写入"0"，则表示对应的引脚被定义为输出模式。RCR(Read Control Register)与WCR(Write Control Register)分别代表CB_Latch的读取与写入信号，当执行I/O控制寄存器的读写指令时，HT66Fx0内部的控制电路会自动产生这些时序信号来控制硬件适当的动作，也就是说除了可直接设定I/O Port的输出/输入之外，还可读回目前I/O Port的设定状态。WDR(Write Data Register)与RDR(Read Data Register)分别代表DB_Latch的写入与读取信号，亦即I/O Port读、写控制信号。通过定义之后，由CB_Latch的Q输出来控制2-To-1多任务器(MUX)。若定义为输入时(Q=1)，读取I/O Port的数据将直接读取到I/O引脚上的状态。若定义为输出时(Q=0)，数据写到I/O Port时，先送到DB_Latch后再直接送到I/O引脚上；如果定义为输出(Q=0)模式而又去读取I/O Port，此时读到的值是DB_Latch上的值(即最后一次写到DB_Latch上的状态)，而非I/O引脚上的状态，这一点必须加以注意。

另外，若以"SET [m],i"、"CLR [m],i"、"CPL [m]"、"CPLA [m]"这类针对I/O Port特定位进行处理的指令时，要特别注意此类指令会有"先读再写(Read-Modify-Write)"的动作。例如"CLR PA.3"是先将整个PA(8-Bit)的值读进CPU，执行位运算后再将结果写至PA上。假若PA有一些引脚是双向I/O Pin(如PA5)，假设当执行"CLR PA.3"指令时PA5是输入模式，则PA5引脚上的状态会先被读入再写至DB_Latch上，覆盖原先DB_Latch上的数据。因此，只要PA5一直是输入模式就没有问题；一旦PA5切换为输出模式，则DB_Latch上的数据是不可预知的。

更仔细地推敲HT66Fx0的I/O Port读写时序，如图2.6.3所示；在第1章提及一个指令周期由4个非重叠的时序(T1～T4)所组成，而数据写至I/O Port是在T1完成；由I/O Port读入数据则是在T2进行。

许多的产品应用经常都需要按键输入的功能，这时往往需要在外部加上拉电阻；然而HT66Fx0芯片内部以PMOS晶体管实现上拉电阻(Pull-high Resistor)的设计(图2.6.2)，使用者只需通过Pull-high控制寄存器的设定(表2.6.3)，即可选择I/O引脚是否接上内部的上拉电阻(R_{PH})，当工作电压为5 V时，R_{PH}的值在10～50 kΩ之间(R_{PH}=20 kΩ～100 kΩ@V_{DD}=3 V)。

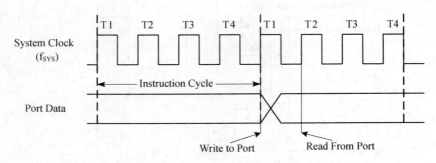

图2.6.3　HT66Fx0单片机I/O Port读、写时序

表2.6.3　HT66Fx0 PAPU～PGPU控制寄存器

PxPU	PxPU7	PxPU6	PxPU5	PxPU4	PxPU3	PxPU2	PxPU1	PxPU0
	Bit7	6	5	4	3	2	1	Bit0

Bit 7~0 PxPU[7:0]：Port x 上拉电阻控制位(Pull-high Resister Control Bits)
1＝使能 Pxn 上拉电阻
0＝失能 Pxn 上拉电阻
("x"代表配置的端口编号 A~G，"n"代表位；请参考表 2.6.1)
(未配置的位仅能读取，且读回的值为"0"。)

2.6.2　PA 唤醒(Wake-up)功能

本节介绍的特殊功能寄存器		
名　称	地　址	备　注
PAWU	18h	PA Wake-Up Control Register

　　在以电池为供电来源或强调低功耗的产品应用上，省电、节能则成为对单片机最重要的要求之一。"HALT"指令可让 HT66Fx0 单片机进入省电模式(SLEEP 或 IDLE Mode)，当然也提供了数种将单片机唤醒、恢复正常操作的方式(见 2.15 节)；PA 引脚的"唤醒(Wake-up)功能"就是其中之一，当由 PAWU 特殊功能寄存器选用了该项功能时(表 2.6.4)，只要对应的引脚上出现"1"到"0"的电平变化，就可唤醒单片机；这样的设计尤其适用以按键唤醒单片机的应用。

表 2.6.4　HT66Fx0 PAWU 控制寄存器

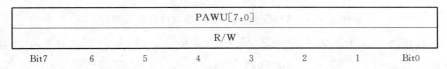

Bit 7~0 PAWU[7:0]：PA 唤醒功能控制位(PA Wake-up Control Bits)
1＝启用 PAn 唤醒功能(n＝0~7)
0＝关闭 PAn 唤醒功能(n＝0~7)

2.6.3　模拟/数字输入(A/D Input)

　　HT66Fx0 提供 8、12 个通道的模拟/数字转换功能，转换器的分辨率为 12-Bit，模拟输入信号由 AN11~AN0 引脚输入(如图 2.6.4 所示)，这些引脚为 PA7~PA0、PE7、PE6、PF1、PF0 I/O 与其他功能所共用。若欲将引脚当成 A/D 输入使用，要对 ACERL/ACERH 寄存器做适当的设定(见 2.9 节)，当引脚被选为 A/D 输入功能时，其内部的上拉电阻会自动被阻隔。A/D 转换器的参考电压输入引脚 VREF，与 PB5/$\overline{SCS}$功能共用；若 A/D 转换器的参考电压采用芯片内部的 AVDD 电压(即令 ADCR1 控制寄存器的 VREFS 位为"0")，则 VREF 引脚仍可作为其他功能使用。

2.6.4　外部中断输入(External Interrupt Input)

　　INT0、INT1、INT2、INT3 是 HT66Fx0 外部中断的输入引脚，其分别与 PA3/AN3/C0－、PA4/TCK1/AN4、PC4/TCKR3/TP2_1、PC5/TP0_1/TP1B_2 等功能共用。在外部中断使能的情况下，若此引脚产生下降沿或上升沿的电平变化，则请求 CPU 执行外部中断程序

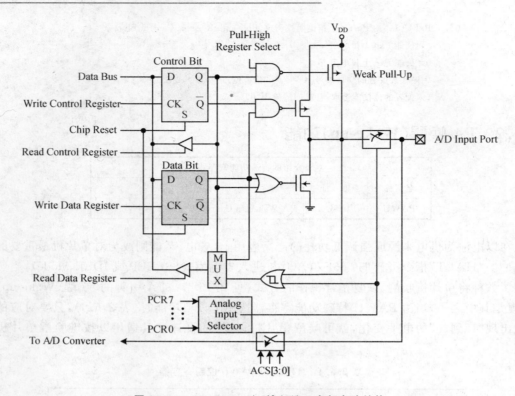

图 2.6.4　HT66Fx0 A/D 输入端口内部电路结构

（此时务必将欲接收外部中断请求的引脚定义为输入模式）。既使已使能外部中断功能,该引脚的输出/输入或共用引脚的其他功能依然存在。有关中断机制的相关说明,请参考 2.4。（唯有 52-Pin 引脚封装的 HT66F60 单片机才有配置 INT2、INT3 功能）。

2.6.5　复位输入($\overline{\text{RES}}$ Input)

HT66Fx0 系列单片机的外部复位输入引脚与 PB0 共用,由于在芯片内部已配备了复位电路(请参考 2.14 节中有关系统复位的相关说明),使用者可根据应用的需求,考虑外部复位的必要性。通过"配置选项"的设定可以选择是否启用芯片外部复位的功能,在不需外部复位的情况下,该引脚可当 PB0 使用。

2.6.6　振荡器输入(OSC Input)

HT66Fx0 单片机的系统频率,可由芯片"配置选项"选择 5 种不同的振荡电路来提供(参考 2.11 节),其中的 LIRC 与 HIRC 是由芯片内部的 RC 振荡电路提供系统所需的工作频率,若采用这两种频率来源时,振荡器的相关引脚就可用作其他功能(OSC1/OSC2 与 PB1/PB2 共用,XT1/XT2 与 PB3/PB4 共用)。

2.6.7　比较器相关引脚(Comparator Pins)

HT66Fx0 系列单片机内建的两组电压比较器(参考 2.7 节),分别使用两组输入引脚:C0+/C0-、C1+/C1-,一组输出引脚:C0X/C1X;这些引脚分别与(PA2/TCK0/AN2)/(PA3/

INT0/AN3)、(PC2/TCK2/PCK)/(PC3/TP2_0/$\overline{\text{PINT}}$)与(PA0/AN0/TP0_0)/(PA5/AN5/SDO)功能共用；当未选用比较器功能，或是比较器输出仅供芯片内部使用时，相关的引脚可做其他功能使用。

2.6.8 串行模块相关引脚(SIM Pins)

串行模块(Serial Interface Module，SIM)提供 SPI 与 I²C 两种接口的传输功能，也包含了外部外围中断输入($\overline{\text{PINT}}$)与外围频率输出(PCK)两支引脚；当启用外部外围中断功能时，将无法使用该引脚的其他功能(PC3/TP2_0/C1－)。而串行模块的相关引脚用作 SIM 串行传输或其他功能时，必须在芯片"配置选项"中予以指定；至于是使用 SPI 或 I²C 接口的传输功能，可通过相关控制寄存器设定(请参考 2.9 节有关 SIM 的说明)。若选用 I²C 接口传输时，仅会使用 SCL 与 SDA 引脚，此时 SDO、$\overline{\text{SCS}}$两个引脚仍可用作其他功能。

2.6.9 定时器模块相关引脚

HT66Fx0 系列单片机的 TM 均配置了一个 TCKn 输入引脚，作为外部频率输入；此外，每个定时器模块也配置了一个以上的输出引脚。隶属定时器模块的引脚若未启动其 TM 输出/输入功能，则其仍保有一般 I/O 或其他功能；同理，若 TM 模块的计数频率源不通过 TCKn 输入时，这些引脚仍保有基本 I/O 与其他功能；相关引脚的控制已在 2.5 节详细说明，不再赘述。

2.6.10 多功能引脚复位(Pin-remapping Function)

本节介绍的特殊功能寄存器		
名 称	地 址	备 注
PRM0	45h	Pin-shared Function Pin-remapping Register 0
PRM1	46h	Pin-shared Function Pin-remapping Register 1
PRM2	47h	Pin-shared Function Pin-remapping Register 2

以图 2.6.1 44-Pin 的封装为例，HT66F50 的引脚大多拥有多重功用，而这些功能未必只能在指定的引脚实现；部分引脚可通过 PRM0、PRM1 以及 PRM2 控制寄存器的设定，将其功能由原来指定的引脚转移至其他引脚上实现，这样的设计使得芯片应用时在引脚的定义上更具弹性。除了 HT66F20 之外，其他编号的单片机亦有相同的特性。请读者参考表 2.6.5~表 2.6.8 中，家族各成员有关功能引脚转移控制寄存器(Pin-remapping Register)的说明。

以 HT66F30 为例，参考图 2.6.1 与表 2.6.6，原本 PCK 与 $\overline{\text{PINT}}$ 功能分别配置于 PC2、PC3 引脚，当设定 PCKPS="1"时，该功能将分别改配置于 PC5、PC4 引脚。同理，SDO、SDI/SDA、SCK/SCL、$\overline{\text{SCS}}$功能原配置于 PA5、PA6、PA7、PB5 引脚，若设定 SIMPS0="1"，则将改配置于 PC1、PC0、PC7、PC6 引脚。而在 SIMPS0="1"的情况下若又设定 PCPRM 为"1"，则 TP1B_0、TP1B_1 的功能将分别转置于 PA6、PA7 引脚。本书中有关引脚功能的转移以"⇨"符号表示；如 PCK⇨PC5、$\overline{\text{PINT}}$⇨PC4 表示分别将 PCK、$\overline{\text{PINT}}$功能转移至 PC5、PC4 实现。

表 2.6.5 HT66F30 PRM0 控制寄存器

Name	—	—	—	—	—	PCPRM	SIMPS0	PCKPS
RW	R	R	R	R	R	R/W	R/W	R/W
POR	—	—	—	—	—	0	0	0
Bit	7	6	5	4	3	2	1	0

Bit 7～3　未使用，读取的值为 0

Bit 2　PCPRM：PC1～PC0 引脚复位控制位（Pin-remapping Control）
　　　　1＝若 SIMPS0 为"1"，则 TP1B_0⇨PA6、TP1B_1⇨PA7
　　　　0＝不变更引脚功能配置

Bit 1　SIMPS0：SIM 引脚复位控制位（SIM Pin-remapping Control）
　　　　1＝SDO⇨PC1、SDI/SDA⇨PC0、SCK/SCL⇨PC7、$\overline{\text{SCS}}$⇨PC6
　　　　0＝SDO⇨PA5、SDI/SDA⇨PA6、SCK/SCL⇨PA7、$\overline{\text{SCS}}$⇨PB5

Bit 0　PCKPS：PCK、$\overline{\text{PINT}}$引脚复位控制位（SIM Pin-remapping Control）
　　　　1＝PCK⇨PC5、$\overline{\text{PINT}}$⇨PC4　　　　0＝PCK⇨PC2、$\overline{\text{PINT}}$⇨PC3

表 2.6.6 HT66F40/50/60 PRM0 控制寄存器

Bit	7	6	5	4	3	2	1	0

Bit 7　未使用，读取的值为 0(For HT66F40/50)

Bit 6　C1XPS0：C1X 引脚复位控制位（C1X Pin-remapping Control）(For HT66F40/50)
　　　　1＝C1X⇨PF1　　　　0＝C1X⇨PA5

Bit 5　未使用，读取的值为 0(For HT66F40/50)

Bit 4　C0XPS0：C0X 引脚复位控制位（C0X Pin-remapping Control）(For HT66F40/50)
　　　　1＝C0X⇨PF0　　　　0＝C0X⇨PA0

Bit 7～6　C1XPS[1:0]：C1X 引脚复位控制位（C1X Pin-remapping Control）(For HT66F60)
　　　　00＝C1X⇨PA5　　01＝C1X⇨PF1　　10＝C1X⇨PG1　　11＝未定义

Bit 5～4　C0XPS[1:0]：C1X 引脚复位控制位（C1X Pin-remapping Control）(For HT66F60)
　　　　00＝C0X⇨PA0　　01＝C0X⇨PF0　　10＝C0X⇨PG0　　11＝未定义

Bit 3　PDPRM：PD3～PD0 引脚复位控制位（PD Pin-remapping Control）
　　　　1：若 SIMPS[1:0]＝01(for HT66F40/50)，
　　　　　则 TCK1⇨PD7、TCK0⇨PD6、TP2_0⇨PB7、TCK2⇨PB6
　　　　1：若 SIMPS[1:0]＝01 或 11(for HT66F60)，
　　　　　则 TCK1⇨PD7、TCK0⇨PD6、TP2_0⇨PB7、TCK2⇨PB6
　　　　0：不变更引脚功能配置

Bit 2～1　SIMPS[1:0]：SIM 引脚复位控制位（SIM Pin-remapping Control）
　　　　00＝SDO⇨PA5、SDI/SDA⇨PA6、SCK/SCL⇨PA7、$\overline{\text{SCS}}$⇨PB5
　　　　01＝SDO⇨PD3、SDI/SDA⇨PD2、SCK/SCL⇨PD1、$\overline{\text{SCS}}$⇨PD0

第2章 HT66Fx0家族系统结构

10＝SDO⇨PB6、SDI/SDA⇨PB7、SCK/SCL⇨PD6、$\overline{SCS}$⇨PD7
11＝未定义(For HT66F40/50)
11＝SDO⇨PD1、SDI/SDA⇨PD2、SCK/SCL⇨PD3、$\overline{SCS}$⇨PD0(For HT66F60)

Bit 0　PCKPS：PCK、$\overline{PINT}$引脚复位控制位（SIM Pin-remapping Control）
1＝PCK⇨PC5、$\overline{PINT}$⇨PC4　　　0＝PCK⇨PC2、$\overline{PINT}$⇨PC3

表 2.6.7　HT66F40/50/60 PRM1 控制寄存器

	Name	TCK2PS	TCK1PS	TCK0PS	—	INT1PS1	INT1PS0	INT0PS1	INT0PS0
HT66F40 HT66F50	RW	R/W	R/W	R/W	R	R/W	R/W	R/W	R/W
	POR	0	0	0		0	0	0	0
	Name	TCK2PS	TCK1PS	TCK0PS	INT2PS	INT1PS1	INT1PS0	INT0PS1	INT0PS0
HT66F60	RW	R/W	R/W	R/W	R/W	R/W	R/W	R/W	R/W
	POR	0	0	0	0	0	0	0	0
	Bit	7	6	5	4	3	2	1	0

Bit 7　TCK2PS：TCK2引脚复位控制位（TCK2 Pin-remapping Control）
　　1＝TCK2⇨PD0　　　0＝TCK2⇨PC2

Bit 6　TCK1PS：TCK1引脚复位控制位（TCK1 Pin-remapping Control）
　　1＝TCK1⇨PD3　　　0＝TCK1⇨PA4

Bit 5　TCK0PS：TCK0引脚复位控制位（TCK0 Pin-remapping Control）
　　1＝TCK0⇨PD2　　　0＝TCK0⇨PA2

Bit 4　未使用,读取时的值为0(For HT66F40/50)

Bit 3～2　INT1PS[1:0]：INT1引脚复位控制位（INT1 Pin-remapping Control）(For HT66F40/50)
　　00＝INT1⇨PA4　　01＝INT1⇨PC5　　10＝未定义　　11＝INT1⇨PE7

Bit 1～0　INT0PS[1:0]：INT0引脚复位控制位（INT0 Pin-remapping Control）(For HT66F40/50)
　　00＝INT0⇨PA3　　01＝INT0⇨PC4　　10＝未定义　　11＝INT0⇨PE6

Bit 4　INT2PS[1:0]：INT2引脚复位控制位（INT2 Pin-remapping Control）(For HT66F60)
　　1＝INT2⇨PE2　　　0＝INT2⇨PC4

Bit 3～2　INT1PS[1:0]：INT1引脚复位控制位（INT1 Pin-remapping Control）(For HT66F60)
　　00＝INT1⇨PA4　　01＝INT1⇨PC5　　10＝INT1⇨PE1　　11＝INT1⇨PE7

Bit 1～0　INT0PS[1:0]：INT0引脚复位控制位（INT0 Pin-remapping Control）(For HT66F60)
　　00＝INT0⇨PA3　　01＝INT0⇨PC4　　10＝INT0⇨PE0　　11＝INT0⇨PE6

表 2.6.8　HT66F40/50/60 PRM2 控制寄存器

	Name	—	—	TP21PS	TP20PS	TP1B2PS	TP1APS	TP01PS	TP00PS
HT66F40	RW	R	R	R/W	R/W	R/W	R/W	R/W	R/W
	POR	—	—	0	0	0	0	0	0
	Name	TP31PS	TP30PS	TP21PS	TP20PS	TP1B2PS	TP1APS	TP01PS	TP00PS
HT66F50 HT66F60	RW	R/W	R/W	R/W	R/W	R/W	R/W	R/W	R/W
	POR	0	0	0	0	0	0	0	0
	Bit	7	6	5	4	3	2	1	0

Bit 7～6　未使用,读取的值为0(For HT66F40)

Bit 7　TP31PS：TP3_1引脚复位控制位（TP3_1 Pin-remapping Control）(For HT66F50/60)

	1＝TP3_1⇨PE3	0＝TP3_1⇨PD0
Bit 6	TP30PS：TP3_0 引脚复位控制位（TP3_0 Pin-remapping Control）(For HT66F50/60)	
	1＝TP3_0⇨PE5	0＝TP3_0⇨PD3
Bit 5	TP21PS：TP0_0 引脚复位控制位（TP2_1 Pin-remapping Control）	
	1＝TP2_1⇨PD4	0＝TP2_1⇨PC4
Bit 4	TP20PS：TP2_0 引脚复位控制位（TP2_0 Pin-remapping Control）	
	1＝TP2_0⇨PD1	0＝TP2_0⇨PC3
Bit 3	TP1B2PS：TP1B_2 引脚复位控制位（TP1B_2 Pin-remapping Control）	
	1＝TP1B_2⇨PE4	0＝TP1B_2⇨PC5
Bit 2	TP1APS：TP1A 引脚复位控制位（TP1A Pin-remapping Control）	
	1＝TP1A⇨PC7	0＝TP1A⇨PA1
Bit 1	TP01PS：TP0_1 引脚复位控制位（TP0_1 Pin-remapping Control）	
	1＝TP0_1⇨PD5	0＝TP0_1⇨PC5
Bit 0	TP00PS：TP0_0 引脚复位控制位（TP0_0 Pin-remapping Control）	
	1＝TP0_0⇨PC6	0＝TP0_0⇨PA0

由于相当多的引脚具有多重的功能，当在同一引脚启动一个以上的功能时，其间的优先级就不得不加以考虑。以下分为输入、输出两种情况加以说明：

（1）输入：首先请注意，A/D 输入功能拥有最高的优先权，当 A/D 功能被启动时，除了比较器之外，该引脚上的所有功能（不管是输入或输出）都将被失能。以"PA2/TCK0/C0＋/AN2"引脚为例，如果所有的输入功能都启动，则除了 AN2、C0＋之外的所有功能将自动被关闭。若仅启动 PA2、TCK0，则这两组输入功能将可同时运行。

（2）输出：由于不可能将一个以上的输出连接在一起，因此输出时同一引脚功能的优先级就依引脚的命名顺序由右至左排列；以"PA5/C1X/SDO/AN5"引脚为例，若同时启动了 C1X、SDO，则 SDO 拥有优先权。

2.7 比较器（Comparator）

本节介绍的特殊功能寄存器					
名 称	地 址	备 注	名 称	地 址	备 注
CP0C	34h	Comparator 0 Control Register	CP1C	35h	Comparator 1 Control Register

图 2.7.1 所示为 HT66Fx0 内建的两组电压比较器（Comparator），每组比较器可接收两个模拟电压输入（C0＋/C0－、C1＋/C1－），比较器输出状态将记录在 C0OUT/C1OUT 位，使用者可选择是否将比较结果由 C0X/C1X 引脚输出。当输出状态产生改变时，会自动设定 CP0F/CP1F 中断状态标志位通知 CPU，若此时 CP0E/CP1E＝"1"（比较器 0/1 中断使能位）且 EMI＝"1"，则 CPU 将跳至对应的中断向量执行 ISR（请参阅 2.4 节有关中断的论述）。请注意，在比较器模块功能启动的情况下，即使单片机已处于 SLEEP 或 IDLE 模式，当比较器输出状态产生变化，仍是可唤醒单片机的。若欲避免由比较器唤醒单片机，则可在进入 SLEEP 或 IDLE 模式之前先将 CP0F/CP1F 状态标志位设定为"1"。表 2.7.1 是比较器控制寄存器的说明。

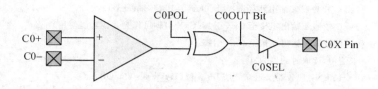

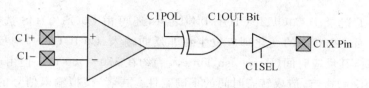

图 2.7.1　HT66Fx0 模拟比较器接口电路

在使用比较器时,请务必先将对应的 C0+/C0-、C1+/C1- 引脚定义为输入模式;若选择将比较结果由 C0X/C1X 引脚输出时,则该引脚将自动定义为输出模式。一旦启动了比较器模块功能,则包含上拉电阻、斯密特输入等 I/O 特性将自动关闭。

在某些应用中,C0+/C0-、C1+/C1- 引脚可能同时作为模拟信号输入与 I/O 功能,此时请特别注意模拟电压并非逻辑电路所定义的高或低电平,其可能导致 I/O 引脚额外的功耗,对于讲求省电的产品或应用而言,请务必特别留意。此外,若启动了比较器模块功能,则其在单片机进入 SLEEP 或 IDLE 模式后仍将持续运作;为降低系统功耗,可考虑在进入省电模式前先行关闭比较器模块。

表 2.7.1　HT66Fx0 比较器 CP0C/CP1C 控制寄存器

CxSEL	CxEN	CxPOL	CxOUT	CxOS	—	—	CxHYEN
R/W	R/W	R/W	R	R/W	R	R	R/W
Bit7	6	5	4	3	2	1	Bit0

请注意:以下的说明中,"x"代表比较器编号;x=0 为比较器 0、x=1 为比较器 1。

Bit 7　CxSEL:比较器或 I/O 功能选择位(Comparator or IO Function Select Bit)
　　　　1:Cx+、Cx- 为比较器输入(包含上拉电阻、斯密特输入等 I/O 功能将自动关闭)
　　　　0:Cx+、Cx- 为 I/O 功能(此时系统将关闭比较器电路,无功耗)

Bit 6　CxEN:比较器开/关控制位(Comparator x On/Off Bit)
　　　　1=开启比较器
　　　　0=关闭比较器(即使比较器输入引脚有电压输入,比较器仍无功耗)

Bit 5　CxPOL:比较器 x 输出极性控制位(Comparator x Output Polarity Control Bit)
　　　　1=比较器 x 输出反向　　　0=比较器 x 输出不反向

Bit 4　CxOUT:比较器 x 输出位(Comparator x Output Bit)

CxPOL	输入电压关系	CxOUT
0	Cx+ < Cx-	0
0	Cx+ > Cx-	1
1	Cx+ < Cx-	1
1	Cx+ > Cx-	0

Bit 3　　CxOS 比较器 x 输出路径选择位(Output Path Select Bit)
　　　　　1＝比较器 x 输出不接至 CxX 引脚(CxX 引脚可作为其他功能使用)
　　　　　0＝比较器 x 输出连接至 CxX 引脚
Bit 2~1　 未使用,读取时的值为 0
Bit 0　　CxHYEN：比较器 x 迟滞效应开/关位(Hystersis On/Off Bit)
　　　　　1＝开启比较器 x 迟滞效应　　　　0＝关闭比较器 x 迟滞效应

比较结果除了记录于 C0OUT/C1OUT 位之外,还可由 C0OS/C1OS 选择是否由 C0X/C1X 引脚输出。而输出状态的变化理应发生在非反向输入(C0＋/C1＋)与反向输入(C0－/C1－)电位相等时,其反应时间(Response Time, t_{PD})约在 370~560 ns。但由于无法避免的输入偏压(Input Offset)影响,造成转态时间的不确定性。再者,模拟输入信号的缓慢上升(Rising)、下降(Falling)特性也将导致比较器输出状态瞬间的不稳定。使用者可通过启动迟滞(Hystersis)功能改善上述状况;迟滞宽度(Hystersis Voltage, V_{HYS})约在 20~60 mV(详细规格请参考 Datasheet 中的 Comparator Electrical Characteristics)。

图 2.7.2 是以比较器 0 为范例,说明迟滞功能开启与否的差异。若 C0HYEN＝"0",此时当 V0＋＞V0－ 输出即为高电平;反之,当 V0＋＜V0－ 输出即为低电平。而当 V0＋ 是处于 V0－±ΔV 时,V0X 将出现高、低电平的变化;如果 ΔV 是电路上噪声所导致的,此将造成输出的不正确。若启动迟滞功能(C0HYEN＝"1"),则唯有当 V0＋＞(V0－＋V_{HYS})、V0＋＜(V0－－V_{HYS})时,V0X 才会有高、低电平的变化,上述的 ΔV 只要小于 V_{HYS} 就可避免产生因噪声所导致的错误输出。

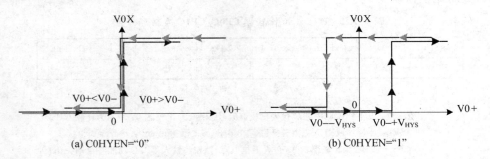

图 2.7.2　比较器 0 输出与 V0＋、V0－关系

请注意,启动迟滞功能未必是必要的选择,上述的说明是假设 ΔV 电路噪声,因此以迟滞功能来降低噪声的干扰是必要的、正确的选择。但若 ΔV 本来就是要侦测的小信号变化,启动迟滞功能反而会降低系统的侦测能力;所以,读者还是得根据应用的需求,衡量启动迟滞功能的必要性。

由于比较器是与 I/O 引脚共用,在比较器功能启动的状况下,若读取这些引脚其状态可分为以下两种状况说明：①若该引脚定义为输入模式,将回传 0;②若引脚定义为输出模式,将回传对应的 Port Data Register 中的位值。

2.8 串行接口模块(SIM)

本节介绍的特殊功能寄存器					
名称	地址	备注	名称	地址	备注
SIMD	38h	Serial Bus Data Register	SIMC0	36h	Serial Bus Control Register 0

HT66Fx0系列微控器均配备串行接口模块(Serial Interface Module, SIM),提供两组相当普遍的传输接口:四线式的SPI(Master/Slave)与双线式的I^2C(仅Slave Mode),可通过软件设定择一使用(视SIM[2:0]这3位的设定);不论是选用哪一组传输接口,数据都是通过SIMD寄存器进行传送与接收,参考表2.8.1。由于SIM所使用的引脚是与I/O引脚共用,因此若欲使用SIM接口的传输功能,必须在芯片的"配置选项(Configuration Option)"先行选定。

表 2.8.1　HT66Fx0 SIMD 寄存器

Name	D7	D6	D5	D4	D3	D2	D1	D0
RW	R/W	R/W	R/W	R/W	R/W	R/W	R/W	R/W
POR	x	x	x	x	x	x	x	x
Bit	7	6	5	4	3	2	1	0

Bit　7~0　D[7:0]:SPI或I^2C接口数据寄存器

当FSYSON="1"时,系统进入"IDLE"模式,由于供应系统工作频率的振荡电路仍持续运作,因此SIM模块依旧可正常操作;而当I^2C接口发生"地址匹配(Address Match)"时,可将单片机从"IDLE"或"SLEEP"模式中唤醒。I^2C接口输入端配备数字滤波器(Digital Filters),可降低传输过程因噪声干扰所导致的数据错误机率。

此外,$\overline{PINT}$(外围中断输入)引脚提供外部硬件电路请求单片机服务的管道,当$\overline{PINT}$引脚出现"1"到"0"的电平变化时,SIM模块会设定XPF以及多功能中断请求标志位(MF2F for HT66F20/30/40/50,MF4F for HT66F60)为"1"通知CPU。若此时XPE="1"(外部外围中断使能位)、EMI="1"、且多功能中断使能位(MF2E for HT66F20/30/40/50,MF4E for HT66F60)为"1",则CPU将跳至对应的向量地址执行ISR。SPI工作频率与PCK输出频率皆可通过SIMC0控制寄存器选择,相关的设定请参考表2.8.2;至于中断的说明请参考2.4节。

表 2.8.2　HT66Fx0 SIMC0 控制寄存器

Name	SIM2	SIM1	SIM0	PCKEN	PCKP1	PCKP0	SIMEN	—
RW	R/W	R/W	R/W	R/W	R/W	R/W	R/W	R
POR	1	1	1	0	0	0	0	—
Bit	7	6	5	4	3	2	1	0

Bit　7~5　SIM[2:0]:SIM工作模式选择位(Operating Mode Control Bits)
　　　　　000=SPI Master模式,工作频率为$f_{SYS}/4$

		001＝SPI Master 模式,工作频率为 $f_{SYS}/16$
		010＝SPI Master 模式,工作频率为 $f_{SYS}/64$
		011＝SPI Master 模式,工作频率为 f_{TBC}
		100＝SPI Master 模式,工作频率为 TM0 CCRP Match Frequency/2
		101＝SPI Slave 模式
		110＝I^2C Slave 模式
		111＝未定义
Bit	4	PCKEN：PCK 输出引脚控制(PCK Output Pin Control)
		1＝使能 PCK 频率输出　　0＝关闭 PCK 频率输出
Bit	3～2	PCKP[1:0]：PCK 输出频率选择位(PCK Output Pin Frequency)
		00＝PCK 输出频率为 f_{SYS}
		01＝PCK 输出频率为 $f_{SYS}/4$
		10＝PCK 输出频率为 $f_{SYS}/8$
		11＝PCK 输出频率为 TM0 CCRP Match Frequency/2
Bit	1	SIMEN：SIM 模块使能位(SIM Control)
		1＝启动 SIM 模块　　0＝关闭 SIM 模块
Bit	0	未使用,读取时的值为 0

SIM[2:0]位决定 SIM 整体的工作模式,如选用 SPI 或 I^2C 接口功能、SPI 的工作模式(Master 或 Slave)、当 SPI 操作于 Master 模式时的工作频率(若 SPI 操作于 Slave 模式时,其频率由 Master 端通过 SCK 引脚输入)。SIMEN 位则控制 SIM 接口的使能与否,当 SIMEN＝"0"时即关闭 SIM 的功能,此时 SDI、SDO、SCK 与 $\overline{SCS}$ 或 SCL 与 SDA 进入浮空状态,SIM 界面的功耗将降至最低。欲使用 SIM 功能时除了设定 SIMEN 为"1"之外,还必须先在"配置选项"中选用 SIM 接口;而当 SIMEN 由"0"变为"1"时,若设定操作于 SPI 模式,则 SPI 相关寄存器将维持先前的设定状态;而若是操作于 I^2C 模式,则控制位(如 HTX、TXAK)将维持于先前状态,相关标志位(如 HCF、HAAS、HBB、SRW、RXAK)将恢复至系统默认值。因此,使用者需依实际的需求适当的设定相关控制寄存器。

此外,SIM 模块配备 PCK(外围频率输出)引脚,通过此引脚输出的频率信号可让外部硬件电路与单片机内部频率达到同步的作用。而 PCKEN、PCKP[1:0]即是分别决定 PCK 引脚是否输出以及输出频率的控制位;请注意,当 HT66Fx0 进入 SLEEP 模式时,PCK 的输出也随之停止。

以下两小节分别介绍 SPI 与 I^2C 传输接口的控制方式,其他与 SIM 模块相关的特殊功能寄存器也将在各个小节中逐一说明。其中,请特别注意位于数据存储器地址 39h 的特殊功能寄存器,当 SIM 模块工作在 SPI 或 I^2C 传输接口模式时会有不同的定义,在使用时要特别留意。

2.8.1 SPI 接口功能(SPI Function)

本节介绍的特殊功能寄存器		
名　称	地　址	备　注
SIMC2	39h	Serial Bus Control Register 2

SPI 是由 Motorola 公司所研发的同步(Synchronous)串行传输接口,因其采用相当简单

的传输协议,所以可大幅减少与外部硬件装置进行数据传输时的程序需求,普遍的运用在传感器、Flash 与 E^2PROM 等存储元件的数据传输中。SPI 接口采用 4 条信号线达到 Master/Slave、"全双功(Full-Duplex)"的同步数据传输,分别是 SDI、SDO、SCK 与 $\overline{SCS}$。SDI 与 SDO 分别为串行数据的输入、输出线,SCK 则为数据传送的参考频率,$\overline{SCS}$则为 Slave 端的选择信号,请参考图 2.8.1。连接于 SPI 接口上装置间数据传输是以 Master/Slave 模式进行,数据传输是由 Master 启动并负责 SCK 频率的传送。由于 HT66Fx0 系列仅提供一个$\overline{SCS}$信号控制引脚,基本上仅能连接一个 Slave 装置;若使用者有多个 Slave 装置的应用需求时,可考虑由 I/O 端口的搭配作为 Slave 装置的选择信号。

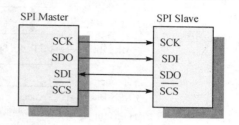

图 2.8.1　SPI 接口 Master/Slave 联机方式

HT66Fx0 系列单片机所配置的 SPI 接口具备以下特点:

① 可提供单片机与外围设备间全双功(Full-Duplex)的同步数据传输;
② 提供 Master 或 Slave 的工作模式;
③ 可选择由 LSB 或 MSB 开始传送(由 MLS 位设定);
④ 完成数据传输时会设定标志位(TRF 位);
⑤ 可选择是在频率上升沿(Rising)或下降沿(Falling)动作;
⑥ 可通过配置选项设定 CSEN 与 WCOL 位使能与否。

图 2.8.2 为 HT66Fx0 系列单片机 SPI 接口的电路结构,其通过 SDI、SDO、SCK、$\overline{SCS}$(或者以 SCSB 表示)4 条信号线与外界装置达成数据传输,其中 SDI 与 SDO 分别为串行数据的输入、输出引脚;SIMD 寄存器则扮演缓冲器的角色,负责接收移位寄存器(Shift Register)由 SDI 引脚所移入的串行数据。当读取 SIMD 时,会读取移位寄存器的值;当写入数据至 SIMD 时,会同时将数据送给移位寄存器,再由移位寄存器逐一将数据由 SDO 引脚串行移出。SCK 则为数据传送的参考频率,其频率高低决定了传输速度的快慢;若 SPI 接口操作于 Master 模式,则参考频率可由 SIM[2:0]决定(请参考表 2.8.2),并由 SCK 引脚输出至外部的 SPI Slave 装置。反之,如果 SPI 接口操作于 Slave 模式,则参考频率须由外部的 SPI Master 装置提供,并由 SCK 脚输入。$\overline{SCS}$可视为 SPI 接口的使能信号,在 CSEN="1"的情况下,唯有外部的 SPI 装置于$\overline{SCS}$引脚输入低电位方能进行数据的传输动作;若设定 CSEN="0",则$\overline{SCS}$引脚为浮空状态(Floating State)。

表 2.8.3　HT66Fx0 SIMC2 控制寄存器

Name	D7	D6	CKPOLB	CKEG	MLS	CSEN	WCOL	TRF
RW	R/W	R/W	R/W	R/W	R/W	R/W	R/W	R/W
POR	0	0	0	0	0	0	0	0
Bit	7	6	5	4	3	2	1	0

Bit 7~6　未使用,此 2 位可由使用者以指令进行读、写。
Bit 5　CKPOLB:SPI 频率电平选择位(SCK Base Condition)
　　　1=未输出频率时 SCK 维持于低电平　　0=未输出频率时 SCK 维持于高电平

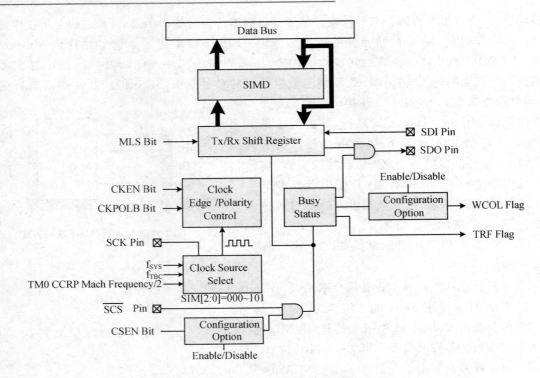

图 2.8.2　HT66Fx0 SPI 界面结构

Bit　4　CKEG：SPI 频率源选择位(Clock Edge Type Select Bits)

CKPOLB	CKEG	SPI Clock Mode Selection
0	0	在 SCK 上升沿(Rising Edge)时抓取数据
0	1	在 SCK 下降沿(Falling Edge)时抓取数据
1	0	在 SCK 下降沿(Falling Edge)时抓取数据
1	1	在 SCK 上升沿(Rising Edge)时抓取数据

Bit　3　MLS：数据移位顺序(Data Shift Order)控制位
　　　　1＝先传送 MSB 位　　　　　　　　0＝先传送 LSB 位

Bit　2　CSEN：SPI 选择信号($\overline{SCS}$)使能位
　　　　1＝使能，此时唯有 $\overline{SCS}$ 引脚状态呈现低电位时，SPI 界面方可运行 Master 或 Slave 模式下的数据传输动作
　　　　0＝除能，此时 $\overline{SCS}$ 引脚为浮空(Floating)状态且 SPI 接口处于可操作状态

Bit　1　WCOL：资料写入冲突标志位(Write Collision Flag)
　　　　1＝数据发生冲突；此位必须自行以软件清除。

Bit　0　TRF：数据传输状态标志位(SPI Transmit/Receive Copmlete Flag)
　　　　当 SPI 接口完成数据传输(传送或接收)时，会设定 TRF＝"1"；此信号可用以向 CPU 产生中断请求。TRF 位必须自行以软件清除，才会产生下一次中断。

表 2.8.3 所列的 SIMC2 控制寄存器可提供更详细的 SPI 接口控制，如 SCK 频率的极性(Polarity)、数据抓取的时机(Rising 或 Falling Edge)、数据串行移位的位顺序(MSB 或 LSB

先传)等;此外,如数据是否发生冲突(Collision),以及传输是否完成等状态,也可由 WCOL 与 TRF 位加以判断,请参考表 2.8.3。

在 SIM 接口使能之前必须先设定好 CKPOLB 与 CKEG 位,以避免产生非预期的频率变化导致错误的数据传输。CSEN 位控制 $\overline{SCS}$ 引脚功能的启用与否,若 CSEN 为"0",则 $\overline{SCS}$ 引脚进入浮空状态;而若 CSEN="1",则 Master 端必须在 $\overline{SCS}$ 引脚输入低电平方能开始 SPI 接口的数据传输,注意:CSEN 位须于"配置选项"中选用。当数据正在传输时,又写入新的数据至 SIMD,此时 SPI 接口会设定 WCOL 为"1",表示资料发生冲突;同时,新写入的数据将被忽略。WCOL 位须先于"配置选项"选用,且必须自行以指令清除。

图 2.8.3 为 SPI 接口操作于 Master 模式下的时序,在 $\overline{SCS}$ ="0"(若 CSEN="1")时,一旦数据写入 SIMD 寄存器就启动了传送与接收的程序,由 SIM[2:0]所选定的传输频率也将同时自 SCK 引脚开始输出;而当数据传输完成时,SPI 接口会自动设定 TRF="1"。若此时 SIMEN="1"(SIM 中断使能位)、EMI="1"、且多功能中断使能位(MF2E for HT66F20/30/40/50,MF4E for HT66F60)为"1",则 CPU 将跳至对应的中断向量地址执行 ISR。

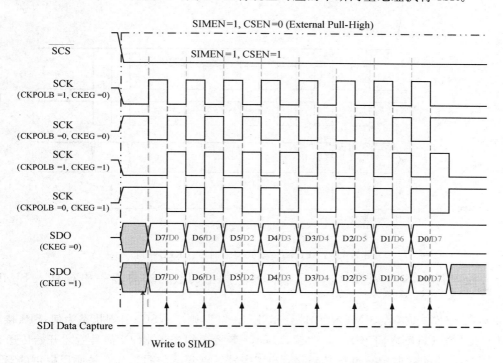

图 2.8.3 SPI Master 模式传输时序

图 2.8.4 与图 2.8.5 为 SPI 接口操作于 Slave 模式下的时序,请注意此时 SCK 由外部的 Master 装置提供;若 CKEG 为"0",则当写入数据至 SIMD 寄存器后必须等到第一个 SCK 信号边沿到达时,数据的第一个位才会移至 SDO 引脚。而若 CKEG="1",则数据写至 SIMD 寄存器的同时,SIM 也将第一个位送至 SDO 引脚。至于第一个位为 MSB 或 LSB,可由 MLS 位指定。

在 Slave 工作模式下,一旦接收到由外部 Master 装置送来的频率信号,SIMD 寄存器的

第 2 章　HT66Fx0 家族系统结构

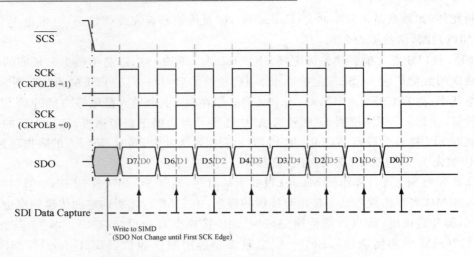

图 2.8.4　SPI Salve 模式传输时序（CKEG＝0）

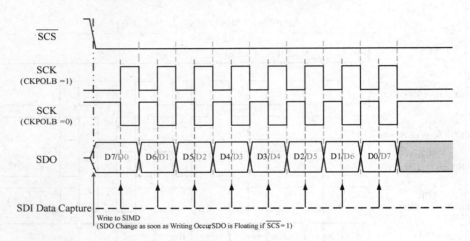

图 2.8.5　SPI Salve 模式传输时序（CKEG＝1）

数据即开始串行由 SDO 引脚移出；同时，SDI 引脚上的数据亦将逐一串行移入 SIMD 寄存器。

　　Slave 工作模式时，若 SIMEN＝"1"且 CSEN＝"0"，则不管 $\overline{SCS}$ 引脚状态为何，SPI 接口将始终处于操作状态；反之，若 CSEN＝"1"，Master 装置必须先送出 $\overline{SCS}$ 信号后才开始传送 SCK 频率，而 Slave 端的数据传输也务必在收到 $\overline{SCS}$ 信号后再开始。图 2.8.6 是原厂提供的 SPI 接口传输控制流程，读者撰写程序时可以参考相关位的设定顺序。

　　由前述说明可知，SPI 接口的引脚状态受许多因素的影响，例如处于 Master 还是 Slave 的模式、CSEN、SIMEN 与 $\overline{SCS}$ 等控制位的设定等，如表 2.8.4 所列。除了前面介绍的特殊功能寄存器决定 SPI 接口的传输特性之外，在"配置选项"中也有 3 个选项与 SPI 接口息息相关，请参考表 2.8.5 的说明。

第 2 章 HT66Fx0 家族系统结构

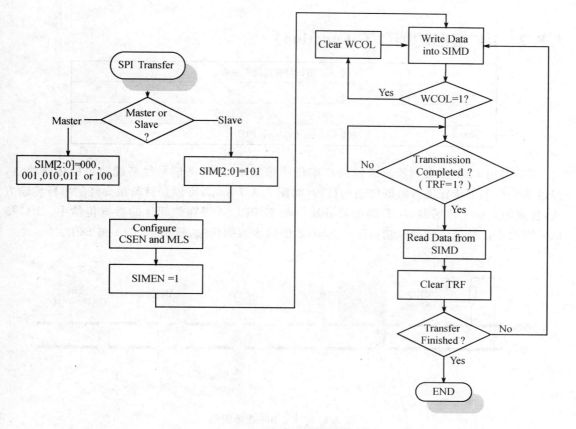

图 2.8.6 SPI 传输流程图

表 2.8.4 SPI 界面的引脚状态

	Master/Slave (SIMEN=0)	Master(SIMEN=1)		Slave(SIMEN=1)		
		CSEN=0	CSEN=1	CSEN=0	CSEN=1 =0	CSEN=1 =1
$\overline{SCS}$	Z	Z	L	Z	I,Z	I,Z
SDO	Z	O	O	O	O	Z
SDI	Z	I,Z	I,Z	I,Z	I,Z	Z
SCK	Z	H(CKPOLB=0) L(CKPOLB=1)	H(CKPOLB=0) L(CKPOLB=1)	I,Z	I,Z	Z

注：Z 表浮空、H 表输出高电平、L 表输出低电平、IZ 表输入浮空、O 表输出模式、I 表输入模式。

表 2.8.5 与 SPI 接口相关的"配置选项"

配置选项	位　值
SIM Function	①：使能 SIM Function(SPI/I²C) ②：关闭 SIM Function(I/O)
SPI S/W CSEN	①：使能　　②：失能
SPI S/W WCOL	①：使能　　②：失能

2.8.2 I²C 接口功能（I²C Function）

本节介绍的特殊功能寄存器		
名称	地址	备注
SIMC1	37h	Serial Bus Control Register 1(I²C)
SIMA	39h	SIM Address Register(I²C)

　　I²C 是由 Philips 公司所研发的同步串行传输接口，以两条信号线搭配简单的传输协议，即可达到与多个装置进行数据传输的目的，如图 2.8.7 所示，可说是目前最火红的串行传输方式，普遍的运用于传感器、A/D 转换器、Flash 与 E²PROM 等存储元件的数据传输中。I²C 接口采用两条信号线达到半双功（Half-Duplex）的同步数据传输，分别是 SDA 与 SCL。

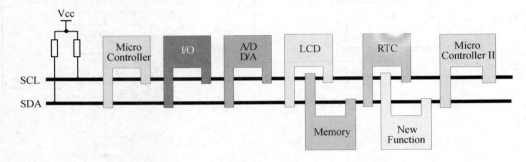

图 2.8.7　I²C Bus 连接图例

　　连接于 I²C Bus 上的装置可分为"Master"与"Slave"两大类，Master 为发号施令的装置（通常是单片机），任何读、写动作都是由 Master 来主导。而 Slave 就是听令者，根据 Master 的命令完成数据传输的动作；SCL 信号固定由 Master 负责送出，SDA 则由两者交替使用，作为数据或信息传递媒介。依数据的写入或读取，可将 I²C Bus 上的装置区分为"Transmitter"与"Receiver"两大类，如图 2.8.8 所示；在实验 4.17 与实验 5.17 中仍有 I²C Bus 的相关论述，请读者参考。

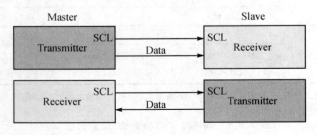

图 2.8.8　I²C Bus 上的装置分类

　　图 2.8.9 是配置于 HT66Fx0 系列 SIM 模块的 I²C 接口结构，其数据串行传输通过 SCL（Serial Clock）与 SDA（Serial Data）两条信号线控制完成；这两支引脚为 NMOS 漏极开路（Open Drain）的结构，所以在使用时必须分别接上上拉电阻。HT66Fx0 为控制器提供两种数据传输的模式：被动式传送模式（Slave Transmit Mode）与被动式接收模式（Slave Receive

Mode),被动(Slave)指的是 HT66Fx0 家族所配备的 I²C 串行接口无法主动对其他装置提出数据传输的请求,而需由 I²C Bus 的控制者(Master)主动存取其数据。因此 HT66Fx0 单片机的 SCL 为输入信号,由 Bus Master 提供存取所需的参考频率;而 SDA 则需视其传输模式,可能为输入或输出的状态。

  I²C 接口的运作不外乎就是通过 SIM 模块相关寄存器的控制来达成,但仍别忽略了在配置选项中相关位的设定,如表 2.8.6 所列。

表 2.8.6 与 I²C 接口相关的"配置选项"

位名称	功能选项
SIM Function	①:使能 SIM Function(SPI/I²C) ②:关闭 SIM Function(I/O)
I²C Debounce	I²C 信号去噪声选项: ① 无噪声去除功能; ② 1 System Clock; ③ 2 System Clocks

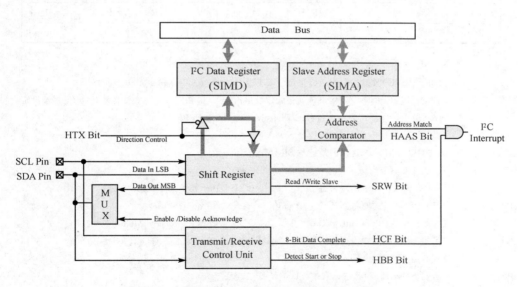

图 2.8.9 HT66Fx0 I²C 界面结构

  I²C Bus 上连接的装置有各自的地址,在数据传输开始之前需由 I²C Bus Master 先送出所欲存取的从机地址,而 SIMA 就是 HT66Fx0 单片机存放从机地址的寄存器。当 Bus Master 所送出的地址与 SIMA 寄存器的内容匹配时,SIM 模块的 I²C 传输接口才会与 Bus Master 继续进行数据存取所需的握手(Handshaking)程序;若地址不一致,I²C 接口将不予以理会。SIMA 寄存器格式如表 2.8.7 所列;请注意从机地址为 7-Bit,其最低位并未定义,使用时要注意将 7 位的从机地址在 SIMA 寄存器中向左对齐。若要使用 I²C 串行传输接口的功能,除了须使能 SIM 模块外(SIMEN="1"),首要的任务就是要先在 SIMA 寄存器设定地址,以便 I²C Bus Master 通过此从机地址来存取 HT66Fx0 单片机的数据。

第 2 章 HT66Fx0 家族系统结构

表 2.8.7 HT66Fx0 SIMA 寄存器

Name	IICA6	IICA5	IICA4	IICA3	IICA2	IICA1	IICA0	D0
RW	R/W	R/W	R/W	R/W	R/W	R/W	R/W	R/W
POR	x	x	x	x	x	x	x	x
BIT	7	6	5	4	3	2	1	0

Bit 7~1 IICA[6:0]：I^2C 接口从机地址
Bit 0 未定义，可由使用者进行读、写动作

SIMC1 用来控制 I^2C 接口与反映接口状态的寄存器，I^2C 串行传输接口功能的启用、传输模式、传输状态等，都是由 SIMC1 寄存器加以设定。如表 2.8.8 所列，当 HT66Fx0 单片机是负责提供数据让 Bus Master 读取时，需将 HTX 位设定为 "1"（Transmit Mode）；反之，若 HT66Fx0 是接收由 Bus Master 所送出的数据，则 HTX 位需设为 "0"（Receive Mode）。

表 2.8.8 HT66Fx0 SIMC1 控制寄存器

Name	HCF	HAAS	HBB	HTX	TXAK	SRW	IAMWU	RXAK
RW	R	R	R	R/W	R/W	R	R/W	R
POR	1	0	0	0	0	0	0	1
BIT	7	6	5	4	3	2	1	0

Bit 7 HCF：I^2CBus 数据传输完成标志位（I^2C Bus Data Transfer Completion Flag）
当数据开始传输时，I^2C 接口自动将此位设定为 "0"。而在完成 8 位数据传输后，此位将被设定为 "1"。

Bit 6 HAAS：I^2C 地址匹配标志位（I^2C Divice Address Match Flag）
1：I^2C Bus Master 送出的地址与 SIMA 内容一致
0：I^2C Bus Master 送出的地址与 SIMA 内容不一致

Bit 5 HBB：I^2C Bus 忙碌标志位（I^2C Bus Busy Flag）
1＝I^2C Bus 正处于忙碌状态   0＝I^2C Bus 处于空闲状态

Bit 4 HTX：传输模式控制位（I^2C Transmit/Receive Mode Control Bit）
1＝传送模式（Transmit Mode）   0＝接收模式（Receive Mode）

Bit 3 TXAK：ACK 信号传送控制位（I^2C Enable/Disable Transmits Acknowledge Bit）
1＝不传送 Acknowledge 信号   0＝传送 Acknowledge 信号

Bit 2 SRW：Slave 读/写状态标志位（Slave Read/Write Falg）
1＝Master 欲读取 I^2C Bus 数据，此时 Slave 必须将数据传送至 Bus 上（Transmit Mode）
0＝Master 欲传送数据至 I^2C Bus，此时 Slave 必须由 Bus 上接收数据（Receive Mode）

Bit 1 IAMWU：I^2C 接口地址匹配唤醒位（I^2C Address Match Wake-up Control）
1＝使能地址匹配唤醒功能（请注意：此唤醒功能仅在 IDEL1 模式下有效）
0＝失能地址匹配唤醒功能

Bit 0 RXAK：Master Acknowledge 位（Master Acknowledge Bit）
1＝Master 未送出 Acknowledge 位   0＝Master 送出 Acknowledge 位
（当 Master 由 Bus 接收 8-Bit 数据后，会在第九个位期间送出 Acknowledge，以供 Slave 端判断是否还要继续送数据至 Bus 上）

当 Bus Master 欲开始进行数据传输时，首先必须送出从机地址以及读或写的命令。若 HT66Fx0 的 I^2C 接口侦测到从机地址与 SIMA 一致，即设定 HAAS 标志位，使用者可进一步

由 SRW 标志位判断 Bus Master 是要做读取还是写入动作,以决定该操作于传送(HTX="1")还是接收模式(HTX="0")。

在 I²C 串行传输的过程中,数据是以 Byte 为单位由最高位(MSB)开始依次从 SDA 线送出,负责接收的装置在收完最后一位之后,如果要继续读取下一个 Byte 数据的话,就必送出确认信号(Acknowledge, ACK)通知传送端继续送出下一笔数据(ACK="0");否则就送出 ACK="1"信号。传送端以 ACK 信号为"1"或"0"来判定要继续送出下一笔数据还是结束此次的传输。"TXAK"位就是当 HT66Fx0 单片机在接收模式(Slave Receive Mode)时,是否要送出 ACK 信号的控制位;同理,若 HT66Fx0 是处于传送模式(Slave Transmit Mode),就必须依据"RXAK"位来判断是否该继续送出资料至 Bus 上。

SIMD 是 I²C 串行传输中数据接收与传送的寄存器,在开始传送之前,必须先将欲传送的数据写入 SIMD 寄存器。相反的,在接收模式时,I²C 串行接口会将接收到的数据存放在 SIMD 寄存器,不过要提醒读者的是在开始接收数据之前,必须先对 SIMD 寄存器进行一次无效的读取(Dummy Read)。

如前所述:I²C Bus 上连接的装置有各自的地址,在数据存取开始之前需由 I²C Bus Master 送出所欲存取的从机地址,当 Bus Master 所送出的地址与 SIMA 寄存器的内容匹配时,HAAS 位与 HCF 会被设定为"1",同时发出 I²C Bus 中断请求信号告知 CPU。

在 I²C 串行传输的过程中,数据是以 Byte 为单位由最高位开始依次由 SDA 线送出(或接收),使用者可通过 HCF 位得知目前传送的状态,HCF="1"表示 8 位的数据已传送(或接收)完成,同时发出 I²C Bus 中断请求信号告知 CPU;若 HCF="0"则代表数据正在传送中。I²C Bus Master 在送出从机地址时,会同时送出要对该装置进行读或写的控制命令,而此命令会由 I²C 接口记录在 SRW 位,使用者通过此位决定是该工作在 Slave Transmit Mode(SRW="1")还是 Slave Receive Mode(SRW="0")。"HBB"则是反应 I²C Bus 是否处于忙碌状态的位,当 I²C 接口侦测到"START"信号时,会设定此位,表示 Bus 上正开始数据的传输;反之,若侦测到"STOP"信号则清除"HBB"位,表示 Bus 上的数据传输已结束。

I²C 串行传输时传送端是以 ACK 信号的存在与否来判定是要继续送出下一笔数据还是结束此次传输,当 HT66Fx0 处于传送模式(Slave Transmit Mode)时,接收端是否送出 ACK 信号会由 I²C 接口记录在 RXAK 位,如果 RXAK="0",表示接收端要继续读取下一笔数据,使用者就必须以程序控制送出下一笔数据(写入 SIMD 寄存器);若 RXAK="1",表示接收端未送出 ACK 信号,HT66Fx0 可以结束此次数据传输。

如果要运用 HT66F50 的 I²C 串行接口功能,请读者务必注意几项要点,并参考图 2.8.10 的流程图:

(1) 在 SIMA 寄存器中写入 7 位的从机地址(Slave Address);
(2) 设定 SIM[2:0]=110,选择 SIM 模块为 I²C 接口操作;
(3) 将隶属 SIMC0 控制寄存器的 SIMEN 位设定为"1",启动 I²C 接口;
(4) 设定 SIME 为"1",使能 I²C 接口的中断功能。

由图 2.8.10 可知,当启动 I²C 串行接口功能时,除了以中断方式来进行数据传输之外,还可以用轮询(Polling)方式来处理;但基于让单片机的运作更有效率的考虑,仍是建议读者以中断的方式来操作。

HT66Fx0 单片机的 I²C 接口在以下两种情况都会产生中断请求信号请求 CPU 服务:

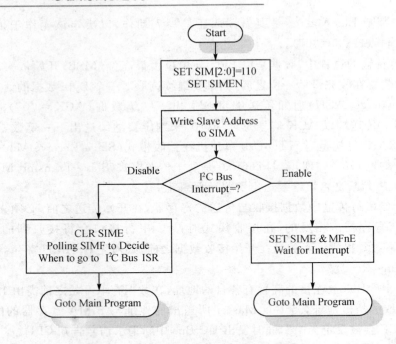

图 2.8.10　使用 I²C 串行接口功能的程序初始化流程

①当地址比较匹配时；②完成 8 位数据传送（或接收）时。因此，一旦进入 I²C 中断服务子程序后，必须先由 HAAS 位分辨中断发生的原因。若 HAAS＝"1"表示是地址比较匹配所造成的中断，接着就需要依照 SRW 位的状态设定是要工作在 Slave Transmit Mode（SRW＝"1"）还是 Slave Receive Mode（SRW＝"0"）。如果是 Transmit Mode，就接着将要传送的数据写入 SIMD 寄存器即可；若是 Receive Mode，请务必紧接着进行读取 SIMD 的动作，请注意此时读到的并非接收到的数据，而只是让 I²C 串行接口正常动作所需要的"Dummy Read"。

若 HAAS＝"0"，表示是 8 位数据传输完毕的中断，可再依据 HTX 辨别是传送完成（HTX＝"1"）或接收完成（HTX＝"0"）所造成的。若 HTX＝"0"，表示 I²C 串行接口工作在接收模式且已完成数据接收，此时可由 SIMD 寄存器读取数据；若 HTX＝"1"，表示 I²C 串行接口工作在传送模式，此时必须检查 RXAK 位判别接收端是否送出 ACK 信号，以决定是否要继续传送数据，请参考图 2.8.11 的流程图。

为使读者能更透彻地了解 I²C 串行接口的传输控制方式，图 2.8.12 给出时序图，并进行以下说明：

（1）Start Signal（起始信号）：这是由 I²C Bus Master 所送出的信号，借以通知连接于 I²C Bus 上的所有装置准备接收地址信息及读写命令，HT66Fx0 单片机的 I²C 接口侦测到起始信号时，会设定 HBB 位，表示进入忙碌状态。起始信号（Start Signal）就是指 SCL＝"1"时，SDA 由"1"变为"0"的状态（图 2.8.12）。

（2）Slave Address（从机地址）：在起始信号之后，Bus Master 必须送出从机地址（7 Bits）以选定数据传输的对象。若 HT66Fx0 的 I²C 接口侦测到 Bus Master 所送出的地址与自己的地址（SIMA）相同时，就会产生 I²C Bus 中断并设定 HAAS 位，将第八位存入 SRW 位，并在第九位时间于 SDA 送出 ACK 信号（低电位）响应 Bus Master，让 Bus Master 确认所选择的传输装置确实存在，以便开始真正的数据传输程序。

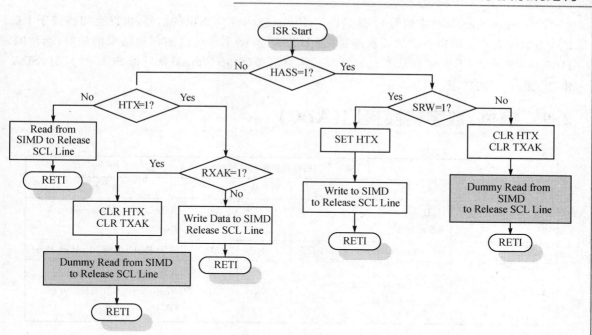

图 2.8.11 使用 I²C Bus 中断服务子程序流程

(3) SRW 位：代表 Bus Master 要传送数据到 I²C Bus 上（SRW="0"），或由 I²C Bus 上接收数据（SRW="1"）。因此，HT66Fx0 的 I²C 接口就需依此位的状态进入不同的传输模式（SRW="1"：Slave Transmit Mode；SRW="0"：Slave Receive Mode）。

(4) Acknowledge 位：当 Bus Master 送出从机地址后，会检查 ACK 位以确认是否有从机对此地址响应，以便开始真正的数据传输程序。若没有从机响应，Bus Master 应送出结束信号（Stop Signal），以终止此无效地址的数据传输。

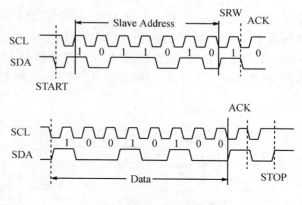

图 2.8.12 I²C Bus 时序图

(5) Data Byte：在 I²C 串行传输的过程中，数据是以 Byte 为单位由最高位（MSB）开始依次自 SDA 线送出，为了避免与起始信号或结束信号产生混淆，数据（SDA）的改变一定要在 SCL="0" 的时候进行。

(6) Receive Acknowledge 位：当接收端接收到 8 位的数据之后，必须让传送端知道是否要继续进行下一笔数据传送。若接收端欲继续数据的读取，就必须在第九位时间于 SDA 送出 ACK（低电位）信号告知传送端；当 HT66Fx0 工作在 Transmit Mode 时，就必须检查 RXAK 位以决定是否要继续传送数据；而若工作在 Receive Mode 时，就必须将依 TXAK 的设定送出 ACK 信号，让传送端判断是否需要继续送出数据。

(7) Stop Signal(结束信号)：这是由 I²C Bus Master 所送出的信号，借以通知连接于 I²C Bus 上的所有从机结束目前的数据传送；当 HT66F50 的 I²C 接口侦测到结束信号时，会清除 HBB 位，表示 I²C Bus 忙碌状态已经结束。结束信号(Stop Signal)就是指 SCL＝"1"时，SDA 由"0"变为"1"的状态。

2.9 模拟/数字转换接口(ADC)

<table>
<tr><th colspan="6">本节介绍的特殊功能寄存器</th></tr>
<tr><th>名　　称</th><th>地　址</th><th>备　　注</th><th>名　　称</th><th>地　址</th><th>备　　注</th></tr>
<tr><td>ADCR0</td><td>30h</td><td>A/D Converter Control Register 0</td><td>ADCR1</td><td>31h</td><td>A/D Converter Control Register 1</td></tr>
<tr><td>ADRL</td><td>2Eh</td><td>A/D Result Register Low Byte</td><td>ADRH</td><td>2Fh</td><td>A/D Result Register High Byte</td></tr>
<tr><td>ACERL</td><td>32h</td><td>A/D Channel Configuration Register Low Byte</td><td>ACERH</td><td>33h</td><td>A/D Channel Configuration Register High Byte(HT66F60 Only)</td></tr>
</table>

将自然界的模拟信号转换为数字信号，已是许多电子相关应用的共同需求；为了降低系统的设计成本，近年来把 A/D 转换器(Analog to Digital Converter, ADC)纳入微控制内部的设计方式也相当普遍。HT66Fx0 家族中，除了 HT66F60 提供 12 通道的 ADC 之外，其余成员均提供 8 通道的 ADC 转换功能，其结构请参考图 2.9.1，转换分辨率均为 12-Bit，转换的结果(D11～D0)则存放于 ADRH 与 ADRL 寄存器中，且可由 ADRFS 位选择两种不同的数据存放格式(请参考表 2.9.1)。家族各成员所提供的 ADC 通道个数与输入引脚，请参考表 2.9.2。

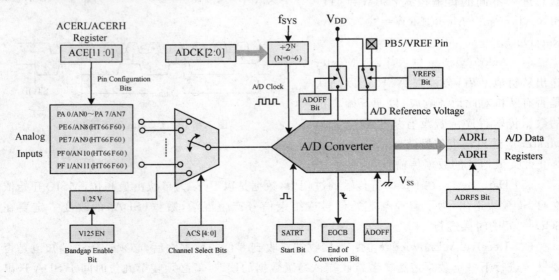

图 2.9.1　A/D 转换模块内部结构

第 2 章 HT66Fx0 家族系统结构

表 2.9.1 HT66Fx0 A/D 转换结果存放格式

寄存器	ADRH								ADRL							
ADRFS=0	D11	D10	D9	D8	D7	D6	D5	D4	D3	D2	D1	D0	0	0	0	0
ADRFS=1	0	0	0	0	D11	D10	D9	D8	D7	D6	D5	D4	D3	D2	D1	D0
	Bit7	6	5	4	3	2	1	Bit0	Bit7	6	5	4	3	2	1	Bit0

表 2.9.2 HT66Fx0 家族 A/D 通道摘要

MCU Type	模拟输入通道数	分辨率	模拟输入引脚
HT66F20/30/40/50	8 Channels	12-Bit	PA7~PA0
HT66F60	12 Channels	12-Bit	PA7~PA0、PE7、PE6、PF0、PF1

A/D 转换的相关控制是由 ADCR0、ADCR1、ACERL、ACERH(HT66F60)共 4 个特殊寄存器所控制，请读者参阅表 2.9.3~表 2.9.6 的说明。

表 2.9.3 HT66Fx0 ADCR0 控制寄存器

MCU Type		START	EOCB	ADOFF	ADRFS	—	ACS2	ACS1	ACS0
HT66F20/30/40/50	Name	START	EOCB	ADOFF	ADRFS	—	ACS2	ACS1	ACS0
	RW	R/W	R	R/W	R/W	R	R/W	R/W	R/W
	POR	0	1	1	0	—	0	0	0
HT66F60	Name	START	EOCB	ADOFF	ADRFS	ACS3	ACS2	ACS1	ACS0
	RW	R/W	R	R/W	R/W	R/W	R/W	R/W	R/W
	POR	0	1	1	0	0	0	0	0
	Bit	7	6	5	4	3	2	1	0

Bit 7　START：A/D 转换起始控制位(Starts the A/D Conversion)
　　　　0→1→0：A/D 转换器开始转换
　　　　0→1：A/D 转换器回至复位状态(Reset A/D Converter)

Bit 6　EOCB：转换完成状态标志位(End of A/D Conversion Flag)
　　　　1＝A/D 转换器正进行转换中　　　0＝A/D 转换器转换完成

Bit 5　ADOFF：A/D 模块开关控制位(A/D Module On/Off Control Bit)
　　　　1＝关闭 A/D 转换模块　　　0＝开启 A/D 转换模块

Bit 4　ADRFS：转换结果格式设定位(A/D Result Format Select Bits)
　　　　1＝ADRH[3:0]存放转换结果的高 4 位，ADRL[7:0]存放转换结果的低 8 位
　　　　0＝ADRH[7:0]存放转换结果的高 8 位，ADRL[7:4]存放转换结果的低 4 位

Bit 3　未使用，读取时的值为 0 (For HT66F20/30/40/50)

Bit 2~0　ACS4, ACS[2:0]：通道选择位(A/D Channel Select)(For HT66F20/30/40/50)

ACS4	ACS[2:0]	通道	ACS4	ACS[2:0]	通道
0	000	AN0	0	100	AN4
0	001	AN1	0	101	AN5
0	010	AN2	0	110	AN6
0	011	AN3	0	111	AN7
1	xxx	1.25V	ACS4 位隶属 ADCR1 寄存器		

Bit 3~0　ACS4,ACS[3:0]：通道选择位(A/D Channel Select)(For HT66F60 Only)

ACS4	ACS[3:0]	通道	ACS4	ACS[3:0]	通道
0	0000	AN0	0	1000	AN8
0	0001	AN1	0	1001	AN9
0	0010	AN2	0	1010	AN10
0	0011	AN3	0	1011	AN11
0	0100	AN4	0	11xx	未定义
0	0101	AN5	1	xxxx	1.25V
0	0110	AN6	ACS4 位隶属 ADCR1 寄存器		
0	0111	AN7			

ADCR0 特殊功能寄存器用于选择 A/D 通道、数字数据储存格式、A/D 模块开关与起始转换的控制(请参考表 2.9.3)。START 位是控制 A/D 转换器停滞于复位状态或开始进行转换的控制开关,当 START 由"0"⇨"1"时 A/D 转换器回到复位状态;当 START 由"0"变为"1"再变为"0",则是请求 A/D 转换器开始针对选择的模拟通道进行转换。EOCB 则是 A/D 转换器的状态标志位;当起始转换时,A/D 模块自动将此位设定为"1",转换完成后则将其清除为"0";使用者可通过该位判断 A/D 转换器是否已经完成转换。为了确保转换器的正常动作,在 EOCB 位尚未被清除之前,应该让 START 位维持在"0"。另外,A/D 模块在完成转换后也会设定 ADF 标志位,若此时 ADE="1"(A/D 转换中断使能位)且 EMI="1",则 CPU 将跳至对应的中断向量地址执行 ISR(请参阅 2.4 节有关中断的论述)。

HT66Fx0 系列虽有多个通道的模拟输入,但其内部仅有一组 A/D 转换电路,因此同一时间仅能针对一个通道的模拟输入信号进行转换,而 ACS[2:0]/ACS[3:0]即是用来选择转换通道的控制位。ADOFF 位则控制 A/D 模块的电源供应,即使在未进行 A/D 转换的情况下,A/D 模块仍会消耗一定的功耗。因此建议在不使用 A/D 转换时将其设定为"1",以关闭 A/D 模块的电源、降低系统功耗;此时不论输入引脚的模拟为多少,都不会造成电流的损耗。同理,在单片机进入 IDEL 或 SLEEP 模式前,也建议设定 ADOFF="1"。

模拟信号输入引脚为多功能引脚,可以通过 ACERL/ACERH 控制寄存器设定哪些引脚欲作为模拟信号输入端,未启用 A/D 输入的引脚仍可用作其他功能(参考表 2.9.4、表 2.9.5);请特别注意,A/D 输入引脚当成一般 I/O 使用时,若是输入非逻辑电平电压将导致额外的功耗。

表 2.9.4　HT66Fx0 ACERL 控制寄存器

Name	ACE7	ACE6	ACE5	ACE4	ACE3	ACE2	ACE1	ACE0
RW	R/W	R/W	R/W	R/W	R/W	R/W	R/W	R/W
POR	1	1	1	1	1	1	1	1
Bit	7	6	5	4	3	2	1	0

Bit 7~0　ACE[7:0]：A/D 模拟通道设定位(A/D Analog Channel Setting Bits)
　　　　　1=PAn 引脚为模拟输入(n=0~7)

0＝PAn 引脚为数字 I/O 或用作其他功能

表 2.9.5　HT66F60 ACERH 控制寄存器

Name	—	—	—	—	ACE11	ACE10	ACE9	ACE8
RW	R	R	R	R	R/W	R/W	R/W	R/W
POR	0	0	0	0	1	1	1	1
Bit	7	6	5	4	3	2	1	0

Bit 7~4　未定义，读取时的值为 0
Bit 3　ACE11：PF1 模拟通道设定位
　　　1＝PF1 引脚为 AN11 模拟输入
　　　0＝PF1 引脚为数字 I/O 或用作其他功能
Bit 2　ACE10：PF0 模拟通道设定位
　　　1＝PF0 引脚为 AN10 模拟输入
　　　0＝PF0 引脚为数字 I/O 或用作其他功能
Bit 1　ACE9：PE7 模拟通道设定位
　　　1＝PE7 引脚为 AN9 模拟输入
　　　0＝PE7 引脚为数字 I/O 或用作其他功能
Bit 0　ACE8：PE6 模拟通道设定位
　　　1＝PE6 引脚为 AN8 模拟输入
　　　0＝PE6 引脚为数字 I/O 或用作其他功能

　　表 2.9.3 的模拟通道选择位中，除了 ACS[2:0]/ACS[3:0]用来选定由外部输入的模拟信号之外，还有一个隶属 ADCR1 寄存器的 ACS4 位，当 ACS4＝"1"时，不管 ACS[2:0]/ACS[3:0]的设定为何，模拟转换的信号来源全部是接至于内部的充电泵参考电压（Bandgap Reference Voltage，V_{BG}，为 1.25 V），请参阅图 2.9.2。不过，若在未使用 V_{BG} 以及 LVR/LVD 功能未使能的情况下，单片机内部硬件线路会自动关闭充电泵参考电压的相关电路以节省系统功耗，此时若要启用 V_{BG}（V125EN＝"1"），必须等待 t_{BGS}（V_{BG} Turn-on Stable Time，约 100 μs）的时间让 V_{BG} 电压得以稳定后再启动 A/D 开始转换。此参考电压给使用者提供一个标准的输入源，可通过转换结果分析 A/D 模块的参考电压（AVDD 或 VREF）为多少。

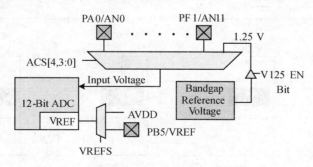

图 2.9.2　A/D 转换器输入结构

　　A/D 转换模块的工作频率由 ADCK[2:0]设定，它同时也决定了 A/D 的转换时间（Conversion Time）；而其参考电压可通过 ADRFS 位选择是来自 HT66Fx0 的 AV_{DD} 引脚或由 PB5/VREF 引脚提供，请参考表 2.9.6 的说明，但不管参考电压为何，应该避免输入模拟转换电压大于 VREF 的情况。

表 2.9.6　HT66Fx0 ADCR1 控制寄存器

Name	ACS4	V125EN	—	VREFS	—	ADCK2	ADCK1	ADCK0
RW	R/W	R/W	R	R/W	R	R/W	R/W	R/W
POR	0	0	—	0	—	0	0	0
Bit	7	6	5	4	3	2	1	0

Bit 7　ACS4：内部 1.25 V 通道输入使能位(Internal 1.25 as ADC Input Control)
　　　1：模拟通道输入来至 AN0～AN7(AN0～AN11 For HT66F60)
　　　0：模拟通道输入连接至内部 1.25 V

Bit 6　V125EN：V_{BG}(Bandgap Reference Voltage)参考电压控制位
　　　1＝使能 1.25 V 参考电压输出　　　0＝失能 1.25 V 参考电压输出

Bit 5　未使用，读取时的值为 0

Bit 4　VREFS：AD 参考电压选择位(A/D Voltage Reference Select Bits)
　　　1＝VREF 使用外部电压(参考电压由 PB5/VREF 引脚输入)
　　　0＝VREF 使用 AV_{DD}

Bit 3　未使用，读取时的值为 0

Bit 2～0　ADCK[2:0]：A/D 转换频率选择位(A/D Clock Source Select Bits)
　　　000：f_{SYS}　　　001：$f_{SYS}/2$　　　010：$f_{SYS}/4$　　　011：$f_{SYS}/8$
　　　100：$f_{SYS}/16$　　101：$f_{SYS}/32$　　110：$f_{SYS}/64$　　111：未使用

图 2.9.3 所示是 A/D 转换时序图，依其所示 A/D 转换器完成一次转换约需花费 16 个 T_{AD} 的时间(即"转换时间"，Conversion Time)，而 T_{AD} 所指的就是转换的频率周期。以 f_{SYS}＝4 MHz 为例，若选择 ADCK[2:0]＝"010"，则此时 T_{AD}＝1 μs，转换时间＝16 μs。不过请读者注意在原厂数据手册的一项限制：$T_{AD} \geq 0.5$ μs，也就是说 HT66Fx0 的 A/D 转换器最短的转换时间为 8 μs，如果所选择的转换频率(ADC Clock Source)＜0.5 μs 的话，则并不保证转换结果的正确性。

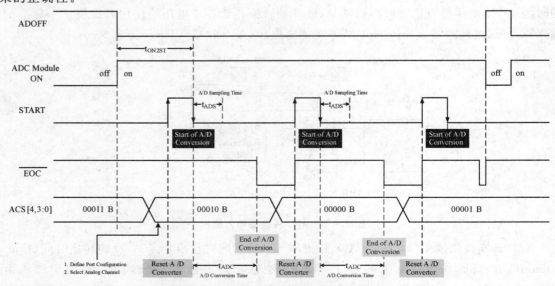

图 2.9.3　HT66Fx0 A/D 转换时序图

用以表示模拟电压与数字输出数值的关系函数,一般称为 A/D 转移函数(A/D Transfer Function),参考图 2.9.4。由于 HT66Fx0 系列的满刻度(Full-Scale Voltage)电位随使用者所选定的参考电压而定(AV_{DD} 或 V_{REF}),而分辨率为 12-Bit,因此导致最低位变化的电压(V_{LSB})大小为 $\frac{AVDD \text{ or } VREF}{2^{12}}$,而模拟输入电压与数字输出数值的关系为:

A/D 输入电压 = A/D 转换输出数据 × (AV_{DD} or V_{REF}) ÷ 4 096

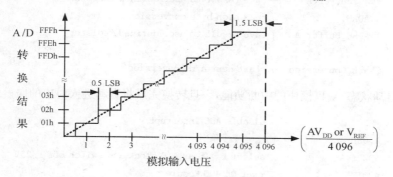

图 2.9.4 理想的 A/D 转移函数

兹以 HT66Fx0 系列单片机实现 A/D 转换所需的步骤摘要整理如下,提供读者参考(一开始须先清除 ADCR0 SFR 中的 START 位):

(1) 通过隶属 ADCR1 SFR 的 ADCK[2:0] 位选定合适的 A/D 转换频率;
(2) 将 ACSR SFR 中的 ADOFF 位清除为"0",以启动 A/D 模块;
(3) 在 ACERL/ACERH SFR 设 ACE[11:0],选定要作为模拟输入通道的引脚;
(4) 由 ADCR0 SFR 中的 ACS[4,2:0]/ACS[4:0] 选择正确的模拟输入通道;
(5) 若欲采用 A/D 模块的中断功能,则须设定 EMI 与 ADE 位为"1";
(6) 将 ADCR0 SFR 中的 START 位由"1"变为"0",开始进行转换;
(7) 可通过检查 EOCB 位是否为"0"判断是否已完成转换;若已启动状态 A/D 模块的中断功能,则转换完成时会自动进入对应的向量地址执行 ISR。转换完成时,即可由 ADRH、ADRL 寄存器读取转换结果。

以下两个范例程序分别以持续检查(Polling)EOCB 位状态和以中断方式说明 A/D 模块的运用:

范例一:以持续检查(Polling)EOCB 位判断是否已完成转换。

```
        CLR     ADE                 ; disable ADC interrupt
        MOV     A,03H
        MOV     ADCR1,A             ; select f_sys/8 as A/D clock and switch off 1.25V
        CLR     ADOFF               ;Power On ADC Module
        MOV     A,0Fh               ; setup ADCRL and ACERH to configure pins AN0～AN3
        MOV     ACERL,A
        CLR     ACERH               ;ACERH is only for HT66F60
        CLR     ADCR0,A             ; enable and connect AN0 channel to A/D converter
        CLR     START               ; reset A/D
Start_Conversion:
```

```
        SET     START               ; high pulse on start bit to initiate conversion
        CLR     START               ; start A/D
Polling_EOC:
        SZ      EOCB                ; poll the ADCR register EOCB bit to detect end of A/D conversion
        JMP     Polling_EOC         ; continue polling
        MOV     A,ADRL              ; read low byte conversion result value
        MOV     ADRL_buffer,A       ; save result to user defined register
        MOV     A,ADRH              ; read high byte conversion result value
        MOV     A,ADRH_buffer,A     ; save result to user defined register
        ...
        JMP     Start_Conversion    ; start next a/d conversion
```

范例二：启动状态 A/D 模块的中断功能，一旦转换完成将自动进入对应的向量地址执行 ISR。

```
        CLR     ADE                 ; disable ADC interrupt
        MOV     A,03H
        MOV     ADCR1,A             ; select f_sys/8 as A/D clock and switch off 1.25V
        CLR     ADOFF               ; Power On ADC Module
        MOV     A,0Fh               ; setup ADCRL and ACERH to configure pins AN0~AN3
        MOV     ACERL,A
        CLR     ACERH               ; ACERH is only for HT66F60
        CLR     ADCR0,A             ; enable and connect AN0 channel to A/D converter
        CLR     START               ; reset A/D
Start_Conversion:
        SET     START               ; high pulse on start bit to initiate conversion
        CLR     START               ; start A/D
        CLR     ADF                 ; clear ADC interrupt request flag
        SET     ADE                 ; enable ADC interrupt
        SET     EMI                 ; enable global interrupt
        ...
ADC_ISR:                            ; ADC interrupt service routine
        MOV     Acc_Stack,A         ; save ACC to user defined memory
        MOV     A,STATUS
        MOV     Status_Stack,A      ; save STATUS to user defined memory
        ...
        MOV     A,ADRL              ; read low byte conversion result value
        MOV     ADRL_buffer,A       ; save result to user defined register
        MOV     A,ADRH              ; read high byte conversion result value
        MOV     ADRH_buffer,A       ; save result to user defined register
        ...
EXIT_INT_ISR:
        MOV     A,Status_Stack
        MOV     STATUS,A            ; restore STATUS from user defined memory
        MOV     A,Acc_Stack         ; restore ACC from user defined memory
        RETI
```

观察上述两个范例程序，在启用 HT66Fx0 家族的 A/D 模块时，并不需要先将作为模拟信号输入的 I/O 引脚定义为输入模式。当在设定 ACERL/ACERH 特殊功能寄存器的 ACE[11:0]位时,会强迫将选定的引脚自动转为输入,且上拉电阻的功能亦将自行关闭。

2.10 LCD 界面(SCOM Module)

本节介绍的特殊功能寄存器		
名称	地址	备注
SCOMC	5Eh	LCD COM Port Control Register

在单片机的应用中,人机界面(Human-Computer Interface)占有相当重要的地位。人机界面主要包括事件输入与结果显示;事件输入如键盘输入、通信接口、事件中断等,结果显示则包含 LED/LCD 显示、通信接口、外围设备操作等。而在这些人机界面当中,LCD 显示具有多样化、成本低等特点,在很多应用场合得以广泛应用。LCD 的驱动方式较 LED 来得复杂,因此有些是将 LCD 驱动电路内建于单片机之中,也有专门设计用来驱动 LCD 的 IC(如 HT1670)。然而这类芯片能驱动的点数通常为数较多,若应用在仅需少量点数的场合就显得有些浪费。HT66Fx0 单片机提供偏压比(Bias)为 $\frac{1}{2}$,4 个 COM(Common)端的 LCD 界面,其 SEG(Segment)端的段数取决于整体 I/O 引脚的定义。

HT66Fx0 单片机的 LCD 驱动接口结构如图 2.10.1 所示,其中 SCOM0~SCOM3 由 PC 引脚引出,可为 PC[3:0]或 PC[1:0]与 PC[7:6]的组合(实际所对应的引脚、脚数会因不同型号而异,请参考各型号的引脚图),使用者可视实际的需求选择所需的引脚与脚数,未定义为 LCD 功能的引脚仍可当成一般 I/O 使用。至于 LCD SEG 端的信号控制,使用者可以选择 HT66Fx0 其他未使用的 I/O 引脚(请读者参阅实验 5.5)。LCD 驱动

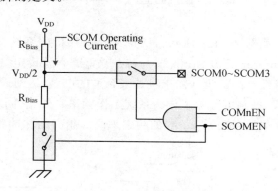

图 2.10.1 LCD 驱动接口结构

接口的特性由"SCOMC"特殊功能寄存器所控制(参考表 2.10.1):①SCOMEN 位控制 LCD 接口功能的启动与否;②通过与 SCOMEN[3:0]位的设定,可选取 SCOM 端的输出引脚;③通过 ISEL[1:0]位的设定,可控制 4 种不同的偏压电流(此接口所能提供的偏压比固定为 $\frac{1}{2}$)。

表 2.10.1 HT66Fx0 SCOMC 控制寄存器

Name	D7	ISEL1	ISEL0	SCOMEN	COM3EN	COM2EN	COM1EN	COM0EN
RW	R/W	R/W	R/W	R/W	R/W	R/W	R/W	R/W
POR	POR	0	0	0	0	0	0	0
Bit	7	6	5	4	3	2	1	0

Bit 7	保留：为使LCD接口正常操作，此位必须设定为"0"；若设定为"1"其结果无法预测。	
Bit 6～5	ISEL[1:0]：选择LCD偏压电流（Bias Current@ V_{DD}=5 V）	
	00=25 μA 01=50 μA 10=100 μA 11=200 μA	
Bit 4	SCOMEN：SCOM模块使能控制位（SCOM MODULE Control Bit）	
	0=关闭SCOM功能 1=开启SCOM功能	
Bit 3	COM3EN：SCOM3 或 PC7 功能选择位（SCOM3 or PC7 Selection）	
	0=GPIO 1=SCOM3	
Bit 2	COM2EN：SCOM2 或 PC6 功能选择位（SCOM2 or PC6 Selection）	
	0=GPIO 1=SCOM2	
Bit 1	COM1EN：SCOM1 或 PC1 功能选择位（SCOM1 or PC1 Selection）	
	0=GPIO 1=SCOM1	
Bit 0	COM0EN：SCOM0 或 PC0 功能选择位（SCOM0 or PC0 Selection）	
	0=GPIO 1=SCOM0	

请注意：HT66F20芯片的SCOM[3:2]功能是定义于PC[7:6]引脚，这与家族的其余成员略有差异。所以若针对HT66F20，上述的SCOMC[3:2]位应修整如下：

Bit 3	COM3EN：SCOM3 或 PC3 功能选择位（SCOM3 or PC3 Selection）	
	0=GPIO 1=SCOM3	
Bit 2	COM2EN：SCOM2 或 PC2 功能选择位（SCOM2 or PC2 Selection）	
	0=GPIO 1=SCOM2	

2.11 振荡器配置(Oscillator)

如图2.11.1所示，HT66Fx0单片机的系统频率(System Clock)可通过芯片"配置选项(Configuration Options)与特殊功能寄存器设定，选择5种不同的振荡电路，让使用者可依不同特性产品的设计需求挑选最合适的电路，达到最佳的性能/功耗比(Performance/Power Ratio)。振荡电路除了作为系统工作频率之外，它同时也提供看门狗定时器(WDT)与时基中断(Time Base Interrupt)的频率来源。越高的脉冲频率可以提升系统的效能，但付出的代价是

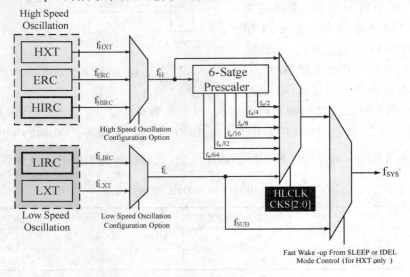

图 2.11.1　HT66Fx0 系统频率结构

越多的功耗。HT66Fx0 单片机所提供的振荡电路可在高、低频率间做动态切换,让系统整体运作的更有效率,这对讲求低功耗的可携式应用产品而言是相当重要的课题。各工作模式的电流需求请参考表 2.15.1。

如表 2.11.1 所列,HT66Fx0 单片机所支持 5 种系统频率的振荡电路可分为两大类:高速振荡电路(High Speed Oscillation)与低速振荡电路(Low Speed Oscillation)。在系统运作过程中,使用者可由 HLCLK 位(隶属于 SMOD 特殊功能寄存器,请参考 2.18 节)的改变,随时切换系统工作频率是来自高速或低速振荡器电路。至于高、低速振荡器电路所采取的种类为何,就必须在芯片的"配置选项"中加以指明。而低速振荡器电路可进一步由 CKS[2:0] 位设定(隶属于 SMOD SFR)。请注意,在"配置选项"中务必为高速振荡电路(HXT、ERC 或 HIRC)与低速振荡电路(LXT 或 LIRC)分别指定一种振荡类型。低速振荡电路除了可做微系统工作频率之外,还可作为 WDT 与 Time Base Interrupt 的频率源。另外,读者若观察HT66Fx0 家族的引脚安排(图 1.3.1),可以发现工作频率的输入引脚(OSC1、OSC2、XT1、XT2)与 PB1~PB4 所共用,当选用的振荡电路属于内部形式(HIRC、LIRC)时,表示振荡信号是由单片机内建的电路产生,故不需任何的外接元件,此时 PB1~PB4 可当成一般 I/O 使用;而若采用外部形式时,电路连接方式可参考图 2.11.1,兹说明如下:

表 2.11.1　HT66Fx0 所支持 5 种系统频率

振荡器种类	简　　称	频率	使用引脚
External Crystal/Ceramic	HXT	400 kHz~20 MHz	OSC1、OSC2
External RC	ERC	8 MHz	OSC1
Internal High Speed RC	HIRC	4、8 or 12 MHz	—
External Low Speed Crystal	LXT	32 768 Hz	XT1、XT2
Internal Low Speed RC	LIRC	32 kHz	—

(1) 外部晶体/陶瓷振荡器(External Crystal/Ceramic Oscillator,HXT):绝大多数的晶体振荡器电路配置只须在 OSC1 与 OSC2 引脚之间连接一个振荡器(如图 2.11.2 所示),即可提供形成振荡所需的相移与反馈,无需再连接外部电容。不过,部分类型的晶体振荡器与频率,还须在外部连接两个小电容:C1 与 C2,以确保电路得以振荡。若选用陶瓷振荡器(Ceramic Resonator),C1 与 C2 小电容通常都必须连接。C1、C2 可参考表 2.11.2 的建议值,不过读者最好还是根据振荡器的规格加以选定;Rp 电阻通常无须连接,OSC1 与 OSC2 引脚间的寄生电容(Parasitic Capacitance)约为 7 pF,图 2.11.2 并未将其画出。

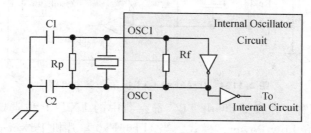

图 2.11.2　HT66Fx0 外接晶体/陶瓷振荡器参考电路

表 2.11.2　晶体振荡器频率与 C1、C2 电容建议值

频率	C1	C2	频率	C1	C2
12 MHz	0 pF	0 pF	4 MHz	0 pF	0 pF
8 MHz	0 pF	0 pF	1 MHz	100 pF	100 pF

(2) 外部 RC 振荡器(External RC Oscillator，ERC)：如图 2.11.3 所示，采用此电路时必须在 V_{DD} 与 OSC1 引脚之间连接一个 56 kΩ～2.4 MΩ 的电阻，在 OSC1 与地线之间连接一个 470 pF 的电容即可，OSC2(PB2)引脚则可当成一般的 I/O 使用。ERC 的频率取决于 R_{OSC} 的阻值，电容值与频率无关，其目的仅在提升振荡器的稳定度。一般而言，RC 振荡器是成本考虑下的最佳选择，但其输出频率易受 V_{DD}、温度以及 IC 本身制程改变的影响。盛群公司在 IC 内部并入了频率补偿的电路设计，并在 IC 制造过程中精密的微调，使得频率受 V_{DD}、温度、制程的影响降至最低；以 V_{DD}＝5 V、温度 25℃、R_{OSC}＝120 kΩ 为例，此时 ERC 的输出频率为 8 MHz，而其变动范围在 2% 以内。但即使如此，在时序精准度请求较高的场合仍不建议使用。

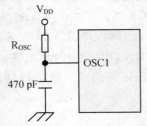

图 2.11.3　HT66Fx0 外接 RC 振荡器参考电路

(3) 内部 RC 振荡器(Internal RC Oscillator；HIRC)：此类振荡方式无需任何外接元件，因此 OSC1、OSC2 引脚可当成一般的 I/O 使用。可通过"配置选项"的设定选择 4 MHz、8 MHz、12 MHz 这 3 种不同的系统频率。由于 IC 内部并入了频率补偿的电路设计，并在 IC 制造过程中精密的微调，使得频率受 V_{DD}、温度、制程的影响降至最低；在温度 25℃、V_{DD} 为 5 V 或 3 V 的情况下，上述 3 种系统频率的变动范围均在 2% 以内。

(4) 外部 32 768 Hz 晶体振荡器(LXT)：此振荡方式为固定的频率，如图 2.11.4 所示，在 XT1 与 XT2 间必须连接一个 32 768 Hz 的晶体振荡器，C1、C2 与 Rp 也是确保电路振荡不可或缺的元件，而其值则依晶体振荡器制造商的规格请求而定，一般建议 Rp 为 5～10 MΩ，C1 与 C2 为 10 pF。XT1、XT2 分别是与 PB3、PB4 功能共用引脚，若需产生 LXT 频率源时需于"配置选项"使能 XT1、XT2 功能；在不使用 LXT 频率的情况下，可维持原 PB3、PB4 功能。

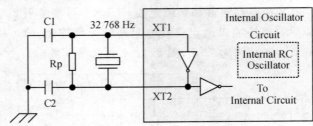

图 2.11.4　HT66Fx0 LXT 振荡器参考电路

LXT 振荡器有两种工作模式，可由 TBC 寄存器中的 LXTLP 位选定为"快速启动(Fast Start)"模式或"低功耗(Low Power)"模式。当 HT66Fx0 单片机 Power-on 时，会自动将 LXTLP 位设定为"0"(快速启动模式)，此时虽耗费较大的电流，但其可使 LXT 振荡器迅速启动并进入稳定状态。使用者可在 LXT 振荡器稳定后设定 LXTLP＝"0"(低功耗模式)，以降低

LXT 振荡电路的功耗。依数据手册中的建议是：在 HT66Fx0 供电后，约 2 s 后再将其切换为低功耗模式。请注意，不论 LXTLP 的设定为何，LXT 均可正常的运作，只是低功耗模式需耗费较长的时间才可进入稳定状态。

(5) 内部 32 kHz 振荡器(Internal 32 kHz Oscillator，LIRC)：此为内建 RC 振荡器，无需外接任何元件；在 $V_{DD}=5$ V 时，其频率为 32 kHz。由于 IC 内部并入了频率补偿的电路设计，并在 IC 制造过程中精密的微调，使得频率受 V_{DD}、温度、制程的影响降至最低；在温度 25℃、V_{DD} 为 5 V 的情况下，频率变动范围在 10% 以内。

2.12 看门狗定时器(WDT)

本节介绍的特殊功能寄存器		
名 称	地 址	备 注
WDTC	0Eh	WDT Control Register

看门狗定时器(Watch Dog Timer，WDT)最主要的功能是避免程序因不可预期的因素（如电路噪声）造成系统长时间的瘫痪（例如：跳至死循环或未知地址造成无法预测的结果）。图 2.12.1 是 HT66Fx0 单片机 WDT 结构，通过 f_L 与 f_S "配置选项"设定，其计数频率(f_S)来源可以来自 HT66Fx0 内部振荡器 LIRC、LXT 或是指令周期频率($f_{SYS}/4$)，WDT 的操作特性由 WDTC 特殊功能寄存器所控制，请见表 2.12.1。

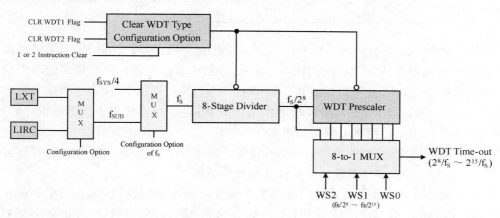

图 2.12.1 HT66Fx0 单片机 WDT 结构

表 2.12.1 HT66Fx0 的 WDTC 控制寄存器

Name	FSYSON	WS2	WS1	WS0	WDTEN3	WDTEN2	WDTEN1	WDTEN0
RW	R/W	R/W	R/W	R/W	R/W	R/W	R/W	R/W
POR	0	1	1	1	1	0	1	0
Bit	7	6	5	4	3	2	1	0

Bit 7　　FSYSON：f_{SYS} 控制位(f_{SYS} Control in "IDLE" Mode)

　　　　1："IDLE"模式时仍维持 f_{SYS} 开启　　0："IDLE"模式时关闭 f_{SYS}

Bit 6~4　WS[2:0]：WDT 计时周期选择位（WDT Time-out Period Selection）
　　　　000＝WDT 计时结束时间为 $2^8/f_s$　　　100＝WDT 计时结束时间为 $2^{12}/f_s$
　　　　001＝WDT 计时结束时间为 $2^9/f_s$　　　101＝WDT 计时结束时间为 $2^{13}/f_s$
　　　　010＝WDT 计时结束时间为 $2^{10}/f_s$　　110＝WDT 计时结束时间为 $2^{14}/f_s$
　　　　011＝WDT 计时结束时间为 $2^{11}/f_s$　　111＝WDT 计时结束时间为 $2^{15}/f_s$

Bit 3~0　WDTEN[3:0]：WDT 失能/除能控制位（WDT Enable/Disable Control Bits）
　　　　1010＝关闭 WDT 功能
　　　　其他值＝启动 WDT 功能（数据手册中强烈建议以 0101b 使能 WDT 功能）

　　配置选项除了选择 WDT 计数频率来源之外，还控制了 WDT 的启动与否（硬件 WDTEN）。另外，在 WDTC 特殊功能寄存器也包含了是否启动 WDT 的控制位－WDTEN[3:0]（软件 WDTEN），两者的关系请见表 2.12.2。请特别注意，唯有在"配置选项"中关闭 WDT 功能且 WDTEN[3:0]＝1010b 的情况下，方能真正停止 WDT 的功能。但若要启用其功能，只要硬件 WDTEN 或软件 WDTEN 任一项成立即可。当 HT66Fx0 单片机完成 Power-On 程序时，系统会自设 WDTEN[3:0]＝1010b，其他任意值的设定虽都可使能 WDT，但原厂数据手册强烈建议用 WDTEN[3:0]＝0101b 使能 WDT，以取得最佳的噪声免疫力。

表 2.12.2　HT66Fx0 WDT 使能/除能条件

WDTEN 配置选项设定	WDTEN[3:0]	WDT 是否启动
使能	任意值	是
除能	除 1010 外的数值	是
除能	1010	否

　　当 WDT 计数溢出时会启动系统复位机制。因此在启动 WDT 的状况下，使用者必须在溢出之前执行清除动作，以确保程序的正常执行。这意味着使用者必须在程序的适当位置加入 WDT 清除指令（如"CLR WDT"或"CLR WDT1"与"CLR WDT2"），而所谓适当位置是指程序正常执行时，未超过 WDT 计数溢出时间的任意点，这就有赖使用者分析所设计的程序，自行判定合适的位置了。当不可预期的因素导致程序运行程序出现异常时，造成无法在预期时间内执行 WDT 清除指令，此时将因 WDT 计数溢出导致系统复位而使 CPU 重新恢复原程序的运行，这即是 WDT 避免系统长时间瘫痪的运作机制。

　　WDT 溢出时间的选择应视系统的应用需求而定。溢出时间越短，系统瘫痪后重新恢复的速度越快，但因单位时间内需执行 WDT 清除指令的次数较多，将致使 CPU 效率降低。选用较长的溢出时间，虽可减少 WDT 清除指令的执行频率，但系统恢复正常运行所需的时间也较长。

　　若选择 32 768 Hz LXT 作为 WDT 的频率源，则其溢出时间最短为 7.8 ms（WS[2:0]＝000）、最长约为 1 s（WS[2:0]＝111）。当 WDT 计数频率选用 LIRC 时，计数的频率周期约为 31.25 μs（工作于 5 V 时），搭配预分频器比例的选用（WS[2:0]）其计数溢出最短时间约为 8 ms；最长时间约为 1 s（由于 LIRC 振荡频率易受 V_{DD}、温度与 IC 制程影响，因此上述的溢出时间仅是估计值）。此时即使单片机已进入"SLEEP"模式，WDT 仍继续计数。当 WDT 计数频率选用指令周期频率（$f_{SYS}/4$）时，计数的动作与上述相同，但当进入 SLEEP 或 IDLE0 模式时系统会切断工作频率（f_{SYS}），因此 WDT 的计数动作也将随之停止。如果芯片需在高噪声的环境下运作,建议读者选择 LIRC 或 32 768 Hz 的 LXT 振荡器作为 WDT 的计数频率来源,这样在 SLEEP 或 IDLE0 模式下仍能使 WDT 发挥预防死机的功能。

如果 WDT 产生计数溢出,HT66Fx0 单片机会自动复位(Reset)回到初始状态,让程序从头开始执行(此时会设定 TO=1),避免系统长时间的死机。若是在正常工作状态(Normal Mode)下发生 WDT 计数溢出,此时系统会自动产生"芯片复位(Chip Reset)"动作,让系统内部所有特殊功能寄存器恢复至初始状态。如果计数溢出是发生在 IDLE 或 SLEEP 模式时,则只有 PC 与 SP(Stack Pointer)会被复位为"0h",此即热复位(Warm Reset)。

清除 WDT 的方式有 3 种:外部 RES 引脚复位、"HALT"指令以及 WDT 清除指令(如"CLR WDT"、"CLR WDT1"、"CLR WDT2")。在"配置选项"中有一个选项用来选择 WDT 的清除次数("CLR WDT" Times Selection),当选用一次清除时,只要执行"CLR WDT"即可达成清除 WDT 的目的。但当选择两次清除时,必须执行"CLR WDT1"与"CLR WDT2"指令后才可达到清除 WDT 的效果,如此可以再降低系统跳至死循环导致死机的机率(提醒读者:若选择两次清除时"CLR WDT1"与"CLR WDT2"指令的先后顺序并无关系,但必定得两个指令都执行过才能真正清除 WDT)。

WDTC 控制寄存器中的 FSYSON 位是用来控制"IDLE"模式下系统频率的状态,若在进入"IDLE"模式时 FSYSON="1",系统频率还会传送至外围模块(如 TM、SIM),维持外围模块的正常运作。

2.13 时基定时器

本节介绍的特殊功能寄存器		
名 称	地 址	备 注
TBC	0Fh	Time Bse Control Register

时基定时器(Time Base Counter,TBC)是除了 TM 单元之外,HT66Fx0 单片机配备的另外一组功能较简单的计数模块,HT66Fx0 TBC 内部结构如图 2.13.1 所示。其计数频率来源的选择和计数方式与 WDT 相当类似,不过计数溢出时仅产生中断请求标志位(TB0F、TB1F)告知 CPU,并不产生对系统复位的动作。通过 f_L"配置选项"设定与 TBCK 位选择,时基定时器的计数频率(f_{TB})源可以是来自 HT66Fx0 内部振荡器 LIRC、LXT 或是指令周期频率(f_{SYS}/4),相关控制寄存器请参考表 2.13.1。

时基定时器包含 TB0、TB1 两组计数器,其主要功能是根据计数频率(f_{TB})与 TB0[2:0]/TB1[1:0]控制位的设定,提供一个规律性的内部中断(Regular Internal Interrupt),两者的操作方式完全相同,只是 TB0 计数周期的时间比 TB1 多了 4 种不同的选择。

TB0 计时溢出所产生的中断周期时间范围为 $2^8/f_{TB} \sim 2^{15}/f_{TB}$,可由 TB0[2:0]加以选定。当计数时间结束时,TB0 会设定 TB0F 标志位,若此时 TB0E="1"(TB0 中断使能位)、EMI="1"且堆栈存储器还有空间存放返回地址,则 CPU 将跳至对应的中断向量地址执行 ISR;同时会自动将 TB0F 清除为"0"。

TB1 计时溢出所产生的中断周期时间范围为 $2^{12}/f_{TB} \sim 2^{15}/f_{TB}$,可由 TB1[1:0]位选定。当计数时间结束时,TB1 会设定 TB1F 标志位,若此时 TB1E="1"(TB1 中断使能位)、EMI=

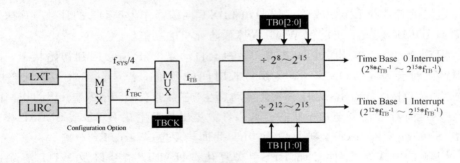

图 2.13.1　HT66Fx0 的 TBC 内部结构

"1"且堆栈存储器还有空间存放返回地址,则 CPU 将跳至对应的中断向量地址执行 ISR。

表 2.13.1　HT66Fx0 的 TBC 控制寄存器

Name	TBON	TBCK	TB11	TB10	LXTLP	TB02	TB01	TB00
RW	R/W	R/W	R/W	R/W	R/W	R/W	R/W	R/W
POR	0	0	1	1	0	1	1	1
Bit	7	6	5	4	3	2	1	0

Bit 7　TBON:TB0、TB1 开/关控制位(TB0/TB1 Control Bit)
　　　　1:启动 TB0/TB1 开始计数　　　0:停止 TB0/TB1 计数

Bit 6　TBCK:f_{TB} 频率源选择位(f_{TB} Selectction Bit)
　　　　1:f_{TB} 来自于 f_{TBC}　　　　　0:f_{TB} 来自于 $f_{SYS}/4$

Bit 5~4　TB1[1:0]:Time Base 1 计时周期选择位(Time Base 1 Time-out Periodic Selectection)
　　　　00=时基计时周期为 $2^{12}/f_{TB}$　　10=时基计时周期为 $2^{14}/f_{TB}$
　　　　01=时基计时周期为 $2^{13}/f_{TB}$　　11=时基计时周期为 $2^{15}/f_{TB}$

Bit 3　LXTLP:LXT 低功耗控制位(LXT Low Power Control)
　　　　1:使能 LXT 低功耗　　　　　　0:关闭 LXT 低功耗

Bit 2~0　TB0[2:0]:Time Base 0 计时周期选择位(Time Base 1 Time-out Periodic Selectection)
　　　　000=时基计时周期为 $2^8/f_{TB}$　　100=时基计时周期为 $2^{12}/f_{TB}$
　　　　001=时基计时周期为 $2^9/f_{TB}$　　101=时基计时周期为 $2^{13}/f_{TB}$
　　　　010=时基计时周期为 $2^{10}/f_{TB}$　110=时基计时周期为 $2^{14}/f_{TB}$
　　　　011=时基计时周期为 $2^{11}/f_{TB}$　111=时基计时周期为 $2^{15}/f_{TB}$

当 TBON 设定为"1"时,TB0、TB1 两组计数器将同时开始计数;而欲停止计数则须设定 TBON 为"0",此时系统会自动将内部的预分频器(Prescaler)/分频器(Divider)清除为零,以保证再次启动时基定时器时,首次计时中断的时间不受前次计数的影响。

LXTLP 位用来选定 LXT 振荡器为"Quick Start Mode"或"Low Power Mode",请读者参考 2.11 节的说明。

2.14　复位(Reset)与系统初始化

复位是让单片机恢复到已知状态的重要功能,尤其在一开始供电至单片机时,系统的复位机制经一短暂时间运作后,得以让单片机内部的重要寄存器回归至预定状态,并开始执行存置于程序存储器中的指令。以 HT66Fx0 系列单片机为例,复位后的 PC 值(此即复位向量,Reset Vector)为 0h，意即 CPU 将从程序存储器的最低地址开始抓取指令执行。HT66Fx0 单片机发生"复位"的状况有以下 5 种：

（1）系统开机复位：开机复位（Power-on Reset，POR）可说是最基本且必备的复位机制，它发生在一开始供电至 HT66Fx0 单片机时，目的在确保 CPU 由程序存储器的第一个位置开始执行指令，同时也将部分特殊功能寄存器的内容设定为预设状态，所有的 I/O 端口也被定义为输入模式。为因应不稳定的开机环境，HT66Fx0 芯片内部提供了 RC 复位（Internal RC Reset）功能，通过 RC 电路让 $\overline{\text{RES}}$ 维持于 Low 的时间得以延长至电源（V_{DD}）进入稳定状态；在此期间单片机尚未正常的操作。待 $\overline{\text{RES}}$ 电压提升至某一电平时（$0.9V_{DD}$），还需再延迟（$t_{RSTD}+t_{SST}$）的时间单片机才进入正常操作的状态参考图 2.14.1，其中 t_{RSTD} 为 Power-on 延迟，约为 100 ms。另外，为确保振荡电路已处于稳定振荡的状态，在 Reset 信号解除后会由 SST（System Start-up Timer）产生 t_{SST} 的延迟，然后单片机才进入正常工作的状态。若系统频率是由 ERC 或 HIRC 提供，则 t_{SST} 约为 15~16 个频率；若是由 HXT 或 LXT 提供，则 t_{SST} 为 1 024 个频率；若由 LIRC 提供，则 t_{SST} 约 1~2 个频率。

（2）$\overline{\text{RES}}$ 引脚复位（即 $\overline{\text{RES}}$ 引脚有"Low"状态）：HT66Fx0 系列单片机的 $\overline{\text{RES}}$ 引脚是与 PB0 引脚共用，因此 $\overline{\text{RES}}$ 引脚复位的功能需由"配置选项"加以选定。此类复位发生在单片机正常操作状态下或省电操作时，将 $\overline{\text{RES}}$ 引脚强制接至低电位。和其他复位方式一样，此时 PC（Program Counter）将复位为 000h，并从此

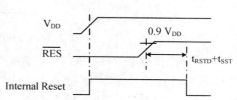

图 2.14.1 HT66Fx0 Power-on Reset 时序

地址开始重新执行程序。虽然 HT66Fx0 芯片内部提供了 RC 复位功能，但是若 V_{DD} 上升速度太慢或是在供电瞬间无法于短时间内达到稳定状态，就可能导致复位程序无法顺利完成，使得单片机不能正常运作。因此建议在 $\overline{\text{RES}}$ 引脚外接一组 RC 电路，以提供足够的延迟时间让电源达到稳定的状态。图 2.14.2 为复位电路接法，连接至 $\overline{\text{RES}}$ 引脚的接线应越短越好，以降低噪声干扰。图中 300 Ω 电阻与二极管所构成的回路可提供 ESD（静电放电，Electrostatic Discharge）保护，若电源噪声较高的场合，则建议加上 C1 电容。图 2.14.3 为 HT66Fx0 $\overline{\text{RES}}$ 引脚复位时序。

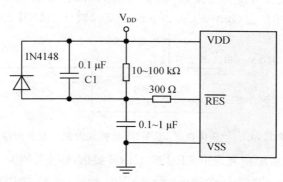

图 2.14.2 HT66x0 $\overline{\text{RES}}$ 引脚复位电路

（3）低电压复位（Low Voltage Reset，LVR）：一旦选用 LVR 功能后，若芯片工作电压下

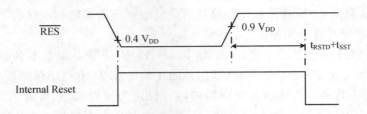

图 2.14.3　HT66Fx0 $\overline{\text{RES}}$引脚复位时序

降至 0.9 V～V_{LVR}范围（例如更换电池的瞬间），而且在该范围持续滞留 t_{LVR}（120～480 μs）以上，则 LVR 会自动将单片机复位（请参考 2.16 节"低电压侦测"的相关说明）。图 2.14.4 为 LVR 复位时序。

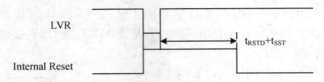

图 2.14.4　HT66Fx0 低电压复位时序

（4）正常操作状况下的 WDT 计数超时复位：此一复位程序与 $\overline{\text{RES}}$引脚复位相同，但 WDT 计数超时复位会将 TO 标志位设定为"1"（TO 标志位隶属 STATUS 寄存器，请参考 2.3.10 节）。时序图如图 2.14.5 所示。

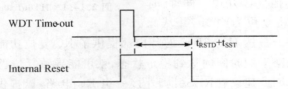

图 2.14.5　正常操作状况下 WDT 计数超时复位时序

（5）SLEEP 或 IDEL 模式下 WDT 计数超时复位：此状况下的复位与其他复位方式略有差异，除了 PC 与 SP 归零之外，其余电路及寄存器均维持原来状态，此即热复位（Warm Reset）。上述①～②项的复位方式为冷复位（Cold Reset），除了少数寄存器维持不变之外，大部分的寄存器均回归至初始状态（Initial Condition）。复位时序图如图 2.14.6 所示。

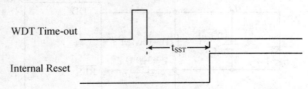

图 2.14.6　"省电模式"下 WDT 计数超时复位复位时序

上述 t_{SST}时间延迟，系统频率是由 ERC 或 HIRC 提供，则 t_{SST}约为 15～16 个频率；若是由 HXT 或 LXT 提供，则 t_{SST}为 1024 个频率；若由 LIRC 提供，则 t_{SST}约 1～2 个频率。

位于 STATUS 寄存器的 TO 与 PDF 位，是与系统复位息息相关的两个状态位。使用者可以根据 TO 与 PDF 位的状态区分复位发生的原因，请参考表 2.14.1。

表 2.14.1 Reset 后，TO 与 PDF 位的状态

TO	PDF	RESET 起因
0	0	系统开机复位(Power-on Reset)
u	u	NORMAL 或 SLOW 模式下 $\overline{RES}$ 或 LVR 复位
1	u	NORMAL 或 SLOW 模式下 WDT 计数溢出复位
1	1	SLEEP 或 IDEL 模式下 WDT 计数溢出复位

注："u"表示维持原来状态，"正常运作"则指操作于 NORMAL 或 SLOW 模式下。

总结系统复位的几个重点，整理如表 2.14.2。表 2.14.3 则是 HT66Fx0 复位之后内部寄存器的状态，由于不同复位的方式会有不同的设定值，为方便读者查阅，一并将其整理于表中。

表 2.14.2 复位后系统状态

相关单元	复位后状态
程序计数器(PC)	000h
中断资源	所有中断失能
WDT	清除。复位后，WDT 开始计数。
Timer Modules	关闭
I/O Ports	输入模式，而 A/D 相关引脚为模拟输入
堆栈指针(SP)	指向堆栈最顶端(Top of Stack)

表 2.14.3 HT66Fx0 复位后的内部寄存器状态

Register Name	Type HT66Fx0	Reset (Power-on)	$\overline{RES}$ or LVR Reset	WDT Time-out (Normal Operation)	WDT Time-out (IDEL)
MP0	20/30	- x x x x x x x	- x x x x x x x	- x x x x x x x	- u u u u u u u
MP0	40/50/60	x x x x x x x x	x x x x x x x x	x x x x x x x x	u u u u u u u u
MP1	20/30	- x x x x x x x	- x x x x x x x	- x x x x x x x	- u u u u u u u
MP1	40/50/60	x x x x x x x x	x x x x x x x x	x x x x x x x x	u u u u u u u u
BP	20/40	- - - - - - - 0	- - - - - - - 0	- - - - - - - 0	- - - - - - - u
BP	30/50	- - - - - - 0 0	- - - - - - 0 0	- - - - - - 0 0	- - - - - - u u
BP	60	- - 0 - - 0 0 0	- - 0 - - 0 0 0	- - 0 - - 0 0 0	- - u - - u u u
ACC	All	x x x x x x x x	u u u u u u u u	u u u u u u u u	u u u u u u u u
PCL	All	0 0 0 0 0 0 0 0	0 0 0 0 0 0 0 0	0 0 0 0 0 0 0 0	0 0 0 0 0 0 0 0
TBLP	All	x x x x x x x x	u u u u u u u u	u u u u u u u u	u u u u u u u u
TBLH	20/30	- - x x x x x x	- - u u u u u u	- - u u u u u u	- - u u u u u u
TBLH	40	- x x x x x x x	- u u u u u u u	- u u u u u u u	- u u u u u u u
TBLH	50/60	x x x x x x x x	u u u u u u u u	u u u u u u u u	u u u u u u u u

续表 2.14.3

Register Name	Type HT66Fx0	Reset (Power-on)	RES or LVR Reset	WDT Time-out (Normal Operation)	WDT Time-out (IDEL)
TBHP	20	- - - - - - x x	- - - - - - u u	- - - - - - u u	- - - - - - u u
TBHP	30	- - - - - x x x	- - - - - u u u	- - - - - u u u	- - - - - u u u
TBHP	40	- - - - x x x x	- - - - u u u u	- - - - u u u u	- - - - u u u u
TBHP	50	- - - x x x x x	- - - u u u u u	- - - u u u u u	- - - u u u u u
TBHP	60	- - x x x x x x	- - u u u u u u	- - u u u u u u	- - u u u u u u
STATUS	All	- - 0 0 x x x x	- - u u u u u u	- - 1 u u u u u	- - 1 1 u u u u
SMOD	All	0 0 0 0 0 0 1 1	0 0 0 0 0 0 1 1	0 0 0 0 0 0 1 1	u u u u u u u u
LVDC	All	- - 0 0 - 0 0 0	- - 0 0 - 0 0 0	- - 0 0 - 0 0 0	- - u u - u u u
INTEG	20/30/40/50	- - - - 0 0 0 0	- - - - 0 0 0 0	- - - - 0 0 0 0	- - - - u u u u
INTEG	60	0 0 0 0 0 0 0 0	0 0 0 0 0 0 0 0	0 0 0 0 0 0 0 0	u u u u u u u u
WDTC	All	0 1 1 1 1 0 1 0	0 1 1 1 1 0 1 0	0 1 1 1 1 0 1 0	u u u u u u u u
TBC	All	0 0 1 1 0 1 1 1	0 0 1 1 0 1 1 1	0 0 1 1 0 1 1 1	u u u u u u u u
INTC0	All	- 0 0 0 0 0 0 0	- 0 0 0 0 0 0 0	- 0 0 0 0 0 0 0	- u u u u u u u
INTC1	All	0 0 0 0 0 0 0 0	0 0 0 0 0 0 0 0	0 0 0 0 0 0 0 0	u u u u u u u u
INTC2	All	0 0 0 0 0 0 0 0	0 0 0 0 0 0 0 0	0 0 0 0 0 0 0 0	u u u u u u u u
INTC3	60	0 0 0 0 0 0 0 0	0 0 0 0 0 0 0 0	0 0 0 0 0 0 0 0	u u u u u u u u
MFI0	20/30	- - 0 0 - - 0 0	- - 0 0 - - 0 0	- - 0 0 - - 0 0	- - u u - - u u
MFI0	40/50/60	0 0 0 0 0 0 0 0	0 0 0 0 0 0 0 0	0 0 0 0 0 0 0 0	u u u u u u u u
MFI1	20	- - 0 0 - - 0 0	- - 0 0 - - 0 0	- - 0 0 - - 0 0	- - u u - - u u
MFI1	30/40/50/60	- 0 0 0 - 0 0 0	- 0 0 0 - 0 0 0	- 0 0 0 - 0 0 0	- u u u - u u u
MFI2	All	0 0 0 0 0 0 0 0	0 0 0 0 0 0 0 0	0 0 0 0 0 0 0 0	u u u u u u u u
MFI3	50/60	- - 0 0 - - 0 0	- - 0 0 - - 0 0	- - 0 0 - - 0 0	- - u u - - u u
PAWU	All	0 0 0 0 0 0 0 0	0 0 0 0 0 0 0 0	0 0 0 0 0 0 0 0	u u u u u u u u
PAPU	All	0 0 0 0 0 0 0 0	0 0 0 0 0 0 0 0	0 0 0 0 0 0 0 0	u u u u u u u u
PA	All	1 1 1 1 1 1 1 1	1 1 1 1 1 1 1 1	1 1 1 1 1 1 1 1	u u u u u u u u
PAC	All	1 1 1 1 1 1 1 1	1 1 1 1 1 1 1 1	1 1 1 1 1 1 1 1	u u u u u u u u
PBPU	20/30	- - 0 0 0 0 0 0	- - 0 0 0 0 0 0	- - 0 0 0 0 0 0	- - u u u u u u
PBPU	40/50/60	0 0 0 0 0 0 0 0	0 0 0 0 0 0 0 0	0 0 0 0 0 0 0 0	u u u u u u u u
PB	20/30	- - 1 1 1 1 1 1	- - 1 1 1 1 1 1	- - 1 1 1 1 1 1	- - u u u u u u
PB	40/50/60	1 1 1 1 1 1 1 1	1 1 1 1 1 1 1 1	1 1 1 1 1 1 1 1	u u u u u u u u
PBC	20/30	- - 1 1 1 1 1 1	- - 1 1 1 1 1 1	- - 1 1 1 1 1 1	- - u u u u u u
PBC	40/50/60	1 1 1 1 1 1 1 1	1 1 1 1 1 1 1 1	1 1 1 1 1 1 1 1	u u u u u u u u
PCPU	20	- - - - 0 0 0 0	- - - - 0 0 0 0	- - - - 0 0 0 0	- - - - u u u u
PCPU	30/40/50/60	0 0 0 0 0 0 0 0	0 0 0 0 0 0 0 0	0 0 0 0 0 0 0 0	u u u u u u u u

续表 2.14.3

Register Name	Type HT66Fx0	Reset (Power-on)	RES or LVR Reset	WDT Time-out (Normal Operation)	WDT Time-out (IDEL)
PC	20	- - - - 1 1 1 1	- - - - 1 1 1 1	- - - - 1 1 1 1	- - - - u u u u
	30/40/50/60	1 1 1 1 1 1 1 1	1 1 1 1 1 1 1 1	1 1 1 1 1 1 1 1	u u u u u u u u
PCC	20	- - - - 1 1 1 1	- - - - 1 1 1 1	- - - - 1 1 1 1	- - - - u u u u
	30/40/50/60	1 1 1 1 1 1 1 1	1 1 1 1 1 1 1 1	1 1 1 1 1 1 1 1	u u u u u u u u
PDPU	40/50/60	0 0 0 0 0 0 0 0	0 0 0 0 0 0 0 0	0 0 0 0 0 0 0 0	u u u u u u u u
PD	40/50/60	1 1 1 1 1 1 1 1	1 1 1 1 1 1 1 1	1 1 1 1 1 1 1 1	u u u u u u u u
PDC	40/50/60	1 1 1 1 1 1 1 1	1 1 1 1 1 1 1 1	1 1 1 1 1 1 1 1	u u u u u u u u
PEPU	40/50/60	0 0 0 0 0 0 0 0	0 0 0 0 0 0 0 0	0 0 0 0 0 0 0 0	u u u u u u u u
PE	40/50/60	1 1 1 1 1 1 1 1	1 1 1 1 1 1 1 1	1 1 1 1 1 1 1 1	u u u u u u u u
PEC	40/50/60	1 1 1 1 1 1 1 1	1 1 1 1 1 1 1 1	1 1 1 1 1 1 1 1	u u u u u u u u
PFPU	40/50	- - - - - 0 0	- - - - - 0 0	- - - - - 0 0	- - - - - u u
	60	0 0 0 0 0 0 0 0	0 0 0 0 0 0 0 0	0 0 0 0 0 0 0 0	u u u u u u u u
PF	40/50	- - - - - - 1 1	- - - - - - 1 1	- - - - - - 1 1	- - - - - - u u
	60	1 1 1 1 1 1 1 1	1 1 1 1 1 1 1 1	1 1 1 1 1 1 1 1	u u u u u u u u
PFC	40/50	- - - - - - 1 1	- - - - - - 1 1	- - - - - - 1 1	- - - - - - u u
	60	1 1 1 1 1 1 1 1	1 1 1 1 1 1 1 1	1 1 1 1 1 1 1 1	u u u u u u u u
PGPU	60	- - - - - 0 0	- - - - - 0 0	- - - - - 0 0	- - - - - u u
PG	60	- - - - - 1 1	- - - - - 1 1	- - - - - 1 1	- - - - - u u
PGC	60	- - - - - 1 1	- - - - - 1 1	- - - - - 1 1	- - - - - u u
ADRL (ADRFS=0)	All	x x x x - - - -	x x x x - - - -	x x x x - - - -	u u u u - - - -
ADRL (ADRFS=1)	All	x x x x x x x x	x x x x x x x x	x x x x x x x x	u u u u u u u u
ADRH (ADRFS=0)	All	x x x x x x x x	x x x x x x x x	x x x x x x x x	u u u u u u u u
ADRH (ADRFS=1)	All	- - - - x x x x	- - - - x x x x	- - - - x x x x	- - - - u u u u
ADCR0	20/30/40/50	0 1 1 0 - 0 0 0	0 1 1 0 - 0 0 0	0 1 1 0 - 0 0 0	u u u u - u u u
	60	0 1 1 0 0 0 0 0	0 1 1 0 0 0 0 0	0 1 1 0 0 0 0 0	u u u u u u u u
ADCR1	All	0 0 - 0 - 0 0 0	0 0 - 0 - 0 0 0	0 0 - 0 - 0 0 0	u u - u - u u u
ACERL	All	1 1 1 1 1 1 1 1	1 1 1 1 1 1 1 1	1 1 1 1 1 1 1 1	u u u u u u u u
ACERH	60	- - - - x x x x	- - - - x x x x	- - - - x x x x	- - - - u u u u
CP0C	All	1 0 0 0 0 - - 1	1 0 0 0 0 - - 1	1 0 0 0 0 - - 1	u u u u u - - u
CP1C	All	1 0 0 0 0 - - 1	1 0 0 0 0 - - 1	1 0 0 0 0 - - 1	u u u u u - - u
SIMC0	All	1 1 1 0 0 0 0 -	1 1 1 0 0 0 0 -	1 1 1 0 0 0 0 -	u u u u u u u -

续表 2.14.3

Register Name	Type HT66Fx0	Reset (Power-on)	RES or LVR Reset	WDT Time-out (Normal Operation)	WDT Time-out (IDEL)
SIMC1	All	1 0 0 0 0 0 0 1	1 0 0 0 0 0 0 1	1 0 0 0 0 0 0 1	u u u u u u u u
SIMD	All	x x x x x x x x	x x x x x x x x	x x x x x x x x	u u u u u u u u
SIMA/SIMC2	All	0 0 0 0 0 0 0 0	0 0 0 0 0 0 0 0	0 0 0 0 0 0 0 0	u u u u u u u u
TM0C0	All	0 0 0 0 0 0 0 0	0 0 0 0 0 0 0 0	0 0 0 0 0 0 0 0	u u u u u u u u
TM0C1	All	0 0 0 0 0 0 0 0	0 0 0 0 0 0 0 0	0 0 0 0 0 0 0 0	u u u u u u u u
TM0DL	All	0 0 0 0 0 0 0 0	0 0 0 0 0 0 0 0	0 0 0 0 0 0 0 0	u u u u u u u u
TM0DH	All	- - - - - - 0 0	- - - - - - 0 0	- - - - - - 0 0	- - - - - - 0 0
TM0AL	All	0 0 0 0 0 0 0 0	0 0 0 0 0 0 0 0	0 0 0 0 0 0 0 0	u u u u u u u u
TM0AH	All	- - - - - - 0 0	- - - - - - 0 0	- - - - - - 0 0	- - - - - - 0 0
EEA	20	- - - x x x x x	- - - x x x x x	- - - x x x x x	- - - 0 0 0 0 0
EEA	30	- - x x x x x x	- - x x x x x x	- - x x x x x x	- - u u u u u u
EEA	40	- x x x x x x x	- x x x x x x x	- x x x x x x x	- u u u u u u u
EEA	50/60	x x x x x x x x	x x x x x x x x	x x x x x x x x	u u u u u u u u
EED	All	x x x x x x x x	x x x x x x x x	x x x x x x x x	u u u u u u u u
EEC	All	- - - - 0 0 0 0	- - - - 0 0 0 0	- - - - 0 0 0 0	- - - - u u u u
TMPC0	20	- - 0 1 - - - 1	- - 0 1 - - - 1	- - 0 1 - - - 1	- - u u - - - u
TMPC0	30	1 - 0 1 - - 0 1	1 - 0 1 - - 0 1	1 - 0 1 - - 0 1	u - u u - - u u
TMPC0	40/50/60	1 0 0 1 - - 0 1	1 0 0 1 - - 0 1	1 0 0 1 - - 0 1	u u u u - - u u
TMPC1	40	- - - - - - 0 1	- - - - - - 0 1	- - - - - - 0 1	- - - - - - u u
TMPC1	50/60	- - 0 1 - - 0 1	- - 0 1 - - 0 1	- - 0 1 - - 0 1	- - u u - - u u
PRM0	30	- - - - - 0 0 0	- - - - - 0 0 0	- - - - - 0 0 0	- - - - - u u u
PRM0	40/50	- 0 - 0 0 0 0 0	- 0 - 0 0 0 0 0	- 0 - 0 0 0 0 0	- u - u u u u u
PRM0	60	0 0 0 0 0 0 0 0	0 0 0 0 0 0 0 0	0 0 0 0 0 0 0 0	u u u u u u u u
PRM1	40/50	0 0 0 - 0 0 0 0	0 0 0 - 0 0 0 0	0 0 0 - 0 0 0 0	u u u - u u u u
PRM1	60	0 0 0 0 0 0 0 0	0 0 0 0 0 0 0 0	0 0 0 0 0 0 0 0	u u u u u u u u
PRM2	40	- - 0 0 0 0 0 0	- - 0 0 0 0 0 0	- - 0 0 0 0 0 0	- - u u u u u u
PRM2	50/60	0 0 0 0 0 0 0 0	0 0 0 0 0 0 0 0	0 0 0 0 0 0 0 0	u u u u u u u u
TM1C0	All	0 0 0 0 0 0 0 0	0 0 0 0 0 0 0 0	0 0 0 0 0 0 0 0	u u u u u u u u
TM1C1	All	0 0 0 0 0 0 0 0	0 0 0 0 0 0 0 0	0 0 0 0 0 0 0 0	u u u u u u u u
TM1C2	40/50/60	0 0 0 0 0 0 0 0	0 0 0 0 0 0 0 0	0 0 0 0 0 0 0 0	u u u u u u u u
TM1DL	All	0 0 0 0 0 0 0 0	0 0 0 0 0 0 0 0	0 0 0 0 0 0 0 0	u u u u u u u u
TM1DH	All	- - - - - - 0 0	- - - - - - 0 0	- - - - - - 0 0	- - - - - - u u
TM1AL	All	0 0 0 0 0 0 0 0	0 0 0 0 0 0 0 0	0 0 0 0 0 0 0 0	u u u u u u u u
TM1AH	All	- - - - - - 0 0	- - - - - - 0 0	- - - - - - 0 0	- - - - - - u u
TM1BL	30/40/50/60	0 0 0 0 0 0 0 0	0 0 0 0 0 0 0 0	0 0 0 0 0 0 0 0	u u u u u u u u

续表 2.14.3

Register Name	Type HT66Fx0	Reset (Power-on)	$\overline{RES}$ or LVR Reset	WDT Time-out (Normal Operation)	WDT Time-out (IDEL)
TM1BH	30/40/50/60	- - - - 0 0	- - - - 0 0	- - - - 0 0	- - - - u u
TM2C0	40/50/60	0 0 0 0 0 - - -	0 0 0 0 0 - - -	0 0 0 0 0 - - -	u u u u u - - -
TM2C1	40/50/60	0 0 0 0 0 0 0 0	0 0 0 0 0 0 0 0	0 0 0 0 0 0 0 0	u u u u u u u u
TM2DL	40/50/60	0 0 0 0 0 0 0 0	0 0 0 0 0 0 0 0	0 0 0 0 0 0 0 0	u u u u u u u u
TM2DH	40/50/60	0 0 0 0 0 0 0 0	0 0 0 0 0 0 0 0	0 0 0 0 0 0 0 0	u u u u u u u u
TM2AL	40/50/60	0 0 0 0 0 0 0 0	0 0 0 0 0 0 0 0	0 0 0 0 0 0 0 0	u u u u u u u u
TM2AH	40/50/60	0 0 0 0 0 0 0 0	0 0 0 0 0 0 0 0	0 0 0 0 0 0 0 0	u u u u u u u u
TM2RP	40/50/60	0 0 0 0 0 0 0 0	0 0 0 0 0 0 0 0	0 0 0 0 0 0 0 0	u u u u u u u u
TM3C0	50/60	0 0 0 0 0 0 0 0	0 0 0 0 0 0 0 0	0 0 0 0 0 0 0 0	u u u u u u u u
TM3C1	50/60	0 0 0 0 0 0 0 0	0 0 0 0 0 0 0 0	0 0 0 0 0 0 0 0	u u u u u u u u
TM3DL	50/60	0 0 0 0 0 0 0 0	0 0 0 0 0 0 0 0	0 0 0 0 0 0 0 0	u u u u u u u u
TM3DH	50/60	- - - - 0 0	- - - - 0 0	- - - - 0 0	- - - - u u
TM3AL	50/60	0 0 0 0 0 0 0 0	0 0 0 0 0 0 0 0	0 0 0 0 0 0 0 0	u u u u u u u u
TM3AH	50/60	- - - - 0 0	- - - - 0 0	- - - - 0 0	- - - - u u
SCOMC	All	0 0 0 0 0 0 0 0	0 0 0 0 0 0 0 0	0 0 0 0 0 0 0 0	u u u u u u u u

注：u：代表状态未改变　x：代表未知状态　-：代表该位不存在。

2.15 省电模式与唤醒

大多数单片机的应用场合都是以电池为主要的供电装置。为了使电源的使用时间得以延长，HT66Fx0 单片机提供了省电模式操作功能，可分为 SLEEP1、SLEEP0、IDLE1 与 IDLE0 共 4 种模式，主要是依 IDLEN 与 FSYSON 位的状态来区分。一旦系统进入省电模式（即执行"HALT"指令后），除 IDLE1 模式外，单片机大约只消耗数 μA 的电流，请参考表 2.15.1。

表 2.15.1　HT66Fx0 各工作模式的电流消耗比较

工作模式	测试状态			Typ.	Max.	Unit
	$V_{DD}(V)$	工作频率	周边装置			
NORMAL Mode $f_{SYS}=f_H$ (HXT、ERC、HIRC)	3	$f_{SYS}=f_H=4$ MHz	ADC off、WDT on	0.7	1.1	mA
	5			1.8	2.7	mA
	3	$f_{SYS}=f_H=8$ MHz	ADC off、WDT on	1.6	2.4	mA
	5			3.3	5.0	mA
	3	$f_{SYS}=f_H=12$ MHz	ADC off、WDT on	2.2	3.3	mA
	5			5.0	7.5	mA
NORMAL Mode $f_{SYS}=f_H$(HXT)	5	$f_{SYS}=f_H=20$ MHz	ADC off、WDT on	6.0	9.0	mA

续表 2.15.1

工作模式	测试状态			Typ.	Max.	Unit
	V_{DD}(V)	工作频率	周边装置			
SLOW Mode $f_{SYS}=f_L$(LXT、LIRC)	3	$f_{SYS}=f_L$	ADC off、WDT on	10	20	μA
	5			30	50	μA
IDLE0 Mode (LXT or LIRC on)	3	—	ADC off、WDT on	1.5	3.0	μA
	5			3.0	6.0	μA
IDLE1 Mode (HXT、ERC、HIRC)	3	ADC off、WDT on $f_{SYS}=12$ MHz on		550	830	μA
	5			1300	2000	μA
SLEEP0 Mode (LXT and LIRC off)	3	—	ADC off、WDT off	—	1.0	μA
	5			—	2.0	μA
SLEEP1 Mode (LXT and LIRC on)	3	—	ADC off、WDT on	1.5	3.0	μA
	5			2.5	5.0	μA

注：表中的电流值是单片机未连接任何负载时的量测值。

执行"HALT"指令后，系统随即进入"省电模式"。但在这之前，HT66Fx0 单片机将完成一些准备程序，其结果如下：

(1) 关闭系统频率，程序的执行将停滞于"HALT"指令；

(2) 所有内部数据存储器（RAM，包含 GPR 与 SFR）的内容维持不变；

(3) 若已启用 WDT 功能，且其频率源（f_S）取自 f_{SUB}（即 LIRC 或 LXT，请参考图 2.18.1），则会清除 WDT 并继续计数；但若频率源是取自系统频率（$f_{SYS}/4$），WDT 的计数动作将暂停；

(4) 所有 I/O 端口维持原来状态；

(5) 清除 TO 标志位（WDT Time-Out Flag），并设定 PDF（Power Down Flag）为"1"（TO、PDF 是隶属 STATUS 寄存器的状态位）。

单片机进入 SLEEP 或 IDLE 模式操作的目的是为了降低系统的功耗。但是在进入 SLEEP 或 IDLE 模式后，HT66Fx0 的 I/O Port 会保持在执行"HALT"指令之前的状态。所以若要达到更佳的省电效果，最好在进入省电模式之前也一并将外围的负载元件一起关闭，以减少电流损耗。此外，高阻抗的输入引脚若为浮空状态（Floating）即可能造成内部振荡而导致额外的电流损耗。因此建议应该将其状态固定为高或低电平，以避免发生上述的情况。若选用 LIRC 或 LXT 作为 WDT 计数频率源时，则在进入省电模式之后它仍旧继续计数。所以如果希望系统能长时间的停留在省电状态，就必须先把 WDT 关闭，否则每隔一段时间（视WDT 预分频器的设定状况而定）系统就会自动被唤醒。

让芯片由 SLEEP 或 IDLE 模式重新恢复正常操作的方式有 4 种，分别是：

(1) 外部硬件复位（External Reset）：即在 $\overline{RES}$ 引脚输入"Low"电位，系统将恢复至初始状态。至于复位后的寄存器内容请参考 2.14 节的说明；

(2) WDT 计时溢出复位：注意要使用此种方式唤醒时，必须在"配置选项"选用 f_{sub}（LIRC 或 LXT）作为 WDT 计数频率；

(3) 系统中断唤醒：如果在省电模式中有中断请求发生，致使中断请求标志位由"0"变为"1"，将使单片机脱离省电模式。此时，若相对的中断被使能且堆栈存储器尚有空间存放返回地址,则 CPU 将先跳至对应的中断向量去执行 ISR;否则 CPU 将执行"HALT"(即进入"省电模式")的下一行指令。若在进入省电模式前中断请求标志位已经为"1",则无法再以该标志位所对应的中断源来唤醒 CPU。所以再次强调此唤醒方式是在进入 SLEEP 或 IDLE 模式后,中断请求标志位由"0"变为"1"时才有效。

(4) PA 由"1"变为"0":使用此种方式唤醒的前提是必须在 PAWU 控制寄存器(请参阅 2.6.2 节)中,选用 Port A Wake-up 功能,唤醒后 CPU 将执行"HALT"的下一行指令。

方式①与②都是以"复位"的方式唤醒单片机,不同的是 WDT 计时溢出所产生的复位是热复位(Warm Reset),此时仅有 SP 及 PC 寄存器被重新设定为"0h",单片机内部电路均维持原来的状态。至于外部硬件复位时,特殊功能寄存器预设的初值请参考表 2.14.3。如果程序的执行需要进一步区分复位发生的原因,可通过隶属 STATUS 特殊功能寄存器的 TO、PDF 状态位加以判定(请参考表 2.14.1)。当系统启动(Power-up)或执行 WDT 清除指令时,PDF 将清除为"0";在执行"HALT"指令会设定其值为"1"。至于 TO 标志位,则仅会在 WDT 发生超时溢出(WDT Time-out)时才为"1";此时仅 SP 及 PC 寄存器被重新设定为"0h",其余状态标志位将维持原状态。

以下事项请读者特别留意:

(1) 由 SLEEP0 唤醒并恢复至 NORMAL 模式操作时,高速振荡电路需待 SST 实时结束后方能保证振荡器进入稳定状态。因此 CPU 是在 HTO 位为"1"时才执行第一个指令(参考 2.18 节)。此时,若 f_{SUB} 取自 LXT 振荡电路,则其仍处于不稳定状态,必须等 LTO="1"时 LXT 才能稳定运作。此情形与 Power-on 时相同。HXT 与 LXT 振荡电路使用同一组 SST (System Start-up Timer)作为电路进入稳定状态的定时器,当单片机由 SLEEP0 模式被唤醒时,两组振荡电路都必须重新启动,此时 SST 定时器是先由 HXT 电路使用,当其 SST 计时结束后再转交给 LXT 电路。

(2) 由 SLEEP1 唤醒并恢复至 NORMAL 模式操作时,若系统频率取自 HXT 且 FSYSON="0";此时可将系统频率暂时切换至 LXT 或 LIRC,待 HTO="1"时再切回 HXT。此举使得 HXT 稳定之前让系统以 LXT 或 LIRC 频率先行运作,故可提高 CPU 运行效率。

(3) WDT、TM、SIM、ADC 等外围设备的频率取自 f_{SYS} 时,若系统频率由 f_H 切换至 f_L,装置的工作频率也将随之改变。

(4) 由于 f_S 与 f_{SUB} 为提供 WDT 模块频率的来源,除非 WDT 处于位使能状态,否则这两组信号也无法使用。

2.16 低电压复位(LVR)

HT66Fx0 系列提供了低电压复位电路(Low Voltage Reset,LVR)用来监测单片机电源电压(V_{DD})的变化,欲使用此项自动复位功能,必须在"配置选项"中加以选用,如表 2.16.1 所列。

一旦选用 LVR 功能后,若芯片工作电压下降至 $0.9\text{ V}\sim V_{LVR}$ 范围(例如更换电池的瞬间),而且在该范围持续 t_{LVR} (120~480 μs)以上,则 LVR 会自动将单片机复位,图 2.16.1 为 LVR 复位时序。

表 2.16.1 HT66Fx0 LVR 相关的配置选项

配置选项	选 项
LVR 功能	①:使能 ②:关闭
V_{LVR} Voltage Selection	①: 2.1 V ②: 2.55 V ③: 3.15 V ④: 4.2 V

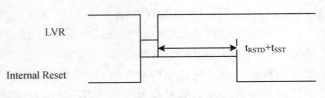

图 2.16.1 HT66Fx0 低电压复位时序

由于低电压状态必须维持 t_{LVR} 以上,LVR 才会产生系统复位的信号,因此在侦测到低电压后约 t_{LVR} 的时间,单片机才会进入复位状态。图 2.16.2 中 t_{RSTD} 为 Power-on 延迟,约为 100 ms;另外,为确保振荡电路已处于稳定振荡状态,在 Reset 信号解除后会由 SST(System Start-up Timer)产生 t_{SST} 的延迟,然后单片机才进入正常工作状态。若系统频率是由 ERC 或 HIRC 提供,则 t_{SST} 约为 15~16 个频率;若是由 HXT 或 LXT 提供,则 t_{SST} 为 1 024 个频率;若由 LIRC 提供,则 t_{SST} 约 1~2 个频率。

总结 HT66Fx0 系列单片机 LVR 电路工作特性如下:

(1) 若低电压状态($0.9\text{ V}\sim V_{LVR}$)维持时间未超过 t_{LVR},则 LVR 电路将忽略此低电压状况,不会对系统产生 Reset 动作;

(2) LVR 电路所产生的复位信号是与单片机外部复位引脚($\overline{RES}$)所输入的信号是以"或门(OR-Gate)"结合后,再连接至芯片内部的复位电路;

(3) 当系统进入 SLEEP 或 IDLE 状态时,将自动关闭 LVR 功能。

系统供应电压(V_{DD})、系统可正常工作电压(V_{OPR})与 V_{LVR} 之间的关系如图 2.16.2 所示。

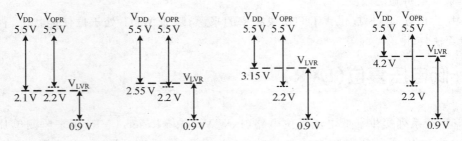

图 2.16.2 V_{DD}、V_{OPR} 与 V_{LVR} 的关系

2.17 低电压侦测模块(LVD)

本节介绍的特殊功能寄存器		
名 称	地 址	备 注
LVDC	0Ch	LVD Function Control Register

2.16 节中所介绍的低电压复位电路(LVR)可以在工作电源(V_{DD})低于 V_{LVR} 电压一段时间(t_{LVR}；约 120～480 μs)后，对系统产生复位动作，以免单片机因瞬间的电源下降而造成系统死机。而本节低电压侦测电路(Low Voltage Detector, LVD)则提供低电压侦测功能，让使用者得以监测系统的工作电压。

图 2.17.1 是 HT66Fx0 LVD 模块内部方框图，其控制寄存器－LVDC 则请参考表 2.17.1 的说明。

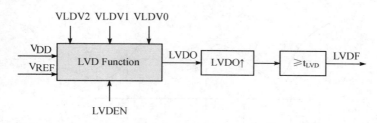

图 2.17.1　HT66Fx0 LVD 模块内部方框图

表 2.17.1　HT66Fx0 LVDC 控制寄存器

Name	—	—	LVDO	LVDEN	—	VLVD2	VLVD1	VLVD0
R/W	R	R	R	R/W	R	R/W	R/W	R/W
POR	—	—	0	0	—	0	0	0
Bit	7	6	5	4	3	2	1	0

Bit 7～6　未使用，读取时的值为 0

Bit 5　　LVDO：LVD 侦测输出位(LVD Detection Output)
　　　　1 = 侦测到低电压　　　　0 = 未侦测到低电压

Bit 4　　LVDEN：LVD 功能启动/关闭控制位(LVD Function Enable/Disable Bits)
　　　　1 = 启动 LVD 功能　　　　0 = 关闭 LVD 功能

Bit 3　　未使用，读取时的值为 0

Bit 2～0　VLVD[2:0]：LVD 临界电压选择位(LVD Voltage Select Bits)
　　　　000：V_{LVD} = 2.0 V　　　　100：V_{LVD} = 3.0 V
　　　　001：V_{LVD} = 2.2 V　　　　101：V_{LVD} = 3.3 V
　　　　010：V_{LVD} = 2.4 V　　　　110：V_{LVD} = 3.6 V
　　　　011：V_{LVD} = 2.7 V　　　　111：V_{LVD} = 4.4 V

在 LVDEN = "1"的情形下，当 V_{DD} 低于使用者选定的临界值(V_{LVD}，由 VLCD[2:0]位设定)达一定时间后(t_{LVD}；约 20～90 μs)，LVD 模块会设定 LVF 中断标志位。使用者可以利用 LVF 位的检查或中断机制的运用，使得当 V_{DD} 低于 V_{LVD} 后立即将重要数据进行备份(如复制

到 E^2PROM),避免数据因工作电压的不足而遗失。这对使用电池为电源供应的可携式产品而言,无疑是相当重要、实用的设计。因为电池随着使用时间的增加,其电压下降速率亦将随之加剧,提早对电池的电源不足提出警告是产品设计上需重点考虑的。

当启动 LVD 模块功能(LVDEN="1")时,务必等待 t_{LVDS}(约 15 μs)的时间让模块进入稳定状态之后,LVDO 位方可正确输出侦测结果。如图 2.17.2 所示,LVDO 实时反应 LVD 的输出状态,读者或许发现当 V_{DD} 低于所选定 V_{LVD} 电位时,为何不是立即稳定的变成"1",而是经过数次的"0"、"1"变化后最终才稳定在"1"呢?这主要是因为电源供应至单片机或其他外围元件后,很难不受干扰而产生噪声,所以当 V_{DD} 与 V_{LVD} 相当接近时,由于电源噪声将导致数次的状态改变(时而 $V_{DD}<V_{LVD}$、时而 $V_{DD}>V_{LVD}$)。图 2.17.2 刻意强调 LVDO 是实时反应 LVD 的侦测状态。若低电压现象持续 t_{LVD} 以上,则 LVD 会设定 LVF 中断标志位,若此时 LVE="1"(LVD 中断使能位)且 EMI="1",则 CPU 将跳至对应的中断向量地址执行 ISR。而若 LVD 模块设定 LVF 中断标志位时 LVE 中断未使能,则 LVD 电路的电源将会关闭,LVDO 位维持在"0"。

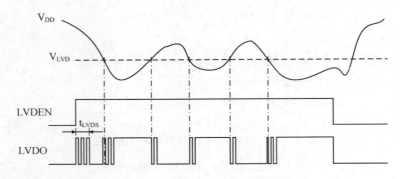

图 2.17.2　HT66Fx0 LVD 操作图例

在单片机进入省电模式时,若 LVD 模块仍处于使能状态(LVDEN="1"),则一旦侦测到低电压事件,LVD 模块仍是会设定中断请求标志位 LVF,此举将唤醒省电模式中的单片机。使用者可以在进入省电模式前先设定 LVF 为"1",如此即可避免低电压中断唤醒单片机,或者干脆再进入省电模式前先关闭 LVD。

启用 LVD 模块时,难免会增加一些额外的功耗;因此,若不使用时应随时将其关闭,以达到节能的目的。

2.18　工作模式与快速唤醒

当今许多电子应用产品的设计者大多期盼所选用的单片机能发挥最佳的效能,但同时又要求其功耗能降至最低;这两种冲突的需求在以电池为供电装置的产品上尤其显著。愈高的工作频率可以提升系统的效能,但其本质将导致电流需求的增加;反之亦然。HT66Fx0 家族提供高、低速的系统频率来源,而且可通过控制位的设定动态切换,提高单片机的工作效率,让系统达到最佳的效能/功耗比。

2.18.1 系统工作模式(System Operation Mode)

本节介绍的特殊功能寄存器		
名称	地址	备注
SMOD	0B	System Operation Mode Control Register

如图2.18.1所示，HT66Fx0系列单片机在系统或外围设备的工作频率上都提供多重选择。使用者可由"配置选项"与SMOD特殊功能寄存器的设定让系统随时拥有最佳的运作效能。HT66Fx0单片机提供双频率的系统操作，通过SMOD寄存器中HLCLK、CKS[2:0]位的设定，可以选择系统频率(f_{SYS})来自高速振荡电路f_H，$f_H/2 \sim f_H/64$ 或低速振荡频率电路f_L。f_H的频率来源包含HXT、ERC或HIRC振荡器，使用者可由"配置选项"中选定；至于f_L，可由"配置选项"选定来自LIRC或LXT振荡器。通过HLCLK、CKS[2:0]位的搭配，使用者可选择8种不同的频率来源（即f_H，$f_H/2 \sim f_H/64$ 与f_L）作为系统的工作频率。另外，有两组供应给外围设备的频率，分别是f_{SUB}(Substitute Clock)与f_{TBC}(Time Base Clock)，这两组频率的来源可通过"配置选项"选择来自LIRC或LXT振荡电路。f_{SUB}为替代频率，其功能是当系统由SLEEP或IDLE0唤醒时，在高速振荡电路尚未稳定前暂时用作f_{SYS}，以缩短系统恢复运作所需的时间（即快速唤醒，Fast Wake-up），此外其与$f_{SYS}/4$搭配作为WDT频率(f_S)的来源选择。f_{TBC}则供应时基中断(Time Base Interrupt)模块的频率源，同时也是定时器模块(TM)计数频率的选项之一。上述的说明请参考图2.18.1与表2.18.1。

表 2.18.1 HT66Fx0 SMOD 控制寄存器

Name	CKS2	CKS1	CKS0	FSTEN	LTO	HTO	IDLEN	HLCLK
RW	R/W	R/W	R/W	R/W	R	R	R/W	R/W
POR	0	0	0	0	0	0	1	1
Bit	7	6	5	4	3	2	1	0

Bit 7~5　CKS[2:0]：系统频率选择位(Frequency System Clock Selection)
　　　　仅HLCLK="0"时有效，此时系统频率为：
　　　　000：$f_{SYS} = f_L$(f_{LXT}或f_{LIRC})　　　100：$f_{SYS} = f_H/16$
　　　　001：$f_{SYS} = f_L$(f_{LXT}或f_{LIRC})　　　101：$f_{SYS} = f_H/8$
　　　　010：$f_{SYS} = f_H/64$　　　　　　　　110：$f_{SYS} = f_H/4$
　　　　011：$f_{SYS} = f_H/32$　　　　　　　　111：$f_{SYS} = f_H/2$

Bit 4　FSTEN：快速唤醒功能控制位(Fast Wake-up Control, only for HXT)
　　　1＝使能快速唤醒功能　　　　0＝除能快速唤醒功能

Bit 3　LTO：低频系统振荡器状态标志位(Low Speed System Oscillator Ready Flag)
　　　1＝低速系统振荡器已经就绪　　　　0＝低速系统振荡器尚未就绪

Bit 2　HTO：高频系统振荡器状态位(High Speed System Oscillator Ready Flag)
　　　1＝高速系统振荡器已经就绪　　　　0＝高速系统振荡器尚未就绪

Bit 1　IDLEN："IDLE"模式控制位(IDLE Mode Control Bit)
　　　1＝使能"IDLE"模式　　　　0＝失能"IDLE"模式

Bit 0　HLCLK：系统频率选择位(System Clock Select Bits)
　　　1：$f_{SYS} = f_H$　　　　0：$f_{SYS} = f_L$或$f_H/2 \sim f_H/64$

第2章　HT66Fx0 家族系统结构

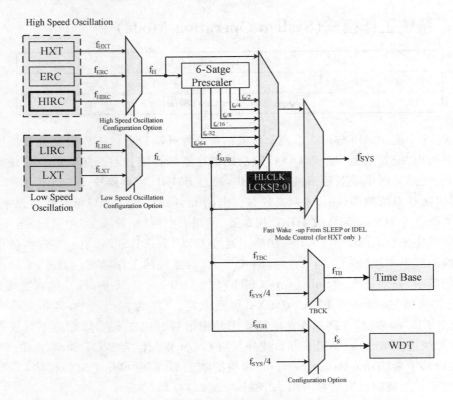

图 2.18.1　HT66Fx0 频率来源结构

通过 HLCLK 与 CKS[2:0] 位的设定，使用者可依实际所需随时让工作频率切换为 f_H、$f_H/2 \sim f_H/64$ 或 f_L，以提高系统的整体工作效率。但请注意，当系统频率切换成 f_L 时，系统会自动关闭 f_H 以节省功耗，在此情况下就无法供应 $f_H/16$ 与 $f_H/64$ 的频率给 TM 定时器模块使用。

依据系统工作频率的来源与提供与否，可将 HT66Fx0 单片机区分为 6 种不同的工作模式，请参考表 2.18.2。其中，"NORMAL"与"SLOW"模式均可维持单片机的正常运作；而"IDLE0"、"IDLE1"、"SLEEP0"、"SLEEP1"等 4 种模式将会停止 CPU 的运作以降低功耗，各工作模式的电流消耗请参考表 2.15.1。

表 2.18.2　HT66Fx0 的工作模式

工作模式	状态描述				
	CPU	f_{SYS}	f_{SUB}	f_S	f_{TBC}
NORMAL Mode	On	$f_H \sim f_H/64$	On	On	On
SLOW Mode	On	f_L	On	On	On
IDLE0 Mode	Off	Off	On	On/Off *	On
IDLE1 Mode	Off	On	On	On	On
SLEEP0 Mode	Off	Off	Off	Off	Off
SLEEP1 Mode	Off	Off	On	On	Off

注：若 f_S 选自 $f_{SYS}/4$ 为 Off，当 f_S 选自 f_{SUB} 则为 On。

(1)"NORMAL"Mode：顾名思义这是单片机主要的工作模式，在此模式下所有功能均可正常运作，且系统工作频率是由高速振荡电路所提供（可为 HXT、ERC，或 HIRC）。因此本模式拥有单片机最佳的效能，但其所需的功耗也最高。通过 CKS[2:0]、HCLK 位的设定，可决定系统的工作频率为 f_H、$f_H/2$、$f_H/4$、$f_H/8$、$f_H/16$、$f_H/32$ 或 $f_H/64$。请注意，系统工作频率越快则功耗越大，读者应依实际的需求适当调配。

(2)"SLOW"Mode：此模式与 NORMAL 模式的唯一差异是系统工作频率是由低速振荡电路所提供（f_L，可为 LXT 或 LIRC）。也因此较 NORMAL 模式来得省电。注意：在 SLOW 模式下，系统会关闭 f_H 以降低功耗；此时 f_H、$f_H/2$、$f_H/4$、$f_H/8$、$f_H/16$、$f_H/32$ 或 $f_H/64$ 将无法供应给外围设备使用。

(3)"SLEEP0"Mode：这是单片机最省电的模式，当 IDLEN 位（隶属 SMOD 寄存器）、LVDEN 位（隶属 LVDC 寄存器）设定均为"0"时执行"HALT"指令即进入 SLEEP0 模式，此时除了 CPU 停止运作之外，f_{SUB} 与 f_S 频率亦停止供应，WDT 功能也随之关闭。

(4)"SLEEP1"Mode：当 IDLEN="0"时执行"HALT"指令即进入 SLEEP1 模式，在此模式下 CPU 以及所有的外围电路均将停止运作，唯一例外的是"看门狗定时器"—WDT；不过先决条件是：WDT 的计数频率（f_S）是选择来自 f_{SUB}，且 WDT 是在使能的状态或 LVDEN="1"。在此情况下 f_{SUB} 振荡电路才能得以继续运作，提供 WDT 计数频率。

(5)"IDLE0"Mode：当 IDLEN="1"、FSYSON="0"（隶属 WDTC 寄存器）时执行"HALT"指令即进入 IDLE0 模式；此时将停止供应 CPU 工作频率，而 f_{SUB}、f_{TBC} 仍持续运作。至于此模式下是否继续提供 WDT 计数频率，则取决于 f_S 的频率来源：若选择 f_S 的频率源为 $f_{SYS}/4$ 时，则进入 IDLE0 将停止 WDT 计数频率的供应；而若是选自 f_{SUB}，则将继续提供 WDT 计数频率。

(6)"IDLE1"Mode：当 IDLEN="1"、FSYSON="1"时执行"HALT"指令即进入 IDLE1 模式；此时将停止供应 CPU 工作频率，系统频率（f_{SYS}）仅提供给部分的外围设备（如 WDT、TM、SIM），使其仍继续维持正常的运作；f_{SYS} 可为高速或低速振荡电路，视 HCLK 而定。在 IDLE1 模式下，不论 f_S 的频率源为 $f_{SYS}/4$ 或 f_{SUB}，系统仍继续提供 WDT 计数频率。

为降低系统功耗，可令单片机进入 SLEEP0、SLEP1 或 IDLE0 模式，此时系统频率 f_{SYS} 将停止供应；但当将单片机唤醒时，系统振荡电路需一短暂的时间才能进入稳定的工作状态。SMOD 控制寄存器中的 LTO、HTO 位分别反映低速、高速振荡电路是否已稳定的标志位。进入 SLEEP0、SLEP1 或 IDLE0 模式之前，若是使用 HXT 振荡器，则 HTO 是在 1 024 个频率后设定。若使用 ERC 或 HIRC 振荡器，则是在 15～16 个频率后。而若使用 LIRC 振荡器时，则在 1～2 个频率后设定 LTO 标志位。

2.18.2 工作模式切换（Mode Switching）

在 2.18.1 节中所提及的 6 种系统工作模式可通过控制位的设定实现自由的切换，以提供单片机运作最佳的效能/功耗比。若运行的程序不需太高的效能，就可采用较低速的工作频率以降低单片机的工作电流、延长电池的供电时间。简而言之，通过 SMOD 寄存器 HLCLK 与 CKS[2:0]位的切换，可以决定单片机是运作在的 NORMAL 或 SLOW 模式；当执行"HALT"指令后，单片机将进入 IDLE 或 SLEEP 模式，至于是 IDLE 或 SLEEP 模式，则取决于 IDLEN 与 FSYSON 位的设定（HLCLK、CKS[2:0]及 IDLEN 位隶属 SMOD 寄存器；FSYSON 位则

第 2 章　HT66Fx0 家族系统结构

隶属 WDTC 寄存器)。

参考图 2.18.1,当"HLCLK"位由"1"切换为"0"并设定 CKS[2:0]=000 或 001,这表示系统工作频率由高速频率源($f_H \sim f_H/64$)转换成低速频率源(f_L)。请注意,如果频率源是选自 f_L,则系统会自行关闭高速频率振荡电路,以节省功耗。正因如此,提供给 TM 与 SIM 模块使用的内部频率($f_H/16$、$f_H/64$)也随之停止,所以这两组介面也将无法正常运作。有关模式的切换请参考图 2.18.2,以下模式切换的相关说明请参考图 2.18.1:

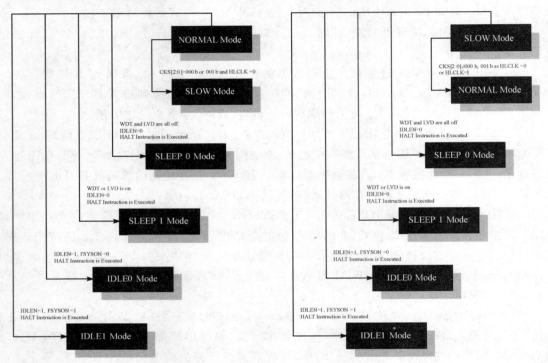

图 2.18.2　HT66Fx0 工作模式切换

(1) NORMAL Mode 切换至 SLOW Mode:NORMAL 模式的系统频率来自于高速振荡电路,也因此功耗最大。运作于此模式下的单片机可通过 HLCLK 位重设为"0"、CKS[2:0]设定为"000b"或"001b"的机制切换为 SLOW 模式,以降低系统的功耗。在使用者所定义的运行程序中,不需高速度、高运算量的部分都可以考虑切换至此模式,以达到省电的目的。

(2) SLOW Mode 切换至 NORMAL Mode:SLOW Mode 的工作频率是取自 LXT 或 LIRC 振荡电路,当设定 HLCLK="1",或是在 HLCLK="0"的情况下设定 CKS[2:0]="010b"、"011b"、"100b"、"101b"、"110b"、"111b"都可让单片机恢复至 NORMAL 模式。高速振荡电路需特定的时间才能进入稳定的工作状态,可由 SMOD 寄存器中 HTO 位的状态判定,请参阅表 2.18.1。

(3) 切换至 SLEEP0 Mode:在 WDT、LVD 均未使能、且 IDLEN="0"的情形下,执行"HALT"指令系统即进入 SLEEP0 模式,此时:

- 系统频率(f_{SYS})、WDT 频率(f_S)及 Time Base 频率(f_{TBC})将停止,程序将停滞于"HALT"指令;

- 数据存储器与寄存器的内容维持于原状态；
- 不论WDT频率(f_S)是来自$f_S/4$或f_{SUB}，系统在清除WDT后会关闭其功能；
- I/O端口维持于原状态；
- STATUS寄存器中的PDF(Power Down Flag)将设定为"1"；TO(WDT Time-out Flag)则清除为"0"。

(4) 切换至SLEEP1 Mode：在WDT或LVD使能、且IDLEN="0"情形下，执行"HALT"指令系统即进入SLEEP1模式，此时：
- 系统频率(f_{SYS})与Time Base频率(f_{TBC})将停止，程序将停滞于"HALT"指令，WDT与LVD将以f_{SUB}频率持续运作；
- 数据存储器与寄存器的内容维持于原状态；
- 若WDT频率(f_S)取自f_{SUB}且为使能状态，则WDT在清除后继续计数；
- I/O端口维持于原状态；
- STATUS寄存器中的PDF(Power Down Flag)将设定为"1"；TO(WDT Time-out Flag)则清除为"0"。

(5) 切换至IDLE0 Mode：在IDLEN="1"、FSYSON="0"情形下，执行"HALT"指令系统即进入IDLE0模式，此时：
- 系统频率(f_{SYS})停止，程序停滞于"HALT"指令；但f_{SUB}、Time Base频率仍维持运作；
- 数据存储器与寄存器的内容维持于原状态；
- 若WDT已使能且频率(f_S)取自f_{SUB}，则WDT在清除后继续计数；但若f_S取自$f_{SYS}/4$，则WDT功能将被关闭；
- I/O端口维持于原状态；
- STATUS寄存器中的PDF(Power Down Flag)将设定为"1"；TO(WDT Time-out Flag)则清除为"0"。

(6) 切换至IDLE1 Mode：在IDLEN="1"、FSYSON="1"情形下，执行"HALT"指令系统即进入IDLE1模式，此时：
- 系统频率(f_{SYS})、f_{SUB}与Time Base频率均维持运作，但CPU停止运行，程序停滞于"HALT"指令；
- 数据存储器与寄存器的内容维持于原状态；
- 若WDT已使能，则不管则其频率(f_S)是取自f_{SUB}或$f_{SYS}/4$，WDT在清除后继续计数；
- I/O端口维持于原状态；
- STATUS寄存器中的PDF(Power Down Flag)将设定为"1"；TO(WDT Time-out Flag)则清除为"0"。

单片机进入SLEEP或IDLE工作模式，无非就是为了降低系统的功耗。但是在进入SLEEP或IDLE模式后，HT66Fx0的I/O Port会保持在执行"HALT"指令之前的状态。所以若要达到更佳的省电效果，最好在进入省电模式之前也一并将外围的负载元件一起关闭，以减少电流损耗。此外，高阻抗的输入引脚若为浮空状态(Floating)，即可能造成内部的振荡而导致额外的电流消耗。因此建议应该将其状态固定为高或低电平，以避免发生上述的情况。请注意：由于同一型号具有多种封装方式，有些引脚虽未连接至外部引脚供使用者运用，在节能的考虑上仍须将其定义为输出，若定义为输入则务必启用其Pull-high功能。此外，若于"配置选项"选定 LXT 或 LIRC 振荡电路,则其在 SLEEP 或 IDLE 模式仍会消耗电流(Standyby Current)。尤其注意在 IDLE1 模式下系统频率仍(f_{SYS})维持运作,若此时系统频率是取自高速振荡电路(HXT、HIRC、ERC),其待机电流大约在数百 μA 的等级。

2.18.3 快速唤醒操作(Fast Wake-up Operation)

为了降低系统功耗,可让单片机进入 SLEEP0、SLEEP1 或 IDLE0 模式,此时系统的振荡电路将停止运作。但在单片机被唤醒时,振荡电路必须花费相当的时间重新启动并进入稳定的状态,系统才得以恢复正常的操作程序。HT66Fx0 单片机提供"快速唤醒(Fast Wake-up)"的运作机制,缩短单片机恢复正常操作的时间。若"快速唤醒"机制启动时(FSTEN 位为"1"),在原系统频率(f_H)稳定之前,会先以 f_{SUB}(可能来自于 LXT 或 LIRC)暂时充当系统的工作频率,让单片机恢复运作。不过,由于"快速唤醒"机制所采用的替代频率是取自 f_{SUB} 频率,而 SLEEP0 模式会停止 f_{SUB} 频率的供应,所以"快速唤醒"机制是无法运作的;其仅于 SLEEP1 或 IDLE0 模式唤醒时能有效运作。

若 NORMAL 模式运作时的频率是选自 HXT,则在快速唤醒机制启动(FSTEN="1")的情形下,当由 SLEEP1 模式唤醒时大约需要 1~2 个 f_{SUB}(LXT 或 LIRC)频率方能完成唤醒程序。此时系统先行以 f_{SUB} 为工作频率运作,待 1 024 个 HXT 频率后,HTO 将设定为"1",同时系统工作频率将切换为 HXT。但若 NORMAL 模式运作时的频率是取自 ERC、HIRC 或 LIRC,此时"快速唤醒"机制并无作用。

HXT 与 LXT 振荡电路使用同一组 SST(System Start-up Timer)作为电路进入稳定状态的定时器,当单片机由 SLEEP0 模式被唤醒时,两组振荡电路都必须重新启动,此时 SST 定时器是先由 HXT 振荡电路使用,当其 SST 计时结束后(HTO 位将设定为"1")再转交给 LXT 振荡电路使用;此时 LXT 振荡器仍未进入稳定状态。若 f_{SUB} 选自 LXT,由于 HTO="1"时单片机即开始指令的运行,所以此时单片机将操作于尚未稳定的频率下;此一状况在开机(Power-on)时也会发生。

随着选择的系统工作频率不同,单片机"唤醒"机制运行所需的时间有些微的差异,请参考表 2.18.3;图 2.18.2 则为 6 种工作模式的摘要图示。

表 2.18.3　HT66Fx0 的工作模式

系统频率来源	FSTEN 位设定	唤醒所需时间			
		SLEEP0	SLEEP1	IDLE0	IDLE1
XTAL	0	1 024 HXT Cycles	1 024 HXT Cycles		1~2 HXT Cycles
XTAL	1	1 024 HXT Cycles	1~2 f_{SUB} Cycles(系统先以 f_L 运作 1 024 个 HXT 周期)		1~2 HXT Cycles
ERC	X	15~16 ERC Cycles	15~16 ERC Cycles		1~2 ERC Cycles
HIRC	X	15~16 HIRC Cycles	15~16 HIRC Cycles		1~2 HIRC Cycles
LIRC	X	1~2 LIRC Cycles	1~2 LIRC Cycles		1~2 LIRC Cycles
LXT	X	1 024 LXT Cycles	1 024 LXT Cycles		1~2 LXT Cycles

部分外围设备的运作是与系统工作频率(f_{SYS})相关联的,如 A/D、WDT、TMs 与 SIM 模

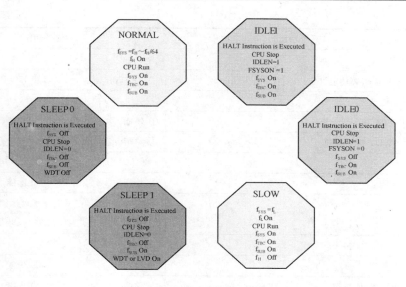

图 2.18.3 HT66Fx0 工作模式

块,当系统频率由 f_H 切换为 f_L 时,这类装置的工作频率也将随之改变。另外,要注意的是:由于 f_S 与 f_{SUB} 为提供 WDT 模块频率的来源,除非 WDT 处于位使能状态,否则这两组信号将无法使用。

2.19 配置选项设定

配置选项(Configuration Options)主要是让使用者在程序烧录阶段,对 HT66Fx0 单片机的系统功能加以设定的一些控制位,在程序执行过程并无法以任何指令来改变这些位值;芯片要能如预期的正常运作,必须先选定适当的选项后再进行烧录的程序。在程序开发过程中,可通过 HT-IDE 软件开发工具进行相关位的设定。"配置选项"是提供使用者对芯片多重应用的一个解决方案,请参考表 2.19.1。

表 2.19.1 HT66Fx0 Configuration Options

编号	系统功能	选项		
振荡频率选项(Oscillator Options)				
1	高速系统振荡源 High Speed System Oscillator Selection—f_H	① 外部晶体振荡器—HXT ② 外部 RC 振荡器—ERC ③ 内部 RC 振荡器—HIRC		
2	低频系统振荡源 Low Speed System Oscillator Selection—f_L	① 32 768 Hz 外部振荡器—LXT ② 32 kHz 内部振荡器—LIRC		
3	看门狗频率选择 WDT Clock Selection—f_S	① f_{SUB}	② $f_{SYS}/4$	
4	内部 RC 频率选择—HIRC Frequency Selection	① 4 MHz	② 8 MHz	③ 12 MHz
Note:f_{SUB} 以及 f_{TBC} 的频率源为 LXT 或 LIRC 均是取决于 f_L 配置选项的设定。				

续表 2.19.1

编号	系统功能	选项	
RESET 引脚功能选项			
5	RES与PB0引脚功能设定	① RESPin	② I/O Pin
Watchdog Timer 功能选项			
6	WDT 功能	① 使能	② 除能
7	CLR　WDT 指令选项	① 单指令清除	② 双指令清除
LVR 选项			
8	LVR 功能	① 使能	② 除能
9	LVR 电压选项	① 2.10 V ③ 3.15 V	② 2.55 V ④ 4.20 V
SIM 选项			
10	SIM 功能	① 使能	② 失能
11	SPI－WCOL 位	① 使能	② 失能
12	I²C 去抖动时间（Debounce Time）选项	① 无去抖动 ③ 两个系统频率	② 一个系统频率

2.20　实验导读指引

　　学习单片机的过程，即为实际应用的体验与展现。对于简单型的单片机来说，以往的教学或学习程序都是先就系统的结构、外围单元完整介绍后，才进行实际的实验，验证数据手册所载的单片机特性。但为因应功能越来越多样的产品需求，单片机内部的外围配置也越来越繁杂，I/O、A/D、Timer、Interrupt 已是基本配备，其他诸如 LCD 以及 UART、SPI、I²C、USB、TCP/IP 等传输接口也逐渐成为普遍的需求。也因此，单片机的 Datasheet 动辄数百页已不足为奇；在此情况下若仍是维持以往的学习方式，相信在研读 Datasheet 的过程，学习的冲劲与热情多数都将被浇灭，即使坚持到了最后学习效率也一定不高。笔者在书中也一再提醒务必结合实验，逐一征服单片机的各个外围配置。在此建议读者，学习 HT66Fx0 系列单片机的过程可先由第一章大致了解引脚功能与基本特性，经 2.1 节、2.2 节、2.3 节、2.6 节的研读，对 HT66Fx0 的系统结构、存储器配置与 I/O 控制方式有初步认识之后，即开始结合第 4 章、第 5 章的实验内容，循序渐进的了解其他的外围单元，笔者特别将各实验、程序所欲传达的 HT66Fx0 相关信息整理于表 2.20.1，希望对读者的学习过程能有所裨益。

表 2.20.1　实验导读指引表

实验单元	搭配程序	MCU 相关应用	主要元件
实验 4.1	4.1.asm	O/P 控制、指令周期计算	LED
实验 4.2	4.2.asm	O/P 控制、TABRD 指令	LED
	4.2.1.asm	O/P 控制、TABRDL 指令	
	4.2.2.asm	计算式跳转"ADDM A, PCL"指令应用	

续表 2.20.1

实验单元	搭配程序	MCU 相关应用	主要元件
实验 4.3	4.3.asm	O/P 控制、"ADDM A，PCL"指令应用	7-Segment
实验 4.4	4.4.asm	I/O 控制、"AND"指令做 Mask 应用	DIP Switch
实验 4.5	4.5.asm	I/O 控制、Software Debouncing	Push Button(PB)
实验 4.6	4.6.asm	O/P 控制、TABRDL 指令	Setp Motor
实验 4.7	4.7.asm	I/O 控制、Matrix-Keypad Decoding	4×4 Keypad
实验 4.8	4.8.asm	O/P 控制、指令周期计算	Buzzer
	4.8.1.asm	SIM PCK 输出、CTM Timer/Counter Mode	
实验 4.9	4.9.asm	O/P 控制、CTM Timer/Counter Mode	7-Segment
实验 4.10	4.10.asm	O/P 控制、STM Timer/Counter Mode、Interrupt	Buzzer
	4.10.1.asm	STM Compare Match Output Mode	
实验 4.11	4.11.asm	O/P 控制、ADC、Interrupt	LED、VR
实验 4.12	4.12.asm	O/P 控制、External Interrupt	LED、7-Segment
实验 4.13	4.13.asm	I/P 控制、ETM PWM Output Mode	PB、LED
实验 4.14	4.14.asm	O/P 控制、Analog Comparator(CP0)	CdS、LED
实验 4.15	4.15.asm	O/P 控制、Watch Dog Timer(WDT)	7-Segment
实验 4.16	4.16.asm	SLEEP0 Mode、PA vs. INT0 Wake-UP、HW. Reset	7-Segment、PB
	4.16.1.asm	SLEEP1 Mode、PA/WDT/INT0 Wake-UP、HW. Reset	
实验 4.17	4.17.asm	I/O 控制、I^2C Master 与 SIM-I^2C Slave Mode	7-Segment、DIP
实验 4.18	4.18.asm	O/P 控制、SPI Master 与 SIM-SPI Slave Mode	7-Segment、LED
	4.18.1.asm	O/P 控制、SPI Slave 与 SIM-SPI Master Mode	
实验 4.19	4.19.asm	O/P 控制、fSYS 切换、SLOW Mode	7-Segment
实验 4.20	4.20.asm	O/P 控制、SIM-I^2C Slave Mode、地址匹配唤醒机制	7-Segment
	4.20.1.asm	I/O 控制、I^2C Master	Keypad、DIP
实验 5.1	5.1.asm	I/P 控制、ETM PWM O/P Mode、H-Bridge	DC Motor
实验 5.2	5.2.asm	间接寻址、STM Timer Mode、多颗七段扫瞄、INT0	7-Segment×4
实验 5.3	5.3.asm	O/P 控制、间接寻址、Time Base 中断、点矩阵扫瞄	Dot-matrix LED
实验 5.4	5.4.asm	O/P 控制、间接寻址、Time Base 中断、点矩阵扫瞄	Dot-matrix LED
实验 5.5	5.5.asm	O/P 控制、间接寻址、STM Timer Mode、SCOM	4×9 LCD
实验 5.6	5.6.asm	O/P 控制、LCM 字形显示控制(8-Bit Mode)	LCM
实验 5.7	5.7.asm	O/P 控制、LCM 自建字形控制(8-Bit Mode)	LCM
实验 5.8	5.8.asm	I/O 控制、LCM 控制(8-Bit Mode)	LCM、Keypad
实验 5.9	5.9.asm	I/O 控制、LCM 控制(8-Bit Mode)、CTM 随机数产生	LCM、PB
实验 5.10	5.10.asm	O/P 控制、LCM 自建字形与显示控制(4-Bit Mode)	LCM
实验 5.11	5.11.asm	I/O 控制、LCM 控制(4-Bit Mode)、STM 随机数产生	LCM、PB
实验 5.12	5.12.asm	STM Capture I/P Mode、CTM PWM O/P Mode	LCM、PB
实验 5.13	5.13.asm	ETM Single Pulse O/P Mode、STM Capture I/P Mode	LCM、PB

续表 2.20.1

实验单元	搭配程序	MCU 相关应用	主要元件
实验 5.14	5.14.asm	I/O 控制、中文 LCM 控制（8-Bit Mode）、	中文 LCM
实验 5.15	5.15.asm	I/O 控制、Hlaf-Matrix Keypad、LCM 控制（8-Bit Mode）、	LCM、Keypad
实验 5.16	5.16.asm	I/O 控制、内建 E^2PROM Data Memory 读写、LCM 控制	LCM、Keypad
实验 5.17	5.17.asm	I/O 控制、I^2C-Bus E^2PROM 读写、LCM 控制	HT24LC16
实验 5.18	5.18.asm	I/O 控制、MicroWire-Bus E^2PROM 读写、LCM 控制	HT93LC46

第 3 章

HT66Fx0 指令集与开发工具

所谓"工欲善其事,必先利其器",本章除了说明 HT66Fx0 系列的指令之外,也将程序的编译流程与宏的写法加以介绍。另外,盛群半导体公司为了让使用者对其产品的使用能更加得心应手,提供了一套相当完整的开发环境——"HT-IDE3000",集成了编辑(Editor)、编译(Assembler)、ICE 仿真、虚拟硬件仿真器(VPM)以及烧录器(Programmer)等功能,所以强烈建议读者随时浏览盛群半导体公司的网站并下载最新的 IDE 软件,以免有遗珠之憾。本章将详细说明这些功能的操作方式,主要内容包括:

- 3.1 HT66Fx0 指令集与寻址方式
- 3.2 汇编程序
- 3.3 程序的编译
- 3.4 HT-IDE3000 使用方式与操作
- 3.5 VPM 使用方式与操作
- 3.6 e-Writer 烧录器操作说明

第3章 HT66Fx0 指令集与开发工具

3.1 HT66Fx0 指令集与寻址方式

若将单片机上的 CPU 形容成人体的大脑,则外围设备(如 I/O、A/D、TM…)可视为四肢与躯干,而程序可说是单片机运作的灵魂,指令(Instruction)则是程序构成的基本元素。除了对外围设备的特性要了解透彻之外,程序若编写得当,则四肢运作协调,将可发挥单片机的最大效能,使其功能发挥的淋漓尽致。因此,熟悉指令是学习单片机的必要过程;熟悉指令并非意味着要读者死背指令,而是经常使用、反复查阅;如此日积月累,必当促使读者练就一身编写程序的好功力。

HT66Fx0 指令共分为 7 大类,大致介绍如下:

(1) 数据传送与转移指令(Moving and Transferring Data):传送指令可说是单片机程序中运用最频繁的指令,HT66Fx0 提供 3 种形式的"MOV"指令,提供累加器(ACC)至寄存器、寄存器至累加器以及常数至累加器的数据传送,最重要的是通过"MOV"指令可让单片机通过 I/O 端口传输数据。

(2) 算术运算指令(Arithmetic Operation):在大多数单片机的应用场合,难免都有对数据进行运算或处理的需求,HT66Fx0 所提供的加、减指令符合这类应用;当处理的数据超过 255 或小于零时,必须特别注意进位与借位的妥善处理。另外,递增、递减指令可对指定的地址内容进行加一、减一的运算。

(3) 逻辑运算与移位指令(Logic and Rotate Operation):AND、OR、XOR 与 CPL 等常见的逻辑运算在 HT66Fx0 单片机中都配有独立指令,如同其他的指令一样,多数的运算都必须经由累加器完成,若运算的结果为零,则状态寄存器中的 Z 标志位将设定为"1"。移位指令,包含 RR、RL、RRC 与 RLC,是另一类型的逻辑处理指令,可完成数据左移或右移一位的需求;此类移位指令通常运用于串行的数据传输,或是完成 2 的幂次方的乘、除运算。

(4) 分支与控制转移指令(Branch and Control Transfer):JMP 或 CALL 指令都可以让 CPU 跳至特定的位置执行指令;不同的是子程序的调用(CALL)在子程序执行结束时须以 RET 指令回到原调用处。另一类常用的分支指令是条件式跳转指令,根据判断条件的成立与否决定是执行或跳过下一行指令,而判断的依据可以是数据存储器或单独的位。

(5) 位运算指令(Bit Operation):位运算是 Holtek 各类型单片机都支持的指令,尤其在以 I/O 单一位输出的控制场合,利用"SET [m].i"、"CLR [m].i"就可轻松达成对单一引脚高、低电平的状态设定。在未提供单一位运算指令的单片机上,若要完成 I/O 端口单一引脚的状态设定,必须先读取整个端口的状态,把要变更的位适当设定后再将整笔数据写回 I/O 端口,以确保同一端口的其他引脚状态不受影响(即 Read-modify-write);采用 Holtek 位运算指令可以省去这些繁琐的步骤。

(6) 查表指令(Table Read Operation):数据通常存放于数据存储器,但若大量且不变的常数数据也要如法炮制,就显得相当不方便,况且数据存储器的空间通常都不是很大。Holtek 系列的单片机允许使用者将常数存放于程序存储器,利用相当简易的查表指令即可读取这些存放于程序存储器内的建表数据。

(7) 其他(Other Operation):除了上述提及的指令功能之外,其他还有如:"HALT"指令可使单片机进入省电模式;以及搭配 WDT 使用的"CLR WDT"、"CLR WDT1"、"CLR

WDT2"指令,请参考表3.1.1的指令速查表。

操作数(Operand)是指令运作的对象,寻址方式(Addressing Mode)是指CPU寻找操作数的方式(或者说是途径),HT66Fx0系列MCU提供5种不同的寻址模式:

(1) 立即寻址方式(Immediate Addressing Mode):即运算的常数值直接跟在运算码之后;

例如:

```
MOV     A,50h           ;Acc = 50h
AND     A,55h           ;Acc = Acc AND 55h
```

(2) 直接寻址方式(Direct Addressing Mode):即操作数的地址直接跟在运算码之后;

例如:

```
MOV     A,[50h]         ;Acc = 数据存储器地址 50h 的内容
ADD     A,[55h]         ;Acc = Acc AND 数据存储器地址 55h 的内容
```

(3) 间接寻址方式(Indirect Addressing Mode):即操作数的地址是存放于特殊的寻址寄存器中(MP0、MP1);

例如:

```
MOV     A,50h           ;Acc = 50h
MOV     MP0,A
CLR     IAR0            ;清除 MP0(=50h)所指定的数据存储器,
                        ;即执行结果[50h] = 00h
```

(4) 特殊寄存器寻址方式(Special Register Addressing Mode):即针对某一特殊寄存器做运算;

例如:

```
CLR     WDT             ;清除看门狗定时器
```

(5) 指标寻址方式(Pointer Addressing Mode):此寻址方式主要是执行查表的动作;

例如:

```
MOV     A,80h           ;Acc = 80h
MOV     TBLP,A          ;TBLP = 80h
MOV     A,07h           ;Acc = 07h
MOV     TBHP,A          ;TBHP = 07h
TABRD   [50h]           ;读取程序存储器页地址 0780h 的内容,并将低 8 位存放至数据存储
```
器(地址50h),其余位则放置于TBLH寄存器

HT66Fx0系列为精简指令集(Reduce Instruction Set Code,RISC)架构,具有指令少、指令译码速度快的特性。HT66Fx0系列总共有62个指令,依其功能可分为9大类:

(1) 算数运算指令:包含 ADD、ADDM、ADC、ADCM、SUB、SUBM、SBC、SBCM 以及 DAA 指令。

(2) 逻辑运算指令:包含 AND、OR、XOR、ANDM、ORM、XORM、CPL 以及 CPLA 指令。

(3) 递增递减指令:包含 INCA、INC、DECA 以及 DEC 指令。

(4) 移位指令：包含 RRA、RR、RRCA、RRC、RLA、RL、RLCA 以及 RLC 指令。

(5) 数据传送指令：即 MOV 相关指令。

(6) 位运算指令：即 CLR [m].i 与 SET [m].i 指令。

(7) 分支跳转指令：包含 JMP、SZ[m]、SZA、SZ、SNZ、SIZ、SDZ、SIZA、SDZA、CALL 以及 RET 指令。

(8) 查表专用指令：即 TABRD、TABRDL 指令。

(9) 其他功能指令：包含 NOP、CLR [m]、SET [m]、CLR WDT、CLR WDT1、CLR WDT2、SWAP、SWAPA 以及 HALT 指令。

关于指令的执行时间，除了有跳转功能的分支指令（条件成立时的跳转）、查表指令占两个指令周期之外，其余的指令都只占一个指令周期（Instruction Cycle，T_{INT}）；而每个 T_{INT} 等于 4 倍的振荡器振荡周期（$4 \times f_{SYS-1}$）。举例来说，若 HT66Fx0 工作于 4 MHz 的频率，则一个指令周期的时间即为：

$$T_{INT} = 4 \times (4\text{ MHz})^{-1} = 1\ \mu s$$

为方便读者写程序时查阅，特将 HT66Fx0 系列的指令集整理于表 3.1.1 中，若读者想进一步了解指令的动作，请参考本节后续对于个别指令的详细说明（介绍的顺序依照英文字母由小至大排列）。指令说明中，各运算符号所代表的意义如下：

"x"　　=8 位的常数值（立即寻址方式）。

"m"　　=8 位的数据存储器地址（直接寻址方式），为了方便起见有时候直接以"存储器 m"或"m 存储器"称之。

"A"　　=累加器（Accumulator）或称之为"Acc 累加器"。

"i"　　=0～7，代表位的位置。

"Addr" =程序存储器地址，HT66F20 为 10-Bit、HT66F30 为 11-Bit、HT66F40 为 12-Bit、HT66F50 为 13-Bit、HT66F60 为 14-Bit。

"■"　　=标志位受影响。

另外，表 3.1.1 的附注说明如下：

(1) 条件式跳转指令若条件成立，则跳转至下下一行指令执行时，执行时间增加一个指令周期。

(2) 若有加载数值至 PCL 寄存器，则执行时间增加一个指令周期。

(3) 若在配置选项中设定 WDT 为双指令清除时，执行"CLR WDT1"与"CLR WTD2"后，TO 及 PDF 标志位会被清除为"0"；若只是单独执行任何一个指令，则 TO 及 PDF 标志位并不受影响。

表 3.1.1　HT66Fx0 指令速查表

助记符		指令功能描述	指令周期	受影响的标志位					
				C	AC	Z	OV	PDF	TO
算术指令—Arithmetic									
ADD	A,[m]	累加器 A 与寄存器[m]相加,结果存至累加器 A	1						
ADDM	A,[m]	寄存器[m]与累加器 A 相加,结果存至[m]	1[Note]						
ADD	A,x	累加器 A 与常数 x 相加,结果存至累加器 A	1						

续表 3.1.1

助记符		指令功能描述	指令周期	受影响的标志位					
				C	AC	Z	OV	PDF	TO
ADC	A,[m]	累加器 A、寄存器[m]与进位标志位 C 相加，结果存至累加器 A	1						
ADCM	A,[m]	寄存器[m]、累加器 A 与进位标志位 C 相加，结果存至[m]	1[Note]						
SUB	A,x	累加器 A 与常数 x 相减，结果存至累加器 A	1						
SUB	A,[m]	累加器 A 与寄存器[m]相减，结果存至累加器 A	1						
SUBM	A,[m]	累加器 A 与寄存器[m]相减，结果存至[m]	1						
SBC	A,[m]	累加器 A 与寄存器[m]、进位标志位 C 相减，结果存至 A	1						
SBCM	A,[m]	累加器 A 与寄存器[m]、进位标志位 C 相减，结果存至[m]	1						
DAA	[m]	累加器 A 的内容转成 BCD 码后存至[m]	1						
逻辑运算指令—Logic Operation									
AND	A,[m]	累加器 A 与寄存器[m]执行 AND 运算，结果存至累加器 A	1						
OR	A,[m]	累加器 A 与寄存器[m]执行 OR 运算，结果存至累加器 A	1						
XOR	A,[m]	累加器 A 与寄存器[m]执行 XOR 运算，结果存至累加器 A	1						
ANDM	A,[m]	寄存器[m]与累加器 A 执行 AND 运算，结果存至[m]	1						
ORM	A,[m]	寄存器[m]与累加器 A 执行 OR 运算，结果存至[m]	1						
XORM	A,[m]	累加器 A 与寄存器[m]执行 XOR 运算，结果存至[m]	1						
AND	A,x	累加器 A 与常数 x 执行 AND 运算，结果存至累加器 A	1						
OR	A,x	累加器 A 与常数 x 执行 OR 运算，结果存至累加器 A	1						
XOR	A,x	累加器 A 与常数 x 执行 XOR 运算，结果存至累加器 A	1						
CPL	[m]	对寄存器[m]内容取补码，再将结果回存至[m]	1						
CPLA	[m]	对寄存器[m]内容取补码，再将结果存至 A	1						
递增与递减—Increment & Decrement									
INCA	[m]	寄存器[m]+1，结果存至累加器 A	1						
INC	[m]	寄存器[m]+1，结果存至[m]	1						
DECA	[m]	寄存器[m]−1，结果存至累加器 A	1						
DEC	[m]	寄存器[m]−1，结果存至寄存器[m]	1						
移位指令—Rotate									
RRA	[m]	寄存器[m]内容右移一个位后，将结果存至累加器 A	1						
RR	[m]	寄存器[m]内容右移一个位	1						
RRCA	[m]	寄存器[m]内容连同进位标志位 C 一起右移一个位后，将结果存至 A	1						
RRC	[m]	寄存器[m]内容连同进位标志位 C 一起右移一个位	1						
RLA	[m]	寄存器[m]内容左移一个位后，将结果存至累加器 A	1						
RL	[m]	寄存器[m]内容左移一个位	1						

续表 3.1.1

助记符		指令功能描述	指令周期	受影响的标志位					
				C	AC	Z	OV	PDF	TO
RLCA	[m]	寄存器[m]内容连同进位标志位 C 一起左移一个位后,将结果存至 A	1	✓					
RLC	[m]	寄存器[m]内容连同进位标志位 C 一起左移一个位	1	✓					
数据传送—Data Move									
MOV	A,[m]	将寄存器[m]内容放入累加器 A	1						
MOV	[m],A	将累加器 A 内容放入寄存器[m]	1						
MOV	A,x	将常数 x 放入寄存器[m]	1						
位运算指令—Bit Operation									
CLR	[m].i	将寄存器[m]的第 i 位清除为 0 (i=0~7)	1						
SET	[m].i	将寄存器[m]的第 i 位设定为 1 (i=0~7)	1						
分支指令—Branch									
JMP	Addr	跳转至地址 Addr(PC=Addr)	2						
SZ	[m]	若寄存器[m]内容为 0 则跳过下一行	1						
SZA	[m]	将寄存器[m]内容存至累加器 A,若为 0 则跳过下一行	1						
SZ	[m],i	若寄存器[m]的第 i(i=0~7)位为 0 则跳过下一行	1						
SNZ	[m],i	若寄存器[m]的第 i(i=0~7)位不为 0 则跳过下一行	1						
SIZ	[m]	将寄存器[m]+1 结果存至寄存器[m],若结果为 0 跳过下一行	1						
SDZ	[m]	将寄存器[m]-1 结果存至寄存器[m],若结果为 0 则跳过下一行	1						
SIZA	[m]	将寄存器[m]+1 结果存至累加器 A,若结果为 0 则跳过下一行	1						
SDZA	[m]	将寄存器[m]-1 结果存至累加器 A,若结果为 0 则跳过下一行	1						
CALL	Addr	调用子程序指令(PC=Addr)	2						
RET		子程序返回指令(PC=Top of Stack)	2						
RET	A,x	子程序返回指令(PC=Top of Stack),并将常数 x 放入累加器 A	2						
RETI		中断子程序返回指令(PC=Top of Stack),并设定 EMI Flag =1	2						
查表指令—Table Read									
TABRD	[m]	依据 TBHP、TBLP 读取程序存储器的值并存放至 TBLH 与 [m]	2						
TABRDL	[m]	依据 TBLP 读取程序存储器最末页的值并存放至 TBLH 与 [m]	2						

续表 3.1.1

助记符		指令功能描述	指令周期	受影响的标志位					
				C	AC	Z	OV	PDF	TO
其他—Miscellaneous									
NOP		不动作	1						
CLR	[m]	将寄存器[m]内容清除为 0	1						
SET	[m]	将寄存器[m]内容设定为 FFh	1						
CLR	WDT	清除看门狗定时器	1					■	■
CLR	WDT1	看门狗计时器清除指令 1	1					■	■
CLR	WDT2	看门狗计时器清除指令 2	1					■	■
SWAP	[m]	将寄存器[m]的高低四位互换	1						
SWAPA	[m]	将寄存器[m]的高低四位互换后的结果存至累加器 A	1						
HALT		进入省电模式	1					■	■

注：i=某个位(0~7)；x=8 位常数；[m]=数据存储器位置；Addr=程序存储器位置；■=标志位受影响；□=标志位不受影响。

指令：ADC   A,[m]①
动作：Acc←Acc＋[m]＋C

影 响 标 志 位
TO PDF OV   Z   AC   C
              ■   ■   ■

功能说明：以 Acc 的内容值、地址 m 的数据存储器内容值与 C(进位标志位)相加，并将其运算结果存入 Acc。
范　　例：ADC   A,[40h]
执 行 前：地址 40h 的数据存储器内容为 1Fh，累加器 Acc 内容为 01h，C＝1。
执 行 后：地址 40h 的数据存储器内容为 1Fh，累加器 Acc 内容为 21h。

指令：ADCM   A,[m]
动作：[m]←Acc＋[m]＋C

影 响 标 志 位
TO PDF OV   Z   AC   C
              ■   ■   ■

功能说明：以 Acc 的内容值、存储器 m 的内容值与 C(进位标志位)相加，并将其运算结果存入存储器 m。
范　　例：ADCM   A,[40h]
执 行 前：存储器 40h 内容为 1Fh，Acc 内容为 01h，C＝0。
执 行 后：存储器 40h 内容为 20h，Acc 内容为 01h。

指令：ADD   A,[m]
动作：Acc←Acc＋[m]

影 响 标 志 位
TO PDF OV   Z   AC   C
         ■   ■   ■   ■

功能说明：以 Acc 的内容值与存储器 m 的内容相加，并将其运算结果存入 Acc 累加器。

---

① [m]代表地址 m 的数据存储器，为方便说明起见，之后一律以称为存储器 m(或 m 寄存器)。

范　例：ADD　　A,[40h]
执 行 前：存储器 40h 内容为 30h,累加器 Acc 内容为 20h。
执 行 后：存储器 40h 内容为 30h,累加器 Acc 内容为 50h。

指令：ADD　　A,x	影　响　标　志　位
动作：Acc←Acc+x	TO　PDF　OV　Z　AC　C 　　　　　■　■　■

功能说明：以 Acc 的内容值与常数 x 相加,并将其运算结果存入 Acc 累加器。
范　例：ADD　　A,40h
执 行 前：累加器 Acc 内容为 20h。
执 行 后：累加器 Acc 内容为 60h。

指令：ADDM　A,[m]	影　响　标　志　位
动作：[m]←Acc+[m]	TO　PDF　OV　Z　AC　C 　　　　　■　■　■

功能说明：以 Acc 的内容值与存储器 m 的内容相加,并将其运算结果存入 m 存储器。
范　例：ADDM　A,[40h]
执 行 前：存储器 40h 内容为 30h,Acc 内容为 20h。
执 行 后：存储器 40h 内容为 50h,Acc 内容为 20h。

ADD(M)、ADC(M)指令通常在 8 位以上的加法运算中搭配运用,如下例是将两笔 16 位数据相加的范例(WORD2＝WORD1＋WORD2)：

范　例：………　　　　　　　　　;数据存储器定义区
　　　　WORD1　　DW　?　　　　;保留 2-Byte 的数据空间
　　　　WORD2　　DW　?　　　　;保留 2-Byte 的数据空间
　　　　………　　　　　　　　　;程序区
　　　　MOV　　A,WORD1[0]②　;取得 Low Bytes
　　　　ADDM　A,WORD2[0]　　;Low Byte 相加
　　　　MOV　　A,WORD1[1]　　;取得 High Bytes
　　　　ADCM　A,WORD2[1]　　;High Byte 相加
执 行 前：　　[WORD1]＝5566h,[WORD2]＝33AAh,Acc＝36h。
执 行 后：　　[WORD1]＝5566h,[WORD2]＝8910h,Acc＝55h。

指令：AND　　A,[m]	影　响　标　志　位
动作：Acc←Acc "AND" [m]	TO　PDF　OV　Z　AC　C 　　　　　　　■

功能说明：以 Acc 的内容值与存储器 m 的内容执行"AND"运算,并将结果存入 Acc 累加器。
范　例：AND　　A,[40h]
执 行 前：存储器 40h 内容为 88h,累加器 Acc 内容为 08h。
执 行 后：存储器 40h 内容为 88h,累加器 Acc 内容为 08h。

---

② 在 HT 的 Assembly Language 中,m[N]代表 m＋N 的数据存储器地址。

指令：AND A,x	影 响 标 志 位
动作：Acc←Acc "AND" x	TO　PDF　OV　Z　AC　C 　　　　　　　■

功能说明：以 Acc 的内容值与常数 x 执行"AND"运算,并将结果存入 Acc 累加器。
范　　例：　　AND　　A,F0h
执 行 前：Acc 内容为 88h。
执 行 后：Acc 内容为 80h。

指令：ANDM A,[m]	影 响 标 志 位
动作：[m]←Acc "AND" [m]	TO　PDF　OV　Z　AC　C 　　　　　　　■

功能说明：以 Acc 的内容值与存储器 m 的内容执行"AND"运算,并将结果存入 m 存储器。
范　　例：　　ANDM　　A,[40h]
执 行 前：存储器 40h 内容为 88h,Acc 内容为 08h。
执 行 后：存储器 40h 内容为 08h,Acc 内容为 08h。

指令：CALL Addr	影 响 标 志 位
动作：PC←Addr,Stack←PC+1	TO　PDF　OV　Z　AC　C

功能说明：调用 Addr 所在地址的子程序,此时 PC 值已经加一(指向下一个指令地址),先将
　　　　　此 PC 值存放至堆栈存储器中(Stack Memory),再将 Addr 放到 PC 达到跳转的
　　　　　目的。
范　　例：CALL　　READ_KEY
执 行 前：PC=110h,READ_KEY=300h,Stack=000h。
执 行 后：PC=300h,READ_KEY=300h,Stack=111h。

指令：CLR [m].i	影 响 标 志 位
动作：[m].i←"0"	TO　PDF　OV　Z　AC　C

功能说明：将存储器 m 的第 i 个位清除为"0"。
范　　例：CLR　　[40h].2
执 行 前：[40h]=64h。
执 行 后：[40h]=60h。

指令：CLR [m]	影 响 标 志 位
动作：[m]←"00h"	TO　PDF　OV　Z　AC　C

功能说明：将存储器 m 清除为"00h"。
范　　例：CLR　　[40h]
执 行 前：[40h]=66h。

执 行 后：[40h]＝00h。

指令：CLR　　WDT	影　响　标　志　位					
动作：WDT 及 WDT 定时器←00h，PDF 及 TO←0	TO	PDF	OV	Z	AC	C
	0	0				

功能说明：将 WDT 与 WDT 定时器予以清除，同时 TO 及 PDF 位也会被清除为"0"。
范　　例：CLR　　WDT
执 行 前：WDT 定时器＝86h，TO＝"1"，PDF＝"1"。
执 行 后：WDT 定时器＝00h，TO＝"0"，PDF＝"0"。

指令：CLR　　WDT1	影　响　标　志　位					
动作：WDT 及 WDT 定时器←00h，PDF 及 TO←0	TO	PDF	OV	Z	AC	C
	0	0				

功能说明：当在 Configuration Option（配置选项）中选择两个指令清除 WDT 时才有效。搭配"CLR WDT2"指令的使用，必须在"CLR WDT1"与"CLR WDT2"指令均执行过的情况下，才可以将 WDT 与 WDT 定时器予以清除，同时 TO 及 PDF 位也会被清除为"0"；否则并不会影响 TO 及 PDF 位。
范　　例：CLR　　WDT1
　　　　　CLR　　WDT2
执 行 前：WDT 定时器＝86h，TO＝"1"，PDF＝"1"。
执 行 后：WDT 定时器＝00h，TO＝"0"，PDF＝"0"。

指令：CLR　　WDT2	影　响　标　志　位					
动作：WDT 及 WDT 定时器←00h，PDF 及 TO←0	TO	PDF	OV	Z	AC	C
	0	0				

功能说明：在 Configuration Option（配置选项）中选择两个指令清除 WDT 时才有效。搭配"CLR WDT1"指令的使用，必须在"CLR WDT1"与"CLR WDT2"指令均执行过的情况下，才可以将 WDT 与 WDT 定时器予以清除，同时 TO 及 PDF 位也会被清除为"0"；否则并不会影响 TO 及 PDF 位。
范　　例：CLR　　WDT1
　　　　　CLR　　WDT2
执 行 前：WDT 定时器＝86h，TO＝"1"，PDF＝"1"。
执 行 后：WDT 定时器＝00h，TO＝"0"，PDF＝"0"。

指令：CPL　　[m]	影　响　标　志　位					
动作：[m]←[m]	TO	PDF	OV	Z	AC	C
				■		

功能说明：将存储器 m 取 1 补码（1's Complement）。
范　　例：CPL　　[40h]
执 行 前：[40h]＝55h。

执 行 后：[40h]=AAh。

指令：CPLA　　[m]	影　响　标　志　位
动作：Acc←$\overline{[m]}$	TO　PDF　OV　Z　AC　C 　　　　　　　　■

功能说明：将存储器 m 取 1 补码（1's Complement），并将结果存于 Acc 累加器。
范　　例：CPLA　　[40h]
执 行 前：[40h]=55h,Acc=88h。
执 行 后：[40h]=55h,Acc=AAh。

指令：DAA　　[m]	影　响　标　志　位
动作：If　Acc[3:0]>9　or　AC=1 　　Then　[m].3～[m].0←Acc[3:0]+6,AC1=$\overline{AC}$ 　　Else　[m].3～[m].0←Acc[3:0]+6,AC1=1 　　and 　　If　Acc[7:4]>9　or　C=1 　　Then　[m].7～[m].4←Acc[7:4]+6+AC1,C=0 　　Else　[m].7～[m].4←Acc[7:4]+AC1,C=C	TO　PDF　OV　Z　AC　C 　　　　　　　　　　■

功能说明：将 Acc 累加器内容调整为 BCD 格式并将结果存于 m 存储器。
范　　例：ADD　　A,05h
　　　　　DAA　　[40h]
执 行 前：[40h]=55h,Acc=89h。
执 行 后：[40h]=94h,Acc=8Eh。

"DAA"在 BCD(Binary Coded Decimal)的加法运算上是极为重要的调整指令，若能善加利用可以省去不少的麻烦。例如要求得 1+2+3+….+10(答案=55)的结果，程序写法如下：

范　　例：
```
       #INCLUDE      HT66F50.INC      ;加载寄存器定义文件
       ………                           ;数据存储器定义区
       COUNT DB      ?                ;保留 1-Byte 的数据空间
       ………                           ;程序区
       MOV           A,10
       MOV           COUNT,A          ;设定 COUNT=10,因为有 10 笔数据相加
       CLR           ACC              ;Acc = 0
NEXT:  ADD           A,COUNT          ;累加
       DAA           ACC              ;进行 BCD 调整
       SDZ           COUNT            ;10 笔数据加完了吗？
       JMP           NEXT             ;未加完,继续累加
       NOP                            ;10 笔数据加完了！
       ………
```

上面的程序执行至"NOP"时，Acc 累加器=55h。如果读者将"DAA ACC"调整指令舍去，执行的结果为 Acc 累加器=37h(十进制的 55)。

第3章　HT66Fx0 指令集与开发工具

指令：DEC　　[m]	影　响　标　志　位
动作：[m]←[m]−1	TO　PDF　OV　Z　AC　C 　　　　　　　　■

功能说明：　　将 m 存储器内容减一,结果存回 m 存储器。
范　　例：DEC　　[40h]
执 行 前：[40h]=55h,Acc=89h。
执 行 后：[40h]=54h,Acc=89h。

指令：DECA　　[m]	影　响　标　志　位
动作：Acc←[m]−1	TO　PDF　OV　Z　AC　C 　　　　　　　　■

功能说明：将 m 存储器内容减一,结果存回 Acc 累加器。
范　　例：DECA　　[40h]
执 行 前：[40h]=55h,Acc=89h。
执 行 后：[40h]=55h,Acc=54h。

指令：HALT	影　响　标　志　位
动作：PC←PC+1,PDF←1,TO←0	TO　PDF　OV　Z　AC　C 　0　　1

功能说明："HALT"指令将使单片机进入省电模式(Power-Down Mode);此时系统频率将被
　　　　　关闭,因此程序将停止执行。不过在进入 Power-Down Mode 之前,会先清除
　　　　　WDT 以及 WDT 计数器,并将 PDF 设定为"1"、TO 清除为"0"。进入 Power-
　　　　　Down Mode 后,数据存储器以及寄存器的内容将保持不变。
范　　例：HALT
执 行 前：PC=100h,PDF=0,TO=0。
执 行 后：PC=101h,PDF=1,TO=0。

指令：INC　　[m]	影　响　标　志　位
动作：[m]←[m]+1	TO　PDF　OV　Z　AC　C 　　　　　　　　■

功能说明：将 m 存储器内容加一,结果存回 m 存储器。
范　　例：INC　　[40h]
执 行 前：[40h]=55h,Acc=89h。
执 行 后：[40h]=56h,Acc=89h。

指令：INCA　　[m]	影　响　标　志　位
动作：Acc←[m]+1	TO　PDF　OV　Z　AC　C 　　　　　　　　■

功能说明：将 m 存储器内容加一,结果存回 Acc。
范　　例：INCA　　[40h]

执 行 前：[40h]=55h,Acc=89h。
执 行 后：[40h]=55h,Acc=56h。

指令：JMP　Addr	影　响　标　志　位
动作：PC←Addr	TO　PDF　OV　Z　AC　C

功能说明：将跳转的目的地址（Addr）放到 PC，达到跳转的功能。
范　　例：JMP　　MAIN
执 行 前：PC=110h,MAIN=000h。
执 行 后：PC=000h,MAIN=000h。

指令：MOV　A,[m]	影　响　标　志　位
动作：Acc←[m]	TO　PDF　OV　Z　AC　C

功能说明：将 m 存储器的内容复制到 Acc。
范　　例：MOV　　A,[40h]
执 行 前：[40h]=55h,Acc=89h。
执 行 后：[40h]=55h,Acc=55h。

指令：MOV　[m],A	影　响　标　志　位
动作：[m]←Acc	TO　PDF　OV　Z　AC　C

功能说明：将 Acc 的内容复制到 m 存储器。
范　　例：MOV　　[40h],A
执 行 前：[40h]=55h,Acc=89h。
执 行 后：[40h]=89h,Acc=89h。

指令：MOV　A,x	影　响　标　志　位
动作：Acc←x	TO　PDF　OV　Z　AC　C

功能说明：将立即数（常数 x）传送到 Acc。
范　　例：MOV　　A,40h
执 行 前：Acc=89h。
执 行 后：Acc=40h。

指令：NOP	影　响　标　志　位
动作：PC←PC+1	TO　PDF　OV　Z　AC　C

功能说明：不执行任何运算，但是 PC 值会加一。虽然是不执行任何运算，但执行"NOP"指令仍是会耗费一个指令周期的时间。因此除了用来填补程序空间之外，有时候是当作延时用。

范　　例：NOP
执　行　前：PC=89h。
执　行　后：PC=8Ah。

指令：OR　　A,[m]	影　响　标　志　位					
动作：Acc←Acc "OR" [m]	TO	PDF	OV	Z	AC	C
				■		

功能说明：将 Acc 的内容值与存储器 m 的内容执行"OR"运算，结果存入 Acc。
范　　例：OR　　A,[40h]
执　行　前：存储器 40h 内容为 80h, Acc 内容为 08h。
执　行　后：存储器 40h 内容为 80h, Acc 内容为 88h。

指令：OR　　A,x	影　响　标　志　位					
动作：Acc←Acc "OR" x	TO	PDF	OV	Z	AC	C
				■		

功能说明：以 Acc 的内容值与常数值 x 执行"OR"运算，并将结果存入 Acc。
范　　例：OR　　A,40h
执　行　前：Acc 内容为 08h。
执　行　后：Acc 内容为 48h。

指令：ORM　A,[m]	影　响　标　志　位					
动作：[m]←Acc "OR" [m]	TO	PDF	OV	Z	AC	C
				■		

功能说明：以 Acc 的内容值与存储器 m 的内容执行"OR"运算，并将结果存入 m 存储器。
范　　例：ORM　A,[40h]
执　行　前：存储器 40h 内容为 80h, Acc 内容为 08h。
执　行　后：存储器 40h 内容为 88h, Acc 内容为 08h。

指令：RET	影　响　标　志　位					
动作：PC←Stack	TO	PDF	OV	Z	AC	C

功能说明：将堆栈存储器(Stack Memory)所存放的 PC 值取回，并存入 PC。
范　　例：RET
执　行　前：PC=066h, Stack=888h。
执　行　后：PC=888h, Stack=888h。

指令：RET　A,x	影　响　标　志　位					
动作：PC←Stack , Acc←x	TO	PDF	OV	Z	AC	C

功能说明：将堆栈存储器(Stack Memory)所存放的 PC 值取回，并存入 PC；同时将常数值 x 放入 Acc。

范　　例：RET　　A,58h
执 行 前：PC=066h,Stack=888h,Acc=34h。
执 行 后：PC=888h,Stack=888h,Acc=58h。

指令：RETI	影响标志位					
动作：PC←Stack,EMI←"1"	TO	PDF	OV	Z	AC	C

功能说明：将堆栈存储器(Stack Memory)所存放的 PC 值取回，并存入 PC；并把 EMI 位设定为"1"。"RETI"通常是中断服务子程序的最后一个指令。因为在进入中断服务子程序时，单片机会自动清除 EMI 位，以防止其他中断再发生，所以利用"RETI"指令在返回主程序的同时，将中断重新使能。

范　　例：RETI
执 行 前：PC=066h,Stack=888h,EMI="0"。
执 行 后：PC=888h,Stack=888h,EMI="1"。

指令：RL　　[m]	影响标志位					
动作：[m].(i+1)←[m].i for i=0~6　and　[m].0←[m].7	TO	PDF	OV	Z	AC	C

功能说明：将存储器 m 的内容左移，并将结果存回 m 存储器。如下图：

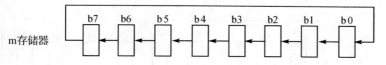

范　　例：RL　　[40h]
执 行 前：[40h]=44h。
执 行 后：[40h]=88h。

指令：RLA　　[m]	影响标志位					
动作：Acc.(i+1)←[m].i for i=0~6　and　Acc.0←[m].7	TO	PDF	OV	Z	AC	C

功能说明：将存储器 m 的内容左移，并将结果存回 Acc。如下图：

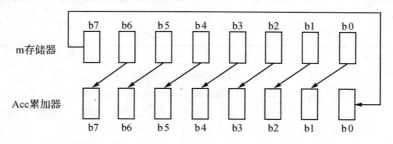

范　　例：RLA　　[40h]
执 行 前：[40h]=44h,Acc=66h。

执行后:[40h]=44h,Acc=88h。

指令:RLC　　[m]	影　响　标　志　位
动作:[m].(i+1)←[m].i for i=0~6 and [m].0←C,C←[m].7	TO　PDF　OV　Z　AC　C

功能说明:将存储器 m 的内容伴随进位标志位(C)一起左移,并将结果存回 m 存储器。如下图:

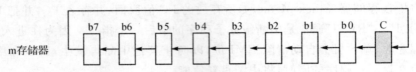

范　例:RLC　　[40h]
执 行 前:[40h]=41h,C=1。
执 行 后:[40h]=83h,C=0。

指令:RLCA　　[m]	影　响　标　志　位
动作:Acc.(i+1)←[m].i for i=0~6 and Acc.0←C,C←[m].7	TO　PDF　OV　Z　AC　C

功能说明:将存储器 m 的内容伴随进位标志位(C)一起左移,并将结果存回 Acc 累加器。如下图:

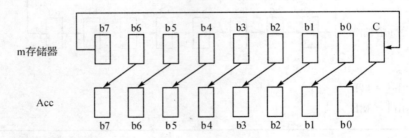

范　例:RLCA　　[40h]
执 行 前:[40h]=41h,Acc=66h,C=1。
执 行 后:[40h]=41h,Acc=83h,C=0。

指令:RR　　[m]	影　响　标　志　位
动作:[m].i←[m].(i+1) for i=0~6　and　[m].7←[m].0	TO　PDF　OV　Z　AC　C

功能说明:将存储器 m 的内容右移,并将结果存回 m 存储器。如下图:

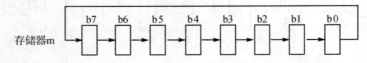

范　例:RR　　[40h]
执 行 前:[40h]=45h。

执行后：[40h]=A2h。

指　令：RRA　　[m]
动　作：Acc.i←[m].(i+1) for i=0～6　and　Acc.7←[m].0

影　响　标　志　位
TO　PDF　OV　Z　AC　C

功能说明：将存储器 m 的内容右移，并将结果存回 Acc。如下图：

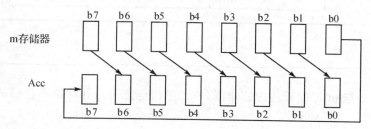

范　例：RRA　　[40h]
执 行 前：[40h]=45h,Acc=66h。
执 行 后：[40h]=45h,Acc=A2h。

指　令：RRC　　[m]
动　作：[m].i←[m].(i+1) for i=0～6
　　　　[m].7(C,C ([m].0

影　响　标　志　位
TO　PDF　OV　Z　AC　C
　　　　　　　　　　■

功能说明：将存储器 m 的内容伴随进位标志位（C）一起右移，并将结果存回 m 存储器。如下图：

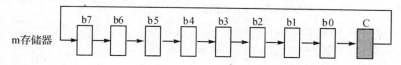

范　例：RRC　　[40h]
执 行 前：[40h]=48h,C=1。
执 行 后：[40h]=A4h,C=0。

指　令：RRCA　　[m]
动　作：Acc.i←[m].(i+1) for i=0～6
　　　　Acc.7←C, C←[m].0

影　响　标　志　位
TO　PDF　OV　Z　AC　C
　　　　　　　　　　■

功能说明：将存储器 m 的内容伴随进位标志位（C）一起右移，并将结果存回 Acc 累加器。如下图：

范　例：RRCA　　[40h]
执 行 前：[40h]=48h,Acc=66h,C=1。
执 行 后：[40h]=48h,Acc=A4h,C=0。

第3章 HT66Fx0 指令集与开发工具

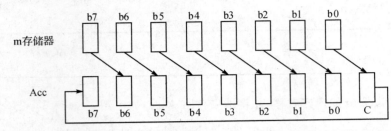

```
指令：SBC    A,[m]                        影 响 标 志 位
动作：Acc←Acc-[m]-C̄                  TO  PDF  OV  Z  AC  C
                                              ■   ■   ■
```

功能说明：将 Acc 与 m 存储器的内容相减（考虑进位标志位），并将结果存回 Acc。
范　　例：SBC   A,[40h]
执 行 前：Acc=50h,[40h]=30h,C=1。（状况一）
执 行 后：Acc=20h,[40h]=30h,C=1。
执 行 前：Acc=50h,[40h]=30h,C=0。（状况二）
执 行 后：Acc=1Fh,[40h]=30h,C=1。

```
指令：SBCM   A,[m]                        影 响 标 志 位
动作：[m]←Acc-[m]-C̄                   TO  PDF  OV  Z  AC  C
                                              ■   ■   ■   ■
```

功能说明：将 Acc 与 m 存储器的内容相减（考虑进位标志位），并将结果存回 m 存储器。
范　　例：SBCM   A,[40h]
执 行 前：Acc=50h,[40h]=30h,C=1。（状况一）
执 行 后：Acc=50h,[40h]=20h,C=1。
执 行 前：Acc=50h,[40h]=30h,C=0。（状况二）
执 行 后：Acc=50h,[40h]=1Fh,C=1。

```
指令：SDZ    [m]                          影 响 标 志 位
动作：Skip if ([m]-1)=0,[m]←[m]-1     TO  PDF  OV  Z  AC  C
```

功能说明：将 m 存储器的内容减一，并将结果存回 m 存储器，若结果为零，就将 PC 值再加一，
　　　　　跳过下一行指令；否则直接执行下一行指令。
范　　例：SDZ   [40h]
　　　　　RR   [41h]   ;[40h]-1≠0
　　　　　RL   [41h]   ;[40h]-1 = 0
执 行 前：[40h]=50h,[41h]=21h。（状况一）
执 行 后：[40h]=4Fh,[41h]=21h。
执 行 前：[40h]=01h,[41h]=21h。（状况二）
执 行 后：[40h]=00h,[41h]=42h。

指令：SDZA　　[m]	影　响　标　志　位
动作：Skip if ([m]−1)=0, Acc←[m]−1	TO　PDF　OV　Z　AC　C

功能说明：将 m 存储器的内容减一，并将结果存回 Acc，若结果为零，就将 PC 值再加一，跳过
　　　　　下一行指令；否则直接执行下一行指令。
范　　例：SDZA　　[40h]
　　　　　RR　　　[41h]　　　；[40h]−1≠0
　　　　　RL　　　[41h]　　　；[40h]−1=0
执 行 前：[40h]=50h, [41h]=21h, Acc=38h。（状况一）
执 行 后：[40h]=50h, [41h]=21h, Acc=4Fh。
执 行 前：[40h]=01h, [41h]=21h, Acc=38h。（状况二）
执 行 后：[40h]=01h, [41h]=42h, Acc=00h。

指令：SET　　[m]	影　响　标　志　位
动作：[m]←"11111111b"	TO　PDF　OV　Z　AC　C

功能说明：将存储器 m 的各个位设定为"1"。
范　　例：SET　　[40h]
执 行 前：[40h]=86h。
执 行 后：[40h]=FFh。

指令：SET　　[m].i	影　响　标　志　位
动作：[m].i←"1"	TO　PDF　OV　Z　AC　C

功能说明：将存储器 m 的第 i 个位设定为"1"。
范　　例：SET　　[40h].3
执 行 前：[40h]=60h。
执 行 后：[40h]=68h。

指令：SIZ　　[m]	影　响　标　志　位
动作：Skip if ([m]+1)=0, [m]←[m]+1	TO　PDF　OV　Z　AC　C

功能说明：将 m 存储器的内容加一，并将结果存回 m 存储器，若结果为零，就将 PC 值再加一，
　　　　　跳过下一行指令；否则直接执行下一行指令。
范　　例：SIZ　　[40h]
　　　　　RR　　　[41h]　　　；[40h]+1≠0
　　　　　RL　　　[41h]　　　；[40h]+1=0
执 行 前：[40h]=50h, [41h]=21h。（状况一）
执 行 后：[40h]=51h, [41h]=21h。
执 行 前：[40h]=FFh, [41h]=21h。（状况二）

第3章 HT66Fx0指令集与开发工具

执 行 后：[40h]=00h,[41h]=42h。

指令：SIZA　　[m]	影　响　标　志　位
动作：Skip if ([m]+1)=0,Acc←[m]+1	TO　PDF　OV　Z　AC　C

功能说明：将 m 存储器的内容加一,并将结果存回 Acc,若结果为零,就将 PC 值再加一,跳过
　　　　　下一行指令；否则直接执行下一行指令。

范　　例：SIZA　　[40h]
　　　　　RR　　　[41h]　　　　;[40h]-1≠0
　　　　　RL　　　[41h]　　　　;[40h]-1 = 0
执 行 前：[40h]=50h,[41h]=21h,Acc=38h。（状况一）
执 行 后：[40h]=50h,[41h]=21h,Acc=4Fh。
执 行 前：[40h]=FFh ,[41h]=21h,Acc=38h。（状况二）
执 行 后：[40h]=FFh, [41h]=42h,Acc=00h。

指令：SNZ　　[m].i	影　响　标　志　位
动作：Skip if [m].i ≠"0"	TO　PDF　OV　Z　AC　C

功能说明：判断存储器 m 的第 i 个位是否为"1",若是"1"就将 PC 值再加一,跳过下一行指令；
　　　　　否则直接执行下一行指令。

范　　例：SNZ　　[40h].7
　　　　　RR　　　[41h]　　　　　;[40h].7="0"
　　　　　RL　　　[41h]　　　　　;[40h].7="1"
执 行 前：[40h]=60h,[41h]=21h。（状况一）
执 行 后：[40h]=60h,[41h]=21h。
执 行 前：[40h]=80h ,[41h]=21h。（状况二）
执 行 后：[40h]=80h, [41h]=42h。

指令：SUB　　A,[m]	影　响　标　志　位
动作：Acc←Acc-[m]	TO　PDF　OV　Z　AC　C 　　　　　■　■　■　■

功能说明：将 Acc 与 m 存储器的内容相减(不考虑进位标志位),并将结果存回 Acc。

范　　例：SUB　　A,[40h]
执 行 前：Acc=50h,[40h]=30h。
执 行 后：Acc=20h,[40h]=30h。

指令：SUBM　　A,[m]	影　响　标　志　位
动作：[m]←Acc-[m]	TO　PDF　OV　Z　AC　C 　　　　　■　■　■　■

功能说明：将 Acc 与 m 存储器的内容相减(不考虑进位标志位),并将结果存回 Acc。

范　　例：　　　　SUBM　　A,[40h]

执行前：Acc=50h，[40h]=30h。
执行后：Acc=50h，[40h]=20h。

SUB(M)、SBC(M)指令通常在8位以上的减法运算中搭配运用，如下例是将两笔16位数据相减的范例（WORD2=WORD1-WORD2）：

范　例：………　　　　　　　；数据存储器定义区
　　　WORD1　　DW　　？　　；保留 2-Byte 的数据空间
　　　WORD2　　DW　　？　　；保留 2-Byte 的数据空间
　　　………　　　　　　　　；程序区
　　　MOV　　A,WORD1[0]　　；取得 Low Bytes
　　　SUBM　　A,WORD2[0]　　；Low Byte 相减
　　　MOV　　A,WORD1[1]　　；取得 High Bytes
　　　SBCM　　A,WORD2[1]　　；High Byte 相减

执行前：[WORD1]=5566h，[WORD2]=33AAh，Acc=36h。
执行后：[WORD1]=5566h，[WORD2]=21BCh，Acc=55h。

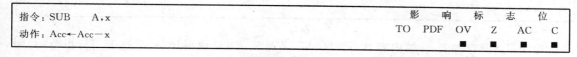

功能说明：将 Acc 累加器与常数 x 相减，并将结果存回 Acc 累加器。
范　例：SUB　　A,40h
执行前：Acc=50h。
执行后：Acc=10h。

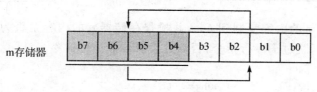

功能说明：将存储器 m 的 High Nibble（高 4 位：b7～b4）与 Low Nibble（低 4 位：b3～b0）互换，并将结果存回 m 存储器。如下图：

m存储器 | b7 | b6 | b5 | b4 | b3 | b2 | b1 | b0 |

范　例：SWAP　　[40h]
执行前：[40h]=28h。
执行后：[40h]=82h。

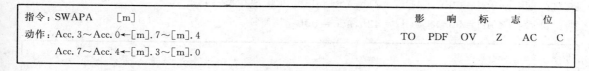

功能说明：将存储器 m 的 High Nibble(高 4 位：b7～b4)与 Low Nibble(低 4 位：b3～b0)互换，并将结果存回 Acc。如下图：

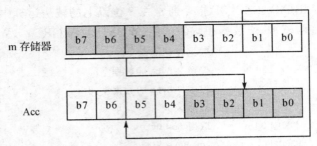

范　　例：SWAPA　　[40h]
执 行 前：[40h]=28h,Acc=66h。
执 行 后：[40h]=28h,Acc=82h。

指令：SZ　　[m]	影　响　标　志　位				
动作：Skip if [m]="00h"	TO	PDF	OV	Z	AC	C

功能说明：判断存储器 m 的内容是否为"00h"，若是就将 PC 值再加一，跳过下一行指令；否则直接执行下一行指令。

范　　例：SZ　　[40h]
　　　　　RR　　[41h]　　;[40h]≠"00h"
　　　　　RL　　[41h]　　;[40h]="00h"
执 行 前：[40h]=60h,[41h]=21h。（状况一）
执 行 后：[40h]=60h,[41h]=21h。
执 行 前：[40h]=00h ,[41h]=21h。（状况二）
执 行 后：[40h]=00h, [41h]=42h。

指令：SZA　　[m]	影　响　标　志　位				
动作：Skip if [m]="00h",Acc←[m]	TO	PDF	OV	Z	AC	C

功能说明：将存储器 m 的内容复制到 Acc，并检查存储器 m 的内容是否为"00h"，若是就将 PC 值再加一，跳过下一行指令；否则直接执行下一行指令。

范　　例：SZA　　[40h]
　　　　　RR　　[41h]　　　　;[40h]≠"00h"
　　　　　RL　　[41h]　　　　;[40h]="00h"
执 行 前：[40h]=60h,[41h]=21h,Acc=88h。（状况一）
执 行 后：[40h]=60h,[41h]=21h,Acc=60h。
执 行 前：[40h]=00h ,[41h]=21h,Acc=88h。（状况二）
执 行 后：[40h]=00h, [41h]=42h,Acc=00h。

指令：SZ　　[m].i	影　响　标　志　位				
动作：Skip if [m].i="0"	TO	PDF	OV	Z	AC	C

功能说明：判断存储器 m 的第 i 个位是否为"0"，若是"0"就将 PC 值再加一，跳过下一行指令；否则直接执行下一行指令。

范　　例：　SZ　　　［40h］.7
　　　　　　RR　　　［41h］　　　　　;if ［40h］.7 = "1"
　　　　　　RL　　　［41h］　　　　　;if ［40h］.7 = "0"

执 行 前：［40h］= 60h,［41h］= 21h。（状况一）
执 行 后：［40h］= 60h,［41h］= 42h。
执 行 前：［40h］= 80h ,［41h］= 21h。（状况二）
执 行 后：［40h］= 80h,［41h］= 21h。

指令：TABRD　　［m］	影　响　标　志　位
动作：［m］→ROM Code(Low Byte) 　　　TBLH→ROM Code (High Byte)	TO　PDF　OV　Z　AC　C

功能说明：以 TBLH、TBLP 寄存器的内容为地址，到程序存储器读取数据，并将低字节数据存入存储器 m，高字节数据存入 TBLH 寄存器。

范　　例：　TABRD　　　［80h］
执 行 前：［80h］= 50h,TBHP = 0Fh,TBLP = 70h,TBLH = F4h,［0F70h］= 3388h。
执 行 后：［80h］= 88h,TBHP = 0Fh,TBLP = 70h,TBLH = 33h,［0F70h］= 3388h。

指令：XOR　　A,［m］	影　响　标　志　位
动作：Acc←Acc "XOR"［m］	TO　PDF　OV　Z　AC　C 　　　　　　　■

功能说明：将 Acc 的内容值与存储器 m 的内容执行"XOR"运算，并将结果存入 Acc。

范　　例：　XOR　　A,［40h］
执 行 前：存储器 40h 内容为 55h,Acc 内容为 AAh。
执 行 后：存储器 40h 内容为 55h,Acc 内容为 FFh。

指令：XOR　　A,x	影　响　标　志　位
动作：Acc←Acc "XOR" x	TO　PDF　OV　Z　AC　C 　　　　　　　■

功能说明：以 Acc 的内容值与常数值 x 执行"XOR"运算，并将结果存入 Acc。

范　　例：　XOR　　A,0FFh
执 行 前：累加器 Acc 内容为 55h。
执 行 后：累加器 Acc 内容为 AAh。

指令：XORM　　A,［m］	影　响　标　志　位
动作：Acc←Acc "AND"［m］	TO　PDF　OV　Z　AC　C 　　　　　　　■

功能说明：以 Acc 的内容值与存储器 m 的内容执行"XOR"运算，并将结果存入 m 存储器。

范　　例：XORM　　A,[40h]
执 行 前：存储器 40h 内容为 55h,Acc 内容为 AAh。
执 行 后：存储器 40h 内容为 FFh,Acc 内容为 AAh。

3.2　汇编程序

3.2.1　汇编语言格式

　　为缩短程序验证与产品开发时间,目前许多厂家生产的单片机都配有 C 语言编译器(C-Complier)的开发环境。盛群半导体公司也不例外,Holtek C-Complier 就是仿效 ANSI 标准的 C 编辑器,但是由于单片机本身硬件架构的限制,因此并非完全兼容。若着眼于程序代码的长度与执行时的效率,仍得使用汇编语言(Assembly Language)作为单片机开发的主要工具。因此在编写 HT66Fx0 系列 MCU 程序时,必须先了解汇编语言的格式,并熟用芯片所提供的指令集来编写程序,完成汇编程序的编写;至于功力的高低,就视个人所付诸的心血与努力了。对于 Holtek C-Complier 程序语言的架构及语法有兴趣的读者,可以在 HT－IDE 的"Help Menu"中参考"Holtek C Programmer's Guide",本章将主要介绍汇编语言。

　　汇编语言的每一行指令可以分成 4 个字段,格式如下所述:
　　　　[Name：] Op-Code　　[Operand1[,Operand2]]　　　　[;Comment]

1. 标记栏(Name Field)

　　标记栏是指令行中的第一个字节,是用来代表该指令所在的实际程序存储器地址,因此程序设计者只要在程序中以标记代表该指令地址,而不需自己算出跳转目地的实际存储器地址,这对程序设计者而言是非常方便的。待程序完成,再将整个程序交给编译器(Assembler)翻译成机器码时,编译器便会自动帮我们算出该标记所在的实际存储器地址。标记栏一定要在每列指令的开头处,且不可有空格。并非每列指令都一定要有标记,标记也可以独立占用一列。Holtek 汇编语言中的标记栏可由 A~Z、a~z、0~9、?、_、@符号组成,但是第一个字符不得为数字,而且编译器只辨识前面 31 个字符。

2. 指令栏(OP-code Field)

　　指令栏是一个指令行的主体,它的位置是在标记栏之后,空一格以上的位置,它指出了要 CPU 做什么事;例如传送指令、加减运算指令、位设定指令等。而此栏除了可以写 CPU 所要做的指令之外,另外伪指令(Pseudo Instruction,也称编译指引(Assembly Directive))也可以写在这个字段,例如 EQU、ORG、IF、END 等伪指令;常用的伪指令请读者参考 3.2.2 小节。

3. 操作数栏(Operand Field)

　　操作数栏是在指令栏之后空一格以上的位置开始,操作数栏指出了指令运算的对象,因此依据指令类型的不同,操作数的个数可能是两个、一个或没有。

4. 注解栏(Comment Field)

　　注解栏并不属于程序的一部分。它留给程序设计者对某一行指令功能加以说明,以增加程序的易读性。习惯上注解栏写在操作数栏之后,因此在编译时,编译器将不会管注解栏标识符元";"之后的文字。注解的文字叙述可以写在任何地方,如果能在程序中加上适当的注解,将能更有效地维护程序。

3.2.2　常用的 HT66Fx0 系列伪指令（Assembly Directives）

伪指令给使用者在编写程序时提供了极大的方便性，Holtek 编译器（HASMW32）提供许多伪指令；详细内容读者可以查阅 HT-IDE"Help Menu"中的"Assembly Language"，以下只摘录其中较常使用的指令做介绍。

```
指　　令：.CHIP
格　　式：.CHIP    description-file
```

功能：Holtek 编译器（HASMW32）可以编译全系列的 8 位单片机汇编程序，因此必须以".CHIP"指令指定编译之后产生的是哪一个单片机的机器码。不过，在 HT-IDE3000V7 以后的版本已将此功能隐藏于项目的建立过程，也就是说在选定单片机型号时已自动指定产生该型号所对应的机器码。

范例：.CHIP　　HT66F50　　　　　;产生 HT66F50 的机器码

```
指　　令：.SECTION
格　　式：name  .SECTION  [align] [combine] 'class'
```

功能：Holtek 编译器（HASMW32）的项目（Project）管理方式是将整个 Project 视为一段段程序的总和，每一个程序段就是一个"Section"，其后的参数意义如下：
name：定义此"Section"的名称；
align：指定此"Section"要放至存储器的哪一个位置，有以下几种不同的存放方式（若未指明，其 Default 设定为"BYTE"）：
　　BYTE：此"Section"可放至存储器的任何一个位置；
　　WORD：此"Section"必须放至存储器的偶数位置；
　　PARA：此"Section"必须放至存储器地址可被 16 整除的位置；
　　PAGE：此"Section"必须放至存储器地址可被 256 整除的位置；
combine：指定此"Section"要如何与名称（name）、align 相同的"Section"结合，有以下选择：
　　at Addr：指定此"Section"必须放在 Addr 的地址；
　　common：指定此"Section"可以与其他"Section"重叠。
Class：指定存储器的种类，"ROM"（程序存储器）或"DATA"（数据存储器）。

范例：MY_DATA　　.SECTION　　'DATA'　　　　　;== DATA　SECTION ==
　　　MY_CODE　　.SECTION　　AT 0　'CODE'　　;== PROGRAM SECTION ==

```
指　　令：ORG
格　　式：ORG    <expression>
```

功能：设定程序存储器（或数据存储器）的起始值。
　　范例：　　　　　ORG　　000h

```
            JMP     MAIN              ;此指令将存放于存储器地址 000h
            ORG     08h
    MAIN:   NOP                       ;此指令将存放于存储器地址 008h
            ...                       ;此指令将存放于存储器地址 009h
            ...
```

```
指  令：END
格  式：END
```

功能：表示程序结束

```
范例：MAIN:   NOP
            ...
            ...
            END
```

当编译器发现"END"指令后立即停止编译。即使后面还有一些指令，也不会产生任何的机器码或错误消息。

```
指  令：PROC 、ENDP
格  式：name PROC、name ENDP
```

功能：定义程序模组的起始与结束。

```
范例：DELAY   PROC
              MOV    DEL1,A
      DEL_1:  MOV    A,30
              MOV    DEL2,A         ;SET DEL2 COUNTER
      DEL_2:  MOV    A,110
              MOV    DEL3,A         ;SET DEL3 COUNTER
      DEL_3:  SDZ    DEL3           ;DEL3 DOWN COUNT
              JMP    DEL_3
              SDZ    DEL2           ;DEL2 DOWN COUNT
              JMP    DEL_2
              SDZ    DEL1           ;DEL1 DOWN COUNT
              JMP    DEL_1
              RET
      DELAY   ENDP
```

```
指  令：EQU
格  式：name EQU expression
```

功能：设定编译时的常数值

```
范例：FOUR   EQU   4              ;定义 FOUR = 4
      TEMP   EQU   12h            ;TEMP = 16
      MAX    EQU   8822h
```

...

```
指    令：LOW、HIGH
格    式：LOW expression、HIGH expression
```

功能：取得常数的高（HIGH）、低（LOW）字节。

范例：
```
    MAX       EQU    8822h
    HI_BYTE   EQU    HIGH MAX        ;HI_BYTE = 88h
    LO_BYTE   EQU    LOW MAX         ;LO_BYTE = 22h
```
...

```
指    令：.INCLUDE
格    式：#INCLUDE      <include_file>
```

功能：将其他原始程序文件加载到本程序中，让程序精简并增加可读性。系统中提供了许多定义文件（如 HT66F50.INC、HT66F50.INC…），主要是寄存器地址与控制位的定义，读者可以参考范例编写自己的定义文件。其放置于"X:\HIDE-3000\Include"目录下，X 为用户当前的安装路径。

范例：#INCLUDE   HT66F50.INC

```
指    令：PUBLIC 与 EXTERN
格    式：PUBLIC name1 [,name2 [,…]]
          EXTERN name1:type [,name2:type [,…]]
```

功能：声明变量由程序内部定义或者是程序外部定义。Holtek 编译器（HASMW32）以项目来设定使用者程序，故在同一项目中两个不同档案互相调用、参数相互传递则需使用 PUBLIC 与 EXTERN。在程序中这两个功能可用在任何地方，也可声明数次。

范例：
```
    PUBLIC         MAIN,LOOP_1,LABEL_1
    EXTERN         MAIN:BIT,LOOP_1:BYTE,LABEL_1:WORD
```

```
指    令：MACRO、LOCAL 与 ENDM
格    式：name    MACRO [dummy-parameter [,,,]]
                 LOCAL dummy-name [,,,,]
                 statements
                 ENDM
```

功能：宏指令的定义，name 为宏指令的名称，MACRO 之后是此宏指令的参数。LOCAL 则定义此宏指令中所使用到的标号，由 LOCAL 指令之后一直到 ENDM 指令之前为宏指令的程序主体。由 LOCAL 所定义的标号将只是一暂时的虚拟名称，当宏展开时 HASMW32 将以程序中唯一的符号—"??digit"取代这些标号（digit 代表 0000～FFFF 的数值）。读者在使用宏指令时，一定要记得将宏内的标号声明成 LOCAL 的形式，否则如果程序中引用一次以上的宏指令的话，HASMW32 就会产生错误的消息。

范例：
```
        DIFF_X_Y    MACRO       X,Y,DIFF
                    LOCAL       PLUS
                    MOV         A,X
                    SUB         A,Y
                    SZ          C
                    JMP         PLUS
                    CPL         ACC
                    INCA        ACC
        LUS:        MOV         DIFF,A
                    ENDM
```

> 指　令：$
> 格　式：无

功能：当前程序计数器（Program Counter）的数值。

范例：JMP　　　　　$

让程序跳转至当前程序计数器（Program Counter）地址，此范例中则是原地跳转，可以利用此方式来制造一个死循环。其语法与"Label:JMP Label"意义相同。

范例：
```
        SDZ     DEL         ;Jump Here
        JMP     $-1         ;Jump to Last Line
        NOP
```

有时候在程序中不想有太多的标号，如上例的小循环，可以使用 $+n 或 $-n 来取代目的地址。

> 指　令：DBIT、DB、DW、DUP
> 格　式：[name]   DB   [value1 [,value2…]]
>   [name]   DW   [value1 [,value2…]]
>   [name]   DBIT
>   [name]   DB   repeated-count DUP(?)
>   [name]   DW   repeated-count DUP(?)

功能：保留一个位（DBIT）、一个字节（DB）或两个字节（DW）的存储器空间，其中 name 代表该地址的标号，value1…代表在保留的存储器地址中存入的数值，注意：如果保留的是数据存储器空间的话，则不可以指定存入的数值。此时的 value1…必须以"?"取代。而 DUP 代表此形态（BYTE 或 WORD）的存储器空间要保留几组。

范例：
```
        MY_DATA     .SECTION    'DATA'          ; = = DATA SECTION = =
        BUF1        DB  ?                       ;Reserved 1 Byte
        BUF2        DW  ?                       ;Reserved 2 Bytes
        FLAG_1      DBIT                        ;Reserved 1 Bit
        ARRAY_BYTE  DB  20 DUP(?)               ;Reserved 20 1 Byte
        ARRAY_WORD  DW  10 DUP(?)               ;Reserved 10 2 Byte
                    …
        MY_CODE     .SECTION    AT 0    CODE    ; = = PROGRAM SECTION = =
```

```
TAB_1        DW      1,2,4,8,16,32,64,128,256
TAB_2        DW      ABCDEFG
```

指　　令：OFFSET
格　　式：OFFSET name、OFFSET label

功能：取得变量 name 的数据存储器地址或标号"Label"的地址。

```
范例：MY_DATA       .SECTION  'DATA'          ; = = DATA SECTION = =
      BUF           DB       10 DUP (?)      ;Reserved 1 Byte
      COUNT         DB       ?
      MY_CODE       .SECTION AT 0  'CODE'    ; = = PROGRAM SECTION = =
                    MOV      A,10
                    MOV      A,OFFSET BUF1
                    MOV      MP0,A           ;CLEAR ARRAY BUF BY INDIRECT
                    CLR      IAR0            ;ADDRESSING MODE
                    INC      MP0
                    SDZ      COUNT
                    JMP      $-3
                    MOV      A,OFFSET STR1
                    MOV      TBLP,A          ;LOAD STRING1 START ADDRESS
                    TABRDL   ACC             ;Acc = 1st CHARACTER
                    ORG      LASTPAGE
      STR1:    DC   MISS!',STR_END           ;DEFINE STRING DATA 1
      STR2:    DC   BINGO!',STR_END          ;DEFINE STRING DATA 2
```

指　　令：DC
格　　式：[label:] DC expression1 [,expression2 [,…]]

功能：保留程序存储器空间，其中 Label 代表该地址的标号，value1…代表在保留的存储器地址中存入的数值。至于程序存储器空间是几位，Holtek 编译器（HASMW32）会由".CHIP"指令所指定的单片机型号加以判定。

```
范例：MY_CODE       .SECTION AT 0  'CODE'    ; = = PROGRAM SECTION = =
           ORG       LASTPAGE
      STR1:   DC     'MISS!',STR_END         ;DEFINE STRING DATA 1
      STR2:   DC     'BINGO!',STR_END        ;DEFINE STRING DATA 2
```

3.2.3　保留字

编写程序时为增加其可读性，都会使用一些易记的名称取代变量的地址或程序标号（Label），但其中需注意有些组合是系统已经定义的了，使用者不能再使用，其中包括下列几个大项：

(1) 寄存器：A、WDT、WDT1、WDT2。
(2) 指令：

ADC	CPLA	NOP	RR	SIZ	TABRD
ADCM	DAA	OR	RRA	SIZA	TABRDC
ADD	DEC	ORM	RRC	SNZ	TABRDL
ADDM	DECA	RET	RRCA	SUB	XOR
AND	HALT	RETI	SBC	SUBM	XORM
ANDM	INC	RL	SBCM	SWAP	
CALL	INCA	RLA	SDZ	SWAPA	
CLR	JMP	RLC	SDZA	SZ	
CPL	MOV	RLCA	SET	SZA	

（3）伪指令与运算符号：

$	BANK	ENDM	IFNDEF	MID	PAGE
*	BYTE	ENDP	INCLUDE	MOD	PARA
+	DB	EQU	LABEL	NEAR	PROC
−	DBIT	ERRMESSAGE	.LIST	.NOLIST	PUBLIC
.	DC	EXTERRN	.LISTINCLUDE	.NOLISTINCLUDE	ROMBANK
/	DUP	HIGH	.LISTMACRO	.NOLISTMACRO	RAMBANK
=	DW	IF	LOCAL	NOT	SHL
?	ELSE	IFDEF	LOW	OFFSET	SHR
[ ]	END	.LISTMACRO	MACRO	OR	WORD
AND	ENDIF	IFE	MESSAGE	ORG	XOR

3.3 程序的编译

程序开发就是从软件程序的编写与程序编译，到最后的软件程序与硬件电路配合达到预先所设想的功能，图3.3.1是其相关步骤及过程。

3.3.1 程序的编译

当程序设计者完成程序的构想之后，首先需以文字处理软件来编写程序（或是直接在HT-IDE所提供的环境下进行编辑），接着利用编译程序将此原始程序的文字内容转换成为单片机能处理的机器码（Machine Code），而此转换的过程便称之为编译（Assembling）。因此，程序设计者在完成程序编写之后，只要执行HT-IDE的编译功能，便会自动将原始程序（Source Code）中的指令转换成相对应的机器码。之后程序设计者即可利用编译后所产生的机器码进行除错、模拟与验证的动作。

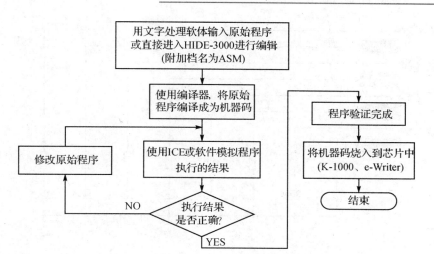

图 3.3.1　程序的开发流程

程序编译无误后，只是语法（Syntax）上没有问题而已，亦即指令的格式符合编译器（Assembler）的要求，但这并不代表它就一定能达成设计者所期望的结果。因为可能还有语意（Semantic）或逻辑上的错误，需要进一步的测试与除错，才能使程序达到预期的执行结果。一般在软、硬件搭配的设计时，必须使用在线仿真器（In-Circuit Emulator，ICE）来完成程序与硬件最后的除错及验证工作，但此开发设备并非一般使用者都能随时拥有。盛群半导体公司为了推广其单片机市场，为使用者提供了相当方便的开发环境，读者可以在其网页（www.holtek.com.tw）上免费下载一套功能完备的开发软件——HT-IDE3000，其中的软件仿真器——Simulator 提供了一般程序除错时所需的各种工具，如单步执行（Single Step）、断点设定（Break Point）等，唯一的缺点是看不到接上硬件之后，程序实际执行的状况。而 HT-IDE3000 中的软硬件仿真功能——VPM（Virtual Peripheral Manager）可弥补此项缺点，VPM 可以让使用者在计算机的屏幕上预先观察接上硬件之后的情形。读者可以随时上网下载最新的 HT-IDE 版本。下一节将以实例来说明程序的开发过程。

3.4　HT-IDE3000 使用方式与操作

本节以一个简单的程序为例说明 HT-IDE3000 的操作过程，程序所完成的功能如下：让 LED 进行左右移位实现跑马灯的效果，并显示于 LED_PORT（Port C）LED 上，请参考图 3.4.1 的电路及下列的程序。

程序 3-1　LED 跑马灯实验

```
1    ; PROGRAM : 3-1.ASM    (3-1.PJT)              2009.1027
2    ; FUNCTION: LED SCANNING DEMO PROGRAM         By Steven
3    # INCLUDE    HT66F50.INC
4    ;================================================================
5    MY_DATA     .SECTION    DATA            ; = = DATA SECTION = =
6    DEL1        DB    ?                     ;DELAY LOOP COUNT 1
7    DEL2        DB    ?                     ;DELAY LOOP COUNT 2
```

第3章 HT66Fx0 指令集与开发工具

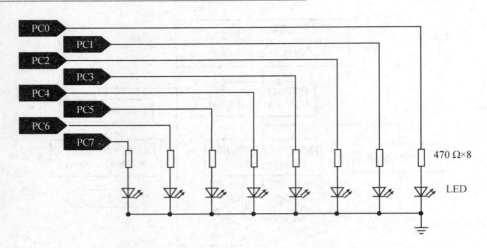

图 3.4.1 LED 跑马灯实验电路

```
8       DEL3        DB      ?                       ;DELAY LOOP COUNT 3
9       ;================================================================
10      LED_PORT    EQU     PC                      ;DEFINE LED_PORT
11      LED_PORTC   EQU     PCC                     ;DEFINE LED_PORT CONTROL REG.
12      MY_CODE     .SECTION AT 0  CODE             ;= = PROGRAM SECTION = =
13                  ORG     00H                     ;HT66F50 RESET VECTOR
14      MAIN:
15                  MOV     A,08h                   ;CP1 DISABLE
16                  MOV     CP1C,A
17                  CLR     LED_PORTC               ;CONFIG LED_PORT AS O/P MODE
18                  CLR     LED_PORT                ;SET INITIAL LED STATE
19                  SET     C                       ;SET CARRY FLAG (STATUS.0)
20      RIGHT:
21                  RRC     LED_PORT                ;SHIFT RIGHT
22                  MOV     A,100                   ;SET DALAY FACTOR
23                  CALL    DELAY                   ;DELAY 100 * 1mS
24                  SNZ     LED_PORT.0              ;IS ALL LEDs HAVE BEEN LIT?
25                  JMP     RIGHT                   ;NO. CONTINUE RIGHT SHIFT.
26      LEFT:
27                  RLC     LED_PORT                ;SHIFT LEFT
28                  MOV     A,200                   ;SET DALAY FACTOR
29                  CALL    DELAY                   ;DELAY 200 * 1mS
30                  SNZ     LED_PORT.7              ;IS ALL LEDs HAVE BEEN LIT?
31                  JMP     LEFT                    ;NO. CONTINUE LEFT SHIFT.
32                  JMP     RIGHT                   ;REPEAT THE RIGHT PROCESS.
33      ;================================================================
34      ; PROC      : DELAY
35      ; FUNC      : DEALY ABOUT ACC * 1mS @fSYS = 4MHz   (1006 DEL1) + 1)Cycles!
36      ; PARA      : ACC : DELAY FACTOR
37      ; REG       : DEL1,DEL2,DEL3
```

```
38          ;================================================================
39  DELAY   PROC
40          MOV     DEL1,A                  ;SET DEL1 COUNTER
41  DEL_1:  MOV     A,3
42          MOV     DEL2,A                  ;SET DEL2 COUNTER
43  DEL_2:  MOV     A,110
44          MOV     DEL3,A                  ;SET DEL3 COUNTER
45  DEL_3:  SDZ     DEL3                    ;DEL3 DOWN COUNT
46          JMP     DEL_3
47          SDZ     DEL2                    ;DEL2 DOWN COUNT
48          JMP     DEL_2
49          SDZ     DEL1                    ;DEL1 DOWN COUNT
50          JMP     DEL_1
51          RET
52  DELAY   ENDP
53          END
```

程序解说：

5～8　　　依序定义变量地址。

10～11　　定义 LED_PORT 为 PC、定义 LED_PORTC 为 PCC。

13　　　　声明存储器地址由 00h 开始(HT66Fx0 Reset Vector)。

15～16　　关闭 CP1 模拟比较器功能，以避免影响 PC 的 I/O 功能。

17　　　　将 LED_PORT 配置成输出模式。

18～19　　LED_PORT 内容设为 0 并将进位标志位(Carry Flag)设为 1。

21～25　　对 LED_PORT 进行右移的动作，由进位标志位开始右移一圈，检查 LED_PORT.0 是否为 1，成立表示右移动作已经结束。程序中 DEL1 是用来控制 DELAY 子程序的延迟时间(DEL1×1 ms)。

27～32　　对 LED_PORT 进行左移的动作，由进位标志位开始左移一圈，检查 LED_PORT.7 是否为 1，成立表示左移动作已经结束，重新回到 RIGHT 再进行右移的动作。不断的反复执行，即可让 LED 持续左右跑动的变化。

39～52　　DELAY 子程序，其延迟时间由 Acc 的内含值决定，大约为 Acc×1 ms。至于其计算方式，请参考实验 4.1 的说明。

请读者注意第 3 行"♯INCLUDE HT66F50.INC"指令的用意是将定义文件 HT6650.INC 加载至程序中，该定义文件由盛群半导体公司提供，当您完成 HT-IDE3000 安装的程序之后会同时建立许多的定义文件。第 2 章中已经介绍了许多的寄存器，如 MP0、MP1、IAR1、IAR0、TMC0 等，读者可能已经早忘记这些寄存器所对应的地址了。如果在编写程序的过程中，能直接使用这些寄存器的名称将更方便、也更容易看懂。"♯INCLUDE HT66F50.INC"这行指令的目的就在此，HT66F50.INC 文件仅摘录部分内容给读者参考，完整数据请参考文件内容：

```
1       ; HT66F50.INC
2       ; This file contains the definition of registers for
3       ; Holtek HT66F50 microcontroller.
```

第 3 章　HT66Fx0 指令集与开发工具

```
4    ;   [VERSION] 1.4,4
5    ;   Generated by Cfg2IncH V1.1.
6    ;   Do not modify manually.
7
8    IAR0     EQU    [00H]
9    R0       EQU    [00H]     ;old style declaration,not recommended for use
10   MP0      EQU    [01H]
11   IAR1     EQU    [02H]
12   R1       EQU    [02H]     ;old style declaration,not recommended for use
13   MP1      EQU    [03H]
14   BP       EQU    [04H]
15   ACC      EQU    [05H]
16   PCL      EQU    [06H]
17   TBLP     EQU    [07H]
18   TBLH     EQU    [08H]
19   TBHP     EQU    [09H]
20   STATUS   EQU    [0AH]
21   SMOD     EQU    [0BH]
22   LVDC     EQU    [0CH]
23   INTEG    EQU    [0DH]
24   WDTC     EQU    [0EH]
25   TBC      EQU    [0FH]
26   INTC0    EQU    [010H]
27   INTC1    EQU    [011H]
28   INTC2    EQU    [012H]
29   MFI0     EQU    [014H]
30   MFI1     EQU    [015H]
31   MFI2     EQU    [016H]
32   MFI3     EQU    [017H]
33   PAWU     EQU    [018H]
34   PAPU     EQU    [019H]
35   PA       EQU    [01AH]
36   PAC      EQU    [01BH]
37   PBPU     EQU    [01CH]
......
......
......
349  T3M1     EQU    [059H].7
350  COM0EN   EQU    [05EH].0
351  COM1EN   EQU    [05EH].1
352  COM2EN   EQU    [05EH].2
353  COM3EN   EQU    [05EH].3
354  SCOMEN   EQU    [05EH].4
355  ISEL0    EQU    [05EH].5
356  ISEL1    EQU    [05EH].6
```

```
357
358    LASTPAGE    EQU    01F00H
```

如果是使用其他型号的单片机,就必须加载其他的定义文件,读者可以在安装完 HT-IDE3000 后,到"x:\Program Files\Holtek MCU Development Tools\HT-IDE3000V7.1\INCLUDE"的子目录下查看由原厂所提供的定义文件("x"代表安装的磁盘驱动器位置)。使用者也可以建立自己的定义文件,以提升程序的管理与使用的方便性。

1. 软件需求

使用 HT-IDE3000 时可以结合盛群半导体公司所推出的 e-ICE 图 3.4.2,此开发工具与 IC 本身的功能相同,让个人计算机能够成为一套 HT66Fx0 系列的单片机的开发系统。操作系统建议使用 Windows 95/98/NT/2000/XP。若读者没有 ICE,HT-IDE3000 也提供软件、硬件仿真器,稍后将一并介绍。

2. 系统连接

图 3.4.3 为 PC、e-ICE 以及将要开发的目标板(Target Board)间的连接示意图,PC 上所安装的 HT-IDE3000 软件工具除了进行程序的编辑与编译之外,还可将编译完成的程序代码下载至 ICE 进行程序的执行、除错等开发过程,在确认程序功能正确无误之后,可使用烧录器(Writer)及相关软件进行程序烧录。一般来说,Target Board 所需的电流可由 ICE 提供,但若所需的电流较大,最好还是以独立的电源来供应。

图 3.4.2　e-ICE 的外观

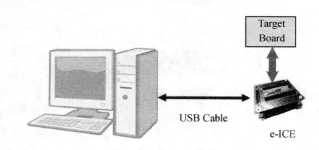

图 3.4.3　HT-ICE 与标地板间的连接

HI-IDE3000 软件工具读者可由本书所附的光盘中取得,或上盛群半导体公司网站(www.holtek.com)取得最新版本。软件安装完成后,读者可在"程序集"中看到一个新增的文件夹即"Holtek MCU Development Tools",表示软件已安装完成。其中提供多种开发工具,本书只介绍编译与仿真功能,其余的进阶操作可查问"说明"。双击 HT-IDE3000 之后会出现如图 3.4.4 的画面。

此时如果已经接上 ICE,将直接进入开发环境,否则的话将会出现图 3.4.5 的错误消息,此时若单击"取消"按钮,即可选择进入 Simulation 模式进行仿真;但目前 V7.1 版并不支持 HT 66Fx0 的软件仿真,所以务必请 ICE 连接无误后再进入开发环境(如图 3.4.6 所示)进行后续操作。

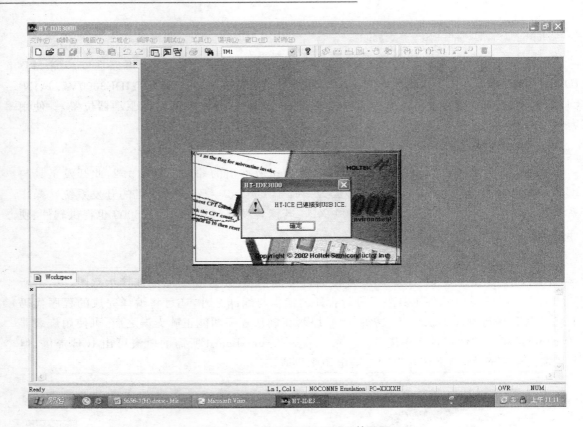

图 3.4.4　进入 HT-IDE3000 的画面

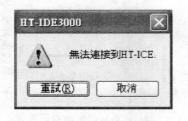

图 3.4.5　未接上 HT-ICE 的错误消息

由于 HT-IDE3000 开发环境是以项目（Project）的方式来管理使用者的文件，所以要开发一个新的应用程序，首先必须建立一个 Project，实际上就是供 HTIDE3000 管理用的文件。现在就请读者在"专案"菜单下选择"开新专案"（如图 3.4.7 所示）。

此时会出现图 3.4.8 所示的对话框，此对话框要求使用者输入项目名称（Project Name）、项目所在路径（Project Location）与使用的单片机型号（Project MCU），单片机型号就指定为 HT66F50。另外，在右方有一个选项用来决定是否为该项目建立一个专用目录，建议读者勾选此项功能，可使各项目拥有独立的文件夹，方便管理。设定完成之后单击"Next(N)＞"按钮，就会弹出图 3.4.9 所示的对话框，选择是否要同时建立加入项目的文件及其格式（.ASM：汇编语言、.C：C 语言）。

若已有现成的文件，则可在项目建立后再将其加入项目之中，此时就不需勾选；本例以建立新的文件说明，并选择汇编语言格式。设定完成后单击"Next(N)＞"按钮，弹出图 3.4.10 对话框，可设定程序名称，并指定程序段与数据段名称，接着单击"Next(N)＞"按钮。

图 3.4.11 是在进行下一步设定前，有关各开发工具的使用限制与设定说明。如果读者所使用的 ICE 功能尚未完全齐备，在使用时还有部分限制，此时开启 QS_10001T V100.DOC 文

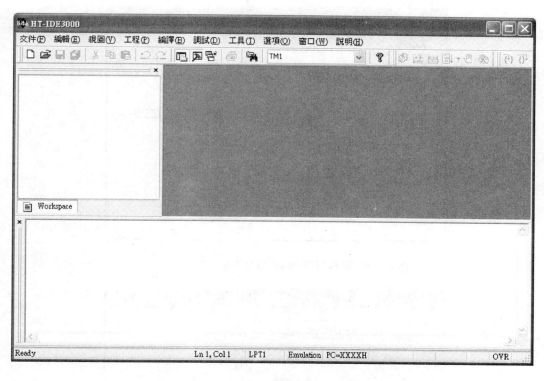

图 3.4.6　进入 HT-IDE3000V7 开发环境

件就可获得相当详细的信息,引导使用者正确的设定,若读者操作过程未出现这个消息,说明 ICE 已是功能完整的版本。

单击图 3.4.11 的"OK"按钮后,接着是有关系统操作电压、频率与单片机"配置选项"的相关设定(如图 3.4.12 所示),请参考 2.19 节对各细项的说明,选项的设定则请读者查阅 4.0 节的要求;设定完成后请单击"OK"按钮;接着出现的是图 3.4.13 的画面。

图 3.4.7　由"项目"菜单下
选择"开新专案"命令

图 3.4.13 所示有 3 组项目要求设定,包含项目设定、除错选项与目录。首先说明项目设定,在微控制器后方将显现之前位项目所选定的 MCU 型号,其他选项说明如下:

(1) 生成列表文件:编译以后会产生列表文件,列表文件通常会提供一些值得参考的信息,建议读者勾选此选项。

(2) 库(Libraries):指定链接库所在地址及文件名,程序 3.1 未使用任何链接库,所以不需指定。

(3) 生成映射文件:产生标号(Name、Lable)的对应地址,与存储器相关信息,这些信息将存放在 xxx.MAP 文件中(如本例为 3-1.MAP)。

第3章　HT66Fx0 指令集与开发工具

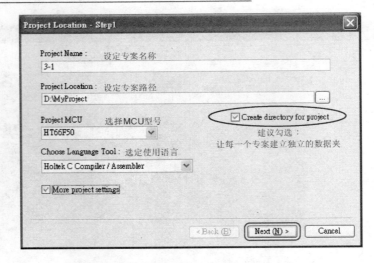

图 3.4.8　选择"开新专案"命令后出现的对话框(1)

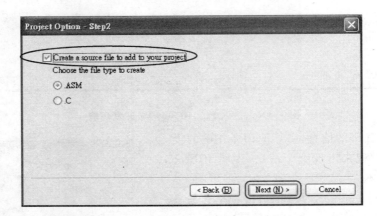

图 3.4.9　选择"开新专案"命令后出现的对话框(2)

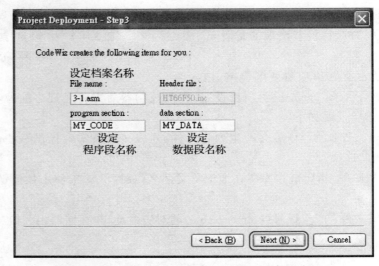

图 3.4.10　选择"开新专案"命令后出现的对话框(3)

第 3 章　HT66Fx0 指令集与开发工具

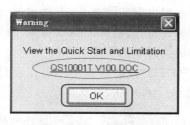

图 3.4.11　ICE 功能限制与设定快速指引

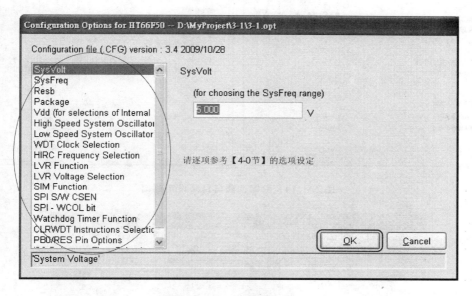

图 3.4.12　"配置选项"设定窗口

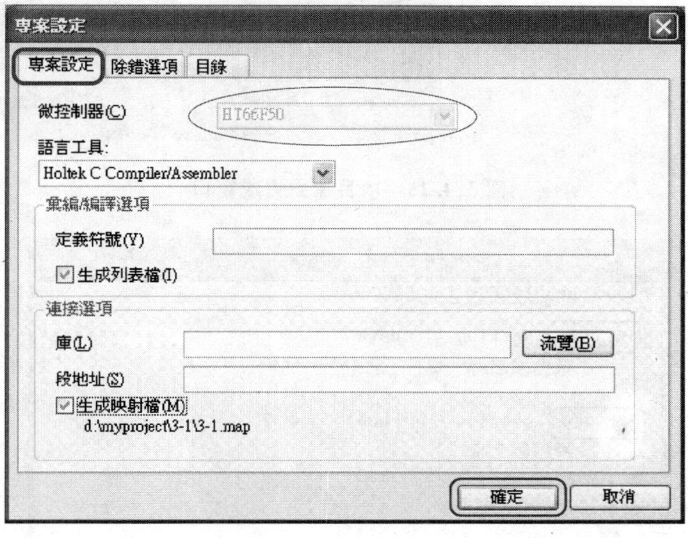

图 3.4.13　"项目设定"窗口

第3章 HT66Fx0指令集与开发工具

若单击除错选项与目录按钮,则出现如图3.4.14所示的对话框,请读者依自己所需或习惯进行设定;完成后请单击"确定"按钮;此时弹出图3.4.15的画面,单击单片机型号可再次对之前设定的配置选项进行修改,请读者单击程序名称(3-1.asm),此时将呈现如图3.4.16所示的编辑窗口,读者可以发现,HT-IDE3000已根据使用者在项目建立过程所设定的选项,将编辑程序所需要的基本元素自动加入文件中了。

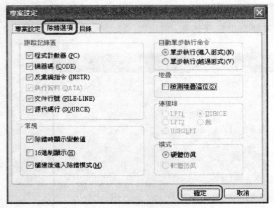 

图3.4.14 除错选项与目录设定窗口

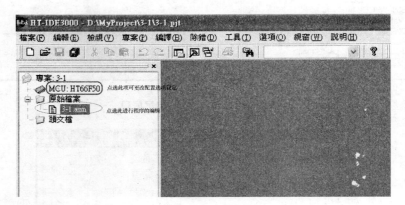

图3.4.15 项目建立完成窗口

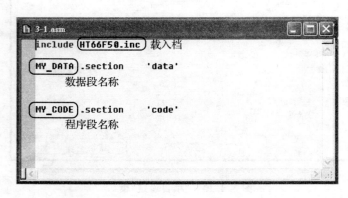

图3.4.16 程序编辑窗口

接着就请读者将程序 3.1 的内容输入编辑窗口,如果懒得打字,请读者根据以下步骤将现成的程序加入已建立的项目中。

首先,将已开启的程序编辑窗口关闭,并将光标移至文件"3-1.asm"处单击鼠标右键,选择"从项目中移除"命令,其次将所附光盘中的 3-1.asm 文件复制(覆盖刚刚移除的程序)到项目目录下(本例为"3.1"),如图 3.4.17(a)所示。接着将光标移至"源文件"处后单击鼠标右键,选择"增加档案到项目中"(图 3.4.17(b));接着弹出如图 3.4.17(c)所示的设定窗口,并选择 3-1.asm 程序后单击"添加"按钮,最后单击"确定"离开此窗口。再按照图 3.4.15 所示的窗口中单击"3-1.asm"程序,此时已可看到完整的程序 3.1 的内容了(如图 3.4.18 所示)。

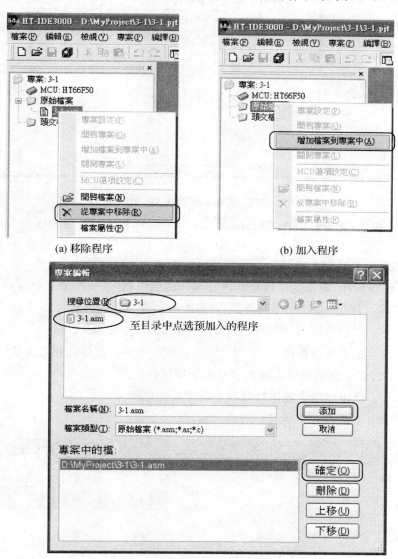

(a) 移除程序　　　　　　　　　　(b) 加入程序

(c) 选择加入程序

图 3.4.17　移除程序、加入程序至项目步骤

第3章 HT66Fx0 指令集与开发工具

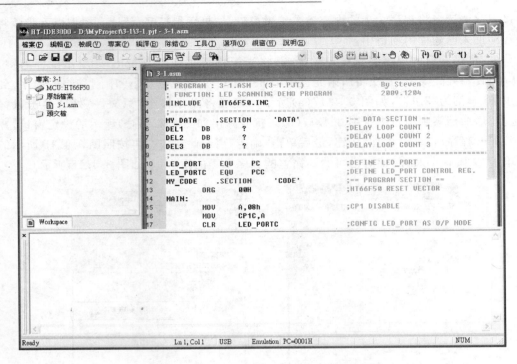

图 3.4.18 重新加载程序 3.1 的画面

程序编辑完成后，接着就需将其编译（Assembling）（即将原始程序转换为 MCU 可解读的机器码过程）并下载至 ICE 上执行。这些相关的操作可由 HT-IDE3000"编译(B)"菜单下的命令来完成，或根据工具列上的快捷图式实现，请参考【图 3.4.19】：

　编译：编译程序，单击这个按钮将进行程序的编译，并产生除错或烧录时所需的文件；编译过程中在"输出窗口"会产生相关消息，如编译成功或错误的消息。

　新建：建立项目管理，此时会建立程序与项目文件中的相关链接。

　全部重建：建立项目管理，此时会建立项目文件中所有程序的相关链接。

　执行：当编译成功后单击此按钮开始全速运行程序。

　设定断点：设定程序全速执行过程中需暂停的地址。

　取消断点：清除程序中所有已设置的断点。

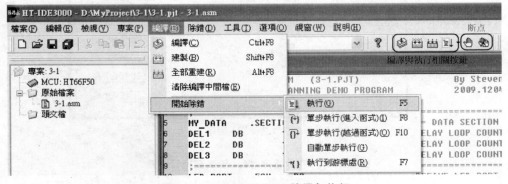

图 3.4.19 HT-IDE3000 编译与执行

请读者单击全部重建(🔲)进行程序的编译与项目相关文件的建立,如果程序完全无语法错误,则在输出窗口将显示如图 3.4.20 的消息:

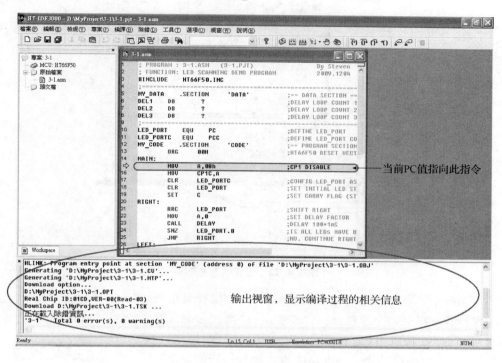

图 3.4.20　压下"全部重建"的输出信息

单击全部重建按钮时,HT-IDE3000 除了进行编译之外,还会产生除错过程所需的相关消息,且将程序的机器码下载至 ICE 上,并完成执行程序前的准备工作最后在程序窗口上会出现一条黄色光棒,此黄色光棒的所在位置即代表目前单片机 PC 值所指向的指令。若读者未正确将计算机与 ICE 连接,将会出现如图 3.4.21 所示的错误消息。

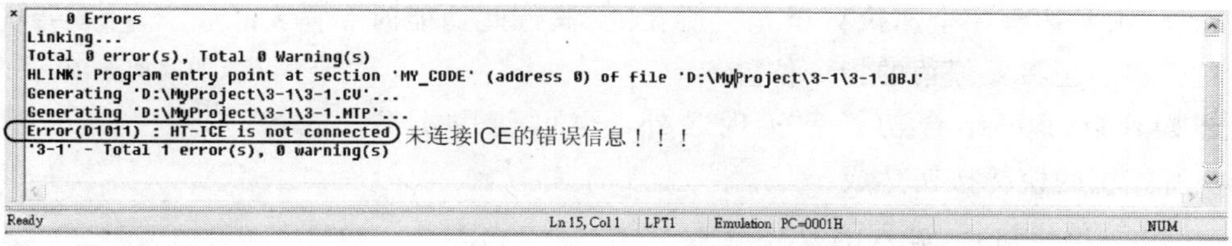

图 3.4.21　压下"全部重建"的输出消息

如果程序有语法错误(如指令错误、指令格式不符合规定、变量未定义、标记未定义或重复定义等),在"输出窗口"就可以看到错误的行号以及错误的简述,读者可将指针鼠标移至"输出窗口"的错误消息处并快速双击(Click)左键,"程序窗口"即会以蓝色指针标示出错的指令位置,参考图 3.4.22。

如果全部重建过程未出现错误消息,就可开始执行程序,观察硬件动作是否与编写程序时的构想一致。为了方便除错,HT-IDE3000 支持多种不同的执行方式,请读者选择"编译(B)"菜单下的"开始除错"命令,可以发现系统列出了 5 种执行程序:包含"执行"、"单步执行(进入

第3章　HT66Fx0指令集与开发工具

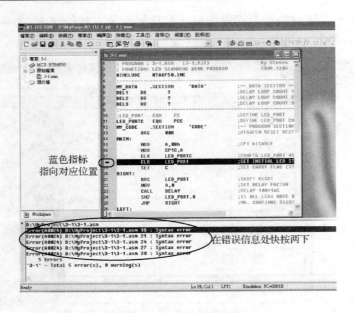

图 3.4.22　错误信息范例

函数)"、"单步执行（越过函数）"、"自动单步执行"、"执行至光标处"。选择"执行"命令（或压下 F5 功能键），程序即开始全速执行；而"单步执行"则代表每选择该功能一次，执行一行程序即停止，这可结合 F8 功能键（进入函数）、F10 功能键（越过函数）来完成。如果觉得每次都要按一下功能键才执行一行指令太过麻烦，可以选择"自动单步执行"来取代，及系统自动以特定的时间来一步一步执行程序，此时将弹出如图 3.4.23 的时间设定菜单，使用者可挑选每行指令执行的间隔时间，至于此时的单步为"进入函数"还是"越过函数"的形式，就取决于使用者在"选项" ⇨"项目设定"⇨"除错选项"中的设定了，请参考图 3.4.14。"执行至光标处"则是让程序全速执行至光标所在处，执行此功能时请先将光标移动至将要停留的指令位置。

图 3.4.23　"自动单步执行"的时间选项

上述操作除了可结合功能键实现之外，也可使用 HT-IDE3000 所提供的快捷按钮达成：

- ：" F8"；单步执行（进入函数）。
- ：" F10"；单步执行（越过函数）。
- ：" F7"；执行至光标处。
- ：从函数中跳离。
- ：" F4"；复位。
- ：上电复位。
- ："ALT＋F5"；停止执行。

程序的除错过程不外乎就是根据执行结果，判断与当初设计的构想是否相同；若非所预期，则进一步查验是程序哪个环节或硬件出了问题。若为程序的 Bug，就得善用上述工具，逐一比对程序执行过程中寄存器或变量的变化是否与设计、分析时的一致；因此单步执行过程还有一个很重要的任务就是观测数值的变化，HT-IDE3000 提供多种观测窗口；可由"窗口(W)"菜单选项选择，在此除了窗口排列方式的设定之外，还可选择开启的窗口类型（如图 3.4.24 所示）。如"RAM"（数据存储器内容，可选择将要观测的 RAM Bank）、"ROM"（程序存储器内容）、"追踪记录表(T)"（程序执行流程的记录）、"寄存器(R)"（特殊功能寄存器内容）、"变量(V)"（程序中所使用的变量内容，系统自动将程序中所使用的变量列出）、"变量监测(W)"（由使用者所指定观测的变量内容）、"堆栈(S)"（堆栈存储器的内容，以蓝色字体表示目前的 Top Of Stack 位置）、"程序(P)"（程序存储器的反编译内容）。这些观测窗口（参考图 3.4.25）都是协助程序设计者找出程序问题的工具，但碍于篇幅限制，详细说明还请读者参考"盛群 HT-IDE3000 使用手册"。

上述观测窗口在单步执行时可方便读者验证程序执行时变量或寄存器是否如预期的变化，便于迅速找出程序的错误位置；而在程序全速执行时，也可通过"断点(Break Point)"的设定让程序执行至特定位置后停滞，以便观测变量或寄存器的变化。将光标移至将要设定的断点位置后，单击 （或"F9"功能键）即可完成断点设定，此时设置断点的指令列将呈现红色光棒，并于行号处出现 符号（参考图 3.4.26）；使用者可再次单击 （或"F9"）取消该指令的断点设定，或单击 按钮清除所有断点设置。

另外，在某些应用场合，经常需要知道程序的执行时间以便决定单片机的系统频率，HT-IDE3000 提供了一个统计执行指令周期的功能，当使用者有此需求时可以加以运用。例如，想知道程序 3.1 中第 23 行 DELAY 子程序的执行时间，就必须先算出其指令周期，此时就可以通过"检视(V)"菜单中的"周期数(C)..."命令来完成（如图 3.4.27 所示）。

请读者依下列步骤操作：首先在第 23 行设定断点，接着打开"周期数(C)..."的对话框，单击" "（或

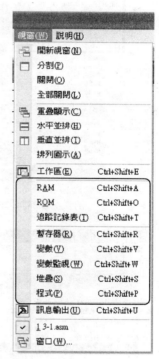

图 3.4.24　HT-IDE3000 的"窗口"选项

"F4"功能键）让系统复位后再单击" "（或"F5"功能键）全速执行程序，此时窗口的变化如图 3.3.28(a)，在累加周期数窗口上可以观察到"周期数：7"的显示，这代表程序由第一行执行到第 23 行共花费了 7 个指令周期的时间，但这并不是所需要的，再次单击" "（或"F10"，单步执行；越过函数）执行程序，接着 PC 停留在第 24 行，而累加周期数窗口变化为图 3.3.28(b)，这就代表由 DELAY 子程序耗费了(10061-7)个指令周期的时间（包含"CALL"指令的两个周期）。

累加周期数窗口中的"Hex"与"Dec"选项是选择指令周期数的数字显示模式为十六进制或十进制，读者可依自己的习惯勾选。

第3章 HT66Fx0 指令集与开发工具

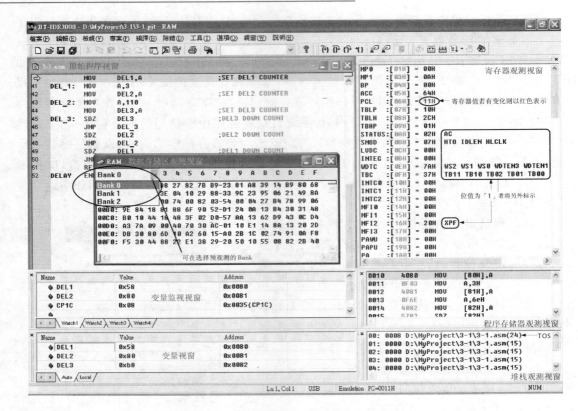

图 3.4.25　HT-IDE3000 所提供的各类观测窗口

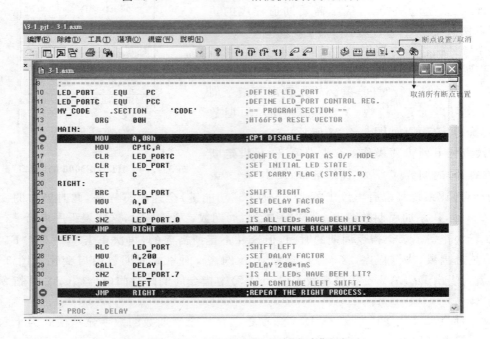

图 3.4.26　HT-IDE3000 的"断点"设定

第3章　HT66Fx0 指令集与开发工具

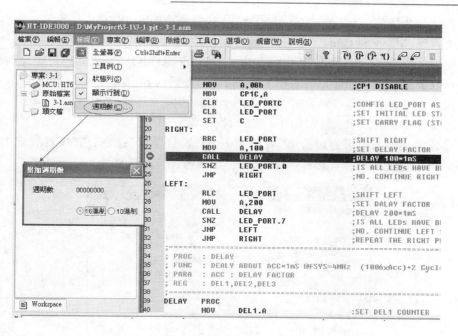

图 3.4.27　"周期数(C)…"功能范例

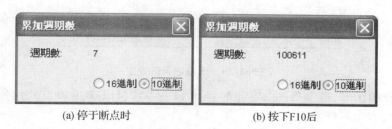

(a) 停于断点时　　　　　　(b) 按下 F10 后

图 3.4.28　第 39～47 行的执行时间

追踪(Tracing)功能是另一项除错的利器,根据追踪记录表记录的程序执行流程,可协助程序设计者找出问题的根源。如图 3.3.29 所示,追踪记录表所含的数据格式有:

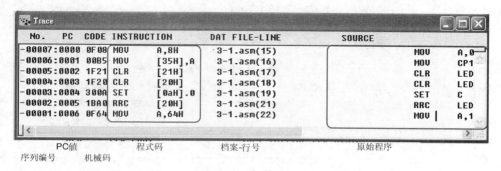

图 3.4.29　追踪记录表格式

(1) 序列编号(Sequance Number,No):在触发点(Trigger Point)前、后所执行的指令序列,以"+"代表触发点后所执行的指令、"-"代表触发点前所执行的指令。

第 3 章　HT66Fx0 指令集与开发工具

(2) 程序计数器值(Program Counter,PC)：执行指令时的 PC 值。
(3) 机器码(Machine Code,CODE)：指令所对应的机器码。
(4) 反编译指令(Disassembled Instruction,INSTRUCTION)：机器码反编译的结果。
(5) 存取数据(Execution Data,DAT)：读、写的数据内容。
(6) 程序文件名与行号(FILE-LINE)：指令所属档案与行号。
(7) 源文件(Source File,SOURCE)：原始指令码。

相关字段的显示与否可通过由"选项"菜单中的"项目设定"命令打开项目设定窗口，在窗中"除错选项"标签页的"跟踪记录区"加以设定，请参考图 3.4.30。

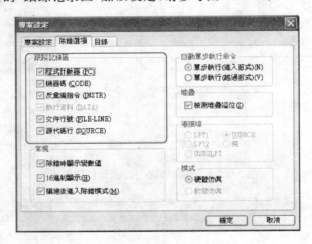

图 3.4.30　跟踪记录区设定

至于触发点的选择、触发条件设定等细节，请读者参阅"HT-IDE3000 使用手册"中的详细说明，限于篇幅，本章不再论述。

如图 3.4.13 所示在项目设定标签页中，勾选了"生成列表文件"与"生成映像文件"两项功能，其生成列表文件内容如下：

```
   "File: 3-1.asm       Holtek Cross-Assembler   Version 2.86       Page 1
1   0000            ; PROGRAM : 3-1.ASM    (3-1.PJT)                By Steven
2   0000            ; FUNCTION: LED SCANNING DEMO PROGRAM           2009.1027
3   0000            # INCLUDE    HT66F50.INC
4   0000            ;======================================
5   0000            MY_DATA    .SECTION      DATA      ;= = DATA SECTION = =
6   0000  00        DEL1       DB    ?                 ;DELAY LOOP COUNT 1
7   0001  00        DEL2       DB    ?                 ;DELAY LOOP COUNT 2
8   0002  00        DEL3       DB    ?                 ;DELAY LOOP COUNT 3
9   0003            ;----------------------------------------------------------------
10  0003            LED_PORT    EQU    PC              ;DEFINE LED_PORT
11  0003            LED_PORTC   EQU    PCC             ;DEFINE LED_PORT CONTROL REG.
12  0000            MY_CODE    .SECTION     CODE       ;= = PROGRAM SECTION = =
13  0000                       ORG     00H                     ;HT66F50 RESET VECTOR
14  0000            MAIN:
```

15	0000	0F08		MOV	A,08h	;CP1 DISABLE
16	0001	00B5		MOV	CP1C,A	
17	0002	1F21		CLR	LED_PORTC	;CONFIG LED_PORT AS O/P MODE
18	0003	1F20		CLR	LED_PORT	;SET INITIAL LED STATE
19	0004	300A		SET	C	;SET CARRY FLAG (STATUS.0)
20	0005		RIGHT:			
21	0005	1BA0		RRC	LED_PORT	;SHIFT RIGHT
22	0006	0F00		MOV	A,0	;SET DELAY FACTOR
23	0007	2000	R	CALL	DELAY	;DELAY 100 * 1mS
24	0008	3820		SNZ	LED_PORT.0	;IS ALL LEDs HAVE BEEN LIT?
25	0009	2800	R	JMP	RIGHT	;NO. CONTINUE RIGHT SHIFT.
26	000A		LEFT:			
27	000A	1AA0		RLC	LED_PORT	;SHIFT LEFT
28	000B	0FC8		MOV	A,200	;SET DALAY FACTOR
29	000C	2000	R	CALL	DELAY	;DELAY 200 * 1mS
30	000D	3BA0		SNZ	LED_PORT.7	;IS ALL LEDs HAVE BEEN LIT?
31	000E	2800	R	JMP	LEFT	;NO. CONTINUE LEFT SHIFT.
32	000F	2800	R	JMP	RIGHT	;REPEAT THE RIGHT PROCESS.
33	0010		;================================			
34	0010		; PROC	: DELAY		
35	0010		; FUNC	: DEALY ABOUT ACC * 1mS @fSYS = 4MHz (1006 Acc) + 2 Cycles!		
36	0010		; PARA	: ACC : DELAY FACTOR		
37	0010		; REG	: DEL1,DEL2,DEL3		
38	0010		;================================			
39	0010		DELAY	PROC		
40	0010	0080	R	MOV	DEL1,A	;SET DEL1 COUNTER
41	0011	0F03	DEL_1:	MOV	A,3	
42	0012	0080	R	MOV	DEL2,A	;SET DEL2 COUNTER
43	0013	0F6E	DEL_2:	MOV	A,110	
44	0014	0080	R	MOV	DEL3,A	;SET DEL3 COUNTER
45	0015	1780	R	DEL_3: SDZ DEL3		;DEL3 DOWN COUNT
46	0016	2800	R	JMP	DEL_3	
47	0017	1780	R	SDZ	DEL2	;DEL2 DOWN COUNT
48	0018	2800	R	JMP	DEL_2	
49	0019	1780	R	SDZ	DEL1	;DEL1 DOWN COUNT
50	001A	2800	R	JMP	DEL_1	
51	001B	0003		RET		
52	001C		DELAY	ENDP		

0 Errors

列表文件大致分成5个字段，第一栏为行号，第二栏是所占存储器地址，请注意DEL1~DEL3的地址均为"00h"。列表文件是在Assemble过程所产生的文件，而HT-IDE3000是在"编译（Build）"阶段才由Linker安排数据存储器地址，因此这里的"00h"并非是真正的地址，而只是一个代号。所以第4栏中的"R"（Relocatable）是代表该地址尚未被明确指定，属可重订地址的变量。第3栏为指令所对应的机器码，第5栏则是原始程序。编译过程中若发生语法错误也会在列表文件中显示出来。

映像文件格式如下：

```
Holtek (R) Cross Linker Version 8.1
Copyright (C) HOLTEK Semiconductor Inc. 2007-2008. All rights reserved.

Input Object File: D:\MyProject\3-1\3-1.OBJ

Input Library File: C:\Program Files\Holtek MCU Development Tools\HT-IDE3000V7.1\LIB\MATH6.LIB

    Bank    Start    End     Length   Class       Name
    00h     0000h    001bh   001ch    CODE        MY_CODE (D:\MyProject\3-1\3-1.OBJ)
    00h     0080h    0082h   0003h    DATA        MY_DATA (D:\MyProject\3-1\3-1.OBJ)

    Indepentent Local Sections

    Bank    Start    End     Length   Class       Name
    00h     0083h    0083h   0000h    ILOCAL      DELAY (D:\MyProject\3-1\3-1.OBJ)

ROM Usage Statistics
    Size    Used     Percentage
    2000h   001ch    0 %

RAM Usage Statistics
    Bank    Size     Used     Percentage
    00h     0080h    0003h    2 %
    02h     0080h    0000h    0 %
    04h     0080h    0000h    0 %
    Total   0180h    0003h    0 %

Call Tree

HLINK: Program entry point at section MY_CODE (address 0) of file D:\MyProject\3-1\3-1.OBJ

Total 0 error(s),Total 0 Warning(s)
```

映像文件由 Linker 产生，提供了程序存储器以及数据存储器使用状况的相关消息，请读者直接参考文件中的说明。

3.5 VPM 使用方式与操作

上述模拟过程中，如果没有接 HT-ICE 以及硬件电路的话，是无法看到 LED 的变化情形，而只能由 PA 的数值变化来分析程序的正确与否，其实这对有经验的工程师而言已经绰绰有余，但对初学者来说就有点隔靴搔痒。HT-IDE3000 提供的"Virtual Peripherals Manager(VPM)"恰可解决这个窘境。在"工具(T)"菜单下还有几个选项(图 3.5.1)，在此稍做说明：

(1) 配置选项(O)：可以更改"配置选项"中的设定。

(2) 系统诊断(D)：提供 HT-ICE 自我侦测的功能。

(3) 烧录程序(W)：结合烧录器进行单片机的程序烧录工作。

(4) 函数库管理器(L)：链接库管理工具。

第 3 章　HT66Fx0 指令集与开发工具

(5) 编辑器(E)：有关 Voice ROM、Data 的数据管理工具。
(6) LCD 软件仿真器(S)：LCD 相关模拟工具。
(7) 虚拟外围器件(P)：提供多种的器件仿真。

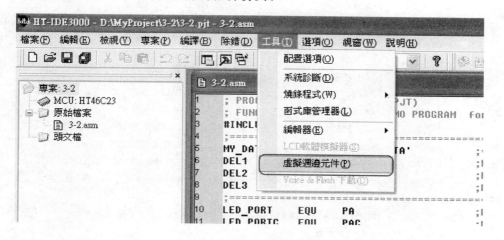

图 3.5.1　"工具(T)"菜单下的选项

读者可选择"虚拟外围器件(P)"选项，准备进行虚拟硬件仿真。由于本书截稿之前，VPM 尚未能支持 HT66Fx0 系列单片机，不过新版的 HT-IDE3000 上会提供支持，故以下的操作程序笔者改以 HT46R23 芯片的仿真程序做说明，相信以盛群半导体公司以往设计开发工具的一贯性与延续性，其操作方式应该也是大同小异。

请读者重新开一项目，或直接将随书光盘中"3-2"的项目数据夹复制到适当的硬盘位置。程序 3.2 的功能与程序 3.1 完全一样，只是换了不同型号的芯片，所以只有第 3 行的伪指令加载新的芯片型号，其余完全一致。

程序 3.2　LED 跑马灯实验(HT46R23 版本)

```
1   ; PROGRAM : 3-2.ASM    (3-2.PJT)                       By Steven
2   ; FUNCTION: LED SCANNING DEMO PROGRAM   for VPM        2009.1204
3   # INCLUDE    HT46R23.INC
4   ;===============================================================
5   MY_DATA     .SECTION     DATA          ; = = DATA SECTION = =
6   DEL1        DB      ?                  ;DELAY LOOP COUNT 1
7   DEL2        DB      ?                  ;DELAY LOOP COUNT 2
8   DEL3        DB      ?                  ;DELAY LOOP COUNT 3
9   ;===============================================================
10  LED_PORT    EQU     PA                 ;DEFINE LED_PORT
11  LED_PORTC   EQU     PAC                ;DEFINE LED_PORT CONTROL REG.
12  MY_CODE     .SECTION  'CODE'           ; = = PROGRAM SECTION = =
13              ORG     00H                ;HT66F50 RESET VECTOR
14  MAIN:
15              CLR     LED_PORTC          ;CONFIG LED_PORT AS O/P MODE
16              CLR     LED_PORT           ;SET INITIAL LED STATE
10              SET     C                  ;SET CARRY FLAG (STATUS.0)
```

```
18      RIGHT:
19              RRC     LED_PORT                ;SHIFT RIGHT
20              MOV     A,100                   ;SET DELAY FACTOR
21              CALL    DELAY                   ;DELAY 100 * 1mS
22              SNZ     LED_PORT.0              ;IS ALL LEDs HAVE BEEN LIT?
23              JMP     RIGHT                   ;NO. CONTINUE RIGHT SHIFT.
24      LEFT:
25              RLC     LED_PORT                ;SHIFT LEFT
26              MOV     A,200                   ;SET DALAY FACTOR
27              CALL    DELAY                   ;DELAY 200 * 1mS
28              SNZ     LED_PORT.7              ;IS ALL LEDs HAVE BEEN LIT?
29              JMP     LEFT                    ;NO. CONTINUE LEFT SHIFT.
30              JMP     RIGHT                   ;REPEAT THE RIGHT PROCESS.
31      ;==================================================
32      ; PROC  : DELAY
33      ; FUNC  : DEALY ABOUT ACC * 1mS @fSYS = 4MHz   (1006 Acc) + 2 Cycles!
34      ; PARA  : ACC : DELAY FACTOR
35      ; REG   : DEL1,DEL2,DEL3
36      ;==================================================
37      DELAY   PROC
38              MOV     DEL1,A                  ;SET DEL1 COUNTER
39      DEL_1:  MOV     A,3
40              MOV     DEL2,A                  ;SET DEL2 COUNTER
41      DEL_2:  MOV     A,110
42              MOV     DEL3,A                  ;SET DEL3 COUNTER
43      DEL_3:  SDZ     DEL3                    ;DEL3 DOWN COUNT
44              JMP     DEL_3
45              SDZ     DEL2                    ;DEL2 DOWN COUNT
46              JMP     DEL_2
47              SDZ     DEL1                    ;DEL1 DOWN COUNT
48              JMP     DEL_1
49              RET
50      DELAY   ENDP
51              END
```

在进入 VPM 模拟之前,请确定 HT-IDE3000 是在软件仿真(Simulation)的模式下,请由"选项(O)"菜单中"项目设定(P)"命令弹出的项目设定窗中的【除错选项】标签页中加以设定(参考图 3.5.2)。此时会弹出如图 3.5.3 所示的窗口,接下来必须在此窗口放置与连接要仿真的器件与电路。首先介绍工具列上所提供的工具。

(1) " ":加入元件,HT-IDE3000 VPM 目前提供大约 20 余种的仿真元件,单击" "会弹出零件的对话框(如图 3.5.4 所示)让使用者挑选。

(2) " ":删除元件,单击" "(或是"Delete"键)可以删除电路中的元件。

(3) " ":定义元件的引脚连接状态。

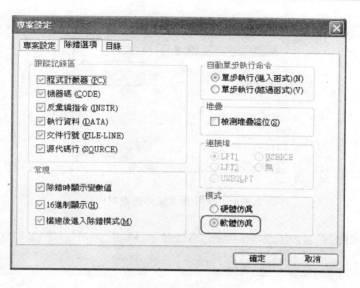

图 3.5.2 选择"软件仿真"功能

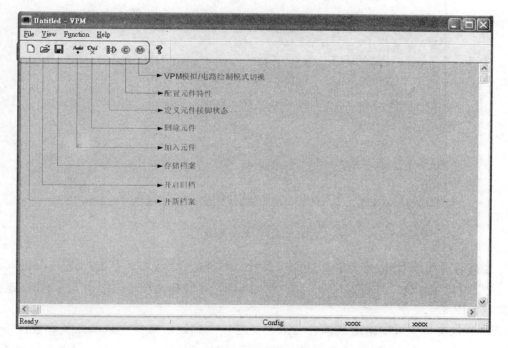

图 3.5.3 VPM 管理窗口

(4)" ":进入元件特性配置,设定元件特性,如 LED 颜色、开关为常开或常闭状态等。

(5)" ":切换 VPM 模式,在电路绘制模式下单击" "则进入电路仿真模式。若在电路仿真模式下单击" "则恢复电路绘制模式。

现在开始绘制图 3.4.1 所示的电路准备执行程序 3.2 的模拟,首先请单击" ":加入 8 个 LED 与电阻(如图 3.5.5 所示)。

第3章 HT66Fx0 指令集与开发工具

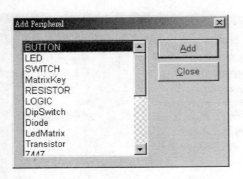

图 3.5.4　VPM 仿真元件选用对话框

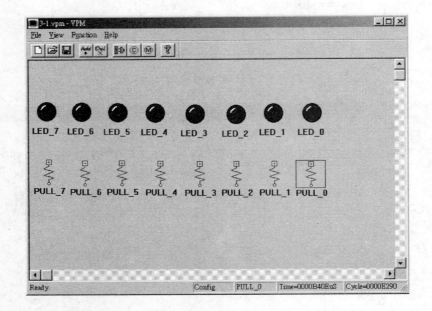

图 3.5.5　电路绘制

将光标移至元件上后,单击鼠标右键可以设定元件的特性(或是单击"©")。双击(或是单击"")可设定元件的连接方式(Connect)。"LED_0"的特性设定如图 3.5.6 所示,连接方式的设定如图 3.5.7 所示。

LED 特性窗口中可以指定其颜色与名称。连接方式设定窗口中显示几项参数:"Select Component"选择要与 LED 连接的元件,请选择"CPU","Select Component"下方则是 Component 的相关资源,因为刚刚选用"CPU",因此将会看到相关的硬件引脚,请参考图 3.4.1 所示的电路,将 LED_0 的"Anode"接至 PA 的 Bit 0。"Current"代表目前光标所在位置的元件名称,选择好对应的引脚之后单击"≫"将选定好的连接方式加入"Connectes Pin"清单,如图 3.5.8 所示。若单击"≪",可以将已设定的连接方式由清单中移除。请读者重复上述程序,将 LED_1~LED_7 依序连接到 PA 的 Bit1~bit7。

第 3 章　HT66Fx0 指令集与开发工具

图 3.5.6　LED 特性窗口

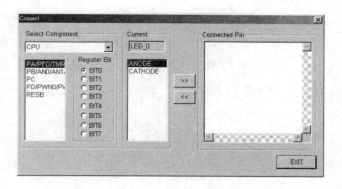

图 3.5.7　LED 连接方式设定窗口

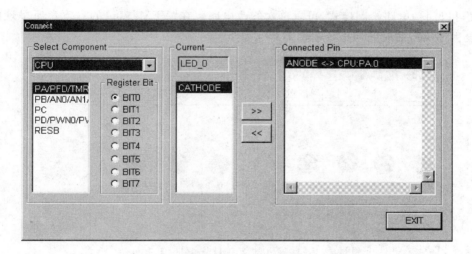

图 3.5.8　LED 连接方式设定

接着开始设定电阻的特性及连接方式，依前述的方法依序打开 PULL_0 电阻的"Config"与"Connect"窗口，在"Config"窗口中设定其特性为"Pull Down"（代表一端连接至地，如图 3.5.9 所示），并于"Connect"窗口选定将另一端接至 LED_0 的"Cathode"（如图 3.5.10 所示）。重复上述的程序，依序将 PULL1～PULL_7 的特性指定为"Pull Down"并一一连接到 LED_1～LED_7 的"Cathode"。如此便完成了图 3.4.1 的仿真电路绘制，仿真电路如图 3.5.11 所示。

再来就是一边执行程序，一边观察 LED 显示的变化了，请读者单击"M"进入电路仿真模式，然后在 HT-IDE3000 窗口单击"↓"（或"F5"功能键）全速执行程序，此时 VPM 会将程序的输出反应至 VPM 窗口中，如图 3.5.11 所示，LED 将会左、右来回显示。一旦进入电路仿真模式之后，不管是单步执行或全速执行，程序的输出都会在"VPM"的窗口显现出来。此时如果再单击

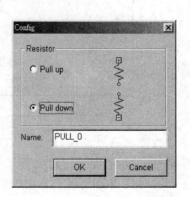

图 3.5.9　电阻特性设定窗口

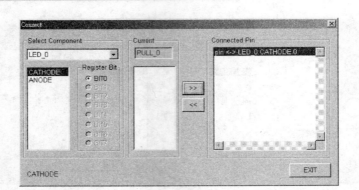

图 3.5.10　电阻连接方式设定窗口

"▣",又可以回到电路绘制模式,可以再次修改电路。在"VPM"窗口的右下角所呈现的数值分别代表程序执行的时间与指令周期数。

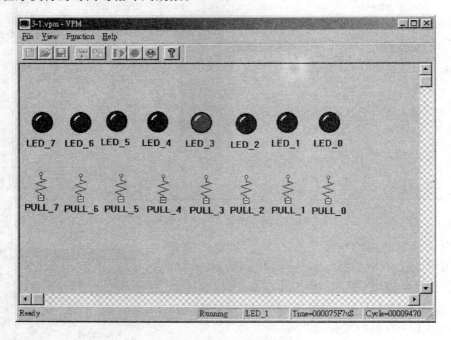

图 3.5.11　仿真电路的执行

或许读者已经发现,此时 LED 轮流点亮的速度会受 Windows 操作系统的影响,例如若稍微移动一下鼠标,整个速度就慢了下来,这是多任务操作系统操作的关系;另外在 DELAY 子程序上的时间控制也不十分正确,如果硬要挑剔的话,"无法真实反应执行的时间"应该算是 VPM 模拟环境的唯一缺点。

3.6　e-Writer 烧录器操作说明

经过 HT-ICE 或 VPM 的模拟验证之后,可以开始把程序烧录到 HT66Fx0 单片机,让整个系统成为一个 Stand alone 的成品。目前盛群半导体公司所提供的量产型单片机烧录器共有以下几种,分别是①e-Writer:最新的 OTP/Flash 整合型 Writer;②HT-Writer:OTP Writer;③EW-VMR:支持 HT86X/HT36X 系列 OTP MCU 的 Writer;④EW-M1:支持 HT48Fx0E、HT46F4xE 系列 Flash MCU Writer。这些 Writer 可提供作为设计开发阶段,以及小至中量量产的 MCU 烧录工具。此外还有 RFID 产品的 EW-IDR 烧录器与 Programmable Timer 产品的 EW-PTS 烧录器。盛群所提供的烧录器能够直接通过 RS-232 端口或 USB 端口连接到 PC 操作或直接独立操作。请注意,烧录的 IC 因各种产品引脚不同,需搭配各种不同的烧录转接座。如图 3.6.1 所示为盛群半导体公司所提供的各种烧录器。

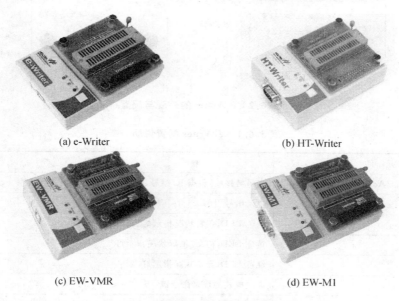

(a) e-Writer　　　　　　　　　　(b) HT-Writer

(c) EW-VMR　　　　　　　　　　(d) EW-M1

图 3.6.1　盛群半导体公司 MCU 的各种烧录器

　　e-Writer 是 USB 接口、专为烧录 Holtek 全系列 MCU 全新开发的一款烧录器。盛群半导体公司开发的所有 OTP/Flash MCU 皆可使用 e-Writer 将程序(Program)或数据(Data)烧录到芯片中。由于烧录器的种类不胜枚举,本节就以盛群半导体公司全新开发的 e-Writer 烧录器为例,说明程序烧录至芯片的操作过程,其他型号的烧录器就请读者自行查阅相关的使用手册。

3.6.1　e-Writer 一般烧录程序

　　e-Writer 支持需与 PC 连接的"联机烧录"模式及不与 PC 连接的"离线烧录"模式。在离线模式中,将烧录数据先由 PC 的 HOPE3000 程序下载到 e-Writer 后,使用者可以在不与 PC 连接的情况下来操作 e-Writer;而在联机模式中,则使用 USB Cable 将 PC 与 e-Writer 连接,再通过 HOPE3000 程序操作 e-Writer。由于 MCU 有许多不同的包装形式,所以使用者必须选用正确的烧录转接板(Adaptor)安插在 e-Writer 上。e-Writer 的硬件各部件名称如图 3.6.2 所示,详细说明如表 3.6.1 所示。

第 3 章　HT66Fx0 指令集与开发工具

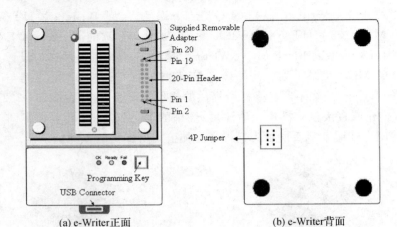

(a) e-Writer 正面　　　　　　(b) e-Writer 背面

图 3.6.2　e-Writer 的外观与配置

表 3.6.1　e-Writer 配置说明

元　件	说　明
Supplied Removable Adapter	烧录转接座，根据 IC 型号、包装不同而有不同的转接座
20-Pin Header	烧录讯号引脚
OK	绿色 LED，正常状况指示灯
Ready/Busy	黄色 LED，待命/忙碌状况指示灯
Fail	红色 LED，异常状况指示灯
Programming Switch	离线模式的烧录命令键
USB Connector	与 PC 连接的 USB 接头
4P Jumper (DIP Switch)	背面的操作选择跳针(开关)注

注：4P Jumper 全部 Short 代表烧录 Flash Type Voice OTP MCU(如 HT83F、HT95RH 系列)，其他 OTP/Flash MCU 系列请保持全部皆 Open 状态。因设定错误会导致烧录失败，故使用 e-Writer 前请确认 4P Jumper 是否已设定至正确位置。本书所探讨的 HT66Fx0 系列为 Flash MCU，所以应维持此 Jumper 为全部开路的状态。

在烧录 MCU 之前，必须先使用 HT-IDE3000 开发系统中"Project"菜单的中"Build"命令产出一个 MCU 烧录数据文件(.OTP/.MTP/.PND)，之后便可使用 e-Writer 烧录器及 HOPE3000 烧录程序进行 MCU 的烧录。有关 HT-IDE3000 的相关功能请参考 HT-IDE3000 使用说明书，建议读者先学习第 4 章，再探究烧录的程序。接着将 e-Writer 连上 PC，执行 HOPE3000 程序，按下列所需烧录方案的步骤一步步的实行便可轻松完成烧录。

请读者执行"HOPE3000.exe"，进入其烧录环境，如图 3.6.3 所示。请注意，若 e-Writer 与 PC 端未正确使用 USB Cable 连接，将出现"无法连上烧录器"的错误消息，请读者先行排除无法联机的问题后再继续以下步骤。

STEP 1：首先由"文件"菜单的"打开文件"命令(如图 3.6.4 所示)打开 Open File 对话框，并选择要烧录的文件。

STEP 2：打开文件后可看到程序编译后的机器码，接着将文件下载到 e-Writer 上，由"文件"菜单下的"下载"命令完成(如图 3.6.5 所示)。

第 3 章　HT66Fx0 指令集与开发工具

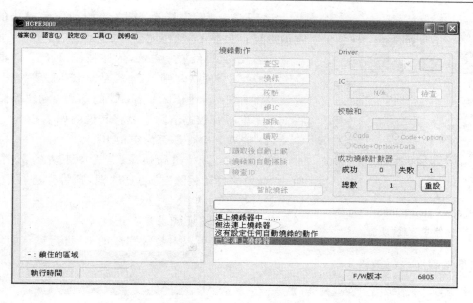

图 3.6.3　HOPE3000 操作窗口

 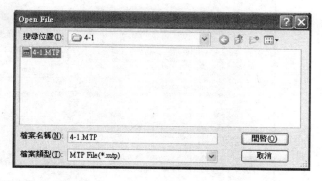

图 3.6.4　HOPE3000－打开文件

 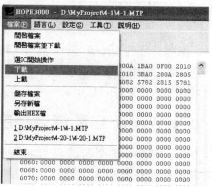

图 3.6.5　HOPE3000－将文件下载至 e-Writer

上述的 STEP 1、STEP 2 的操作过程可由"文件"菜单下的"打开文件并下载"命令完成如图 3.6.6 所示）。

第3章　HT66Fx0 指令集与开发工具

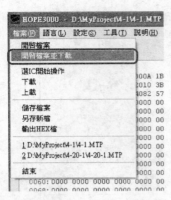

图 3.6.6　HOPE3000—"打开文件并下载"功能

STEP 3：下载完毕后，若之前的动作都成功的话，下方消息窗口会显示"动作完全且成功"（如图 3.6.7 所示）。

接着便可开始进行烧录，依序按图 3.6.7 红框内"查空"、"烧录"、"校验"、"锁 IC"（若要锁 IC 时）等按钮以便完成烧录。另外，若是 Flash MCU 的话可单击"擦除"按钮将 MCU 里所有数据清除。兹将其说明如下：

（1）查空：检查是否为空白 IC。

（2）烧录：开始进行烧录；若选中下方的选项方格中勾选"烧录前自动擦除"前的复选框，则将先进行数据擦除后才进行烧录动作。

（3）校验：验证烧录是否正确无误。

（4）锁 IC：可以对烧录完成的 IC 进行锁定的动作，防止 IC 内部的程序代码被读出。

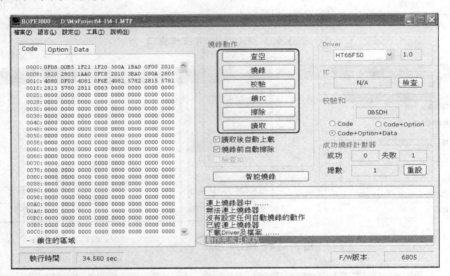

图 3.6.7　HOPE3000—下载成功

（5）擦除：若为 Flash Type MCU 的话，可将 MCU 里所有数据清除。

（6）读取：读回芯片内的数据并存回 PC 的缓冲区；若选中"读取后自动上载"前的复选框的功能，则将存为文件，HOPE3000 会再要求输入文件名。

3.6.2　e-Writer 自动烧录程序

基本上，上述的 3 个步骤已可将程序或数据烧录至程序存储器、E^2PROM 数据存储器。但每次都需要使用者单击"查空"、"烧录"、"校验"等按钮才能完成烧录似乎有点不方便。在此介绍一种只要在 HOPE3000 上设定一次，之后只要单击"自动烧录"按钮即可完成上述烧录动作，适合在 PC 上做大量烧录使用。操作方式请参见以下步骤：

STEP 1：由档案菜单的开启档案命令打开 Open File 对话框（如图 3.6.4 所示），并选择要烧录的文件。

STEP 2：将文件下载到 e-Writer 上（如图 3.6.5 所示）。

STEP 3：单击图 3.6.7 中的"智能烧录"按钮，接着将弹出如图 3.6.8 所示的对话框，在此仅以一般常用的烧录程序进行设定，请参考图 3.6.9。设定完成后可单击右方的"储存设定"，这样下次就可省略设定步骤，直接以"加载设定"加载已存的设定档（附档名为.SPC）；请注意，此时"自动烧录"按钮仍为非启动选项。

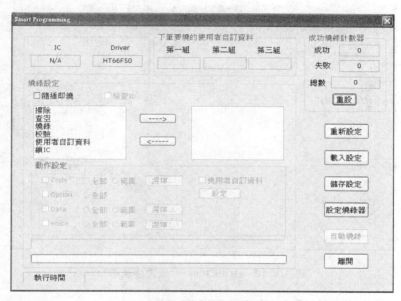

图 3.6.8　HOPE3000—"智能烧录"

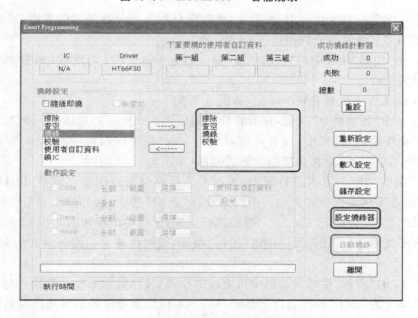

图 3.6.9　HOPE3000—"智能烧录"设定

STEP 4：单击图 3.6.9 的"设定烧录器"按钮将"智能烧录"的设定下载至烧录器后，原本无法启动的"自动烧录"按钮现已转换为可运作状态(请参考图 3.6.10)。此后,只要单击"自动烧录"按钮,e-Writer 就会自动完成使用者所设定的:"擦除"⇨"查空"⇨"烧录"⇨"校验"等程序。

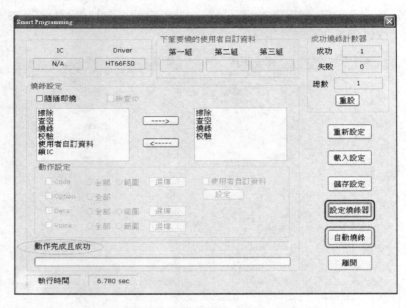

图 3.6.10　HOPE3000—"设定烧录器"

3.6.3　e-Writer 仅烧录部分存储器程序

有些应用可能会有多次烧写 IC 的需求,即每次只写入部分存储器的数据(或程序代码),以下步骤介绍如何只烧录部分数据:

STEP 1:由"档案"菜单中的"开启档案"命令打开 Open File 对话框(如图 3.6.4 所示),并选择要烧录的文件。

STEP 2:将文件下载到 e-Writer 上(如图 3.6.5)。

STEP 3:单击"智能烧录"按钮,接着将弹出如图 3.6.8 所示的对话框。加入"烧录"功能后,在下方的"动作设定"选项中,读者可以看到:Code(程序代码)、Option(配置选项)、Data(E^2PROM 数据)的原始设定都是选择全部的范围(如图 3.6.11 所示)。

STEP 4:根据实际的需求进行调配,不过并非所有烧录范围都可调整,以 HT66F50 为例,仅"Code"的范围可由使用者更动。所以请选择"范围"选项,接着位于其后方的"选择…"钮将转换为可选状态,请单击"选择..."按钮进行设定;此时将出现如图 3.6.12 所示的烧录范围设定的列表形式对话框,读者可以单击"图标"功能,此时将转换为图标形式的对话框(请参考图 3.6.12)。

在图 3.6.12 的"图标"形式对话框中可明确的看到,HT66F50 8K 的程序存储器被以 256 个空间为单位细分为 32 个"程序页(Prpgram Page)",而烧录地址的范围选择即是以"程序页"为设定的基本单位,读者可依实际需求加以配置。

STEP 5:根据实际的需求进行烧录范围的配置;笔者为本书第 4 章、第 5 章的范例程序做考虑,由于程序代码都局限于 1K 以下;而建表数据也顶多使用到最后两页的程序空间,因此

第3章　HT66Fx0指令集与开发工具

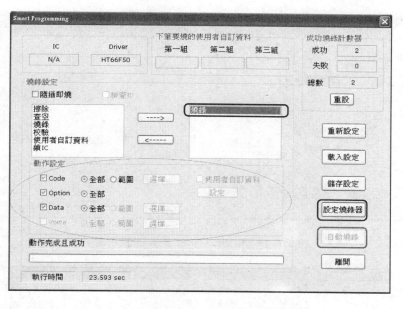

图3.6.11　HOPE3000—"烧录"功能的动作设定

 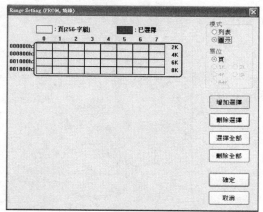

图3.6.12　HOPE3000—"烧录"范围设定

选择的烧录范围如图3.6.13所示；读者可以再单击"列表"功能钮恢复列表形式对话框，检测设定的范围或单击"确定"功能回到"智能烧录"设定画面。

STEP 6：单击图3.6.11的"设定烧录器"按钮将"智能烧录"的设定下载至烧录器后，原本无法启动的"自动烧录"按钮现已转换为可运作状态（如图3.6.14所示）。此时，只要单击"自动烧录"按钮，e-Writer就会完成使用者所设定范围的"烧录"程序。读者应可发现此时的烧录时间要比之前"全部范围"要缩短许多。设定烧录范围的优点不仅使烧录时间缩短，它也减少了无谓的E^2PROM存储器抹除、烧录动作，使存储器的寿命避免受无意义的烧录程序影响而缩短。

在结束"烧录"⇨"烧录"范围的设定程序后，还是可再添加"擦除"、"查空"、"校验"或"锁IC"等烧录动作，然后再将设定下载到e-Writer上；若成功，"烧录"按钮会使能，最后单击"自

第3章 HT66Fx0 指令集与开发工具

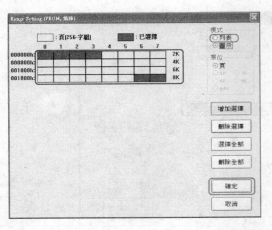

图 3.6.13 HOPE3000—"烧录"范围设定

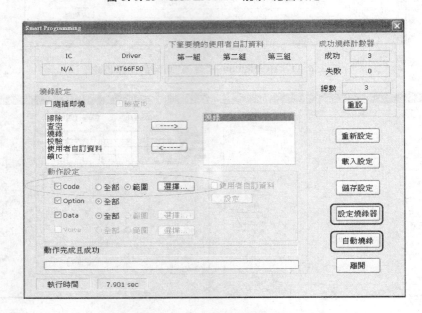

图 3.6.14 HOPE3000—"烧录"范围设定

动烧录"按钮即会执行指定的动作,之后每次单击"自动烧录"按钮即完成一次指定范围的烧录程序(参考图 3.6.14)。

3.6.4 e-Writer 烧录序号或其他自订数据程序

有时为了辨别产品功能与制造批号,必须将序号或其他数据烧入 Program ROM,此时必须要使用"智能烧录"的"使用者自订数据"功能,请按以下步骤操作:

STEP 1:由档案菜单中的开启档案命令打开 Open File 对话框(如图 3.6.4 所示),并选择要烧录的文件。

STEP 2:将文件下载到 e-Writer 上(如图 3.6.5 所示)。

STEP 3:单击"智能烧录"按钮将弹出如图 3.6.8 所示的对话框;加入"使用者自订数据"

功能后,并单击下方的"设定"选项(如图 3.6.15 所示)。

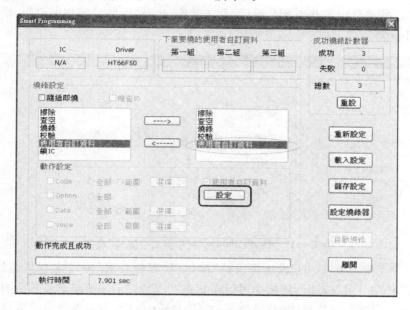

图 3.6.15　HOPE3000—"使用者自订数据"功能

STEP 4:单击"设定"按钮,接着将弹出如图 3.6.16 所示的对话框;其可提供 3 组自订数据。

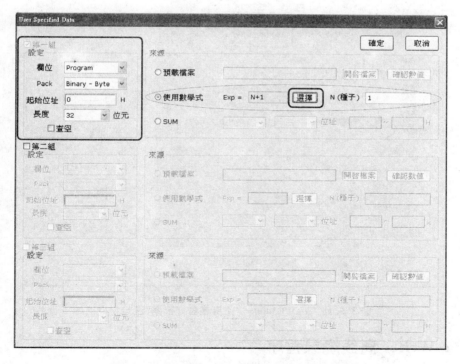

图 3.6.16　HOPE3000—"使用者自订数据"设定内容

图 3.6.17 展示了"在 IC 中 Program ROM 的地址 3C0H 处烧录一笔使用者自订数据"的

设定,数据是以 N+1 数学式子产生,N 的初值为 1(即所烧第一颗 IC 为 1、第二颗为 2…)。接着单击"确定"以便储存设定并离开此窗口;有关其他自订数据的设定细项说明,请读者查阅 e-Writer 的使用手册。

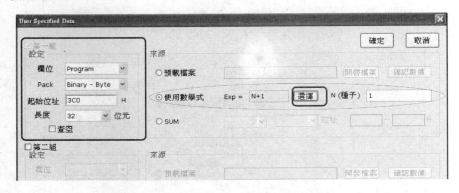

图 3.6.17　HOPE3000—"使用者自订数据"设定

STEP 5:单击图 3.6.11 的"设定烧录器"按钮将"智能烧录"的设定下载至烧录器后,原本无法启动的"自动烧录"按钮已转换为可运作状态,并显示"下笔要烧的使用者自订数据"(如图 3.6.18 所示)。此时,只要单击"自动烧录"按钮,e-Writer 就会完成使用者所设定的"烧录"程序。

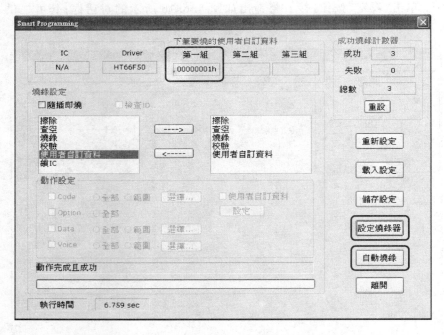

图 3.6.18　HOPE3000—"使用者自订数据"设定完成

3.6.5　e-Writer 离线烧录程序

离线烧录是指不需接 PC 即可操作 e-Writer,此时首先需将 e-Writer 连至 PC,将烧录档及烧录动作设定下载至 e-Writer,再按下 e-Writer 上的烧录键以进行烧录,详细步骤如下所列：

STEP 1：由档案菜单中开启档案命令打开 Open File 对话框（如图 3.6.4 所示），并选择要烧录的文件。

STEP 2：将文件下载到 e-Writer 上（如图 3.6.5 所示）。

STEP 3：单击"智能烧录"按钮，根据实际需求完成如烧录范围、使用者自订数据等设定，并将设定下载至 e-Writer(请参考 3.6.2 节～3.6.4 节的步骤说明)。

STEP 4：关闭 HOPE3000 程序，移除 e-Writer 与 PC 连接的 USB 缆线。

STEP 5：将 5 V 的电源适配器 USB 接头插入 e-Writer 并打开电源，此时 e-Writer 会检查在 STEP 1～4 的下载数据是否正确，如果正确，e-Writer 会停在待机状态（Ready，即黄色 LED 灯会亮起）；否则为错误状态（Fail，即红色 LED 灯会亮起），此时需重新下载数据至 e-Writer(即重做 STEP 1～4)。请注意：黄色 LED 灯（Ready 灯）亮起才可继续下一步。

STEP 6：放上 IC(该型号需与所下载烧录文件的 MCU 型号一致)，按下 e-Writer 上的"烧录命令"键（即图 3.6.2 的 Programming Key）进行烧录。

STEP 7：检查 LED 指示灯以确认烧录是否成功；若成功，则绿色 LED 灯慢闪且其他两个 LED 灯为暗灭状态。

有关 e-Writer 的详细操作说明请读者参阅其使用手册，其提供了相当详尽的操作说明与错误消息所代表的意义。本章仅就其常用功能、步骤做概略性的描述。

第 4 章

基础实验篇

本章将通过几个基础实验,让读者熟悉 HT66Fx0 微控制器的外围单元与一些常见的元件特性;如 I/O(跑马灯、霹雳灯、扫描式键盘、步进电机控制)、Timer/Counter、Compare Match(蜂鸣器控制)、外部中断、PWM 接口(LED 亮度控制)、ADC 转换接口、模拟比较器(光传感器)、I^2C 串行接口、省电模式与 WDT 控制等。通过这些基础实验,除了让读者了解程序开发流程与熟悉工具使用之外,更重要的是希望能让读者对 HT66F50 的控制及其内部各单元能有初步的认识。本章的实验内容包括:

- 4.0　本书实验相关事项提醒
- 4.1　LED 跑马灯实验
- 4.2　LED 霹雳灯查表实验
- 4.3　单颗七段数码管控制实验
- 4.4　指拨开关与七段数码管控制实验
- 4.5　按键控制实验
- 4.6　步进电机控制实验
- 4.7　4×4 键盘控制实验
- 4.8　喇叭发声控制实验
- 4.9　CTM Timer/Counter 模式控制实验
- 4.10　STM 中断控制与比较匹配输出实验
- 4.11　模拟/数字转换(ADC)接口控制实验
- 4.12　外部中断控制实验
- 4.13　ETM 单元 PWM 输出控制实验
- 4.14　模拟比较器模块与其中断控制实验
- 4.15　WDT 控制实验
- 4.16　省电模式实验
- 4.17　I^2C 串行接口控制实验
- 4.18　SPI 串行接口控制实验
- 4.19　f_{SYS} 切换与 SLOW Mode 实验
- 4.20　I^2C 接口唤醒功能实验

第4章 基础实验篇

4.0 本书实验相关事项提醒

接下来各章节的实验内容,都必须搭配相关的硬件电路。为了简化书籍版面与电路图的单纯化,在此先将HT66F50的复位电路、振荡电路连接方式汇总于图4.0.1,在后续各实验单元不再重复绘制此部分,所有电路的参考信号将直接以图4.0.1所拉出的标记符号(◀▬)表示。

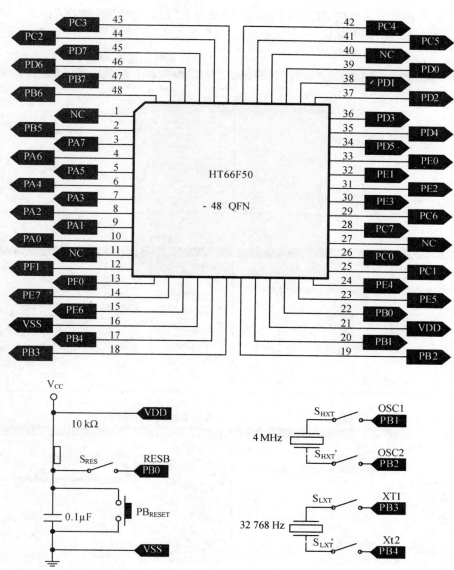

图 4.0.1　HT66F50 微控制器电路

另外,图4.0.1中的引脚仅标示出I/O功能,其余功能请参考第1章的引脚图与引脚功能叙述。

第4章 基础实验篇

　　为了减少电路的连接以及避免浪费 I/O 引脚，本书绝大多数实验均采用 HIRC 或 LIRC 振荡电路，且采用系统内部的复位功能。因此图 4.0.1 中控制复位电路的 S_{RES} 开关、控制 HXT 的 S_{HXT} 与 S_{HXT}' 开关、以及控制 LXT 的 S_{LXT} 与 S_{LXT}' 开关都应处于开路的状态。而在少数实验中必须用到外部 RESET 功能，读者就必须使 S_{RES} 开关置于短路状态。由于 HIRC/LIRC 振荡方式的准确度稍差，易受电压、温度和制程的影响，若需要较高频率准确度的场合，建议读者改采 HXT/LXT 的振荡方式，此时需令（S_{HXT} 与 S_{HXT}' 开关）/（S_{LXT} 与 S_{LXT}' 开关）置于短路状态。

　　在进行本书各章节实验时，除非特别说明，否则有关"配置选项"的设定请读者一律按照以下的方式配置：

系统操作电压：5 V　　　　　　　　　　　　系统频率：选择ICE提供，频率4 MHz

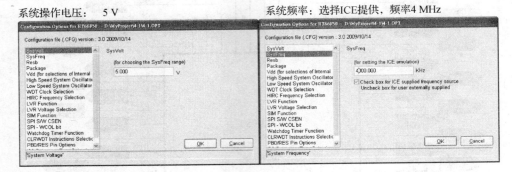

硬件复位：系统内部复位　　　　　　　　　　IC包装：选择48QFN

内部RC振荡电源：5 V　　　　　　　　　　高频振荡来源：选择HIRC

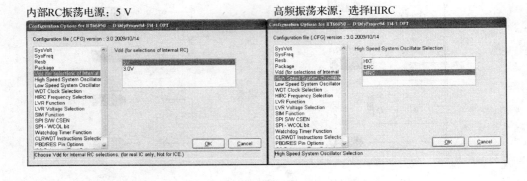

低频振荡来源：选择LIRC　　　　WDT频率来源：选择f_{SUB}

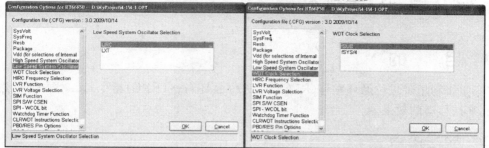

HIRC振荡频率：4 MHz @Vdd=5 V　　低电压复位功能：失能

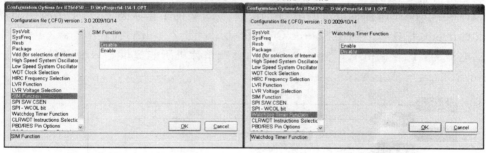

串行模块功能：失能　　　　　　　WDT功能：失能

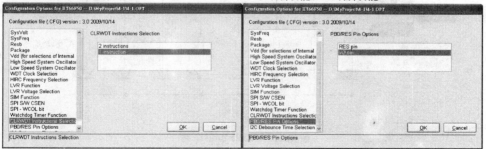

WDT清除方式：单指令清除　　　　PB0引脚功能：I/O引脚功能

第4章 基础实验篇

4.1 LED跑马灯实验

4.1.1 目　　的

本实验将利用带进位循环左移(RLC)、带进位循环右移(RRC)指令,让8颗LED达到循序点亮、来回移动的效果。

4.1.2 学习重点

通过本实验,读者应对HT66F50的I/O Port定义、特性以及延迟子程序(DELAY)的时间计算都有透彻的了解。另外,通过第一个简单的范例程序,请者应可参考第3章的操作程序,熟悉程序的开发过程与HT IDE-3000的操作环境。

4.1.3 电路图

如图4.1.1所示,当HT66F50连接至LED的I/O引脚输出信号为"High"时,LED为正向偏压(Forward Bias),所以将呈现亮的状态;反之,当连接至LED I/O引脚的状态为"Low"时,则并没有电流流过LED,所以LED不会亮。程序中利用带进位循环左移(RLC)、带进位循环右移指令(RRC)并使用不同的延迟时间,让8颗LED达到循序点亮、来回移动的效果。读者可以通过降低电阻值(470 Ω)来提高LED的亮度,但是要特别留意HT66Fx0原厂数据手册中,对于I/O Port所提供电流的限制:在$V_{DD}=5$ V的工作状态下,每个引脚的驱动电流为:Sink Current(I_{OL})=20 mA、Source Current(I_{OH})=−7.4 mA;而在$V_{DD}=3$ V时,每个引脚的驱动电流为:$I_{OL}=9$ mA、$I_{OH}=-3.2$ mA;整颗单片机所能提供I/O驱动的总电流量为:$I_{OL}=80$ mA、$I_{OH}=-80$ mA。

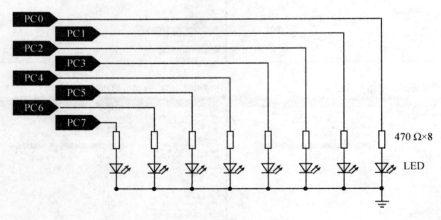

图4.1.1　LED控制电路

4.1.4 程序及流程图

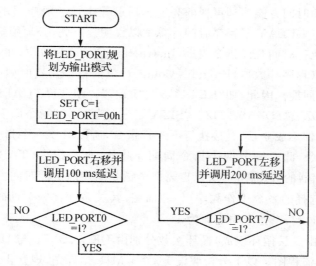

程序 4.1　LED 跑马灯实验
程序内容请参考随书光盘。

程序解说：

5～8	依序定义变量地址。
10～11	定义 LED_PORT 为 PC、定义 LED_PORTC 为 PCC。
13	声明内存地址由 000h 开始 (HT66Fx0 Reset Vector)。
15～16	关闭 CP1 模拟比较器功能，以避免影响 PC 的 I/O 功能。
17	将 LED_PORT 定义成输出模式。
18～19	LED_PORT 内容设为 0 并将进位标志位 (Carry Flag, 参考 2.3.11 节) 设为 1。
21～25	对 LED_PORT 进行右移动作，由进位标志位开始右移一圈，检查 LED_PORT.0 是否为 1，成立表示右移动作已经结束。程序中 DEL1 是用来控制 DELAY 子程序的延迟时间 (DEL1×1 ms)。
27～32	对 LED_PORT 进行左移的动作，由进位标志位开始左移一圈，检查 LED_PORT.7 是否为 1，成立表示左移动作已经结束，重新回到 RIGHT 再进行右移动作。不断的反复执行，即可让 LED 持续左右跑动的变化。
39～52	DELAY 子程序，其延迟时间由 Acc 的内含值决定，大约为 Acc×1 ms。至于其计算方式，请参考后续说明。

首先，请读者留意程序 4.1 中第 15、16 行指令，其目的是将模拟比较器 1(Comparator 1, CP1)功能关闭。由于 CP1C 控制寄存器的 C1SEL 位在上电复位(Power-on Reset)后的值为 "1"，也就是说与 C1+、C2+共用的 PC2、PC3 被当成模拟信号的输入引脚，此时将丧失 I/O Port 的输出功能，为了使连接于 PC2、PC3 的 LED 能正常亮、灭，故必须先将 CP1 的功能关闭。由于 HT66Fx0 系列微控制器的引脚多数都配置一个以上的功能，在使用时务必特别注意。

第4章 基础实验篇

由于人类的眼睛有视觉暂留(Persistence of Vision)①的特性,因此在点亮一颗 LED 之后必须加入适当的延迟,人的肉眼方能观察到灯号逐一点亮的变化。其次,当 LED 进入正向偏压时,亦须维持足够的时间方能达到可视的亮度。延迟程序是一般应用中经常会使用到的一个子程序,在此特别将 DELAY 子程序时间计算加以说明。首先,必须了解每一个指令执行所需的时间,通常指令执行时间是以指令周期(Instruction Cycle)为单位,在 HT66Fx0 系列指令当中,凡是会改变 PC(程序计数器,Program Counter)值的指令需费时两个指令周期,而其他指令则只需一个指令周期。因此,如"RET A,x"、"RET"、"RETI"、"CALL"、"JMP"等指令需两个指令周期;而"SDZ"、"SDZA"、"SIZ"、"SIZA"、"SNZ"或"SZ"指令则需视其是否发生跳跃的情况而定。如果条件不成立,则直接执行下一行指令,所以只要一个指令周期;但若条件成立,需跳过下一行指令,此时则需两个指令周期。此外,查表指令(TABRD [m]、TABRDL [m])因涉及程序存储器的数据读取,所以也需两个指令周期的执行时间。至于一个指令周期究竟是多久,需视所选择的系统工作频率(f_{SYS})而定,其关系为:"一个指令周期=$4/f_{SYS}$",因此,当 f_{SYS} 为 4 MHz 时,一个指令周期即为 1 μs。

DELAY 子程序由 3 层循环组成,循环次数分别由 DEL1、DEL2 与 DEL3 寄存器控制,请读者参考图 4.1.2 的流程图。以下分析假设 f_{SYS}=4 MHz。首先,观察由 DEL3 控制的"小循环"(A),由于在 4～5 行已将 DLE3 设为 110,所以第 6 行会执行 110 次。其中有 109 次减一不为 0,需费时 109×1 μs;只有一次减一为零,需费时 2 μs(因为结果为零,必须跳过第 7 行 ⇨ PC 值改变,需费时两个指令周期)。3～8 行为"中循环"(B),由 DEL2 所控制;当 DEL2 减一不等于 0 时,就会再重复执行一次小循环。最后,当由 DEL1 所控制的"大循环"(C)减一不为 0 时,就会再重复执行一次中循环。因此,只要将各个循环所需执行的执行周期相加起来,

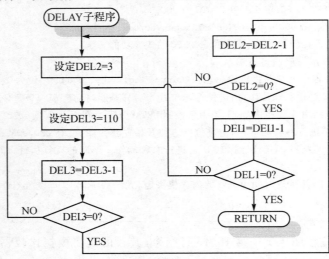

图 4.1.2 DELAY 子程序流程图

---

① 人眼在观察景物时,光信号传入大脑神经需经过一段短暂时间。光作用结束时,视觉也不立即消失(此残留的视觉称为"后像")。视觉的这一现象称为"视觉暂留"。比利时科学家 J. A. 普拉托于 1829 年奠定了这一理论。经许多科学家研究确定,视觉暂留时间约为 1/15～1/30 s。当电影画面换幅频率达到每秒 15～30 幅之间时,观看者便见不到黑暗的间隔。因此,电影发明初期,无声电影的标准换幅频率为每秒 16 幅,之后的有声电影则改为每秒 24 幅。

就可以得知其延迟时间。假若调用 DELAY 子程序时 Acc 预设为 X,则其指令周期数为 (1006X+2)Cycles。读者只要在调用 DELAY 子程序前,先设定 Acc 的值,就可以获得所须延迟时间,其时间延迟范围约为 1 ms~256 ms。DELAY 子程序计算如表 4.1.1 所列。

表 4.1.1 DELAY 子程序时间计算

程序				指令执行周期			循环		
1:	DELAY:	MOV	DEL1,A	;1					
2:	DEL_1:	MOV	A,03	;1		×X			
3		MOV	DEL2,A	;1		×X			
4:	DEL_2:	MOV	A,110	;1	×3	×X			
5:		MOV	DEL3,A	;1	×3	×X			
6:	DEL_3:	SDZ	DEL3	;(109×1+2)	×3	×X	A	B	C
7:		JMP	DEL_3	;109×2	×3	×X			
8:		SDZ	DEL2	;	(2×1+2)	×X			
9:		JMP	DEL_2	;	2×2	×X			
10:		SDZ	DEL1	;		(X−1)+2			
11:		JMP	DEL_1	;		(X−1)×2			
12:		RET		;2					

值得提醒读者的是,当 X=0 时,DELAY 子程序所执行指令周期数为 257 538(1 006×256+2)Cycles。这是因为"SDZ"指令是先将内存内容减一再作判断,0−1=0FFh,所以循环总共执行了 256 次。

在第 10~11 行,笔者利用"EQU"伪指令分别将 PC、PCC 寄存器定义为 LED_PORT、LED_PORTC。或许读者会认为多此一举,为何不干脆直接以原寄存器名称来撰写程序?这纯粹是笔者个人的习惯,以欲控制的元件或装置名称来重新定义 I/O 端口,除可增加程序的易读性,一看就可明了所控制的主体为何之外,当需更换控制元件的 I/O 端口时,仅需改变定义即可,而无须大费周章的修改程序中所有牵涉 I/O 端口的操作数。但惟恐有扩增篇幅之嫌,往后实验中若将这类参数定义较多的程序,会将其置放于 xxx.INC 档案中,主程序中再以"INCLUDE"伪指令将其加载。

4.1.5 动动脑+动动手

- 请删除程序 4.1 中第 15、16 行指令,重新执行程序后 8 颗 LED 是否仍可正常来回亮、灭?为什么?
- 试着改变 LED 跑动的速度(即减短延迟的时间),观察在何种延迟时间以下就无法再分辨出 LED 是逐一被点亮的?
- 改写 DELAY 子程序,使时间延迟的范围为 10~2560 ms。
- 原程序执行状态是 LED 先右移 1 次后再左移 1 次,试着改写程序,使 LED 的显示状态变成先右移 2 次之后再左移 3 次。

- 将"RRC"与"RLC"指令改成"RR"、"RL",并重新改写程序4.1使LED与原程序显现相同的变化情形。

4.2 LED霹雳灯查表实验

4.2.1 目的

本实验介绍HT66Fx0查表指令,并利用查表方式让8颗LED达到各式各样的变化效果。

4.2.2 学习重点

通过本实验,读者应了解HT66Fx0的查表指令"TABRD [m]"以及"TABRDL [m]"的差异。另外,也将介绍一种通过改变PCL而达成查表动作的程序写法－计算式跳跃(Computational Jump),对于随机(Random)查询表格中数据相当方便。在往后的实验中,本节所介绍的查表方式应用相当频繁,请读者务必彻底了解其原理与运作技巧。

4.2.3 电路图

实验4.1中是以HT66Fx0的左移、右移指令让8颗LED达到循序点亮、来回移动的效果。如果想产生其他各种变化效果,"查表法"是最方便的方式。只要事先将所要的变化数据依序存放于程序存储器(此即所谓"建表"),再由程序控制在适当的时机读取并由I/O口送出,就可以让LED展现不同的显示效果。

霹雳灯控制电路如图4.2.1所示。

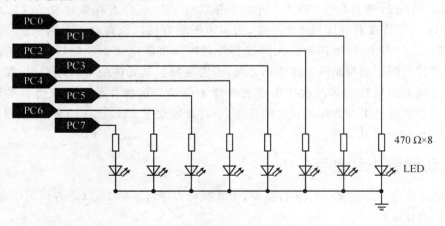

图4.2.1 霹雳灯控制电路

4.2.4 程序及流程图

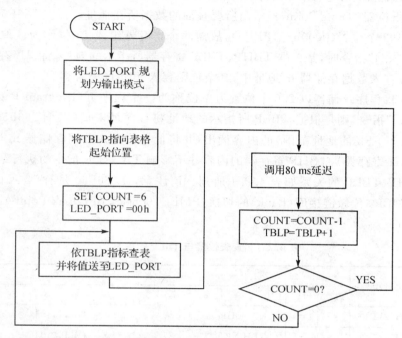

程序 4.2　LED 霹雳灯查表实验(TABRD [m])
程序内容请参考随书光盘。

程序解说：

6～9	依序定义变量地址。
11～12	定义 LED_PORT 为 PC、定义 LED_PORT 为 PCC。
14	声明内存地址由 000h 开始(HT66Fx0 Reset Vector)。
15～16	关闭 CP1 模拟比较器功能，以避免影响 PC 的 I/O 功能。
17	将 LED_PORT 定义成输出模式。
19～22	将 TBHP 与 TBLP 指向表格(TAB_PILI)起始地址。HIGH 和 LOW 为编译器提供的伪指令，其功能是分别取出标记(Label)或常数的高、低字节。
23～24	将计数器"COUNT"设定成 6。
26	依 TBHP 与 TBLP 指示的值至程序存储器(ROM)读取数据，并送至 LED_PORT 显示。
27～28	调用 DELAY 子程序，延迟 80 ms。
29	将 TBLP 加一，指向下一笔显示数据。
30～32	判断 COUNT-1 是否等于 0，成立则重新开始(MAIN)；反之，则回到 LOOP 显示下一笔数据。
33～39	LED 显示数据建表区。
46～59	DELAY 子程序，延迟时间的计算请参考实验 4.1。

建表就是将一些固定不变的常数数据存放在程序存储器中，当程序运行时再依据实际需求读出。常见的应用如本例的七段显示码，其他如三角函数、指数等较复杂的运算，都可以是先将结果计算好加以存放，以减轻每次都要微控制器计算的负荷，提升系统效率。HT66Fx0

提供两个查表指令("TABRD [m]"及"TABRDL [m]")方便使用者在查表时使用。查表就是到特定的程序存储器地址读取先前安排好的数据以便后续的处理。此时,TBHP、TBLP 寄存器组成的表格指位器(Table Pointer)指向所要查询的数据所在地址。以 HT66F50 为例,程序存储器共有 8 192 个位置(0000h~1FFFh),故需两个寄存器组成 13 位作为读取的地址。当使用"TABRD [m]"指令时,是依据 TBHP、TBLP 寄存器所指示的地址,将程序存储器内容读出,并将低 8 位存入数据存储器 m 地址中,其余位则存入 TBLH 寄存器。

HT66Fx0 将程序存储器以 256 个位置为单位称为一个程序页(Program Page)。若使用"TABRDL [m]"指令,则是根据 TBLP 所指示的地址将程序最末页(以 HT66F50 为例,最末页为 1F000h~1FFFh 的地址范围)的内容读出,并将低 8 位存入数据存储器 m 地址中(其余位则存入 TBLH 寄存器),TBHP 寄存器的内容并不影响 TABRDL 指令的执行结果。总结查表位置与 TBHP、TBLP 的关系如表 4.2.1 所列。请注意,HT66F60 虽有 12 K 的程序空间,但必须搭配 PMBP0 位做链接库(Bank)的切换,PMBP0 是隶属 BP(Bank Pointer)寄存器的控制位。

表 4.2.1 查表位置与 TBLP 的关系

指令	芯片型号	查表数据所在地址												
		12	11	10	9	8	7	6	5	4	3	2	1	0
TABRD [m]	HT66F20	—	—	—	TBHP[1:0]		TBLP[7:0]							
	HT66F30	—	—	TBHP[2:0]			TBLP[7:0]							
	HT66F40	—	TBHP[3:0]				TBLP[7:0]							
	HT66F50	TBHP[4:0]					TBLP[7:0]							
	HT66F60*	TBHP[4:0]					TBLP[7:0]							
TABRDL [m]	HT66F20	—	—	—	1	1	TBLP[7:0]							
	HT66F30	—	—	1	1	1	TBLP[7:0]							
	HT66F40	—	1	1	1	1	TBLP[7:0]							
	HT66F50	1	1	1	1	1	TBLP[7:0]							
	HT66F60*	1	1	1	1	1	TBLP[7:0]							

4.2.5 动动脑+动动手

- 在程序 4.2 第 34 行前插入"ORG 0FDh"的指令,重新编译并执行程序,程序是否仍可正常执行? 是什么原因导致此结果?
- 以 RRC、RLC、RR、RL 等指令做出与本实验相同执行效果的程序。

在 4.2.5 小节动动脑+动动手单元中,当在程序 4.2 第 34 行前插入"ORG 0FDh"的指令后,已不能完整的呈现原来霹雳灯显示的灯号。主要的原因是建表数据发生"跨页(Cross Page)"的状况,而程序中并未加以处理。虽然表格指位器是由 TBHP、TBLP 两个寄存器所组成,但其为独立的两个寄存器,当使用"INC TBLP"将指位器指向下一个地址时,若发生进位并不会自动累进至 TBHP 寄存器。此一问题可通过在程序 4.2 第 31 行指令前加入以下两行指令加以克服,其原理就是判断跨页状况发生时,将 TBHP 指向下一页:

SZ	Z	;"INC TBLP"指令执行后若 Z=1,表示发生跨页情形
		;(因为 TBLP 加一为零,0FFh + 1 = 00h)
INC	TBHP	;将代表页码的 TBHP 加一,指向下一页

通常习惯把建表数据直接随置于程序之后,以增加程序的可读性,但当程序经过多次的删改、增减之后,往往会忽略了跨页的现象,万一表格有跨页的情形,又缺少上述两行指令的判定,就无法正确的取得数据,这点请读者特别注意。为避免此问题,建议读者干脆把数据放在程序存储器的最末页,然后利用"TABRDL [m]"指令来读取数据;以实验 4.2 为例,可将程序改写成程序 4.2.1,除非最末页无法容纳所有的表格数据,再考虑将其拆置于其他页。

程序 4.2.1　LED 霹雳灯查表实验(TABRDL [m])

程序内容请参考随书光盘。

程序解说:

6~9	依序定义变量地址。
11~12	定义 LED_PORT 为 PC、定义 LED_PORT 为 PCC。
14	声明内存地址由 000h 开始(HT66Fx0 Reset Vector)。
15~16	关闭 CP1 模拟比较器功能,以避免影响 PC 的 I/O 功能。
17	将 LED_PORT 定义成输出模式。
19~20	将 TBLP 指向表格(TAB_PILI)起始地址。
21~22	将计数器"COUNT"设定成 6。
24	依 TBLP 指示的值至程序存储器(ROM)最末页读取数据,并送至 LED_PORT。
25~26	调用 DELAY 子程序,延迟 80 ms。
27	将 TBLP 加一,指向下一笔显示数据。
28~30	判断 COUNT - 1 是否等于 0,成立则重新开始(MAIN);反之,则回到 LOOP 显示下一笔数据。
37~49	DELAY 子程序,延迟时间的计算请参考实验 4.1。
52~58	LED 显示数据建表区。

程序 4.2.1 与程序 4.2 的差异有两点:其一是改用"TABRDL [m]"指令来读取数据;其二是利用"ORG LASTPAGE"伪指令将数据存放于程序存储器的最后一页,相信读者应该已洞悉其间的区别。使用"TABRDL [m]"指令时,无须理会 TBHP 寄存器,可使程序更为简捷。

不管是"TABRDL [m]"或"TABRD [m]"指令,在循环(Sequential)读取表格数据之时,可以直接利用递增或递减指令来更改指针值("INC TBLP"、"DEC TBLP"),相当便捷(请留意跨页的问题)。但是,如果想随机(Random)读取表格内的任意一笔数据的话,使用上述的指令就稍嫌笨拙。所幸,HT66Fx0 的程序计数器(PCL)是可以当成一般寄存器拿来运算,若能善用此一特性,也可做为查表的另一项选择,尤其在随机读取表格数据时更显其功效。此种查表方式主要是通过 PCL(即 PC 的低 8 位)值的改变并结合"RET A,x"指令来完成。请参考以下的程序范例:

程序 4.2.2　LED 霹雳灯查表实验(ADDM A,PCL)

程序内容请参考随书光盘。

如本例中的 TRANS_PILI 子程序,当跳至此子程序执行"ADDM A,PCL"指令(第 58 行)时,此刻 PC 值已经指向第 59 行的"RET A,10000001B"指令(再次重申:PC 值是指向 CPU

下一个要执行的指令地址)。所以,若 Acc＝0,则执行"ADDM A,PCL"后,就接着执行"RET A,10000001B"回到主程序,并在 Acc 加载表中第一笔显示值"10000001B";同理,如果 Acc＝1,则执行"ADDM A,PCL"(第 58 行)后,会接着执行"RET A,01000010B"(第 60 行)回到主程序,此时是在 Acc 加载表中第二笔显示值"01000010B",以此类推。此种查表方式是利用改变 PCL 而达到改变程序流程的目的,一般称之为"计算式跳跃(Computational Jump)",往后的实验中经常会使用到这种程序技巧,读者一定要把其原理搞清楚。附带一提的是：由于 HT66Fx0 的算数逻辑单元(ALU)只有 8-Bit,当执行"ADDM A,PCL"指令时,系统只会将低 8 位的运算结果放置于 PC[7:0](即 PCL),其余位维持不变(也就是说如果 Acc 与 PCL 相加时即使有进位产生,此进位是不会累进至 PC 的高字节的)。因此,如果想以"ADDM A,PCL"指令达到查表目的的话,千万要记得建表数据一定不能有跨页的情况。这种程序技巧不只用来作为随机表格数据的查询,也可做为控制程序流程的利器。如以下范例,就是依据寄存器 Acc 的数值来控制程序跳至不同的执行地址。

例题：

```
ADDM    A,PCL       ;PCL = Acc + PCL
JMP     EQU_0       ;Jump to EQU_0 if Acc = 0
JMP     EQU_1       ;Jump to EQU_1 if Acc = 1
JMP     EQU_2       ;Jump to EQU_2 if Acc = 2
JMP     EQU_3       ;Jump to EQU_3 if Acc = 3
……
```

最后提醒读者,程序 4.2.2 TRANS_PILI 子程序所实现的查表方式,因为是指令与建表数据的结合,所以只能查回 8 位的数据。

4.2.6 动动脑＋动动手：

- 改写程序,让 LED 显示的图案速度越来越快。
- 在程序 4.2.2 第 57 行指令前插入"ORG 1FDh"的指令,重新编译并执行程序,程序是否仍可正常执行？是什么原因导致此结果？请读者利用单步执行的功能观察 PC 与 Stack 的变化情形。

4.3 单颗七段数码管控制实验

4.3.1 目　　的

本实验 HT66F50 控制一颗共阴极(Common Cathod)七段数码管,并采用查表法使七段数码管重复依序的显示"0"～"9"的数字。

4.3.2 学习重点

通过本实验,读者应了解如何控制七段数码管,并熟悉 HT66F50 的查表方式及其应用。

4.3.3 电路图

七段数码管(Seven Segment LED)是在一般电子电路中广泛被使用到的元件,它是由 8

个发光二极管排列成特定形状组合而成,依照其内部的构造可分为共阴极(Common Cathod,CC)和共阳极(Common Anode,CA)两种。七段数码管控制电路如图4.3.1所示。

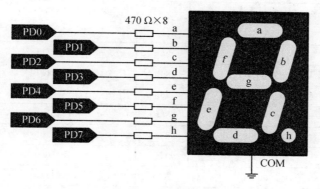

图 4.3.1 七段数码管控制电路

以共阴极七段数码管为例,其内部是将所有的 LED 阴极部分连接在一起,因此共接点(COM)必须接低电位;a~h 各节段在输入为"High"时,对应的 LED 段才会点亮,其内部构造如图4.3.2所示。如果需要显示"0"~"F"的数字,只要让适当节段的 LED 发亮即可。如表4.3.1所示为共阳极与共阴极七段数码管的"0"~"F"字型表。

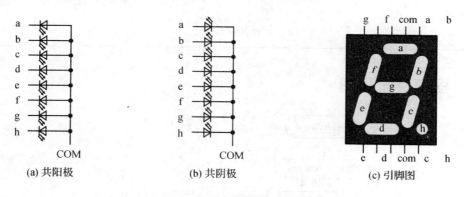

(a) 共阳极　　　　(b) 共阴极　　　　(c) 引脚图

图 4.3.2 七段数码管内部结构图

4.3.1 共阳/共阴七段数码管的字型码

字型	共阳式七段数码管		共阴式七段数码管	
	PD(7,…,0) (h,g,…,b,a)	HEX	HEXPD(7,…,0) (h,g,…,b,a)	HEX
0	11000000	C0h	00111111	3Fh
1	11111001	F9h	00000110	06h
2	10100100	A4h	01011011	5Bh
3	10110000	B0h	01001111	4Fh
4	10011001	99h	01100110	66h
5	10010010	92h	01101101	6Dh
6	10000010	82h	01111101	7Dh

续 4.3.1

字型	共阳式七段数码管			共阴式七段数码管	
	PD(7,…,0) (h,g,…,b,a)	HEX		HEXPD(7,…,0) (h,g,…,b,a)	HEX
7	11111000	F8h		00000111	07h
8	10000000	80h		01111111	7Fh
9	10011000	98h		01100111	67h
A	10001000	88h		01110111	77h
b	10000011	83h		01111100	7Ch
d	10100111	A7h		01011000	58h
d	10100001	A1h		01011110	5Eh
E	10000110	86h		01111001	79h
F	10001110	8Eh		01110001	71h

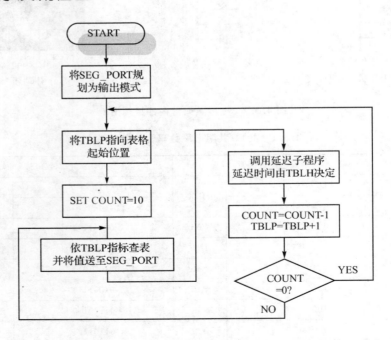

4.3.4 程序及流程图

程序 4.3　单颗七段数码管控制实验

程序内容请参考随书光盘。

程序解说：

行号	说明
6～9	依序定义变量地址。
12～13	定义 SEG_PORT、SEG_PORTC 分别为 PD、PDC。
14	声明内存地址由 000h 开始（HT66F50 Reset Vector）。
15	将 SEG_PORT 定义成输出模式。
17～18	将 TBLP 指向表格（TAB_PILI）起始地址。
19～20	将计数器"COUNT"设定成 10（因为有"0"～"9"共 10 个数字要显示）。
22	依 TBLP 指示的值至程序存储器最末页（Last Page）读取资料，并送至 SEG_PORT 显示，此时在 TBLH 寄存器中为各个数字显示时间的控制常数。
23～24	调用延迟子程序，延迟时间由 TBLH 的值决定。
25	将 TBLP 加一，指向下一笔数据。
26～28	判断 COUNT 减一是否等于 0，成立则重新开始（MAIN）；反之则回到 LOOP 显示下一笔数据。
35～48	DELAY 子程序，延迟时间的计算请参考实验 4.1。
49～60	七段显示码数据与延迟时间常数建表区。

　　本实验中采用查表法读取所要输出的字型数据，此法须先将输出的字型数据建立表格，且数据的排列顺序要事先安排好，如此才可读取到正确的字型。比较特别的是 HT66F50 的程序存储器（Program Memory）为 8 192×16 Bits，然而所提供的查表指令（"TABRDL [m]"及"TABRD [m]"）只是将 8 位的查表结果存放于地址 m 的数据存储器（Data Memory）中，为了解决表格数据为 16-Bit 而数据存储器只有 8-Bit 的情形，HT66F50 将读回的低 8 位置于指令所指定的寄存器（m）中，其余位则固定的存于 TBLH 寄存器内。而本范例程序中的表格数据，除了七段数码管的字形码之外，也利用"SHL"伪指令（Assebmly Directive）将控制显示时间的常数整合于一个内存位置中。因此，经由"TABRDL SEG_PORT"指令执行查表动作后，除了将显示码（Bit 7～0）送至 SEG_PORT 显示数值之外，其余位（Bit 15～8）也一并读至 TBLH 寄存器中，再以 TBLH 的值来控制 DELAY 子程序，借以达到控制显示时间的目的。

　　提醒读者的是 TBLH 是一个只读（Read Only）寄存器，无法用"TABRDL [m]"及"TABRD [m]"以外的指令来更改其值。所以最好避免在主程序与中断服务子程序中同时使用查表令，如果无法避免的话，最好在查表指令之前先失能中断，待 TBLH 的值存放到适当寄存器之后再将其使能，以免发生 TBLH 在中断服务子程序中被破坏的情形。

4.3.5　动动脑＋动动手

- 改写程序，让显示的数值由递增改成递减（不可更改建表数据的顺序）。
- 改写程序，让显示的速度随着显示数值的增加而减慢。
- 改写程序，让显示的速度随着显示数值的增加而变快。
- 改写程序，让数值只显示偶数（0⇨2⇨4⇨6⇨8⇨0⇨…），前提是：不可更改建表数据。
- 改写程序，让数值只显示奇数（1⇨3⇨5⇨7⇨9⇨1⇨…），前提是：不可更改建表数据。

第 4 章 基础实验篇

- 改写程序,在建表数据不变的条件下,让显示的数值显示顺序改为(0⇨2⇨4⇨6⇨8⇨1⇨3⇨5⇨7⇨9⇨0⇨2…)。

4.4 指拨开关与七段数码管控制实验

4.4.1 目　　的

本实验以指拨开关为输入装置,用以调整七段数码管显示"0"～"9"数字的时间。

4.4.2 学习重点

通过本实验,读者应熟悉 HT66F50 I/O Port 的输入控制方式,并对查表法的运用应更加得心应手。

4.4.3 电路图

前几个实验都是微控制器做输出动作,然而在实际应用中,大多数的产品都配备输入装置,提供使用者做设定或做不同的功能选择,如遥控器、电子钟、仪器设备的操控面板、电话机等。本实验以指拨开关控制七段数码管显示数字的时间,让读者熟悉 HT66F50 的输入特性。

如图 4.4.1 所示的硬件设计方式,当指拨开关(DIP Switch)拨至"ON"时,相对的输入引脚值为"Low";反之若拨至"OFF"时,则读入为"High"。HT66F50 的 I/O Port 均具备 Pull-High 功能;当工作电压为 5 V 时,其阻值(R_{PH})约在 10～50 kΩ 之间,因此若启用 PA[3:0]的 Pull-High 功能,则电路中的 10 kΩ 电阻可省略不接。另外,当 HT66F50 工作于 3 V 时,R_{PH} 约在 20～100 kΩ 之间。

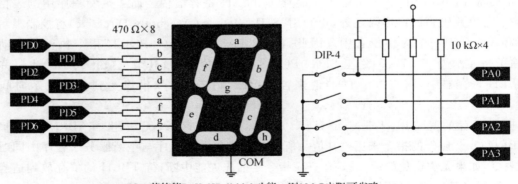

PS:若使能PA[3:0]Pull-high功能,则10 kΩ电阻可省略。

图 4.4.1　指拨开关与七段数码管控制电路

4.4.4 程序及流程图

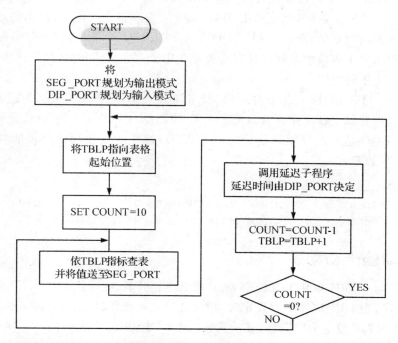

程序 4.4　指拨开关与七段数码管控制实验
程序内容请参考随书光盘。

程序解说：

4	加载装置定义文件,请读者参考 4-9.INC 文件的内容(见光盘中的数据)。
7～10	依序定义变量地址。
13	声明内存地址由 000h 开始(HT66Fx0 Reset Vector)。
14	关闭 Port A 的 A/D 输入功能。
15～16	关闭 CP0。
21～22	将 TBLP 指向表格(TAB_PILI)起始地址。
24～25	将计数器"COUNT"设定成 10(因为要显示"0"～"9"这 10 个数字)。
26	依 TBLP 指示的值至程序存储器最末页(Last Page)读取资料,并送至 SEG_PORT 显示。
27～28	由 DIP_PORT 读入数值,因为仅低 4 位为有效,故将其高 4 位屏蔽。
29	调用 TRANS_FACTOR 子程序,将指拨开关的设定转换为时间延迟常数。
30	调用延迟子程序,延迟时间为(查表值 * 10 ms)。
31	将 TBLP 加一,指向下一笔数据。
32～34	判断 COUNT－1 是否等于 0,成立则重新开始(MAIN);反之则回到 LOOP 显示下一笔数据。
35～51	TRANS_FACTOR 子程序,即延迟时间常数的建表区。
59～72	DELAY 子程序,延迟时间的计算请参考实验 4.1。
74～84	七段显示码数据建表区。

本实验利用 HT66F50 读取连接于 Port A 的指拨开关状态,控制 DELAY 子程序的延迟

时间。由于硬件只连接了 4 个开关至 Port A 的低 4 位,因此在将其状态读入 Acc 之后,先以"AND A,00001111B"指令将高 4 位屏蔽(Mask),确保查表的正确性。程序中的七段数码管是依顺序显示"0"～"9"的数值,因此采用 TABRDL 的查表指令。但是,控制延迟时间的指拨开关是随使用者调动而变的,所以采用"ADDM A,PCL"与"RET A,x"指令搭配的随机方式进行。关于 DELAY 子程序的时间计算在实验 4.1 中已有完整的介绍,如果读者尚不清楚,请自行参阅实验 4.1 中的说明。

另外【程序 4.5】第 17、18 行指令分别用"SET"指令将 DIP_PORT 定义为输入模式并启用 Pull-High 功能,但实际上就电路而言只使用了低 4 位(DIP_PORT[3:0]),这样的做法是不恰当的。万一其高 4 位是用来控制其他元件(如 LED),这样的程序写法将可能导致元件误动作,所以应该改写如下:

```
MOV     A,00001111B
ORM     A,DIP_PORTPU            ;PULL HIGHT DIP_PORT[3:0]
ORM     A,DIP_PORTC             ;CONFIG DIP_PORT[3:0]    AS INPUT MODE
```

4.4.5　动动脑+动动手

- 改写程序,当 DIP_PORT.3 设定为"1"时就停止计数。
- 改写程序,当 DIP_PORT.0 设定为"1"时就只显示奇数(1⇨3⇨5⇨7⇨9⇨1、…);而若 DIP_PORT.0 设定为"0"时只显示偶数(0⇨2⇨4⇨6⇨8⇨0、…)。
- 将上两题的程序要求加以结合。

4.5　按键控制实验

4.5.1　目　　的

本实验用按键(Push Button)控制七段数码管的显示,每按一次按键,七段数码管的显示就加一,否则显示器上的数值维持不变。

4.5.2　学习重点

通过本实验,读者应了解如何以软件方式排除按键抖动现象(Bouncing)所导致的误动作。

4.5.3　电路图

由图 4.5.1 可知,若按键未被按下,则对应的 I/O 引脚应呈现高电位;反之,若按下按键,则应该读到低电位的信号。本实验主要利用 I/O(PA.0)引脚电位的高、低来控制七段数码管的显示值是否该加一。由于 HT66Fx0 的 I/O Port 具备 Pull-High 功能,当工作电压为 5 V 时,提升电阻的阻值在 10～50 kΩ 之间,所以电路中接于按钮开关的电阻实际上是可以不用接的,但请读者务必在 PAPU 控制寄存器中将 PA0 的 Pull-High 功能加以选用。

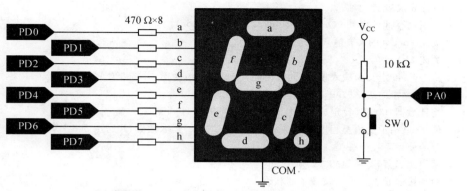

PS：若使能PA0 Pull-high功能，则10 kΩ电阻可省略。

图 4.5.1　按键控制电路

4.5.4　程序及流程图

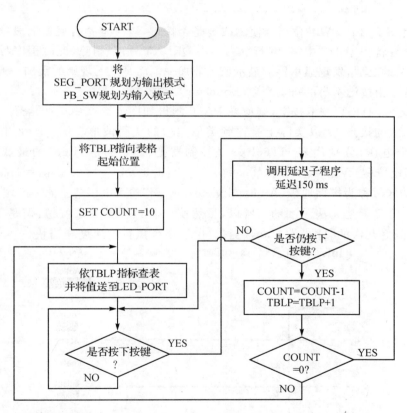

程序 4.5　按键控制实验

程序内容请参考随书光盘。

程序解说：

4　　　加载装置定义文件,请读者参考 4-5.INC 文件的内容(见光盘中的数据)。

行号	说明
7~10	依序定义变量地址。
13	声明内存地址由 0000h 开始(HT66Fx0 Reset Vector)。
14	关闭 Port A 的 A/D 输入功能。
15~16	关闭 CP0。
17~19	将 PB_SW0 定义为输入模式,同时使能其 Pull-High 功能,并将 SEG_PORT 定义成输出模式。
21~22	将 TBLP 指向表格(TAB_PILI)起始地址。
24~25	将计数器"COUNT"设定成 10(因为要显示 0~9 这 10 个数字)。
27	依 TBLP 指示的值至程序存储器最末页(Last Page)读取数据,并送至 SEG_PORT 显示。
28~29	等待使用者按下按键。
30	调用延迟子程序,延迟 150 ms。
31~32	检查按键是否仍处于被按下的状态。
33	将 TBLP 加一,指向下一笔数据。
34~36	判断 COUNT-1 是否等于 0,成立则重新执行程序(JMP MAIN);反之,则回到 LOOP 显示下一笔数据。
42~56	DELAY 子程序,延迟时间的计算请参考实验 4.1。
58~68	七段显示码数据建表区。

程序利用"SZ PB_SW0"位指令侦测按键是否按下,以决定是否更新七段数码管上的数值。读者可试着将程序 4.5 中第 30 行"CALL DELAY"指令删除,此时程序看起来仍旧合理,但是压下按键之后,发现显示器的显示值并非加一。而是毫无规则的乱加一通,有时加二、有时加三…这是由按键本身的抖动现象(Bouncing)所造成的。

理论上,若在时间 T_1 按下按键,则应在 PA.0 测得如图 4.5.2 中虚线信号。可是因为按键内部为机械式的接点,所以实际上会得到类似图中的实线波形。图 4.5.2 中另外标示了 V_{IH} 及 V_{IL} 两个电压,分别代表 HT66Fx0 微控制器把输入当成"High"的最低电位与当成"Low"的最高电位(当 $V_{DD}=5\text{ V}$ 时,$V_{IH}=0.7V_{DD}=3.5\text{ V}$,$V_{IL}=0.3V_{DD}=1.5\text{ V}$);而介于 V_{IH} 与 V_{IL} 间的区域称为模糊地带(Ambiguity Region),若输入电压落于此一区域,则微控制器对其逻辑状态的解读是无法预测的。所以,虽然使用者只按了一次按键,但是 HT66F50 的 PA.0 却接收到好几次的"High"、"Low"变化,由于指令执行的速度相当快($\sim\mu s$),因此微控

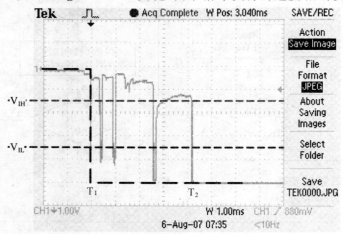

图 4.5.2 按键的抖动现象

制器会误以为使用者按了好几次按键,这就是为什么将"CALL DELAY"指令由程序中删除后显示值会乱跳,而非逐次加一的原因。

解决抖动现象可由硬件或软件着手。硬件解决方式一般采用 R-S 正反器;而软件解决方式基本上就是等信号稳定后(T_2)再做按键事件的处理。为了减少硬件的成本,通常只要有微处理器的场合,大都采用软件来解决抖动现象。至于按键上的信号须多久的时间才会稳定,当然需视其本身的材质与特性而定,一般在 15 ～ 50 ms。以上程序是用软件方式解决抖动现象,其做法只是当侦测到 PB_SW0(即 PA.0)变"LOW"时,等延迟 150 ms 之后再去执行指针更新及显示的动作。延迟 150 ms 并不只是抖动现象的考虑,其主要目的是当按键持续压住不放时,七段数码管的累加效果得以显现。

4.5.5 动动脑+动动手

- 将程序加以修改,使按键每按一次,七段数码管的显示值就减一。
- 将 DELAY 子程序改为仅延迟 50 ms,重新执行程序后,按键压、放的反应是否较原来要灵敏许多?
- 承上例,按键每按下一次只能加一,除非使用者放开再压,否则就不能再累加,请改写程序达成此一要求。
- 参考图 4.5.3,写一程序完成以下的动作:当未压下任何按键时,七段数码管为灭的状态。每按一下 SW0,七段数码管显示奇数值(1、3、5、7、9);每按一下 SW1,七段数码管就显示偶数值(0、2、4、6、8)。
- 参考图 4.5.3,写一程序完成以下动作:每按一次 SW0,七段数码管显示值就减一;每按一次 SW1,七段数码管显示值就加一。
- 参考图 4.5.3,写一程序完成以下动作:每按一次 SW0,显示数值并自动递增(每 0.25 s 加一);每按一次 SW1,显示值停止递增。
- 将上题的双按键控制结合为一,即按一次 SW0,显示数值并自动递增(每 0.25 s 加一);再按一次 SW0,显示值停止递增。

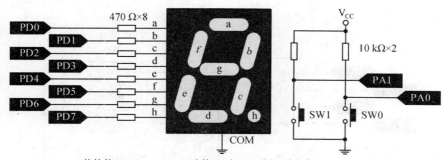

PS:若使能 PA[1:0] Pull-high 功能,则 10 kΩ 电阻可省略。

图 4.5.3

4.6 步进电机控制实验

4.6.1 目　的

本实验为编程控制步进电机(Stepper Motor)的转速与转向。

4.6.2 学习重点

通过本实验,读者应了解步进电机的工作原理、激磁方式及其控制技巧;当负载所需电流超过微控制器的驱动能力时,应懂得如何以适当的元件加以辅助。

4.6.3 电路图

步进电机(Stepping Motor)利用输入数字信号转成机械能量的电机装置,在开环回路系统(Open Loop System)中使用步进电机更能达到精确位置与速度控制,而且设计过程极为简单,因此被广泛的应用,在当今信息工业社会中所扮演的角色日趋重要,尤以计算机外设的一些装置更是不可或缺的,如磁盘驱动器、列表机、绘图机等,又如CNC工具机、机器人、顺序控制系统等各种信息工业产品中,无不以步进电机作为其传动的重心。近些年发展迅速的微精密型步进电机(Micro Stepping Motor)在高科技产品中,无论是数字相机、数字摄影机、名片式扫描机、CD-ROM、DVD-ROM等,都被视为最关键的零元件。本实验所用电路如图4.6.1所示。将步进电机特性说明如下:

(1) 必须输入脉冲信号控制电机转动,无脉冲输入时,转子保持一定的位置,维持静止状态;反之,加入适当的脉冲信号时,转子以一定的角度(步进角,Step Angle)转动。故若加入连续脉冲时,则转子旋转的角度与脉冲频率成正比。

(2) 步进电机的步进角通常为1.8°,故需要200个步进数才完能达成一圈的转动。

(3) 具有瞬间启动与急速停止的特性;而且只需改变线圈激磁的顺序,即能轻易的改变电机的转动方向。

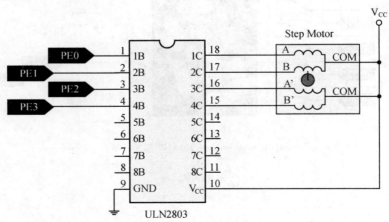

图 4.6.1　步进电机控制电路

步进电机依其结构可分为三大类,分别为:

(1) 永磁式步进电机(Permanent Magnet Motor,P.M.):结构如图 4.6.2 所示,转轴(Rotor)由永久磁铁组成,此种类型的电机架构简单、成本低,因此适于大量制造。其特点为转速低、转矩小、步进角度(Step Angle)大;所以适用于转速低、扭力低且不需精密角度控制的应用上。

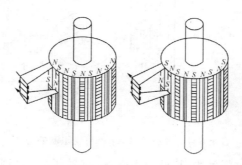

图 4.6.2　永磁式步进电机的结构

(2) 可变磁阻步进电机(Variable Reluctance Motors,V.R.):结构如图 4.6.3 所示,此类型的电机内部并无永久磁铁,因此具有体积小的优点。

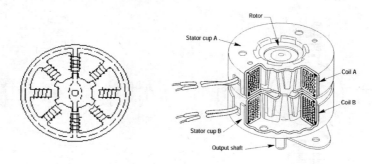

图 4.6.3　可变磁阻步进电机的结构

(3) 混合式步进电机(Hybrid Motors):混合式步进电机是永磁式步进电机与可变磁阻步进电机的综合体,也是目前在工业上应用最为广泛的步进电机。

步进电机依照定子绕组相数的多寡可分为双相、三相、四相和五相等;以定子绕组上产生正、负两个磁极方式的不同,又分为单极性(Unipolar)驱动与双极性(Bipolar)驱动。单极性是指定子部分产生的感应磁场极性不会改变,也就是激磁电流以一定方向流通,故控制电路比较简单、成本低,但是由于是双线绕组,所以体积比较大,使用场合如可变磁阻型步进电机。双极性的定子齿部产生的感应磁场极性可改变,可为单组绕组(但电流交互变化)或两组绕组(电流方向不用改变),使用场合如永磁型或混合型步进电机。

一般小型的步进电机以四相式较多,以下就以单极性步进电机的驱动为例加以说明。这类的电机在定子上有 4 组相对应的绕组(如图 4.6.4 所示的 A、B、A′及 B′),其中间的转子(Rotor)是由永久磁铁所组成,一边为 N 极、一边为 S 极;定子(Stator)则是由环绕于外围的四组绕组组成,在此绕组中流动的电流称为激磁电流。

当开关 S1 按下,电流流入绕组 A,形成 N 极磁场使转子的 S 极被 A 极吸引过来;而 S1 放

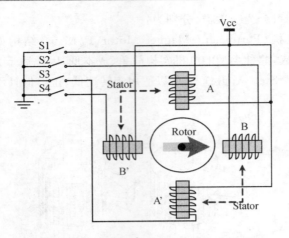

图 4.6.4　单极性(Unipolar)绕阻激磁电路

掉后立即按下 S2，则 A 极磁场消失，B 极产生磁场，将转子的 S 极吸引过来。依次推论可知：若将电流依 S1⇨S2⇨S3⇨S4 开关顺序供应至 A、B、A′及 B′绕组，则步进电机就会以顺时针方向旋转；反之，若将开关顺序相反，则步进电机以逆时针方向旋转。如图 4.6.5 所示就是单极性步进电机的旋转原理。

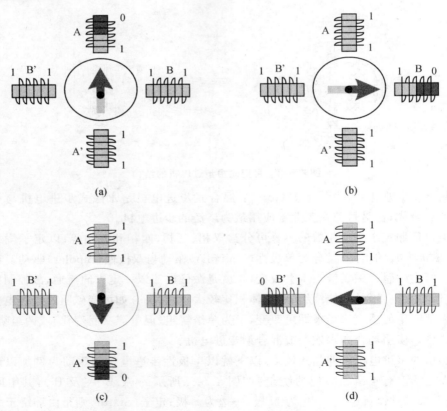

图 4.6.5　单极性(Unipolar)步进电机旋转原理

由以上说明读者应可以发现，流经单极性步进电机定子绕组的电流方向是单一的，因此其所产生的磁场方向也是固定的,这即是称其为单极性(Unipolar)的原因。顾名思义,流经双极性步进电机定子绕组的电流方向应该就不是单一的。请读者参考图 4.6.6:在(a)中电流由 A 绕组流向 A'绕组,而在(c)中电流则是由 A'绕组流向 A 绕组,其所产生的感应磁场方向恰与(a)相反。同理,在(b)中电流由 B 绕组流向 B'绕组,而在(d)中电流由 B'绕组流向 B 绕组,其所产生的感应磁场方向也恰与(b)相反。若以(a)至(d)的顺序激磁绕组,则步进电机为顺时钟方向旋转;反之,若由(d)至(a)的顺序激磁绕组,则步进电机为逆时钟方向旋转。所以不管是单极性或双极性步进电机,其正、反转的控制其实只要改变定子绕组的激磁顺序即可达成,不过由于双极性步进电机绕组电流方向会改变,因此在驱动电路的设计上就显得较为复杂,必须使用到直流电机正反转控制电路中所用的"H-Bridge"电路结构。

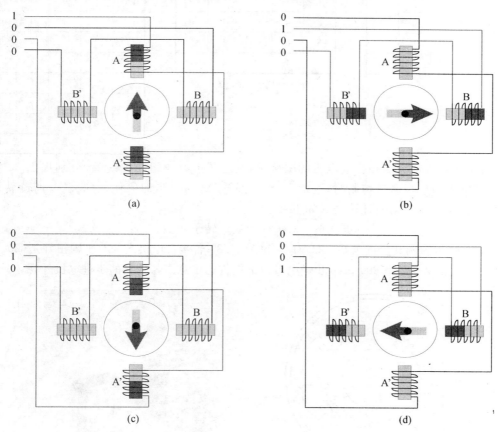

图 4.6.6　双极性(Bipolar)步进电机旋转原理

由于步进电机各相绕组的激磁顺序会影响转动方向,且激磁的脉冲可决定转动的速率,因此激磁脉冲频率不能太高,否则会使转子产生失步现象,也就是绕组受到激磁后转子还来不及转动至定位,又有新的激磁信号,这将使得转子无法正常转动。

以四相式步进电机的单极激磁驱动电路为例,依各相间激磁绕组数的不同,可分为单相激磁、双相激磁及单-双相激磁 3 种:

(1) 单相激磁:每次激磁一相绕组半进角为 θ,本身消耗电力小而且角精确度高,但转距小相对阻尼效果差,振动现象也大。因此除非特别要求角精确度,否则一般较少使用,如

表 4.6.1(a)所示。

(2) 双相激磁：每次激磁二相激磁绕组步进角为 θ,转距大在稳定的操作区内使用相对阻尼效果较好,是目前使用率较高的一种激磁方式,如表 4.6.1(b)所示。

(3) 单-双相激磁：这种方法是一相激磁和二相激磁的混合方式,其最大优点在于每一步的角度为原来的一半,所以分辨率提高一倍,且能很平滑运转,如表 4.6.1(c)所列。

表 4.6.1 步进电机的激磁方式

(a)

STEP	A	B	A'	B'
1	1	0	0	0
2	0	1	0	0
3	0	0	1	0
4	0	0	0	1

(b)

STEP	A	B	A'	B'
1	1	1	0	0
2	0	1	1	0
3	0	0	1	1
4	1	0	0	1

(c)

STEP	A	B	A'	B'
1	1	0	0	0
2	1	1	0	0
3	0	1	0	0
4	0	1	1	0
5	0	0	1	0
6	0	0	1	1
7	0	0	0	1
8	1	0	0	1

如图 4.6.4 所示为四相步进电机的图例,因其定子上有 4 组相位线圈,分别提供 90°相位差,当步进电机为单极激磁控制时,送入一个脉冲转子转动一步即停住,这时转子所旋转的角度称为步进角,其步进角的计算公式如下：

$$步进角 = 360°/(相数 \times 转子步数)$$

以四相 50 齿为例其步进角 $\theta = 360°/(4 \times 50) = 1.8°$;若步进电机走 200 步则正好是 $(200 \times 1.8° = 360)$一圈,图 4.6.7 是 200-Step 步进电机内部结构的示意图与常见的步进电机外观。

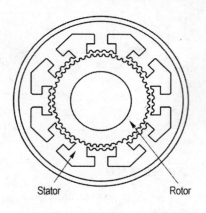

图 4.6.7 200-Step 步进电机与常见的步进电机外观

本实验采用单相激磁方式来驱动步进电机,由于电机内部绕组的阻值通常约在 5～20 Ω间,一般微控制器的 I/O 输出电流都不足以推动这个不算小的负载。图 4.6.8 的步进电机驱动电路使用 4 个达林顿晶体电路,以提供绕组激磁时所需的大电流。将控制信号加到晶体管的基极以控制相绕的导通或截止,若晶体管进入饱和区则相绕就会受到激磁。在晶体管的 C-E(集极-射极)接面并联了一颗二极管,这主要是因为电机为电感元件,当电机停止转动的瞬间会产生反向的感应电动势（$v=-L\dfrac{di}{dt}$），这个电压可能烧毁晶体管甚至对微控制器造成损害，故二极管提供此反向感应电动势的放电回路，以避免瞬间大电压的产生而损坏电路，确保电路与芯片的安全；这类用在对电感性负载保护的二极管一般称为续流二极管（Free-Wheeling Diode）。

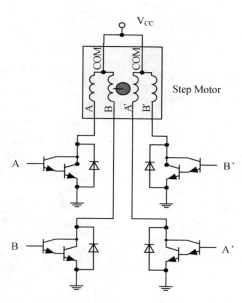

图 4.6.8　步进电机驱动电路

图 4.6.1 电路使用一个 ULN2803 IC，该 IC 内部由 8 组达林顿（Darlington Pair）晶体管所组成，电路中以其中 4 组作为开关使用；ULN2803 的内部如图 4.6.9 所示，读者可以发现在其 C-E 接面已接上了续流二极管，所以用来驱动电感性负载就不需再额外接上保护用的二极管。

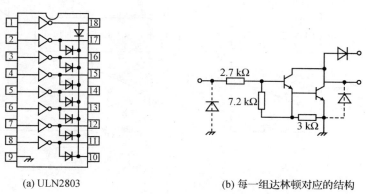

(a) ULN2803　　　　　　　　(b) 每一组达林顿对应的结构

图 4.6.9　ULN2803 IC 内部

4.6.4 程序及流程图

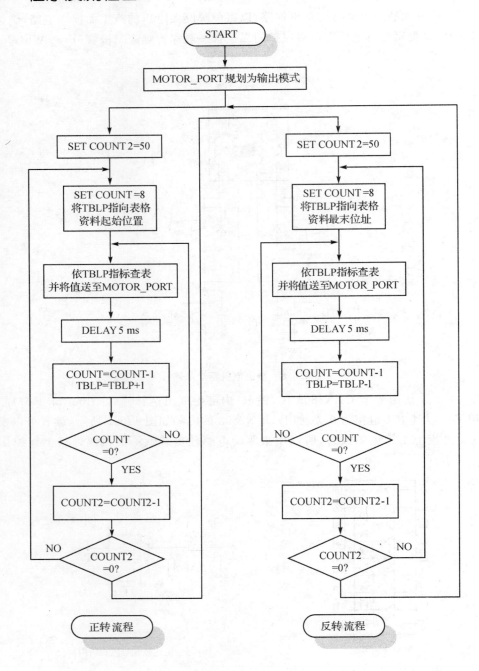

程序 4.6 步进电机控制实验

程序内容请参考随书光盘。

程序解说：

6～10	依序定义变量地址。
12、13	定义 MOTOR_PORT 与 MOTOR_POTRC 分别为 PE、PEC。
15	声明内存地址由 0000h 开始(HT66Fx0 Reset Vector)。
16	关闭 Port A 的 A/D 输入功能。
17	将 MOTOR_PORT 定义成输出模式。
19～20	设定循环计数器 COUNT2 为 50，即将步进电机连续激发四相(8*50)，让步进电机朝某一特定方向转动，在此是让步进电机右移。
22～25	将 TBLP 指向激磁表的起始地址，并将 COUNT 设定为 8，至于 COUNT 的作用为何，以下将会有详细的解说。
27	进行查表动作，取得激发步进电机的数值，并送至 MOTOR_PORT。
28	调用 DELAY 子程序，延迟 5 ms。
29～31	将 TBLP 加一后，判断 COUNT-1 是否等于 0，意即判断是否已将 8 个相位全部激发完毕，若不成立表示需继续激发下个相位；反之，则重新激发 8 个相位或是进行下面反转动作，全看 COUNT2 的内容值。
32～33	判断步进电机是否已被连续激发 8 个相位 50 次(即 400 个 Half Steps)，成立则进行反转动作，反之则重新激发 8 个相位使步进电机正转。
35～36	重新设定 COUNT2 为 50，准备进行步进电机反转的动作。
38～39	让步进电机往反方向转动方法就是将原来激发步进电机的激磁顺序颠倒，因此必须将 TBLP 指向激磁表的最后一笔数据，将激发步进电机的顺序由后到前。
40～41	将 COUNT 设定为 8。
43	进行查表动作，取得欲激发步进电机的数值，并送至 MOTOR_PORT。
44	调用 DELAY 子程序，延迟 5 ms。
45～47	将 TBLP 递加后，判断 COUNT-1 是否等于 0，即判断是否已将 8 个相位全部激发完毕，若不成立表示需继续激发下个相位；反之，则重新激发 8 个相位或是回复正转动作，全看 COUNT2 的内容值。
48～50	判断步进电机是否已被连续激发 4 个相位 50 次，成立则重新进行正转动作，反之则重新激发 8 个相位，使步进电机正转。如此重复执行，即可看见步进电机一正一反来回旋转。
56～70	DELAY 子程序，延迟时间的计算请参考实验 4.1。
72～80	步进电机单-双相激磁信号建表区。

步进电机的控制程序并不难，其实质是查表法的运用。要提醒读者的是：步进电机是一种机械装置，因此需要一点时间才能将转子移动到激磁的位置。但究竟需要多少时间，则需视电机及其驱动电流大小而定。本例中在每次送出激磁信号之后，都给予 5 ms 的延迟，读者可以试着减短 DELAY 子程序的延迟时间，并观察其结果。

4.6.5 动动脑+动动手

- 改写程序，让步进电机的速度越转越快。当速度快至某一极限时，电机将呈现抖动现象，而非转动；读者应避免电机发生此种现象。
- 改写程序，让步进电机的速度越转越慢。
- 如图 4.6.10 所示的双步进电机控制电路，试改写本实验的范例程序，使两个电机完成以下的旋转动作：① Motro A、Motor B 同时正转、反转；② Motro A 正转、Motor B

反转。

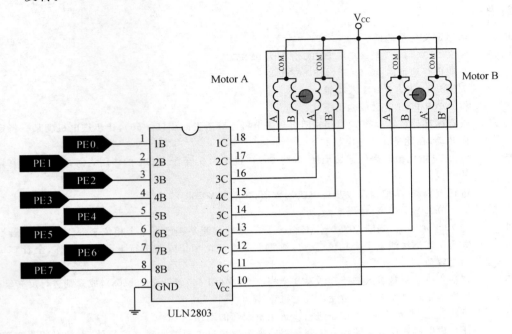

图 4.6.10 双步进电机控制电路

- 在 PA0～PA2 加上 3 个按键（如图 4.6.11 所示的电路），并改写程序，使其可以由：① Direction 按键控制电机的转向（每压一下就改变转向）；② Speed Down 与 Speed Up 按键控制电机的转速（每压一下 Speed Down 速度减慢，每压一下 Speed Up 速度加快）。

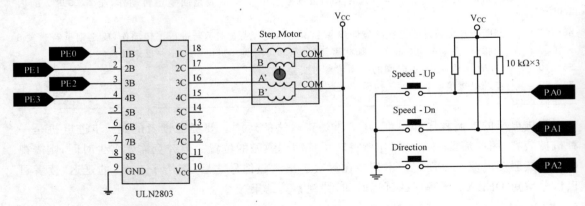

PS：若使能 PA[2:0] Pull-high 功能，则 10 kΩ 电阻可省略。

图 4.6.11 以按键控制步进电机的参考电路

4.7 4×4 键盘控制实验

4.7.1 目　的

本实验控制七段数码管上显示 4×4 键盘压下的按键值。

4.7.2 学习重点

通过本实验,读者应了解 4×4 键盘的扫描方式及工作原理,4×4 键盘是经常使用的输入装置,读者务必明了其原理及控制程序的写法。

4.7.3 电路图

在实验 4.5 中介绍了单一按键的输入控制方式,虽然按键的侦测相当方便,但是每增加一个按键,就必须额外占用一个 I/O 引脚,这在需要多按键输入的场合是极不经济的。在实际的应用中,如果需要 4 个以上的按键,一般会采用矩阵式的键盘,以减少 I/O 引脚的浪费。以下以 4×4 矩阵式键盘为例,说明其工作原理。4×4 键盘控制电路如图 4.7.1 所示。

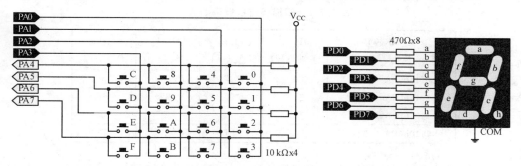

PS:若使能 PA[7:4] Pull-high 功能,则 10 kΩ 电阻可省略。

图 4.7.1　4×4 键盘控制电路

图 4.7.2 为 4×4 键盘结构,图中的箭头方向分别代表数据是由 HT66F50 的 I/O Port 输入或输出。在此将扫描码(Scan Code)由 HT66F50 的 PA 低 4 位(PA[0:3])送出,按键码

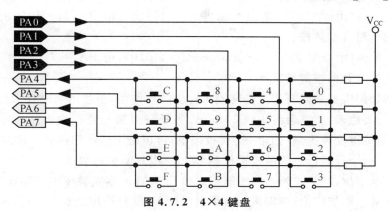

图 4.7.2　4×4 键盘

(Key Code)则从 PA 的高 4 位(PA[4:7])读入。所按下的键值与扫描码、按键码间的关系分析如下：

（1）若 PA[0:3]送出 1111b 的扫描码，则不论是否压下按键，由 PA[4:7]所读回的按键码都是 1111b。

（2）若 PA[0:3]送出 0000b 的扫描码，则若没有压下按键，由 PA[4:7]所读回的按键码为 1111b；若有按键被压下，则此时读回按键码与被按按键所在行数有关：

PA[4:7]读回值	被按按键所在行数	可能键值
0111b	0	0,1,2,3
1011b	1	4,5,6,7
1101b	2	8,9,A,B
1110b	3	C,D,E,F

由此可知如果扫描码＝0000b，虽然可以检测是否有压下按键以及是哪一行按键被压，但是却无法分辨是按下该行的哪一个键。

（3）依上述推论，必须逐列扫描（送"0"），然后由读回的按键码与所送出扫描码的关系，才能区分出究竟是哪一个键被压。其关系如表 4.7.1 所列。

表 4.7.1　扫描码与按键码的关系

Scan Code ＼ Key Code	0111b (PA[4:7])	1011b (PA[4:7])	1101b (PA[4:7])	1110b (PA[4:7])
0111b(PA[0:3])	"0"	"1"	"2"	"3"
1011b(PA[0:3])	"4"	"5"	"6"	"7"
1101b(PA[0:3])	"8"	"9"	"A"	"B"
1110b(PA[0:3])	"C"	"D"	"E"	"F"

按键的侦测是由第 0 列至第 3 列周而复始不断的扫描，如果扫描过程中没有按下按键，则所读回的按键码都为 1111b；若是有键被按下，当扫描到该列时就会传回被按按键之行数对应值。举例来说，若"A"键被按下：

（1）扫描第 0 列（由 PA[0:3]送出 Scan code＝0111b），由 PA[4:7]读回的 Key Code＝1111b，表示本列没有键被按。

（2）扫描第 1 列（由 PA[0:3]送出 Scan code＝1011b），由 PA[4:7]读回的 Key Code＝1111b，表示本列也没有键被按。

（3）扫描第 2 列（由 PA[0:3]送出 Scan code＝1101b），由 PA[4:7]读回的 Key Code＝1101b，表示本列第 2 行的按键被按。

接下来就是如何将扫描码与按键码转换为对应的按键值，一般可采取查表的方式，虽然较为简单，但是因为要建表，所以会占用较多内存。另一种方法是直接找出行、列值与按键值的关系，以本实验的按键安排为例，如果"A"键被按下，可以由上述的扫描码与按键码得知是第 2 列、第 2 行被按。由于行与行之间的按键值相差 4，所以只要把行数乘上 4 再加上列数就可以得到其按键值。承上例，2（第二列）×4＋2（第二行）＝0Ah。本实验中的 READ_KEY 子程序就是采用此观念来求取按键值；亦即该行若无按键按下，就将按键值加一。所以若该列各行都没有按键被按下,按键值被加4,这就如同乘4的作用。因为往后的实验经常会使用到4×4键盘,所以请读者务必参考程序中的说明,彻底了解键盘的译码动作。

4.7.4 程序及流程图

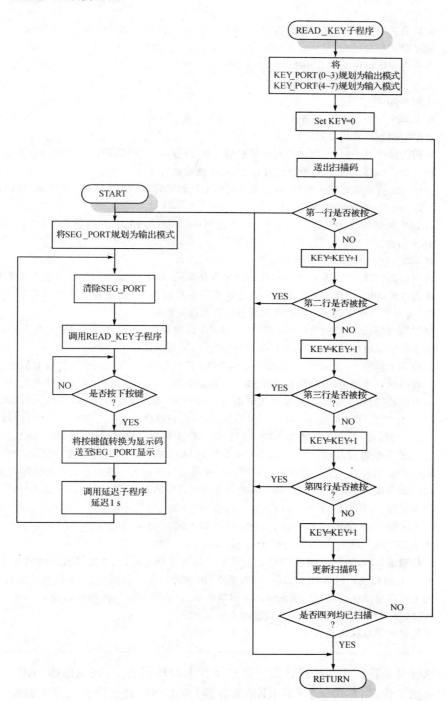

程序 4.7　4×4 键盘实验控制实验

程序内容请参考随书光盘。

程序解说：

行号	说明
4	加载装置定义文件，请读者参考"4-7.INC"文件的内容（见光盘中的数据）。
7～11	依序定义变量地址。
13	声明内存地址由 0000h 开始（HT66Fx0 Reset Vector）。
15	关闭 Port A 的 A/D 输入功能。
16～18	关闭 CP0、CP1。
19	定义 SEG_PORT 为输出模式。
21	清除七段数码管的显示值。
22～26	调用扫描键盘子程序，完成后判断索引值（KEY）内容是否为 16，若成立表示键盘无输入，重新扫描键盘（MAIN）。反之，则键盘已被压下，程序继续执行。
27～29	根据 KEY 值调用查表子程序，取得相对应的七段数码管显示码并送至 SEG_PORT 显示。
30～31	延迟 1 s 后，程序重新执行。
37～39	将 KEY_PORT 定义为半输入（BIT 7～4）半输出（BIT 3～0）模式；并使能 KEY_PORT[7:4]的 Pull-high 功能。
40	将 KEY_PORT 内容设定为 0FFh。
41～43	将索引值（KEY）清除为 0，并将键盘扫描次数存储器 COUNT 设定为"4"（因为有 4 列要逐一扫描）。
44	将进位标志位（C）设为 0，目的在 46 行处进行左移时将"0"由进位标志位移至 KEY_PORT.0，而"0"在哪个位置即代表所要检查是否有按键被按下的列。
46	将"0"左移至欲检的位置（只限 BIT 0 ～ BIT 3 因为 BIT 4 ～ BIT 7 已定义为输入模式）。
47	将进位标志位（C）设为 1，防止有多余的"0"干扰键盘扫描。
48～49	扫描 KEY_PORT.4 是否为 1，若成立表示该列无按键被按下；反之则表示按键有值输入。以第一次程序执行至此为例，首先让 KEY_PORT.0 设定为"0"，再一一判断 KEY_PORT.0 所对应的列上是否有键被按，由于需让芯片接收按键输入，KEY_PORT 需定义成一半输入（High Nibble：Bit 7～4）、一半输出（Low Nibble：Bit 3～0）的模式，因此只需检查由 KEY_PORT.7～4 对应到 KEY_PORT.0 的 4 个按键，是否受到 KEY_PORT.0 的影响。若该列没有按键被按，则 KEY_PORT.7～4 内容皆为 1；若有按键输入，则 KEY_PORT.7～4 会受到 KEY_PORT.0 影响而变成"0"（注：KEY_PORT.4～KEY_PORT.7 只有一个位会受影响）。所以，这两行程序相当于是检查该列的第零行是否被按下（即 KEY_PORT.4 是否为"0"），若是则表示已侦测到按键被按下，跳至 END_KEY。
50～52	将 KEY 加一，其余如同 48～49 行动作，检查 KEY_PORT.5（第一行）。
53～55	将 KEY 加一，其余如同 48～49 行动作，检查 KEY_PORT.6（第二行）。
56～58	将值 KEY 加一，其余如同 48～49 行动作，检查 KEY_PORT.7（第三行）。
59～63	将按键值（KEY）加一，判断是否已经由第零列扫描至第三列（共 4 次，所以 COUNT 的初始值设定为 4，且每扫描一列 COUNT 就减一），若成立，则表示键盘已扫描完成，无任何值从键盘输入，回到主程序继续执行；反之，则表示尚未扫描完毕，将回到 SCAN_KEY 继续扫描下一列。
70～84	DELAY 子程序，延迟时间的计算请参考实验 4.1。
88～106	七段显示码数据建表区。

　　本程序执行时会将侦测到的按键值直接显示在七段数码管上，而 READ_KEY 子程序则负责键盘的侦测工作，当其传回值（即 KEY 寄存器）为 16 时，表示键盘上并无键被按下；反之若 KEY≠16，则其值即代表被按按键的值。当侦测到有按键被按下时，即根据 KEY 寄存器调

用查表子程序,取得相对应的七段数码管显示码并送至 SEG_PORT 显示,1 s 后将显示值清除并重新执行按键检查工作。查表子程序的原理其实是利用改变 PC 值的方式结合"RET A,x"指令来完成的,这在实验 4.2 中已有完整的说明,请读者参阅该实验的内容。

4.7.5　动动脑+动动手

- 在 PE 上加上 Stepping Motor(如图 4.7.3 所示的电路),并改写程序,使其可以由 4×4 键盘上的按键值来控制电机的转速、转向(0:正转、1:反转、2:加速、3:减速、4:停止)。

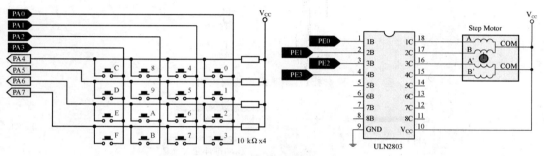

图 4.7.3

4.8　喇叭发声控制实验

4.8.1　目　　的

利用 HT66F50 I/O Port 结合程序设计,控制喇叭发出不同音调的声音。

4.8.2　学习重点

通过本实验,读者应了解如何控制喇叭发出不同音调的声音。本实验以延迟程序来控制喇叭发生的音调,因此对延迟时间计算尚未彻底了解的读者,应该通过本实验将"实验 4.1"所介绍的延迟时间计算方式再次复习一遍,以求融会贯通。其实,HT66Fx0 家族 TM 模块"Compare Match Output"模式的运作,其输出控制引脚对于 Buzzer 或喇叭的控制极为方便,由于其牵涉到定时器,因此留待定时器相关实验再做应用。

4.8.3　电路图

喇叭(或称扬声器,Speaker)和蜂鸣器(Buzzer)都是一种将电气信号转换为声音的换能装置(Transducer),也是在电子产品中常见的发声元件。喇叭种类繁多,但是基本的工作原理大致相同:当电流信号通过绕组时,音圈产生的磁场与磁铁磁场产生相斥,进而带动锥体膜振动,这个振动的音波以空气为媒介传递至耳膜就是感受到的声音;而电流的大小和变化的快慢,就决定了声音的大小、声调的高低。实际上喇叭通过推动空气发声是个很复杂的过程,不过那已经超过本书探讨的范畴,有兴趣的读者请另外参考相关的专业书籍。喇叭发声控制电路如图 4.8.1 所示。扬声器基本构造如图 4.8.2 所示。

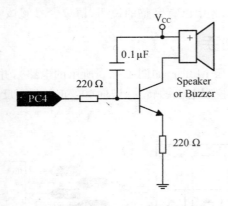

图 4.8.1 喇叭发声控制电路

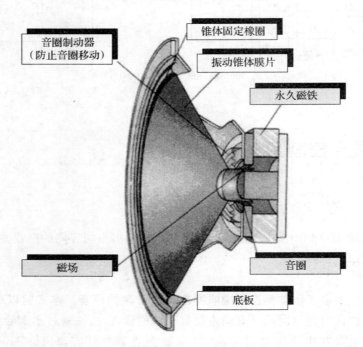

图 4.8.2 扬声器基本构造

蜂鸣器依动作的原理可分为压电式及电磁式两类,压电式蜂鸣器(Piezo Buzzer)是以压电陶瓷的压电效应[②](Piezo Electric Effect)来带动金属片的振动而发声;电磁式蜂鸣器(Magnetic Buzzer)则是用电磁原理(Electro-Magnetic Effect)通电时将金属振动膜片吸下,不通电时依振动膜片的弹力弹回。故压电式蜂鸣器需要比较高的电压才能有足够的音压,一般建议为 9

---

② 当在压电材料表面施加电场(电压),因电场作用时电偶极矩会被拉长,压电材料为抵抗变化会沿电场方向伸长。一般压电材料有陶瓷类的钛酸钡($BaTiO_3$)、锆钛酸铅(PZT)、单晶类的石英(水晶)、电气石、罗德盐、钽酸盐、铌酸盐等,或是薄膜类的氧化锆(ZnO)。

V以上。电磁式蜂鸣器只需用1.5 V就可以发出85 dB以上的音压,唯消耗电流会大大的高于压电式蜂鸣器。表4.8.1为这两种蜂鸣器的特性比较。

表 4.8.1 压电式蜂鸣器与电磁式蜂鸣器特性比较

特 性	压电式蜂鸣器	电磁式蜂鸣器
发声原理	压电效应	电磁效应
大小	大(10~50 mm)	小(6~25 mm)
谐振频率	高(2~6 kHz)	低(1~3 kHz)
工作电压	高(9~24 V)	低(1.5~12 V)
音压	较高(85~120 dB)	较低(70~95 dB)
电流消耗	低(5~20 mA)	高(35~60 mA)

由前述说明可知,不管是喇叭还是蜂鸣器如果能将它通上断续的电流,就会造成薄膜振动,进而挤压空气产生声音。因此,若能加上不同的频率信号就可以驱动发声装置发出各种不同音调的声音。仔细分析使喇叭发出声音的信号,其实只不过是一连串不同频率的脉冲而已,所以若要以HT66F50让发声装置产生声音,只要利用程序来控制一个I/O脚,并使它能够不断输出 0⇒1⇒0⇒1⇒0…循环变化的方波信号,再加上适当的延迟时间,即可使喇叭或蜂鸣器发出不同频率的声音信号。但由于HT66F50的I/O引脚所能提供的电流有限(Vcc=5 V时,Sinking 约 20 mA,Sorcing 为 -7.4 mA),为了使蜂鸣器能够发出较大的声音,实际硬件电路必须在I/O引脚与蜂鸣器间加一个晶体管,以放大输出电流而顺利推动蜂鸣器,电路请参考图4.8.1。

要控制I/O引脚输出音阶为Do、Re、Mi…的方波,首先必须要知道这些音阶的频率,如此推动喇叭之后音阶才会准确。要在I/O引脚上输出方波,只要先计算出这个方波的周期,然后再以其作为延迟时间,每当到达延迟时间之后,微控制器就将输出I/O引脚的输出状态反相,然后再重复计时延迟,等时间到了之后,再对I/O引脚做反相的动作,那么在I/O引脚上就会输出该频率的方波了。

计算各音阶频率的方法,其实很简单就是首先记住低音La的频率为440 Hz,然后每隔半度音程的频率就是前一个音的1.059倍($2^{1/12}$)[③]。为方便读者记忆,图4.8.3为钢琴的琴键位置与音阶间的关系。

例如:Ti比La高一度音(两个半音就是一个全音),因此Ti的频率为:

Ti=440 Hz×1.059×1.059=493.9 Hz

Do=440 Hz×1.059×1.059×1.059=493.9 Hz×1.059=523 Hz

注:Ti与Do差一个半音。

因此,依照以上的原则可以算出低音Do至高音Do之间音阶的频率如表4.8.2所示。

[③] 八音度(Octave)或称倍频程,这个名词从音乐中借用而来。例如钢琴的中音C,到下一个音阶的C(高8度),其频率比正好是两倍,称为一个8音度。18世纪起,欧洲进入了12平均律时期,所谓12平均律就是把一组8度音,按频率等比分为12个"半音",后一音频率为前一音的 $2^{1/2}$(1.05946)倍,由 A = 440.00 Hz 开始。

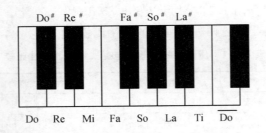

图 4.8.3　钢琴的琴键位置与音阶

表 4.8.2　音阶－频率对照表

音阶	频率/Hz	周期/ms	半周期/ms
Do	523	1.91	0.96
Do#	554	1.8	0.9
Re	587	1.7	0.85
Re#	622	1.6	0.8
Mi	659	1.52	0.76
Fa	698	1.43	0.72
Fa#	740	1.35	0.68
Sol	785	1.27	0.64
Sol#	831	1.2	0.6
La	880	1.14	0.57
La#	932	1.07	0.54
Ti	988	1.00	0.50
Do 高音	1 047	0.96	0.48

因为方波每一个周期都有一半时间为"High",另一半时间为"Low",因此真正要计时的时间是音阶周期的一半(因为当延迟时间到了之后就将输出反相一次)。以音阶 Do 为例,由表 4.8.2 可知其频率为 523 Hz,周期为 1.91 ms,而半周期为 0.96 ms;亦即送出"High"、"Low"的时间分别为 0.96 ms,如图 4.8.4 所示。

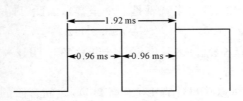

图 4.8.4　音阶 Do 的方波周期

4.8.4 程序及流程图

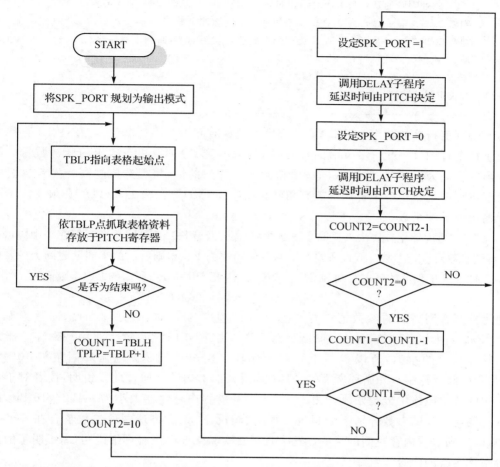

程序 4.8 以 I/O 控制喇叭发声

程序内容请参考随书光盘。

程序解说:

6~9	依序定义变量地址。
11~12	定义 SPK_PORT 与 SPK_PORC 分别为 PC.4 与 PCC.4。
14	声明内存地址由 000h 开始 (HT66Fx0 Reset Vector)。
15	定义 SPK_PORT 为输出。
17~18	将 TBLP 指向音符数据表的起点。
20	查表取得欲发声的音阶频率参数存入 PITCH 寄存器, 而控制音长的次数常数则存于 TBLH 寄存器中。
21~24	判断音长次数常数 (TBLH 寄存器) 内容是否为 0, 成立则表示已抓至最后一笔数值 "0H" (即音符数据表已经抓完), 重新执行程序; 反之, 则继续执行发声程序。
25	将控制音长的次数参数并存入 COUNT1 中, 此值用来控制声音输出的时间 (即产生的脉冲数目)。
26	将 TBLP 加一, 指向下一笔音符数据。

行号	说明
28~29	设定计数器 COUNT2 为 10 与 COUNT1 一起用来调整声音长度(注:调整脉冲产生的个数)。
30~35	设定 SPK_PORT 分别为 High、Low,并调用延迟子程序,其延迟时间的长短由 PITCH 的内容来决定(注:此处喇叭的开启与关闭时间相同,是为了产生 Duty Cycle = 50% 的方波。)。
36~37	判断 COUNT2 减一是否为 0,在此用来控制产生的脉冲个数。
38~40	判断 COUNT1 减一是否为 0,成立则表示此音阶已发声完毕,回到主程序进行下一个音阶的发声;反之,则继续产生脉冲(JMP LOOP)。
44~52	DELAY 子程序,延迟时间的计算请参考实验 4.1。
54~63	音长资料建表区。

为了得到更精确的频率,DELAY 子程序的延迟时间为 10~2 305 μs,由 DEL1 存储器控制。至于每个音调(Pitch or Tone)的长度(Duration,音长)则取决于输出的脉冲数目。如果不管输出的音调为何,都一股脑儿的输出相同的脉冲数的话,将会造成越高音发音越短的结果。由于本程序是希望各个音调都能有相同长度(0.5 s)的声音输出,所以就必须掌握不同音调所需输出的脉冲个数。

在程序中,再度使用查表法来抓取这两项参数(音调及音长)。因此,每个音符在表中应占有两个值:音调参数及音长参数。假设所要产生的音调频率为 F Hz,则所需的半周期时间为 $(2\times F)^{-1}$ s。因为 DELAY 子程序的延迟时间为 DEL1×10 μs,因此产生 F Hz 所需的 DEL1 数值为:

$$(2\times F)^{-1} \div (10\times 10^{-6}) = 10^6 \div (2\times F\times 10)$$

此为控制音调高低的参数值。而产生 0.5 s、频率为 F 的音调所需的脉冲数为 $0.5\div(F^{-1})=F/2$。因为 HT66F50 的存储器只有 8-Bit,当 F≥512 之后就无法用一个存储器来存放控制脉冲数目的参数,所以程序中用两个循环来解决此问题。内循环固定为 10 次(由 COUNT2 存储器控制),外循环所需的循环次数为 F/(2×10)。通过此段说明,读者对于音符数据表中的数值应该十分清楚了。由于 HT66F50 的程序存储器大小为 8 192×16-Bit,在确定控制音调与音长的参数分别不会超过 8-Bit 的情况下,刻意将这两项参数整合在一个内存位置中,以达到节省内存空间的目的。这个技巧在实验 4.3 中已有详细说明,尚不明了的读者可以参阅该实验的内容。

4.8.5 动动脑+动动手

- 更改建表数值,试看看自己耳朵可以听见的频率范围为多少?
- 更改建表数值,使其唱一首自己所喜欢的短歌。
- 将 4×4 键盘程序与本实验结合(参考图 4.8.5 的电路),以按键控制喇叭发出的音调。

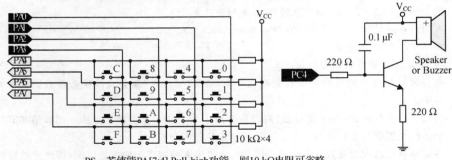

PS:若使能 PA[7:4] Pull-high 功能,则 10 kΩ 电阻可省略。

图 4.8.5

4.8.6 目的

利用 HT66F50 SIM 模块 PCK 引脚的输出特性控制喇叭发出声音。

4.8.7 学习重点

通过本实验,读者应了解 SIM 单元中 PCK 引脚的输出机制。

4.8.8 电路图

HT66F50 所配置的 SIM 单元,除支持 SIP 与 I²C 的串行传输功能外,其有一个引脚——PCK 可用来输出频率信号,供微控制器的外部电路使用,如做为同步频率或其他应用,其频率由 SIMC0 控制寄存器的 PCKP[1:0] 位选定是 f_{SYS}、$f_{SYS}/4$、还是 $f_{SYS}/8$ 或 TM0 CCRP 比较匹配频率/2;接下来的实验就用 PCK 输出的信号来让喇叭发出声音。图 4.8.6 是所用的喇叭发声控制电路。表 4.8.3 为本实验相关的控制寄存器。

表 4.8.3 本实验相关控制寄存器

【2-8 节】	SIMC0	SIM2	SIM1	SIM0	PCKEN	PCKP1	PCKP0	SIMEN	—
【2-5-1 节】	TM0C0	T0PAU	T0CK2	T0CK1	T0CK0	T0ON	T0RP2	T0RP1	T0RP0
	TM0C1	T0M1	T0M0	T0IO1	T0IO0	T0OC	T0POL	T0DPX	T0CCLR
		Bit7	6	5	4	3	2	1	Bit0

执行程序 4.8.1 时,请在"配置选项"中使能 SIM 接口功能:

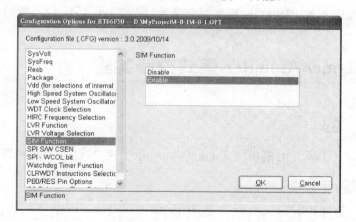

程序 4.8.1 以 SIM PCK 引脚控制喇叭发声
程序内容请参考随书光盘。

程式解說:

8~11	依序定义变量地址。
14	声明内存地址由 00h 开始(HT66Fx0 Reset Vector)。
15~18	关闭 CP0、CP1 比较器功能,并将 ADC 输入引脚定义为 I/O 功能。
19	定义 SIMC0 控制寄存器,设定:

	SIM[2:0] = 111：SIM Unused Mode(指不启用 SIP、I²C 接口功能)；
	PCKEN = 1：使能 PCK 引脚输出；
	PCKP[1:0] = 11：PCK 引脚输出频率为 TM0 CCRP Match Frequency/2；
	SIMEN = 1：使能 SIM Control。
20~22	定义 TM0C0 与 TM0C1 控制寄存器，设定：
	T0CK[2:0] = 000，$f_{INT} = f_{SYS}/4$；
	T0M[1:0] = 11：Timer/Counter Mode；
	T0CCLR = 0：计数器在 CCRP 比较匹配时清除。
23	设定 INDEX 为零；此寄存器决定 CCRP 比较匹配的周期。
24~27	依 INDEX 寄存器的值设定 T0RP[2:0]。
28~30	启动 CTM 开始计数，此时喇叭开始发出声音并延迟 0.25 s。
30~33	停止 CTM 计数，此时喇叭停止发出声音并延迟 0.25 s。
34~37	将 INDEX 加一并判断其值是否达到 8，若是则将 INDEX 归零(JMP MAIN)；否则继续下一个频率输出(JMP LOOP)。
44~57	DELAY 子程序，延迟时间的计算请参考实验 4.1。

程序 4.8.1 只是让读者认识 PCK 引脚输出的控制方式，由于其频率无法如程序 4.8 随心所欲的控制，因此就无法控制其产生任意的音调输出。

4.8.9 动动脑＋动动手

- 尝试更改程序 4.8.1 的 CTM 计数频率源(即 T0CK[2:0]位)，听听看输出频率有何变化？
- 尝试更改程序 4.8.1 的 PCK 输出频率选项(即 PCKP[1:0]位)，听听看输出频率有何变化？

4.9 CTM Timer/Counter 模式控制实验

4.9.1 目　　的

利用 HT66F50 CTM 计时模块的 Timer/Counter 模式，控制七段数码管的显示速度。

4.9.2 学习重点

通过本实验，读者应熟悉 HT66F50 CTM(Compact Type Timer Module)的 Timer/Counter 模式控制方式。

4.9.3 电路图

CTM 是所有家族成员均具备的计时模块，是 3 种计数模块中功能最少的。但即使如此，其所具备的 3 种工作模式仍足以应付一般的应用需求。3 种工作模式分别为：比较匹配输出(Compare Match Output)、计时/计数(Timer/Counter)、以及脉冲宽度调制(PWM)输出模式，同时可搭配一个外部输入引脚，以及一或两个输出引脚进行运作。HT66Fx0 家族各型号所配置的 CTM 模块与特性请参考表 2.2.9；本实验以 HT66F50 的 CTM 为例，说明 Timer/

Counter 的操作方式与应用。七段数码管控制电路如图 4.9.1 所示。

CTM 的内部结构如图 4.9.2 所示,其由 10-Bit 向上计数器(Up-counter,TMnD),以及两个内部寄存器—TMnA(10-Bit)与 TnRP(3-Bit)组成,其计数频率源、工作模式与输出特性由 TMnC0 与 TMnC1 特殊功能寄存器控制。通过 TnCK[2:0]位的设定,可以选择 7 种不同的频率信号做为 10-Bit 计数器(Counter Register,TMnD[9:0])的计数频率源—f_{INT};当启动计数时(设定 TnON="1"),TMnD 计数器会先清除为零,接着根据所选择的频率源开始往上递增。

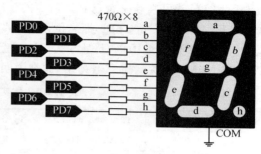

图 4.9.1 七段数码管控制电路

计数过程中,比较器 A 与 P 会将其数值分别与 TMnA(10-Bit)、TnRP(3-Bit)的设定值进行比较,而不同的工作模式在比较匹配时会产生不同的动作。HT66F50 拥有两组 CTM 计时模块,编号分别为 TM0、TM3。

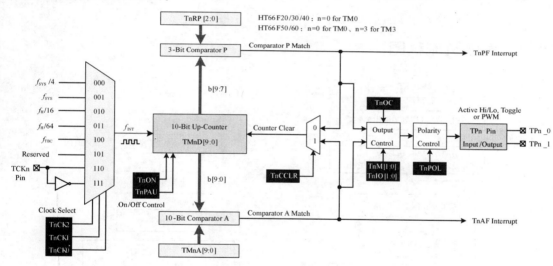

图 4.9.2 CTM 内部结构

本实验利用 Timer/Counter 模式控制 DELAY 子程序的延迟时间。Timer 与 Counter 的区别仅在于计数频率的来源不同,若频率来源取自于系统本身的信号(TnCK[2:0]=000b～100b),称之为"Timer";反之,若计数频率是经 TnCK 引脚由外部输入(TnCK[2:0]=110b 或 111b),则称之为"Counter"。TMnD 的计数频率来源(f_{INT})由 TCKn[2:0]选定,并以 TnON 位控制计数器是否开始计数。一旦启动 TMnD 开始计数后,会有以下几种情况:

(1) 若 TnCCLR 设定为"1",则当 TMnD 计数值与 TMnA 内存值相等时,CTM 会设定 TnAF=1,并将 TMnD 归零后继续计数动作。

(2) 若 TnCCLR 设定为"0",则当 TMnD 计数值与 TMnA 内存值相等时,CTM 设定 TnAF=1,并继续计数动作;当 TMnD[9:7]计数值与 TnRP[2:0]内存值相等时,CTM 会设定 TnPF=1,并将 TMnD 归零后继续计数动作。

由上述说明可知:使用者可给 TMnA、TnRP 设定适当的数值并搭配 TCKn[2:0]选择计数频率,即可控制 TnAF 与 TnPF 标志位的设定时间;换言之,通过检查 TnAF 与 TnPF 标志位是否为"1",就可判断是否已到达所需的计时区间。若对应的中断(TnAE、TnPE)已被使能的情况下,在 TnAF 或 TnPF 标志位设为"1"的同时也将产生中断请求信号要求 CPU 服务,不过本实验暂不探讨中断处理方式,待实验 4.10 再做讨论。为节省篇幅,表 4.9.1 仅将 HT66F50 TM0 相关的寄存器列出,详细说明请读者参阅 2.5.1 节。

表 4.9.1 本实验相关控制寄存器

		Bit7	6	5	4	3	2	1	Bit0
【2-4 节】	MFI0	T2AF	T2PF	T0AF	T0PF	E2AE	T2PE	T0AE	T0PE
	TM0C0	T0PAU	T0CK2	T0CK1	T0CK0	T0ON	T0RP2	T0RP1	T0RP0
	TM0C1	T0M1	T0M0	T0IO1	T0IO0	T0OC	T0POL	T0DPX	T0CCLR
【2-5-1 节】	TM0AL	TM0A[7:0]							
	TM0AH	—	—	—	—	—	—	TM0A[9:8]	
	TM0DL	TM0D[7:0]							
	TM0DH	—	—	—	—	—	—	TM0D[9:8]	

4.9.4 程序及流程图

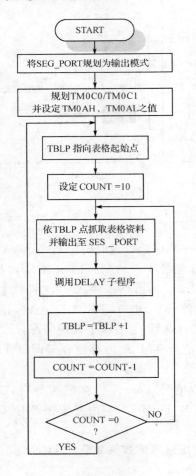
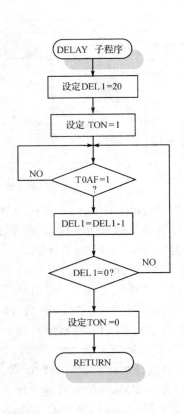

程序 4.9　CTM Timer/Counter Mode 控制实验

程序内容请参考随书光盘。

程序解说：

行号	说明
6～7	依序定义变量地址。
9～10	定义 SEG_PORT 与 SEG_PORTC 分别为 PD、PDC。
12	声明内存地址由 000h 开始(HT66Fx0 Reset Vector)。
13	定义 SEG_PORT 为输出。
14～15	设定 TM0C0： TOCK[2:0] = 010：指定 Timer/Counter 其计数频率来源为 $f_H/16$。 T0ON = 0：Timer 暂不计数。
16～17	设定 TM0C1： TM[1:0] = 11：指定 CTM 为 Timer/Counter 工作模式。 T0CCLR = 1：当计数至 TM0D = TM0A 时清除计数器。
18～21	加载计数常数数值至 TM0A 寄存器，因为所要的计数时间为 4 ms($1\,000 \times (4\,\text{MHz}/16)^{-1} = 4\,\text{ms}$)，因此利用"HIGH"、"LOW"两个伪指令将 1 000 的高、低字节，分别存放于 TM0AL、TM0AH 寄存器。
23～24	将 TBLP 指向七段显示码的数据起始地址。
25～26	设定计数器 COUNT 为 10。
28	根据 TBLP 值查表，并将结果输出至 SEG_PORT 显示。
29	调用 DELAY 子程序，延迟 1 s。
30	TBLP = TBLP + 1，指向下一笔显示数据。
31～33	判断 COUNT 是否为 0，成立则表示七段数码管已显示至"9"，需重新开始；反之，表示尚未显示完毕，继续显示下个数值。
38	启动计数器开始计数。
39～40	设定 DEL1 = 250。
41～42	在此 DELAY 子程序做了一些小改变，将原本的 DEL2 与 DEL3 所控制的循环改成利用定时器来计数，通过检查 T0AF 是否为"1"来判断是否已计数(4 ms)完毕，成立则继续执行，反之则回到 DEL_1 重新检查 T0AF。
43	清除 T0AF 标志位。
44～47	判断 DEL1-1 是否为零，若是则代表已延迟 1 s(4 ms × 250)，停止计数器的计数动作(CLR T0ON)并返回主程序；否则继续检查 T0AF 的动作(JMP DEL_1)。
50～52	七段显示码数据建表区。

程序中的 DELAY 子程序搭配 Timer/Counter 使用，其时间的计算方式为：

$$\text{延迟时间} = f_{\text{INT}-1} \times \text{DEL1}(250) \times \text{TM0A}$$

因为在程序中将 Timer/Counter 的计时频率定义为内部 $F_H/16$(T0CK[2:0]=010)的信号，在 $f_{SYS} = 4\,\text{MHz}(f_H = f_{SYS})$、TM0A = 1 000 时，上式的延迟时间 = DEL1 × 4 ms = 1 s。

4.9.5　动动脑＋动动手

- 程序 4.9 通过检查(Polling)T0AF 是否为"1"来判断 4 ms 的计时区间是否已经到达。请修改程序，改为检查 T0PF 标志位(请注意 T0CCLR 与 T0RP[2:0]的适当设定)。
- 请以 STM 单元实现本范例程序的功能。

- 承上题，由于 STM 的计数寄存器（TM2D）宽度为 16-Bit，试将计时区间改为 50 ms，并重新实现本范例程序的功能。

4.10 STM 中断控制与比较匹配输出实验

4.10.1 目　　的

利用 HT66F50 STM Timer/Counter 的中断以及"Compare Match Output"功能控制喇叭发出不同音调的声音。

4.10.2 学习重点

通过本实验，读者应了解如何应用 HT66F50 STM（Standard Type TM）计时模块的 Timer/Counter 中断功能；同时对比较匹配输出（Compare Match Output）模式的控制也应得心应手。此外，对 TM 模块输出信号时的跨功能引脚的设定也应能掌握其精髓。

4.10.3 电路图

在实验 4.9 中，已经介绍了 CTM Timer/Counter 的使用方式，相信读者对其控制已有了初步了解。但是实验 4.9 使用轮询（Polling）方式检查"T0AF"标志位，借以判断 Timer/Counter 是否已经计数结束。由于 CPU 必须持续检查"T0AF"标志位的状态，因此无法去处理其他事务。虽然计数工作是丢给 CTM 单元负责的，但轮询的方式对于整体的效率来讲，并无太大的帮助。因此，在本实验中将改采中断控制，也就是说当计数结束时，由 TM 单元以中断的方式主动告知 CPU。所以在中断发生之前，CPU 可以继续执行其他程序，待有中断发生时再去执行相关的中断服务子程序（Interrupt Service Routine，ISR）。如此才能使 CPU 运作更有效率，而不是让 CPU 浪费在一些无谓的检查、等待上。图 4.10.1 为 Timer/Coutrer 中断控制电路图。

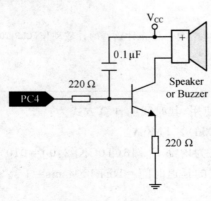

图 4.10.1　Timer/Counter 中断控制电路

为了使读者熟悉 HT66F50 的各个 TM 单元，本实验改采用 STM（Standard Type TM）做为计时区间的控制，本例中计时区间的长短决定了蜂鸣器音调的高低。如图 4.10.2 所示，STM 内含 16-Bit 向上计数器（TMn Counter Register。TMnD [15:0]），通过 TnCK [2:0] 选择 7 种不同的计数频率源，当启动计数时 TMnD 由 0000h 开始往上递增，计数过程中会将其数值与 TMnA[15:0]、TnRP[7:0] 进行比较，而不同的工作模式在比较匹配时会产生不同的动作。

STM 提供 5 种不同的工作模式，分别为：比较匹配输出（Compare Match Output）、计时/计数（Timer/Counter）、脉冲宽度调制（PWM）、输入捕捉（Input Capture）以及单脉冲输出（Single Pulse Output）模式。STM 可搭配一个外部输入引脚，以及一或两个输出引脚进行运作。HT66Fx0 家族各型号所配置的 STM 模块与特性请参考表 2.5.14,除 HT66F30 之外,家族其余成员均配置 STM 模块。STM 所配置的模块编号,HT66F20 为 TM1,而 HT66F40/50/60 则皆为 TM2。有关工作模式的设定、计数频率源的选择、以及其他相关的控制都是通过 TMnC1 与 TMnC0 特殊功能寄存器设定的,请参考 2.5.2 小节的说明。

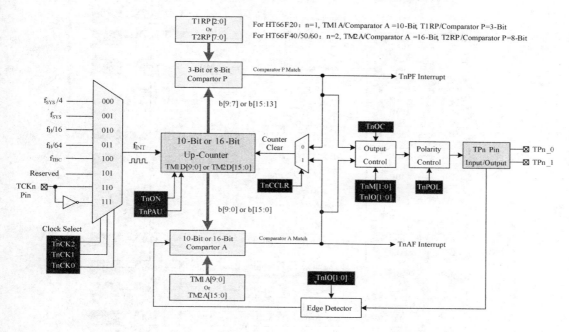

图 4.10.2　STM 内部结构

既然要使用 STM 的中断机制,在实验之前就必须将 HT66F50 的中断相关特性及控制寄存器彻底弄清楚。如图 4.10.3 所示,HT66F50 提供了 11 种不同的中断来源,其结构均是属于"Maskable Interrupt",也就是当有中断请求产生时,CPU 未必会跳到相关的中断向量地址去执行中断服务子程序(ISR),需视使用者对中断相关控制位的设置而定。在 11 种不同的中断来源中,有 7 个中断源是由单一的外围模块所独占,另外 4 个则由 12 个外围装置所共用;此类由多个外围装置所共用的中断源特称为多功能(Multi Function),表示这些中断源是由两个以上的外围装置所共用。因此,当使用这类中断资源时,必须更详细地掌握内部各个外围装置的中断使能控制位与反应中断是否发生的状态标志位。HT66F50 采用 INTC0~INTC2 与 MFI0~MFI3 共 7 组中断控制寄存器做为中断功能的设置,兹将本实验使用的相关寄存器简列于表 4.10.1;更详细的说明请读者参考第 2 章中断单元(2.4 节)与 STM 单元(2.5.2 小节)。要特别提醒读者,前述的 INTC0~INTC2 中断控制寄存器中用以反映是否产生中断请求的标志位(如 ADF、C0F…),在 CPU 进入对应的中断向量执行 ISR 时,系统会自动将其清除;然而,所有位于多功能中断寄存器的标志位必须由使用者自行清除,请读者切记此点,以免发生程序无法正常运作的情形。

第4章 基础实验篇

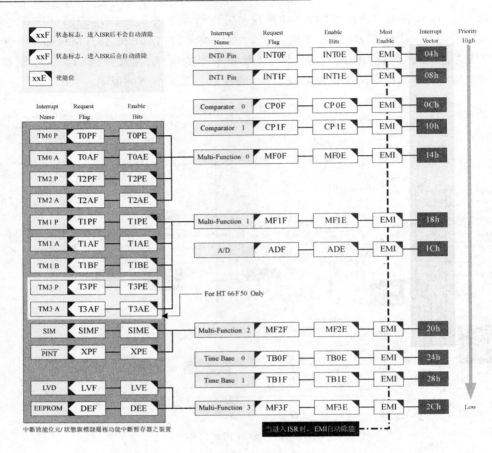

图 4.10.3　HT66F50 中断机制

表 4.10.1　本实验相关控制寄存器

		Bit7	6	5	4	3	2	1	Bit0
【2-4 节】	INTC0	—	CP0F	INT1F	INT0F	C0E	INT1E	INT0E	EMI
	INTC1	ADF	MF1F	MF0F	CP1F	ADE	MF1E	MF0E	CP1E
	MFI0	T2AF	T2PF	T0AF	T0PF	T2AE	T2PE	T0AE	T0PE
【2-5-2 小节】	TM2C0	T2PAU	T2CK2	T2CK1	T2CK0	T2ON	—	—	—
	TM2C1	T2M1	T2M0	T2IO1	T2IO0	T2OC	T2POL	T2DPX	T2CCLR
	TM2RP	TM2RP[7:0]							
	TM2AL	TM2A[7:0]							
	TM2AH	TM2A[15:8]							
	TM2DL	TM2D[7:0]							
	TM2DH	TM2D[15:8]							
【2-5 节】	TMPC1	—	—	T3CP1	T3CP0	—	—	T2CP1	T2CP0

在实验 4.8 中,已经介绍过用程序控制 HT66F50,让蜂鸣器产生不同音调输出的方式,其中是以产生脉冲的次数来控制音调的长短,此种方式用在拥有 Timer/Counter 中断资源的

HT66F50 微控制器上来说,感觉有点笨拙,所以本实验改采 STM Timer/Counter 中断方式进行改良。基本上,是以每次 Timer/Counter 计时产生中断时,将 I/O 输出引脚状态反相的方式来产生所要的频率。所以,若要产生的频率为 F Hz 的方波,那么所需的 Timer/Counter 计数时间为 $T=(2\times F)^{-1}$,换算成所需计数脉冲数则为:

$$\text{所需计数脉冲数} = \frac{T}{f_{INT}^{-1}} = \frac{f_{INT}}{2\times F}$$

而程序中又定义 $f_{INT}=f_{SYS}/4$,所以上式又可化成:计数脉冲数 $= \frac{T}{f_{INT}^{-1}} = \frac{f_{SYS}}{2\times F\times 4}$;这即是程序中产生各音阶所需的时间常数表格数据的由来。

4.10.4 程序及流程图

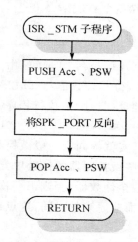

程序 4.10 STM Timer/Counter 中断控制实验

程序内容请参考随书光盘。

程序解说:

5	加载定义档"4-10.INC",其内容请参考随书光盘中的文件。
8~13	依序定义变量地址。
21	声明程序存储器地址由 00h 开始(HT66Fx0 Reset Vector)。
23	声明程序存储器地址由 14h 开始,此即 STM 中断向量地址。
20	定义 SPK_PORT 为输出模式。
21、22	使能多功能中断 MF0E(隶属 INTC1 特殊功能寄存器)与 STM CCRA 比较匹配中断~T2AE。
23~25	定义 TM2C0 与 TM2C1,设定:
	T2CK[2:0] = 000: $f_{INT}=f_{SYS}/4$;
	T2M[1:0] = 11: Timer/Counter Mode;
	T2CCLR = 0: 计数器在 CCRA 比较匹配时清除。
26、27	清除 MF0F 与 T2AE 中断标志位。
28	使能中断总开关(EMI)。
29~30	将 TBLP 指向表格数据的起始地址。
31~32	设定计数器 COUNT = 15,因为总共有 15 个不同的音阶。

34～36	经由查表取得欲发声的音阶频率参数，并分别存入 T2MAL、T2MAH 寄存器。
37	启动 Timer/Counter 开始计数，此后只要发生计数溢出的状况，就会进入中断程序(ISR_STM)将 SPK_PORT 反向一次。
38、39	延迟 0.4 s，此即音长的控制。
40	停止 Timer/Counter 计数功能，即喇叭停止发出声音。
41	将 TBLP 加一，指向下一笔音符数据的地址。
42～44	判断 COUNT-1 否为 0，成立则表示 15 个音阶已发声完毕，回到主程序重新发声。反之，继续抓取下一个时间常数(JMP NEXT_PITCH)，产生下一个音阶。
48～58	STM 中断服务子程序，首先将 Acc 与 PSW(状态寄存器，Status)暂存起来，其次运用"XORM A,SPK_PORT"指令将 SPK_PORT 反向，再取回 Acc 与 PSW 的原值后返回主程序。提醒读者：中断服务子程序的最后一个指令可以是"RET"或"RETI"，不同的是："RETI"指令在返回主程序之前会先将"EMI"位设定为"1"(中断使能)，而"RET"指令则不会。
65～78	DELAY 子程序，延迟时间的计算请参考实验 4.1。
80～95	音调(Pitch)资料建表区。

　　程序中产生音调的音长(即每个音调持续的时间)由 DELAY 子程序控制。CPU 执行 DELAY 子程序时 STM 仍持续计数，待其计数值与 TM2A 寄存器所设定的参数产生比较匹配时，以中断方式让 CPU 跳至中断地址(014h)去执行程序。由于 HT66F50 的 TM 单元具备"自动清除"的功能，所以当计数值与 TM2A(T2CCLR="1")或 T2RP(T2CCLR="0")值相等时，会自动由零开始重新计数；这其实就等同于一般微控制器计数单元中所谓的自动重新加载功能，可说是相当实用的设计。有些微控制器的计数单元并不具备自动重新加载，此时使用者就必须自行将计数器初值重新加载至计数器，否则下一次再产生计数器溢出的时间将是计数器最大计数数值×计时频率周期，而非原来的时间，这点也请读者在使用无自动重新加载功能的微控制器时特别留意。

　　其实上述让喇叭发声的方式主要是想让读者熟悉 HT66F50 的中断机制以及 STM Timer/Counter 模式的控制方式，如果只是单纯的想让喇叭发声，其实更简易的做法就是运用 STM 单元的比较匹配输出(Compare Match Output)模式来达成；在此模式下若设定 T2IO[1:0]=11b(Toggle Output，参考表 2.5.19)，则当发生 TM2D[15:0]=TM2A[15:0]时，STM 会自动将输出状态反向(参考图 4.10.4)，这个信号再经由极性控制逻辑(Polarity)后直接输出至 TP2 引脚。这正符合需求：连续反向几次就可获得推动喇叭产生所需的方波了。此一功能在盛群公司其他系列的芯片上称为可程序除频器(Programmable Frequency Divider，PFD)。为能让读者真正了解比较匹配输出(Compare Match Output)模式的操作方式，下面就以 4×4 键盘搭配喇叭发音控制程序为例做说明，其电路图如图 4.10.4 所示。

　　观察图 4.10.2 STM 的内部结构，若选用比较匹配输出模式且设定 T2IO[1:0]=11b，则当 TM2D[15:0]计数值等于 TM2A[15:0]的设定值时，STM 会自动将输出状态反向，此信号再经由极性控制逻辑后由 TP2 引脚输出。问题是：在 HT66F50 的引脚中遍寻不到命名为 TP2 的引脚，只有 TP2_0、TP2_1，而其关系又是如何呢？这就是 TM 单元的跨引脚功能(Cross-Pin Function)，请见图 4.10.5。原来 HT66F50 的设计是让 TP2 的信号指定由 TP2_0(PC3)、TP2_1(PC4)或两者同时输出，可由 TMPC1 功能寄存器加以选择，请参考表 4.10.2；本实验刻意选择 TP2_1 做为 STM 的输出引脚，让读者熟悉 TM 单元跨引脚的功能设定，至于 CTM 与 ETM 的输出引脚设定请参考 2.5 节。

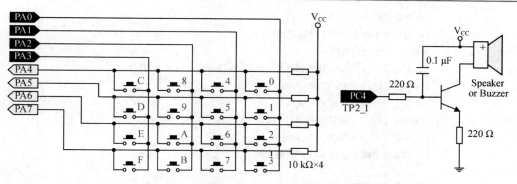

图 4.10.4 4×4 键盘搭配喇叭发音电路图

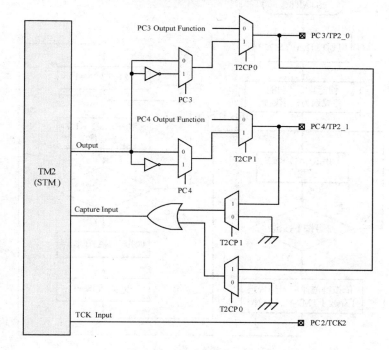

图 4.10.5 STM 的跨引脚功能

表 4.10.2 HT66F50 的 TMPC1 控制寄存器

Name	—	—	T3CP1	T3CP0	—	—	T2CP1	T2CP0
R/W	R	R	R/W	R/W	R	R	R/W	R/W
POR	—	—	0	1	—	—	0	1
Bit	7	6	5	4	3	2	1	0

Bit 7～6 未使用,读取时将传回 0

Bit 5 T3CP1：TP3_1 引脚功能控制位(TP3_1 Pin Function Control Bit)
1＝指定 TP3_1 引脚为 TP3 功能
0＝TP3_1 引脚为一般 I/O 或其他功能

Bit 4 T3CP0：TP3_0 引脚功能控制位(TP3_0 Pin Function Control Bit)

1＝指定 TP3_0 引脚为 TP3 功能
0＝TP3_0 引脚为一般 I/O 或其他功能

Bit 3～2　未使用，读取时将传回 0

Bit 1　T2CP1：TP2_1 引脚功能控制位(TP2_1 Pin Function Control Bit)
1＝指定 TP2_1 引脚为 TP2 功能
0＝TP2_1 引脚为一般 I/O 或其他功能

Bit 0　T2CP0：TP2_0 引脚功能控制位(TP2_0 Pin Function Control Bit)
1＝指定 TP2_0 引脚为 TP2 功能
0＝TP2_0 引脚为一般 I/O 或其他功能

4.10.5　程序及流程图

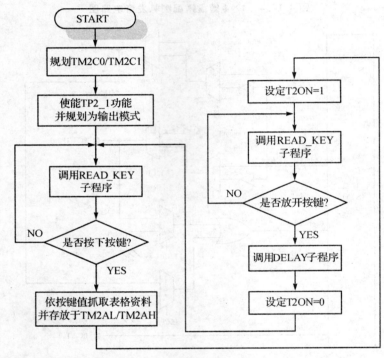

程序 4.10.1　STM Compare Match Output 控制实验

程序内容请参考随书光盘。

程序解说：

5　　　　加载定义档"4-10-1.INC"，其内容请参考随书光盘中的文件。

7～12　　依序定义变量地址。

15　　　　声明程序存储器地址由 00h 开始(HT66Fx0 Reset Vector)。

16～18　　关闭 CP0、CP1 比较器功能，并将 ADC 输入引脚定义为 I/O 功能。

20～21　　使能 TP2_1(即 PC.4)的引脚输出功能。

22～24　　定义 TM2C0 与 TM2C1，设定：
$T2CK[2:0] = 000$：$f_{INT} = f_{SYS}/4$；
$T2M[1:0] = 00$：Compare Match Output Mode；

	T2IO[1:0] = 11：Toggle Output
	T2CCLR = 0：计数器在 CCRA 比较匹配时清除。
25	定义 PC.4 为输出模式。
26	调用 READ_KEY 子程序读取按键值。
27～30	判断是否按下按键，若没有则再次读取按键。
37	有按键被按下时，就根据按键值(KEY)查表取得欲发声的音阶频率参数并存入 TM2AL/TM2AH 寄存器后，即启动 STM 开始计数，此后只要发生计数溢出的状况，TP2_1 输出就会反向一次。
39～43	检查按键是否已放开，如果按键仍是按着的，就持续 TP2_1 的输出；反之若是按键已放开，则再延迟 0.25 s 后将 STM 计数功能关闭，并重新检查按键的输入(JMP MAIN)。
52～80	READ_KEY 子程序。
87～100	DELAY 子程序，延迟时间的计算请参考实验 4.1。
103～118	查表子程序，此种查表方式的原理请读者参考实验 4.2 中的说明。

程序 4.10.1 中运用 STM"比较匹配输出"模式在 TP2_1(PC4)引脚自动产生方波的输出，在程序中并未安插任何如程序 4.10 或程序 4.8 的准位设定指令，但喇叭(或蜂鸣器)仍依旧发出声音。通过此一范例，读者应该了解"Comapre Match Output"模式的操作与应用。另外要特别叮咛读者，在写入数据至 TM 相关寄存器时(如 TMnD、TMnA、TMnB)，一定要先写 Low Byte(TMnDL、TMnAL、TMnBL)再写入 High Byte(TMnDH、TMnAH、TMnBH)；读取时的顺序则相反，如此方能达成这些寄存器的正确读、写程序。

若读者采用的是蜂鸣器来进行实验，或许在上述实验中会发现某个音阶听起来感觉最响亮，而有些音阶感觉特别小声。这除了跟人类听觉特性有关之外，另外就是受发声元件频率响应[④]的影响。图 4.10.6 分别以一般喇叭与压电式蜂鸣器为例，比较这两种不同架构发声元件的频率响应；由图中不难看出喇叭有较宽广的频率响应；而压电式蜂鸣器则是 2～2.5 kHz 的响应较佳。由于各类发声元件的型号繁多，在此仅各列出一种做比较，在应用时应考虑实际的需求挑选合适的种类与型号。

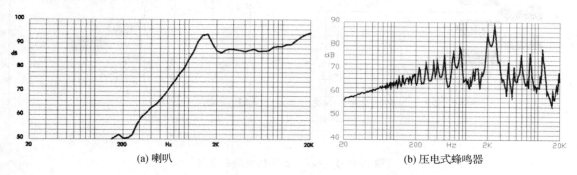

图 4.10.6　频率响应图例

4.10.6　动动脑＋动动手

- 试将程序 4.10 中第 58 行指令"RETI"改为"RET"重新执行程序的结果为何？为

---

④　频率响应(Frequency Response)是当向组件或系统输入一个振幅固定、频率变化的信号时，测量系统输出端的响应。通常与电子放大器、扩音器等联系在一起，频率响应的主要特性可用系统响应的幅度(用分贝)和相位来表示。

- 什么?
- 程序 4.10 中以 STM 的"Timer/Counter"模式搭配中断的应用,使得喇叭发出声音;试改以 ETM 的"Timer/Counter"模式搭配中断为之。

4.11 模拟/数字转换(ADC)接口控制实验

4.11.1 目 的

利用 HT66F50 的模拟/数字转换电路(Analog to Digital Converter)将模拟电压的变化直接以二进制方式显示于 LED 上。

4.11.2 学习重点

通过本实验,读者应熟悉 HT66F50 的模拟/数字转换电路(Analog to Digital Converter)与 A/D 中断的控制方式。

4.11.3 电路图

HT66F50 提供 8 个通道(AN7~AN0)的模拟/数字转换功能,转换器的分辨率为 12-Bit,模拟输入信号由 PA[7:0]引脚输入,转换的结果(D11~D0)存放于 ADRH 与 ADRL 寄存器中,且可由 ADRFS 位选择两种不同的数据存放格式(请参考表 4.11.1)。模拟/数字转换控制电路如图 4.11.1 所示。

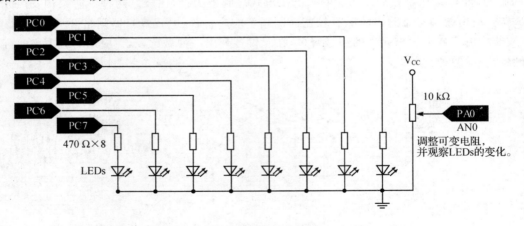

图 4.11.1 模拟/数字转换控制电路

表 4.11.1 HT66F50 的 A/D 转换结果存放格式

寄存器	ADRH								ADRL							
ADRFS=0	D11	D10	D9	D8	D7	D6	D5	D4	D3	D2	D1	D0	0	0	0	0
ADRFS=1	0	0	0	0	D11	D10	D9	D8	D7	D6	D5	D4	D3	D2	D1	D0
	Bit7	6	5	4	3	2	1	Bit0	Bit7	6	5	4	3	2	1	Bit0

本实验用可变电阻控制 AN0(即 PA0)的模拟输入电压,然后将转换后的高 8 位结果直接以二进制的方式在 LED 上显示。有关 HT66F50 模拟/数字转换的详细说明请读者参阅 2.9 节的内容,表 4.11.2 仅将本实验相关的控制寄存器列出,方便读者参考:

表 4.11.2 本实验相关控制寄存器

【2-4 节】	INTC0	—	CP0F	INT1F	INT0F	CP0E	INT1E	INT0E	EMI
	INTC1	ADF	MF1F	MF0F	CP1F	ADE	MF1E	MF0E	CP1E
【2-9 节】	ADCR0	START	EOCB	ADOFF	ADRFS	—	ACS2	ACS1	ACS0
	ADCR1	ACS4	V125EN	—	VREFS	—	ADCK2	ADCK1	ADCK0
	ACERL	ACE7	ACE6	ACE5	ACE4	ACE3	ACE2	ACE1	ACE0
		Bit7	6	5	4	3	2	1	Bit0

"START"位为控制 A/D 转换器停滞于复位状态或开始转换的控制开关,当 START 由 "0" 变为 "1" 时 A/D 转换器回到复位状态;当 START 由 "0" 变为 "1" 再变为 "0" 时,则要求 A/D 转换器开始针对选择的模拟通道输入信号进行转换。"EOCB($\overline{EOC}$)" 则是 A/D 转换器的状态位,当开始转换时,A/D 模块将自动设定此位为 "1",转换完成后则将其清除为 "0";使用者可经由该位判断转换是否已经完成。为了确保转换器的正常动作,在 $\overline{EOC}$ 位尚未被清除之前,应该让 START 位维持在 "0"。另外,A/D 模块在完成转换后也会设定 ADF 标志位,若此时 ADE="1"(A/D 转换中断使能位)且 EMI="1",则 CPU 将至 01Ch 执行 ISR。

HT66F50 虽有 8 个通道的模拟输入,但同一时间仅能转换单一通道的模拟输入信号,ACS[2:0]是用来选择转换通道的控制位。模拟信号输入引脚为多功能引脚,可以由 ACERL 控制寄存器设定哪些引脚欲作为模拟信号输入端,未启用 A/D 功能的引脚仍可作为其他功能之用(参考表 2.9.3)。

4.11.4 程序及流程图

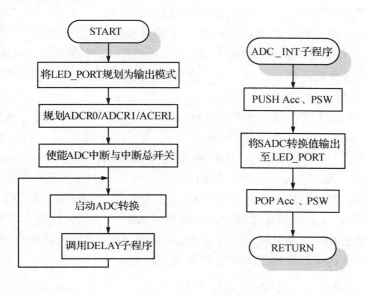

程序 4.11　ADC 控制实验

程序内容请参考随书光盘。

程序解说：

5～11	依序定义变量地址。
13～14	定义 LED_PORT、LED_PORTC 分别为 PD 与 PDC。
15	声明程序存储器地址由 00h 开始(HT66Fx0 Reset Vector)。
16	声明程序存储器地址由 1Ch 开始(HT66Fx0 ADC Interrupt Vector)。
20～21	定义 LED_PORT 为输出模式,并关闭所有 LED。
22～23	关闭 CP1 比较器功能。
24～27	定义 ADCR0、ADCR1：
	ADRFS：0,选择转换结果的数据格式,请参考表 4.11.1。
	ACS[2:0]：000,选择 AN0 为转换的模拟信号的输入通道。
	ADCK[2:0]：000,设定 ADC 转换频率为 f_{sys}。
28～29	使能 PA0 的模拟输入功能。
30～31	使能中断总开关(EMI)与 A/D 转换中断功能(ADE)。
32～33	启动 ADC 开始转换。
34～36	延迟 0.5 s 后重新启动 ADC 转换。
40～49	A/D 转换中断服务子程序,首先将 Acc 与 PSW(即状态寄存器;Status)暂存起来,其次将 ADC 转换的高 8 位数值输出至 LED_PORT,再取回 Acc 与 PSW 的原值后返回主程序。提醒读者：中断服务子程序的最后一个指令可以是"RET"或"RETI"指令,不同的是："RETI"指令在返回主程序之前会先将"EMI"位还原为"1"(中断使能),而"RET"指令则不会。
56～69	DELAY 子程序,延迟时间的计算请参考实验 4.1。

程序 4.11 相当简易,执行时是以每 0.5 s 的更新速度将转换值直接显示于 LED 上。ADCR0 寄存器中的"START"位为控制 A/D 转换器停滞于复位状态或开始转换的控制开关,当 START 由"0"变为"1"时控制 A/D 转换器回到复位状态；当 START 由"0"变为"1"变为"0"时,则要求 A/D 转换器开始针对选择的模拟通道进行转换。"EOCB($\overline{EOC}$)"则是 A/D 转换器的状态位,当开始转换时,A/D 模块将自动设定此位为"1",转换完成后则将其清除为零；使用者可由该位判断转换是否已经完成。为了确保转换器的正常动作,在 $\overline{EOC}$ 位尚未被清除之前,应该让 START 位维持在"0"。

在此提醒读者有关 HT66F50 转换时间的注意事项：请参考图 4.11.2 A/D 转换时序图,依其所示 A/D 转换器完成一次转换约需花费 16 个 T_{ADCK} 的时间(转换时间,Conversion Time,T_{ADC}),而 T_{ADCK} 所指的就是 A/D 转换器的频率周期(ADC Clock Source)。以 f_{sys} = 4MHz 为例,若选择 ADCK[2:0]="010",则此时的 T_{ADCK} = 1 μs,转换时间(T_{ADC}) = 16 μs。不过请读者注意原厂资料手册的一项限制：$T_{ADCK} \geqslant 0.5 \mu$s,也就是说 HT66F50 的 A/D 转换器最短的转换时间为 8 μs,如果所选择的转换频率 $T_{ADCK} < 1 \mu$s 的话,则并不保证转换结果的正确性。笔者曾经试着将转换时间缩短至 0.5 μs,发现 ADC 的转换动作仍旧正常,不过在此还是不鼓励读者以超过原厂数据手册的规格来使用芯片。

本例使用 AV_{DD} 做为 A/D 转换器的参考电压,因此分辨率(Resulation)为 $\dfrac{AV_{DD}}{2^{12}}$,此即是

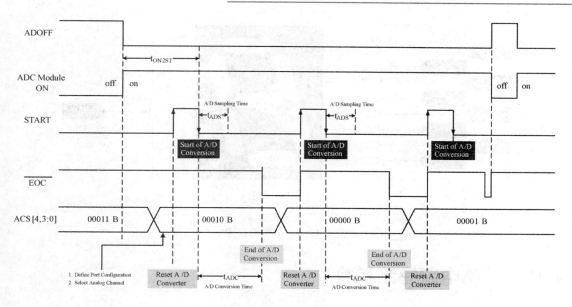

图 4.11.2　HT66Fx0 的 A/D 转换时序图

导致数字输出改变的最小模拟电压变量。如果待测电压的最大值小于 AV_{DD}，则可通过外部提供参考电压增加其分辨率。参考电压由 VREF（即 PB5）引脚输入，同时必须将 ADCR1 寄存器的 VREFS 位设定为"1"；而转换关系请参考图 4.11.3。

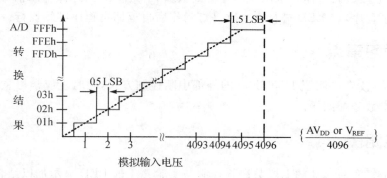

图 4.11.3　理想的 A/D 转移函数

4.11.5　动动脑＋动动手

- 更改程序，使得 ADC 转换值与 LED 点亮的灯数呈线性关系，也就是当模拟输入电压越大时，LED 就亮越多颗，反之亦然。
- 参考图 4.11.4 电路，写一程序使得 ADC 转换值与七段显示值呈线性关系；也就是当模拟输入电压越大时，七段显示显示值就越大（七段显示值限制在 0～F 之间），反之亦然。

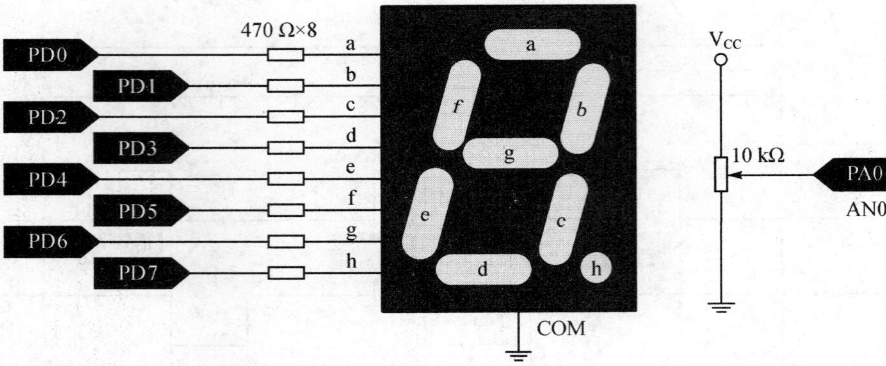

图 4.11.4 相关电路图

4.12 外部中断控制实验

4.12.1 目　　的

本实验将利用外部中断控制 LED 进行一次跑马灯动作。在未侦测到外部中断之前，HT66F50 控制七段数码管循环显示"0"～"9"的数值，一旦检测到外部中断信号，CPU 则立即执行中断服务子程序，让 LED 进行一次跑马灯动作后再返回主程序继续执行。

4.12.2 学习重点

通过本实验，读者应明了 HT66F50 的外部中断控制方式，同时也应学习主程序与中断服务子程序间的参数分配问题。

4.12.3 电路图

本实验只是将实验 4.3 的七段数码管控制与实验 4.1 的 LED 显示加以结合，因此在电路原理上不再赘述，请读者参阅这两个实验的内容。参考图 4.12.1，本实验用 SW0 按键触发 INT0 外部中断服务子程序的执行程序，让 LED 完成一次跑马灯动作；在未发生中断时，微控制器则持续执行让七段数码管上数的程序。

HT66F50 提供了 11 种不同的中断来源（Interrupt Source），各个中断的向量地址与优先级请参考图 2.12.3。请注意：图中所列的优先级是指当中断"同时"发生时的优先级关系；如果非"同时"发生，则此优先关系并不成立，此时先发生者就具有高优先级。在 11 种不同的中断来源中，有 7 个中断源是由单一的外围模块所独占，另外 4 个则由 13 个外围设备所共用。中断功能是由 INTC0～INTC2 与 MFI0～MFI2 共 7 组寄存器所控制，兹将本实验使用的相关寄存器简列于表 4.12.1，详细说明请参阅 2.4 节。

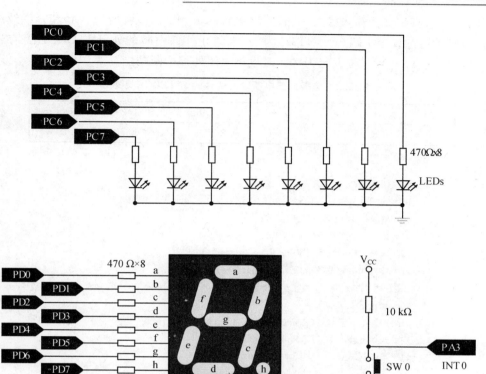

PS：若使能PA3 Pull-high功能，则10 kΩ电阻可省略。

图 4.12.1 外部中断控制电路

表 4.12.1 本实验相关控制寄存器

【2-4 节】	INTC0	—	CP0F	INT1F	INT0F	CP0E	INT1E	INT0E	EMI
	INTEDGE	—	—	—	—	INT1S1	INT1S0	INT0S1	INT0S0

INTEDGE 寄存器用来选择外部中断触发条件的特殊功能寄存器。所谓外部中断（External Interrupt）是指当 HT66F50 的 INT0、INT1 引脚的输入信号高低电平变化时所引发的中断（参考图 4.12.2 与表 4.12.2）。当触发条件成立且中断使能的情况下，CPU 会跳至 004h（INT0）、008h（INT1）执行对应的 ISR。

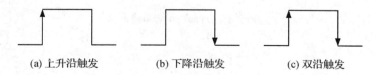

(a) 上升沿触发　　　(b) 下降沿触发　　　(c) 双沿触发

图 4.12.2 HT66F50 的外部中断触发形式

由于 INT0E/INT1E 引脚与 I/O 功能共用，故欲使用外部中断功能时，除了要设定对应的控制位之外（如 EMI、INT0E、INT1E，隶属 INTC0 控制寄存器），还必须将 INT0E/INT1E

所对应的 I/O 引脚定义为输入模式,此时若该引脚的 Pull-high 功能已启动,其将继续维持有效。另外,除了通过设定 INT0E、INT1E 为"0"来禁止外部中断的外,INTEDGE 寄存器中的、INT0S[1:0]/ INT1S[1:0]位设定为"00"时也可关闭外部中断功能。

表 4.12.2 选择外部中断触发条件的 INTEDGE 寄存器

—	—	—	—	INT1S1	INT1S0	INT0S1	INT0S0
R	R	R	R	R/W	R/W	R/W	R/W
Bit7	6	5	4	3	2	1	Bit0

Bit 7~4　未使用;读取时的值为 0
Bit 3~2　INT1S1-INT1S0:$\overline{INT1}$触发条件选择位($\overline{INT1}$ Edge Select Bits)
　　　　00＝禁止$\overline{INT1}$中断
　　　　01＝选择上升沿触发(Rising Edge Trigger)模式
　　　　10＝选择下降沿触发(Falling Edge Trigger)模式
　　　　11＝选择双沿触发(Dual Edge Trigger)模式
Bit 1~0　INT0S1-INT0S0:$\overline{INT0}$触发条件选择位($\overline{INT0}$ Edge Select Bits)
　　　　00＝禁止$\overline{INT0}$中断
　　　　01＝选择上升沿触发(Rising Edge Trigger)模式
　　　　10＝选择下降沿触发(Falling Edge Trigger)模式
　　　　11＝选择双沿触发(Dual Edge Trigger)模式

请参考图 4.12.3 的中断时序,在外部中断使能的情况下,HT66F50 在 T2 上升沿检查 INT0、INT1 引脚状态,如果低电位连续维持两个 T2 状态,则 CPU 将跳至中断服务子程序,因此外部中断信号应至少维持一个指令周期以上,由于本实验的中断信号是由使用者按下按键来触动,所以绝对满足此项要求。

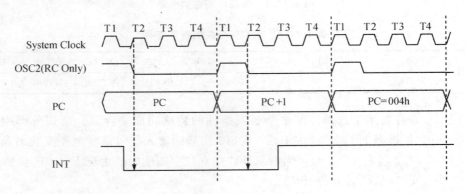

图 4.12.3　HT66F50 的中断时序

4.12.4 程序及流程图

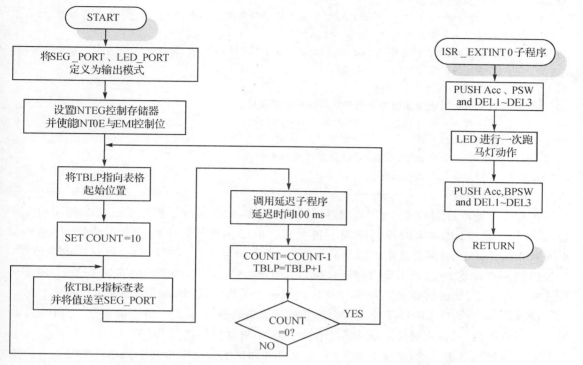

程序 4.12　外部中断控制实验

程序内容请参考随书光盘。

程序解说：

4	载入"4-12.INC"定义档,其内容请参考随书光盘中的文件。
7~16	依序定义变量地址。
19	声明内存地址由000h开始(HT66Fx0复位向量)。
21	声明内存地址由004h开始(HT66Fx0外部中断0向量地址)。
23~26	关闭CP0、CP1功能,并设定ADC引脚输入为I/O功能。
27~30	将LED_PORT、SEG_PORT定义成输出模式,并熄灭所有灯号。
31~32	定义INT0(PA.3)为输入模式,并使能其Pull-high功能。
33~34	设定INT0的为下降沿触发形式。
35~36	使能中断总开关(EMI)与外部中断0(INT0E),HT66F50可开始接收外部中断。
38~39	将TBLP指向七段数码管显示码的数据起始地址。
40~41	将COUNT计数器设定为10。
43	通过查表将欲显示的七段数码管的数值取出,并输出至SEG_PORT。
44~45	延迟100 ms(100×1 ms)。
46	TBLP指标加一,指向下一笔七段数码管显示码。
47~49	判断COUNT-1是否等于0,成立则重新执行程序(JUMP MAIN);反之,则显示下一个数值(JMP LOOP)。
54~62	中断服务子程序的开始时,首先将Acc与Status数值保留;由于主程序与中断服务子程序都会

行号	说明
	调用DELAY子程序,因此也一并把DELAY子程序中使用到的变量(DEL1～DEL3)给储存起来。
63	LED_PORT的值设定为00000001b,此时最右端的LED被点亮。
64～65	延迟100 ms(100×1 ms)。
66～68	将LED_PORT左移并检查LED_PORT.7是否等于"1",意即判断LED是否已由右至左显示完毕,若不成立表示需继续左移(JMP $-4)。
69～73	将LED_PORT右移并检查LED_PORT.0是否等于"1",意即判断LED是否已由左至右显示完毕,若不成立表示需继续左移(JMP $-4)。
74	熄灭所有LED。
75～83	取回所有进入中断服务子程序时所保留的变量值。
84	清除外部中断0标志位(INT0F),请参考后续说明。
85	返回主程序。
91～104	DELAY子程序,延迟时间的计算请参考实验4.1。
106～108	七段显示码数据建表区。

主程序是撷取自实验4.3的七段数码管控制实验,中断服务子程序请读者参阅实验4.1的LED控制实验,其基本的控制原理不再赘述。由于主程序与中断服务子程序(Interrupt Service Routine,ISR)都会调用DELAY子程序,为了避免中断后将原来的寄存器内容改变,致使返回主程序时的延迟时间不正确,所以把DELAY子程序中使用到的变量(DEL1～DEL3)储存起来,如此可以使主程序与ISR共用一个子程序,达到缩减程序代码长度的目的。

请注意84行的"CLR INT0F"指令,细心的读者或许还记得2.4节中的叙述:"当进入中断服务子程序执行后,相对应的状态标志位会由微控制器自动清除为"0",那么此行指令似乎有点多此一举。其实不然,请读者参考图4.12.4并回忆实验4.5中对于抖动现象的说明。读者可以试着将"CLR INT0F"指令删除,然后看看LED的跑动有何不同,您将会发现有时候明明只按下一次中断按钮,可是跑马灯动作却运作了两次?这可不是程序写错了,而是抖动造成的现象。如前所述,当进入外部中断服务子程序执行时,"INT0F"标志位会由微控制器自动清除为"0",但是T1以后的抖动现象又可能使HT66F50的中断机制误以为又有中断请求产生,所以又再次将"INT0F"位设定为"1",当第一次返回主程序后,CPU又再次检查到"INT0F"="1",所以再一次执行了中断服务子程序。

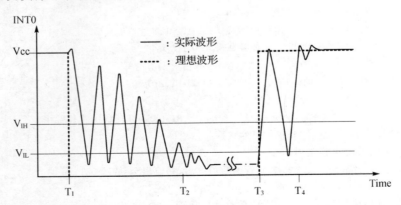

图4.12.4 抖动现象

原程序执行时如果读者按下按键不放,则依常理判断,一旦LED完成一次跑灯动作返回主程序之后,因为INT0(PA3)引脚仍维持低电位,所以中断服务子程序应该一直重复被执行(也就是说跑灯动作应该跑个不停)。可是事实却不然,LED仍是完成一次跑灯动作后就返回主程序。这说明了HT66F50的中断机制是属于"边缘触发(Edge Trigger)"而非"电平触发(Level Trigger)",就是说INT0引脚上一定要有"1"到"0"(本例是选用下降沿触发)的状态变化,中断机制才会检测得到中断的发生。读者可以试试看开关一直按下不放的情形,来验证此一特性。这时就会发现,"偶而"放开按键时跑灯动作又多做了一次(即中断服务子程序又多执行一次),这个状况请读者参考图4.12.4,这是开关放开时的抖动现象所造成的。而所谓的"偶而"是指跑灯动作已经完成后,回到主程序继续执行显示动作时。如果是在跑马灯动作期间就将按钮放开,抖动现象所造成的中断事件虽会导致"INT0F"位再度被设定为"1",但是中断服务子程序中的"CLR INT0"指令又将其清除,所以LED不会发生连续执行两次跑马灯动作的情形。

本实验最后要提醒读者有关多功能引脚的复位(Re-mapping Function)问题,以48-Pin包装的HT66F50为例,其引脚大多拥有多重功能,然而这些功能未必只能于指定的引脚实现。多数可经由PRM0、PRM1以及PRM2控制寄存器设定,将功能由原来指定的引脚转移至其他引脚上实现,这样的设计使得芯片应用时在引脚的定义上更具弹性,详情请见2.6.10节的说明。以本实验中启动PA3为INT0输入脚为例,应先将PRM1寄存器中的INT0PS[1:0]设定为"00b"(表4.12.3),不过由于系统复位时会自动清除这两位,所以程序中就省略了这个程序;若读者欲转移引脚功能,必须记得此一特性。

表 4.12.3　HT66F40/50 的 PRM1 控制寄存器

HT66F40 HT66F50	Name	TCK2PS	TCK1PS	TCK0PS	—	INT1PS1	INT1PS0	INT0PS1	INT0PS0
	RW	R/W	R/W	R/W	R	R/W	R/W	R/W	R/W
	POR	0	0	0		0	0	0	0
	Bit	7	6	5	4	3	2	1	0

Bit 7　TCK2PS:TCK2引脚复位控制位(TCK2 Pin-remapping Control)
　　　　1=TCK2⇨PD0　　0=TCK2⇨PC2
Bit 6　TCK1PS:TCK1引脚复位控制位(TCK1 Pin-remapping Control)
　　　　1=TCK1⇨PD3　　0=TCK1⇨PA4
Bit 5　TCK0PS:TCK0引脚复位控制位(TCK0 Pin-remapping Control)
　　　　1=TCK0⇨PD2　　0=TCK0⇨PA2
Bit 4　未使用,读取时将传回0
Bit 3~2　INT1PS[1:0]:INT1引脚复位控制位(INT1 Pin-remapping Control)
　　　　00=INT1⇨PA4　01=INT1⇨PC5　10=未定义　11=INT1⇨PE7
Bit 1~0　INT0PS[1:0]:INT0引脚复位控制位(INT0 Pin-remapping Control)
　　　　00=INT0⇨PA3　01=INT0⇨PC4　10=未定义　11=INT0⇨PE6

4.12.5　动动脑+动动手

- 将程序4.12的第84行指令删除,重新编译并执行程序,会有什么现象?为什么呢?
- 将程序4.12中INT0触发型是由"下降沿"改为"双沿"形式,并将原84行"CLR INT0F"指令删除,重新编译并执行程序,上题多执行一次跑马灯现象是否更加频繁?

- 利用引脚复位功能(Pin-remapping Function)将INT0的功能转移至PC4,并且改程序4.12使其维持原来功能?(请注意,除了设定INT0PS[1:0]位之外,PC4引脚的输入/输出模式、Pull-high功能亦须适当设定。)

4.13 ETM单元PWM输出控制实验

4.13.1 目的

本实验将使用计时模块中的ETM单元输出PWM波形,并利用人类视觉暂留的特性,让LED呈现不同的亮度。

4.13.2 学习重点

通过本实验,读者对于HT66F50 ETM"PWM Output"模式的操作应透彻了解,并能善用视觉暂留的特性达到显示的效果;此外,有关TM单元跨功能引脚的运用也应更加熟悉。

4.13.3 电路图

如图4.13.1所示,当连接至LED输出引脚的输出信号为High时,LED为正偏(Forward Bias),所以LED会亮;反之,当连接至LED输出引脚的输出信号为Low时,则并没有电流流过LED,所以LED不会亮。脉冲宽度调制(Pulse Width Modulation,PWM)利用占空比(Duty Cycle)的变化来达到调制的目的,通常用来控制直流电机的转速、伺服电机转向等,而本实验将利用它来控制LED的亮度。

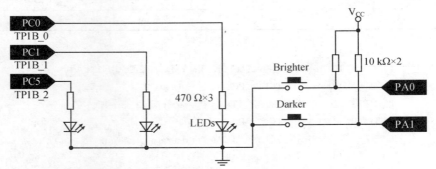

PS:若启用PA[1:0]的Pull-high功能,则10 kΩ电阻可省略不接。

图4.13.1 PWM控制LED亮度电路

如果图4.13.2的A、B及C这3组波形。由HT66F50的I/O Port输出,会得到什么结果呢?毫无疑问,A会使得LED导通而始终发亮,但是B、C两组波形"可能"会造成LED忽亮忽灭。但若能适当控制这两组波形的周期,使其小于人类视觉暂留的时间,这样就不会看到LED的闪烁。从功率的角度来探讨B、C两组波形,由于其频率相同而单位时间内B所提供的功率大于C,因此B波形会使LED较C波形的亮;而A波形使LED永远导通,所以LED最亮。

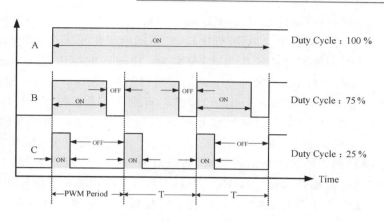

图 4.13.2　PWM 波形示意图

在未提供脉冲宽度调制功能的微控制器上，如果要输出 PWM 波形的话，通常必须用软件设计来实现。一般以软件方式来产生 PWM 输出的缺点是：PWM 周期无法太高、占空比无法精确的控制。而 HT66Fx0 各类型计时模块都提供了 PWM 输出的控制接口，且周期与占空比都可由寄存器加以设定。其中，ETM 单元操作于"PWM Output"时，更可提供"双通道"的 PWM 输出。

ETM 是除了 HT66F20 之外，家族中所有成员均配置的计时模块，所支持的功能也最为完备。如图 4.13.3 所示，ETM 内含 10-Bit 向上计数器（TM1D[9:0]），通过 T1CK[2:0] 选择

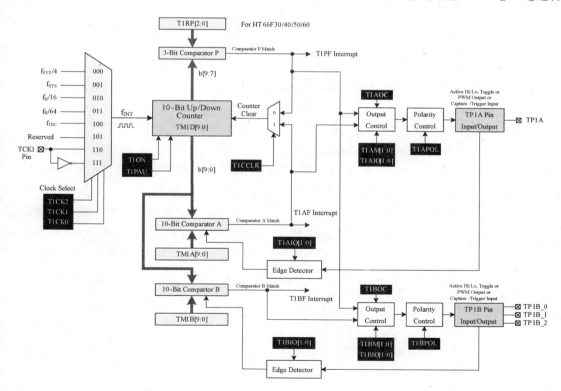

图 4.13.3　ETM 内部结构

7 种不同的计数频率源,当启动计数时 TM1D 由零开始往上递增,计数过程中会将其数值与 TM1A[9:0]、TM1B[9:0]、T1RP[2:0]进行比较,而不同的工作模式在比较匹配时会产生不同的动作。ETM 提供 5 种不同的工作模式,分别为:比较匹配输出(Compare Match Output)、计时/计数(Timer/Counter)、脉冲宽度调制输出(PWM Output)、输入捕捉(Input Capture)以及单脉冲输出(Single Pulse Output)模式。有别于 CTM 与 STM,ETM 拥有两组 CCR 寄存器(TM1A 及 TM1B),在 PWM 输出模式时可拥有较多的弹性及选择,包括①周期与占空比皆可变化的单通道 PWM 输出;②占空比可变的双通道 PWM 输出(此时 PWM 周期可有 8 种选择);而在输出波形时可选择"边缘对齐"或"中心对齐"。至于工作模式、计数频率源、以及相关控制都是通过 TM1C2、TM1C1 与 TM1C0 这 3 个特殊功能寄存器加以设定,详情请参考 2.5.3 小节的说明,在此仅将本实验相关寄存器简列于表 4.13.1,方便读者参阅。

表 4.13.1 本实验相关控制寄存器

		7	6	5	4	3	2	1	0
【2-5-3 节】	TM1C0	T1PAU	T1CK2	T1CK1	T1CK0	T1ON	T1RP2	T1RP1	T1RP0
	TM1C1	T1AM1	T1AM0	T1AIO1	T1AIO0	T1AOC	T1APOL	T1CDN	T1CCLR
	TM1C2	T1BM1	T1BM0	T1BIO1	T1BIO0	T1BOC	T1BPOL	T1PWM1	T1PWM0
	TM1AL	TM1A[7:0]							
	TM1AH	—	—	—	—	—	—	TM1A[9:8]	
	TM1BL	TM1B[7:0]							
	TM1BH	—	—	—	—	—	—	TM1B[9:8]	
	TM1DL	TM1D[7:0]							
	TM1DH	—	—	—	—	—	—	TM1D[9:8]	
【2-5 节】	TMPC0	T1ACP0	T1BCP2	T1BCP1	T1BCP0	—	—	T0CP1	T0CP0
	Bit	7	6	5	4	3	2	1	0

当 ETM 操作于"PWM Output"模式时,具备如下两点操作特性:①当 T1CCLR="1",PWM 的周期与占空比(Duty Cycle)分别由 TM1A、TM1B 寄存器控制、波形由 TP1B 引脚输出,TP1A 引脚会被强制做为一般 I/O;②当 T1CCLR=0,则可支持双通道 PWM 输出(由 TP1A/TP1B 引脚输出),周期由 T1RP[2:0](仅 3 位)决定,TM1A、TM1B 寄存器则分别掌控 TP1A、TP1B PWM 输出的占空比。本实验的范例程序是以单通道的 PWM 输出控制连接于 TP1B_0(PC0)、TP1B_1(PC1)、TP1B_2(PC5)引脚上的 LED 亮度,有关 ETM 单元的跨引脚功能请参阅 2.5 节。当 T1CCLR=1、T1PWM[1:0]=00 时,由 TP1B 输出的 PWM 波形周期是由 TM1A 寄存器决定(TM1A×f_{INT}^{-1}),而占空比为 $\frac{TM1B}{TM1A} \times 100\%$(未采用任何反向输出时);详细说明请参阅 2.5.3 小节,在此仅将本实验相关寄存器简列于表 4.13.1。

4.13.4 程序及流程图

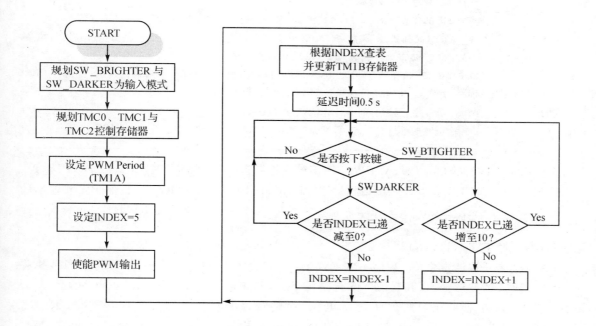

程序 4.13　PWM-LED 亮度控制实验

程序内容请参考随书光盘。

程序解说：

4	载入"4-13.INC"定义档，其内容请参考随书光盘内的文件。
7～10	依序定义变量地址。
13	声明内存地址由 000h 开始(HT66Fx0 Reset Vector)。
14～17	关闭 CP0、CP1 功能，并取消 Port A A/D 模拟信号输入功能。
18～21	定义 SW_BRIGHTER、SW_DARKER 为输入模式，并启用其 Pull-high 功能。
22～23	设定 TP1B_0(PC0)、TP1B_1(PC1)、TP1B_2(PC5)为 TP1 功能。
24～29	定义 TM1C0、TM1C1 与 TM1C2 控制寄存器： WT1CK[2:0]：00，$f_{INT} = f_{SYS}/4$； WTM1A[1:0]、TM1B[1:0]：10，TM1A、TM1B 为 PWM 输出模式； WT1CCLR：1，TM1D 在 TM1A 比较匹配时清除，即 PWM 周期由 TM1A 控制； WT1BIO[1:0]：10，选择 TP1B_0、TP1B_1、TP1B_2 为 PWM 输出； WT1BOC：1，选择 Active High PWM 输出。
30～33	设定 PWM 周期为 $1023 \times (f_{INT}^{-1})$。
34～36	定义 PC0(TP1B_0)、PC1(TP1B_1)、PC5(TP1B_2)为输出模式，并将其清除为零；选择未经反向的 TP1B 输出。
37～38	设定 INDEX 初值为 5。
39	设定 T1ON = "1"，ETM 开始计数，PWM 波形开始输出。

行号	说明
41～46	根据 INDEX 值查表,并将所得的资料置入 T1BL、T1BH 寄存器以控制 PWM 波形输出为 High 的时间。
47	调用 DELAY 子程序,延迟 0.5 s。
48～51	检查 SW_BRIGHTER、SW_DARKER 按键,若未按则持续检查;否则跳至对应的程序段。
52～56	SW_DARKER 按钮被压下,检查 INDEX 值是否已递减至零,若是则维持其值;否则将 INDEX 减一,并跳至 MAIN 处重新装载 T1BL、T1BH 寄存器值。
57～63	SW_BRIGHTER 按钮被压下,检查 INDEX 值是否已递增至 10,若是则维持其值;否则将 INDEX 加一,并跳至 MAIN 处重新装载 T1BL、T1BH 寄存器值。
69～83	DELAY 子程序,延迟时间的计算请参考实验 4.1。
85～95	PWM 输出波形维持在 High 的时间参数(即 T1BL、T1BH 寄存器装载值)建表区。

本实验用 HT66F50 的 ETM PWM 输出模式控制连接于 PC0(TP1B_0)、PC1(TP1B_1)、PC5(TP1B_2)的 LED 亮度,读者可通过 SW_BRIGHTER、SW_DARKER 控制 PWM 输出的占空比,程序 4.13 所定义的 PWM 周期为 $1\,023\times(f_{INT}^{-1})$,而占空比为 $\frac{TM1B}{1\,023}\times100\%$。请读者注意:若 TM1B 设定值大于或等于 TM1A,则 TP1B 不会有 PWM 输出。

提醒读者几点注意事项:程序 4.13 第 30～33 行设定 TM1A=1 023,若设定为 1024 则将不会有 PWM 的波形输出;其次,第 36 行是将 PC0(TP1B_0)、PC1(TP1B_1)、PC5(TP1B_2)设定为"0",这并非是让引脚输出为低电位,而是选择非反向的 TP1B 信号输出,请参考图 4.13.4;如此看来,除了可经由 T1BPOL 位选择输出是否反向之外,也可通过 PC0、PC1、PC5 来设定为。请注意,若选择为反向输出时,其占空比应改为 $\frac{TM1A-TM1B}{1\,023}\times100\%$。

4.13.5 动动脑＋动动手

- 将程序 4.13 的 PWM 周期改为 $800\times(f_{INT}^{-1})$,看看执行结果有何不同,请特别留意当 INDEX 大于 7 的状态。
- 将程序 4.13 第 36 行指令删除,并在该处加入以下两行指令重做本实验,LED 亮度变化与按钮关系有何不同? 为什么?

        CPL   ACC
        ORM   A,PC

- 在程序 4.13 第 36 行后插入"SET PC.1"指令,并重做本实验,3 个 LED 的亮度变化与按钮关系有何不同? 为什么?
- 试改变程序 4.13 ETM 的 f_{INT} 来源(即改变 T1CK[2:0] 的设定),并重做本实验,LED 的亮度变化是否不同?

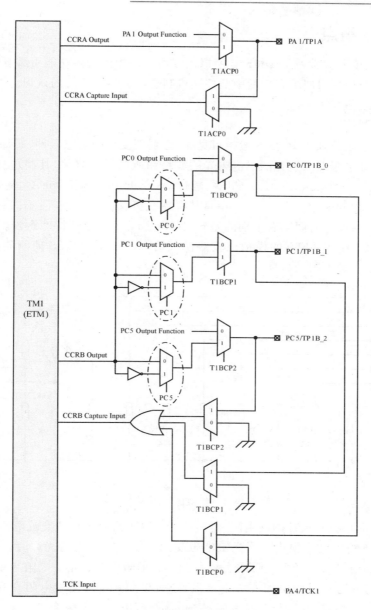

图 4.13.4　HT66F50 TM1 功能引脚控制机制

4.14　模拟比较器模块与其中断控制实验

4.14.1　目　的

本实验使用 HT66F50 内建模拟比较器(Comparator)模块以及光敏电阻(Light Dependent Resistor,LDR)侦测外部环境的亮度,控制 LED 的亮灭;并运用模拟比较器的中断机制,在周围光线由亮变暗或由暗转亮时让 LED 展现不同的显示效果。

4.14.2 学习重点

通过本实验,读者应学习 HT66F50 模拟比较器模块操作与多功能引脚复位的方式,对于光敏电阻的特性与应用、HT66F50 的中断控制机制也应有更深一层的认识。

4.14.3 电路图

光敏电阻是电阻值随入射光(一般指可见光)强弱而变化的敏感元件,通常入射光增强时,电阻值下降。光敏电阻对入射光的响应与光的波长和所用材料有关,其制造材料主要为镉的化合物,如硫化镉(Cadmium-Sulfide,CdS)、硒化镉(Cadmium-Selenide,CdSe)以及两者的共晶体-硫硒化镉(Cadmium Sulfo- Selenides),其次还有锗、硅、硫化锌等,不同材料制造的光敏电阻,在光谱特性与反应时间都有个别的差异,如图 4.14.2 为光谱特性比较。参考图 4.14.1 的电路,本实验拟以 HT66F50 的模拟比较器模块结合 P1241-04 CdS 侦测周围环境的明、暗变化,以下先介绍光敏电阻的特性。

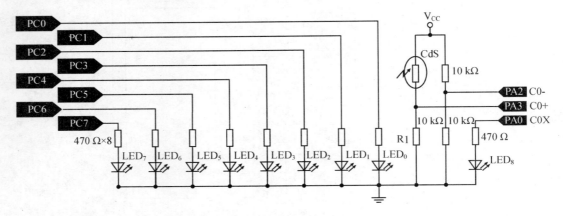

图 4.14.1 模拟比较器实验电路

光敏电阻是一个没有极性的纯电阻元件,使用时可加直流电压或交流电压。无光照时,光敏电阻值很大、电路中电流很小。当光敏电阻受到一定波长范围的光照时,它的阻值急剧减小,通过的电流迅速增大。光敏电阻的主要参数有:①暗电阻:光敏电阻在不受光照射时的阻值称为暗电阻,此时流过的电流称为暗电流;②亮电阻:是指光敏电阻在受光照射时的阻值,此时流过的电流称为亮电流;③光电流:亮电流与暗电流之差称为光电流。一般希望暗电阻越大越好、亮电阻越小越好,此时光敏电阻的灵敏度高。实际光敏电阻的暗电阻值通常在兆 Ω 级,亮电阻值在几千 Ω 以下。图 4.14.2 是 Hamamatsu(http://www.hamamatsu.com/)公司所制造的几款 CdS 光敏电阻特性,将其列出提供读者参考。

认识光敏电阻的特性后再分析图 4.14.1 的电路就容易多了,电路中 C0- 的输入电压固定为 $\frac{V_{cc}}{2}$,C0+ 的电压则为 $\frac{R1}{Rcds+R1} \times V_{cc}$。观察图 4.14.3 中 P1241-04 的特性可知其阻值的变化范围约在 25~1 kΩ 之间,C0+ 电压的变动范围为 $\frac{10 \text{ k}\Omega}{25 \text{ k}\Omega + 10 \text{ k}\Omega} \times V_{cc} \sim \frac{10 \text{ k}\Omega}{1 \text{ k}\Omega + 10 \text{ k}\Omega} \times V_{cc}$($\approx 0.3 V_{cc} \sim 0.9 V_{cc}$)。图 4.14.4 为 HT66F50 内建模拟电压比较器 0(Comparator 0)的结构,当 C0+ 电位高于 C0- 时比较器输出为"1",反之则输出为"0";这个状态再与 C0POL 位

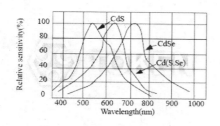

图 4.14.2　光敏电阻光谱特性与常见的光敏电阻

经互斥或运算后存置于 C0OUT 位,通过 C0OS 位可选择是否将 C0OUT 位状态由 C0X 引脚输出或仅供系统内部使用。由上述分析可知,大约在照度为 5 Lx 时是比较器输出改变状态的临界点。当比较器输出状态改变时会设定 CP0F 中断标志位通知 CPU,若此时 CP0E＝"1"(模拟比较器 0 中断使能位)且 EMI＝"1",则 CPU 将至 00Ch 执行 ISR;详细内容请参考 2.4 节和 2.7 节的说明。表 14.4.1 列出本实验相关控制寄存器。

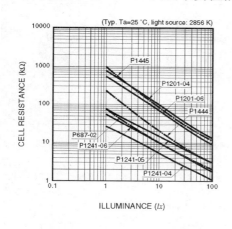
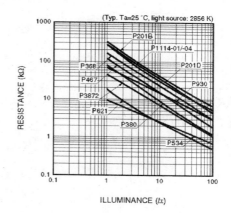

图 4.14.3　CdS 光敏电阻特性

图 4.14.4　HT66F50 模拟比较器 0 内部结构

表 4.14.1　本实验相关控制寄存器

【2-4 节】	INTC0	—	CP0F	INT1F	INT0F	CP0E	INT1E	INT0E	EMI
【2-7 节】	CP0C	C0SEL	C0EN	C0POL	C0OUT	C0OS	—	—	C0HYEN
		Bit7	6	5	4	3	2	1	Bit0

4.14.4 程序及流程图

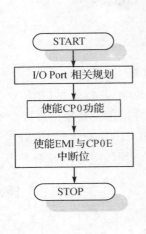
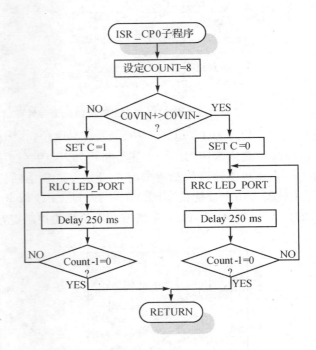

程序 4.14 模拟比较器 0 控制实验

程序内容请参考随书光盘。

程序解说：

行号	说明
6~9	依序定义变量地址。
11~12	定义 LED_PORT、LED_PORTC 分别为 PC、PCC。
14	声明内存地址由 00h 开始(HT66F50 Reset Vector)。
16	声明内存地址由 0Ch 开始(HT66F50 CP0 Interrupt Vector)。
18~20	关闭模拟比较器 1 功能,除能 Port A 的 A/D 输入功能。
21~22	定义 DIP_PORT 为输出模式。
23~24	设定 CP0C 控制寄存器:
	C0SEL:0,选择比较器 0 的相关引脚为比较器功能;
	C0EN:1,启用模拟比较器 0 功能;
	C0POL:1,选择比较器输出反向;
	C0HYEN:1,选择 Hysteresis 控制。
25~26	使能 CP0E 模拟比较器 0 中断;并设定中断总开关为"1"。
27	程序死循环。
31~49	模拟比较器 0 中断服务子程序:依据"C0OUT"位的状态判定周围光线是由亮变暗(C0OUT = "1")或由暗变亮(C0OUT = "0");再分别控制 8 颗 LED 式逐一点亮或熄灭。
55~69	DELAY 子程序延迟 0.25 s,延迟时间的计算请参考实验 4.1。

本范例程序运用了模拟比较器的中断与直接输出模式。比较器的状态直接经内部硬件逻辑电路处理后输出至 C0OUT(即 PA0)引脚控制 LED8 的亮灭,当环境光线充足时,LED8 熄

灭;反之则亮。当比较器状态改变时,则进入中断 ISR,再搭配 C0OUT 位判定周围环境亮度是由亮变暗(此时 LED7⇨LED0 逐一点亮),或是由暗转亮(此时 LED0 到 LED7 逐一熄灭),让 LED7~LED0 呈现不同的显示效果。

光敏电阻器用于光强控制、光-电自动控制、光-电开关、光-电计数、光-电安全保护和烟雾报警器等方面。由于光敏电阻中含有硫化隔,容易造成环保问题,近年来更有多家厂商研发出无铅无隔环保光敏传感器(Liner Light Sensor),效果比光敏电阻更佳。

4.14.5 动动脑+动动手

- 若欲将 C0X 的引脚功能转移至 PF0 输出,试问程序中该加入哪些设定程序?(请留意 PRM0 控制寄存器的"C0XPS0"位。)
- 本实验直接以模拟比较器输出做为明暗判断的依据,因此仅有亮、暗两种状态。碰巧 C0+刚好也是模拟一数字转换器信号输入通道之一(AN2)。请参考实验 4.11 将 AN2 上的电压经转换后将其高 8 位的结果直接显示在 LED 上。
- 承上题,修改程序使的 LED 亮的颗数与周围环境亮度成反比;即光线越不充足,LED 亮的颗数越多,反之亦然。

4.15 WDT 控制实验

4.15.1 目　　的

利用 HT66F50 的看门狗定时器(Watch Dog Timer)功能控制七段数码管重复显示"0"~"9"的数值。

4.15.2 学习重点

通过本实验,读者应熟悉 HT66F50 的 WDT 的工作原理及其控制方式。

4.15.3 电路图

看门狗定时器(Watch Dog Timer,WDT)是绝大多数微控制器上都会配备的装置,其主要功能是避免因不可预期的因素而造成系统长时间的瘫痪。通过"配置选项"的设定,WDT 的计数频率可以来自 HT66F50 内部 RC 振荡器(LIRC)、LXT 或是指令周期频率($f_{SYS}/4$),请参考图 4.15.2。本实验利用 WDT 控制七段数码管,其电路如图 4.15.1 所示。

WDT 的启动与否由两组机制共同掌控:①"配置选项"中使能 WDT 功能(硬件 WDT-EN);②WDTC 寄存器的 WDTEN[3:0]位(软件 WDTEN)。请特别注意,唯有在"配置选项"中失能 WDT、且 WDTEN[3:0]="1010b"的情况下,方能真正停止 WDT 的运作。但若要启动 WDT 功能,则只要①或②中的任一组机制成立即可。本书有关 WDT 的控制都采用软件使能方式;也就是在配置选项中并不选用 WDT 功能,以保持其可由软件操控的弹性。表 4.15.1 列出了 H766F50 的 WDTC 控制寄存器。

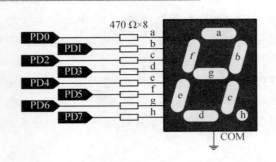

图 4.15.1 WDT 控制七段数码管电路

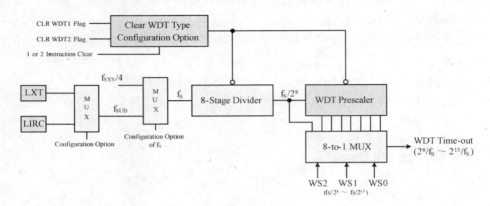

图 4.15.2 HT66F50 的 WDT 内部结构

表 4.15.1 HT66F50 的 WDTC 控制寄存器

FSYSON	WS2	WS1	WS0	WDTEN3	WDTEN2	WDTEN1	WDTEN0
R/W	R/W	R/W	R/W	R/W	R/W	R/W	R/W
Bit7	6	5	4	3	2	1	Bit0

Bit 7　　FSYSON：f_{SYS} 控制位（f_{SYS} Control Bit），仅于"IDLE"模式下有效

　　　　1："IDLE"模式时仍维持 f_{SYS} 开启

　　　　0："IDLE"模式时关闭 f_{SYS}

Bit 6~4　WS[2:0]：WDT 计时周期选择位（WDT Time-out Period Select Bits）

　　　　000＝WDT 计时结束时间为 $2^8/fs$　　　100＝WDT 计时结束时间为 $2^{12}/fs$

　　　　001＝WDT 计时结束时间为 $2^9/fs$　　　101＝WDT 计时结束时间为 $2^{13}/fs$

　　　　010＝WDT 计时结束时间为 $2^{10}/fs$　　110＝WDT 计时结束时间为 $2^{14}/fs$

　　　　011＝WDT 计时结束时间为 $2^{11}/fs$　　111＝WDT 计时结束时间为 $2^{15}/fs$

Bit 3~0　WDTEN[3:0]：WDT 使能/失能控制位（WDT Enable/Disable Control Bits）

　　　　1010＝关闭 WDT 功能

　　　　其他值＝启动 WDT 功能（数据手册中强烈建议以 0101b 使能 WDT 功能）

当选用内部 LIRC 自振式振荡器做为 WDT 计数频率时，计数周期约为 31.25 μs（工作于 5 V 时），搭配预分频器比例的选用（WS[2:0]）其计数溢出的最短时间约为 8 ms；最长时间约为 1.024 s（但因 LIRC 振荡频率易受工作电压、温度与 IC 程序控制影响，所以此溢出时间仅是估计值）。用内部 LIRC 振荡器做为 WDT 计数频率时，即使微控制器已进入"SLEEP"模

式，WDT 仍会继续计数。若 WDT 计数频率来自指令周期频率（$f_{SYS}/4$），其计数动作与上述相同，但当进入"SLEEP"或"IDLE0"模式时，由于系统会自动切断工作频率（f_{SYS}），因此 WDT 的计数动作也将随之停止。如果芯片需在高噪声的环境下运作，建议读者选择 f_{SUB}，即 LIRC(32 kHz)或 LXT(32 768 Hz)振荡器做为 WDT 的计数频率源，这样在"SLEEP"或"IDLE0"模式下仍能使 WDT 发挥预防死机的功能。

如果 WDT 产生计数溢出，HT66F50 会自动复位（Reset）回到初始状态，让程序从头开始执行（此时会设定 TO＝"1"），避免系统长时间的死机。若是在正常工作状态（NORMAL or SLOW Mode）下发生 WDT 计数溢出，此时系统会自动产生"芯片复位（Chip Reset）"的动作；如果计数溢出是发生在"HOLD"模式时，则只有 PC 与 SP（Stack Pointer）会被复位为"0h"，此即所谓的热开机（Warm Reset）。

清除 WDT 的方式有 3 种：外部复位信号、"HALT"指令以及 WDT 清除指令（如"CLR WDT"、"CLR WDT1"、"CLR WDT2"）。在"配置选项"中有一个用来选择 WDT 清除次数（"CLR WDT" Times Selection）的选项，当选用一次清除时，只要执行"CLR WDT"即可达成清除 WDT 的目的；但当选择两次清除时，必须执行"CLR WDT1"与"CLR WDT2"指令后方可达到清除 WDT 的效果，如此可以再降低系统跳至死循环导致死机的机会。请注意，在选用双指令清除的情况下，唯有"CLR WDT1"与"CLR WDT2"都被执行过方能清除 WDT，执行的先后顺序并无关系。但连续执行两次"CLR WDT1"或"CLR WDT2"指令对 WDT 是不会有任何影响的。

4.15.4 程序及流程图

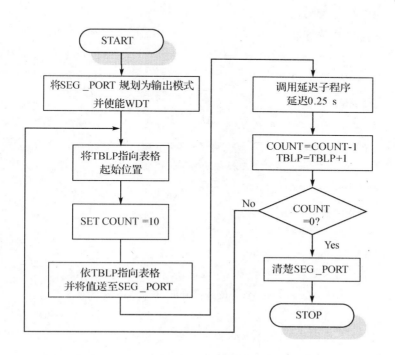

执行本程序时,请注意"配置选项"中的选项需设定如下:

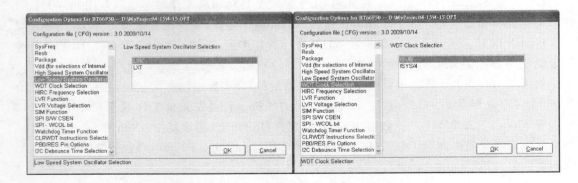

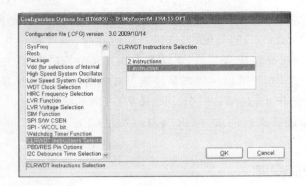

程序 4.15　WDT 控制实验

程序内容请参考随书光盘。

程序解说:

9~12	依序定义变量地址。
14~15	定义 SEG_PORT、SEG_PORTC 分别为 PD、PDC。
17	声明内存地址由 000h 开始(HT66Fx0 Reset Vector)。
18~21	关闭 CP0、CP1 功能,并将 ADC 接口模拟信号输入引脚定义为 I/O 功能。
22	定义 SEG_PORT 为输出模式。
23~24	定义 WDTC 控制寄存器:

WS[2:0]: 111,计数亦为时间为 $32\,768 \times (f_S^{-1})$;

WDTEN[3:0]: 0101,使能 WDT 功能。

26~29	将 TBLP 指向七段数码管显示码的起始地址并设定 COUNT 为 10。
31	经由查表将欲显示在七段数码管上的数值取出,并送至 SEG_PORT 显示。
32~33	延迟 0.25 s。
34	将 TBLP 加一,指向下一个七段数码管显示码。
35~36	判断 COUNT 减一是否为 0,若非为 0 则显示下一个数值。
37~38	关闭七段数码管,进入死循环状态(STOP: JMP STOP)。目的是为了观察 WDT 的超时复位功能,

	WDT 计数溢出后，会自动进行 Reset 的动作。
45～59	DELAY 子程序，请特别留意第 57 行的"CLR WDT"指令。
61～63	七段显示码数据建表区。

程序本身相当容易理解，执行时是以 0.25 s 的速度将"0"～"9"依序显示在七段数码管上，并在清除七段数码管后进入"STOP；JMP STOP"的无限循环，理论上七段数码管不该再有任何显示值。可是约 1 s 后，HT66F50 却自动重新开始执行程序。虽然并未在"配置选项"选用 WDT，但在程序中笔者以软件方式使能了 WDT 的功能（WDTEN[3:0]＝"0101b"），且选择 WDT 计数溢出时间为 31.25 μs×2^{15}（"配置选项"选用 f_s＝f_{sub}＝LIRC，且设定 WS[2:0]＝111b）。所以当程序执行到死循环时，WDT 因未能及时被清除而导致系统的复位。"CLR WDT"指令应该放在何处，其实只要确定在 WDT 计时溢出之前能够将其清除就可以了。本实验是将"CLR WDT"指令插在延迟时间为 0.25 s 的 DELAY 子程序中（第 57 行），因为笔者确定在"0"到"9"的显示过程中，至少每隔 0.25 s 就会调用一次 DELAY 子程序。所以正常情况下不会发生 WDT 超时复位的情形。读者可以试着将"CLR WDT"指令从 DELAY 子程序中删除，看看会有什么结果？此时七段数码管只能重复显示"0"～"4"（或"3"）而已。为什么呢？读者应该有办法回答了吧。

WDT 计数溢出时间的长短该如何选择，必须依应用的目的而定。计数溢出时间越短，系统死机后恢复的越迅速，但由于"CLR WDT"指令执行的频率更频繁，所以将导致系统整体的运行效率降低；反之，则可能造成死机后，恢复的时间变长。所以读者还需依特定的应用需求，加以经验的累积做适当的选择。

4.15.5 动动脑＋动动手

- 试以硬件使能 WDT 的方式重新执行本程序；即删除程序 4.15 第 23、24 行指令，并于配置选项中使能 WDT。
- 更改 WS[2:0]的设定值，看看程序执行起来会有什么不一样的结果？并试着去分析其原因。
- 承上题，试着改变"CLR WDT"指令在 DELAY 程序中的位置，让其可以正常完成"0"到"9"的显示程序。
- 如果在"配置选项"选用 f_s＝f_{SYS}/4（指令周期频率），并重新执行范例程序，试问结果为何？为什么？
- 承上题，若要正常完成"0"到"9"的显示程序，该如何修改程序（切记不能关闭 WDT 功能）？
- 在"配置选项"中选用 WDT 双指令清除机制，此时该如何修正程序 4.15 方能维持其原来的功能？

4.16 省电模式实验

4.16.1 目　　的

本实验用按键(Push Button)控制七段数码管的显示。每按一次按键(SW1),七段数码管的显示就加一,否则显示器上的数值维持不变。但若超过预定的时间未按按键,HT66F50 就进入"HALT"Mode－"省电模式"。待使用者按下 RESET(复位唤醒)、INT0(中断唤醒)或 SW1(PA Wake Up)按键之后,则重新恢复按键侦测及计数动作。

4.16.2 学习重点

通过本实验,读者应了解 HT66F50 SLEEP0/SLEEP1 模式的控制及运用,以及各种不同的唤醒(Wake-up)方式。

4.16.3 电路图

在许多微控制器的应用场合,为了方便携带,电池通常是唯一的电源供应来源;如电视遥控器、汽车遥控器、随身听、手机及互动性的玩具等。如果所设计的产品无法达到省电的要求,而必须经常更换电池,必然无法受到消费大众的认同。为了达到省电的目的,HT66F50 提供了省电工作模式(HALT Mode)的功能,一旦系统进入省电模式,HT66F50 微控制器大约只消耗数 μA 的电流。本实验将深入探讨 HT66F50 的"SLEEP0/SLEEP1"Mode 及唤醒方式,电路图如图 4.16.1 所示。

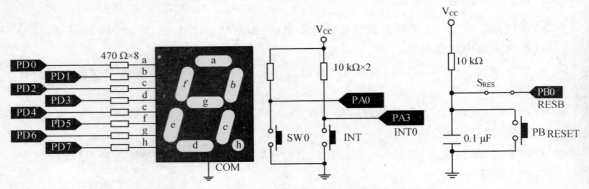

PS:若使能PA0与PA3的Pull-High功能,则10 kΩ电阻可省略;但接于RESB的电阻必须连接。

图 4.16.1　省电模式控制电路

执行"HALT"指令后,系统随即进入"省电模式"。但在这之前,微控制器将完成一些准备工作,其结果如下:

(1) 关闭系统频率。若已启用 WDT 功能,则将继续维持 WDT 振荡频率－f_S(LXT 或 LIRC)的运作。

(2) 所有内部数据存储器(RAM)的内容维持不变。

(3) 清除WDT,并重新开始计数(若已启用WDT功能)。

(4) 所有I/O口维持其原来状态(所以若要达到更佳的省电效果,应该在进入省电模式之前也一并将外围的负载元件一起关闭,以减少电流的损耗)。

(5) 清除TO标志位,并设定PDF="1"。

让HT66F50由"省电模式"重新恢复工作的方式有4种,分别是:外部硬件复位(External Reset)、WDT计时溢出复位、中断唤醒以及PA有"1"到"0"的电平变化发生,请参考2.15节的详细说明。

省电操作可由SYSMOD控制寄存器中IDLEN位的设定分为"SLEEP"Mode(IDLEN=0)与"IDLE"Mode(IDLEN=1),不管是"SLEEP"还是"IDLE"模式,CPU均将停止运作。在"SLEEP"模式下,系统频率(f_{SYS})将会关闭,以进一步降低功耗,故此时使用f_{SYS}频率运作的外围装置也将无法运作。"IDLE"模式则依"FSYSON"位(隶属WDTC控制寄存器)的设定状况区分为"IDLE0"(FSYSON="0")与IDLE1(FSYSON="1"),其主要差异在于f_{SYS}频率是否持续运作(请参考2.15节)。

"SLEEP"Mode也视WDT是否启动的状态区分成"SLEEP0"(WDT除能)与"SLEEP1"(WDT使能)两种模式。相较之下"SLEEP0"模式几乎关闭了微控制器上所有的装置,所以系统的耗电量最小,大概仅有1~2 μA(请参考2.15节)。本实验使用PA.0(PA Wake-Up)、INT0(Interrupt)、WDT以及Reset等唤醒方式;现将相关的控制寄存器简列于表4.16.1。

表4.16.1 本实验相关控制寄存器

【2-4节】	INTC0	—	CP0F	INT1F	INT0F	CP0E	INT1E	INT0E	EMI
【2-6-2节】	PAWU	PAPU7	PAPU6	PAPU5	PAPU4	PAPU3	PAPU2	PAPU1	PAPU0
【2-18-1节】	SYSMOD	CKS2	CKS1	CKS0	FSTEN	LTO	HTO	IDLEN	HLCLK
	Bit	7	6	5	4	3	2	1	0

如果需要进一步区分省电模式下的HT66F50究竟是由哪一种方式唤醒的话,可以依据TO与PDF位加以分辨,请参考表表4.16.2。

表4.16.2 Reset后,TO与PDF位的状态

TO	PDF	RESET起因
0	0	$\overline{RES}$ During Power-up
0	0	正常运作下的$\overline{RES}$复位
0	1	省电模式下的$\overline{RES}$复位
1	0	正常运作下的WDT计数溢出复位
1	1	省电模式下的WDT计数溢出复位

4.16.4 程序及流程图

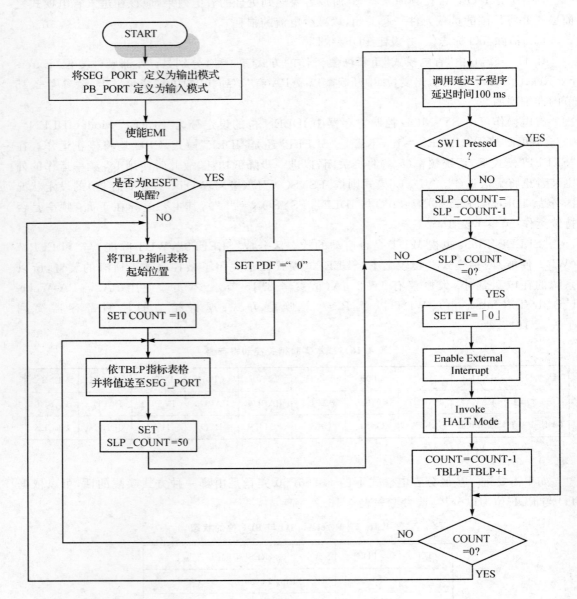

第4章 基础实验篇

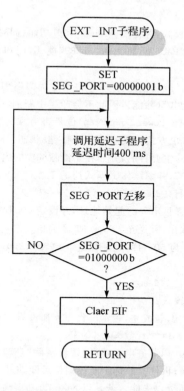

请注意,若欲使用硬件复位,则需在"配置选项"作如下设定,电路也必须按照图4.16.1的方式连接。

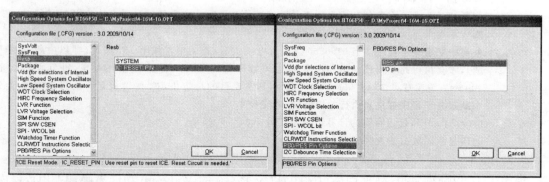

程序 4.16　SLEEP0 省电模式实验

程序内容请参考随书光盘。

程序解说:

6	载入"4-16.INC"定义档;其内容请参考随书光盘的文件。
9~13	依序定义变量地址。
16	声明内存地址由 00h 开始(HT66Fx0 Reset Vector)。
18	声明内存地址由 04h 开始(HT66Fx0 INT0 Interrupt Vector)。
20~23	关闭 CP0 与 CP1 功能,并将 ADC 的模拟信号输入引脚(PortA)定义为 I/O 功能。
24~27	分别定义 SEG_PORT 为输出模式、PB_PORT 为输入模式,并使能 PB_PORT 的唤醒与 Pull-high

第4章 基础实验篇

行号	说明
28～31	功能。定义 PA3(INT0)为输入模式,并使能其 Pull-high 功能;同时设定 INT0 为下降沿触发形式。
32	设定 IDLEN = "0";执行"HALT"后将进入"SLEEP"模式,而本例又未使能 WDT 功能,故为"SLEEP0"模式。
31	使能中断总开关(EMI)。虽然在此将"EMI"位设定为"1",但是因为其余的中断控制位在系统复位过程中被全部清除为"0"(除能),因此不会产生中断的状况。
34～37	判断状态寄存器中的 PDF(Power Down Flag)位是否为"1"。若成立,则表示目前 CPU 的状态是由省电模式中以硬件 RESET 方式将其唤醒,回到一般状态,显示进入省电模式前的数值。至于第35 行的"CLR WDT"指令的主要目的,并非在于清除 WDT 的内容(因为本实验并未将 WDT 使能),而是要将 PDF 位清除为"0",并继续休眠模式前的工作("JMP LOOP")。反之,表示 CPU 为一般状态下的复位,程序重新执行("JMP MAIN")。
38～41	将 TBLP 指向七段数码管显示码的起始地址,并设定 COUNT = 10。
42	经表将欲显示的数值取出,并送至 SEG_PORT 显示。
43～44	设定计数器 SLP_COUNT 为 50,目的是在经过 5 s(50×100 ms)后,若仍没有按键(SW0)输入则即进入省电模式。
46～47	调用 DELAY 子程序,延迟 0.1 s。
48～49	检查是否有按键(SW0)输入。
50～51	判断 SLP_COUNT 是否为 0,若成立,表示已经 5 s 都没有按键(SW0)输入,准备进入省电模式;反之,则表示尚未到达 5 s,继续计数 SLP_COUNT。
52～55	首先将七段数码管关闭,以节省电源损耗;接着清除"INT0F"标志位,以消除尚未进入省电模式前 INT 按键被按的记录;再使能外部中断控制位后随即进入省电模式。
56	被唤醒时先将外部中断予以失能。若是以 Wake-Up 功能唤醒时(按下 SW0 按键),即执行此行指令;如果是以中断唤醒(按下 INT 按键),会先执行外部中断服务子程序后才执行此行指令。
57	TPLP 加一,指向下一笔七段数码管显示码的地址。
58～60	判断 COUNT 减一是否为 0,成立则表示已经显示至最后一个数值(9),重新由 0 开始显示;反之,则表示尚未显示完毕,继续显示下个数值。
64～72	外部中断服务子程序。当 HT66F50 进入省电模式后,若使用者按下 INT 按键(即以中断方式唤醒),才会执行此子程序。执行时是将七段数码管的"a"～"f"节段循环点亮,每节段约点亮 400 ms。请注意第 70 行"CLR INT0F"指令,其主要目的是防止 INT 按键放开时的抖动现象导致中断服务子程序被重复执行的情形(参考实验 4.12)。
79～92	DELAY 子程序,延迟时间的计算请参考实验 4.1。
94～96	七段显示码数据建表区。

　　程序 4.16 以硬件复位、外部中断(INT0)以及 PA.0 的 Wake-up 功能来唤醒 CPU,程序以"PDF"位来区分是否为上电复位(Power-on Reset),如果是上电复位则 PDF = "0";而若是由省电模式中被唤醒的复位,则 PDF = "1"(这主要是因为执行"HALT"指令时,系统会将 WDT 清除为"0"、PDF 设定为"1")。SLP_COUNT 主要用来控制何时进入省电模式,范例程序中每隔 100 ms 检查一次按键(SW0),如果 50 次之后仍未按下按键(大约是 5 s),则进入省电模式。为了真正达到省电的目的,在系统进入省电模式之前先将七段数码管关闭,以减少电流的损耗。

　　本实验并未启动看门狗定时器,读者或许会质疑:为何程序中会用到"CLR WDT"指令呢? 这主要是因为程序以"PDF"位的值来决定是否要将显示值归零。如果是第一次开机执行(Power-On Reset),即 PDF 位 = "0",则将显示值归零;如果是由省电模式中被唤醒的复位

("PDF="1""),则显示进入省电模式前的值(显示值不归零)。但是,若显示值已经增加到"9"时,仍旧是要回到"0"开始显示,所以若是由省电模式中被唤醒的话,必须将"PDF"位清除为"0"程序才得以正常的运作。而"CLR PDF"指令对"PDF"位并无作用,所以程序 4.16 中第 35 行的"CLR WDT"指令主要是用来将"PDF"位重设为"0",并非在清除 WDT(程序 4.16 并未使能 WDT 功能)。

程序 4.16 执行时,七段数码管显示值会随着 SW0 按下的次数而递增,若是一直按着 SW0 不放,显示值大约 0.1 s 递增一次;如果 5 s 内没有按 SW0 按键,系统就会进入省电模式,此时七段数码管不再显示任何数值。请读者细心体验一下不同的唤醒方式(假设进入省电模式的最后显示值为"8"):

(1) 按下 PB$_{RESET}$ 按键:此时七段数码管将显示进入省电模式前所显示的数值("8"),如果是在尚未进入省电模式时按下 PB$_{RESET}$ 按键,则七段数码管将显示"0"。

(2) 按下 SW0 按键:此时七段数码管将显示进入省电模式前所显示的下一笔数值("9")。

(3) 按下 INT 按键:此时先循环点亮七段数码管的"a"～"f"段,然后接着显示进入省电模式前所显示的下一笔数值("9"),在尚未进入省电模式时,INT 按键是不具任何效果的。

请读者观察第 52 行的"CLR INT0F"指令,要注意的是在第 53 行才使能外部中断功能,为什么需要在 52 行执行清除外部中断标志位的动作呢?首先请读者注意,不管中断是否已经使能,HT66F50 的中断机制都会将是否有中断请求发生的事件记录在中断标志位上。所以 52 行将 INT0F 外部中断标志位清除的目的是为了排除在尚未进入省电模式前,使用者按下"INT"按键的事件所造成的非预期中断。请读者将第 52 行指令删除,然后故意在尚未进入省电模式前按一次 INT 按键,就会发现 5 s 内若未按 SW0 按键,七段数码管的"a"～"f"段会先循环点亮,然后才进入省电模式,而七段数码管最后显示的段落为"g"。此时,如果以 SW0 按键来唤醒,那么七段数码管将继续显示数值;而若是以 INT 按键来唤醒,七段数码管将依"a、g"⇨"b、h"⇨"c、a"⇨"d、b"⇨"e、c"⇨"f、d"顺序被点亮,然后才继续显示数值。至于为什么七段数码管会同时亮两个段落,其原因就是在进入省电模式时,七段数码管的"g"段仍是点亮的状态。

再者,在没有启动中断的情形下,所有的中断事件都可用来唤醒省电模式中的微控制器,读者可以将程序第 53 行的"SET INT0E"指令删除,此时仍可以按下"INT"按键来唤醒 HT66F50,但是唤醒后的执行动作却是与用 SW0 来唤醒完全相同。所以若中断未被使能,以中断方式唤醒时 CPU 并不会跳到中断向量地址去执行程序,而是直接执行"HALT"的下一行指令。不过提醒读者,如果在进入省电模式前,中断标志位已经被设定为"1"的话,其对应的中断事件即丧失唤醒的功能。请读者将第 52 及 53 行指令一并删除,然后故意在尚未进入省电模式前按一次 INT 按键,您会发现在 HT66F50 进入省电模式后,已无法再用"INT"按键将其唤醒。所以在未使能外部中断的情况下,第 52 行"CLR INT0F"指令是为了确保在进入省电模式 INT0F="0",如此才能保证"INT"按键唤醒功能不致失效。

程序 4.16 并未使能 WDT 功能,因此无法展现 WDT 唤醒的机制;程序 4.16.1 为使能 WDT 的"SLEEP1"模式,使程序的结构尽量维持与程序 4.16 一致,请读者参考以下的程序与说明。

程序 4.16.1　SLEEP1 省电模式实验

程序内容请参考随书光盘。

程序解说：

行号	说明
8	载入"4-16.INC"定义档；其内容请参考随书光盘的文件。
11～15	依序定义变量地址。
18	声明内存地址由 00h 开始(HT66Fx0 Reset Vector)。
20	声明内存地址由 04h 开始(HT66Fx0 INT0 Interrupt Vector)。
22～25	关闭 CP0 与 CP1 功能，并将 ADC 的模拟信号输入引脚(PortA)定义为 I/O 功能。
26～29	分别定义 SEG_PORT 为输出模式、PB_PORT 为输入模式，并使能 PB_PORT 的唤醒与 Pull-high 功能。
30～33	定义 PA3(INT0)为输入模式，并使能其 Pull-high 功能；同时设定 INT0 为下降沿触发形式。
34	设定 IDLEN = "0"；因此执行"HALT"后将进入"SLEEP"模式，而本例使能 WDT 功能，故为"SLEEP1"模式。
35～36	使能 WDT，并设定溢出时间为 32 768 × (f_{S1})；由于在"配置选项"中设定 f_S 为 f_{SUB}、低频振荡为 LIRC(32 kHz)；故 WDT 计时溢出时间约为 1.024 s(请参考实验 4.15)。
37	使能中断总开关(EMI)。虽然在此将"EMI"位设定为"1"，但是因为其余的中断控制位在系统复位过程中被全部清除为"0"(除能)，因此不会产生中断的状况。
38～43	判断状态寄存器中的 PDF(Power Down Flag)位是否为"1"。若成立，则表示目前 CPU 的状态是由省电模式中因硬件 RESET 或 WDT 超时溢出将其唤醒。因此，在 40 行进一步由"TO(WDT Time-out)"位判定是否为 WDT 超时溢出唤醒，若是则调用 WDT_WAKEUP 子程序让七段数码管闪烁 5 次后再回到一般状态，显示进入省电模式前的数值；若确定是硬件 RESET 唤醒，则直接回到一般状态显示进入省电模式前的数值。至于第 42 行的"CLR WDT"指令的主要目的并非在于清除 WDT，而是要将 PDF 位清除为"0"，并继续睡眠模式前的工作("JMP LOOP")。反之若 PDF 位为"1"，表示 CPU 为一般状态下的复位，程序重新执行("JMP MAIN")；即重新由"0"开始显示。
44～47	将 TBLP 指向七段数码管显示码的起始地址，并设定 COUNT = 10。
48	经查表将欲显示的数值取出，并送至 SEG_PORT 显示。
49～50	设定计数器 SLP_COUNT 为 50，目的是在经过 5 s(50 × 100 ms)后，若仍没有按键(SW0)输入则即进入省电模式。
52～53	调用 DELAY 子程序，延迟 0.1 s。
54～55	检查是否有按键(SW0)的输入。
56～57	判断 SLP_COUNT 是否为 0，若成立，表示已经 5 s 都没有按键(SW0)输入，准备进入省电模式；反之，则表示尚未到达 5 s，继续计数 SLP_COUNT。
58～61	首先将七段数码管关闭，以节省电源损耗；接着清除"INT0F"标志位，以消除尚未进入省电模式前，INT 按键被按的记录；再使能外部中断控制位后随即进入省电模式。
62	被唤醒时先将外部中断予以失能。若是以 Wake-Up 功能唤醒时(按下 SW0 按键)，即执行此行指令；如果是以中断唤醒(按下 INT 按键)，会先执行外部中断服务子程序后才执行此行指令。
63	TPLP 加一，指向下一笔七段数码管显示码的地址。
64～66	判断 COUNT 减一是否为 0，成立则表示已经显示至最后一个数值(9)，重新由 0 开始显示；反之，则表示尚未显示完毕，继续显示下个数值。
70～78	WDT_WAKEUP 子程序，控制七段数码管闪灭 5 次。
82～90	外部中断服务子程序。当 HT66F50 进入省电模式后，若使用者按下 INT 按键(即以中断方式唤醒)，才会执行此子程序。执行时是将七段数码管的"a"～"f"节段循环点亮，每节段约点亮 400 ms 的时间。请注意第 70 行"CLR INT0F"指令，其主要目的，是防止 INT 按键放开时的抖动现象

	导致中断服务子程序被重复执行的情形(参考实验 4.12)。
97~111	DELAY 子程序,延迟时间的计算请参考实验 4.1。
113~115	七段显示码数据建表区。

执行程序 4.16.1 时读者会发现,当进入省电模式后约 1 s 的时间,七段数码管即开始闪烁,随即回复至正常执行状态,其原因就是在本程序启动了 WDT 的功能。

4.16.5 动动脑＋动动手

- 省电模式的运用相当重要,像家里电视、音响的遥控器都是很好的实例。当选好某家电台之后,可能几分钟甚至几小时都不会再去动遥控器了,因此务必进入省电模式节省电池的电力损耗。但本实验中只检查 5 s 后随即进入省电模式的状态,似乎也太短了些。可否延长其进入的时间呢？
- 延长了进入省电模式的时间后,读者可以实际以数字电表测量芯片的电流损耗,比较进入省电模式前、后的电流损耗究竟差了多少。

4.17 I^2C 串行接口控制实验

4.17.1 目 的

本实验利用 HT66F50 的 I^2C 串行传输接口,完成七段数码管"0"~"9"的显示动作;并分辨由 Master 端所送出的 Device ID 与 Slave Address 是否相符,以决定是否传输七段显示码显示。

4.17.2 学习重点

通过本实验,读者应透彻了解 HT66F50 I^2C 串行传输接口控制方式,尤其对 I^2C 接口相关控制寄存器的意义更需了如指掌。

4.17.3 电路图

I^2C(Inter IC)[5]又可称为 I^2C-Bus,它是飞利浦公司(Philips Comp.)在 1980 年为了让主机板、嵌入式系统或手机用以连接低速外围设备而发展、制定的串行存取方式,目前有许多厂商都提供这个标准界面的相关产品,产品种类高达数百种,足见 I^2C-Bus 确有其独到的魅力。图 4.17.1 是本实验所用到的 I^2C 串行接口控制电路。

图 4.17.2 是各种不同装置连接于 I^2C Bus 的结构,连接于 Bus 上的所有装置各有自己的地址(Device ID),通过 SDA、SCL 两条信号线的控制就可达到数据传输的目的。而且,系统具有极佳的扩充性,也就是说使用者不需额外再设计地址译码接口电路,就可以直接在 Bus 上加入新的装置。I^2C Bus 数据传输方式以串行方式进行,因此主要的缺点是速度稍慢,但是 I^2C

---

[5] 1992 年完成了最初的标准版本释出,新增了传输速率为 400 Kbit/s 的快速模式。1998 年释出了 2.0 版,新增了传输速率为 3.4 Mbit/s 的高速模式,并为了节省能源而减少了电压及电流的需求。

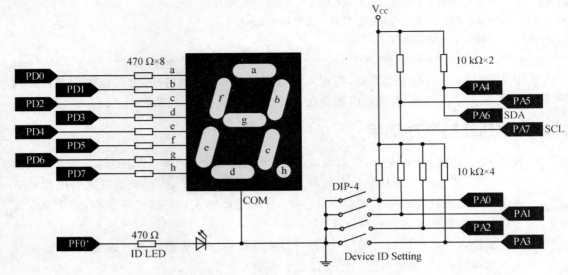

图 4.17.1　I²C 串行接口控制电路

Bus 的传输速度已经由最早的 100 kHz、400 kHz 提升到了 3 400 kHz，这对一般的应用来说已是绰绰有余。

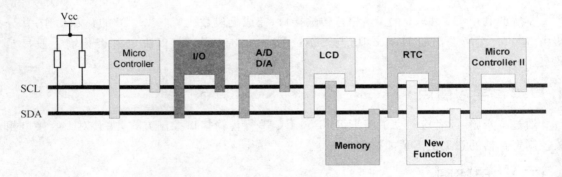

图 4.17.2　I²C Bus 连接图例

连接于 I²C Bus 上的装置可分为"Master"与"Slave"两大类，Master 是指发号施令的装置（通常是微控制器），任何的读写动作都是由 Master 来主导；而 Slave 就是听令者，根据 Master 的命令完成数据的传输动作。SCL 信号固定由 Master 负责送出，SDA 则由两者交替使用，做为数据或信息传递的媒介。Master 与 Slave 还须用 ACK 或 NoACK 信号来确认后续的传输动作。此外，资料的写入或读出分为"Transmitter"与"Receiver"（如图 4.17.3 所示）。I²C Bus 是"Multi-Master"的总线，也就是说 Bus 上可容许一个以上的 Master。当然，同一时间只能有一个 Master 发号司令。有关 I²C Bus 的详细规格，读者可上网查询（如 http://www.es-academy.com/faq/i2c/general/i2cspecver.htm）。表 4.17.1 列出 I²C 标准接口的相关产品制造商。

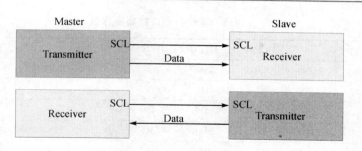

图 4.17.3　I²C Bus 上的装置分类

表 4.17.1　I²C 标准接口的相关产品制造商

Manufacturer	Products
Philips	Audio/Video、Memory、I/O、PLL、E²PROMs、Microprocessors
Xicor	E²PROMs、E2pot (digital controllable potmeter)
Maxim	A/D、D/A、E2pot
Analog Devices	A/D、D/A
Arizona	E²PROMs
Exel	E²PROMs
Catalyst	E²PROMs
Plessey	PLLsynthesizers
National	AD/DA、Audio
Siemens	E²PROMs、PLL Synthesisers Audio/Video Circuits
Atmel	E²PROMs
ISSI	E²PROMs
Holtek	E²PROMs、Microprocessors

　　HT66F50 亦提供 Slave I²C 串行传输功能(需在"配置选项"中使能 SIM 功能),此时数据传输是由 SCL(Serial Clock, PA.7)与 SDA(Serial Data, PA.6)两条信号线控制完成。HT66F50 提供两种数据传输的模式:被动式传送模式(Slave Transmit Mode)、被动式接收模式(Slave Receive Mode)。所谓的被动(Slave)是指 HT66F50 的 I²C 串行接口无法主动对其他装置提出数据传输的要求,而需由 I²C Bus 的控制者(Master)主动存取其数据。因此,HT66F50 的 SCL 是输入信号,由 Master 提供存取所需的参考频率;而 SDA 则需视其传输模式,可能为输入或输出的状态。本实验以单个 HT66F50 同时作为 Master 发送数据与 Slave 接收数据的方式完成数据传输的动作。Master 是以软件控制 PA4、PA5 引脚模拟 I²C 所需的 SDA、SCL 信号,Slave 则是以 HT66F50 的 I²C 接口完成数据的传送、接收。希望通过这个简单范例,读者能了解 I²C 接口的传输控制方式。有关于 I²C 接口传输相关寄存器,请读者参阅 2.8 节与 2.8.2 节的详细说明。表 4.17.2 列出了本实验相关控制寄存器。

表 4.17.2 本实验相关控制寄存器

【2-4 节】	INTC0	—	CP0F	INT1F	INT0F	CP0E	INT1E	INTE	EMI
	INTC2	MF3F	TB1F	TB0F	MF2F	MF3E	TB1E	TB0E	MF2E
	MFI2	DEF	LVF	XPF	SIMF	DEE	LVE	XPE	SIME
【2-8 节】	SIMD	D7	D6	D5	D4	D3	D2	D1	D0
	SIMC0	SIM2	SIM1	SIM0	PCKEN	PCKP1	PCKP0	SIMEN	—
【2-8-2 节】	SIMC1	HCF	HAAS	HBB	HTX	TXAK	SRW	IAMWU	RXAK
	SIMAR	IICA6	IICA5	IICA4	IICA3	IICA2	IICA1	IICA0	—
	Bit	7	6	5	4	3	2	1	0

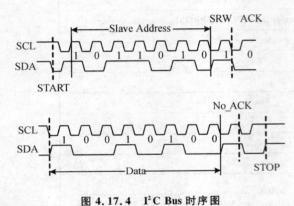

图 4.17.4 I²C Bus 时序图

参阅 2.8 节与 2.8.2 小节有关 I²C 接口传输的相关寄存器，这么多的控制位看似复杂，但只要根据 I²C Bus 时序图（图 4.17.4）一一了解，其实也不算太难。整个 I²C 接口的串行传输过程，其实就是依照此时序图来完成的，而本实验中的许多子程序也是依照该时序所撰写，所以读者只要能按图索骥应该不难看懂其控制方式。

首先由 Bus Master 送出"START Condition"，告诉所有连接在 I²C Bus 上的装置准备监视 Bus Master 所送出的 Slave Address（即欲存取的装置地址）。"START Condition"是：SCL＝"1"时，SDA 由"1"变为"0"；这用 HT66F40 的 SET、CLR 等位指令就可轻易达成，请参考以下的程序；其中"CALL DELAY10"的目的是为符合 t_{IIC}（I²C Bus Clock Period）最少必须为 $64 \times (f_{SYS}^{-1})$ 的要求，请参阅原厂的资料手册。

```
1   ;==========================================
2   ;          GENERATE I2C START CONDITION
3   ;==========================================
4   I2C_START   PROC
5               CLR     SCLC        ;CONFIG SLC AS OUTPUT MODE
6               CLR     SDAC        ;CONFIG SDA AS OUTPUT MODE
7               CLR     SCL         ;SET SCL = 0
8               CLR     SDA         ;SET SDA = 0
9               CALL    DELAY_10    ;DELAY
10              SET     SCL         ;SET SCL = 1
11              SET     SDA         ;SET SDA = 1
12              CALL    DELAY_10    ;DELAY
13              CLR     SDA         ;SET SDA = 0
14              CALL    DELAY_10    ;DELAY
15              CLR     SCL         ;SET SCL = 0
16              CALL    DELAY_10    ;DELAY
17              RET
```

```
18      I2C_START   ENDP
19      DELAY_10    PROC
20                  JMP         $ + 1
21                  JMP         $ + 1
22                  JMP         $ + 1
23                  JMP         $ + 1
24                  RET
25      DELAY_10    ENDP
```

接下来由 Bus Master 送出 7-Bit 的装置地址（Slave Address）以及所要执行的动作（SRW 位）。SRW="1"表示 Bus Master 要读取该装置的数据，所以被选择到的 Bus Slave 需进入 Transmit Mode 准备送数据到 Bus 上。若 SRW="0"表示 Bus Master 要写入数据至该装置，所以被选择到的 Bus Slave 需进入 Receive Mode 准备接收 Bus 上的数据。不过，必须有装置对此 Slave Address 产生响应，Bus Master 才能进行读写程序。Bus Master 送完 SRW 位后，会在第九个位时间检查 SDA 的状态；若 SDA="0"，表示有地址匹配的装置存在，Bus Master 可以存取该装置的数据；若 SDA="1"，表示没有装置地址与 Slave Address 相符，Bus Master 必须以"STOP Condition"结束此次无效的传输程序。"STOP Condition"是：当 SCL="1"时，SDA 由"0"变为"1"。请参考以下程序：

```
1       ;===================================
2       ;           GENERATE I2C STOP CONDITION
3       ;===================================
4       I2C_STOP    PROC
5                   CLR         SDAC                    ;CONFIG SDA AS OUTPUT MODE
6                   CLR         SCLC
7                   CLR         SCL                     ;SET SCL = 0
8                   CLR         SDA                     ;SET SDA = 0
9                   CALL        DELAY_10                ;DELAY
10                  CLR         SDA                     ;SET SDA = 0
11                  CALL        DELAY_10                ;DELAY
12                  SET         SCL                     ;SET SCL = 1
13                  CALL        DELAY_10                ;DELAY
14                  SET         SDA                     ;SET SDA = 1
15                  RET
16      I2C_STOP    ENDP
```

不管是送出装置地址或是写数据到 I²C 装置，都需要一个将字节串行从 SDA 引脚送出的程序，其中当然还要搭配 SCL 信号的变化，WRITE_BYTE 子程序就是负责将 I2C_DATA 存储器中的数据串行送出的子程序，请参考图 4.17.5 的流程与 WRITE_BYTE 子程序。同理，READ_BYTE 子程序则负责将串行数据逐一读回 I2C_DATA 存储器中，请参考图 4.17.6 的流程与 READ_BYTE 子程序。

```
1       ;===================================
2       ;           SERIAL OUT DATA IN Acc VIA SDA & SCL
3       ;===================================
4       WRITE_BYTE  PROC
5                   CLR         SDAC                    ;CONFIG SDA AS OUTPUT MODE
6                   CLR         SCLC
7                   CLR         SCL                     ;SET SCL = 0
```

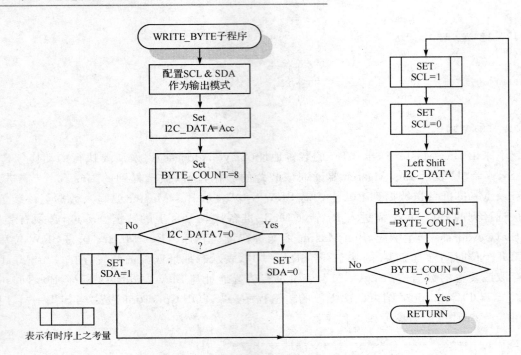

图 4.17.5　WRITE_BYTE 子程序流程图

```
8               CLR       SDA                 ;SET SDA = 0
9               MOV       I2C_DATA,A          ;RESERVED DATA IN TX BUFFER
10              MOV       A,8                 ;SET 8 BIT COUNTER
11              MOV       BYTE_COUNT,A
12    WNB_0:    SZ        I2C_DATA.7          ;IS MSB = 0?
13              JMP       WRITE_1             ;NO,JUMP TO WRITE_1
14    WRITE_0:  CLR       SDA                 ;SET SDA = 0
15              JMP       WNB_1               ;JUMP TO WNB_1
16    WRITE_1:  SET       SDA                 ;SET SDA = 1
17    WNB_1:    CALL      DELAY_10            ;DELAY
18              SET       SCL                 ;SET SCL = 1
19              CALL      DELAY_10            ;DELAY
20              CLR       SCL                 ;SET SCL = 0
21              CALL      DELAY_10            ;DELAY
22              RL        I2C_DATA            ;SHIFT TX BUFFER
23              SDZ       BYTE_COUNT          ;BYTE_COUNT-1 = 0?
24              JMP       WNB_0               ;NO,WRITE NEXT BIT
25              RET                           ;YES,RETURN.
26    WRITE_BYTE  ENDP
```

当 Bus Master 由 I^2C 装置读回数据时，必须在第九位送出 ACK 或 No_ACK 信号，以表示是否要继续读取资料。由于本实验一次只读取一个字节，因此 READ_BYTE 子程序第 22～27 行设定 ACK＝"1"(亦即送出 NO_ACK 信号，所以 HT66F50 的 RXAK 会为"1")。

```
1     ;=====================================
2     ;           SERIAL IN DATA TO Acc VIA SDA & SCL
3     ;=====================================
```

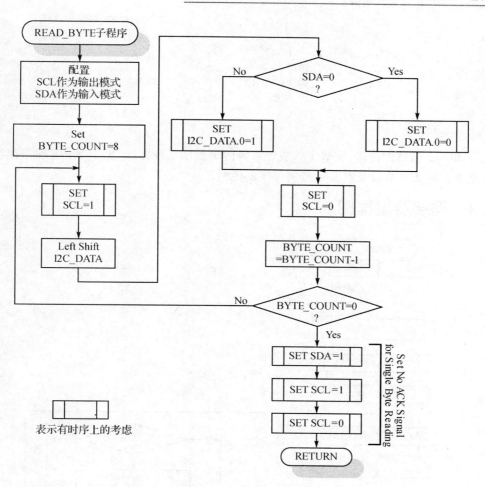

图 4.17.6 READ_BYTE 子程序流程图

```
4              READ_BYTE   PROC
5                          SET     SDAC                    ;CONFIG SDA AS INTPUT MODE
6                          MOV     A,8                     ;SET 8 BIT COUNTER
7                          MOV     BYTE_COUNT,A
8              RNB_0:      SET     SCL                     ;SET SCL = 0
9                          CALL    DELAY_10                ;DELAY
10                         RLC     I2C_DATA                ;SHIFT RX BUFFER
11                         SZ      SDA                     ;SDA = 0?
12                         JMP     READ_1                  ;NO,JUMP TO READ_1
13             READ_0:     CLR     I2C_DATA.0              ;YES,SET LSB = 0
14                         JMP     RNB_1                   ;JUMP TO RNB_1
15             READ_1:     SET     I2C_DATA.0              ;SET LSB = 1
16             RNB_1:      CALL    DELAY_10                ;DELAY
17                         CLR     SCL                     ;SET SCL = 0
18                         CALL    DELAY_10                ;DELAY
19                         SDZ     BYTE_COUNT              ;BYTE_COUNT-1 = 0?
20                         JMP     RNB_0                   ;NO,READ NEXT BIT
21                         MOV     A,I2C_DATA              ;RELOAD RX DATA TO Acc
```

22	SET	SDA	;YES,SEND NO_ACK_SIGNAL
23	CLR	SDAC	
24	CALL	DELAY_10	
25	SET	SCL	
26	CALL	DELAY_10	
27	CLR	SCL	
28	RET		;YES,RETURN
29	READ_BYTE	ENDP	

Bus Master 端负责传送、接收 I^2C 装置所需的子程序已经完成，至于 Slave 端寄存器相关设定请读者查阅 2.8 节以及本实验范例程序的说明。

4.17.4 程序及流程图

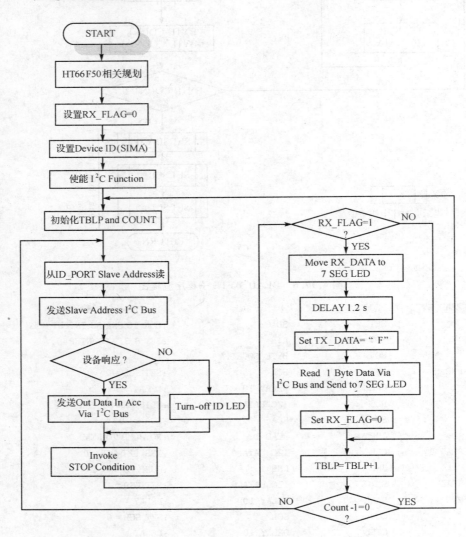

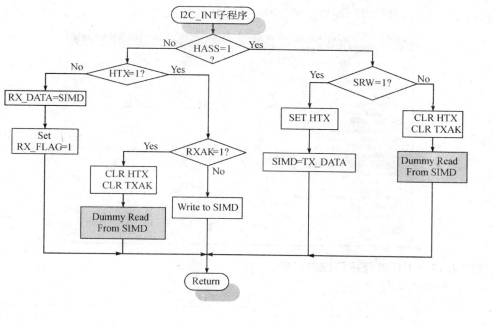
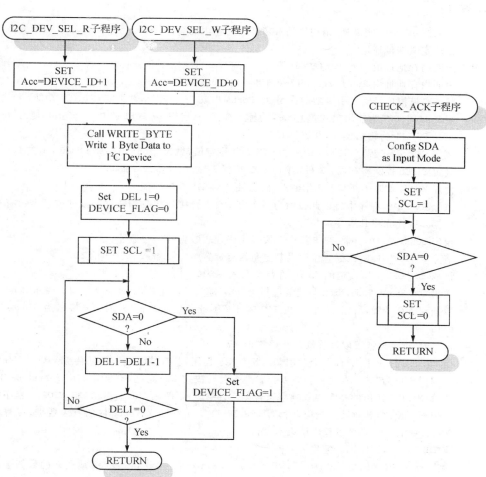

执行本程序时记得要将"配置选项"中的 SIM 功能加以选用：

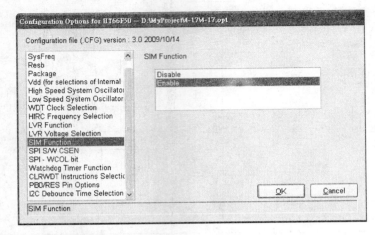

程序 4.17　I^2C 串行接口控制实验

程序内容请参考随书光盘。

程序解说：

5	载入"4-17.INC"定义档，请内容请参考随书光盘内的文件。
8～21	依序定义变量地址。
24	声明内存地址由 00h 开始(HT66Fx0 Reset Vector)。
26	声明内存地址由 20h 开始(HT66Fx0 SIM Interrupt Vector)。
28～31	将 ADC 模拟信号输入引脚功能关闭(即 PortA 当成 I/O 使用)，并失能 CP0、CP1 功能。
32～35	定义 LED_PORT 为输出模式、ID_PORT 为输入模式，并启用 ID_PORT 的 Pull-high 功能。
36～37	定义 FG_LED 为输出模式，并熄灭 LED。
38	调用 GET_ID 子程序，读取 DIP_4 指拨开关的设定值，做为 HT66F50 Slave Mode I^2C 的 Device ID。
39～40	设定 SIMC0 控制寄存器：SIM[2:0]：110，选择 SIM 为 I^2C Slave Mode。
41～44	使能 MF2E、SIME 中断与 EMI 中断总开关；并启动 SIM 接口功能。
45	清除 RX_FLAG，程序中将以此位做为是否由 I^2C 串行接口接收到数据的依据("1"表示有接收到数据)，因此先将其清除为"0"。
46～49	设定 COUNT 为 10，并将 TBLP 指向七段显示码建表数据的起始地址。
50	清除 DEVICE_FLAG；此标志位用以判定是否有装置响应 Master 所送出的 ID。
51～54	读取 ID_PORT 上所设定的 ID 码，并将其写入 DEVICE_ID。
55～56	送出 I^2C Start Condition 与装置选择码(DEVICE_ID)。注意，此时 R/W = "0"，表示 Master 要写数据到 I^2C 装置，所以 HT66F50 的 I^2C 接口必须准备接收数据(此时 I^2C 接口为 Slave/Receiver)。
57	依 TBLP 指定地址读取建表数据并存置于 ACC。
58～63	当 55～56 行程序执行时，会调用 CHECK_ACK 子程序，若有装置响应则回传 DEVICE_FLAG 为"1"；否则回传值为"0"。本段程序即以装置是否存在决定 LED 是亮(有装置响应 Master 送出的 ID)或灭(Master 送出的并无装置响应)；若无装置响应，则调用 CHECK_ACK、I2C_STOP 子程序结束本次传输。反之，若有装置响应，则调用 WRITE_BYTE 子程序送出 ACC 内的查表数据，接着再调用 CHECK_ACK、I2C_STOP 子程序结束本次传输。
65	将 TBLP 加一，指向下一笔建表数据。
67～68	检查 RX_FLAG 标志位是否为"1"，当 I^2C 接口(Slave 端)接收到 Master 端送来的数据会在中断

服务子程序中设定 RX_FLAG 标志位为"1";故这两行程序是判断 I²C 串行传输接口是否接收到数据,若有(RX_FLAG = "1")则进行数据显示的动作;若无(RX_FLAG = "0")就继续送出下一个显示值(JMP LOOP)。

69~72　将 I²C 串行传输接口所接收到数据送至 SEG_PORT 显示,并调用 DELAY 子程序延迟 1.2 s。

73~74　将 TX_DATA 存储器设为"71H"(即七段数码管显示"F"的字形码),做为下次由 I²C 串行接口所送出的数据;此数据稍后由 HT66F50 模拟 Master 端的 SDA 读回的后送至 SEG_PORT,原来显示的接收值(RX_DATA)将消失。

75~78　送出 I²C Start Condition 与 Slave Address(DEVICE_ID)。注意,此时 R/W = "1",表示 Master 要由 I²C 装置读取数据,所以 HT66F50 的 I²C 接口必须准备送出数据(此时 I²C 接口为 Slave/Transmitter)。

79~82　将 Master 端接收到数据送至 SEG_PORT 显示,并调用 DELAY 子程序延迟 1.2 s。

83~84　熄灭七段数码管,并清除 RX_FLAG。

85~87　将 COUNT 减一,若为零则重新由"0"开是送出七段字形显示码(JMP MAIN);否则继续送出下一笔字形码(JMP MAIN_1)。

91~126　I2C_INT 中断服务子程序,此段程序主要是根据原厂数据手册中的"I²C Bus 中断服务子程序"的流程所撰写,请读者参考以下流程图说明:

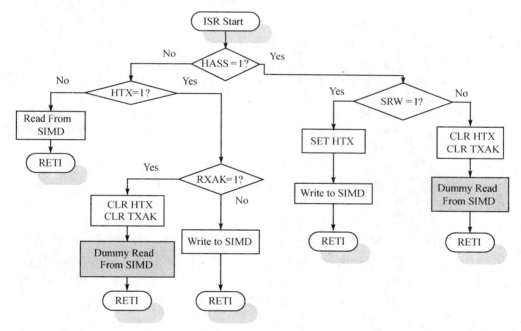

94~95　依据"HAAS"位分析是 Device ID 相符所产生的中断(HAAS = "1"),还是 8-Bit 数据传送/接收完毕所产生的中断(HAAS = "0",若是则 JMP DATA_RT)。

96~105　Device ID 相符所产生的中断:再依据"SRW"位分析为"Receive"Mode(SRW = "0")或"Transmit"Mode(SRW = "1")。若为"Transmit"Mode,就将 HTX 设定为"1",并将欲经由 I²C 接口传送的数据(TX_DATA)写至 SIMD 寄存器。如果是"Receive"Mode,就将 HTX 与 TXAK 位设定为"0"(设定 I²C 接口为"Receive"Mode,并以 ACK 信号响应 Master 端),接着依数据手册中的要求,对 SIMD 寄存器执行一次"Dummy Read"(MOV A,SIMD)。

106~120　8-Bit 数据传送/接收完毕所产生的中断:再依据"HTX"位分析为"Receive"Mode(HTX = "0")或"Transmit"Mode(HTX = "1")。

若为"Transmit"Mode,表示 8-Bit 资料已经传输完毕,再根据 RXAK 位分析 Master 是否送出"ACK"

第4章 基础实验篇

	信号,以决定是否要继续送出资料。如果 RXAK = "1",表示 Master 端要继续读数据,所以再次将 TX_DATA 写至 SIMD 寄存器;如果 RXAK = "0",则清除 HTX 与 TXAK 位,并依数据手册中的要求,对 SIMD 寄存器执行一次"Dummy Read"(MOV A,SIMD)。本实验 Master 端是一次只读取一个字节,因此 RXAK = "0"。
	如果是"Receive"Mode,表示 8-Bit 数据已经接收完毕,接收数据复制到 RX_DATA 存储器,并设定 RX_FLAG = "1"。
122	清除 SIM 中断标志位;注意:SIMF 位于 MFI2 多功能中断寄存器,故需以指令自行清除。
133~157	GET_ID 子程序;此子程序仅在程序开始时执行一次,其目的是让七段数码管上从"a"到"g"段轮流点亮以提醒使用者此时为 I²C 接口(Slave 端)装置 ID 的设定期间。约 10 s 后,DIP_4 开关上设定的状态将视为 I²C 接口的 ID,除了将其置于 SIMA 寄存器之外,并将 ID 码以十六进制的方式在七段数码管上显示 2 s。
163~177	I2C_START 子程序,产生"START Condition"。
181~191	I2C_DEV_SEL_W 与 I2C_DEV_SEL_R 子程序,将装置选择码(DEVICE_ID)输出至 I²C Bus。I2C_DEV_SEL_W 子程序会设定 R/W 位 = "0",表示对 I²C 装置做写入动作;I2C_DEV_SEL_R 子程序会设定 R/W 位 = "1",表示对 I²C 装置进行读取动作。程序会调用 WRITE_BYTE 子程序,将装置选择码以串行方式一一送出。此外,调用 CHECK_ACK 子程序的目的是看是否有 I²C 装置对此 DEVICE_ID 产生响应。
197~208	I2C_STOP 子程序,产生"STOP Condition"。
216~234	WRITE_BYTE 子程序,将 Acc 寄存器的数据由 SDA 引脚循环移出(配合 SCL 信号)。
242~265	READ_BYTE 子程序,将 SDA 引脚上的信号循环移入(配合 SCL 信号)Acc 寄存器。由于本实验一次只读取一个字节,因此第 258~263 行设定 ACK = "1"(亦即送出 NO_ACK 信号,所以 HT66F50 的 RXAK 会为"0")。
273~290	CHECK_ACK 子程序,等待 I²C 装置响应 ACK 信号,278~285 行是将检查的次数设为 256 次。如果经过 256 次的检查 ACK 信号仍未送出,就代表 I²C Bus 上没有 DEVICE_ID 相符的装置,此时设定 DEVICE_FLAG = "0"。
295~299	DELAY_10 子程序,延迟 10 个指令周期的时间,以确保 I2C 接口来得及反应。
306~319	DELAY 子程序,延迟时间的计算请参考实验 4.1。
321~355	七段显示码建表区。

本实验以 HT66F50 同时扮演 Master(Receiver/Transmitter)与 Slave(Transmitter/Receiver)的角色来完成计数数值传输与七段数码管显示的动作,通过这个简单的实验程序,让读者在只使用一部 ICE 的情况下,洞悉 HT66F50 I²C 接口串行传输的控制方式。在实验 4.20 将由两颗微控制器分别担负 Master、Slave 端的数据,如此的传输实例应更符合一般的需求,请读者研习本实验后再行参阅。

在程序一开始时,控制七段数码管以"a"到"g"段轮流点亮的方式提醒使用者(约 10 s)此为 Device ID 的设定阶段,可经由指拨开关设定 4 位地址。在 Device ID 设定阶段结束时,会将 ID_PORT 所读回开关设定值存于 SIMA 寄存器,做为 I²C 接口的 Slave Address,此后 SIMA 寄存器便不再改变。然而,主程序每次与 I²C 接口传输之前,都会再重新由 ID_PORT 读回开关设定值当成要存取的 Device ID。所以在正常情况下,如果使用者不变动连接于 PA[3:0]的指拨开关,那么计数值将正常显示于七段数码管上,而代表 Slave Address 与 Device ID 相符的 ID LED 也将点亮。Device ID 设定阶段结束后,如果读者再去改变指拨开关的设定(即更改 Device ID),那么计数值将不会显示,而 ID LED 也将熄灭,表示未发现 Device ID 相符的 I²C 装置;不过计数仍继续进行。当指拨开关再度拨回一开始所设定的 ID 时,七段数码管才会恢复正常的显示。

4.17.5 动动脑＋动动手

- 试说明 I2C_INT 中断服务子程序中各行指令的意义。
- 是否可以改采轮询方式完成与本实验相同的功能呢？
- 程序 4.17 在 I^2C 接口做为 Slave-Transmitter 时，Master 端并未检查是否有装置响应送出的 Device ID；请仿照 I^2C 接口为 Slave-Receiver 时的做法，加上装置是否响应的判断，再由 Master 端决定是否显示接收数据。

4.18 SPI 串行接口控制实验

4.18.1 目　　的

本实验将"1"～"8"的数值通过 HT66F50 的 SPI 接口传输，并将接收的数值显示于七段数码管上。

4.18.2 学习重点

通过本实验，读者应透彻了解 HT66F50 SPI Master/Slave 串行传输接口控制方式，尤其对于 SPI 接口的相关控制寄存器的意义更需了如指掌。

4.18.3 电路图

HT66F50 的 SPI 接口与标准的 Motorola SPI 相当类似，其提供微控制器与外围装置间全双功（Full-Duplex）的同步（Synchronous）数据传输，可操作在"Master"或"Slave"模式，并可由使用者设定数据传输的顺序（MSB 或 LSB 先传送）。在 SPI 接口中，所谓的"Master"是指负责送出同步传输频率（SCK）的一端，Slave 端则根据此同步频率由 SDI/SDO 引脚接收/传送数据（参考图 4.18.2）。本实验所用的 SPI 串行接口实验电路如图 4.18.1 所示。

图 4.18.3 是 HT66F50 SPI 接口电路架构，通过 SDI、SDO、SCK、$\overline{SCS}$ 这 4 条信号线与外界装置达成数据的传输，其中 SDI 与 SDO 分别为串行数据的输入、输出引脚，SIMD 寄存器负责接收移位寄存器由 SDI 引脚所移入的串行数据。当读取 SIMD 时，会读取移位寄存器之值；当写入数据至 SIMD 时，会同时将数据送给移位寄存器，再由移位寄存器逐一将数据由 SDO 引脚串行移出。SCK 则为数据传送的参考频率，其频率的高低决定了传输速度的快慢；若 SPI 接口操作于 Master 模式，则参考频率可由 SIM[2:0] 决定，并由 SCK 引脚输出至外部的 SPI Slave 装置。反之，如果 SPI 接口操作于 Slave 模式，则参考频率须由外部的 SPI Master 装置提供，并由 SCK 脚输入至 HT66Fx0 的 SPI 接口。$\overline{SCS}$ 可视为 SPI 接口的使能信号，在 CSEN＝"1"的情况下，唯有外部的 SPI 装置在 $\overline{SCS}$ 引脚输入低电位时方能进行数据的传输动作；但若 CSEN 为"0"，则 SPI 接口始终是处于可传输的状态。表 4.18.1 仅摘要列出本实验的相关控制寄存器，详细说明请读者参阅第二章各章节的内容。

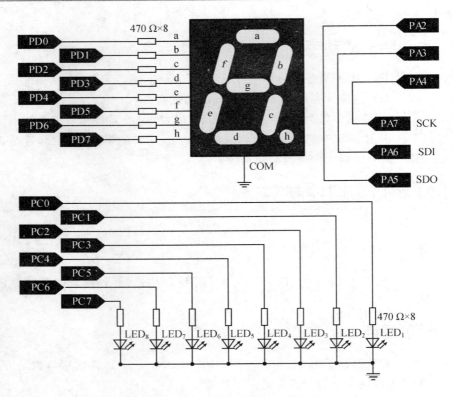

图 4.18.1 SPI 串行接口实验电路

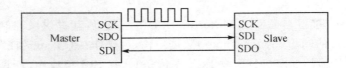

图 4.18.2 SPI 传输接口 Master/Slave 示意

表 4.18.1 本实验相关控制寄存器

【2-8 节】	SIMD	D7	D6	D5	D4	D3	D2	D1	D0
	SIMC0	SIM2	SIM1	SIM0	PCKEN	PCKP1	PCKP0	SIMEN	—
【2-8-1 节】	SIMC2	D7	D6	CKPOL	CKEG	MLS	CSEN	WCOL	TRF
		Bit7	6	5	4	3	2	1	Bit0

本实验将通过两个范例程序说明 HT66F50 SPI 接口的数据传输程序，为减少硬件连接，这些程序都是以 HT66F50 的 I/O 功能与 SPI 接口达成数据的传输，虽然在同一颗微控制器上进行数据传送、接收似乎没有太大的意义，不过通过这些范例读者能很容易地掌握 SPI 接口的传输特性，也可触类旁通地延伸至实际应用中。

范例一：SPI 接口为 Slave 模式，用 PA2、PA3、PA4 分别模拟 Master 端的 SDI、SDO、SCK（输出）信号完成数据传输。

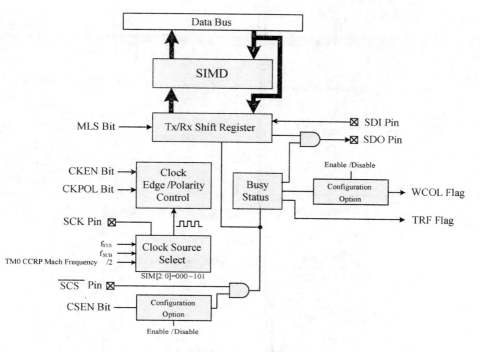

图 4.18.3　HT66F40 SPI 接口架构

4.18.4　范例一程序及流程图

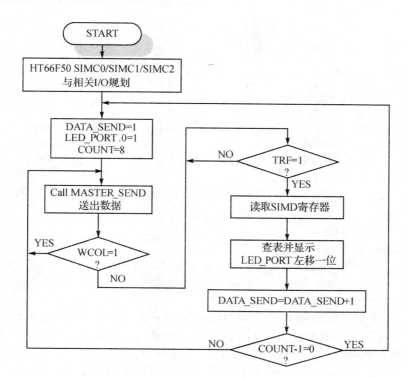

进行本实验时,"配置选项"需设定如下：

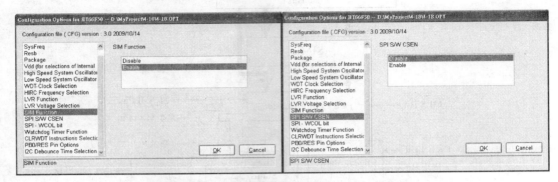

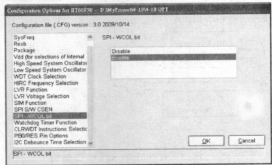

程序 4.18 SPI 串行接口(Slave Mode)控制实验

程序内容请参考随书光盘。

程序解说：

5	载入"4-18.INC"定义档,请内容请参考随书光盘内的文件。
8～13	依序定义变量地址。
16	声明内存地址由 00h 开始(HT66Fx0 Reset Vector)。
17～20	将 ADC 模拟信号输入引脚功能关闭(即 PortA 当成 I/O 使用),并失能 CP0、CP1 功能。
21～25	定义 LED_PORT、SEG_PORT 为输出模式,并点亮 LED_PORT.0,其余所有 LED 则熄灭。
26～30	定义用来模拟 SPI Master 端引脚的模式：SDI 为输入模式,SDO、SCK 则为输出模式。
31～34	设定 SIMC0、SIMC2 控制寄存器：
	SIM[2:0]：101,选择 SIM 为 SPI Slave Mode;
	CKPOLB：1,选择 SCK 在非频率期间为低电位;
	MLS：0,LSB 先送。
35	启动 SIM 接口功能。
37～40	设定 COUNT 为 8,并设定传送数据寄存器(DATA_SEND)为"1"。
42	调用 MASTER 子程序,将 DATA_SEND 存储器内的数据以串行方式由 MASTER_SDO 引脚传送出去(搭配 MASTER_SCK 信号)。
43～46	检查数据是否发生冲撞(即 SIMD 接收的数据尚未读取又被新的接收数据覆盖);若不是(COL = "0"),则至 48 行检查是否资料已接收。若发生冲撞(COL = "1"),则清除 COL 后重新至 42 行执行传送的动作。
48～50	当 TRF = "1"时,表示 SPI 接口已接收到数据,此时先清除 TRF 标志位后进行显示动作;否则,继续检查 TRF 标志位。

行号	说明
51~54	将SPI接口接收到的数据转换为七段显示码后送至SEG_PORT显示,并调用DELAY子程序延迟1s。
55~56	将DATA_SEND存储器加一,做为下次传送的数据;把LED_PORT灯号左移。
57~59	将COUNT减一,若为零则重新传送"1"(JMP RE_START);否则继续传送DATA_SEND存储器内的数据(JMP SLAVE_SEND)。
63~75	七段数码管查表子程序;请参考实验4.3的说明。
79~95	MASTER子程序;此程序利用MASTER_SCK、MASTER_SDA引脚的搭配,将DATA_SEND存储器内的数据以串行方式由最低位开始逐一传送。
102~116	DELAY子程序,延迟时间的计算请参考实验4.1。

本实验是用HT66F50同时扮演Master与Slave的角色来完成数据传输动作,通过这个简单的实验程序,让读者在只使用一部ICE的情况下,洞悉HT66F50 SPI接口串行传输的控制方式。程序4.18中将SPI接口定义为Slave模式,而用程序控制HT66F50做为Master端,利用Master_SDO(PA3)与MASTER_SCK(PA4)引脚的搭配,将数据与频率信号送至SPI接口的SDI、SCK。

当执行程序4.18时,LED$_1$灯号亮起,代表Master端送出首笔数据,此时DATA_SEND=1,所以数据经Slave的SPI接口接收再转为七段显示码显示后,显示值为"1"。同理,第二次传输时LED$_2$灯号亮起,Master端送出第二笔资料,DATA_SEND=2,SPI接口接收后的显示值为"2";以此类推。当完成8次数据传输后,重新由"1"开始传输。

范例二:SPI接口为Master模式,用PA2、PA3、PA4分别模拟Slave端的SDI、SDO、SCK(输入)信号完成数据传输(请注意:有关"配置选项"的相关设定请参考范例一)。

4.18.5 范例二程序及流程图

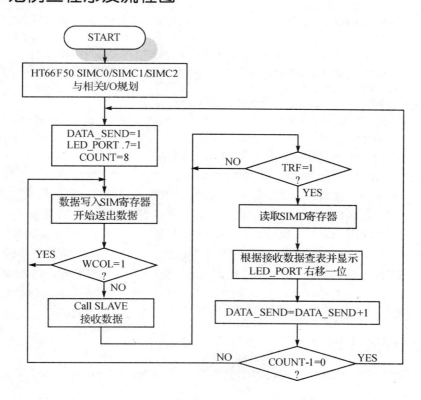

程序 4.18.1　SPI 串行接口（Master）控制实验

程序内容请参考随书光盘。

程序解说：

行号	说明
5	载入"4-18-1.INC"定义档，请内容请参考随书光盘内的文件。
8～13	依序定义变量地址。
16	声明内存地址由 00h 开始（HT66Fx0 Reset Vector）。
17～20	将 ADC 模拟信号输入引脚功能关闭（即 PortA 当成 I/O 使用），并失能 CP0、CP1 功能。
21～25	定义 LED_PORT、SEG_PORT 为输出模式，并点亮 LED_PORT.7，其余所有 LED 则熄灭。
26～30	定义用来模拟 SPI Slave 端引脚的模式：SCK、SDI 为输入模式，SDO 则为输出模式。
31～34	设定 SIMC0、SIMC2 控制寄存器： SIM[2:0]: 010，选择 SIM 为 SPI Master Mode，频率为 $f_{SYS}/64$； CKPOLB: 1，选择 SCK 在非频率期间为低电位； MLS: 0，LSB 先送。
35	启动 SIM 接口功能。
37～40	设定 COUNT 为 8，并设定传送数据存储器（DATA_SEND）为"1"。
42～46	清除 COL1 并将资料写入 SIMD；接着检查数据是否发生冲撞（即 SIMD 数据尚未传送完毕又被新的传送数据覆盖）；若不是（COL = "0"）则当数据写入 SIMD 时，Master SPI 接口即开始传送数据；故 Slave 至 47 行接收数据。若发生冲撞（COL = "1"），则重新至 42 行执行 SPI Master 传送的动作。
47	调用 SLAVE 子程序，将数据以串行方式由 MASTER_SDI 引脚接收，并存于 Acc 寄存器。
49～51	当 TRF = "1"时，表示 SPI 接口已传完数据，此时先清除 TRF 标志位后进行显示动作；否则，继续检查 TRF 标志位。其实此处检查的动作有点多余，因为 Slave 端已收到数据了，所以 SPI 接口（Master）一定已送完数据。
52～54	将 Slave 端接收到的数据转换为七段显示码后送至 SEG_PORT 显示，并调用 DELAY 子程序延迟 1 s。
55～56	将 DATA_SEND 存储器加一，做为下次传送的数据；把 LED_PORT 灯号右移。
57～59	将 COUNT 减一，若为零则重新传送"1"（JMP RE_START）；否则继续传送 DATA_SEND 存储器内的数据（JMP MASTER_SEND）。
63～75	七段数码管查表子程序；请参考实验 4.3 的说明。
79～94	SLAVE 子程序；此程序根据 MASTER_SCK 频率的变化，将数据由 MASTER_SDA 逐一以串行方式由最低位开始接收，并置于 Acc 寄存器。
100～114	DELAY 子程序，延迟时间的计算请参考实验 4.1。

程序 4.18.1 将 SPI 接口定义为 Master 模式，而用程序控制 HT66F50 做为 Slave 端，利用 MASTER_SCK（PA4）引脚的电平变化，将 SPI 接口 SDO 所送出的数据由 Master_SDI（PA3）接收进来。当程序 4.18.1 执行时，LED_8 灯号亮起，代表 Slave 端准备接收首笔数据，此时 DATA_SEND=1，所以数据经 Master 的 SPI 接口送出后，经 Slave 端接收并转为七段显示码显示后，显示值为"1"。同理，第二次传输时 LED_7 灯号亮起，SPI 接口送出第二笔资料，DATA_SEND=2，Slave 端接收后的显示值为"2"；以此类推。当完成 8 次的数据传输后，重新由"1"开始传输。

4.18.6　动动脑＋动动手

- 是否可以改采中断方式完成与本实验相同的功能呢？

- 请将程序 4.18.1 第 49、50 行指令删除,重新执行程序的结果是否与原程序相同?

4.19　f_{SYS}切换与 SLOW Mode 实验

4.19.1　目　的

本实验用 SMOD 控制寄存器中的 CKS[2:0]与 HLCLK 位的切换,变换七段数码管显示"0"~"9"数字的速度。

4.19.2　学习重点

通过本实验,读者应了解 HT66F50 的"SLOW"Mode 的工作模式,并熟悉 f_{SYS} 的切换方式及其应用。

4.19.3　电路图

在"节能省炭、爱护地球"的号召下,当今电子应用产品的设计者,无一不期盼所选用的微控制器能在最低的功耗下发挥其最佳的效能,这两相冲突的需求在以电池为供电装置的产品上尤其显著。愈高的工作频率可以提升系统的效能,但其导致电流需求增加的本质却无法避免;反之亦然。HT66Fx0 家族提供高、低速的系统频率来源,而且可通过控制位的设定动态切换,提升微控制器的运作效率,让系统达到最佳的效能/功耗比。图 4.19.1 为本实验所使用的七段数据管控制电路。

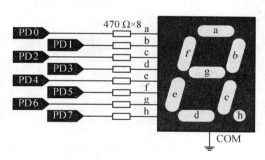

图 4.19.1　七段数码管控制电路

如图 4.19.2 所示,HT66Fx0 系列微控制器在系统工作或外围设备的操作频率上都提供多重的选择,使用者可由"配置选项"与 SMOD 特殊功能寄存器进行设定,让系统随时拥有最佳的运作效能。HT66Fx0 微控制器提供双频率的系统操作,通过 SMOD 寄存器中 HLCLK、CKS[2:0]位进行设定,可以选择系统频率(f_{SYS})是来自高速振荡电路—f_H,$f_H/2 \sim f_H/64$ 或低速振荡电路—f_L。f_H 的频率来源包含 HXT、ERC 或 HIRC 振荡器,使用者可由"配置选项"中选定;至于 f_L,可由"配置选项"选定是来自 LIRC 或 LXT 振荡器。

通过 SMOD 寄存器中 HLCLK 与 CKS[2:0]位的设定(参考表 4.19.1),使用者可依实际所需随时让工作频率切换为 f_H、$f_H/2 \sim f_H/64$ 或 f_L,以提高系统的整体运行效率。但请注意,当系统频率切换成 f_L 时,系统会自动关闭 f_H 以节省功耗,在此情况下就无法供应 $f_H/16$ 与 $f_H/64$ 的频率给 TM 计时模块使用。详细说明请读者参阅 2.18 节。

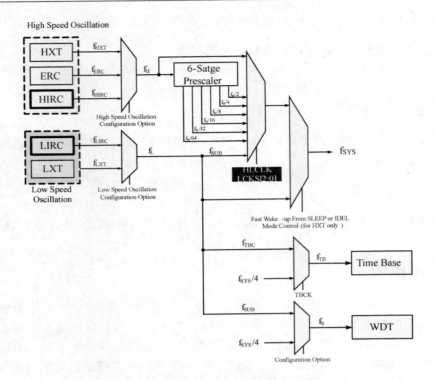

图 4.19.2　HT66Fx0 的频率来源结构

程序 4.19 以简单的范例展现 HT66F50 微控制器工作频率（f_{SYS}）灵活的切换特性，读者应可了解其精髓并应用于实际产品的设计实例上。

表 4.19.1　HT66Fx0 的 SMOD 控制寄存器

Name	CKS2	CKS1	CKS0	FSTEN	LTO	HTO	IDLEN	HLCLK
RW	R/W	R/W	R/W	R/W	R	R	R/W	R/W
POR	0	0	0	0	0	0	1	1
Bit	7	6	5	4	3	2	1	0

Bit 7～5　CKS[2:0]：系统频率选择位（Frequency System Clock Selection）
　　　　　仅 HCLK＝"0"时有效，此时系统频率为：
　　　　　000：$f_{SYS}=f_L$（f_{XLT} 或 f_{LIRC}）　　100：$f_{SYS}=f_H/16$
　　　　　001：$f_{SYS}=f_L$（f_{XLT} 或 f_{LIRC}）　　101：$f_{SYS}=f_H/8$
　　　　　010：$f_{SYS}=f_H/64$　　　　　　　　110：$f_{SYS}=f_H/4$
　　　　　011：$f_{SYS}=f_H/32$　　　　　　　　111：$f_{SYS}=f_H/2$

Bit 4　　FSTEN：快速唤醒功能控制位（Fast Wake-up Control, only for HXT）
　　　　　1＝使能快速唤醒功能　　　　0＝失能快速唤醒功能

Bit 3　　LTO：低频系统振荡器状态标志位（Low Speed System Oscillator Ready Flag）
　　　　　1＝低速系统振荡器已经备妥　　0＝低速系统振荡器尚未备妥

Bit 2　　HTO：高频系统振荡器状态位（High Speed System Oscillator Ready Flag）
　　　　　1＝高速系统振荡器已经备妥　　0＝高速系统振荡器尚未备妥

Bit 1　　IDLEN："IDLE"模式控制位（IDLE Mode Control Bit）
　　　　　1＝使能"IDLE"模式　　　　0＝失能"IDLE"模式

Bit 0　　　HLCLK：系统频率选择位(System Clock Select Bits)
　　　　1：$f_{SYS} = f_H$　　　　　　0：$f_{SYS} = f_L$ 或 $f_H/2 \sim f_H/64$

4.19.4 程序及流程图

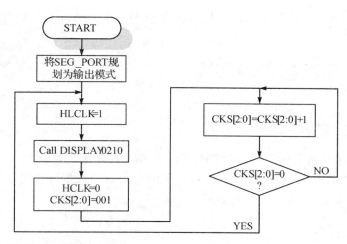

程序 4.19　f_{SYS} 切换控制实验

程序内容请参考随书光盘。

程序解说：

行号	说明
4	载入"4-19.INC"定义档，其内容请参考随书光盘中的文件。
7～11	依序定义变量地址。
14	声明内存地址由 00h 开始(HT66Fx0 Reset Vector)。
15	将 SEG_PORT 定义成输出模式。
16	设定 HLCLK = "1"，$f_{SYS} = f_H$。
17	调用 DISPLAY0210 子程序，显示"0"～"9"这 10 个数字。
18～19	设定 MODE = "00100000b"。
20～23	设定 HLCLK = "0"，并依 MODE 寄存器值更新 CKS[2:0]。
24	调用 DISPLAY0210 子程序，显示"0"～"9"这 10 个数字。
20～23	MODE 寄存器加上"00100000b"，若未产生进位则跳至 LOOP；反之则重新执行程序(JMP MAIN)。
35～45	DISPLAY0210 子程序，并设定计数器"COUNT"成 10(因为有"0"～"9"共 10 个数字要显示)，将 TBLP 指向建表数据的起始地址。接着依 TBLP 指示的值至程序存储器最末页(Last Page)读取资料，并送至 SEG_PORT 显示，调用延迟子程序，延迟 100 601 个指令周期。其次将 TBLP 加一，指向下一笔数据；并判断 COUNT 减一是否为零，成立则返回主程序；反之，则继续显示下一笔数据。
52～66	DELAY 子程序，延迟时间的计算请参考实验 4.1。
68～70	七段显示码数据建表区。

程序 4.19 中的 DELAY 子程序的延迟时间在 $f_{SYS} = 4$ MHz 时约为 0.1 s(请参考实验 4.1)，

随着 HCLK、CKS[2:0]位的控制,f_{SYS} 分别变换为 32 kHz(选择 f_L 为 LIRC)、62.5 kHz、125 kHz、250 kHz、500 kHz、1 MHz、2 MHz;所以 DISPLAY0210 子程序中显示数值的速度也由 0.1 s、12.6 s、6.4 s、3.2 s、1.6 s、0.8 s、0.4 s、0.2 s 逐次变化。

4.19.5 动动脑+动动手

- 改写程序 4.19,使其不论切换至任何工作频率(f_{SYS}),七段数码管显示数值的时间均相同。

4.20 I²C 接口唤醒功能实验

4.20.1 目　　的

本实验由 2 个单片机共同完成;利用 HT66F50 的 I²C 串行传输接口接收由 Master 端送来的数据,并显示于七段数码管,当 Slave 端 10 s 内未接收到数据时即进入"IDEL1"模式,但一旦发生"Address Match"随即恢复数据接收与显示机制。

4.20.2 学习重点

通过本实验,读者应透彻了解 HT66F50 I²C 串行传输接口控制方式,并熟悉如何以 I²C 串行传输接口"Address Match"唤醒已进入"IDEL1"状态的微控制器。

4.20.3 电路图

在实验 4.17 已详细介绍 I²C-Bus 多有着墨;请读者参考该实验中的相关介绍,本实验只是将实验 4.17 的同一颗微控制器担负 Master 与 Slave 的角色,分配至两个颗微控制器实现,并体验 SIM 接口"Address Match"的唤醒功能。I²C Master 与 Slave 端电路分别如图 4.20.1 和图 4.20.2 所示。表 4.20.1 列出了本实验相关的控制寄存器。

表 4.20.1　本实验相关控制寄存器

		7	6	5	4	3	2	1	0
【2-4 节】		INTC0	—	CP0F	INT1F	INT0F	CP0E	INT1E	INTE	EMI
		INTC2	MF3F	TB1F	TB0F	MF2F	MF3E	TB1E	TB0E	MF2E
		MFI2	DEF	LVF	XPF	SIMF	DEE	LVE	XPE	SIME
【2-8 节】		SIMD	D7	D6	D5	D4	D3	D2	D1	D0
		SIMC0	SIM2	SIM1	SIM0	PCKEN	PCKP1	PCKP0	SIMEN	—
【2-8-2 节】		SIMC1	HCF	HAAS	HBB	HTX	TXAK	SRW	IAMWU	RXAK
		SIMAR	IICA6	IICA5	IICA4	IICA3	IICA2	IICA1	IICA0	—
【2-18-1 节】		SYSMOD	CKS2	CKS1	CKS0	FSTEN	LTO	HTO	IDLEN	HLCLK
【2-12 节】		WDTC	FSYSON	WS2	WS1	WS0	WDTEN3	WDTEN2	WDTEN1	WDTEN0
	Bit	7	6	5	4	3	2	1	0

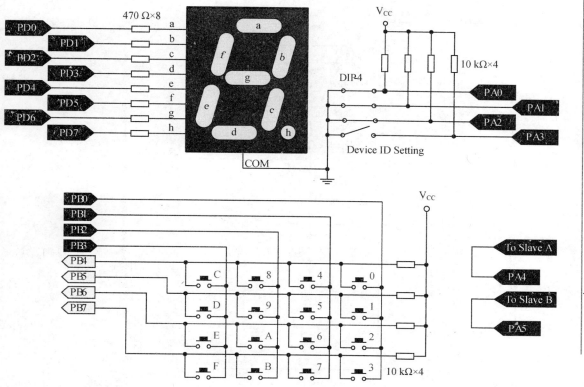

PS：若使能PA[3:0]、PB[7:4]的Pull-high功能，则8个10 kΩ电阻可省略不接。

图 4.20.1　I^2C Master 端电路

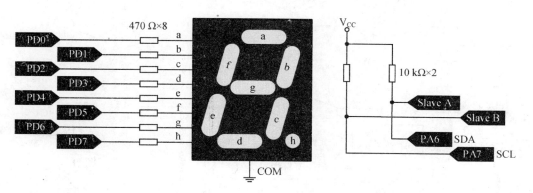

图 4.20.2　I^2C Slave 端电路

4.20.4 程序及流程图

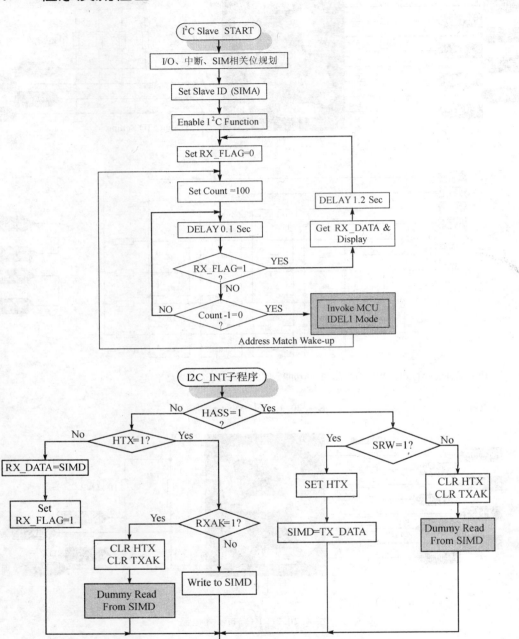

执行程序 4.20 时记得要将"配置选项"中的 SIM 功能加以选用。

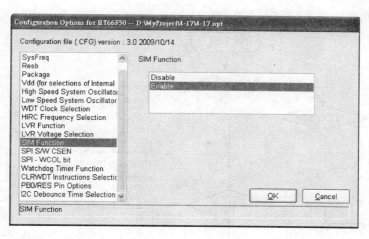

程序 4.20　I²C 接口－Slave 端

程序内容请参考随书光盘。

程序解说:

行号	说明
5	载入"4-20.INC"定义档,请内容请参考随书光盘内的文件。
8~16	依序定义变量地址。
19	声明内存地址由 00h 开始(HT66Fx0 Reset Vector)。
21	声明内存地址由 20h 开始(HT66Fx0 SIM Interrupt Vector)。
23~26	将 ADC 模拟信号输入引脚功能关闭(即 PortA 当成 I/O 使用),并失能 CP0、CP1 功能。
27	定义 SEG_PORT 为输出模式。
28~29	设定 IDLEN、FSYSON 位为"1",这样当执行"HALT"指令时 HT66F50 将进入 IDEL1 Mode,方能由 Address Match 唤醒。
30~31	设定 Slave ID;请注意,在"4-20.INC"定义档中设定的 SLAVE_ID 为 8,所以 Master 端如欲正常传送数据必须在 DIP-4 指拨开关(参考图 4.20.2)设定相同的 ID。
32~33	设定 SIMC0 控制寄存器: SIM[2:0]: 110,选择 SIM 为 I²C Slave Mode。
34	设定 IAMWU 位为"1";即使能 IDLE1 模式下的 Address Match Wake-up 功能。
35~40	使能 MF2E、SIME 中断与 EMI 中断总开关;并启动 SIM 接口功能。
41	清除 RX_FLAG,程序中将以此位做为是否由 I²C 串行接口接收到数据的判断("1"表示有接收到数据),因此先将其清除为"0"。
42~43	设定 COUNT 为 100;此值决定了 Slave 端进入 IDLE1 模式前的等待时间。
44~45	清除 SEG_PORT 并设定 SEG_PORT.0 为"1";此举即点亮七段数码管的"a"节段。
46~47	调用 DELAY 子程序延迟 0.1 s。
48~49	检查 RX_FLAG 标志位是否为"1",当 I²C 接口(Slave 端)接收到 Master 端送来的数据会在中断服务子程序中设定 RX_FLAG 标志位为"1";故这两行程序是判断 I²C 串行传输接口是否接收到数据,若有(RX_FLAG ="1")则进行数据显示的程序(JMP DataReceived)。
50~61	检查 COUNT 减一是否为零,若是则代表已历经 10 s 未接收到由 Master 端所送来的数据,故在熄灭七段数码管后即进入 IDLE1 Mode(第 52~55 行);若不为零,则将七段数码管点亮的节段移位,并重新检查 RX_FALG 的程序(第 58~61 行)。
62~69	将 I²C 串行传输接口所接收到数据送至 SEG_PORT 显示,并调用 DELAY 子程序延迟 1.2 s;接着重新开始检查 RX_FALG 的程序。
73~108	I2C_INT 中断服务子程序,此段程序主要是根据原厂数据手册中的"I²C Bus 中断服务子程序"的

流程所撰写，请读者参考以下流程图：

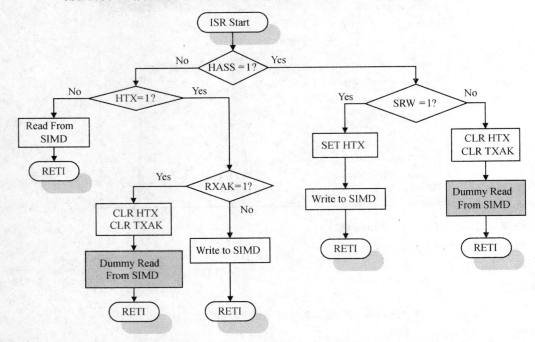

76～77	依据"HAAS"位分析是 Device ID 相符所产生的中断(HAAS = "1")，还是 8-Bit 数据传送/接收完毕所产生的中断(HAAS = "0"，若是则 JMP DATA_RT)。
78～87	Device ID 相符所产生的中断：再依据"SRW"位分析为"Receive"Mode(SRW = "0")或"Transmit"Mode(SRW = "1")。若为"Transmit"Mode，就将 HTX 设定为"1"，并将欲经由 I²C 接口传送数据(TX_DATA)写至 SIMD 寄存器。如果是"Receive"Mode，就将 HTX 与 TXAK 位设定为"0"(设定 I²C 接口为"Receive"Mode，并以 ACK 信号响应 Master 端)，接着依数据手册中的要求，对 SIMD 寄存器执行一次"Dummy Read"(MOV A,SIMD)。
88～103	8-Bit 数据传送/接收完毕所产生的中断：再依据"HTX"位分析为"Receive"Mode(HTX = "0")或"Transmit"Mode(HTX = "1")。 若为"Transmit"Mode，表示 8-Bit 资料已经传输完毕，再根据 RXAK 位分析 Master 是否送出"ACK"信号，以决定是否要继续送出资料。如果 RXAK = "1"，表示 Master 端要继续读数据，所以再次将 TX_DATA 写至 SIMD 寄存器；如果 RXAK = "0"，则清除 HTX 与 TXAK 位，并依数据手册中的要求，对 SIMD 寄存器执行一次"Dummy Read"(MOV A,SIMD)。本实验 Master 端是一次只读取一个字节，因此 RXAK = "0"。 如果是"Receive"Mode，表示 8-Bit 数据已经接收完毕，接收的数据复制到 RX_DATA 存储器，并设定 RX_FLAG = "1"。
104	清除 SIM 中断标志位；注意：SIMF 是位于 MFI2 多功能中断寄存器，故需以指令自行清除。
115～128	DELAY 子程序，延迟时间的计算请参考实验 4.1。
130～134	七段显示码建表区。

以下的程序 4.20.1 为 I²C Master 端的执行程序，有关 Master 端的相关子程序在实验 4.17 的内容已有完整、详细的叙述，请读者参考该实验的说明；另外，提醒读者 Master 端是以软件达到 I²C-Bus 传输的信号需求，无须启动 HT66F50 的 SIM 功能。

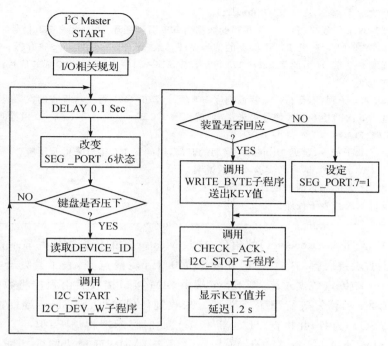

程序 4.20.1　I²C 接口—Master 端

程序内容请参考随书光盘。

程序解说:

4	载入"4-20-1.INC"定义档,请内容请参考随书光盘内的文件。
7~16	依序定义变量地址。
19	声明内存地址由 00h 开始(HT66Fx0 Reset Vector)。
20~23	将 ADC 模拟信号输入引脚功能关闭(即 PortA 当成 I/O 使用),并除能 CP0、CP1 功能。
24~27	定义 SEG_PORT 为输出模式熄灭七段数码管,定义 ID_PORT 为输入模式,并启用 ID_PORT 的 Pull-high 功能。
28	点亮七段数码管的"g"节段。
29~37	将七段数码管"g"节段状态反向,并调用 READ_KEY 子程序检查键盘是否压下,若是则进行数据传送程序;否则每隔 0.1 s 重复此七段数码管与键盘检查程序(JMP MAIN + 1)。
38~59	此片段程序为键盘压下时的数据发送与显示程序;首先由 ID_PORT 读取指拨开关的设定并设定 DEVICE_ID,接着清除 DEVICE_FLAG。第 43~44 行则送出 START 与 DEVICE_ID,此时 I2C_DEV_SEL_W 子程序会传回是否有装置响应的状态,若 DEVICE_FLAG = "1"表示有装置响应,则接着送出按键建值并结束 I²C 传输程序;若无装置响应则点亮七段数码管"h"节段,并结束 I²C 传输程序。不管有无装置响应,Master 端都会将按键值显示于七段数码管上,且维持 1.2 s 后清除;而"h"节段状态代表有装置响应(熄灭)或无装置响应(点亮)并不受此清除动作影响。
65~79	I2C_START 子程序,产生"START Condition"。
83~93	I2C_DEV_SEL_W 与 I2C_DEV_SEL_R 子程序,将装置选择码(DEVICE_ID)输出至 I²C Bus。I2C_DEV_SEL_W 子程序会设定 R/W 位 = "0",表示是对 I²C 装置做写入动作;I2C_DEV_SEL_R 子程序会设定 R/W 位 = "1",表示是对 I²C 装置进行读取动作。程序中会调用 WRITE_BYTE 子程序,将装置选择码以串行方式一一送出。此外,调用 CHECK_ACK 子程序的目的是看看是否有 I²C 装置对此 DEVICE_ID 产生响应。

99～110	I2C_STOP 子程序，产生"STOP Condition"。
118～136	WRITE_BYTE 子程序，将 Acc 寄存器的数据由 SDA 引脚循环移出（配合 SCL 信号）。
144～167	READ_BYTE 子程序，将 SDA 引脚上的信号循环移入（配合 SCL 信号）Acc 寄存器。由于本实验一次只读取一个字节，因此第 258～263 行是设定 ACK ="1"（亦即送出 NO_ACK 信号，所以 HT66F50 的 RXAK 会为"0"）。
1753～192	CHECK_ACK 子程序，等待 I²C 装置响应 ACK 信号，278～285 行是将检查的次数设为 256 次。如果经过 256 次的检查 ACK 信号仍未送出，就代表 I²C Bus 上没有 DEVICE_ID 相符的装置，此时设定 DEVICE_FLAG ="0"。
197～201	DELAY_10 子程序，延迟 10 个指令周期的时间，以确保 I²C 接口来得及反应。
206～234	READ_KEY 子程序，请参考实验 4.7 的说明。
241～255	DELAY 子程序，延迟时间的计算请参考实验 4.1。
259～277	七段显示码查表子程序。

程序 4.20 扮演 Slave(Receiver)的角色，接收 Master 端的传送数据并显示；在未接收到数据的过程中会让七段数码管的"a"～"f"节段每隔 0.1 s 轮流点亮，表示其处于等待接收的状态；若此时 Master 端传送数据过来，则 Slave 端由 SIM 接口接收后由程控将数据显示于七段数码管并维持 1.2 s 后恢复等待程序。若 10 s 未收到任何数据，则 Slave 端即进入 IDEL1 模式（IDLEN、FSYSON 为"1"并执行"HALT"指令），此时显示器将熄灭；但一旦接收到 Master 端传送的数据，SIM 的 Address Match Wake-up（设定 IAMWU 位为"1"）功能立即唤醒微控制器，并恢复显示的机制。

程序 4.20.1 则担当 Master(Transmitter)的角色，以七段数码管"g"节段 0.1 s 的闪烁动作提示使用者压下键盘，当有按键压下时，则启动传输程序将按键值传输至 Slave 端，在此过程中会先读取 ID_PORT 上指定的 Device ID，若无装置响应此 ID，则将点亮七段数码管的"h"节段；而不论是否有装置响应，按键值都会在 Master 端的显示器上显示 1.2 s 再恢复键盘检查程序；在程序执行过程中，读者可以刻意将指拨开关的设定拨成与 Slave 端的默认值不同（预设的 SLAVE_ID 为 8），观察 Master 与 Slave 端七段的变化（当指拨开关的设定与 SLAVE_ID 相同时，Slave 端的七段数码管才会恢复正常的显示）。

最后要提醒初学者，图 4.20.2 Slave 端与图 4.20.1 Master 端除了两根 SCL、SDA 引脚要连接之外，系统的地线也须连在一起，这样两端才有相同的信号参考准位。

4.20.5 动动脑＋动动手

- 若将程序 4.20 第 28、29 任一行指令，由"SET"改为"CLR"，请问 Slave 端一旦进入省电模式（即执行"HALT"指令）后是否仍能顺利的被唤醒？为什么？
- 改写【程序 4.20.1】，当 30 秒内未压下键盘时即进入 SLEEP 模式，利用 Port A 的 Wake-up 功能，当 DIP_4 有开关拨动时再恢复键盘检测程序？

第 5 章 进阶实验篇

通过学习基础实验篇，读者对HT66F50单片机及其外围单元、程序的写作技巧以及开发环境的使用，都有了初步的认识。程序其实要多写、多错、多除错，然后方能由错误中累积经验，增强本身的逻辑观念及程序编写功力。延续上一章的学习成果，本章将继续介绍几个更深入的实验，DC Motor控制、LCD接口、LCM模块、多颗七段显示器与点矩阵LED扫描、TM接口应用等，另外，除了HT66F50内建E^2PROM的读写控制外，本章还将涉及有关I^2C-Bus及MicroWire-Bus E^2PROM的读写。通过这些实验，读者对HT66Fx0单片机的应用会有更深一层的了解。本章的实验内容包括：

- 5.1 直流电机控制实验
- 5.2 马表—多颗七段显示器控制实验
- 5.3 静态点矩阵LED控制实验
- 5.4 动态点矩阵LED控制实验
- 5.5 LCD界面实验
- 5.6 LCM字型显示实验
- 5.7 LCM自建字型实验
- 5.8 LCM与4×4键盘控制实验
- 5.9 LCM的DD/CG RAM读取控制实验
- 5.10 LCM的4位控制模式实验
- 5.11 比大小游戏实验
- 5.12 STM单元脉冲测量与LCM控制实验
- 5.13 ETM"单脉冲输出"模式与脉冲测量实验
- 5.14 中文显示型LCM控制实验
- 5.15 半矩阵式键盘与LCM控制实验
- 5.16 HT66F50内建E^2PROM内存读写实验
- 5.17 I^2C接口E^2PROM读写控制实验
- 5.18 MicroWire－BUS接口E^2PROM读写控制实验

第 5 章　进阶实验篇

5.1　直流电机控制实验

5.1.1　目　的

本实验将利用脉冲宽度调制(PWM)技巧让直流电机呈现不同的转速；结合按键的使用，让使用者控制直流电机加速、减速与转向。

5.1.2　学习重点

通过本实验，读者应了解如何用 PWM 方法控制直流电机转速的快慢。同时，对 HT66F50 ETM 单元的"PWM Output Mode"及其跨脚位功能(Cross-Pin Function)的使用应更加熟悉。

5.1.3　电路图

电机(Motor,电动机)被广泛运用于各种电器用品，其可将电能转换为机械能，以驱动机械作旋转运动、直线运动或振动。作旋转运动的电机，其应用遍及各种行业、办公室、家庭等，日常生活几乎随处可见；作直线运动的电机称为线型电机(Linear Motor)，适用于半导体工业、自动化工业、工具机、产业机器及仪器工业等。电机构造大致上包含两大单元：一是转子(Rotor,或电枢 Armature)。为电机旋转的部分，材质为永久磁铁、绕组(外接电源)、导线(无外接电源)特殊形状的导磁材料；其二为定子(Stator,场绕组 Field)，定子则是固定不动的部分，主要是提供周围的磁场，材质为永久磁铁或是绕组。虽然电机的种类相当多，但其基本操作原理都相同，基本上都是利用电流流过定子产生磁场，当转子也通上电流时由于切割定子所产生的磁力线而生成旋转扭矩造成电动机转子的转动。电动电机是利用电磁感应方式，以同性磁场互斥原理，推动转轴旋转，而将电能转换成为机械能。本实验所用的直流马达控制电路如图 5.1.1 所示。

电机如依其使用的目的来分类，则种类相当繁杂。一般电机依其使用的电源分为交流电机和直流电机，在使用电机前需先了解其使用的电源是直流电还是交流电，如果是交流电，还需考虑它是三相还是单相的交流电，接错电源会导致不必要的损失和危险。

图 5.1.2 是直流电机工作示意图：(a)当绕组通电后，转子周围产生磁场，转子的左侧被推离左侧的磁铁，并被吸引到右侧，从而产生转动；(b)转子依靠惯性继续转动；(c)当转子运行至水平位置时电流变换器将绕组的电流方向逆转，绕组所产生的磁场也同时逆转，使这一过程得以重复。如此说来，直流电机的控制似乎只在于电压(或说是电流)的提供与否，但若单单仅是如此则只能控制其转动或停止，并无法控制其转速。直流电机转动速度的快慢由电机的电动势大小来决定，其转动方向则取决于电压极性。一般转速大小和电机两端电压成线性关系，其电压愈大转速愈快，反之则愈小。在电路上以多级电压来控制电机的转速虽可行；但若转速变化是多样、精细的控制时，这样的设计方式似乎有些不切实际。

直流电机一般是以脉冲宽度调制(Pulse Width Modulation,PWM)方式来控制转速，其原理如图 5.1.3 所示，图中 T_{On}(高电平部分)是电机动作(Active)时间，T_{Off}(低电平部分)则为电机停止(Inactive)时间，两者之和即为一个 PWM 周期(PWM Period)。虽然流经电机的电

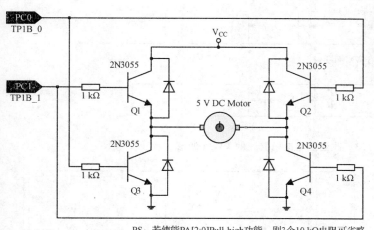
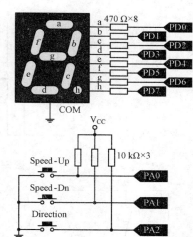

图 5.1.1　直流马达控制电路

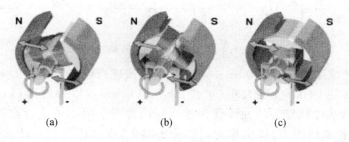

图 5.1.2　直流电机工作原理

压不断在 ON-OFF 之间切换,但电机绕组为电感组件,流过电感组件的电流为电压的积分,有一个类似惯性的作用,实际流经电机电流变化不大,其正比于图 5.1.3 中脉冲的面积和。因此当使用者想降低电机转速时,只要减少动作的时间(T_{On})、增加停止的时间(T_{Off})并保持周期不变,即可降低平均电流,如图 5.1.3 所示的 PWM1 波形;反之,若想加快电机的转速,则需要加长动作的时间、缩短停止的时间、并维持周期不变,即可升高平均电流,如图 5.1.3 所示的 PWM2 波形。由于改变转速是通过改变动作的时间比例,也就是一周期的输出波形中,处于高电平状态的相对时间宽度(Width),因此这种的控制方式称作"脉冲宽度调制";而动作时间在 PWM 周期所占的比例称为"Duty Cycle(占空比)",即 $DutyCycle = \frac{T_{ON}}{T_{ON}+T_{OFF}} \times 100\%$。

图 5.1.3 中的脉冲宽度变化需要相当的快,频率经常超过 1 kHz。因此,若要精确控制直流电机的驱动信号,最好使用具有内嵌 PWM 输出功能的微处理器。

在了解通过 PWM 方式改变电机转速之后,接下来要探讨的是直流电机的正、反转控制,图 5.1.4 中若将电压的极性反接就可产生方向相反的磁场变化,进而使转子改变旋转方向达到反转的目的。图 5.1.4 为直流电机的正、反转控制的示意图:(a)未供电直流电机,故为停止状态;(b)S1、S4 开关 On,电机左侧为正、右侧为负,开始转动;(c)S2、S3 开关 On,电机右侧为正、左侧为负,转动方向与(b)相反。

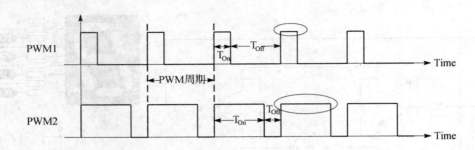

图 5.1.3 改变直流电机转速的 PWM 波形

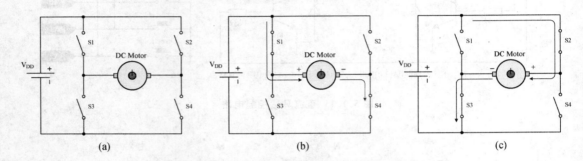

图 5.1.4 直流电机的正、反转控制

选用电机时必须注意其工作电压,一般常见的直流电机电源规格为 DC-12V、DC-24V;另外还要知道输出转矩(Toque)的大小(单位:g.cm、k.gm),以及转速(Rotate Per Minute,RPM),最好能用代表电机特性的曲线作为选用时的参考。图 5.1.5 为典型的 DC-12V 永磁式(PM)电机的特性曲线图,其横坐标为电机输出转矩,纵坐标则包括转速、电流、输出功率、效率等 4 条曲线。观察图 5.1.5 可知这颗电机最大效率约为 40%,此时电机输出转矩为 100 g.cm、输出功率为 2.1 W、转速为 2 000 rpm,而所需电流则为 440 mA。由图中也可看出:电流供应量越大,输出转矩越大;而转数越高,输出转矩越小,而且大致呈一线性关系。

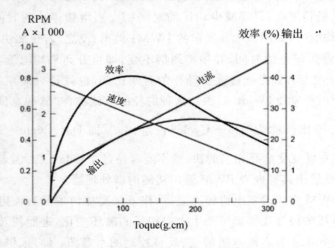

图 5.1.5 直流电机的特性曲线

电机的规格与外观琳琅满目,在此无法一一列出说明,本实验仅以常见的小型 5 V 直流电机为例介绍其控制方式。为了能使单片机直接控制电机的正、反转,可将图 5.1.4 中 S1～S4 开关以 Q1～Q4 取代,并在晶体管的 C-E(集极-射极)接面并联了一颗二极管(Diode),这主要是因为电机为电感组件,当电机停止转动的瞬间会产生反向的感应电动势($v=-L\dfrac{di}{dt}$),这个电压可能烧毁晶体管甚至对单片机造成损害,故用二极管提供此反向感应电动势的放电回路,避免瞬间大电压的产生而损坏电路,以确保电路与芯片的安全;这类用在对电感性负载保护的二极管一般称为续流二极管(Free-Wheeling Diode)。如图 5.1.1 是常见的直流电机控制电路,请读者观察 Q1～Q4 晶体管与电机的回路是否很像英文字母的"H"? 因此,这种电路结构被称为"H-Bridge"。在控制过程中,必须注意不可让 Q1 与 Q3(或 Q2 与 Q4)同时导通,请参考图 5.1.1,此现象发生在 PC0、PC1 输出同时为"1"时,这将导致 V_{CC} 至地(Ground)之间呈现近乎短路的现象,造成电流瞬间的暴增,可能造成的结果是晶体管的烧毁,或电源因电流不足造成电压瞬间下降影响了单片机的正常操作。

HT66F50 ETM 单元的 PWM 输出功能,曾经在实验 4.13 用来控制 LED 的亮度。本实验仍采用 ETM 单元的 PWM 输出模式,并配合 Cross-Pin Function 与 4 个 3055 晶体管组成的 H-Bridge 结构,控制直流电机的加速、减速与转向。有关 ETM 单元的详细说明请参考 2.5.3 小节,Cross-Pin Function 请参阅 2.5 节;在此仅将本实验相关控制寄存器简列于表 5.1.1。

表 5.1.1 本实验相关控制寄存器

		7	6	5	4	3	2	1	0
2.5.3 小节	TM1C0	T1PAU	T1CK2	T1CK1	T1CK0	T1ON	T1RP2	T1RP1	T1RP0
	TM1C1	T1AM1	T1AM0	T1AIO1	T1AIO0	T1AOC	T1APOL	T1CDN	T1CCLR
	TM1C2	T1BM1	T1BM0	T1BIO1	T1BIO0	T1BOC	T1BPOL	T1PWM1	T1PWM0
	TM1DL	TM1D[7:0]							
	TM1DH	—				TM1D[9:8]			
	TM1AL	TM1A[7:0]							
	TM1AH	—				TM1A[9:8]			
	TM1BL	TM1B[7:0]							
	TM1BH	—				TM1B[9:8]			
2.6.9 小节	TMPC0	T1ACP0	T1BCP2	T1BCP1	T1BCP0	—	—	T0CP1	T0CP0
	Bit	7	6	5	4	3	2	1	0

5.1.4 程序及流程图

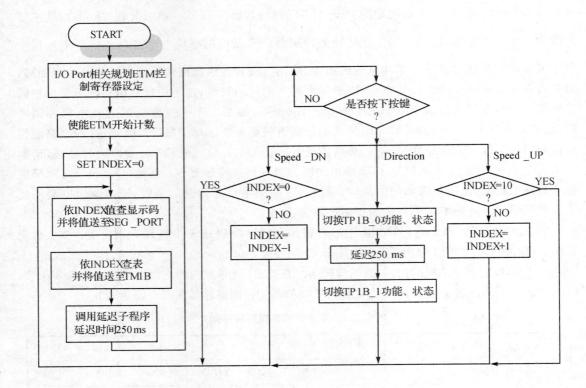

程序 5.1 ETM PWM Output Mode 直流电机控制实验
程序内容请参考随书光盘。

程序解说：

4	载入"5.1.INC"定义档,其内容请参考随书光盘中的文件。
7～10	依序定义变量地址。
13	声明内存地址由 000h 开始(HT66Fx0 复位向量)。
14～18	关闭 CP0、CP1 与 LCD 功能,并设定 ADC 脚位输入为 I/O 功能。
19～22	将 SEG_PORT 定义成输出模式,定义 PA[2:0]为输入模式并使能其 Pull-high 功能。
23～24	定义 TP1B_0、TP1B_1 为 TP1B 功能。
25～29	定义 TM1C0、TM1C1、TM1C2 控制寄存器:

T1CK[2:0]：000,设定 $f_{INT} = f_{SYS}/4$;

T1AM[1:0]：10,设定为 PWM 或 Single Pulse 输出模式;

T1AIO[1:0]：10,设定 TP1A 为 PWM Output;

T1AOC：1,选择 PWM 输出为 Active High;

T1CCLR：0,设定当 TM1D = TM1A 时(即比较器 A 比较匹配时)清除计数器;

T1BM[1:0]：10,设定为 PWM 或 Single Pulse 输出模式;

T1BIO[1:0]：10,设定 TP1B 为 PWM Output;

行号	说明
	T1BOC：1，选择 PWM 输出为 Active High。
30～33	设定 PWM 周期为 $1\,023 \times (f_{INT}^{-1})$。
34～36	定义 PC0(TP1B_0)、PC1(TP1B_1)为输出模式，并选择 TP1B 为同相输出。
37～38	清除 INDEX 值，并启动 ETM 开始计数。
40～42	显示目前的转速值（"9"：最快～"0"：最慢）。
43～48	依据 INDEX 值进行查表，并将查表结果存入 TM1BL、TM1BH 寄存器；此举即改变输出波形的占空比，进而达到改变电机转速的目的。
49	延迟 250 ms。
51～56	检查加速(Speed_UP)、减速(Speed_DN)与方向(Direction)按键，以判断是否要改变电机的转速、转向。
57～67	此段是使用者按下方向键(Direction)的处理程序，即正转变反转或反转变正转的程序；57 行先检查 TP1B_0 是否指定为 TP1B 的 PWM 输出脚位，若是则停止 PWM 输出，恢复为 I/O 引脚功能并输出 Low（请注意在 35 行已将 PC.0 设为"0"），延迟 250 ms 后启动 TP1B_1 的 PWM 输出功能，并回到 MAIN 执行程序。如果 TP1B_0 必非指定为 TP1B 的 PWM 输出脚位，则关闭 TP1B_1 的 PWM 输出功能并输出 Low（请注意在 35 行已将 PC.1 设为"0"），延迟 250 ms 后启动 TP1B_0 的 PWM 输出功能，并回到 MAIN 执行程序。
68～71	此段程序是使用者按下减速键(Speed_DN)的处理程序，首先判断 INDEX 是否为"0"，若是，代表电机转速已经达到最低指数，维持 INDEX 的值；反之，表示电机尚有减速空间，将 INDEX 减一以降低转速。
72～71	此段是使用者按下加速键(Speed_UP)的处理程序，首先判断 INDEX 是否为"10"，若是，代表电机转速已经达到最高指数，维持 INDEX 值；反之，表示电机尚有加速空间，将 INDEX 加一以提高转速。
81～93	七段显示器显示码查表子程序。
99～113	DELAY 子程序，延迟 250 ms；延迟时间的计算请参考实验 4.1。
115～125	T_{ON} 时间建表区。

直流电机的 PWM 控制方式与实验 4.13 中控制 LED 亮度的原理差不多，只是针对不同的装置特性稍微有些不同。对电机的控制必须了解其特性，电机毕竟是个机械装置，无法在瞬间达到其应有的转速。本实验只是很简单地利用按键来控制其转速、转向，读者可以发现当按下按键时，需要一段时间电机方能达到定速，这就如同惯性一般。同理，由转动到静止时，也是需要一段时间。电机由静止启动时，也需要耗费较大的电力。一般精确的电机控制，必须要考虑加速、减速的问题，有兴趣的读者可以多参考这方面的书籍。此外，在进行本实验时，可将控制芯片电路与电机的电源分开，避免电源互相干扰。甚至可以用光隔离（如 PC817、PC847）方式使正电源、地线与控制线全部分开，互不相连，以避免出现不正常动作。

请读者特别留意程序 5.1 中的转向控制程序片段（57～67 行），读者应该不难发现笔者是以 TP1B_0 与 TP1B_1 的引脚功能切换来达成改变电机转向的目的。在第 35 行将 PC[1:0] 设为"00"的作用不仅是在选择 TP1B 的输出同相（参考实验 4.13），其另外一个功能是在保证当 TP1B_0、TP1B_1 由 PWM 输出功能转换为 I/O 时，PC.0、PC.1 的输出状态为 Low，以确保电机得以顺利完成转向的变换。此外，在切换的过程加入了 250 ms 的延迟，其主要目的是避免图 5.1.1 中的 Q1-Q3（或 Q2-Q4）晶体管瞬间同时导通，使电流激增而造成电路动作不正常。或许读者会质疑：程序明明是先后以 TP1B_0、TP1B_1 控制 Q1-Q3（或 Q2-Q4）的关、开,应该不会有同时导通的现象吧?由于晶体管由饱和区切换为截止区需要一定的时间,而单片机执行指令的等级是约数百 ns 至数 μs,所以若不在切换间加上延迟时间,的确有瞬间同时导通的可能存在。电路中瞬间的电流增加,除了易造成噪声之外,万一电源的电流不足,也会造成电路电压的瞬间下降,这些现象都可能造成单片机的不正常动作,使用上一定要小心。

5.1.5 动动脑＋动动手

- 试着改写程序 5.1,使电机的转速能有更多种变化。
- 试着让占空比再降低,观察电机在何种占空比下就无法转动了。
- 将程序 5.1 中的 35 行指令删除,重新执行程序后与原来是否不同?
- 试着修改程序 5.1 中的 PWM 周期,并更改 115～125 行 T_{ON} 时间建表区的数据,使其与原程序维持一样的占空比,感受一下当 PWM 周期改变、占空比维持不变的情形下,电机的转速、扭力、甚至产生的干扰或噪声有何差异。

5.2 马表－多颗七段显示器控制实验

5.2.1 目　　的

本实验利用人类视觉暂留的特性,依次逐一点亮七段显示器呈现同时点亮的错觉,以解决 I/O 口不足的问题。本实验承接实验 4.3 单颗七段显示器控制实验,但增加为 4 位数的计数器,配合 HT66F50 的 STM 单元与外部中断的控制(INT0),制作一个计时分辨率为 0.1 s 的马表。

5.2.2 学习重点

通过本实验,读者能了解如何以扫描的方式来控制多颗七段显示器的显示;同时对 HT66F50 的间接寻址(Indirect Addressing)、外部中断与 STM 单元的计时功能,都应有更深一层的认识。

5.2.3 电路图

在一个系统中为了显示更多信息,通常会并排使用多颗七段显示器。若以实验 4.3 的方法来驱动七段显示器,就需要耗费很多个 I/O 口。例如,一个显示"时"和"分"的定时器就需要 4 颗七段显示器,这表示单片机就需有 4 组 I/O 口用在显示器各节段(Segment)的驱动上,这个对 I/O 资源极为珍贵的小型控制器而言,无疑是一种浪费。解决方法就是采用"动态扫描"的驱动方式以节省 I/O 引脚。所谓动态扫描是利用人类视觉暂留的现象(约 30～45 ms)并配合程序的控制,以分时(Time Devision)方式依序点亮每一颗七段显示器。只要轮流显示的速度控制得当,那么虽然是一次只点亮一颗七段显示器,但是在视觉效果上却是所有显示器都同时亮着,而且也达到了节省 I/O 引脚的目的。本实验使用 TM 单元(STM)中断与外部中断（INT0）配合，设计一个计时马表的功能，本实验相关控制寄存器列于表 5.2.1，其设定方式请读者参考相关章节。电路图如图 5.2.1 所示。

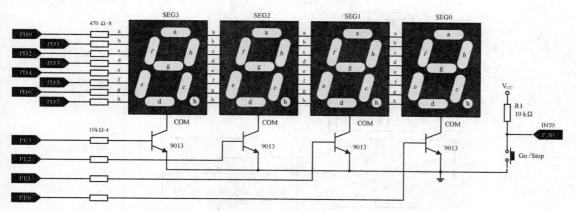

PS：若使能 PA0 的 Pull-high 功能，则 R1 电阻可省略。

图 5.2.1　多颗七段显示器控制电路

表 5.2.1　本实验相关控制寄存器

		7	6	5	4	3	2	1	0
2.4 节	INTEG	—	—	—	—	INT1S1	INT1S0	INT0S1	INT0S0
	INTC0	—	CP0F	INT1F	INT0F	CP0E	INT1E	INT0E	EMI
	INTC1	ADF	MF1F	MF0F	CP1F	ADE	MF1E	MF0E	CP1E
	MFI0	T2AF	T2PF	T0AF	T0PF	T2AE	T2PE	T0AE	T0PE
2.5.2 小节	TM2C0	T2PAU	T2CK2	T2CK1	T2CK0	T2ON	—	—	—
	TM2C1	T2M1	T2M0	T2IO1	T2IO0	T2OC	T2POL	T2DPX	T2CCLR
	TM2DL	TM2D[7:0]							
	TM2DH	TM2D[15:8]							
	TM2AL	TM2A[7:0]							
	TM2AH	TM2A[15:8]							
	Bit	7	6	5	4	3	2	1	0

5.2.4 程序及流程图

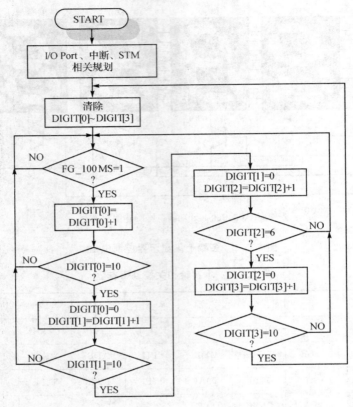

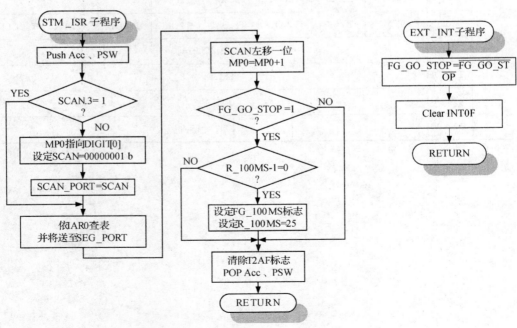

程序 5.2　多颗七段显示器控制实验

程序内容请参考随书光盘。

程序解说：

4	载入"5-2.INC"定义档，其内容请参考随书光盘中的文件。
7～13	依序定义变量地址。
16	声明内存地址由 00h 开始(HT66Fx0 复位向量)。
18	声明内存地址由 04h 开始(HT66Fx0 外部中断 0 向量地址)。
20	声明内存地址由 14h 开始(HT66Fx0 STM 中断向量地址)。
23～25	关闭 CP0 功能，并设定 ADC 脚位输入为 I/O 功能。
26～29	将 SCAN_PORT、SEG_PORT 定义成输出模式，并将其状态设为 Low。
30～33	定义 TM2C0、TM2C1 控制寄存器： T2CK[2:0]：000，设定 $f_{INT} = f_{SYS}/4$； T2M[1:0]：11，设定为 Timer/Counter 模式； T2CCLR：0，设定当 TM2D = TM2A 时(即比较器 A 比较匹配时)清除计数器。
34～37	设定 TM2A = 5000；故 STM 计时中断时间为 5 000 × $f_{SYS}/4$(5 ms @ f_{SYS} = 4 MHz)。
38～39	使能 MF0 与 STM 中断。
40～44	定义 INT0(PA.3)为输入模式，并使能其 Pull-high 功能。设定 INT0 为下降沿触发形式，且使能其中断功能。
45～48	设定扫描寄存器(SCAN)初值，并将 MP0 指向 DIGIT 存储器的地址。
49～51	设定 100 ms 计数器初值为 20，并清除代表已计时 100 ms 的 FG_100MS 标志。
52～54	使能中断总开关(EMI)，HT66F50 可开始接收外部中断；启动 STM 计时功能并清除 FG_GO_STOP 标志(此标志是 STM 中断服务子程序中用来判断是否计时的依据)。
56～59	清除存储器 DIGIT[0]～DIGIT[3]，这 4 个存储器在程序中分别储存 1/10 s、秒的个位数、秒的十位数及分钟的计数值。
61～62	等待 100 ms 的计数时间。
63～87	此段程序为计时达 100 ms 的处理程序，首先清除 FG_100MS 标志；接着按计时的规则逐一更新 DIGIT[0]～DIGIT[3]存储器的数值；若计时已到达"9：59.9"则重新将 DIGIT[0]～DIGIT[3]清除后继续执行(JMP RE_START)。
91～121	STM 中断服务子程序的主要功能是每隔 5 ms 更新扫描的显示器与显示值，每中断 20 次后需设定 FG_100MS 标志，以提供主程序作为是否已计时 100 ms 的判断依据；但若 FG_GO_STOP 标志为"0"代表暂停计数，此时扫描动作继续运行，但会停止 FG_100MS 标志的设定。95～109 行的程序用来逐一点亮(扫描)DIGIT[0]～DIGIT[3]；其中是以间接寻址法(MP0 配合 IAR0)，循环将 DIGIT[0]～DIGIT[3]的数值经由 TRANS 子程序转换为七段显示码后输出至 SEG_PORT，并配合 SCAN_PORT 的左移动作点亮对应的显示器。同时，每个显示器被点亮的时间由 STM 的中断时间所控制(为 7 ms)。
125～132	外部中断服务子程序，此段程序的目的是将控制是否计时的 FG_GO_STOP 标志加以反向。
136～148	七段显示器查表子程序。

　　本实验的重点就在于扫描时间的掌握，如果每一颗七段显示器点亮的时间不够长(扫描时间过短)，显示的数字就不清楚(因为 LED 通电之后要达到相对的亮度需要一定的时间)；反之，若每个位数停留的时间太久(扫描时间过长)，就会看到数字闪烁，甚至看到数字是逐一点亮的情形。视觉暂留的时间约 30～45 ms，程序 5.2 以 STM 的 Timer/Counter 模式控制让每

一个数字点亮约 5 ms(4×5=20 ms),没有超过视觉暂留时间,所以可以清楚看见七段显示器上的数字。而以 5 ms 为计时时间的另一个目的是在中断 20 次后即为 100 ms 的时间,刚好可以进行显示数值的更新程序。执行在程序 5.2 时,使用者可以通过"GO/STOP"按键来控制定时器开始或暂停计数,若想让时间归零的话,可以按下 RESET 按键。当然要使用硬件复位功能的话,"配置选项"的设定与 PB0/RESB 引脚位的连接要重新考虑,请参考实验 4.16。

另外,INT0_ISR 的中断服务子程序只是单纯进行标志清除、设定,没有涉及存储器值的运算,所以 Acc、STATUS 寄存器就不需像 STM_ISR 中还要先做内存值保存的动作。

5.2.5 动动脑+动动手

- 试着将 STM 计时的时间延长,观察七段显示器的显示情形。
- 试着将 STM 计时的时间缩短,观察七段显示器的显示情形。
- 修改程序 5.2 将其成为 00:00~23:59 的 24 小时定时器;以 SEG3、SEG2 显示小时,SEG1、SEG0 显示分钟,秒针的跳动就以 SEG0 的"h"字节闪、灭来表示。

5.3 静态点矩阵 LED 控制实验

5.3.1 目　的

本实验利用视觉暂留的特性,通过 HT66F50 的"时基计数器"(Time Base Counter,TB)单元控制扫描时间,在 8×8 点矩阵 LED 上显示字型。

5.3.2 学习重点

通过本实验,读者能了解如何以扫描的方式来控制 8×8 点矩阵 LED 的显示;并应熟悉 HT66F50 Time Base Counter 的控制与其中断操作特性。

5.3.3 电路图

点矩阵(Dot-Matrix)LED 在各式广告牌上都看的到,其控制方式其实与实验 5.2 多颗七段显示器的扫描控制差不多,也是利用人类视觉暂留的特性,依序点亮一排一排点矩阵的 LED,呈现同时发亮的错觉,只要适当的控制各排所需点亮的字型码(Pattern)与点亮的时间,就可以看到各种的字型。电路图如图 5.3.1 所示。

图 5.3.2 为 8×8 点矩阵 LED 的内部电路,一般应用上是将其分成行(Column,C0~C7)、列(Row,R0~R7)加以控制。例如本实验的电路中(图 5.3.1),是将 HT66F50 的 Port D 作为列扫描的控制;而 Port E 则作为字型输出的行控制。举例来说,如果要显示如图 5.3.3 的"↑"符号,则就需依图 5.3.4 的顺序逐一送出字型码,并给予每列适当的停留时间;如果分为 8 列扫描且取 16 ms 的视觉暂留时间,则每列仅能停留大约 2 ms 的时间。

本范例程序利用 HT66F50 的时基计数器(Time Base Counter,TB)产生所需的控制信号,大约每 2.048 ms 中断一次,在其中断服务程序中切换扫描列并送出对应的图样,完成显示动作。HT66F50 的 Time Base Counter 界面架构如图 5.3.5 所示,其内含两组定时器:TB0 与 TB1。其主要功能是根据计数频率源(f_{TB})提供一个规律性的内部中断(Regular Internal

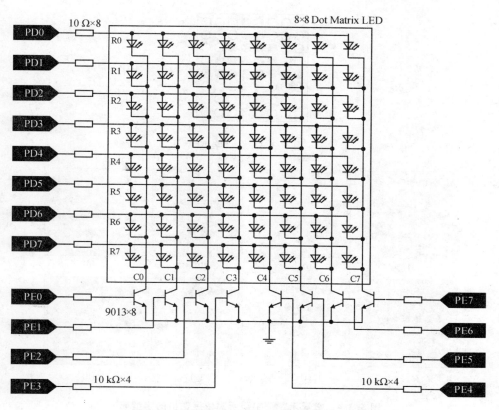

图 5.3.1 8×8 点矩阵 LED 控制电路

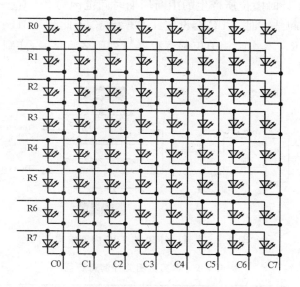

图 5.3.2 8×8 点矩阵 LED 内部结构

Interrupt),两者的操作方式完全相同,只是 TB0 计数周期的时间比 TB1 多了 4 种不同的选择。TB0 计时溢位所产生的中断周期时间范围为 $2^8/f_{TB} \sim 2^{15}/f_{TB}$,可由 TB0[2:0]这 3 位加以选定;当计数时间结束时,TB 会设定 TB0F 标志,若此时 TB0E="1"且 EMI="1",则 CPU 将

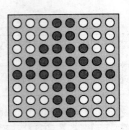

图 5.3.3 "↑"字型

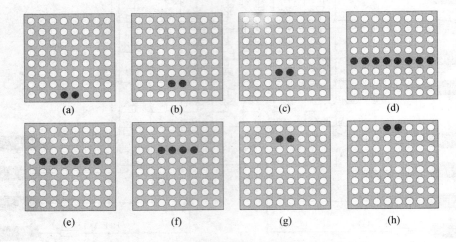

图 5.3.4 欲显示"↑"字型所需依序送出的字型码

至 24h 执行 ISR。TB1 计时溢位所产生的中断周期时间范围为 $2^{12}/f_{TB} \sim 2^{15}/f_{TB}$，可由 TB1[1：0]两位选定；当计数时间结束时，TBC 会设定 TB1F 标志，若此时 TB1E="1"且 EMI="1"，则 CPU 将至 28h 执行 ISR。本实验相关控制寄存器简列于表 5.3.1，详细说明请读者参考各相关章节。

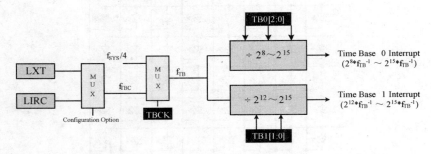

图 5.3.5 HT66F50 的 TBC 内部结构

表 5.3.1 本实验相关控制寄存器

2.4 节	INTC0	—	CP0F	INT1F	INT0F	CP0E	INT1E	INT0E	EMI
	INTC2	MF3F	TB1F	TB0F	MF2F	MF3E	TB1E	TB0E	MF2E
2.13 节	TBC	TBON	TBCK	TB11	TB10	LXTLP	TB02	TB01	TB00
	Bit	7	6	5	4	3	2	1	0

5.3.4 程序及流程图

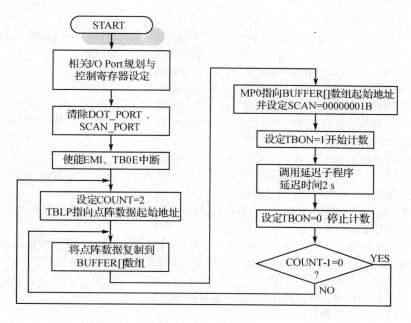

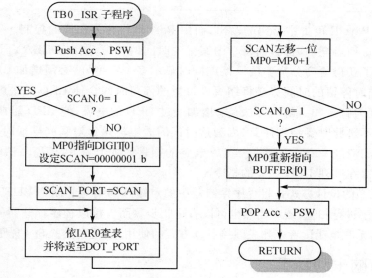

程序 5.3　TBC 静态点矩阵 LED 扫描控制

程序内容请参考随书光盘。

程序解说：

5	载入"5.3.INC"定义文件，其内容请参考随书光盘中的文件。
8～17	依序定义变量地址。
20	声明内存地址由 00h 开始（HT66Fx0 复位向量）。

行号	说明
22	声明内存地址由 24h 开始（HT66F50 TB0 中断向量地址）。
24～27	将 SCAN_PORT、DOT_PORT 定义成输出模式，并熄灭所有灯号。
28～29	定义 TBC 控制寄存器： TBCK：1，选择计数频率来源为 $f_{SYS}/4$； TB0[2:0]：011，设定 Time Base Interrupt 周期时间为 $2\,048\times(f_{SYS}/4) \fallingdotseq 2.048$ ms @ $f_{SYS}=4$ MHz。
30～31	使能中断总开关（EMI）与 TB0（TB0E），HT66F50 可开始接收 TB0 中断。
32～33	设定 COUNT1 为 2，代表有两组点矩阵图案要显示。
34～35	将 TBLP 指向第一组要显示的点矩阵图案的起始地址。
36	调用 COPY 子程序，将一组点矩阵图案复制到 BUFFER[] 数组，以便进入 TB0_ISR 后送出显示数据。
37～40	将 MP0 指向 BUFFER[] 数组的起始地址，并设定 SCAN 扫描存储器为 00000001B。
41	设定 TBON 为"1"，TBC 开始计数。
42～43	调用 DELAY 子程序，延迟 2 s；延迟时间的计算请参考实验 4.1。
44～47	设定 TBON 为"0"，停止 TBC 计数；判断 COUNT 减一是否为 0，成立则重新执行程序（JMP MAIN）；反之，则显示下一个点矩阵图案（JMP MAIN_1）。
54～65	COPY 子程序，根据 TBLP 指定的位置，将连续 8 个地址所存放的点阵数据由程序存储器复制到 BUFFER[] 数组。
69～87	TB0 中断服务子程序，根据 SCAN 存储器之值送出扫描列的信号，并依 MP0 指定的地址送出对应的位图案。将 SCAN 存储器左移之后判断是否已完成 8 列的扫描，若是则重新将 MP0 指向 BUFFER[] 数组的起始地址；否则继续下一列扫描。
94～107	DELAY 子程序，延迟时间的计算请参考实验 4.1。
109～126	两组点矩阵图案数据建表区。

程序 5.3 用 Port E 负责字型码的输出，而用 Port D 作为列扫描的控制。TB 模块的中断功能则用来掌控每列点亮的时间，而每个图案呈现时间的长短，则由 DELAY 子程序的延迟时间决定。有时为了获得更高分辨率的字型或同时显示多个字型，就必须增加 LED 的列数及行数，此时每列扫描时停留的时间势必将缩短。过短的停留时间会使 LED 无法进入完全导通的状态，致使其亮度大打折扣。解决方法是：增加通过 LED 的电流，使 LED 能在导通的瞬间达到应有的亮度。不过此时要特别注意，因为这时候的大电流是针对瞬间导通时所设计的，切记勿让此电流长时间流经 LED，否则将会造成电路的损害。尤其在用 ICE 测试时，务必避免单步执行或断点停留在某列 LED 点亮的指令上。

另外，程序 5.3 的设计方式是将程序存储器中的点矩阵图案先复制到 BUFFER[] 数组后再交予 TB0_ISR 程序进行扫描；读者当然也可以省略此步骤而直接以程序存储器的点阵数据进行显示，笔者的目的无非是让读者多熟悉间接寻址方式的使用，以便在实验 5.4 能更灵活的运用。

5.3.5 动动脑＋动动手

- 若修改 5.3.INC 定义文件的设定，使 SCAN_PORT、DOT_PORT 的定义调换；请问执行结果有何不同？
- 若修改程序 5.3 中 TB0_ISR 程序的扫描顺序，使 SCAN 存储器是由左移改为右移；请问执行结果有何不同？
- 若将程序 5.3 第 43 行指令（CALL DELAY）删除，是否仍可看到两组图案的交替显示？为什么？
- 试想若将程序 5.3 的列扫描时间控制由 TB0 更替为 TB1，是否可行？有何限制呢？

5.4 动态点矩阵 LED 控制实验

5.4.1 目　　的

承续实验 5.3 的静态点矩阵 LED 图案显示,本实验在 8×8 点矩阵 LED 上显示动态的移动字型。

5.4.2 学习重点

通过本实验,读者能运用程序的技巧,在 8×8 点矩阵 LED 上做动态显示,并应更熟悉 HT66F50"间接寻址法(Indirect Addressing Mode)"的运用。

5.4.3 电路图

实验 5.3 在点矩阵 LED 上显示静态字型,相信读者已经十分清楚该如何控制。若果真如此,则需要再使用一点程序上的技巧就可以让字型达到移动的效果。参考图 5.4.2,如果在程序存储器(ROM)中建立图中所需的 16 种图案的字型码,然后再让每个字型重复显示几次,也就是说依序由(1)~(16)让字型在点矩阵上停留 80 ms(5 次×8 列×2 ms/列),应该就可以看到"↑"符号移出点矩阵后再移回原位置的效果。移动速度的快慢则取决于每个图案重复显示的次数(在程序中,笔者用 DELAY 子程序的延迟时间来决定图案跑动的速度)。实验电路图如图 5.4.1 所示。

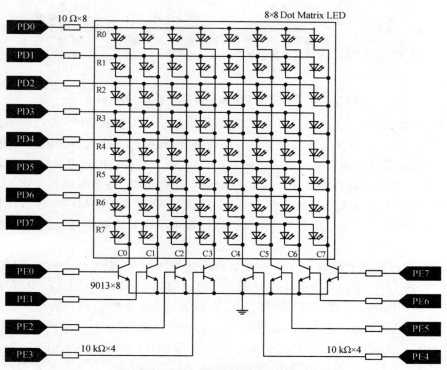

图 5.4.1　8×8 点矩阵 LED 控制电路

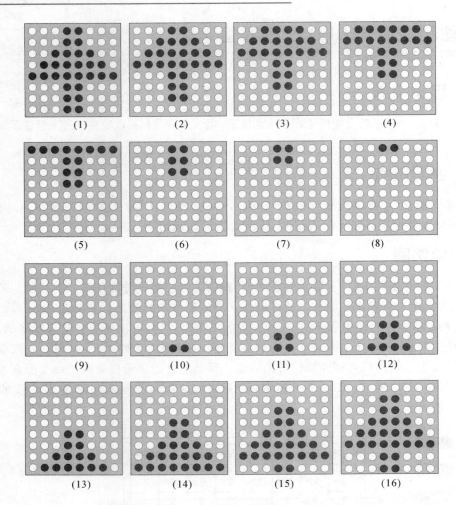

图 5.4.2　产生字型移动效果所需依序送出的字型

问题是这种作法，一个字型码需要约 8B 的程序存储空间，光是一个字型的移动效果就必须耗费掉 128B(8×16)，万一要多几个字型的移动特效，耗费掉大半的程序内存不说，光是建表的工程就可能浪费掉许多宝贵的时间。所以，上述控制字型移动的观念虽然正确，但是否有其他的替代方案，以避免耗费内存并节省建表工程所需时间呢？答案当然是肯定的。读者可以再仔细观察图 5.4.2，如果将原来的字型先发送到数据存储器(RAM)中，然后再将数据存储器中的字型依序移位、显示，是不是就达到一样的效果了呢？简而言之，就是以编程技巧来换取程序所需的空间。

首先，在数据存储器中保留 16B 作为字型移动缓冲区(BUFFER[0]～ BUFFER[15])。要显示字型时，将 8B 的字型码由程序存储器先复制到 BUFFER[0]～BUFFER[7]的数据存储器中，并将 BUFFER[8]～BUFFER[15]清除为 0(如图 5.4.3 中(1))。紧接着把 BUFFER[0]～BUFFER[7]循环送出显示后，再将 BUFFER[0]～ BUFFER[15]中的数据循环移位(Circular Shift)一次(如图 5.4.3 中(2))，然后再一次将 BUFFER[0]～BUFFER[7]循环送出显示；如此重复循环移位与显示的动作，就可获得字型移动的效果了。本实验相关控制寄存器请参阅表 5.4.1。

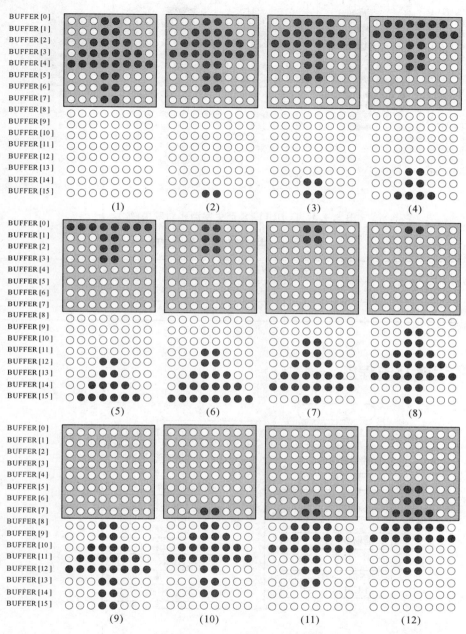

图 5.4.3 以 BUFFER 产生字型移动效果

第 5 章 进阶实验篇

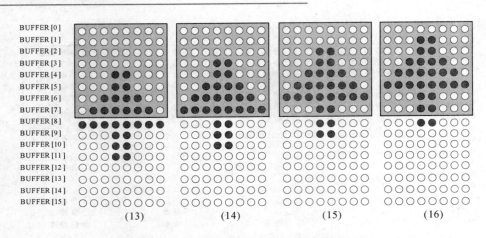

图 5.4.3 以 BUFFER 产生字型移动效果（续）

表 5.4.1 本实验相关控制寄存器

2.4 节	INTC0	—	CP0F	INT1F	INT0F	CP0E	INT1E	INT0E	EMI
	INTC2	MF3F	TB1F	TB0F	MF2F	MF3E	TB1E	TB0E	MF2E
2.13 节	TBC	TBON	TBCK	TB11	TB10	LXTLP	TB02	TB01	TB00
Bit	7	6	5	4	3	2	1	0

5.4.4 程序及流程图

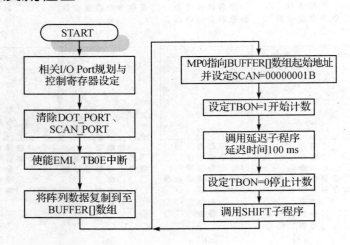

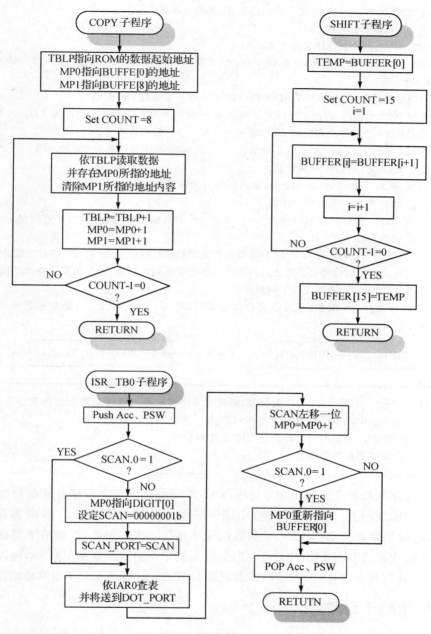

程序 5.4　动态点矩阵 LED

程序内容请参考随书光盘。

程序解说：

5	载入"5.4.INC"定义文件,其内容请参考随书光盘中的文件。
8~15	依序定义变量地址。
18	声明内存地址由 00h 开始(HT66Fx0 复位向量)。
20	声明内存地址由 24h 开始(HT66F50 TB0 中断向量地址)。

行号	说明
22~25	将 SCAN_PORT、DOT_PORT 定义成输出模式,并熄灭所有灯号。
26~27	定义 TBC 控制寄存器: TBCK:1,选择计数频率来源为 $f_{SYS}/4$; TB0[2:0]:011,设定 Time Base Interrupt 周期时间为 $2\,048 \times (f_{SYS}/4) \approx 2.048$ ms @ $f_{SYS} =$ 4 MHz。
28~29	使能中断总开关(EMI)与 TB0(TB0E),HT66F50 可开始接收 TB0 中断。
30	调用 COPY 子程序,将点矩阵图案复制到 BUFFER[0]~BUFFER[7],以便进入 ISR_TB0 后送出显示数据;COPY 子程序会同时将 BUFFER[8]~BUFFER[15]的内容清除。
32~35	将 MP0 指向 BUFFER[]数组的起始地址,并设定 SCAN 扫描存储器为 00000001B。
36	设定 TBON 为"1",TBC 开始计数。
37~38	调用 DELAY 子程序,延迟 100 ms;延迟时间的计算请参考实验 4.1。
39	设定 TBON 为"0",停止 TBC 计数。
40~41	调用 SHIFT 子程序,将 BUFFER[0]~BUFFER[15]的数据循环移位一次;并重新显示点矩阵图案(JMP MAIN_1)。
45~63	TB0 中断服务子程序根据 SCAN 存储器的值送出扫描列的信号,并依 MP0 指定的地址送出对应的位图案。将 SCAN 存储器左移之后判断是否已完成 8 列的扫描,若是则重新将 MP0 指向 BUFFER[]数组的起始地址;否则继续下一列扫描。
69~88	SHIFT 子程序,运用间接寻址法将存储器 BUFFER[0]~BUFFER[15]内的数据循环移位一次,如下图:

94~111	COPY 子程序,根据 TBLP 指定的位置,将连续 8 个地址所存放的点阵数据由程序存储器复制到 BUFFER[0]~BUFFER[7]数组;并将 BUFFER[8]~BUFFER[15]清除为零。
118~131	DELAY 子程序,延迟时间的计算请参考实验 4.1。
133~140	两组点矩阵图案数据建表区。

  COPY 子程序的功能是运用间接寻址法将 8B 的字型码由程序存储器复制到数据存储器 BUFFER[0]~BUFFER[7],且同时将 BUFFER[8]~BUFFER[15]的内容清除为零。SHIFT 子程序则担负起将 BUFFER 中的数据循环移位一次的工作,以制造字型移动的显示效果。程序中每次都将 BUFFER[0]~BUFFER[7]的字型码重复显示 100 ms,所以字型是以每列 100 ms 的速度向上移动,读者可以试着调整 DELAY 时间来改变字型移动的快慢。

5.4.5 动动脑+动动手

- 试着改写程序 5.4,使图案的移动由向上移变成往下移。
- 是否可以试着写出向左、向右移动的控制程序呢?
- 若修改 5-3.INC 定义档的设定,使 SCAN_PORT、DOT_PORT 的定义调换;请问执行结果有何不同?请读者先分析预测结果,再与实际的执行结果比对。
- 试着增加另一组图案并改写程序 5.4,使两个图案交替移动。

5.5 LCD 界面实验

5.5.1 目的

本实验介绍液晶显示器(LCD)的基本构造与驱动原理,并利用 HT66F50 的 LCD 输出接口与 I/O 引脚控制,配合 STM Timer/Counter 模式的运作,达到在 LCD 上显示计时的功能。

5.5.2 学习重点

通过本实验,读者应了解 LCD 的驱动原理,并学习如何以 HT66F50 COM0～COM3 配合 I/O 引脚,进行 LCD 所提供的各项图案与数值显示;另外,对于 STM 的计时功能的运用应更加熟练。

5.5.3 电路图

在单片机的应用中,人机界面占据着相当重要的地位;其主要包括事件输入以及结果指示,结果指示通常包括 LED/LCD 显示、通信接口、外围设备操控等。而在这些人机界面当中,LCD 显示技术由于其具有显示多样化、成本较低、省电等特点而得以广泛使用于各式应用场合。本实验所用的 LCD 控制电路如图 5.5.1 所示。

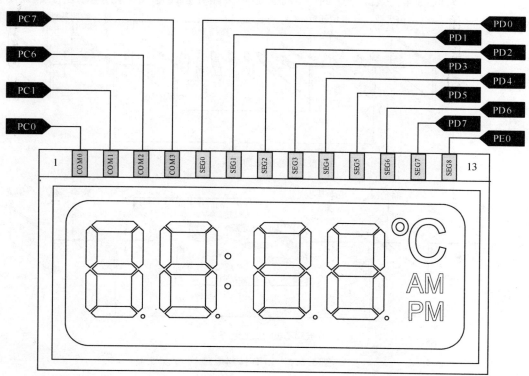

图 5.5.1　LCD 控制电路

讲解 LCD 驱动之前,先就其显示原理做一简单的介绍。LCD(Liquid Crystal Display)是利用液晶分子的物理结构与光学特性进行显示的一种技术。液晶分子是介于固体和液体之间的一种棒状结构的大分子物质。在自然状态下,其具有光学各向异性的特点。而在电(磁)场作用下,则呈现各向同性的特性,下面以 TN(Twisted Nematic①)LCD 面板的基本结构说明其基本显示原理。

如图 5.5.2 所示,LCD 面板由上、下玻璃基板与偏光板组成,在两玻璃基板之间,按照螺旋结构将液晶分子有规律的进行涂层。液晶面板的电极通过一种 ITO(Indium Tin Oxide)的金属化合物蚀刻在两层玻璃基板上。液晶分子的排列为螺旋结构,对光线具有"旋旋光性(Rotation of Polarization)",上、下偏光板的偏振角度相互垂直。当上下基板间未加电压时,自然光通过偏光板后,只有与偏光板方向相同的光线得以进入液晶分子的螺旋结构涂层中,由于螺旋结构的旋旋光性,将入射光线方向旋转 90°后照射到另一端的偏光板上。由于上、下偏光板的偏振角度相互垂直,入射光线通过另一端的偏光板完全反射,光线完全进入观察者的眼中,看到的效果就为白色(亮的状态)。若在上、下基板间施加电压时,液晶分子的螺旋结构在电(磁)场的作用下,变成了同向排列的结构,对入射光线方向未产生任何旋转作用。然而,由于上、下偏光板的偏振角度相互垂直,入射光线无法经由另一端的偏光板反射,导致光线无法进入观察者的眼中,此时看到的效果就为黑色(暗的状态)。如此通过在上、下玻璃基板电极间施加不同的电压,即可实现液晶显示的两种基本状态:亮(未加偏压)和暗(施加偏压)。在实际的 LCD 驱动电压中,有几个参数相当重要:①交流电压。液晶分子是需要交流信号来驱动,直流电压长时间的加在液晶分子两端,将会影响液晶分子的电气与化学特性,引起显示模

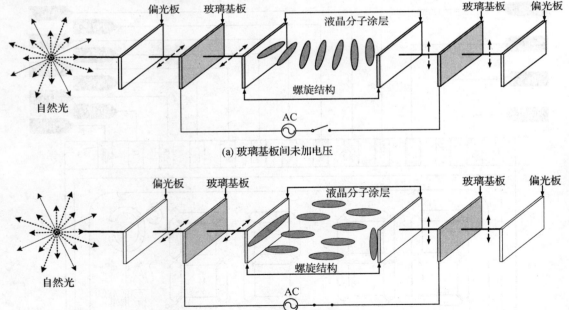

图 5.5.2 LCD 控制电路

---

① 向列型液晶:液晶分子大致以长轴方向平行配置,因此具有一度空间的规则性排列。此类型液晶的黏度小、反应速度快,是最早被应用的液晶;普遍使用于液晶电视、膝上型计算机以及各类型显示装置。

糊以及寿命的减短,其破坏性为不可恢复;②扫描频率。驱动液晶分子的交流电压频率一般在 60～100 Hz 之间,具体的频率是依 LCD 面板的面积与设计而定。频率过高,会增加驱动所需的功耗;频率太低,将导致显示闪烁的情形。

液晶分子是一种电压积分型材料,它的扭曲程度(透光性)仅仅和极板间电压的有效值[②]有关,和充电波形无关。LCD 显示亮、暗的分界电压称为 V_{th},当电压有效值超过 V_{th} 时,螺旋结构的旋光角度加大;透光率急剧变化、透明度急剧上升。反之,透明度急剧下降。光线的透射率与交流电压有效值的关系如图 5.5.3 所示。

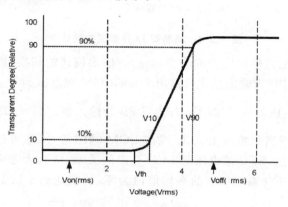

图 5.5.3 光线的透射率与交流电压有效值的关系图

市面上有许多 LCD 专用的驱动 IC(LCD Driver)或内建 LCD 驱动接口的单片机,正是经由系统的控制,依照使用者定义的显示图案,产生点亮 LCD 所需的驱动波形,点亮对应的图样(Pattern)而达到显示的效果。然而这类芯片能驱动的点数一般比较多,在需要少量点数显示的应用场合就显得浪费。单片机的 I/O 通过适当的程序控制与硬件分压的设计,也可以达到驱动 LCD 的效果;这在一般少点数的 LCD 应用十分普遍。如图 5.5.4 是一个 3 COMs×6 SEGs 的简单型 LCD 面板范例,厂商除了提供布线图之外,通常也会一并提供如表 5.5.1 所列的 LCD 区段码对应表。读者可将 SEG 与 COM 视为图 5.5.2 的上、下玻璃基板电极,所以只要在两端提供适当的偏压,即可控制各个节段的亮和暗。注意,如前所述,为了避免液晶分子的寿命减短,这个偏压必须是交流电压。此类 LCD 是以区段(Segment)方式控制显现图案的,故一般称为"Segment Type"LCD Pannel。

表 5.5.1 COMs×6 SEGs LCD 对应表

	SEG0	SEG1	SEG2	SEG3	SEG4	SEG5
COM0	1b	1a	—	2b	2a	—
COM1	1g	1f		2g	2f	
COM2	1e	1d	1c	2e	2d	2c

图 5.5.5 是直接以 HT46R22 单片机的 I/O 引脚驱动 LCD 的范例,请注意在 PB[7:6] 与 PB3 引脚上连接了 39 kΩ 的电阻至地,由于 HT46R22 I/O 引脚的内部上拉电阻在 30～50 kΩ

---

② 此有效值是指电压的均方根值(Root-Mean-Square,RMS)。

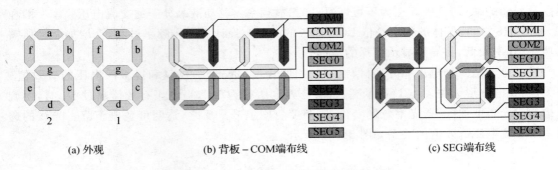

图 5.5.4 简易型 LCD 面板布线范例

之间(工作于 5 V 时),通过输出电位的改变与输入/输出模式的切换,即可提供 LCD COM 端 3 组不同的电压:①当 PB 为输出模式且输出 High,COM 端电压为 V_{DD};②当 PB 为输出模式且输出 Low,COM 端电压为 0 V(即 V_{SS});③当 PB 为输入模式时,COM 端电压为 $\frac{V_{DD}}{2}$。只要能配合程序的控制,在适当时机送出 SEG 端与 COM 端的信号,即可达到 LCD 显示的效果。图 5.5.6 是 COM 端电压、SEG 端电压与 LCD 亮点的关系,请读者参考图中的相关说明。请注意,图中 COM 端与 SEG 端电位差的平均值恒为零,这就达到了液晶分子需以交流信号驱动的基本原则。

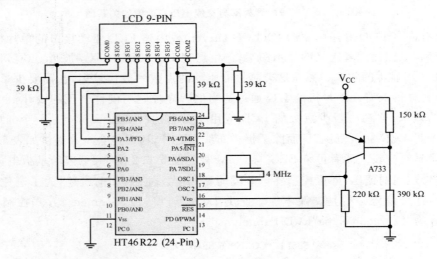

图 5.5.5 以单片机 I/O 引脚驱动 LCD 范例

送至 SEG 端的电压有两种:VA(即 V_{DD})或 V_{SS}(即 0 V);当 COM 端输出电压是在 VB (即 $V_{DD}/2$)时,由于上、下玻璃基板电极间的偏压仅可能为 $V_{DD}/2$ 或 $-V_{DD}/2$,其有效值小于 LCD 的临界电压 V_{th},所以此时 LCD 呈现亮的状态。然而,当 COM 电压为 VA 或 V_{SS} 时,玻璃基板电极两端的偏压可能为 V_{DD}、$-V_{DD}$ 或 0 V。毫无疑问的,当偏压为 0 V 时,LCD 为亮的状态;而若两端电压为 V_{DD} 或 $-V_{DD}$ 时,其有效值大于 V_{th},故 LCD 呈现暗的状态。通过如图 5.5.6 的信号机制,在 1、2、3 这 3 个不同时间区段分别让 COM0~COM2 逐一到达 VA、V_{SS} 的值,再通过 SEG 电压的配合,可以让对应的节段在适当时机呈现亮、暗的状态,进而显示出对应的图案或字型。另外,在 1、2、3 这 3 个时间区段点亮各节段时,是在 COM 与 SEG 端先提

供 V_{DD} 的电压后再转为 $-V_{DD}$，此方式将可延长 LCD 的使用寿命。不过，请读者注意，在此所指的"暗"状态是指可以看到图样的情况。请参考图 5.5.7 的显示范例；图中所显现的区段是在电极偏压有效值大于 V_{th} 时，各区段呈现暗的状态。

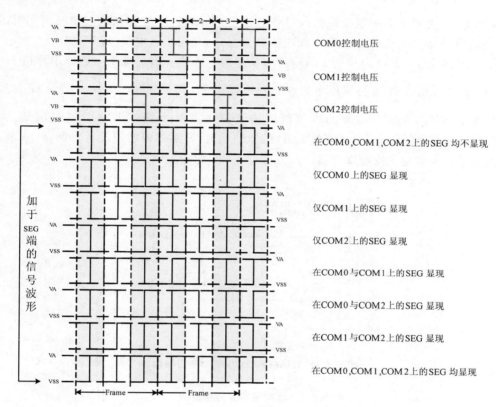

图 5.5.6　LCD 面板的驱动信号

图 5.5.7　Segment Type LCD 面板应用范例

图 5.5.6 中，在 1、2、3 这 3 个不同时间区段分别让 COM0～COM2 逐一输出 VA、V_{SS} 的值，让 LCD 面板呈现一次图案的显现称之为帧（Frame）。帧扫描频率一般在 60～100 Hz，实际的频率是依 LCD 面板的面积与设计而定。频率过高，会增加驱动所需的功耗；频率太低，将导致显示图案产生闪烁的情形。LCD 的占空比（Duty）是指每个 COM 的有效选通时间（如图 5.5.6 中 COM 电压维持在 VA 以及 V_{SS} 的区间）与整个扫描周期的比值；由于 STN/TN 的 LCD 一般是采用分时动态扫描的驱动模式，其占空比是固定为 $\dfrac{1}{COM\square}$。例如图 5.5.4 的简

易型 LCD 面板,其占空比为 $\frac{1}{3}$。LCD 的偏压是指 SEG/COM 的电位差,而偏压比(Bias)通常是以最低与最高电位差的比值来表示,如图 5.5.6 所示的驱动波形,其偏压比为 $\frac{1}{2}$。一般而言,Bias 和 Duty 之间是有一定关系的;COM 数越多,则每根 COM 对应的扫描时间变短,若要达到同样的显示亮度和显示对比度,VA 电压就要提高,亮与暗的电位差亦需加大。

图 5.5.8 是 HT66F50 内建的 LCD 界面,从架构上不难看出它是将一般以单片机 I/O 产生 LCD 驱动信号所需外加的偏压电阻纳入 MCU 内部,其可提供 $\frac{1}{2}$ Bias、4 个 COM(Common)端,至于 SEG(Segment)端的段数就取决于使用者对于整体 I/O 引脚的定义。通过 SCOMC 控制寄存器的设定,尚可调整 LCD 的驱动电流,详细的说明请读者参阅 2.10 节。表 5.5.2 列出了本实验相关控制寄存器。

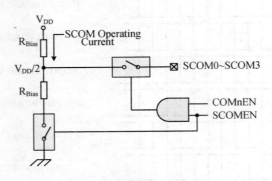

图 5.5.8　HT66F50 LCD 驱动接口架构

表 5.5.2　本实验相关控制寄存器

2.10 节	SCOMC	D7	ISEL1	ISEL0	SCOMEN	COM3EN	COM2EN	COM1EN	COM0EN
2.4 节	INTC0	—	CP0F	INT1F	INT0F	CP0E	INT1E	INT0E	EMI
	INTC1	ADF	MF1F	MF0F	CP1F	ADE	MF1E	MF0E	CP1E
	MFI0	T2AF	T2PF	T0AF	T0PF	T2AE	T2PE	T0AE	T0PE
2.5.2 节	TM2C0	T2PAU	T2CK2	T2CK1	T2CK0	T2ON	—	—	—
	TM2C1	T2M1	T2M0	T2IO1	T2IO0	T2OC	T2POL	T2DPX	T2CCLR
	TM2DL				TM2D[7:0]				
	TM2DH				TM2D[15:8]				
	TM2AL				TM2A[7:0]				
	TM2AH				TM2A[15:8]				
	Bit	7	6	5	4	3	2	1	0

本实验的电路如图 5.5.1 所示,LCD 的外观与 COM/SEG 结构请参考图 5.5.9 与表 5.5.3。根据图 5.5.5 范例电路的说明,欲产生如表 5.5.3 所列规格的 LCD 驱动信号,需 4 个不同时间区段(以下简称"Phase")分别将 V_{DD}、0 V 的电压送至 COM0~COM3 以完成一次帧扫描,至于扫描过程中对应的字节(Segment)是亮或暗,就取决于在 SEG0~SEG8 所给予的

信号电平了。本实验 LCD 驱动信号定义如表 5.5.4 所列。

表 5.5.3 4 COMs×9 SEGs LCD 对应表

	SEG0	SEG1	SEG2	SEG3	SEG4	SEG5	SEG6	SEG7	SEG8
COM0	1a	1b	2a	2b	3a	3b	4a	4b	P1
COM1	1f	1c	2f	2c	3f	3c	4f	4c	P2
COM2	1g	1d	2g	2d	3g	3d	4g	4d	P3
COM3	1e	COL	2e	℃	3e	AM	4e	PM	P4

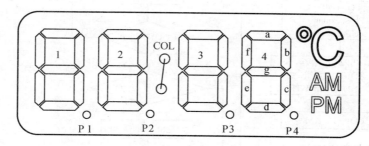

图 5.5.9 本实验采用的 LCD 字节对应

表 5.5.4 本实验 LCD 驱动信号定义

	Phase0		Phase1		Phase2		Phase3	
PhaseCount	0	1	2	3	4	5	6	7
COM0	0	V_{DD}	$\frac{V_{DD}}{2}$	$\frac{V_{DD}}{2}$	$\frac{V_{DD}}{2}$	$\frac{V_{DD}}{2}$	$\frac{V_{DD}}{2}$	$\frac{V_{DD}}{2}$
COM1	$\frac{V_{DD}}{2}$	$\frac{V_{DD}}{2}$	0	V_{DD}	$\frac{V_{DD}}{2}$	$\frac{V_{DD}}{2}$	$\frac{V_{DD}}{2}$	$\frac{V_{DD}}{2}$
COM2	$\frac{V_{DD}}{2}$	$\frac{V_{DD}}{2}$	$\frac{V_{DD}}{2}$	$\frac{V_{DD}}{2}$	0	V_{DD}	$\frac{V_{DD}}{2}$	$\frac{V_{DD}}{2}$
COM3	$\frac{V_{DD}}{2}$	$\frac{V_{DD}}{2}$	$\frac{V_{DD}}{2}$	$\frac{V_{DD}}{2}$	$\frac{V_{DD}}{2}$	$\frac{V_{DD}}{2}$	0	V_{DD}
送至 Segment 信号电平								
Segment 不显现	0	V_{DD}	0	V_{DD}	0	V_{DD}	0	V_{DD}
Segment 显现	V_{DD}	0	V_{DD}	0	V_{DD}	0	V_{DD}	0

5.5.4 程序及流程图

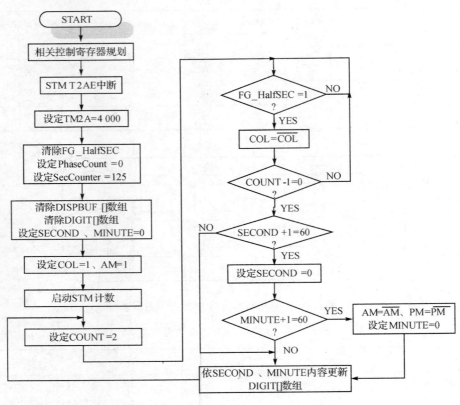

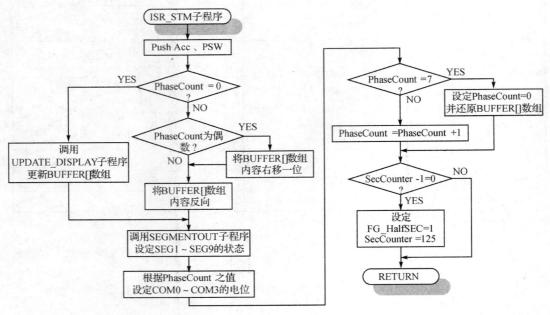

程序 5.5　LCD 控制实验
程序内容请参考随书光盘。

程序解说：

7～19	依序定义变量地址。
21	载入"5.5.INC"定义文件，其内容请参考随书光盘中的文件。
24	声明内存地址由 00h 开始(HT66Fx0 复位向量)。
26	声明内存地址由 14h 开始(HT66Fx0 STM 中断向量地址)。
28～31	关闭 CP0、CP1 功能，并设定 ADC 脚位输入为 I/O 功能。
32～37	将 SEG_BYTE、SEG9 以及 COM0～COM3 成输出模式。
38～39	使能 SCOM 接口功能，并设定偏压电流为 200 μA。
40～41	使能 MF0E 与 STM 中断(T2AE)。
42～42	定义 TM2C0、TM2C1 控制寄存器： T2CK[2:0]：000，设定 f_{INT} = f_{SYS}/4； T2M[1:0]：11，设定为 Timer/Counter 模式； T2CCLR：0，当 TM2D = TM2A 时(即比较器 A 比较匹配时)清除计数器。
45～48	设定 TM2A = 4000；因此 STM 比较匹配时间为 4 000×1 μs = 4 ms(@ f_{SYS} = 4 MHz)。
49～51	清除 T2AF、MF0F 中断标志，并使能中断总开关(EMI)，HT66F50 可开始接收 T2AE 中断。
52	清除 PhaseCount 存储器，此存储器用以判断目前是 LCD 扫描的第几个相次，请参考表 5.5.4。
53	清除 FG_HalfSEC 标志，此标志当计时达 0.5 s 时会由 STM_ISR 中断服务子程序设定为"1"，作为程序后续处理的判断依据。
54～55	设定 SecCounter 为 125，此存储器会由 ISR_STM 中断服务子程序递减，125×4 ms = 0.5 s。
54～62	清除 SECOND、MINUTE、DISPBUF[]与 DIGIT[]数组；DISPBUF[]存放节段的显示数据，DIGIT[]则存放计时时间，SECOND、MINUTE 分别为秒、分的计时存储器。
67～68	设定显示 COL(：)与 AM 节段。
69	启动 STM 开始计数。
70～71	设定 COUNT 为 2，用以判定是否已计时一秒钟。
72～74	等待 0.5 s 的计时时间，若时间已到则清除 FG_HalfSEC 标志。
75～76	等待 PhaseCount 为零。
77～78	将 COL(：)节段反向，用以产生每 0.5 s 闪、灭的效果。
79～80	判断是否已计时 1 s，若时间已到则更新 DIGIT[]数组的计时时间；否则跳至 LOOP 继续等待。
81～112	此段程序为计时达 1 s 时的处理程序，其按照计时的进位规则逐一递增 SECOND、MINUTE 存储器的值，并依 SECOND、MINUTE 更新 DIGIT[0]～DIGIT[3]存储器的数值；若计时已到达"59：59"则先将 AM、PM 节段的状态切换，并继续执行(JMP MAIN)。
113	由于 ISR_STM 中断服务子程序中有许多计算式的跳转与查表运算，为避免发生跨页而导致程序执行不正常，故索性将整段程序置于倒数第二页的程序存储器空间。
118～200	ISR_STM 中断服务子程序，这段程序主要掌控 LCD COM0～COM3 的扫描时序，每 4 ms 中断一次，送出 COM0～COM3 的电平与节段亮、灭的电平。同时每 0.5 s 就设定 FG_HalfSEC 标志，作为主程序后续处理的判断依据。
122～126	判断 PhaseCount 是否为零，若是则调用 UPDATE_DISPLAY 子程序；依据 DIGIT[0]～DIGIT[3]的内容更新 DISPBUF[0]～DISPBUF[3]的值，并跳至显示程序(JMP ISR_STM_1)。
128～139	判断 PhaseCount 是否为偶数，若成立则将 DISPBUF[0]～DISPBUF[3]的内容右移一位；若为

奇数，则将 DISPBUF[0]～DISPBUF[3] 的内容取反向。请读者参考表 5.5.4，当 PhaseCount 为偶数时，正值扫描的 COM 端电位为 0，所以欲显现的节段应送高电平（即 V_{DD}）；而当 PhaseCount 为奇数时，正值扫描的 COM 端电位为 V_{DD}，欲显现的节段应送低电平，因此必须将显示的节段状态反向。而送出的节段数据是每两次更新（右移）一次。

行号	说明
141	调用 SEGMENTOUT 子程序；依据 DISPBUF[0]～DISPBUF[3] 的值设定各节段的状态，V_{DD} 或 0 V。
134～191	依据 PhaseCount 之值，设定 COM0～COM3 的输出电平为 0、V_{DD} 或 $V_{DD}/2$；请读者参考表 5.5.4。若 PhaseCount 为 7 时表示已完成一个帧扫描，除将 PhaseCount 重新设为零之外，并将历经 3 次移位、7 次取反向的 DISPBUF[0]～DISPBUF[3] 存储器数据还原，以保留最高位的节段状态。
192～196	判断 SecCounter 减一是否为零，若是代表 0.5 s 的计时时间已到，设定 FG_HalfSEC 标志，并重新设定 SecCounter 为 125。
205～229	SEGMENTOUT 子程序，依据 DISPBUF[0]～DISPBUF[3] 的值设定各节段的状态（V_{DD} 或 0）；DISPBUF[0]～DISPBUF[3] 存储器与各节段的对应关系请参考表 5.5.5。除了 DISPBUF[4] 之外，其他每个存储器有两个位对应到的节段是由同一个 COM 端所控制，所以本段程序就以每个存储器的两个位（Bit-4 与 Bit-0）作为节段状态设定的依据，每做完一个 COM 端的扫描就将 DISPBUF[0]～DISPBUF[3] 右移一位（130～134 行），作为下一个 COM 端的节段状态判定。

表 5.5.5 DISPBUF[0]～DISPBUF[3] 与节段的关系

Bit	7	6	5	4	3	2	1	0
DISPBUF[0]	COL	1d	1c	1b	1e	1g	1f	1a
DISPBUF[1]	℃	2d	2c	2b	2e	2g	2f	2a
DISPBUF[2]	AM	3d	3c	3b	3e	3g	3f	3a
DISPBUF[3]	PM	4d	4c	4b	4e	4g	4f	4a
DISPBUF[4]	—	—	—	—	P4	P3	P2	P1
COM	COM0	COM1	COM2	COM3	COM0	COM1	COM2	COM3

行号	说明
236～255	UPDATE_DISPLAY 子程序，依据 DIGIT[0]～DIGIT[3] 的内容更新 DISPBUF[0]～DISPBUF[3] 的值；请注意，为了保留 DISPBUF[0]～DISPBUF[3] 最高位所代表的节段状态，并不是直接将数据搬入存储器，而是先将 DISPBUF[0]～DISPBUF[3] 与 1000000b "与运算"之后再和根据 DIGIT[0]～DIGIT[3] 所查回的建表数据做或运算。
260～271	LCD 字形建表区。

有了实验 5.3 与实验 5.4 的点矩阵显示控制经验之后，对于 LCD 的扫描控制应该已经不陌生。要注意的是每一个节段的亮灭控制要比点矩阵来的复杂，并非单纯的"高电位－亮"、"低电位－灭"的控制逻辑，而必须考虑 COM 端的电平状态，当 COM 端为 $V_{DD}/2$ 时，节段恒为熄灭状态；而当 COM 端为 V_{DD} 时，则节段为"低电位－亮"、"高电位－灭"。反之，若 COM 端为零时，节段为"高电位－亮"、"低电位－灭"。

程序 5.5 的说明中已详述各片段程序的功能，读者若能配合有关 LCD 的原理说明并参考表 5.5.5，应该可以洞悉其中的精髓。根据表 5.5.5，笔者将 COM0～COM3 扫描的 4 个时相（Phase），以 PhaseCount 区分为 8 个相次。此举是为了延长 LCD 的使用寿命，必须尽量让加诸于 LCD 的偏压平均值为零,因此将每个 COM 端的扫描分为 0 V 与 V_{DD} 两个相次。而 253～264 行的 LCD 字形建表数据是依据 COM 端为 0 V 的相次时节段(Segment)的亮灭状态所设定。所以在相次为奇数时(即 COM0～COM3 电平设定分别为 V_{DD}),必须将节段数据反向方能显现正确的图案,而程序中是除了 PhaseCount 为零之外,每次都对 DISPBUF[]数组取反向的动作,每取两次就恢复原来非反向时的值,而 PhaseCount 此时恰为偶数(即 COM0～COM3 电平设定分别为 0 V 时)。

5.5.5　动动脑＋动动手

- 请将程序 5.5 第 75～76 行等待 PhaseCount 为零的指令删除,观察 LCD 的显示有何变化(请特别注意":"节段的闪烁速率),为什么?
- 试更改程序 5.5 中的扫描速率(即更改 TM2A 的设定值),观察 LCD 的显示有何变化?
- 试更改程序 5.5 中 LCD 偏压电流的设定(即更改 ISEL[1:0]的设定值),观察 LCD 的显示有何变化。
- 试更改程序 5.5 使其计数时间为 24 小时时钟("00:00"～"23:59")。
- 承上题,但将显示时间改为"00:00"～"12:00",并辅以 AM、PM 表示。
- 试将程序 5.5 与程序 4.11 相结合,将 A/D 转换器的转换结果以十六进制显示于 LCD 上。
- 承上题,但将显示值改为十进制。

5.6　LCM 字型显示实验

液晶显示器(Liquid Crystal Display,LCD)的显示原理与驱动方式在 5.5 节已有详细的介绍,相信读者也已领略到驱动多点数的 LCD 面板并非一件容易的事。而本节所介绍的 LCM(Liquid Crystal Display Module)是指内含驱动芯片的 LCD 模块(以下简称 LCM),其架构如图 5.6.1 所示。使用者只要了解驱动芯片控制的方式就可以了,复杂的 LCD 驱动信号就交给驱动芯片自行产生吧。

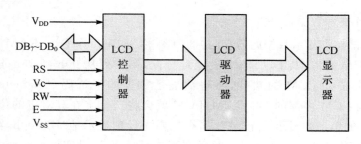

图 5.6.1　LCM 架构

LCM 一般分为文字(Text)型和绘图(Graphic)型两大类,本实验主要介绍文字型液晶显示模块,由于其显示方式是电压驱动的,因此电路本身所需的工作电流非常低,再加上又有许多的内建字型,所以被广泛的应用于讲求人机界面的各种场合,例如传真机、复印机、计算器及各式数字仪器。

第5章 进阶实验篇

目前市面上常见的文字型 LCM 模块,不管是可以显示几列、几个字,通常内部的控制器(LCD Controller,图 5.6.1 中的 LCD 控制器)都是使用由日本 HITACHI 公司制造的一HD44780A 或与其兼容的驱动芯片(如 KS0066U)来控制的。所以,即使 LCM 是不同品牌或型号的文字型 LCD 模块构成,其控制方法都大同小异。再进行实验之前,先对此驱动芯片的特性做一番介绍。HD44780A 内部共有 80 个字节可供储存单片机送过来的显示数据。本章节将针对其控制方式及特性加以详细说明。

LCM 模块引脚说明:

市售 LCM 模块一般皆为 14 或 16 个引脚,且功能及引脚位置大致相同,但实际应用时仍需先确定其引脚规格与电气特性。另外,具背光功能的 LCM 模块会有额外的两个引脚,做为背光装置的电源输入之用。各引脚的功能说明请参考表 5.6.1。

表 5.6.1 LCM 模块引脚说明

脚 位	符 号	方 向	名称及功能
1	V_{SS}	—	电源接地端(Ground)
2	V_{DD}	—	电源正端:接+5 V
3	V_C	—	亮度调整电压输入端(Contrast Adjustment Voltage),输入 0 V 时字符最清晰
4	RS	I	寄存器选择:"Low"为指令寄存器(IR) "High"为数据寄存器(DR)
5	RW	I	读/写控制:"Low"为写入数据或命令至 LCM "High"为读取 LCM 数据
6	E	I	使能信号:"Low"为 LCM 使能 "High"为 LCM 失能
7~14	DB_0~DB_7	I/O	数据总线:使以 8 位控制方式时,DB_0~DB_7皆有效。若以 4 位控制方式,则仅 DB_4~DB_7有效,DB_0~DB_3不必连接
15~16	V_A、V_K	—	LCD 须在有光源的地方才能看到显示的字形,部分 LCM 模块在背板上附加了 LED 以提供光源。此时 15 脚为背板 LED 阳极(Anode)输入、16 脚则为阴极(Cathode)

如何让 LCM 显示数据:

HD44780 内部储存显示数据的内存(共 80 B),称为 Display Data RAM(DD RAM)。以 20(字)×2(列)LCM 为例,其 DD RAM 的地址分配,第一列从 00h 到 13h;第二列由 40h 到 53h。只要事先定义好 LCM 的功能,再将欲显示数据的字符码(Character Code,恰好为 ASCII Code)写到 LCM 内部的 DD RAM,LCM 就会将这个字在其对应的位置上显示出来。例如:要在 LCM 的第一列显示一个"A",那么只要先设定显示地址为 00h,再将 41h("A"的 ASCII 码)写入到 DD RAM 即可。若欲显示在第二列时,则需设定显示地址为 40h,至于显示地址与 DD RAM 的对应关系请参考表 5.6.2。

表 5.6.2　显示地址与 DD RAM 的对应关系

(a) 16×1 LCM

显示位置	0	1	2	…	14	15
DD RAM 地址	00h	01h	02h	…	0Eh	0Fh

(b) 20×2 LCM

	显示位置	0	1	2	…	18	19
第一列	DD RAM 地址	00h	01h	02h	…	12h	13h
第二列	DD RAM 地址	40h	41h	42h	…	52h	53h

(c) 20×4 LCM

	显示位置	0	1	2	…	18	19
第一列	DD RAM 地址	00h	01h	02h	…	12h	13h
第二列	DD RAM 地址	40h	41h	42h	…	52h	53h
第三列	DD RAM 地址	14h	15h	16h	…	26h	27h
第四列	DD RAM 地址	54h	55h	56h	…	66h	67h

HD44780 的结构与功能：

HD44780 的主要特性如下：

(1) 80 B 的 DD RAM(Display Data Memory)；

(2) 有一内建 192 个 5×7 字型的 CG ROM(Character Generator ROM)；

(3) 64 B 的 CG RAM(Character Generator RAM)，可提供使用者自建 8 个字型(每个字型由 8 字节组成)；

(4) 内部有两个寄存器：指令寄存器(Instruction Register, IR)与数据寄存器(Data Register, DR)。

IR 寄存器(Instruction Register)仅可写入，其功能是接收命令以定义 LCM，例如清除显示、LCM 功能设定、DD RAM 或 CG RAM 地址设定等，稍后将会针对 LCM 的指令加以详细的说明。

DR 寄存器(Data Register)则有以下功能：

(1) 做为外部写数据到 LCM DD RAM 或 CG RAM 时的数据缓冲区；

(2) 做为外部读取 LCM DD RAM 或 CG RAM 数据时的数据缓冲区。在读出数据后，DD RAM 或 CG RAM 下一个地址的内容会被自动放入 DR 寄存器，以备外界读取。

LCM 内部的标志与存储器：

(1) 忙碌标志(Busy Flag, BF)：因为 LCM 在处理内部工作时通常要花上 40 μs～1.64 ms，但外部控制芯片(如 HT66Fx0)执行一个指令通常只要几个 μs，如果单片机将命令或数据持续不断的送给 LCM 的话，LCM 会因为反应不及而导致大部分数据都无法正常写入。所以单片机在存取 LCM 数据之前，一定要先检查 BF 标志。若 BF="1"，表示 LCM 正在处理内部的工作，此时外部用来控制 LCM 的芯片无法对 LCM 做任何写入的动作；反之，当

BF="0"时,则表示外部控制芯片可以存取 LCM 的数据。

(2) 数据显示存储器(Display Data RAM,DD RAM):DD RAM 共 80 个字节,用以存放欲显示数据的字符码。一个 DD RAM 地址对应一个显示位置,只要写入不同的字符码即可显示不同的字型,未对应到的显示 DD RAM,则可供使用者自由使用。至于显示地址与 DD RAM 的对应关系,请参考表 5.6.2。

(3) 字符产生器存储器(Character Generator ROM,CG ROM):LCM 内部有存放内建字型的 ROM,称为 CG ROM,内建 192 个 5×7 的点矩阵字型,如表 5.6.3 所示。当外部控制芯片将这些字型的字符码写入 DD RAM 时,CG ROM 就会自动将相对应的字型显示出来。而字型栏中的 CG RAM(1)、CG RAM(2)…表示当欲显示数据的字符码为 0H~07H 时,是叫出 CG RAM 里由使用者自建的造型码加以显示,而不是 CG ROM 内建的字型。

(4) 自建字符产生器存储器(Character Generator RAM,CG RAM):CG RAM 给使用者提供存放 8 个自己所设计的 5×7 点矩阵造型数据码(若不需要显示光标时,则可设计 5×8 点矩阵造型数据码),以便显示所需的特殊字符造型。字符码与 CG RAM 地址的对应关系,请参考表 5.6.4。当显示数据的字符码为 00h~07h,即可叫出存放在 CG RAM 位置内的字型并加以显示。

(5) 地址计数器(Address Counter,AC):AC 用来指示写数据到 DD RAM 或 CG RAM 的地址。使用地址设定命令将地址写入 IR 寄存器后,地址信号就会由 IR 寄存器传到 AC,当数据写入或读出后,AC 的内容值会自动加一或减一(由进入模式命令中的 I/D 值决定的)。

表 5.6.3　HD44780A 字符码与字型对应表

表 5.6.4 字符码与 CG RAM 地址及自造字型对应表

Character Code (DDRAM data) D7 D6 D5 D4 D3 D2 D1 D0	CGRAM Address A5 A4 A3 A2 A1 A0	CGRAM Data P7 P6 P5 P4 P3 P2 P1 P0	Pattern number
0 0 0 0 × 0 0 0	0 0 0 0 0 0	× × × 0 1 1 1 0	pattern 1
	0 0 1	1 0 0 0 1	
	0 1 0	1 0 0 0 1	
	0 1 1	1 1 1 1 1	
	1 0 0	1 0 0 0 1	
	1 0 1	1 0 0 0 1	
	1 1 0	1 0 0 0 1	
	1 1 1	0 0 0 0 0	
⋮	⋮	⋮	⋮
0 0 0 0 × 1 1 1	0 0 0 0 0 0	× × × 1 0 0 0 1	pattern 8
	0 0 1	1 0 0 0 1	
	0 1 0	1 0 0 0 1	
	0 1 1	1 1 1 1 1	
	1 0 0	1 0 0 0 1	
	1 0 1	1 0 0 0 1	
	1 1 0	1 0 0 0 1	
	1 1 1	0 0 0 0 0	

LCM 模块指令说明:

表 5.6.5 为 LCM 模块的控制指令,LCM 执行这些命令要花 40 μs～1.64 ms,使用者只要将这些命令写入 IR 寄存器,即可对 LCM 进行定义及控制。

表 5.6.5 HT44780A LCM 模块指令表

指令	指令码 RS	R/W	DB7	DB6	DB5	DB4	DB3	DB2	DB1	DB0	指令说明	执行时间
清除显示器	0	0	0	0	0	0	0	0	0	1	DD RAM 里的所有地址填入空白码 20H,AC 设定为"00"h,I/D 设定为"1"	1.64 ms
光标归位	0	0	0	0	0	0	0	0	1	X	DD RAM 的 AC 设为 0H,光标回到左上角第一行的第一个位置,DD RAM 内容不变。	1.64 ms
进入模式	0	0	0	0	0	0	0	1	I/D	S	I/D=0: CPU 写数据到 DD RAM 或读取数据之后 AC 减 1,光标会向左移动。 I/D=1: CPU 写数据到 DD RAM 或读取数据之后 AC 加 1,光标会向右移动。 S=0: 显示器画面不因读写数据而移动。 S=1: CPU 写数据到 DD RAM 后,整个显示器会向左移(若 I/D=0)或向右移(若 I/D=1),但从 DD RAM 读取数据时则显示器不会移动	40 μs

续表 5.6.5

指令	指令码									指令说明	执行时间
	RS	R/W	DB7	DB6	DB5	DB4	DB3	DB2	DB1	DB0		
显示器 ON/OFF 控制	0	0	0	0	0	0	1	D	C	B	显示器控制： D=0：所有数据不显示 D=1：显示所有数据 光标控制： C=0：不显示光标 C=1：显示光标 光标闪烁控制： B=0：不闪烁 B=1：闪烁	40 μs
光标或显示器移动	0	0	0	0	0	1	S/C	R/L	X	X	S/C=0，R/L=0：光标位置向左移（AC值减1） S/C=0，R/L=1：光标位置向右移（AC值加1） S/C=1，R/L=0：显示器与光标一起向左移 S/C=1，R/L=1：显示器与光标一起向右移	40 μs
功能设定	0	0	0	0	1	DL	N	F	X	X	设定数据位长度： DL=0：使用 4 位（DB7～DB4）控制模式 DL=1：使用 8 位（DB7～DB0）控制模式 设定显示器的行数： N=0：单列显示 N=1：双列显示两行 设定字型： F=0：5×7 点阵字型 F=1：5×10 点阵字型	40 μs
CG RAM 地址设定	0	0	0	1	CG RAM Address						将 CG RAM 的地址（DB5～DB0）写入 AC	40 μs
DDRA 地址设定	0	0	1	DD RAM Address							将 DD RAM 的地址（DB6～DB0）写入 AC	40 μs

续表 5.6.5

指令	指令码										指令说明	执行时间
	RS	R/W	DB7	DB6	DB5	DB4	DB3	DB2	DB1	DB0		
读取忙碌标志和地址	0	1	BF	\multicolumn{7}{c|}{Address Counter}							BF=1 表示目前 LCM 正忙着内部的工作，因此无法接收外部的命令，必须等到 BF=0 之后，才可以接收外部的命令。在(DB6~DB0)可读出 AC 值	0
写资料到 CG RAM 或 DD RAM	1	0	\multicolumn{8}{c|}{Write Data}									将数据写入 DD RAM 或 CG RAM	40 μs
从 CG RAM 或 DD RAM 读取数据	1	1	\multicolumn{8}{c|}{Read Data}									读取 CG RAM 或 DD RAM 数据	40 μs

（1）清除显示器（Clear Display）

	RS	R/W	DB7	DB6	DB5	DB4	DB3	DB2	DB1	DB0
指令码	0	0	0	0	0	0	0	0	0	1

此指令会将 DD RAM 里的所有地址填入空白码（20h），且将 DD RAM 的地址计数器（即 AC）设定为 00h，并将 I/D 设定为 1（亦即当写数据到 DD RAM 或读取数据之后 AC 会加一，光标会向右移动）。

（2）光标归位（Cursor Home）

	RS	R/W	DB7	DB6	DB5	DB4	DB3	DB2	DB1	DB0
指令码	0	0	0	0	0	0	0	0	1	X

X：Don't Care

此指令会将 DD RAM 的地址计数器（AC）设为 00h，但不会改变 DD RAM 内部的值；它与第一个指令的差异就是不会清除 DD RAM 内原有的数据，而只是单纯的将光标归位。

（3）进入模式（Entry Mode）

	RS	R/W	DB7	DB6	DB5	DB4	DB3	DB2	DB1	DB0
指令码	0	0	0	0	0	0	0	1	I/D	S

此指令会设定光标移动的方向，以及显示器是否要移动，其中：

I/D=0：当外部写数据到 DD RAM 或从 DD RAM 读取数据之后，地址计数器（AC）将会被减 1，因此光标会向左移动。

I/D=1：当外部写数据到 DD RAM 或从 DD RAM 读取数据之后，地址计数器（AC）将会被加 1，因此光标会向右移动。

S=1：当外部写数据到 DD RAM 后，整个显示器会向左移（若 I/D=0）或向右移（若 I/D=1），但从 DD RAM 读取数据时则显示器不会移动。

S=0：显示器画面不会因为外部读写数据而移动。

(4) 显示器 ON/OFF 控制（Display ON/OFF）

指令码	RS	R/W	DB7	DB6	DB5	DB4	DB3	DB2	DB1	DB0
	0	0	0	0	0	0	1	D	C	B

此指令控制了整个显示器和光标的显示（ON）或不显示（OFF），以及光标闪烁与否。
D=0：所有数据都不显示；　　D=1：显示所有数据；
C=0：不显示光标；　　　　　C=1：显示光标；
B=0：光标不闪烁；　　　　　B=1：光标闪烁；

(5) 光标或显示器移动（Cursor or Display Shift）

指令码	RS	R/W	DB7	DB6	DB5	DB4	DB3	DB2	DB1	DB0
	0	0	0	0	0	1	S/C	R/L	X	X

此指令可以在不改变显示数据的情况下，移动光标位置或是控制显示器向左或向右移动。

S/C	R/L	动　作
0	0	光标位置向左移（AC 值减 1）
0	1	光标位置向右移（AC 值加 1）
1	0	显示的数据连同光标一起向左移
1	1	显示的数据连同光标一起向右移

注：如果只移动显示数据，则 AC 的内容不会改变。

以 20×2 的 LCM 为例，虽然可以看见的 DD RAM 为 40 个，但是 LCM 屏幕上却不一定只有对应到 00h～13h 与 40h～53h 的地址，使用者可以控制 LCM 屏幕左、右移动以观看不同的地址数据，其关系如图 5.6.2 所示。

26h	27h	00h	01h	02h	…	11h	12h	13h	14h	15h	…
66h	67h	40h	41h	42h	…	51h	52h	53h	54h	55h	…

屏幕不移动时，LCM显示与DD RAM的地址关系

26h	27h	00h	01h	02h	…	11h	12h	13h	14h	15h	…
66h	67h	40h	41h	42h	…	51h	52h	53h	54h	55h	…

屏幕左移一次时，LCM显示与DD RAM的地址关系

26h	27h	00h	01h	02h	…	11h	12h	13h	14h	15h	…
66h	67h	40h	41h	42h	…	51h	52h	53h	54h	55h	…

屏幕右移一次时，LCM显示与DD RAM的地址关系

图 5.6.2　LCM 显示与 DD RAM 的地址关系

(6) 功能设定（FunctionSet）

指令码	RS	R/W	DB7	DB6	DB5	DB4	DB3	DB2	DB1	DB0
	0	0	0	0	1	DL	N	F	X	X

在定义 LCM 时,功能设定(FunctionSet)指令必须最先执行。其指令功能说明如下:
(A) 设定数据位长度
DL=0:使用 4 位(DB7~DB4)控制模式,数据的读或写必须分成两次完成(先读写高 4 位,其次再读写低 4 位)。
DL=1:使用 8 位(DB7~DB0)控制模式。
(B) 设定显示器的列数
N=0:单列显示。
N=1:双列显示。
(C) 设定字型
F=0:5×7 点矩阵字型。
F=1:5×10 点矩阵字型。注意:设定为 5×10 点矩阵字型时,LCM 将只显示单一列。
图 5.6.3 与图 5.6.4 分别是 LCM 与外部单片机以 4 位及 8 位总线连接方式的接口。如图 5.6.3 所示,使用 4 位总线模式时,必须接到 LCM 的 DB7~DB4 这 4 条总线上,如此 LCM 方能正常工作,此时必须将一个字节的数据分成两次读写,并且是高 4 位先读写之后才是低 4 位的读写,如此才算真正完成一个字节数据的存取动作。而以 8 位总线连接方式时,则只需读写一次即完成存取一个字节数据的动作,这是 4 位与 8 位总线连接接口最大的不同。虽然 4 位控制模式较为繁琐,但在 I/O 资源有限的情况之下,有时又不得不采用。

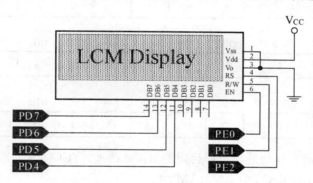

图 5.6.3　LCM 4 位总线连接接口

(7) CG RAM 地址设定(Set CG RAM Address)
此指令是将 CG RAM 的地址(DB5~DB0)写入地址计数器(AC)。使用者在建立自己的字型时,必须先利用此一指令设定所欲输入字型的地址。

(8) DD RAM 地址设定(Set DD RAM Address)
此指令将 DD RAM 的地址(DB6~DB0)写入地址计数器(AC)内。使用者可以利用此一指令,改变字型在 LCM 上的显示位置。

(9) 读取忙碌标志(BF)和地址(AC)(Read Busy Flag and Address)
当 BF="1",表示目前 HD44780 正忙着内部工作,因此 LCM 无法再接收外部输入的命令或数据,必须等到 BF="0"之后,才可继续接收命令或数据。在读取 BF 的同时,也会读到地址计数器的值(DB6~DB0),读出的地址可能是 CG RAM 或是 DD RAM 的地址,须视先前的地址指令是针对 CG RAM 或 DD RAM 的地址而定的。

(10) 写数据到 CG RAM 或 DD RAM(Write Data to CG or DD RAM)

第5章 进阶实验篇

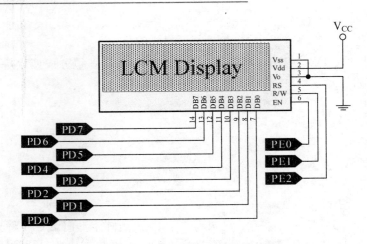

图 5.6.4 LCM 8 位总线连接接口

	RS	R/W	DB7	DB6	DB5	DB4	DB3	DB2	DB1	DB0
指令码	0	0	0	1	A	A	A	A	A	A

	RS	R/W	DB7	DB6	DB5	DB4	DB3	DB2	DB1	DB0
指令码	0	0	1	A	A	A	A	A	A	A

	RS	R/W	DB7	DB6	DB5	DB4	DB3	DB2	DB1	DB0
指令码	0	1	BF	A	A	A	A	A	A	A

	RS	R/W	DB7	DB6	DB5	DB4	DB3	DB2	DB1	DB0
指令码	1	0	D	D	D	D	D	D	D	D

此指令功能为依前一次地址指令所设定的 RAM 的地址(CG RAM 或 DD RAM),将数据(DB7～DB0)写入到 DD RAM 或 CG RAM 中。

(11) 自 CG RAM 或 DD RAM 读取数据(Read Data from CG or DD RAM)

	RS	R/W	DB7	DB6	DB5	DB4	DB3	DB2	DB1	DB0
指令码	1	1	D	D	D	D	D	D	D	D

此指令功能为读取 CG RAM 或 DD RAM 的数据。至于究竟是读 CG RAM 或是 DD RAM,则需依前一次地址设定指令所设定的 RAM(CG RAM 或 DD RAM)而定。

LCM 模块读取/写入时序与常用子程序(WLCMD and WLCMC):

图 5.6.5 是从 LCM 读取一个字节数据的时序图。首先,需设定"RS"(RS="0"选到命令寄存器 IR,RS="1"选到数据寄存器 DR)用以选择要读出 LCM 中的哪一个寄存器(IR 或 DR),同时将"RW"脚设为"High"(表示要做读取的动作),延迟 t_{AS} 时间(最少需 140 ns)后,再将"E"升为"High",延迟 T_{DDR}(最大 320 ns)后,此时单片机便可以读取 DB_7～DB_0 上的数据,单片机在读取数据之后,必须将"E"的信号设定为"Low",如此便完成了一个字节的读取

动作。

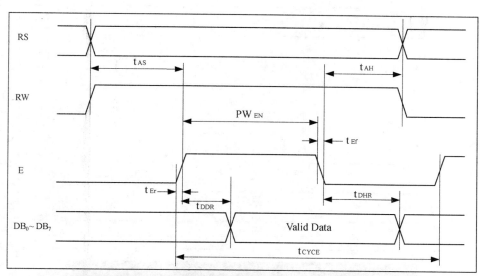

图 5.6.5 LCM 的读取时序

观察图 5.6.6 写入时序。要将一个字节数据写入 LCM 时，首先需设定"RS"（RS="0"选到命令寄存器 IR，RS="1"选到数据寄存器 DR）以选择要将数据写入 LCM 中的哪一个寄存器（IR 或 DR），同时将"RW"脚设为"Low"（表示要做写的动作），延迟 t_{AS} 时间（最少需 140 ns）之后再将"E"脚设定为"High"（使能写入动作），其次将所想要写入 LCM 的数据放到 $DB_7 \sim DB_0$。最少延迟 t_{DSW} 之后，才可以将"E"设定为"Low"，完成数据写入动作。"E"由"Low"转态到"High"再转态为"Low"的时间，称为 PW_{EN}，至少必须维持 450 ns。

在了解 LCM 的读、写时序关系之后，要来控制 LCM 就不是难事了。以图 5.6.4 的 8 位总线连接接口为例，只要写程序让 HT66F50 单片机的 I/O 引脚按照时序图上的要求，"依时依序"的变化就大功告成了。现在就介绍一个往后实验中经常会使用到的子程序—"WLCMD"及"WLCMC"，分别负责将数据写到 LCM 的 DR 及 IR 寄存器。虽然是两个子程序，但是从图 5.6.5、图 5.6.6 可以看出，其实写入 DR 或 IR 寄存器只有"一线之隔"，即"RS"="1"或"0"的差异而已。所以，可将这两个子程序加以集成，以达到节省程序存储器的目的。当然，必须确定 LCM 有空的时候（BF=0），才能再次的写数据或命令送给 LCM，所以在子程序中也包含了检查 LCM 是否忙碌的部分。请参考以下的程序及流程图。

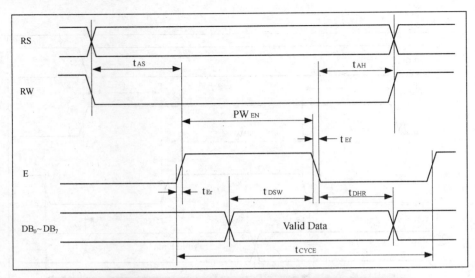

Symbol	Item	Min.	Max.	Unit
t_{CYCE}	Enable Cycle Time	1 000	—	ns
PW_{EN}	Enable Pulse Width	450	—	ns
t_{Er}、t_{Ef}	Enable Rise and Fall Time	—	25	ns
t_{AS}	Setup Time	140	—	ns
t_{AH}	Address Hold Time	10	—	ns
t_{DSW}	Data Setup Time	195	—	ns
t_{DHR}	Data Hold Time	10	—	ns

图 5.6.6 LCM 的写入时序

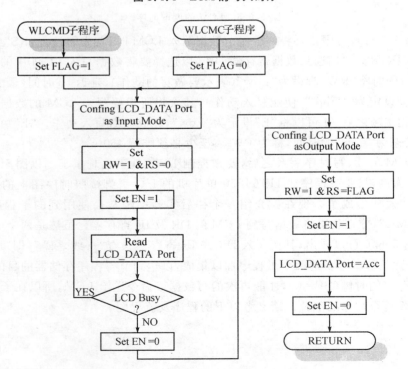

```
1       ;===========================================
2       ;         8-BIT MODE LCD DATA/COMMAND WRITE PROCEDURE
3       ;===========================================
4       WLCMD   PROC
5               SET     DC_FLAG         ;SET DC_FLAG = 1 FOR DATA WRITE
6               JMP     $+2
7       WLCMC:  CLR     DC_FLAG         ;SET DC_FLAG = 0 FOR COMMAND WRITE
8               SET     LCD_DATAC       ;CONFIG LCD_DATA AS INPUT MODE
9               CLR     LCD_CONTR       ;CLEAR ALL LCD CONTROL SIGNAL
10              SET     LCD_RW          ;SET RW SIGNAL (READ)
11              NOP                     ;FOR TAS
12              SET     LCD_EN          ;SET EN HIGH
13              NOP                     ;FOR TDDR
14      WF:     SZ      LCD_READY       ;IS LCD BUSY?
15              JMP     WF              ;YES,JUMP TO WAIT
16              CLR     LCD_DATAC       ;NO,CONFIG LCD_DATA AS OUTPUT MODE
17              MOV     LCD_DATA,A      ;LATCH DATA/COMMAND ON LCD DATA PORT
18              CLR     LCD_CONTR       ;CLEAR ALL LCD CONTROL SIGNAL
19              SZ      DC_FLAG         ;IS COMMAND WRITE?
20              SET     LCD_RS          ;NO,SET RS HIGH
21              SET     LCD_EN          ;SET EN HIGH
22              NOP
23              CLR     LCD_EN          ;SET EN LOW
24              RET
25      WLCMD   ENDP
```

读者只要先把 HT66F50 用来控制"E"、"RS"与"R/W"的 Port 定义为输出模式,然后将要写入 LCM 的数据(LCM 的指令或字型码)放在"Acc"寄存器,再调用此子程序就可以了。程序在设定"RS"与"R/W"后,在设定"E"之前塞入了一个"NOP"指令,这是为了要再次提醒读者 T_{AS} 时间(最少需 140 ns)的重要性。HT66F50 工作在 4 MHz 频率的情形下,此行指令并不需要。但若使用较快速的芯片(或提高工作频率)来控制 LCM 时,就必须对 LCM 时序上的时间仔细考虑。否则,就算是控制信号变化的程序没有错误,LCM 也不一定会正常动作。

5.6.1 目的

通过 LCM 命令的应用,对 LCM 进行初始化设定并在 LCM 上显示两行字型。

5.6.2 学习重点

通过本实验,读者能熟悉 LCM 的基本控制方式,举凡硬件上的相关电路及程序的控制上都能得心应手、操控自如。

5.6.3 电路图

本实验采用 8 位的 LCM 控制方式,关于 LCM 的相关命令以及特性请读者先参阅在本实验之前的相关说明。实验电路如图 5.6.7 所示。

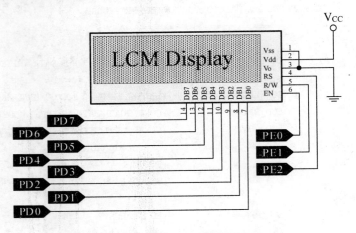

图 5.6.7　LCM(8-Bit)控制电路

5.6.4　程序及流程图

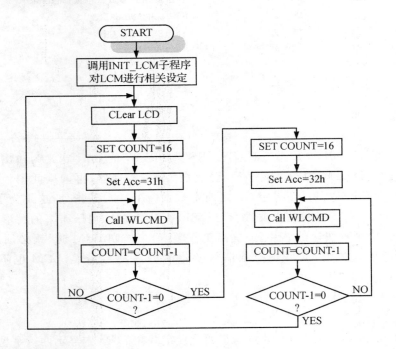

程序 5.6　LCM 字型显示实验

程序内容请参考随书光盘。

程序解说：

4	载入"5.6.INC"定义文件，其内容请参考随书光盘中的文件。
7~11	依序定义变量地址。
13	声明内存地址由 00h 开始（HT66Fx0 复位向量）。

行号	说明
15	INIT_LCM 子程序，对 LCM 进行定义。
17~18	将 LCM 整个显示器清空。
19~20	将光标移至第 1 列的第 1 个位置。
21~22	在此 LCM 一列共有 16 个位置，因此 LINE_COUNT 设为 10H。
24~26	LCM 的字型表与 ASCII 的对应关系，请参阅表 5.6.3 所列的 LCD 字符码与字型对应表，ASCII 中 31H 为"1"。在此即是将"1"写入 LCD，加入延迟子程序目的是为了能看到 LCM 上显示"1"，不会因为速度过快而无法看见逐字显示的效果。
27~28	判断光标是否已到达 LCM 第一列尾端，不成立则继续显示"1"。
29~32	光标已到达 LCM 第 1 列尾端，所以将光标由第 1 列移至第 2 列的第一个位置，并将 LINE_COUNT 重置为 16。
34~36	如同 24~26 行的动作，差别在于显示的字型为"2"(32H)。
37~39	判断光标是否已到达 LCM 第 2 列尾端，不成立则继续显示"2"，反之则重新开始。
45~62	INIT_LCM 子程序，其功能是对 LCM 进行定义。
56~52	LCM_EN、LCM_RW 与 LCM_RS 定义为输出模式，并设定状态为"0"；调用 DELAY 子程序延迟0.1 s。
53~54	将 LCM 设定为双行显示(N=1)、使用 8 位(DB7～DB0)控制模式(DL=1)、5×7 点矩阵字型(F=0)。
55~56	将 LCM 设定为显示所有数据(D=1)、显示光标(C=1)、光标所在位置的字会闪烁(B=1)。
57~58	将 LCM 的地址计数器(AC)设为递加(I/D=1)、显示器画面不因读写数据而移动(S=0)。
59~60	将 LCM 整个显示器清空。
69~71	WLCMD 子程序进入点，将 DC_FLAG 设定为"1"，代表欲写入的内容为数据。
72	WLCMC 子程序进入点，将 DC_FLAG 设定为"0"，代表欲写入的内容为命令。(PS. DC_FLAG：Data/Command Flag；"1"= Data、"0"= Command)
73	定义 LCD_DATA PORT 为输入模式，接收 LCM 忙碌标志(BF)的内容。
74~78	设定 RS 为"0"、RW 为"1"(Read)并使能 LCM(Enable)，用来检查 LCM 是否处于忙碌状态，"NOP"指令是让 LCM 有足够的缓冲时间接受命令并完成工作，即考虑图 5.6.3 中的 T_{AS}、T_{DDR} 的时序。
79~80	检查 LCD_DATA PORT 的 BIT 7(即 Busy Flag)是否处于忙碌状态(BF ="1")，直到 BF ="0"才继续执行程序。
81	设定 EN 为"0"。
82	定义 LCD_DATA Port 为输出模式，用来输出命令或数据至 LCM。
83	将欲输出至 LCM 上的命令或数据移至 LCD_DATAPORT。
74~87	设定 RS 为"0"、RW 为"0"(Read)，并判断 DC_FLAG 标志是否为"0"，成立表示 LCM 欲写入的内容为"命令"；反之，则表示欲写入的内容为"数据"，故将 RS 重新设为"1"。
88	设定 LCM 控制信号 EN ="1"。
89~91	让 LCM 有足够的缓冲时间接收命令或数据并完成工作，完成后将 LCM 失能回到主程序继续下面的动作。"NOP"指令是让 LCM 有足够的缓冲时间接收命令并完成工作，即考虑图 5.6.4 中的 T_{Er}、PW_{EN} 的时序。
98~112	DELAY 子程序，延迟 0.1 s；延迟时间的计算请参考实验 4.1。

本程序主要在 16×2 LCM 的第 1 列及第 2 列上分别显示"1"、"2"的字型。程序一开始先对 LCM 进行初始化的设定，如设定 LCM 为 8 位控制模式、两列显示、5×7 的点矩阵字型、显示光标、AC 值加一、清除等。除了 RS、RW、E 与 DB7～DB0 有一定的时序关系之外，LCM 的设定也有依定的顺序。图 5.6.8 是 HD44780 数据手册中所描述的初始程序，程序中有关 LCM 的定义步骤就是依此要求逐步完成的。初始程序完成之后，接下来就是分别把 AC 设为 DD RAM 的第 1 列(00h)与第 2 列并显示"1"、"2"的字型。所有的命令与字型码的写入都是

通过 WLCMC 与 WLCMD 两个子程序来达成的,对于还不熟悉这些子程序的读者,烦请再次参阅之前的说明。

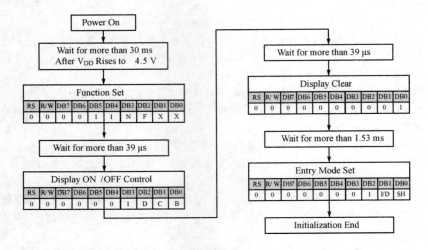

图 5.6.8　HD44780 初始化程序(8-Bit 控制模式)

本实验中所使用的 WLCMD、WLCMC 子程序在读取忙碌标志时有点投机取巧,请读者查阅表 5.6.6 所列的 LCM 模块指令表,读取忙碌标志时不是应该与 AC(地址计数器)同时读取吗?没错,不过若只要检查 LCM 忙碌与否,其实是可以将其忽略的,如 WLCMD、WLCMC 子程序就是省略了 AC 读取的程序。但为满足不时之需,还是将比较正统、合理的读取方式明列于后以方便读者使用,为了与原来子程序有所区分,给予不同的程序名称:WLCMDM、WLCMCM。它较 WLCMD、WLCMC 子程序多用了两个存储器:LCM_TEMP 用来存放调用时置于 ACC 的命令或数据;LCM_AC 则用于存放忙碌标志与地址计数器之值。

WLCMDM/WLCMCM 子程序:

```
1       ;==========================================
2       ; PROC    : WLCMDM/WLCMCM
3       ; FUNC    : WRITE DATA/COMMAND TO LCM AND RETURN AC ADDRESS
4       ; PARA    : ACC : COMMAND/DATA
5       ; REG     : ACC,DC_FLAG,LCM_TEMP
6       ; RETN    : LCM_AC : 1 BUSY BIT + 7-BIT AC
7       ;==========================================
8       WLCMDM  PROC
9               SET     DC_FLAG                 ;SET DC_FLAG = 1 FOR DATA WRITE
10              JMP     $ + 2
11      WLCMCM: CLR     DC_FLAG                 ;SET DC_FLAG = 0 FOR COMMAND WRITE
12              MOV     LCM_TEMP,A
13              SET     LCM_DATAPORTC           ;CONFIG LCM_DATAPORT AS I/P MODE
14              CLR     LCM_RS                  ;SET RS = 0 (IR)
15              SET     LCM_RW                  ;SET RW = 1 (READ)
16              NOP                             ;FOR TAS
17      WF:     SET     LCM_EN                  ;SET EN = 1
```

```
18          NOP                             ;FOR TDDR
19          MOV     A,LCM_DATAPORT
20          MOV     LCM_AC,A
21          CLR     LCM_EN                  ;SET EN = 0
22          SZ      LCM_AC.7                ;IS LCM BUSY?
23          JMP     WF                      ;YES,JUMP TO WAIT
24          CLR     LCM_DATAPORTC           ;NO,CONFIG LCM_DATAPORT AS O/P MODE
25          MOV     A,LCM_TEMP
26          MOV     LCM_DATAPORT,A          ;LATCH DATA/COMMAND ON LCM_DATAPORT
27          CLR     LCM_RW                  ;SET RW = 0 (WRITE)
28          CLR     LCM_RS                  ;SET RS = 0 (IR)
29          SZ      DC_FLAG                 ;IS COMMAND WRITE?
30          SET     LCM_RS                  ;NO,SET RS = 1 (DR)
31          SET     LCM_EN                  ;SET EN = 1
32          NOP                             ;FOR PWEN
33          CLR     LCM_EN                  ;SET EN = 0
34          RET
35  WLCMDM  ENDP
```

5.6.5 动动脑＋动动手

- 试着改写程序,让"1"、"2"由原来第 1 列显示完后再换第 2 列显示的做法,改成是上下交替显示的方式。
- 原范例程序用 LINE_COUNT 存储器来控制换行动作;试将 LCM 显示的子程序改为 WLCMDM 与 WLCMCM,并以返回值－LCM_AC 存储器来控制换行动作。

5.7 LCM 自建字型实验

5.7.1 目　　的

在 LCM 上自建字型,并利用程序的技巧让显示的图案产生动态的效果。

5.7.2 学习重点

通过本实验,读者能熟悉如何在 LCM 的 CG RAM(Character Generator RAM)中建立自己的字型。

5.7.3 电路图

观察表 5.6.4,除了 CGROM 的对应地址之外,还有一个区域是用来存放自订字形,称为 CG RAM(Character Generator RAM),可让使用者设计 8 个字形。每个字形都是以 5×8 的点阵字形呈现(图 5.7.2(a));建造字形的过程其实就是决定点阵中各点的亮、灭,亮点为"1"、其余为"0"(图 5.7.2(b)),最后再将这些组合依序填入 CG RAM 即可。不过,因为这些自建字型存放在 RAM 架构的内存中,一旦关闭电源数据就会消失,请读者特别注意。本实验所用

第 5 章 进阶实验篇

的控制电路如图 5.7.1 所示。

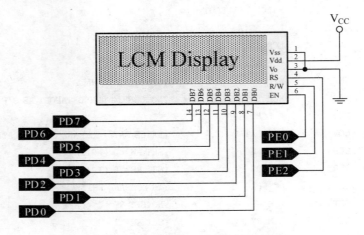

图 5.7.1　LCM(8-Bit)控制电路

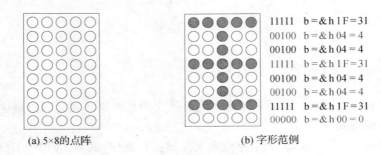

(a) 5×8的点阵　　　　(b) 字形范例

图 5.7.2　LCM 自订字形

看来建立字形似乎是个乏味、无趣的过程。为了避免读者有此印象，本实验试着让读者在反复的建表过程后，能有个有趣的结果呈现。图 5.7.3 是笔者想建立的两组人形图案，由于 5×8 点阵实在太过粗糙，无法显示细腻的图案，因此以 4 个 5×8 点阵组成一个人形，图形所对应的数据请读者参考程序 5.7 中 CG RAM 数组的定义；程序将试着以这两个图案组成步行的效果。每个人形图案需使用 4 个 CG RAM 地址存放，图 5.7.3 中的数字代表该字形在 CG RAM 的存放地址。

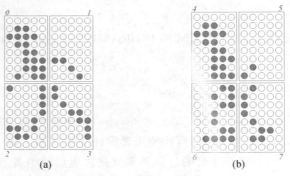

图 5.7.3　步行图案

5.7.4 程序及流程图

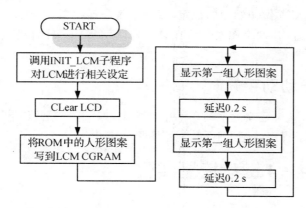

程序 5.7 LCM 自建字型实验

程序内容请参考随书光盘。

程序解说：

4	载入"5.7.INC"定义文件，其内容请参考随书光盘中的文件。
7～12	依序定义变量地址。
15	声明内存地址由 00h 开始（HT66Fx0 复位向量）。
16	INIT_LCM 子程序，对 LCM 进行定义。
17～18	设定 CG RAM 起始地址。
19～29	将程序存储器中的 2 组人形图案数据填入 LCM 的 CG RAM 中。
31～32	设定 DD RAM 地址为第 1 列第 6 个位置。
33～36	将编号 0 与 1 的图案送至 LCM 显示。
37～38	设定 DD RAM 地址为第 2 列第 6 个位置。
39～42	将编号 2 与 3 的图案送至 LCM 显示。
43	调用 DELAY 子程序，延迟 0.2 s。
45～46	设定 DD RAM 地址为第 1 列第 6 个位置。
47～50	将编号 4 与 5 的图案送至 LCM 显示。
51～52	设定 DD RAM 地址为第 2 列第 6 个位置。
53～56	将编号 2 与 3 的图案送至 LCM 显示。
57	调用 DELAY 子程序，延迟 0.2 s。
58	跳至 MAIN 重复图案的显示动作。
64～81	INIT_LCM 子程序，其功能是对 LCM 进行定义。
65～70	LCM_EN、LCM_RW 与 LCM_RS 定义为输出模式，并设定状态为"0"。
72～73	将 LCM 设定为双行显示（N＝1）、使用 8 位（DB7～DB0）控制模式（DL＝1）、5×7 点矩阵字型（F＝0）。
74～75	将 LCM 设定为显示所有数据（D＝1）、显示光标（C＝1）、光标所在位置的字会闪烁（B＝1）。
76～77	将 LCM 的地址计数器（AC）设为递加（I/D＝1）、显示器画面不因读写数据而移动（S＝0）。
78～79	将 LCM 整个显示器清空。
88～111	WLCMD 子程序与 WLCMC 子程序。
117～131	DELAY 子程序，延迟 0.2 s；延迟时间的计算请参考实验 4.1。

133～141　CG RAM 自建字型数据定义区。

程序一开始先对 LCM 做初始化的设定,接下来就是连续填入图 5.7.3 所示的步形图案。然后设定 DD RAM 地址,让两个图案显示在第 1 列、第 2 列中央的位置,并交替显示,形成行人原地踏步的效果。

5.7.5　动动脑＋动动手

- 试着在 CG RAM 中建立一些简单的中文字型,如"甲"、"上"、"下"等。
- 改变 DELAY 子程序的延迟时间,观察图形的变化。

5.8　LCM 与 4×4 键盘控制实验

5.8.1　目　　的

在 LCM 上显示使用者在 4×4 键盘上所按下的按键值("0"～"F")。

5.8.2　学习重点

通过本实验,了解数值在 LCM 显示时的字形码转换,对于 LCM 内部 AC 地址计数器的读取与应用亦应有更进一步的认识。

5.8.3　电路图

如图 5.8.1 所示,LCM 与 4×4 键盘是经常搭配在各样产品应用的,如密码锁、计算器等。本实验用连接于 PA 的 4×4 键盘做为输入装置,使用者按下的按键(0～F)经转换后显示在连接在 PD 的 LCM。虽然本例是将 LCM 的 Data Bus 与键盘分别连接在不同的 I/O Port,但由于 LCM 所有数据与命令的读、写动作,都必须配合"E"(Enable)信号加以控制,若有需要时是可将其 Data Bus 与键盘(或其他装置)共享,只要确定在执行按键扫描时避免对 LCM 进行任何的读写,就不致影响 LCM 的正常操作。有关 4×4 键盘与 LCM 的相关数据,请参考实验 4.7 与实验 5.6 中的说明。

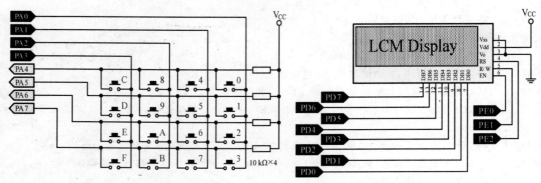

PS:若使能 PA[7:4]Pull-high 功能,则 10 kΩ 电阻可省略。

图 5.8.1　LCM 与 4×4 键盘控制电路

5.8.4 程序及流程图

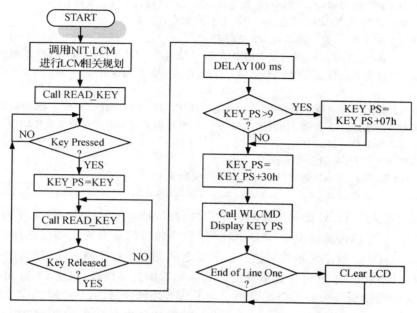

程序 5.8   LCM 与 4×4 键盘控制实验

程序内容请参考随书光盘。

程序解说：

4	载入"5.8.INC"定义文件，其内容请参考随书光盘中的文件。
7~16	依序定义变量地址。
19	声明内存地址由 00h 开始(HT66Fx0 复位向量)。
20~23	关闭 CP0、CP1 功能，并设定 ADC 脚位输入为 I/O 功能。
24	调用 INIT_LCM 子程序，对 LCM 进行定义。
26~30	调用 READ_KEY 扫描键盘子程序，完成后判断 KEY 值是否为"16"，若成立，表示键盘尚未被按下，重新扫描键盘(JMP MAIN)；反之，则代表键盘已有输入，则程序继续执行。
31~32	将由键盘扫描所得到的结果储存至 KEY_PS 存储器。
34~38	如同 26~30 行叙述，只是判断式由"SZ"改成"SNZ"，检查按键是否已经放开，否则一直等到按键放开才跳离循环，继续往下执行。万一 LCD_DATAPORT 与 KEY_PORT 共享同一个 I/O Port 的话，如果按键尚未放开就贸然执行 LCM 的控制程序，那么从 LCD_DATAPORT 送出的 LCM 控制命令或数据，必然受到使用者按按键的干扰，造成数据或命令的传送错误。因此必须确定按键已经放开后，才能执行控制 LCM 显示的动作。当然，本例非属共享一个 I/O Port 的状况，理应不需理会此现象，不过笔者还是在此提出说明与写法，以满足读者的不时之需。
39	调用 DELAY 子程序，延迟 100 ms。
40~44	此段程序的目的是将 KEY_PS 存储器的内容转为 ASCII 码。首先是 KEY_PS 之值是否大于等于 10，若不是，直接将 KEY_PS 加上 30h 即获得其 ASCII 码；若是大于等于 10，则要获得"A"~"F"的 ASCII 码，必须再加上 7。请读者参考表 5.5.3 所示的 LCM 字符码与字型码对照表，相信必能推敲出其中的端倪(注：字型"0"~"9"的 ASCII 码是 30H~39H，而字型"A"~"F"的 ASCII 码是 41H~46H。这点是必需注意的地方，详细内容请参照 LCM 相关章节)。

行号	说明
45	调用 WLCMD 子程序显示按键值。
46~52	通过调用 WLCMD 子程序所回传的 LCM_AC 值,判断 LCM 是否已显示至第一列的第 16 行地址,若不是则重新读取按键(JMP MAIN);否则清空 LCM 显示器后再重新读取按键。
60~87	WLCMDM 子程序与 WLCMCM 子程序,请参考实验 5.6 的说明。
93~110	INIT_LCM 子程序,其功能是对 LCM 进行定义: LCM_EN、LCM_RW 与 LCM_RS 定义为输出模式,并设定状态为"0";并调用 DELAY 子程序延迟 0.1 s; 将 LCM 设定为双列显示(N=1)、使用 8 位(DB7 ~ DB0)控制模式(DL=1)、5×7 点矩阵字型(F=0); 将 LCM 设定为显示所有数据(D=1)、显示光标(C=1)、光标所在位置的字会闪烁(B=1); 将 LCM 的地址计数器(AC)设为递加(I/D=1)、显示器画面不因读写数据而移动(S=0); 将 LCM 整个显示器清空。
115~143	READ_KEY 子程序,请参考实验 4.7。
149~163	DELAY 子程序,至于延迟时间的计算请参考实验 4.1。

程序一开始首先对 LCM 做初始化的设定,紧接着就是调用 READ_KEY 子程序读取 4×4 键盘上的按键值;之后再次调用 READ_KEY 子程序的目的是要确定按键已经确实放开,然后再调用 WLCMDM 子程序显示按键值。在显示之前先将按键值减去 10 的目的是要判断按键值是否大于 9,如果不是,就将按键值直接加上 30h 转换为字型码,以便 LCM 可以显示正确的字型;否则表示按键值>9,必须将按键值再加上 37h 以转换成"A"~"F"的字型码。

请读者注意,本范例是用来传送 LCM 命令与数据的子程序(WLCMCM、WLCMDM),与前几节所使用的略有不同。在 WLCMC、WLCMD 子程序中,只是单纯以 LCM_READY(即 LCM_AC.7)判断 LCM 是否尚处于忙碌状态,事实上当以时序配合由 LCM 读出忙碌标志的同时,LCM 内部地址计数器(Address Counter,AC)的值亦会同时呈现在 LCD_DATAPORT[6:0]上,而本范例即是利用 WLCMCM、WLCMDM 子程序所读回的 AC 值判断光标的所在地址,以决定是否清除 LCM 屏幕,重新开始显示。

5.8.5 动动脑+动动手

- 本范例程序所显示的键值为 0~9 与大写英文字母 A~F,试修改程序使英文字母改为小写 a~f。
- 本范例程序当输入 16 个按键值后,会清除显示屏并重新将输入键值显示于第 1 列上。请改写程序,当按键值填满第 1 列后将按键值显示于第 2 列,待填满第 2 列后才清除 LCM 并重新显示。
- 修改程序,让第 1 个按键值显示在第 1 列,让第 2 个按键值显示在第 2 列。
- 写一程序,当按键值为奇数时,则在第 1 列显示按键值;反之,若按键值为偶数,则将按键值显示在第 2 列。

5.9 LCM 的 DD/CG RAM 读取控制实验

5.9.1 目 的

运用 HT66F50 CTM 单元的 Timer/Counter 模式产生一个"0"~"F"的随机数并显示在

LCM 第一列,在 LCM 的第二列则以跑马灯的方式结合按键的控制,判断使用者按下按键时,光标位置上的数值与所产生的随机数值是否相同。

5.9.2 学习重点

通过本实验,了解如何由 LCM 的 DD RAM 或 CG RAM 读回数据。此外,也应对利用 Timer/Counter 产生随机数的方式有所认识。

5.9.3 电路图

本实验希望呈现如下的执行结果:首先,在 LCM 第一列显示由 Timer/ Counter 产生的随机数("0"~"F")。其次,在第二列显示"0"~"F"的字型,并制造光标在字型上移动的效果,如下图(此图例中产生的随机数值为"8"):

当使用者按下按键之后,再由程序判断此时光标停留位置上的数值与随机数是否相同,分别显示出以下的画面:

(按下按键时光标停留于"5"的位置)

(按下按键时光标停留于"8"的位置)

随机数的产生有许多的方法,由于本实验用按键是否被按下作判断,使用者很难(几乎不可能)控制每一次按下按键的时间都相同,因此利用 Timer/Counter 来产生随机数应是最容易、最方便的选择。电路图如图 5.9.1 所示。

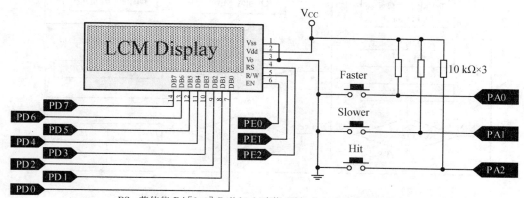

PS:若使能 PA[2:0] Pull-high 功能,则 3 个 10 kΩ 电阻可省略。

图 5.9.1 LCM 与按键控制电路

第 5 章 进阶实验篇

实验 5.6 已经介绍了依照 LCM 读/写时序的要求写出相关的子程序（WLCMC、WLCMD），如果要由 LCM 的 DD RAM 或 CG RAM 读回数据，其实也只是根据 LCM DD/CG RAM 的读写命令及时序，依序设定控制脚位的电位变化就可以了。请读者参考图 5.6.3、图 5.6.4 及表 5.6.5，并对照 RLCM 子程序及其流程图。另外，本实验以 CTM 单元的 Timer/Counter 模式来产生随机数，表 5.9.1 为相关控制寄存器的内容，详细说明请参考 2.5.1 节与实验 4.9。

表 5.9.1 本实验相关控制寄存器

		Bit7	6	5	4	3	2	1	Bit0
2.5.1 节	TM0C0	T0PAU	T0CK2	T0CK1	T0CK0	T0ON	T0RP2	T0RP1	T0RP0
	TM0C1	T0M1	T0M0	T0IO1	T0IO0	T0OC	T0POL	T0DPX	T0CCLR
	TM0AL	TM0A[7:0]							
	TM0AH	—	—	—	—	—	—	TM0A[9:8]	
	TM0DL	TM0D[7:0]							
	TM0DH	—	—	—	—	—	—	TM0D[9:8]	

5.9.4 程序及流程图

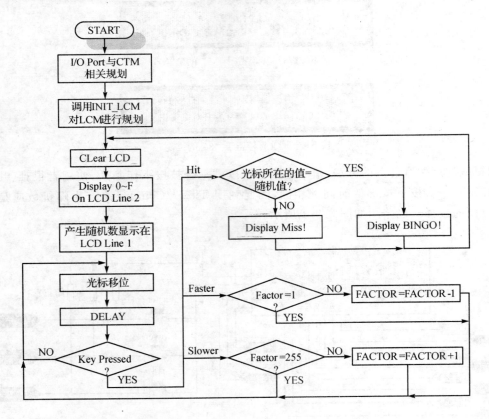

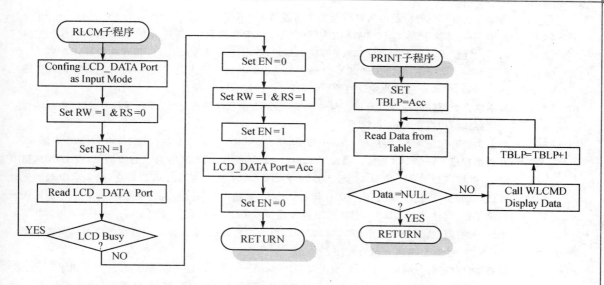

程序 5.9　LCM DD/CG RAM 读取控制实验

程序内容请参考随书光盘。

程序解说：

行号	说明
4	载入"5.9.INC"定义文件，其内容请参考随书光盘中的文件。
7～17	依序定义变量地址。
20	声明内存地址由 00h 开始（HT66Fx0 复位向量）。
21～23	关闭 CP0 功能，并设定 ADC 脚位输入为 I/O 功能。
24～26	将 PA[3:0] 定义成输入模式，并使能其上拉电阻功能。
27～30	定义 TM0C0、TM0C1 控制寄存器： TOCK[2:0]：001，设定 $f_{INT} = f_{SYS}$； T0M[1:0]：11，设定为 Timer/Counter 模式； T0CCLR：0，设定当 TM0D[9:7] = T0RP[2:0] 时清除计数器； T00N：1，CTM 开始计数。
31	调用 INIT_LCM 子程序，对 LCM 进行定义。
32～33	设定 FACTOR 存储器值为 8；此存储器决定光标移动的速度。
35～36	将 LCM 整个显示器清空。
37～38	设定 DD RAM 地址为第二列的首行。
39～40	调用 PRINT 子程序，将"0"～"F"依序显示在 LCM。
41～43	将 TMODL 与 TMODH 寄存器执行 XOR 的动作，然后与常数 0Fh 做 AND，主要目的是取得一个小于或等于"F"的随机数。
44～46	将随机数转换为对应的 ASCII 码，并存放于 RANDOM 存储器。
47～48	设定 DD RAM 的地址到 LCM 第 1 列的正中央。
49～50	调用 WLCMDM 子程序，将随机数显示在 LCM 上。
52～55	设定索引值 INDEX 内容为"C0h"（INDEX 是用来控制移动中的光标地址），并设定计数器 COUNT 内容为 16（在此 LCM 可见范围为 16×2 个字节，由于游戏数字的范围为"0"～"F"，因此只需扫描 16 次，以下将有详细的解说）。
57～58	将 DD RAM 的地址设定在与索引值 INDEX 所对应的地址（以程序第 1 次执行至此，索引值 INDEX

第 5 章　进阶实验篇

行号	说明
	为 C0H 其所对应的地址即为显示器第 2 列的第 1 个位置)。
59~64	调用 RLCM 子程序读取 LCD_DATA 的内容值存入 TEMP 存储器中,并执行 61~62 行的动作。完成后写入"■"于目前 INDEX 与 LCM 所对应的地址,表示游戏中的光标正停留在此位置。
65~66	调用 DELAY 子程序,延迟 FACTOR×10 ms。此延迟时间的长短决定了光标移动的速度,读者可通过 Faster、Slower 按键改变延迟的时间,试试自己反应的快慢。
67~70	将刚刚设为"■"的地址恢复成正常的数字(以第 1 次程序执行至此,即将"■"改为"0"),原本地址所存放的内容在 TEMP 存储器。
71~88	判断是否有按键输入,若按下 Slower 按键,则在 FACTOR 不为 255 的前提下,将 FACTOR 值加一,并继续扫描下一个 LCM 地址。当按下 Faster 按键,则在 FACTOR 不为零的前提下,将 FACTOR 值减一,并继续扫描下一个 LCM 地址。其间会判断 COUNT 减一是否为 0,若成立,则表示游戏的光标已将"0"至"F"扫描一次,依然无任何按键输入,重新由"0"开始扫描;反之,则进行下个地址的扫描工作。(注:设定 LCM 时已将 LCM 的光标显示关闭,在此自行设定了一个光标,利用 LCM 字型码中的"■"覆盖原来索引值 INDEX 对应的地址内容,来表示光标正停留在此位置。)但若按下 Hit 按键,则跳至 MAIN_4 执行程序。
90~93	将答案(RANDOM)与结果(TEMP)互相比对,若结果等于 0(Z = 1)即表示答对;反之则答错了。
95~101	调用 PRINT 子程序,于 LCM 左上角显示"MISS!"并延迟 100 ms,完成后程序重新开始。
103~109	调用 PRINT 子程序,于 LCM 右上角显示"BINGO!"并延迟 250 ms,完成后程序重新开始。
116~134	RLCM 子程序,负责读取 LCM DD RAM 的内容,请参考实验中有关 LCM 读取子程序的说明。
117	定义 LCM_DATAPORT 为输入模式,接收 LCM 忙碌标志(BF)的内容。
118	将 LCM 的 RS 控制信号设定为"0"。
119~122	将设定 RW 为"1"(Read)并使能 LCM(Enable),用来检查 LCM 是否处于忙碌状态,"NOP"指令让 LCM 有足够的缓冲时间接受命令并完成工作,即考虑图 5.6.3 中的 T_{AS}、T_{DDR} 的时序。
123~124	检查 LCM_DATA PORTC 的 BIT 7(即 Busy Flag)是否处于忙碌状态(BF = "1"),直到 BF = "0"才继续执行程序。
154	清除 LCD_CONTR Port(目的是将 LCM 的控制信号 E、RS、RW 设定为"0",结束此次的读取动作)。
125~128	设定 RW = "1"、RS = "1";表示准备进行 LCM DR(Data Register)的读取动作。
129	设定 LCM 控制信号 E = "1"。
131	读取 LCM 的数据。
132	将 LCM 的控制信号 E 设定为"0",结束此次的读取动作。
141~153	PRINT 子程序,此子程序负责将定义好的字符串依序显示于 LCM 上。在调用此子程序之前,除了必须先设定好 LCM 的位置之外,尚需先在 Acc 寄存器中指定字符串的起始地址(字符串必须存放在最末程序页 - Last Page),并请在字符串的最后一个字符塞入 NULL,代表字符串结束。
161~188	WLCMDM 与 WLCMCM 子程序,请参考实验 5.6 中的说明。
217~230	DELAY 子程序,延迟时间的计算请参考实验 4.1 中的说明。
232~234	字符串定义区,请注意每一个字符串必须以 NULL 做为结束。

随机数的产生方式其实有各种不同的做法,而本实验因为使用到按键检测,所以程序一开始就先启动 HT66F50 的 CTM 的 Timer/Counter 功能。由于每次按按键的时间皆不相同,所以采用 Timer/Counter 来产生随机数既方便又简单。DELAY 子程序延迟时间的长短决定了光标移动的速度,读者可以通过 Fsater、Slower 两个按键调整延迟时间试试自己反应的快慢。另外要注意的是,当读取 TM 单元的寄存器时,必须先读取高字节再读取低字节方能正确读出其值。

5.9.5 动动脑＋动动手

- 本实验的范例程序执行时，并未限定使用者输入的时间。请读者修改程序，若光标已经重复扫描每个数值10次，然而使用者却未按下任何按键，则立即显示"MISS!"的错误画面。
- 修改程序，一开始提供使用者50分的分数，答对一次加5分、答错一次扣5分，并将分数显示在LCM上。
- 改写程序，使得所产生的随机数重复率再降低。例如，在10次之内所产生的随机数均不得重复(有点类似CD Player的随机播放模式，在整张CD播放完毕之前，随机播放的曲目不得重复，在此假设CD的曲目为10首)。

5.10 LCM的4位控制模式实验

5.10.1 目　　的

采用LCM的4位控制模式在LCM的CG RAM建立"大"、"小"两个字型，并分别显示在LCM的第1、2排。

5.10.2 学习重点

通过本实验，了解LCM的4位控制模式；并学习在与其他装置共享Port的情况下，如何不影响其他装置的状态将4位数据或命令送达LCM的技巧。

5.10.3 电路图

LCM的8位及4位控制模式的唯一差别就是将要写入或读出的数据分成两次来处理，而且是先存取高4位(DB7～DB4)后再存取低4位(DB3～DB0)。图5.10.2的时序图是将指令写到LCM、由LCM读回忙碌标志(BF)以及读回数据寄存器(DR)的范例。此时序范例，理论上只要将实验5.6的WLCMC与WLCMD程序稍加修改即可。LCM 4位控制电路如图5.10.1所示。

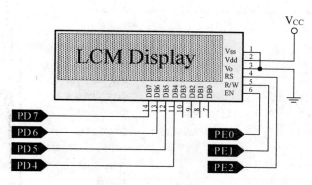

图 5.10.1　4位总线连接接口

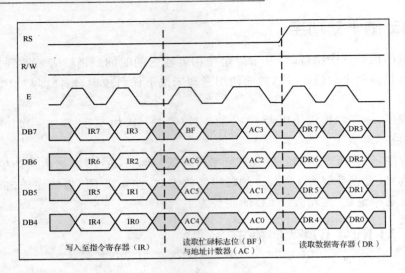

图 5.10.2　4 位总线控制时序范例

但是要特别考虑的是：PD[3:0]可能用来控制其他的外围组件，虽然 LCM 的数据或命令是经 PD[7:4]传输的，但在 HT66F50 指令运用上仍得以"MOV PD, A"来达成，也就是说，如果不妥善处理的话，这个动作可能也会一并改变连接于 PD[3:0]的装置状态。所以该如何保证 PD[3:0]、PDC[3:0]不受"MOV PD, A"指令影响而仍维持原来状态呢？请参考以下的 WLCMD_4 与 WLCMC_4 子程序，其中以 LCM_DATAPORT 表示 PD，LCDM_DATAPORTC 则为 PDC。第 9~10 行利用 OR 的方式，将连接至 LCM DB7~DB3 的 PD[7:4]定义为输入模式，此举将不致影响 PD[3:0]原来的状态与输入/输出设定。同理，在 19~21 行的程序先是以 00001111B 与 PD 执行 AND 运算，其目的是将 PD[7:4]的状态先清为零，接着以相同方式将 PD[7:4]定义成输出模式。以上做法也依旧维持 PD[3:0]原来的状态与输入/输出设置。22~24 行、33~37 行则以 OR 的方式配合 SWAP 指令将命令或数据分两次由 PD[7:4]送至 LCM DB7~DB3 的 PD[7:4]。

WLCMD_4/ WLCMC_4 子程序：

```
1       ;===============================================
2       ;           4-BIT MODE LCD DATA/COMMAND WRITE PROCEDURE
3       ;===============================================
4       WLCMD_4   PROC
5                 SET     DC_FLAG            ;SET DC_FLAG = 1 FOR DATA WRITE
6                 JMP     $ +2
7       WLCMC_4:  CLR     DC_FLAG            ;SET DC_FLAG = 0 FOR COMMAND WRITE
8                 MOV     LCM_TEMP,A         ;SAVED COMAND/DATA IN LCD_TEMP
9                 MOV     A,11110000B
10                ORM     A,LCM_DATAPORTC    ;CONFIG LCM_DATAPORT[7:4] AS I/P MODE
11                SET     LCM_RW             ;SET RW = 1 (READ)
12                CLR     LCM_RS             ;SET RS = 0 (IR)
13                NOP                        ;FOR TAS
14                SET     LCM_EN             ;SET EN = 1
15                NOP                        ;FOR TDDR
```

```
16      WF_4:       SZ      LCM_DATAPORT.7      ;IS LCD BUSY?
17                  JMP     WF_4                ;YES,JUMP TO WAIT
18                  CLR     LCM_EN              ;SET EN = 0
19                  MOV     A,00001111B
20                  ANDM    A,LCM_DATAPORT      ;SET LCM_DATAPORT[7:4] = 0000
21                  ANDM    A,LCM_DATAPORTC     ;CONFIG LCM_DATAPORT[7:4] AS O/P MODE
22                  MOV     A,LCM_TEMP
23                  AND     A,11110000B         ;GET HIGH NIBBLE DATA/COMMAND
24                  ORM     A,LCM_DATAPORT      ;LATCH DATA/COMMAND ON LCM_DATAPORT[7:4]
25                  CLR     LCM_RW              ;SET RW = 0 (WRITE)
26                  CLR     LCM_RS              ;SET RS = 0 (IR)
27                  SZ      DC_FLAG             ;IS COMMAND WRITE?
28                  SET     LCM_RS              ;NO,SET RS = 1 (DR)
29                  NOP                         ;FOR TAS
30                  SET     LCM_EN              ;SET EN = 1
31                  NOP                         ;FOR PWEN
32                  CLR     LCM_EN              ;SET EN = 0
33                  MOV     A,00001111B
34                  ANDM    A,LCM_DATAPORT      ;SET LCM_DATAPORT[7:4] = 0000
35                  SWAPA   LCM_TEMP
36                  AND     A,11110000B         ;GET LOW NIBBLE DATA/COMMAND
37                  ORM     A,LCM_DATAPORT      ;LATCH DATA/COMMAND ON LCM_DATAPORT[7:4]
38                  SET     LCM_EN              ;SET EN = 1
30                  NOP                         ;FOR PWEN
40                  CLR     LCM_EN              ;SET EN = 0
41                  RET
42      WLCMD_4     ENDP
```

在实验 5.6 中，WLCMD_4、WLCMC_4 子程序仅是读取 LCM 的忙碌状态做判断，并非中规中矩的依指令表将 AC 一并读回；为方便读者，笔者还是依实验 5.8 的范例将完整的 AC 读取子程序列出，也期望读者能不厌其烦的比较之间的差异。

WLCMD_4M/ WLCMC_4M 子程序：

```
1   ;================================================
2   ; PROC    : WLCMD_4M/WLCMC_4M
3   ; FUNC    : WRITE DATA/COMMAND TO LCM UNDER 4-BIT MODE (HIGH NIBBLE CONNECT) AND RETURN AC
4   ; PARA    : ACC     : COMMAND/DATA
5   ; REG     : ACC,DC_FLAG,LCM_TEMP
6   ; RETN    : LCM_AC : 1 BUSY BIT + 7 AC BIT
7   ;================================================
8   WLCMD_4M    PROC
9               SET     DC_FLAG             ;SET DC_FLAG = 1 FOR DATA WRITE
10              JMP     $ + 2
11  WLCMC_4M:   CLR     DC_FLAG             ;SET DC_FLAG = 0 FOR COMMAND WRITE
12              MOV     LCM_TEMP,A          ;SAVED COMAND/DATA IN LCD_TEMP
13              MOV     A,11110000B
```

14		ORM	A,LCM_DATAPORTC	;CONFIG LCM_DATAPORT[7:4] AS I/P MODE
15		SET	LCM_RW	;SET RW = 1 (READ)
16		CLR	LCM_RS	;SET RS = 0 (IR)
17		NOP		;FOR TAS
18	WF_4:	SET	LCM_EN	;SET EN = 1
19		NOP		;FOR TDDR
20		MOV	A,LCM_DATAPORT	;READ HIGH NIBBLE RETURN DATA
21		CLR	LCM_EN	;SET EN = 0
22		AND	A,11110000B	;MASK LOW NIBBLE
23		SET	LCM_EN	;SET EN = 1
24		MOV	LCM_AC,A	;SAVE IN LCM_AC
25		MOV	A,LCM_DATAPORT	;READ LOW NIBBLE RETURN DATA
26		CLR	LCM_EN	;SET EN = 0
27		AND	A,11110000B	;MASK LOW NIBBLE
28		SWAPA	ACC	;SWAP RETURN DATA TO LOW NIBBLE
29		ORM	A,LCM_AC	;COMBINE WITH HIGH NIBBLE
30		SZ	LCM_AC.7	;IS LCD BUSY?
31		JMP	WF_4	;YES,JUMP TO WAIT
32		CLR	LCM_EN	;SET EN = 0
33		MOV	A,00001111B	
34		ANDM	A,LCM_DATAPORTC	;CONFIG LCM_DATAPORT[7:4] AS O/P MODE
35		ANDM	A,LCM_DATAPORT	;SET LCM_DATAPORT[7:4] = 0000
36		MOV	A,LCM_TEMP	
37		AND	A,11110000B	;GET HIGH NIBBLE DATA/COMMAND
38		ORM	A,LCM_DATAPORT	;LATCH DATA/COMMAND ON LCM_DATAPORT[7:4]
39		CLR	LCM_RW	;SET RW = 0 (WRITE)
40		CLR	LCM_RS	;SET RS = 0 (IR)
41		SZ	DC_FLAG	;IS COMMAND WRITE?
42		SET	LCM_RS	;NO,SET RS = 1 (DR)
43		NOP		;FOR TAS
44		SET	LCM_EN	;SET EN = 1
45		NOP		;FOR PWEN
46		CLR	LCM_EN	;SET EN = 0
47		MOV	A,00001111B	
48		ANDM	A,LCM_DATAPORT	;SET LCM_DATAPORT[7:4] = 0000
49		SWAPA	LCM_TEMP	
50		AND	A,11110000B	;GET LOW NIBBLE DATA/COMMAND
51		ORM	A,LCM_DATAPORT	;LATCH DATA/COMMAND ON LCM_DATAPORT[7:4]
52		SET	LCM_EN	;SET EN = 1
53		NOP		;FOR PWEN
54		CLR	LCM_EN	;SET EN = 0
55		RET		
56	WLCMD_4	ENDP		
57		END		

5.10.4 程序及流程图

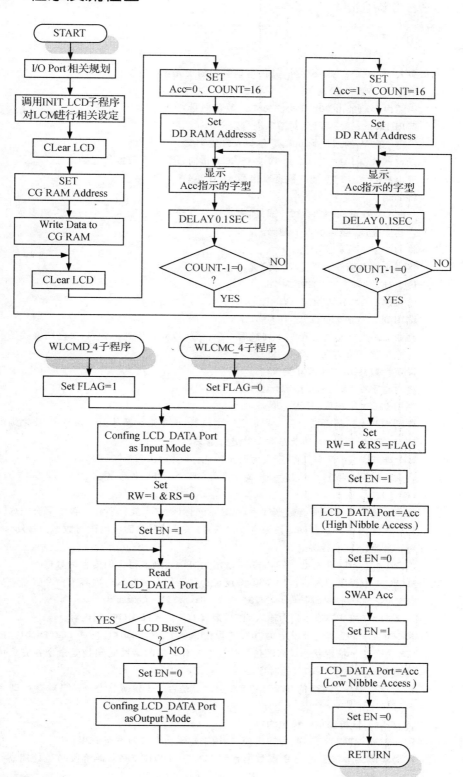

第5章 进阶实验篇

程序 5.10　LCM 4 位控制模式
程序内容请参考随书光盘。

程序解说:

行号	说明
4	载入"5.10.INC"定义文件,其内容请参考随书光盘中的文件。
6~12	依序定义变量地址。
15	声明内存地址由 00h 开始(HT66Fx0 复位向量)。
16	调用 INIT_LCM 子程序,对 LCM 进行定义。
17~18	设定 CG RAM 的地址为 00H,准备写入自建字型。
19~22	设定计数器 LINE_COUNT 为 16 并将 TBLP 指向自建字型数据的起始地址。
24~25	经由查表将自建字型的数据取出写入 CG RAM 中。
26	将 TBLP 加一。
27~28	判断 COUNT 减一是否为 0。成立,表示所有自建字型已输入完毕;反之,则表示自建字型尚未建立完成,继续填入字型码。
30~31	将 LCM 整个显示器清空。
32~33	将光标移至第一列的第 0 个位置。
34~35	设定计数器 LINE_COUNT 为 16。
37~38	将自建字型"小"显示于 LCM 上。
39	调用 DELAY 子程序,延迟 100 ms。
40~41	判断 LCM 光标是否已至第 1 列最后一个位置,成立则换到第 2 列;反之则继续显示。
42~43	将光标移至第 2 列的第 0 个位置。
44~45	设定计数器 LINE_COUNT 为 16。
47~48	将自建字型"大"显示于 LCM 上。
49	调用 DELAY 子程序,延迟 100 ms。
50~52	判断 LCM 光标是否已至第 2 列最后一个位置,成立则重新从第 1 列显示,反之则继续显示。
58~75	INIT_LCM 子程序,其功能是对 LCM 进行定义。
59~64	LCM_EN、LCM_RW 与 LCM_RS 定义为输出模式,并设定状态为"0"。
66~67	将 LCM 设定为双行显示(N=1)、使用 4 位(DB7~DB4)控制模式(DL=0)、5×7 点矩阵字型(F=0)。
68~69	将 LCM 设定为显示所有数据(D=1)、显示光标(C=1),光标所在位置的字会闪烁(B=1)。
70~71	将 LCM 的地址计数器(AC)设为递加(I/D=1)、显示器画面不因读写数据而移动(S=0)。
72~73	将 LCM 整个显示器清空。
82~84	WLCMD_4 子程序进入点,将 DC_FLAG 设定为"1",代表欲写入的内容为数据。
85~86	WLCMC_4 子程序进入点,将 DC_FLAG 设定为"0",代表欲写入的内容为命令。(PS. DC_FLAG: Data/Command Flag;"1" = Data、"0" = Command)
88~89	定义 LCM_DATAPORT[7:4]为输入模式,接收 LCM 忙碌标志(BF)的内容。
90~94	将 LCM 的 RS 控制信号设定为"0",并设定 RW 为"1"(Read)且使能 LCM(Enable),用来检查 LCM 是否处于忙碌状态,"NOP"指令是让 LCM 有足够的缓冲时间接受命令并完成工作,即考虑图 5.6.3 中的 T_{AS}、T_{DDR} 的时序。
95~96	检查 LCM_DATA PPORT 的 BIT 7(即 Busy Flag)是否处于忙碌状态(BF=1),直到 BF=0 才继续执行程序。
97	将 LCM 的 EN 控制信号设定为"0"。
98~100	定义 LCM_DATAPORT[7:4]为输出模式,用来输出命令或数据至 LCM。
101~103	将要输出到 LCM 上的命令或数据移到 LCM_DATAPORT[7:4],此阶段乃是处理高 4 位(High

行号	说明
	Nibble)部分。
104～108	设定 RS、RW 为 "0" 后,判断 DC_FLAG 标志是否为 "0",成立表示 LCM 欲写入的内容为 "命令";反之,则表示欲写入的内容为 "数据"。
109	设定 LCM 控制信号 E = "1"。
110～111	让 LCM 有足够的缓冲时间接收命令或数据并完成工作,完成后将 LCM 失能回到主程序继续下面的动作。"NOP"指令是让 LCM 有足够的缓冲时间接收命令并完成工作,即考虑图 5.6.4 中的 T_{Er}、PW_{EN} 的时序。
112～116	将 Acc 的高、低 4 个位数据互换;并将低 4 位(Low Nibble)的命令或数据移到 LCM_DATAPORT [7:4]。
117	设定 LCM 控制信号 E = "1"。
119	将 LCM 失能回到主程序继续下面的动作。
127～141	DELAY 子程序,延迟 0.1 s:关于延迟时间的计算请读者参考实验 4.1。
144～160	自建字型数据定义区。

除了 RS、RW、E 与 DB7～DB4 有一定的时序关系之外,LCM 的设定也有一定的顺序。图 5.10.3 是 HD44780 数据手册中所描述的 4 位控制模式初始程序,程序中有关 LCM 定义步骤就是依此要求逐步完成的。程序一开始先对 LCM 做初始化的设定,紧接着在设定 CG RAM 的地址之后开始建立"小"及"大"两个字型,最后就是重复的在第 1 及第 2 行显示这两个自建的字型。除了将 LCM 的控制子程序(WLCMC_4 与 WLCMD_4)改为 4 位处理之外,与前两个实验实际上并没有什么差异。要提醒读者的是图 5.10.2 的 4 位控制时序范例中,在读取忙碌标志(BF)时,理应将(BF)与光标地址(AC6～AC0)分两次读取,可是因为本范例并不需要光标位置的信息,所以在控制子程序中,只把包含忙碌标志的高 4 位读回做判断而已。

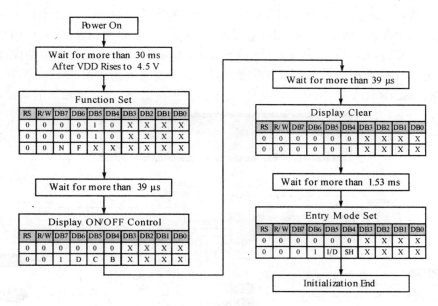

图 5.10.3　HT44780 初始化程序(4-Bit 控制模式)

5.10.5 动动手＋动动脑

- 改写程序，让"大"、"小"两个字型变为上下交替显示。
- 程序 5.10 中自建字形的建表是以每笔 8-Bit 就占据一个程序空间，显得相当浪费；请仿照程序 5.7 的做法，将每两笔数据集成在一个程序空间中。

5.11 比大小游戏实验

5.11.1 目的

利用 HT66F50 的 STM Timer/Counter 模式产生两个随机数，让使用者猜猜两个数字的大小关系，由程序判断其正确性后再分别显示出"MISS!"或"BINGO!"的字符串，分别代表使用者猜的正确与否；本实验采用 LCM 的 4 位控制模式。

5.11.2 学习重点

通过本实验，读者除了应更熟悉 LCM 的 4 位控制模式之外，也应了解十六进制与 BCD 码的转换关系。

5.11.3 电路图

十六进制与 BCD 的转换在许多单片机的应用场合都会使用到。基本的原理很简单，假设 DIG0 代表要转换的 8-Bit 数值，DIG2、DIG1 及 DIG0 分别代表转换为十进制之后的百位数、十位数及个位数，请参考 HEX2BCD(Hex To BCD)子程序的流程图。因为本实验是将 STM 单元 Timer/Counter 所产生的 8-Bit 随机数显示在 LCM 上，所以光是转成 BCD 码是不够的，必须再将其进一步转换成 LCM 的字符码(Chararcter Code)，请参考流程图中的虚线路径，只要将转换好的 BCD("0"～"9")再加上 30h 就可以了。本实验电路如图 5.11.1 所示。此程序称之为 HEX2ASCII(Hex To ASCII)子程序。本实验想在 LCM 上呈现如下的画面：

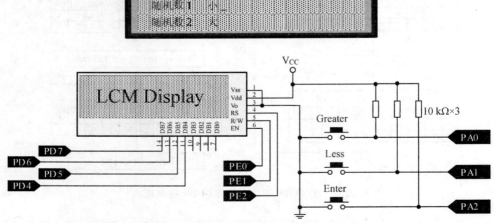

PS：若使能 PA[2:0]Pull-high 功能，则 10 kΩ 电阻可省略。

图 5.11.1　比大小游戏实验电路

首先将 Timer/ Counter 产生的 8-Bit 随机数显示在 LCM 上,同时在第 1、2 列上分别显示"大"、"小"。接着使用者可通过"Greater"、"Less"按钮选择第 2 个随机数是大于或小于随机数 1。在使用者按下"Enter"按键之后,再由程序判断此时使用者所选择的随机数大小关系是否正确,分别显示出以下的画面:

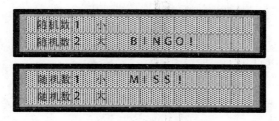

有关本实验所使用的 STM 单元相关控制寄存器简列于表 5.11.1,详细内容请读者参阅 2.5.2 小节。

表 5.11.1 本实验相关控制寄存器

		Bit7	6	5	4	3	2	1	Bit0
2.5.2 小节	TM2C0	T2PAU	T2CK2	T2CK1	T2CK0	T2ON	—	—	—
	TM2C1	T2M1	T2M0	T2IO1	T2IO0	T2OC	T2POL	T2DPX	T2CCLR
	TM2RP	TM2RP[7:0]							
	TM2AL	TM2A[7:0]							
	TM2AH	TM2A[15:8]							
	TM2DL	TM2D[7:0]							
	TM2DH	TM2D[15:8]							

5.11.4 程序及流程图

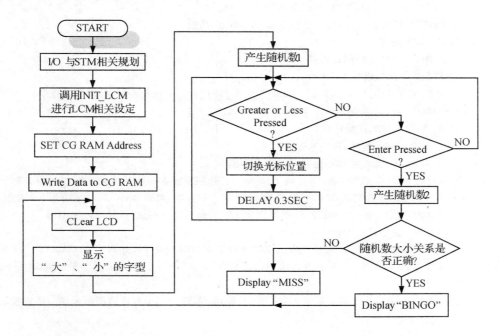

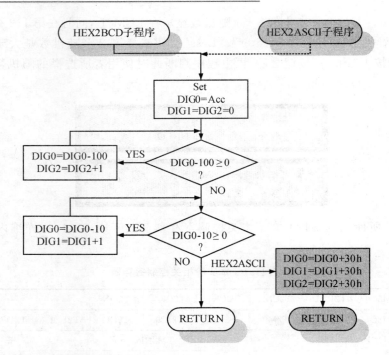

程序 5.11　比大小游戏实验

程序内容请参考随书光盘。

程序解说：

4	载入 "5.11.INC" 定义文件, 其内容请参考随书光盘中的文件。
7~20	依序定义变量地址。
23	声明内存地址由 00h 开始 (HT66Fx0 复位向量)。
24~26	关闭 CP0 功能, 并设定 ADC 脚位输入为 I/O 功能。
27~29	将 PA[2:0] 定义为输入模式, 并使能其 Pull-high 功能。
30	设定 TM2RP 为零。
31~34	定义 TM2C0、TM2C1 控制寄存器: T2CK[2:0]: 001, 设定 $f_{INT} = f_{SYS}$; T2CCLR: 0, 设定当 TM2D[15:8] = T2RP[7:0] 时 (即比较器 P 比较匹配时) 清除计数器; T2M[1:0]: 11, 设定为 Timer/Counter 模式; T2ON: 1, 启动 STM 开始计数。
35	调用 INIT_LCM 子程序, 对 LCM 进行定义。
46~47	设定 CG RAM 的地址为 00H, 准备写入自建字型。
38~49	设定计数器 LINE_COUNT 为 16 并将 TBLP 指向自建字型数据的起始地址。接着利用查表将自建字型的数据取出并写入 CG RAM 中, 并将 TBLP 加一。其次, 判断 COUNT 减一是否为 0。成立, 表示所有自建字型已输入完毕; 反之, 则表示自建字型尚未建立完成, 继续填入字型码。
51~52	将 LCM 整个显示器清空。
53~56	利用 STM Timer/Counter 模式产生随机数存放于 RANDOM 存储器, 并调用 HEX2ASCII 子程序转换成可写入 LCM 的 ASCII 码, 在此产生的随机数为 "题目" (注: 详细解说请参考 HEX2ASCII 子程序的说明)。
57~59	将 LCM 的 AC 值设定于第 1 列第 2 个位置, 并调用 WRITE_DIG 子程序将刚刚取得的随机数值显示

行号	说明
	在 LCM(即将 DIG0、DIG1、DIG2 内容显示在 LCM)。
60~63	在第 1 列第 6 个位置显示自建字型"小"。
64~67	在第 2 列第 6 个位置显示自建字型"大"。
68~72	设定 CLICK 存储器为 87h,当成光标的位置。
74~82	按键检查循环,若按下"Greater"按键,则设定 CLICK.6 为"1"让光标移至第 2 列第 7 个位置;反之,若按下"Less"按键,则设定 CLICK.6 为"0"使光标移至第 1 列第 7 个位置。当按下"Enter"键,则跳至 LOOP_3 进行判断程序。
84~87	利用 STM Timer/Counter 模式产生第 2 笔随机数存放在 TEMP 存储器,并调用 HEX2ASCII 子程序转换成可写入 LCM 的 ASCII 码,在此产生的随机数为"答案"。
88~90	将 LCM 的 AC 值设定在第 2 列第 2 个位置,并调用 WRITE_DIG 子程序将刚取得的随机数值显示在 LCM(即将 DIG0、DIG1、DIG2 内容显示在 LCM)。
91~100	将答案与结果相减(TEMP − RANDOM)判断是否有借位(C = 1)。若成立,则表示题目提供的数值比结果还要小(C = 1),所以 CLICK 的判断式也修改成选择"大"(BIT6 = 0)错误,选择"小"(BIT6 = 1)正确。若题目比结果还要大(C = 0)则 CLICK 判断的式子也跟着相反。
101~107	显示"MISS!"在第 1 列后重新开始执行程序。
108~115	显示"BINGO!"在第 2 列后重新开始执行程序。
119~127	WRITE_DIG 子程序,此子程序负责将 DIG0、DIG1、DIG2 这 3 个存储器的内容显示在 LCM 上。
134~156	HEX2ASCII 子程序,此子程序的功能是将 Acc 寄存器中的十六进制数据(00h~FFh)转换成 ASCII 码。转换后的结果分别存放在 DIG0(个位数)、DIG1(十位数)、DIG2(百位数)这 3 个存储器当中。
162~179	INIT_LCM 子程序,其功能是对 LCM 进行定义。
163~168	LCM_EN、LCM_RW 与 LCM_RS 定义为输出模式,并设定状态为"0"。
170~171	将 LCM 设定为双行显示(N = 1)、使用 4 位(DB7 ~ DB4)控制模式(DL = 0)、5 × 7 点矩阵字型(F = 0)。
172~173	将 LCM 设定为显示所有数据(D = 1)、显示光标(C = 1)、光标不闪烁(B = 0)。
174~175	将 LCM 的地址计数器(AC)设为递加(I/D = 1)、显示器画面不因读写数据而移动(S = 0)。
176~177	将 LCM 整个显示器清空。
186~198	PRINT 子程序,此子程序负责将定义好的字符串依序显示在 LCM 上。在调用此子程序之前,除了必须先设定好 LCM 的位置之外,尚需先在 Acc 寄存器中指定字符串的起始地址(字符串必须存放在最末程序页 - Last Page),并请在字符串的最后一个字符塞入 NULL,代表字符串结束。
205~243	WLCMD_4 与 WLCMC_4 子程序,请参考实验 5.10 的说明。
249~262	DELAY 子程序,至于延迟时间的计算请参考实验 4.1。
264~265	字符串定义区,每一个字符串务必以 NULL 做为结束字符。
266~275	自建字型的字型码定义区。

5.11.5 动动脑＋动动手

- 修改程序,一开始提供使用者 100 分的分数,答对一次加 10 分、答错一次扣 5 分。并将分数显示在 LCM 上;而当使用者分数小于 0 或大于 255 时,程序就不再产生随机数。
- 承上题,如果允许使用者的分数超过 255,就要一个 16-Bit 的十六进制转 BCD 的转换程序,请尝试完成此一子程序。
- 请修改程序,使产生的随机数值局限在"0"~"99"之间。

第 5 章 进阶实验篇

5.12 STM 单元脉冲测量与 LCM 控制实验

5.12.1 目　的

利用 HT66F50 STM 单元的捕捉输入（Capture Input）功能测量脉冲的宽度、周期，并显示在 LCM 上。

5.12.2 学习重点

通过本实验，读者应熟悉 CTM 的 PWM 输出控制与 LCM 显示技巧，并应透彻了解 HT66F50 的 Capture Input 模式的操作方式与特性。

5.12.3 电路图

HT66F50 TM 单元的 Timer/Counter、Compare Match、与 PWM 等操作模式在前几个实验中已详细介绍，本实验将针对捕捉输入（Capture Input）模式加以探讨。为了展现捕捉输入模式的测量功能，范例程序中以 CTM"PWM Output"模式产生 PWM 波形由 TP0_0(PA0)脚位输出，其周期可由"Period"按键选择 8 种不同的变化；其占空比则由"T_{ON}"按键调整，变化的幅度与所选择的 PWM 周期有关。此输出波形再接回 STM 单元的捕捉输入引脚－TP2_1 (PC4)，并利用"捕捉输入"模式下的操作特性测量所需的参数。有关 STM 单元详细的介绍及"捕捉输入"模式的操作则参考 2.5.2 小节；现将本实验使用的相关寄存器简列于表 5.12.1。STM 单元 Input Capture 实验电路如图 5.12.1 所示。

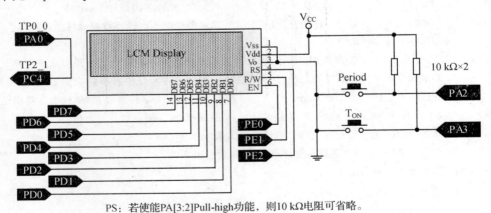

PS：若使能 PA[3:2]Pull-high 功能，则 10 kΩ电阻可省略。

图 5.12.1　STM 单元 Input Capture 实验电路

表 5.12.1　本实验相关控制寄存器

2.5 节	TMPC0	T1ACP0	T1BCP2	T1BCP1	T1BCP0	—	—	T0CP1	T0CP0
	TMPC1	—	—	T3CP1	T3CP0			T2CP1	T2CP0
2.6.10 小节	PRM2	TP31PS	TP30PS	TP21PS	TP20PS	TP1B2PS	TP1APS	TP01PS	TP00PS

续表 5.12.1

	Bit	7	6	5	4	3	2	1	0
2.5.1 小节	TM0C0	T0PAU	T0CK2	T0CK1	T0CK0	T0ON	T0RP2	T0RP1	T0RP0
	TM0C1	T0M1	T0M0	T0IO1	T0IO0	T0OC	T0POL	T0DPX	T0CCLR
	TM0AL	TM0A[7:0]							
	TM0AH	—	—	—	—	—	—	TM0A[9:8]	
	TM0DL	TM0D[7:0]							
	TM0DH	—	—	—	—	—	—	TM0D[9:8]	
2.5.2 小节	TM2C0	T2PAU	T2CK2	T2CK1	T2CK0	T2ON	—	—	—
	TM2C1	T2M1	T2M0	T2IO1	T2IO0	T2OC	T2POL	T2DPX	T2CCLR
	TM2RP	TM2RP[7:0]							
	TM2AL	TM2A[7:0]							
	TM2AH	TM2A[15:8]							
	TM2DL	TM2D[7:0]							
	TM2DH	TM2D[15:8]							

捕捉输入模式是指当输入引脚[③]出现设定的电平变化时(由1到0、由0到1或两者)，TM单元会将此时的计数数值记录在 TMnA、TMnB(Compare/Capture Register)寄存器中。以 STM 单元为例，当设定 T2ON="1"时即启动 TM2D 计数器由零开始计数的动作(参考图 5.12.2)，若是要测量波形的周期，则可由前、后两次上升沿或下降沿触发的差值(即 CCRA2-CCRA1 或 CCRA2'-CCRA1')再配合 STM 频率的选择求得。若是欲求正脉冲的宽度，则可

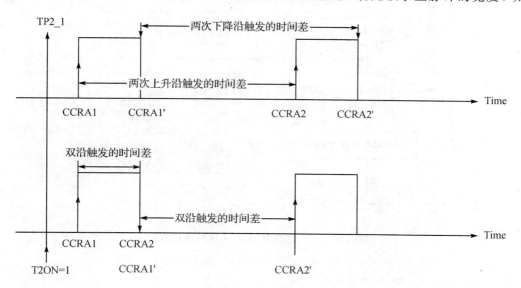

图 5.12.2 Capture Input 脉冲测量范例

---

③ 以 STM 单元为例，是指 TP2_1 或 TP2_0 引脚。

先设定上升沿触发后再切换为下降沿触发,并依前述方法即可求得;反之,若欲测量负脉冲的宽度,则可先设定下降沿触发后再切换为上升沿触发。

其次,本范例程序所要考虑的是如何将测量结果在 LCM 上显示,如图 5.12.3 的流程图所示,由于 STM 单元的 TM2A 寄存器为 16 位,所以实际上只需要写一个 16-Bit 转换为十进制的子程序就可以了。还记得实验 5.11 中的 HEX2ASCII 子程序吗?由于所转换的数据仅 8 位(最大数值为 FFh=255),因此使用循环减法依序将结果存到 DIG2～DIG0(分别代表百位数、十位数及个位数)这 3 个存储器。而本范例所考虑的是 16 位测量值的转换(最大数值为 FFFFh=65535),所以转换结果必须以 5 个存储器(DIG4～DIG0)来存放,至于程序的写法与 HEX2ASCII 子程序的原理及做法大同小异,请读者参阅图 5.12.3 的流程图及 Word_HEX2ASCII 子程序:

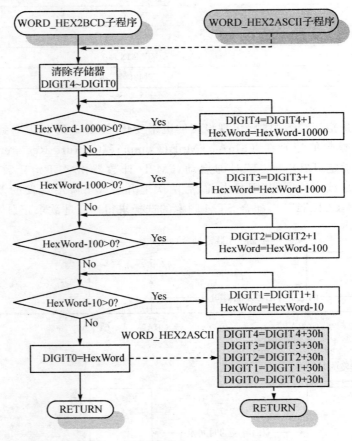

图 5.12.3　5 位数 HEX2ASCII 转换流程

```
1    ;================================================
2    ; PROC    : WORD_HEX2ASCII-BIT DATA
3    ; FUNC    : CONVERT 16-BIT HEX TO 5-DIGIT BCD/ASCII
4    ; PARA    : WORD_ CONTAIN 16 BITS DATA TO BE CONVERT
5    ; REG     : ACC,IAR0,MP0,TBLP,TBLH,TEMP
6    ; RTN     : DIGIT[4]～DIGIT[0]
7    ;================================================
```

```
8   WORD_HEX2ASCII            PROC
9                    MOV      A,TAB_HEX              ;LOAD TABLE POINTER
10                   MOV      TBLP,A
11                   MOV      A,OFFSET DIGIT[4]      ;LOAD DATA POINTER
12                   MOV      MP0,A
13                   MOV      A,4                    ;SET DIGIT COUNT
14                   MOV      COUNT,A
15  NEXT_DIG:        CLR      IAR0                   ;CLEAR BUFFER
16                   TABRDL   TEMP                   ;LOAD BASE
17  W2H:             MOV      A,HexWord[0]
18                   SUB      A,TEMP
19                   MOV      HexWord[0],A
20                   MOV      A,HexWord[1]
21                   SBC      A,TBLH
22                   MOV      HexWord[1],A
23                   SNZ      C                      ;WORD DATA > BASE ?
24                   JMP      $+3                    ;NO.
25                   INC      IAR0                   ;YES.
26                   JMP      W2H
27                   MOV      A,TEMP                 ;RESTORE WORD DATA
28                   ADDM     A,HexWord[0]
29                   MOV      A,TBLH
30                   ADCM     A,HexWord[1]
31                   INC      TBLP
32                   DEC      MP0
33                   SDZ      COUNT
34                   JMP      NEXT_DIG
35                   MOV      A,HexWord[0]
36                   MOV      IAR0,A
37                   MOV      A,30H                  ;BEFORE THIS LINE HEX TO UN-PACK BCD
38                   ADDM     A,DIGIT[4]             ;CONVERT DIG4 TO ASCII
39                   ADDM     A,DIGIT[3]             ;CONVERT DIG3 TO ASCII
40                   ADDM     A,DIGIT[2]             ;CONVERT DIG2 TO ASCII
41                   ADDM     A,DIGIT[1]             ;CONVERT DIG1 TO ASCII
42                   ADDM     A,DIGIT[0]             ;CONVERT DIG0 TO ASCII
43                   RET
44  WORD_HEX2ASCII            ENDP
45  ;==============================================
46                   ORG      LASTPAGE
47  TAB_HEX:         DC       10000,1000,100,10
```

如果读者细心浏览此流程图及程序，应该发现写法其实很直接、很单纯。首先把 HexWord 减 10 000，若结果大于或等于 0，就将代表万位数的 DIGIT[4]加一，再继续减；当发现减 10 000 后的结果小于 0 时，就先将 HexWord 还原（加回 10 000）之后，再以相同步骤处理千位数、百位数、十位数与个位数。相减的过程中需用到 16 位的减法，这与 16 位加法运算的观念差不多，所以不再赘述。读者要特别留意"SUB"指令对进位标志的影响规则是："有借位时 C=0，没有借位时 C=1"。

5.12.4 程序及流程图

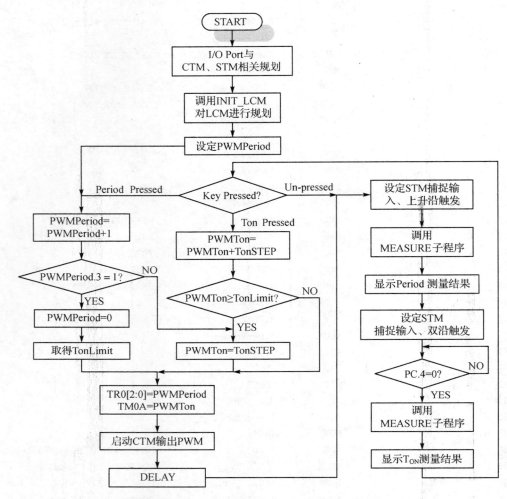

程序 5.12 STM Capture Input Mode for Pulse Measurement
程序内容请参考随书光盘。

程序解说:

5	载入"5.12.INC"定义文件,其内容请参考随书光盘中的文件。
8~18	依序定义变量地址。
21	声明内存地址由 00h 开始(HT66Fx0 复位向量)。
22~24	关闭 CP0 功能,并设定 ADC 脚位输入为 I/O 功能。
25~28	定义 SW_PERIOD(PA.2)、SW_TO(PA.3)为输入模式,并使能其 Pull-high 功能。
29	定义 TM2C0 控制寄存器 T2CK[2:0]: 000,设定 $f_{INT} = f_{SYS}/4$。
30	调用 INIT_LCM 子程序,对 LCM 进行定义。
30~32	设定 TP2 功能在 TP2_1(PC.4)脚位上实现,由于本例为捕捉输入的脚位,故同时将其定义为输入模式。

行号	说明
33~35	设定 TP0 功能在 TP0_0(PA.0)脚位上实现,由于本例为 PWM 波形的输出脚位,故同时将其定义为输出模式,并选定为同相输出。
36~39	定义 TM0C0、TM0C1 控制寄存器: T0CK[2:0]: 000,设定 $f_{INT} = f_{SYS}/4$; T0M[1:0]: 10,设定为 PWM 输出模式; T0IO[1:0]: 10,设定 TP0 为 PWM Output; T0OC: 1,选择 PWM 输出为 Active High; T0CCLR: 0,设定当 TM0D[9:7] = T0RP[2:0]时(即比较器 P 比较匹配时)清除计数器。
40	调用 INIT_LCM 子程序,对 LCM 进行定义。
41~42	设定 PWMPeriod 存储器的初值,并跳至 PERIOD_PRESSED 执行;PWMPeriod 存储器的内容掌控 CTM 输出的 PWM 周期。
43~47	检查按键是否按下,若未按下则至 MEASURE_PERIOD 开始测量程序;若按下,则依"Period"或"T_{ON}"按键的状态分别跳至周期、正脉冲的调整程序。
48~58	此片段为按下"Period"按键时的处理程序;首先将 PWMPeriod 存储器加一并判断是否已大于 7,若是则将其归零(因为本例设定周期的变化仅 0~7 共 8 种选项)。接着,依 PWMPeriod 存储器之值查出该周期选项下,T_{ON} 宽度可允许的最大脉冲数并存在 TonLimit 存储器,做为调整 T_{ON} 时的判断依据。并跳至 RESET_TonSTEP 处将 PWMTon 存储器值恢复到目前设定周期下的最小值(此做法是为了防止当 PWMPeriod 存储器更动时,发生 PWMTon 存储器设定值大于 PWM 周期,致使波形无法正常输出)。
59~78	此片段为按下"T_{ON}"按键时的处理程序;首先依 PWMPeriod 存储器之值查出该周期选项下,T_{ON} 宽度的递增幅度,并将其累加到控制 T_{ON} 输出宽度的 PWMton 存储器。接着判断 PWMTon 是否超出限定值(即大于 TonLimit 存储器设定值);若不是,则跳至 PWM_OUT 输出波形。反之,则将 PWMTon 存储器值恢复到目前设定周期下的最小值。
80~88	暂停 CTM 的 PWM 输出,并依据 PWMPeriod 存储器更改 T0RP[2:0] 的设定(此举即改变 PWM 输出的周期)。并将 PWMTon 存储器复制到 TM0A,以设定 PWM 输出时 T_{ON} 的宽度。
89~90	启动 CTM 计数(PWM 波形开始输出);调用 DELAY 子程序延迟 0.3 s,其目的除避免抖动的影响之外,当使用者按下按键时也能以每隔 0.3 s 的速率自动更新选项。
92~93	设定 STM 为"捕捉输入"模式(T2M[1:0] = 10),且为上升沿触发形式(T2IO[1:0] = 00)。
95~97	调用 MEASURE 子程序进行测量,并将结果显示在 LCM 上。因此时设定为上升沿触发形式,故测量数据为 PWM 的周期(请参考图 5.12.2)。
99~100	设定 STM 为"捕捉输入"模式(T2M[1:0] = 10),且为双沿触发形式(T2IO[1:0] = 10)。
101~102	等待 PWM 输出为低电位,其目的是确认以双沿触发进行测量时是量取正脉冲的宽度。
103~106	调用 MEASURE 子程序进行测量,并将结果显示在 LCM 上。因此时设定为双沿触发形式,故测量数据为 PWM 周期中的正脉冲宽度(请参考图 5.12.2)。
107	重新检查按键是否按下。
114~136	MEASURE 子程序;在清除 T2PF、T2AF 标志后启动 STM 开始计数,并等待计数完成(T2AF = "1")。测量结束时万一 T2PF 为"1",表示 STM 计数溢位,故重新启动测量。否则将 TM2A 值保留到 HexWord 存储器,随即启动第 2 次测量;并将测量结果与 HexWord 存储器相减,求出两次测量的差值。
141~153	DISPLAY 子程序:将 HexWord 存储器转换为 ASCII 码后,调用 WLCMD 子程序予以显示。
161~198	WORD_HEX2ASCII 子程序:将 HexWord[]存储器中的 16 位数据转换为 ASCII 码存置于 DIGIT[]数组。请参考本实验前述说明。
204~228	INIT_LCM 子程序,其功能是对 LCM 进行定义。
205~210	LCM_EN、LCM_RW 与 LCM_RS 定义为输出模式,并设定状态为"0"。
212~213	将 LCM 设定为双行显示(N = 1)、使用 8 位(DB7~DB0)控制模式(DL = 1)、5×7 点矩阵字型(F = 0)。

行号	说明
214～215	将 LCM 设定为显示所有数据(D=1)、显示光标(C=1)、光标所在位置不闪烁(B=0)。
216～217	将 LCM 的地址计数器(AC)设为递加(I/D=1)、显示器画面不因读写数据而移动(S=0)。
218～219	将 LCM 整个显示器清空。
221～226	调用 PRINT 子程序,经由查表将字符串 STR1、STR2 分别显示于 LCM 的一、二列。
235～258	WLCMD 与 WLCMC 子程序,请参考实验 5.6 的说明。
265～277	PRINT 子程序,此子程序负责将定义好的字符串依序显示在 LCM 上。在调用此子程序之前,除了必须先设定好 LCM 的位置之外,尚需先在 Acc 寄存器中指定字符串的起始地址(字符串必须存放在最末程序页–Last Page),并请在字符串的最后一个字符塞入 NULL,代表字符串结束。
284～297	DELAY 子程序,延迟 0.3 s;延迟时间的计算请参考实验 4.1。
300～301	各 PWM 周期所允许的 T_{ON} 宽度建表区。
302～303	各 PWM 周期所对应的 T_{ON} 初始宽度与递增幅度。
304	WORD_HEX2ASCII 子程序进行转换时所需的常数建表区。
305～306	STR1、STR2 字符串建表数据,每一个字符串务必以 NULL 做为结束字符。

程序 5.12 看似冗长、复杂,但仔细分析之后,应该不难了解笔者的设计理念。周期变化由 CTM 的 T0RP[2:0]这 3 个位控制,因此有 8 种不同的选择。为了让 T_{ON} 宽度的递增幅度能随着周期的变化而适度调整,将配合各周期的 T_{ON} 调整幅度以建表方式处理,方便程序随时调用。为了避免调整后的 T_{ON} 宽度超过 PWM 周期,因此针对各周期选项也定义了一个上限值,每当使用者调整了 T_{ON} 的宽度就需先与此上限值比较,以确定其合理性。

细心的读者应该会发现,当周期设定为 PWMPeriod="001"且 T_{ON} 宽度为最窄(5 个脉冲宽度)时,量得的 T_{ON} 宽度会时而不正确的跳动。探讨其原因是程序 5.12 中设定的 CTM 频率源为 $f_{INT}=f_{SYS}/4$。当读者所选择的 f_{SYS} 为 4 MHz 时,正脉冲的宽度仅为 5 μs。请读者分析一下,MEASURE 子程序中有两次测量值的读取动作,当首次测得触发信号时必须先把 TM2A 的值予以储存方能继续第二次的测量,两次测量的间隔较处理捕捉值的程序(程序 5.12 第 122～126 行)所耗费的时间短时就会出现问题。也是说 TM2A 的捕捉值尚未储存又被新的捕捉值所覆盖。读者可通过提升 f_{SYS} 来改善此现象,不过无论如何量得的脉宽或周期还是有其上限的。

图 5.12.4 与图 5.12.5 是笔者用示波器实际测量 CTM 输出所得的波形。除了当脉宽小于 10 μs 之外,其余用程序 5.12 所测得的周期和 T_{ON} 几乎与示波器的测量结果完全吻合。

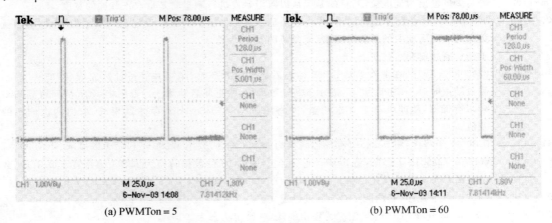

(a) PWMTon = 5　　　　　　　　(b) PWMTon = 60

图 5.12.4　PWMPeriod="001"时 TP0_0 的输出

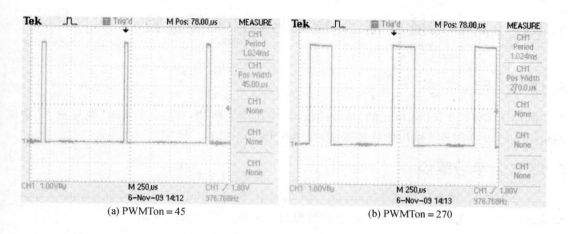

(a) PWMTon = 45　　　　　　　(b) PWMTon = 270

图 5.12.5　PWMPeriod＝"000"时 TP_0 的输出

5.12.5　动动脑＋动动手

- 试改变 CTM 的计数频率来源（即 TM0C0 控制寄存器的 T0CK[2:0]位），并重新进行测量，观测测量结果与分析值是否一致。
- 若将程序 5.12 第 35 行的"CLR PA.0"指令改成"SET PA.0"，输出结果会有何不同？为什么？若能以示波器观测输出波形，将更能加深读者的印象（Hint：请参考图 5.12.6）。

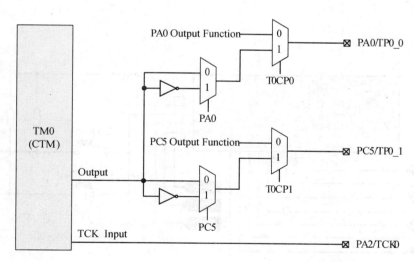

图 5.12.6　HT66F30/40/50/60 TM0 功能引脚控制机制

5.13 ETM"单脉冲输出"模式与脉冲测量实验

5.13.1 目的

利用 HT66F50 ETM 单元的"单脉冲输出"模式产生脉冲,并以 STM 的"捕捉输入"功能测量由 TP1A、TP1B_0 输出的脉冲宽度,显示在 LCM 上。

5.13.2 学习重点

通过本实验,读者应熟悉 HT66F50 TM 单元中"Single Pulse Output"与"Capture Input"模式的操作方式与特性、对于多功能引脚的控制也应有更深一层的认识。

5.13.3 电路图

实验 5.12 运用 HT66F50 STM 的"捕捉输入"模式操作特性测量方波的宽度与周期,相信读者应该已能掌握相关技巧。本实验继续探讨 TM 单元的"单脉冲输出(Single Pulse Output)"模式。STM 与 ETM 两组计时单元均具备"捕捉输入"与"单脉冲输出"模式的操作功能,本实验范例程序将用 ETM 的"单脉冲输出"模式产生一个宽度可由使用者控制的脉冲,并通过 STM 的"捕捉输入"模式测量方波的宽度。有关 STM 与 ETM 单元详细的介绍请参阅 2.5.2 小节、2.5.3 小节。现将本实验使用的相关寄存器简列于表 5.13.1,本实验所用电路如图 5.13.1 所示。

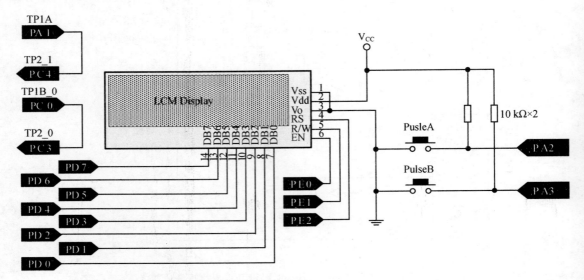

PS:若使能 PA[3:2]Pull-high 功能,则 10 kΩ 电阻可省略。

图 5.13.1 ETM 单元 Single Pulse Output 实验电路

表 5.13.1　本实验相关控制寄存器

		Bit 7	6	5	4	3	2	1	0
【2-5 节】	TMPC0	T1ACP0	T1BCP2	T1BCP1	T1BCP0	—	—	T0CP1	T0CP0
	TMPC1	—	—	T3CP1	T3CP0	—	—	T2CP1	T2CP0
【2-6-10 节】	PRM2	TP31PS	TP30PS	TP21PS	TP20PS	TP1B2PS	TP1APS	TP01PS	TP00PS
	TM2C0	T2PAU	T2CK2	T2CK1	T2CK0	T2ON	—	—	—
	TM2C1	T2M1	T2M0	T2IO1	T2IO0	T2OC	T2POL	T2DPX	T2CCLR
	TM2RP	TM2RP[7:0]							
【2-5-2 节】	TM2AL	TM2A[7:0]							
	TM2AH	TM2A[15:8]							
	TM2DL	TM2D[7:0]							
	TM2DH	TM2D[15:8]							
	TM1C0	T1PAU	T1CK2	T1CK1	T1CK0	T1ON	T1RP2	T1RP1	T1RP0
	TM1C1	T1AM1	T1AM0	T1AIO1	T1AIO0	T1AOC	T1APOL	T1CDN	T1CCLR
	TM1C2	T1BM1	T1BM0	T1BIO1	T1BIO0	T1BOC	T1BPOL	T1PWM1	T1PWM0
	TM1AL	TM1A[7:0]							
【2-5-3 节】	TM1AH	—	—	—	—	—	—	TM1A[9:8]	
	TM1BL	TM1B[7:0]							
	TM1BH	—	—	—	—	—	—	TM1B[9:8]	
	TM1DL	TM1D[7:0]							
	TM1DH	—	—	—	—	—	—	TM1D[9:8]	

以 ETM 单元为例,单脉冲输出模式是指当 TCK1 输入引脚或 T1ON 位出现"0"到"1"的电平变化时,ETM 会依 T1AOC、T1BOC 位的状态分别设定 TP1A 为高电平、TP1B 为低电平,并启动 TM1D 计数器由"000h"开始往上计数,计数频率来源则取决于 T1CK[2:0]的设定。当 TM1D 计数到 TM1B 所设定值时,ETM 会将 TP1B 输出设定为高电平;当 TM1D 计数到 TM1A 时,ETM 会将 TP1A、TP1B 输出设定为低电平,完成一个脉冲的输出程序。很明显地,由上述说明可以推断:TCK1 引脚上"0"到"1"的电平变化是触发脉冲开始输出的硬件信号。但请注意,使用者也可采用由软件指令设定 T1ON 位为"1"的方式来启动脉冲输出,以下的范例程序即是用控制 T1ON 位的方式来达成脉冲输出的目的。

5.13.4 程序及流程图

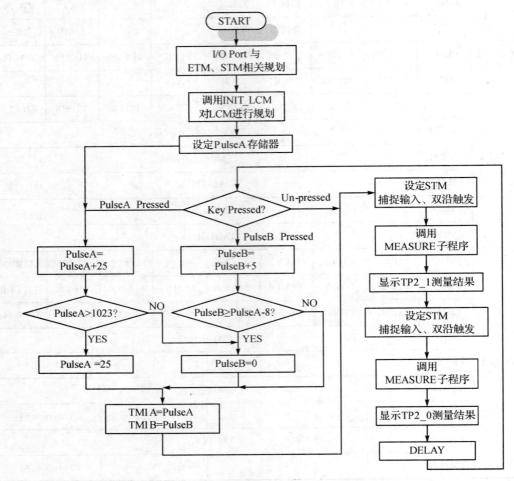

程序 5.13　ETM"单一脉冲输出"模式与 STM 脉冲测量实验
程序内容请参考随书光盘。

程序解说：

5	载入"5.13.INC"定义文件，其内容请参考随书光盘中的文件。
8~17	依序定义变量地址。
20	声明内存地址由 00h 开始（HT66Fx0 复位向量）。
21~24	关闭 CP0、CP1 功能，并设定 ADC 脚位输入为 I/O 功能。
25~28	定义 SW_PulseA(PA.2)、SW_PulseB(PA.3) 为输入模式，并使能其 Pull-high 功能。
29~32	定义 TM2C0 控制寄存器 T2CK[2:0]：000，设定 $f_{INT} = f_{SYS}/4$；并将 TP2_1(PC.4)、TP2_0(PC.3) 定义为输入模式（本例为捕捉输入的脚位）。
34~39	设定 TP1A 功能在 TP1A(PA.1) 引脚、TP1B 功能在 TP1B_0(PC.0) 引脚上实现，由于本例为 PWM 波形的输出引脚，故同时将其定义为输出模式，并选定为同相输出。
40~45	定义 TM1C0、TM1C1、TM1C2 控制寄存器：

	T1CK[2:0]：000，设定 $f_{INT} = f_{SYS}/4$；
	T1AM[1:0]：10，设定为 PWM 或 Single Pulse 输出模式；
	T1AIO[1:0]：11，设定 TP1A 为 Single Pulse Output；
	T1AOC：1，选择 PWM 输出为 Active High；
	T1BM[1:0]：10，设定为 PWM 或 Single Pulse 输出模式；
	T1BIO[1:0]：11，设定 TP1B 为 Single Pulse Output；
	T1BOC：1，选择 PWM 输出为 Active High。
47	调用 INIT_LCM 子程序，对 LCM 进行定义。
48～49	设定 PusleA 存储器的初值，并跳至 A_PRESSED 执行；PusleA 存储器的内容掌控 ETM 输出的单脉冲宽度周期。
51～54	检查按键是否按下，若未按下则持续等待；若按下，则依"PulseA"或"PulseB"按键的状态分别跳至 PulseA、PulseB 的宽度调整程序。
56～65	此段为按下"PulseA"按键时的处理程序；首先将 PulseA 存储器加 25 并判断是否已大于 1 023，若是则将其恢复到初值 25。并跳至 ResetPulseB 调整程序(此做法是为了防止当 PulseA 存储器更动时，发生 PulseA 存储器设定值小于 PulseB 的现象，致使 TP1B 波形无法输出)。
67～80	此段为按下"PulseB"按键时的处理程序；首先将 PulseA 存储器加 5 并判断是否已大于、等于 PulseA 存储器的设定值减 8，若是则将其恢复为零，此时为 TP1B 输出的最大宽度(其宽度将与 TP1A 的脉宽相同)。
82～90	暂停 ETM 的计数，并依据 PulseA、PulseB 存储器更改 TM1A、TM1B 的设定值，此举即改变输出脉冲的宽度。
92～93	设定 STM 为"捕捉输入"模式(T2M[1:0] = 10)，且为双沿触发形式(T2IO[1:0] = 10)。
94～95	将 TP2 的功能转移到 TP2_1 实现：此时 TP1A 的输出脉冲将输入到 STM 的 TP2。
96～99	调用 MEASURE 子程序进行测量，并将结果显示在 LCM 上。此时设定为双沿触发形式，故测量数据为由 TP2 所输入的正脉冲宽度。
100～101	将 TP2 的功能转移到 TP2_0 实现：此时 TP1B 的输出脉冲将输入到 STM 的 TP2。
102～104	调用 MEASURE 子程序进行测量，并将结果显示在 LCM 上。此时设定为双沿触发形式，故测量数据为由 TP2 所输入的正脉冲宽度。
89～90	调用 DELAY 子程序延迟 0.25 s，其目的除避免抖动影响之外，当使用者按下按键时也能以每隔 0.25 s 的速率自动更新选项；接着重新检查按键是否按下。
114～138	MEASURE 子程序；在清除 T2PF、T2AF 标志后启动 STM 开始计数，并等待计数完成(T2AF = "1")；测量结束时万一 T2PF 为"1"，表示 STM 计数溢位，故重新启动测量。否则将 TM2A 值保留到 HexWord 存储器，随即启动第 2 次测量；并将测量结果与 HexWord 存储器相减，求出两次测量的差值。
143～155	DISPLAY 子程序；将 HexWord 存储器转换为 ASCII 码后，调用 WLCMD 子程序加以显示。
163～200	WORD_HEX2ASCII 子程序；将 HexWord[]存储器中的 16 位数据转换为 ASCII 码存置于 DIGIT[]数组；请参考本实验前述的说明。
206～230	INIT_LCM 子程序，其功能是对 LCM 进行定义。
207～212	LCM_EN、LCM_RW 与 LCM_RS 定义为输出模式，并设定状态为"0"。
214～215	将 LCM 设定为双行显示(N = 1)、使用 8 位(DB7 ～ DB0)控制模式(DL = 1)、5 × 7 点矩阵字型(F = 0)。
216～219	将 LCM 设定为显示所有数据(D = 1)、显示光标(C = 1)、光标所在位置不闪烁(B = 0)；LCM 的地址计数器(AC)设为递加(I/D = 1)、显示器画面不因读写数据而移动(S = 0)。
220～221	将 LCM 整个显示器清空。

行号	说明
223～228	调用 PRINT 子程序,经由查表将字符串 STR1、STR2 分别显示在 LCM 的一、二列。
237～260	WLCMD 与 WLCMC 子程序,请参考实验 5.6 的说明。
267～279	PRINT 子程序,此子程序负责将定义好的字符串依序显示在 LCM 上。在调用此子程序之前,除了必须先设定好 LCM 的位置之外,尚需先在 Acc 寄存器中指定字符串的起始地址(字符串必须存放在最末程序页－Last Page),并请在字符串的最后一个字符塞入 NULL,代表字符串结束。
285～299	DELAY 子程序,延迟 0.3 s;延迟时间的计算请参考实验 4.1。
300	WORD_HEX2ASCII 子程序进行转换时所需的常数建表区。
302～303	STR1、STR2 字符串建表数据,每一个字符串务必以 NULL 做为结束字符。

程序 5.13 与实验 5.12 的架构雷同,只是将测量的信号来源由 CTM 的 PWM 输出改为 ETM 的 Single Pulse Output,而由于 ETM 可同时在 TP1A、TP1B 输出两个脉冲,故程序中就以切换 TP2_0 与 TP2_1 的方式让 STM 单元完成两个脉冲的宽度测量。TP1A 输出的脉冲宽度为 PulseA×(f_{INT}^{-1}),TP1B 输出的脉冲宽度则是(PulseA-PulseB)×(f_{INT}^{-1})。因 ETM Single Pulse Output 的输出特性是:当 TCK1 输入引脚或 T1ON 位出现"0"到"1"的电平变化时,ETM 会依 T1AOC、T1BOC 位的状态分别设定 TP1A 为高电平、TP1B 为低电平,并启动 TM1D 计数器由"000h"开始往上计数,计数频率来源则取决于 T1CK[2:0]的设定。当 TM1D 计数到 TM1B 所设定值时,ETM 会将 TP1B 输出设定为高电平;当 TM1D 计数到 TM1A 时,ETM 会将 TP1A、TP1B 输出设定为低电平,完成一个脉冲的输出程序。为避免 TP1B 输出的脉冲宽度过窄,导致来不及记录测量值(如实验 5.12 所提及的状况);因此程序中限制让 TM1B 的设定值至少必须小于(TM1A-8),以确保可顺利测得脉冲宽度。

图 5.13.2 与图 5.13.3 是笔者用示波器实际测量 ETM 输出所得的波形(请注意:CH1 为 TP1A、CH3 为 TP1B)。用程序 5.13 所测得的脉冲宽度几乎与示波器测量结果完全吻合。图 5.13.4 是笔者将程序 5.13 第 35 行指令:"CLR PC.0"改为"SET PC.0"后的输出情形,读者应该可看出其中的端倪吧?

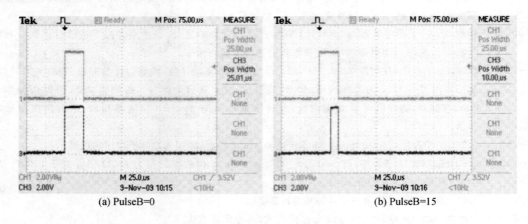

(a) PulseB=0 (b) PulseB=15

图 5.13.2　PulseA=25 时 TP1A/TP1B 的输出

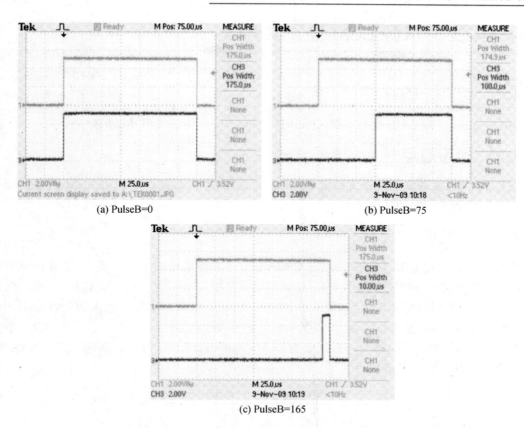

图 5.13.3　PulseA＝175 时 TP1A/TP1B 的输出

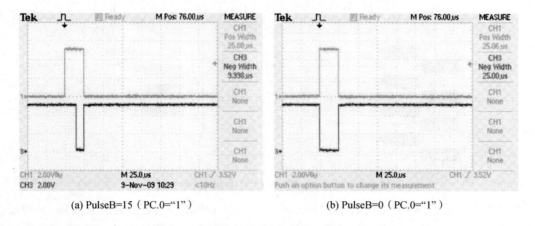

图 5.13.4　PulseA＝25 时 TP1A/TP1B 的输出

5.13.5　动动脑＋动动手

- 试改变程序 5.13 中 ETM 的计数频率来源（即 TM2C0 控制寄存器的 T2CK[2:0] 位），并重新进行测量；观测测量结果与分析值是否一致。

5.14 中文显示型 LCM 控制实验

5.14.1 目 的

在中文显示型 LCM 上显示字型,并利用程序的技巧产生字符串移动的效果。

5.14.2 学习重点

通过本实验,读者能熟悉中文显示型 LCM 的控制方式,此外亦能运用 LCM 的控制指令让液晶显示器展现不同的显示效果。

5.14.3 电路图

前几个实验已利用 LCM 内部的 CG RAM 建立了几个简单的中文字型,由于分辨率不佳(5×7 点),若要显示笔画较多的中文字,就必须以内建中文字型的中文显示型 LCM 来实践较为恰当,本实验所用的中文显示型 LCM 控制电路如图 5.14.1 所示。目前市面上也可买到此类型的液晶显示器,虽然价格不菲,但是其所显示的字型相当细致(如图 5.14.3 所示)。中文显示型 LCM 的控制方式其实与一般文字型的 LCM 相当类似,所以其控制部分不再赘述,仅提醒读者相当重要的注意事项。

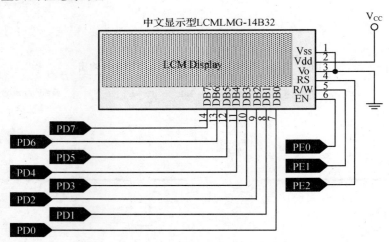

图 5.14.1　中文显示型 LCM(8-Bit)控制电路

本实验采用 9×2 的中文显示型 LCM(编号:LMG-14B32),此显示器共有 2 列,每列可以显示 9 个中文字型(或 18 个英文字型),其显示位置与 DD RAM 地址的对应关系如图 5.14.2 所示。请注意第 1 列的最后一个位置(08h)与第 2 列的第 0 个位置(10h)的 DD RAM 地址并不连续。而每一个位置可以显示 1 个中文字型或是 2 个英文字型,这表示在中文显示型 LCM 上,一个 DD RAM 地址是可以存放 2 个字节的数据。当显示中文时,只需将中文的 BIG-5 码(2 字节)分 2 次(若为 LCM 8-Bit 控制模式)写至 LCM 的 DD RAM 即可;显示英文时,则与一般 LCM 的控制方式相同。不过在写入中文时,要确定写入的 BIG-5 码一定要在同一个 DD RAM 地址内,如果是被拆成 2 个字节分别存放在不同 DD RAM 地址的话(例如位置 00h 的高字节与 01h 的低字节),将会显示乱码(请参考本实验的【动动手+动动脑】部分)。

	0	1	2	…	7	8	显示位置
第1列	00h	01h	02h	…	07h	08h	DD RAM地址
第2列	10h	11h	12h	…	17h	15h	DD RAM地址

图 5.14.2　9×2 中文显示型 LCM 显示位置与 DD RAM 地址的对应关系

5.14.4　程序及流程图

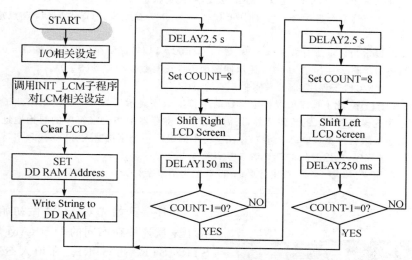

程序 5.14　中文显示型 LCM 控制实验

程序内容请参考随书光盘。

程序说明:

行号	说明
4	载入"5.14.INC"定义文件,其内容请参考随书光盘中的文件。
7~11	依序定义变量地址。
14	声明内存地址由 00h 开始(HT66Fx0 复位向量)。
15	调用 INIT_LCM 子程序,进行 LCM 相关定义。
16~17	将 LCM 整个显示器清空。
18~19	设定 DD RAM 的地址为 0Ah。
20~21	调用 PRINT 子程序,经由查表将字符串(STR3)写入 DD RAM 中;由于目前 LCM 的可视范围为地址 00h~08h 的 DD RAM 内容,故此时 STR3 字符串是不会显示的。
22~23	设定 DD RAM 的地址为 01h。
24~25	调用 PRINT 子程序,经由查表将字符串(STR1)写入 DD RAM 中。
26~27	设定 DD RAM 的地址为 11h。
28~29	调用 PRINT 子程序,经由查表将字符串(STR2)写入 DD RAM 中。
31~32	调用 DELAY 子程序,延迟 2.5 s。
33~34	设定 COUNT = 8。
36~37	调用 DELAY 子程序,延迟 150 ms。
38~39	利用 LCM 命令,控制 LCM 屏幕右移一个字符位置,请参考表 5.6.5 LCM 指令表。

行号	说明
40~41	判断 COUNT 减一是否为 0。成立,则表示屏幕已经右移 8 次;反之,则继续右移(JMP SCREEN_SHIFT_RIGHT)。
42~43	调用 DELAY 子程序,延迟 2.5 s。
44~45	设定 COUNT = 8。
47~48	调用 DELAY 子程序,延迟 250 ms。
49~50	利用 LCM 命令,控制 LCM 屏幕左移一个字符位置,请参考表 5.6.5 LCM 指令表。
51~53	判断 COUNT 减一是否为 0。成立,则表示屏幕已经左移 8 次,重新开始右移的动作(JMP SHIFT);反之,则继续左移(JMP SCREEN_SHIFT_LEFT)。
59~74	INIT_LCM 子程序,其功能是对 LCM 进行定义。
60~65	LCM_EN、LCM_RW 与 LCM_RS 定义为输出模式,并设定状态为"0"。
67~68	将 LCM 设定为双行显示(N = 1)、使用 8 位(DB7 ~ DB0)控制模式(DL = 1)、5×7 点矩阵字型(F = 0)。
69~72	将 LCM 设定为显示所有数据(D = 1)、显示光标(C = 1)、光标所在位置不闪烁(B = 0);LCM 的地址计数器(AC)设为递加(I/D = 1)、显示器画面不因读写数据而移动(S = 0)。
81~104	WLCMD 与 WLCMC 子程序,请参考实验 5.6 的说明。
111~123	PRINT 子程序,此子程序负责将定义好的字符串依序显示于 LCM 上。在调用此子程序之前,除了必须先设定好 LCM 的位置之外,还需先在 Acc 寄存器中指定字符串的起始地址(字符串必须存放于最末程序页 – Last Page),并在字符串的最后一个字符塞入 NULL,代表字符串结束。
130~143	DELAY 子程序,延迟时间的计算请参考实验 4.1。
145~147	字符串定义区,每一个字符串务必以 NULL 做为结束字符。

图 5.14.3 中文 LCM 显示字型

程序一开始先对 LCM 做初始化的设定,接下来就连续在不同的 DD RAM 填入字符串 STR3、STR2 与 STR1。在填入 STR3 之前将 AC(LCM Address Counter)设定为 0Ah(即第十个显示位置),此时 LCM 的可见窗口范围为位置"0"~"8",因此并看不到 STR3 的字符串。而后是利用 LCM 屏幕的左、右移指令,逐一改变 LCM 的可见窗口范围,再搭配上不同的延迟时间而达到字符串左、右移动的效果。

5.14.5 动动脑+动动手

- 将 STR3 的定义改变如下(在字符间塞入空格符),观察 LCM 显示的字型有何改变。

```
147    STR3:   DC    '钟启仁  编著,STR_END        ;DEFINE STRING DATA 3
```

由于在中文字间塞入了空白码(20h),致使第 2 个中文字的 BIG-5 码被拆成两个字节分别存放于 DD RAM 地址 0Bh(高字节)与 0Ch(低字节),因此第 2 个中文字型无法正常显示。而第 2 个空白码恰巧被塞入 0Ch 高字节地址,使得其后的中文 BIG-5 码存放于同一个 DD RAM 地址,所以除了第 2 个中文字型无法显示之外,其他字型显示均正常无误。

- 试着利用 LCM 控制指令,让显示屏产生闪、灭的效果。
- 改变 DELAY 子程序的延迟时间,字型移动的速度变化。

5.15 半矩阵式键盘与 LCM 控制实验

5.15.1 目的

以半矩阵式键盘(Half-Matrix Key Pad)为输入设备,让使用者可以输入大、小写的英文字母,并显示于 LCM 上。

5.15.2 学习重点

通过本实验,读者应熟悉半矩式键盘的控制方式,以便在多按键输入的应用场合加以运用。此外对 LCM 的控制应更加得心应手。

5.15.3 电路图

在实验 4.7 中,相信读者应该已经明白了 4×4 矩阵式键盘(Matrix Keypad)的工作原理,它是用 8-Bit 的 I/O Port 搭配程序的运作,就可以区分出 16 个不同的按键。然而,在实际运用上(尤其在 I/O 资源弥足珍贵的单片机应用场合),如果想要增加按键的个数,势必又得多腾出几根 I/O 引脚供按键扫描使用。例如本实验要求要能够输入 26 个英文字母,万一单片机已经没有多余的 I/O 引脚可供使用的话,该怎么办呢?以下所介绍的"半矩阵式键盘(Half-Matrix Keypad)"是在一般应用设计上经常使用的技巧,只要一个 8-Bit 的 I/O Port 并搭配程序的运作,就能区分出 28 个不同的按键,足足比 4×4 矩阵式键盘多出了 12 个,正可满足本实验的需求。图 5.15.1 是半矩阵式键盘与 LCM 控制电路。图 5.15.2 是半矩阵式键盘的硬件连接方式,在此笔者以 HT66F50 的 PA 做控制来做说明。

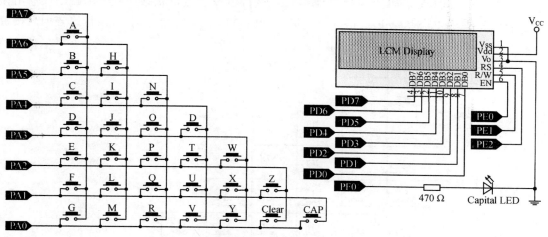

PS:务必使能 PA[7:0]的 Pull-high 功能。

图 5.15.1 半矩阵式键盘与 LCM 控制电路

半矩阵式键盘的扫描原理是依序让每个 I/O 引脚送出(输出模式)"0"电平,每当送出"0"之后,就读回(输入模式)其他 I/O 引脚的状态,如果读回的状态出现"0"电平,就表示该行有按键被按下;至于是哪一列被按下,则可由读回的数值加以解析。因此每一根 I/O 引脚都可

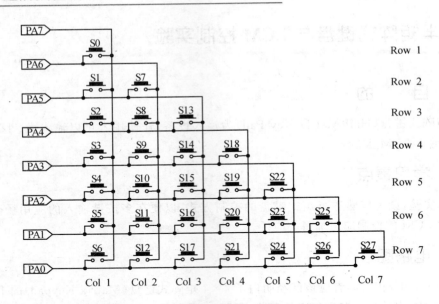

图 5.15.2 半矩阵式键盘(Half-Matrix Key Pad)

能被定义为输入或输出模式,不像 4×4 矩阵式键盘是 4 个 I/O 引脚固定作为输出,另 4 个则固定当成输入。

以图 5.15.2 为例,半矩阵式键盘的扫描是由 PA.7～PA.0 依序送出"0"(即循行检查),然后再读回 PA 的状态判断是哪一列被按下。假若是"S15"按键被按下(如图 5.15.3),首先由 PA.7(输出模式)送出"0",然后由 PA.6～PA.0(输入模式)读回的状态为"? 1111111B",表示第一行(Col 1)没有按键被按下;接着由 PA.6(输出模式)送出"0"检查 Col 2,然后由 PA.5～PA.0 读回的状态为"?? 111111B",表示该行也没有按键被按下;当由 PA.5(输出模式)送出"0"检查 Col 3 时,从 PA.4～PA.0 读回"??? 11011B"的状态,表示该行第五列的按键

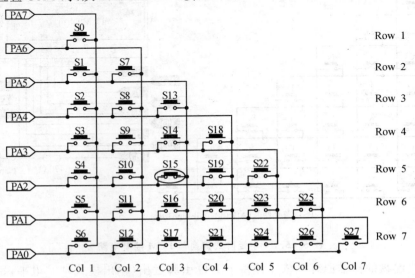

图 5.15.3 "S15"按键被按下

(即"S15")被按下(注:"?"表示该引脚为输出模式或者是未接上按键,其状态不需理会。)。请读者参考 HALF_READKEY 程序说明与图 5.15.4 的流程图。

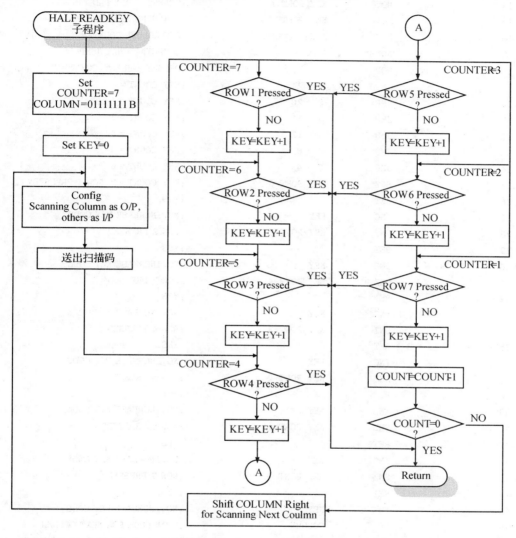

图 5.15.4　Half-Matrix Keypad 扫描子程序流程图

```
1   ;=============================================
2   ; SCAN HALF MATRIX ON KEY PORT AND RETURN THE CODE IN KEY REGISTER
3   ; IF NO KEY BEEN PRESSED, KEY = 28.
4   ;=============================================
5   HALF_READKEY        PROC
6               MOV     A,01111111B
7               MOV     COLUMN,A            ;SET COLUMN FOR SCANNING
8               CLR     KEY                 ;INITIAL KEY REGISTER
9               MOV     A,7
10              MOV     KEY_COUNT,A         ;SET COUNTER = 7 FOR 7 COLUMNS
11  SCAN_KEY:
```

12		MOV	A,COLUMN	;GET COLUMN FOR SCANNING
13		MOV	KEY_PORTC,A	;CONFIG KEY_PORT
14		MOV	KEY_PORT,A	;SCANNING KEY PAD
15		MOV	KEY_PORTPU,A	;SCANNING KEY PAD
16		MOV	A,KEY_COUNT	;GET COLUMN COUNTER
17		ADDM	A,PCL	;COMPUTATIONAL JUMP
18		NOP		;OFFSET FOR KEY_COUNT = 0
19		JMP	$ + 24	;KEY_COUNT = 1
20		JMP	$ + 20	;KEY_COUNT = 2
21		JMP	$ + 16	;KEY_COUNT = 3
22		JMP	$ + 12	;KEY_COUNT = 4
23		JMP	$ + 8	;KEY_COUNT = 5
24		JMP	$ + 4	;KEY_COUNT = 6
25		SNZ	KEY_PORT.6	;KEY_COUNT = 7,ROW 1 PRESSED?
26		RET		;YES.
27		INC	KEY	;NO,INCREASE KEY CODE
28		SNZ	KEY_PORT.5	;ROW 2 PRESSED?
29		RET		;YES.
30		INC	KEY	;NO,INCREASE KEY CODE
31		SNZ	KEY_PORT.4	;ROW 3 PRESSED?
32		RET		;YES.
33		INC	KEY	;NO,INCREASE KEY CODE
34		SNZ	KEY_PORT.3	;ROW 4 PRESSED?
35		RET		;YES.
36		INC	KEY	;NO,INCREASE KEY CODE
37		SNZ	KEY_PORT.2	;ROW 5 PRESSED?
38		RET		;YES.
39		INC	KEY	;NO,INCREASE KEY CODE
40		SNZ	KEY_PORT.1	;ROW 6 PRESSED?
41		RET		;YES.
42		INC	KEY	;NO,INCREASE KEY CODE
43		SNZ	KEY_PORT.0	;ROW 7 PRESSED?
44		RET		;YES.
45		INC	KEY	;NO,INCREASE KEY CODE
46		RR	COLUMN	;SCAN CODE FOR NEXT COLUMN
47		SDZ	KEY_COUNT	;HAVE ALL COULMN BEEN CHECKED?
48		JMP	SCAN_KEY	;NO,NEXT COLUMN
49		RET		
50	HALF_READKEY		ENDP	

HALF_READKEY 子程序说明：

2～3　　　设定 COLUMN = 01111111b；如之前的说明，半矩阵式键盘需依序扫描 PA.7～PA.1，因此以 COLUMN 作为扫描与 Port 定义数据寄存器。

4　　　　设定 KEY 值为零。当执行完此子程序时，KEY 寄存器的值即为按键值；若按键都没有被按，则 KEY = 28。

5～6　　　设定 KEY_COUNT = 7，做扫描 7 行的控制寄存器。

8～10　　因为扫描的行(即送出"0"的 Port)必须定义为输出模式，而其余引脚必须为输入模式以便判断

	是否有按键被按下;因此这 3 行指令的目的是先依据 COLUMN 寄存器的值将 I/O Port 做适当的定义,然后再将扫描码送出。
11~40	依序检查各列是否有按键被按下,若无则将 KEY 寄存器值加一,并继续检查下一列;若按键被按下则返回主程序(JMP END_KEY)。由于硬件结构的关系,每当送出新的扫描码时,并不见得要检查所有的输入引脚。例如当扫描第 1 行时(PA.7 = "0"),必须循序检查 PA.6~PA.0;而扫描第 2 行时(PA.6 = "0"),只须循序检查 PA.5~PA.0;以此类推。因此在程序第 11~19 行是以 KEY_COUNT 寄存器计算式的跳跃(Computational Jump),以避开不需检查的输入引脚。又因为 KEY_COUNT 寄存器的变化范围是由 1~7,所以在 13 行加入"NOP"指令作为补偿。
44	将扫描码右移一位,准备扫描下一行。
42~45	判断 KEY_COUNT 减一是否为零,若成立表示 7 行均已完成扫描,返回主程序(RET);否则继续检查下一行(JMP SCAN_KEY)。

5.15.4 程序及流程图

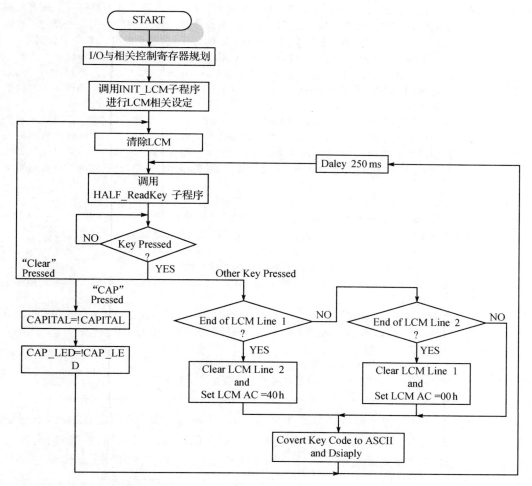

程序 5.15 半矩阵式键盘与 LCM 控制程序

程序内容请参考随书光盘。

第 5 章　进阶实验篇

程序说明：

行号	说明
4	载入"5.15.INC"定义文件，其内容请参考随书光盘中的文件。
7~17	依序定义变量地址。
20	声明内存地址由 00h 开始(HT66Fx0 复位向量)。
21~24	关闭 CP0、CP1 功能，并设定 ADC 脚位输入为 I/O 功能。
25~26	定义 LED_CAPITAL 为输出模式，并设定 LED_CAPITAL = "0"(Default 为大写字型)，并点亮代表大写字型的 LED。
27	调用 INIT_LCM 子程序，对 LCM 进行定义。
28~31	将 LCM 整个显示器清空，并将光标位置设为第一列首行。
32~37	检查键盘是否压下，若未压下则持续等待；若压下，则依键值的不同进行辨别程序。
38~41	判断是否压下"Clear"键，若是则跳至 MAIN 清除 LCM 并将光标归位。
42~50	判断是否压下"CAP"键，若是，则将 LED_CAPITAL 状态反向并延迟 200 ms 后继续检查键盘状态(JMP WAIT_KEY)；若不是则跳至 ALPHA_PRESSED 显示按键值。
52~69	此段程序主要是判断 LCM 显示器是否已经显示到第一列或第二列的最后一个位置。主要是利用 LCM_AC 寄存器的值进行判断(即 LCM 目前的 AC 值)，52~59 行是检查是否到达第一列的最后一个位置(本实验所采用的是 16×2 的 LCM)，若是则将第二列先予以清除，并设定 LCM DD RAM 的地址为第二行第 0 个位置，因此输入的字符会改由 LCM 的第二列开始显示。62~69 行则是检查是否到达第二列的最后一个位置(40h+16)，若是则将第一列先予以清除，并设定 LCM DD RAM 地址为第一列第 0 个位置，因此输入的字符会改由 LCM 的第一列开始显示。
71~75	将按键值转换为 ASCII 码并调用 WLCMDM 子程序予以显示；期间会以 LED_CAPITAL 的状态判断目前为大写模式(LED_CAPITAL = "1")或小写模式(LED_CAPITAL = "0")，以便转换为大写或小写的 ASCII 码(PS.大小写英文字型的 ASCII 码相差 20h)。
76~77	调用 DELAY 子程序，延迟 0.2 s 后重新扫描按键(JMP WAIT_KEY)；延迟时间的计算请参考实验 4.1。
82~127	HALF_READKEY 子程序，请参考 5.12.3 节的说明。
133~142	LCMClear1Line 子程序，根据 ACC 指定的地址，连续填入 16 个空白码(即 20h)至 DDRAM。若 ACC 是指向第一列或第二列首位位置，则此举即是清除 LCM 的第一列或第二列。
148~165	INIT_LCM 子程序，其功能是对 LCM 进行定义。
149~154	LCM_EN、LCM_RW 与 LCM_RS 定义为输出模式，并设定状态为"0"。
156~157	将 LCM 设定为双行显示(N = 1)、使用 8 位(DB7 ~ DB0)控制模式(DL = 1)、5×7 点矩阵字型(F = 0)。
158~160	将 LCM 设定为显示所有数据(D = 1)、显示光标(C = 1)、光标所在位置不闪烁(B = 0)；LCM 的地址计数器(AC)设为递加(I/D = 1)、显示器画面不因读写数据而移动(S = 0)。
161~162	将 LCM 整个显示器清空。
173~200	WLCMDM 与 WLCMCM 子程序，请参考实验 5.6 的说明。
206~220	DELAY 子程序，延迟 0.2 s；延迟时间的计算请参考实验 4.1。

　　由于只有 28 个按键，为了能够区分出大小写字母，所以将按键"S27"定义为大/小写设定键(其功能就如 PC 键盘上的"Caps Lock"按键)，并搭配 LED_CAPITAL 的状态，决定"S0"~"S25"等 26 个按键究竟为大写或小写字符。如此尚剩下一个按键"S26"，就索性将它定义为 LCM 的屏幕清除功能按钮。

　　半矩阵式键盘与 4×4 矩阵式键盘相较，同样是使用一个 I/O Port，但前者足足多出了 12 个按键数，程序代码虽然多出了几行，但并不是太复杂，读者已历经了近 30 个实验单元的磨练，应该可以洞悉其工作原理。

5.15.5 动动脑＋动动手

- 请将"Clear"按键("S26")－"LCM 屏幕清除功能"更改为"Num Lock"功能。也就是说通过"Num Lock"键的控制，可以选择英文字/数字模式，在数字模式下除了可以显示"0"～"9"之外，并且还能显示"!"、"@"、"$"…等特殊符号。

5.16　HT66F50 内建 E^2PROM 内存读写实验

内存也称为寄存器，是一种利用半导体技术做成的电子设备，用来储存数据。电子电路以二进制存取数据，而内存的每一个储存单元称做储存元或储存胞(Cell)。根据储存能力与电源的关系可概略分为两类："挥发性内存"与"非挥发性内存"。挥发性(Volatile)内存是指当电源供应中断后，内存所储存的数据便会消失，一般称为 RAM(Random Access Memory)；有两种主要的类型：DRAM(动态随机存取内存，Dynamic RAM)以及 SRAM(静态随机存取内存，Static RAM)。非挥发性(Non-Volatile)内存即使其电源供应中断，内存所储存的数据并不会消失，重新供电后，仍旧能取得断电前所存的数据。种类可约略分为以下几种：

(1) ROM(Read-Only Memory，只读存储器)是一种只能读取数据的内存。在制造过程中，将数据以一特制光罩(Mask)烧录于线路中，其数据内容在写入后就不能更改，所以有时又称为光罩式只读存储器(Mask ROM)。此内存的制造成本较低，常用于计算机中的开机启动。

(2) PROM (Programmable ROM，可编程式只读存储器)其内部有行列式的熔丝，可依使用者(厂商)的需要利用电流将其烧断，以写入所需的数据及程序，一经烧录便无法再更改。

(3) EPROM (Erasable Programmable ROM，可擦可编程式只读存储器)可利用高电压将数据编程写入，抹除时将线路曝光于紫外线下，数据可被清空，并且可重复使用，通常在封装外壳上会预留一个石英透明窗以方便曝光。

(4) OTP ROM (One Time Programmable ROM，OTP，可单次编程式只读存储器)：写入原理同 EPROM，但是为了节省成本，数据写入之后就不再抹除，因此不设置透明窗。

(5) E^2PROM(Electrically Erasable Programmable ROM，可电气抹除可编程式只读存储器)的 运作原理类似 EPROM，但是抹除的方式使用高电场来完成，因此不需要透明窗。

(6) Flash memory (闪存)：每一个储存胞都具有一个"控制闸"与"浮动闸"，利用高电场改(变浮动闸的临限电压即可进行写入动作。

由于 E^2PROM 断电后仍可保存数据的特性，因此被广泛运用于各类电子产品中。而串行接口的 E^2PROM 仅需 2～3 个 I/O 引脚即可完成数据保存、读取的动作，更适用于 I/O 资源弥足珍贵的单片机。目前市面上常见的串行存取式(Serial Access)E^2PROM 的控制接口有以下 4 种方式：I^2C-BUS、XI^{2}C-BUS、SPI-BUS、MicroWire-BUS，现将其特性简述如下：

(1) I^2C-BUS：为飞利浦(Philips)公司所设计的串行总线接口，当初是针对消费型应用产品所设计的标准界面，只需两条控制线就可达成数据传输的目的。除了内存设备之外，目前许多设备都配备了 I^2C-BUS 的传输接口。I^2C-BUS 的寻址能力只有 16K-Bit，总线的传输速度最高只到 100 kHz。而 XI^{2}C-BUS(Extended I^2C-BUS)将寻址能力提高到了 4 M-Bit，总线传输速度也提升到 400 kHz，新的版本更已经提升到 3.4 MHz；

(2) SPI-BUS(Serial Peripheral Interface Bus)最早是由 Motorola 公司所提出的三线式

(Data Out、Data In、Clock)串行总线传输接口,但后来由 ST 以及其他公司将其整合至单片机内部,作为数据传输的独立接口单元,总线传输速度上限为 5 MHz。

(3) MicroWire-BUS:由 National Semiconductor 所发展的串行总线传输接口,如同 SPI-BUS 用 4 条控制线(CS、Data Out、Data In、Clock)完成数据传输的动作,其总线传输速度上限为 1 MHz。

这几种串行传输接口主要差异在于总线尺寸、总线通信协议(Bus Protocol)、噪声抗扰性(Noise Immunity)以及存取时间。其中又以 I^2C(Inter IC)与 MicroWire-BUS 的应用最为广泛,因此本实验将介绍这两种接口的控制方式。串行数据存取比并行数据存取的传送数据速度慢,但是因为所使用的 I/O 脚数极少,因此当传输速度要求不是太快而 I/O 脚数又受限时(如小型的单芯片单片机),采用此类接口可说是最正确的选择。

本实验先介绍 HT66F50 内建 E^2PROM 的存取控制,后续的两个实验再分别以 HT24LC16 与 HT93C46 为例说明 I^2C 与 MicroWire-BUS 两种接口 E^2PROM 的控制方式,以便 HT66F50 内建的 E^2PROM 不够使用时,可以采取在其外部扩充的方式。不过谈到 IC 控制,就必定得涉及时序的探讨;若是读者仅想直接应用而无暇深入了解,可以直接调用实验中所提供的子程序。

5.16.1 目的

以 4×4 键盘为输入设备选择程序功能:① 储存输入数值(0~9)至 HT66F50 内建的 E^2PROM,② 读出储存于 HT66F50 内建的 E^2PROM 的数据,并显示于 LCM 上。

5.16.2 学习重点

通过本实验,读者应熟悉 HT66F50 内建 E^2PROM 的读、写控制方式与 LCM 的显示技巧。

5.16.3 电路图

HT66F50 内建 256×8 位的非易失性内存(E^2PROM 数据存储器)可用来储存系统断电后仍需保留的数据。E^2PROM 数据存储器的读、写,必须通过 EECTL、EEADDR 与 EEDATA 这 3 个特殊功能寄存器的控制达成,请参阅 2.3.11 小节有关这些特殊功能寄存器的详细介绍,在此仅将其列出,提供读者参考。要特别留意的是 EECTL 控制寄存器是属于 Bank1 的内存位置。本实验所用电路如图 5.16.1 所示,相关控制寄存器如表 5.16.1 所列。

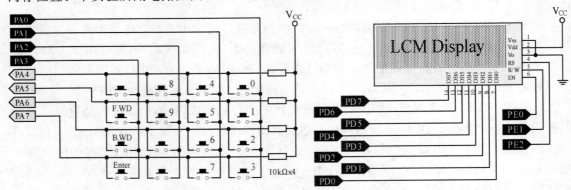

PS:若使能 PA[7:4]Pull-high 功能,则 10 kΩ 电阻可省略。

图 5.16.1　HT66F50 内建 E^2PROM 读/写实验电路

表 5.16.1 本实验相关控制寄存器

2.3.11 小节	EEA	EEA7	EEA6	EEA5	EEA4	EEA3	EEA2	EEA1	EEA0
	EED	EED7	EED6	EED5	EED4	EED3	EED2	EED1	EC1I
	EEC	—	—	—	—	WETN	WT	RDEN	RD
	Bit	7	6	5	4	3	2	1	0

本范例程序首先要求使用者输入功能选项,即①"WR":写入数据至 E^2PROM;或② "RD":由 E^2PROM 读出数据,可再指定是读取特定地址或 E^2PROM 所有地址的内容。选择 写入模式时,使用者最多可输入 15 个 "0" ~ "9" 的数字,当按下 "Enter" 键后即将输入值存入 E^2PROM 中。

5.16.4 程序及流程图

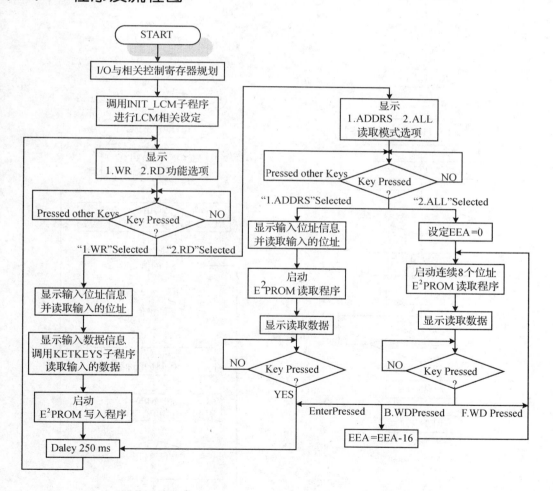

第 5 章 进阶实验篇

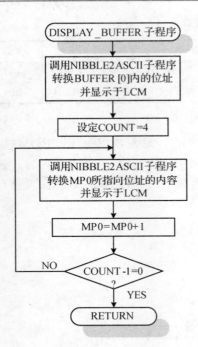

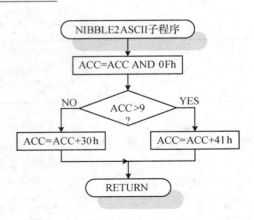

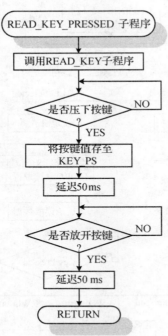

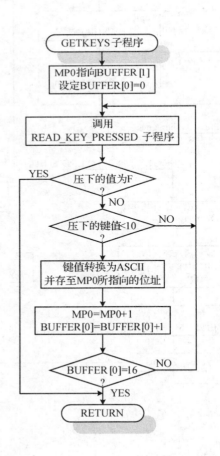

程序 5.16　HT66F50 内建 E²PROM 读写控制实验

程序内容请参考随书光盘。

程序说明：

4	载入"5.16.INC"定义文件，其内容请参考随书光盘中的文件。
7～18	依序定义变量地址。
21	声明内存地址由 00h 开始（HT66Fx0 复位向量）。
22～25	关闭 CP0、CP1 功能，并设定 ADC 脚位输入为 I/O 功能。
26	调用 INIT_LCM 子程序，对 LCM 进行定义。
27～32	将 LCM 整个显示器清空，并将光标位置设为第 1 列首行；其次在 LCM 第 1、第 2 列分别显示"1. WRITE　2.READ"、"PRESS 0-9,ENTER"信息提示使用者进行功能选择。

```
1.WR   2.RD
WR:PRESS0-9,ENTER
```

33～45	检查键盘的"1"、"2"按键是否压下，若未压下或压下为其他按键则持续等待；若压下"1"或"2"按键，则依键值的不同进行辨别程序：DOWRITE 或 DOREAD。
46～85	此段程序是压下"1"按键的处理程序；即使用者选择"WRITE"功能，欲将数据写入 E²PROM。请参考下列各细项的说明：
47～52	在 LCM 第 1、第 2 列分别显示"I/P ADDRS(2-DIG HEX)"、"ADDRS = >"信息，提示使用者输入两位数的十六进制数值，指定所欲写入 E²PROM 的地址。

```
I/P ADDRS(2-DIG HEX)
ADDRS =>
```

53～57	调用 GET2KEYS 子程序读取使用者输入的地址信息，将其暂存于 EEA 寄存器，并调用 DELAY 子程序延迟 0.8 s。
58～63	在 LCM 第 1 列显示"WR: PRESS 0-9,ENTER"信息，提示使用者输入 0～9 的数值，输入的数值稍后将写入至 E²PROM。同时将 LCM DDRAM 地址设为第 2 列首行。

```
WR:PRESS0-9,ENTER
```

64	调用 GETKEYS 子程序读取使用者输入的数据；此数据将存入 BUFFER[]数组并显示于 LCM 第 2 列，BUFFER[0]代表使用者输入的数字总数。
65～68	判断使用者是否输入按键，若 BUFFER[0]为零表示使用者为输入数字，故跳至 MAIN 重新选项选择的程序。
70～72	清除 LCM 并于第 1 列显示"EEPROM WRITTING..."信息，表示准备开始数据写入 E²PROM 的程序。

```
EEPROM WRITTING...
```

73～82	使用间接寻址法，将 BUFFER[]数组中的数值逐一写入 E²PROM（调用 WRITE 子程序）。
78～85	调用 DELAY 子程序延迟 0.5 s，随即跳至 MAIN 重新选项选择的程序。

行号	说明
86～171	此段程序是压下"2"按键的处理程序；即使用者选择"READ"功能，欲读取 E² PROM 内存的数据。请参考下列各细项的说明：
87～88	在 LCM 显示"SELECT 1)ADDRS 2)ALL"信息，提示使用者选择读取模式。本范例程序提供两种读取模式，即"特定地址"(ADDRS) 读取与"全部地址"(ALL) 读取。

```
SELECT 1)ADDRS 2)ALL
```

90～97	检查键盘的"1"、"2"按键是否压下，若未压下或压下为其他按键则持续等待；若压下"1"或"2"按键，则依键值的不同进行个别程序：DOREAD_1 或 DOREAD_2。
98～120	此段程序是压下"1"按键的处理程序；即使用者选择"ADDRS"(即"特定地址"读取模式)，欲读取特定地址的 E² PROM 数据。
99～106	在 LCM 第 1、第 2 列分别显示"I/P ADDRS(2-DIG HEX)"、"ADDRS = >"信息，提示使用者输入两位数的十六进制数值，指定所欲读取的 E² PROM 地址。

```
I/P ADDRS(2-DIG HEX)
ADDRS =>
```

107～110	调用 GET2KEYS 子程序读取使用者输入的地址信息，将其暂存于 EEA 寄存器，并调用 READ 子程序读取该地址的 E² PROM 内容。
111～118	在 LCM 显示"DATA = "信息，并将由 E² PROM 所读取的内容显示于 LCM。

```
I/P ADDRS(2-DIG HEX)
ADDRS =>   DATA=
```

119～120	等待使用者压下键盘，以重新执行功能选项的选择程序(JMP MAIN)。
121～171	此段程序是压下"2"按键的处理程序；即使用者选择"ALL"(即"全部地址"读取模式)，欲读取 E² PROM 内所有地址的数据。
122	设定 EEA 为零，即准备由 E² PROM 的第零个地址开始读取数据。
124～137	使用间接寻址法，以一次 8 个地址为单位(起始地址由 EEA 指定)，将数据由 E² PROM 逐一读出(调用 READ 子程序)，并存于 BUFFER[] 数组中。
138～147	通过调用 BUFFER_DISPLAY 子程序，将 BUFFER[1]～BUFFER[8] 数组中的数据以十六进制的方式显示于 LCM 的一、二列。下列的图示中，各列首行的两位数是代表地址；地址之后的是代表连续 4 个地址的内容。

```
00: 00 01 02 03
04: 04 05 06 07
```

149～169	等待使用者按下按键，若压下"F.WD(Forword)"键，则跳至 DOREAD_3 继续下 8 个地址的读取程序；若压下"B.WD(Backword)"键，则跳至 DOREAD_DN 读取前 8 个地址的读取程序；若压下"Enter"键，则结束"全部地址"读取模式，并重新开始功能选项的选择程序(JMP MAIN)。
175～199	BUFFER_DISPLAY 子程序，负责在 LCM 上显示读取的 E² PROM 地址及其内容。在"全部地址"读取模式中是先搭配间接寻址法(程序第 124～137 行)，以一次 8 个地址为单位(起始地址由 EEA 指定)，将数据由 E² PROM 读出并存于 BUFFER[] 数组中，而此子程序则利用间接寻址法，将地址或数据转换成 ASCII 码(调用 NIBBLE2ASCII 子程序)后丢至 LCM 显示。
206～213	NIBBLE2ASCII 子程序，其功能是将 ACC 的低四位转换成 ASCII 码。

行号	说明
221～236	READ 子程序,其将根据 EEA 寄存器所指定的地址读取 E^2PROM 的内容。请注意,控制 E^2PROM 存取的 EEC 控制寄存器是位于 Bank 1 地址 40h 处,所以必须做 Bank 的切换并使用 MP1 的间接寻址才能正确的进行位状态的设定,顺利完成读写程序(请参阅 2.3.12 节的详细介绍)。
244～259	WRITE 子程序,其负责将 EED 寄存器内的数据写入由 EEA 寄存器所指定的 E^2PROM 地址内。请注意,掌控 E^2PROM 存取的 EEC 控制寄存器是位于 Bank 1 地址 40h 处,所以必须做 Bank 的切换并搭配 MP1 的间接寻址才能正确的进行位状态的设定,顺利完成读写程序(请参阅 2.3.12 节的详细介绍)。
267～278	GET2KEYS 子程序,其由键盘读取(调用 READ_KEY_PRESSED 子程序)使用者输入的两个键值,并将其转换成 ASCII 码(调用 NIBBLE2ASCII 子程序)后显示于 LCM;两个键值整合后存置于 BUFFER[0]。
287～311	GETKEYS 子程序,其由键盘读取(调用 READ_KEY_PRESSED 子程序)使用者输入的键值,并置于 BUFFER[1]～BUFFER[15]数组;当输入的按键数达 15 个,或使用者压下"ENTER"键时将结束本子程序,而 BUFFER[0]则存放输入的键值个数。
320～340	READ_KEY_PRESSED 子程序,其由键盘读取(调用 READ_KEY 子程序)使用者输入的键值,并存置于 KEY_PS 寄存器;本子程序与 READ_KEY 子程序不同的是:除非使用者压下按键,且放开按键后才会返回原调用处。
347～374	READ_KEY 子程序,请参阅实验 4.7 的详细说明。
381～391	PRINT 子程序,此子程序负责将定义好的字符串依序显示于 LCM 上。在调用此子程序之前,除了必须先设定好 LCM 的位置之外,尚需先于 Acc 寄存器中指定字符串的起始地址(字符串必须存放于最末程序页 - Last Page),并请于字符串的最后一个字符塞入 NULL,代表字符串结束。
397～414	INIT_LCM 子程序,其功能是对 LCM 进行定义:
398～403	LCM_EN、LCM_RW 与 LCM_RS 定义为输出模式,并设定状态为"0"。
405～406	将 LCM 设定为双行显示(N=1)、使用 8 位(DB7 ～ DB0)控制模式(DL=1)、5×7 点矩阵字型(F=0)。
407～408	将 LCM 设定为显示所有数据(D=1)、显示光标(C=1)、光标所在位置的字会闪烁(B=1)。
409～410	将 LCM 的地址计数器(AC)设为递加(I/D=1)、显示器画面不因读写数据而移动(S=0)。
411～412	将 LCM 整个显示器清空。
422～449	WLCMDM 与 WLCMCM 子程序,请参考实验 5.6 中的说明。
456～469	DELAY 子程序,延迟时间的计算请参考实验 4.1 中的说明。
471～477	字符串定义区,请注意每一个字符串必须以 NULL 做为结束。

程序一开始首先对 LCM 做初始化设定,并显示功能选项表:①"WR":Write Data to E^2PROM;②"RD":Read Data from E^2PROM。紧接着等待使用者输入功能选项,若选择"WR",则在 LCM 显示提示信息,并将输入的键值显示于 LCM,待使用者输入 15 个数值或压下"Enter"键后就将数据写入 E^2PROM,并结束输入程序,回至程序功能选项画面。若选择"RD",则在 LCM 显示"特定地址"与"全部地址"的功能选项,接着进行由 E^2PROM 读出数据的动作,并将读回的数据显示于 LCM,待使用者压下任何按键后终止程序,回至程序主功能选项画面。在此要特别留意的是 EEC 是位于 Bank1 的控制寄存器,所以务必使用 MP1、IAR1 间接寻址与 BP 的适当设定,方能达成正确的读、写动作。

为了验证 E^2PROM 的非易失(Non-Volatile)特性,读者可以先选择写入的选项,将数据存入 E^2PROM;关闭电源后再执行程序 5.16,并选取读取功能读出 E^2PROM 内存数据。

5.16.5 动动脑+动动手

- 本范例程序当输入 15 个"0"～"9"的按键或使用者压下"Enter"键后,即进入 E^2PROM

的写入程序。试将输入 15 个按键就自动启动写入程序的限制上限至 20 个。
- 承上题，请以"A"键做为 Back-Delete Key，让使用者于输入过程中可以删、改已输入的数值。

5.17 I²C 接口 E²PROM 读写控制实验

5.17.1 目　　的

以 4×4 键盘为输入设备，选择程序功能：① BYTE_WR；② PAGE_WR；③ SRR；④ RCR 与 ⑤ RSCR，此 5 个选项分别代表 Byte Write、Page Write、Sequential Random Read、Random Read＋Current Read 以及 Random Read＋Sequential Current Read。当选择①、②时则将输入数值（0～9）分别以 Byte Write 或 Page Write 方式储存至 HT24LC16；当选择③～⑤时，则依其对应的数据读取模式，读出储存于 HT24LC16 的数据，并显示于 LCM 上。

5.17.2 学习重点

通过本实验，读者应熟悉 I²C 串行界面 E²PROM—HT24LC16 的读、写控制方式；也应对本实验所提供相关子程序的原理与运用方式了如指掌。

5.17.3 电路图

I²C(Inter IC) 又可称为 I²C-Bus，它是由飞利浦公司（Philips Comp.）制定出来的串行存取方式，目前有许多厂商提供此一标准界面的相关产品，其相关介绍请读者参考实验 4.17 的内容。表 5.17.1 为盛群半导体有限公司的 I²C E²PROM 产品型号，以下将以 HT24LC16 为例说明 I²C 接口的控制方式。实验电路如图 5.17.1 所示。

表 5.17.1　Holtek I²C E²PROM 产品型号（截至：2008.12.15）

Part No.	Capacity	VDD/V	Clock Rate /kHz	Write Speed @2.4V/ms	Operating Current @5V/mA	Standby Current @5V/μA
HT24LC02	256×8	2.2～5.5	400	5	5	5
HT24LC04	512×8	2.2～5.5	400	5	5	5
HT24LC08	1024×8	2.2～5.5	400	5	5	5
HT24LC16	2048×8	2.2～5.5	400	5	5	5
HT24LC32	4096×8	2.4～5.5	400	5	5	5
HT24LC64	8192×8	2.2～5.5	400	5	5	5
HT2201	128×8	2.2～5.5	400	5	5	4

图 5.17.2 为 HT24LC16 的引脚及其功能概述，完整的电气特性还是请读者参考光盘片中的 IC 数据手册。从引脚的特性来看，所有的数据控制及读写动作，都是通过 SDA、SCL 引脚来完成的，因此学习有关 I²C 接口的传输方式，其实等于是在研究这两个信号间的关系。不

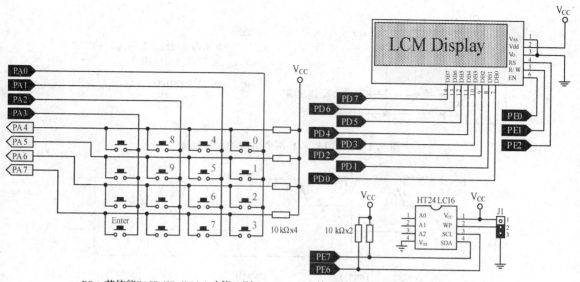

PS：若使能PA[7:4]Pull-high功能，则4×4 Keypad上的四颗10 kΩ电阻可省略。

图 5.17.1　I^2C 串行界面 E^2PROM 实验电路

过首先要注意，使用 I^2C 接口 SDA、SCL 两个引脚必须接上上拉电阻，如图 5.17.3 所示。

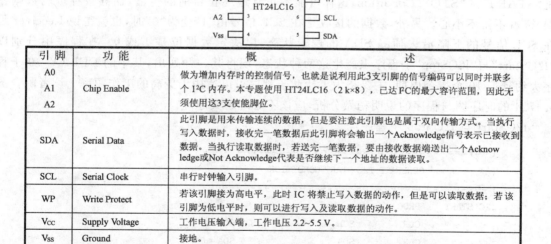

引脚	功能	概　　　　　　　　　　述
A0 A1 A2	Chip Enable	做为增加内存时的控制信号，也就是说利用此3支引脚的信号编码可以同时并联多个 I^2C 内存。本专题使用 HT24LC16（2 k×8），已达 I^2C 的最大容许范围，因此无须使用这3支使能脚位。
SDA	Serial Data	此引脚是用来传输连续的数据，但是要注意此引脚也是属于双向传输方式。当执行写入数据时，接收完一笔数据后此引脚将会输出一个Acknowledge信号表示已接收到数据。当执行读取数据时，若送完一笔数据，要由接收数据端送出一个Acknowledge或Not Acknowledge代表是否继续下一个地址的数据读取。
SCL	Serial Clock	串行时钟输入引脚。
WP	Write Protect	若该引脚接为高电平，此时 IC 将禁止写入数据的动作，但是可以读取数据；若该引脚为低电平时，则可以进行写入及读取数据的动作。
V_{CC}	Supply Voltage	工作电压输入端，工作电压 2.2~5.5 V。
V_{SS}	Ground	接地。

图 5.17.2　HT24LC16 的引脚及功能

接下来就需要了解 SDA、SCL 的控制时序，I^2C Bus 的任何读写控制动作都必须以"START Condition"与"STOP Condition"做为起始与结束。因为只使用 SCL、SDA 两根信号，所以就以其电位的高低状态来区分，请参考图 5.17.4。

观察图 5.17.4：当 SCL＝"1"时，如果 SDA 由"1"变为"0"，则为"START Condition"，I^2C 设备将准备开始进行数据的读写动作；而当 SCL＝"1"时若 SDA 由"0"变为"1"，则为"STOP

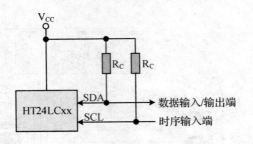

注意：
WP：此引脚要接地，若为高电平则只能进行读取的动作

R_C：电阻值大约10 kΩ~5 kΩ左右

图 5.17.3 SDA、SCL 两个引脚的上拉电阻

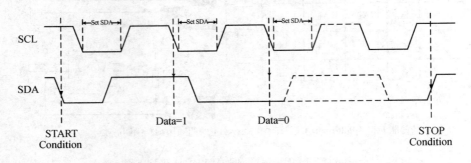

图 5.17.4 START 与 STOP Condition

Condition"，表示结束此笔数据的传输程序。因此，在 I^2C Bus 的传输过程中，数据的改变一定要在 SCL＝"0"的状态时进行（如图 5.17.4 的"Set SDA"期间），否则很容易被 I^2C 设备误认为是"START"或"STOP"Condition，这样可能不正常地终止目前的传输，而导致存取的数据错误，读者不得不小心。另外，数据的接收是在 SCL 信号由"1"变为"0"时，也就是说 Receiver 是在 SCL 信号的下降沿去侦测 SDA 的逻辑状态，以决定数据位是 1 或 0。在程序中分别以"I2CStart"与"I2CStop"子程序来产生这两种状态，现将其一并列出，其中的 DELAY_10 子程序大约延迟 10 个指令周期，主要是为了让此子程序可以适用于更高的工作频率。读者配合图 5.17.4 的时序图与程序的说明稍做分析，应该不难理解其原理。

I2CStart 与 I2CStop 子程序：

```
1    ;==========================================
2    ;          GENERATE I2C START CONDITION
3    ;==========================================
4    I2C_START   PROC
5                CLR      SCL          ;SET SCL = 0
6                CLR      SDA          ;SET SDA = 0
7                CLR      SCLC         ;CONFIG SLC AS OUTPUT MODE
8                CLR      SDAC         ;CONFIG SDA AS OUTPUT MODE
9                CALL     DELAY_10     ;DELAY
10               SET      SCL          ;SET SCL = 1
11               SET      SDA          ;SET SDA = 1
12               CALL     DELAY_10     ;DELAY
13               CLR      SDA          ;SET SDA = 0
14               CALL     DELAY_10     ;DELAY
```

```
15              CLR     SCL             ;SET SCL = 0
16              CALL    DELAY_10        ;DELAY
17              RET
18  I2C_START   ENDP
19  ;========================================
20  ;           GENERATE I2C STOP CONDITION
21  ;========================================
22  I2C_STOP    PROC
23              CLR     SDA             ;SET SDA = 0
24              CLR     SDAC            ;CONFIG SDA AS OUTPUT MODE
25              CLR     SCL             ;SET SCL = 0
26              CALL    DELAY_10        ;DELAY
27              SET     SCL             ;SET SCL = 1
28              CALL    DELAY_10        ;DELAY
29              CLR     SDA             ;SET SDA = 0
30              CALL    DELAY_10        ;DELAY
31              SET     SDA             ;SET SDA = 1
32              RET
33  I2C_STOP    ENDP
34  ;========================================
35  ;           DELAY 10 uS FOR TIMING CONSIDERATION
36  ;========================================
37  DELAY_10:
38              JMP     $ + 1
39              JMP     $ + 1
40              JMP     $ + 1
41              JMP     $ + 1
42              RET
```

其次就是如何让 I²C 设备分辨读或写的动作了,请参考图 5.17.5 HT24LC16 "Byte Write"模式时序的示意图。所谓"Byte Write"是指写入一个字节的数据至 I²C 设备,当然也必须指定这个字节要存放至从机内的哪一个地址。如图 5.17.5 所示,在送出"START"状态之后,接着要送出从机选择地址码(Device Select Code)、8 位地址(Byte Address)以及要写入的数据(Data In),请参考表 5.17.2。

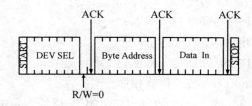

图 5.17.5　HT24LC16"Byte Write"模式

表 5.17.2　HT24LC16 从机选择地址码

Part No.	Device Type ID				Chip Enable			R/W
	b7	b6	b5	b4	b3	b2	b1	b0
HT24LC02	1	0	1	0	E2	E1	E0	R/W
HT24LC04	1	0	1	0	E2	E1	A8	R/W
HT24LC08	1	0	1	0	E2	A9	A8	R/W
HT24LC16	1	0	1	0	A10	A9	A8	R/W

目前有数百种不同的 I^2C 设备，每一种从机都定义了不同的从机辨识码，而内存设备的辨识码为 "1010"。b3～b1 为使能控制引脚，当送出的使能信号与引脚上所设定状态相同时，该从机才会动作。因为 I^2C Bus 所能接收的最大存储容量为 2 KB，而本实验所采用的 HT24LC16 恰为 2 KB 的存储容量，因此 A2、A1、A0 硬件引脚实际上是没有用的，此时的 b3 ～ b1 就代表 A10～A8 的地址选择信号。如果在电路中使用两个 HT24LC08（每颗存储器容量为 1 KB），此时将其中一颗 A2 接至 V_{CC}，另一颗接至 V_{SS} 即可，不需再外加任何译码电路，而在使用时只要以 b3 位来区分就可以了（见图 5.17.6）。b0 则是表示要对该从机进行读出（1）或写入（0）的动作。

紧接在从机选择地址码之后的就是要写到内存的地址信息，其次就是真正要写入的数据。请注意，所有的字节数据都是从最高位开始传送接收。当然，最后别忘记以 "STOP Condition" 来结束这一次的写入动作。笔者再以实例来说明图 5.17.5 "Byte Write" 模式的整个过程，假设欲以单片机写入一个字节的数据至 HT24LC16 地址 38h 时，则必须经过如下的步骤：

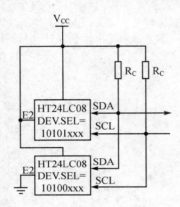

图 5.17.6　Device Select Code 图例

　　Step1：送出 START Condition；
　　Step2：送出从机码、地址（A10～A8）与 R/W=0　（10100000b）；
　　Step3：等待 HT24LC16（Slave）回复 ACK；
　　Step4：送出 Byte Address (00111000b，即 38h)；
　　Step5：等待 HT24LC16（Slave）回复 ACK；
　　Step6：将 Data(8-Bit) 由 SDA 串行送出；
　　Step7：等待 HT24LC16（Slave）回复 ACK；
　　Step8：送出 STOP Condition，结束传输程序。

在上述步骤中，请注意 Step3、Step5 与 Step7 的 ACK 信号均是由 HT24LC16（Slave）负责送出，其次将 SDA 拉至低态，表示已收到单片机（Master）所送来的命令或数据；而最后并在 Step8 由单片机（Master）送出 "STOP Condition" 结束此笔数据写入的程序。

请读者接着观察 HT24LC16 的 "Random Read" 模式（见图 5.17.7），所谓 "Random Read" 是指可以读取任意一个地址的数据，这跟刚刚 Byte Write 可以写数据到任何地址的意义差不多,但请比较图 5.17.5 与图 5.17.7 的差异,为什么 Random Read 模式的从机选择地址码要送两次呢?为什么明明要由从机读回数据,可是第一个从机选择地址码的 R/W 位却是"0"呢?请读者留意,HT24LC16 的 Random Read 模式中,第一个从机选择地址码的 R/W="0"表示要写入地址(Byte Address),以便让内存(Slave)知道该把哪一个地址的数据送出来,而第二个从机选择地址码的 R/W="1"才是真正启动内存将指定地址内数据串行送出。假设欲从 HT24LC16 的地址 38h 读回一个字节的数据时,则单片机(Master)必须经过如下的步骤:

Step1:送出 START Condition;
Step2:送出从机码、地址(A10~A8)与 R/W=0　(10100000b);
Step3:等待 HT24LC16(Slave)回复 ACK;
Step4:送出 Byte Address(00111000b,即 38h);
Step5:等待 HT24LC16(Slave)回复 ACK;
Step6:再次送出 START Condition;
Step7:送出从机码、地址与 R/W=1　(10100001b);
Step8:等待 HT24LC16(Slave)回复 ACK;
Step9:由 SDA 串行读回 Data(8-Bit);
Step10:送出 No ACK 讯号;
Step11:送出 STOP Condition,结束传输程序。

在此提醒读者的是 Step2 与 Step7 所送出的从机码、地址必须一致,否则就无法正确完成数据的读取了。

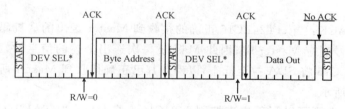

图 5.17.7　HT24LC16 "Random Read"模式

在 Byte Write 与 Random Read 的读写程序中,可以归纳出几个共同的需求,首先是由单片机(Master)控制 SDA 与 SCL 串行送出 8 位的从机码、地址或数据至 HT24LC16;其次是由单片机(Master)控制 SCL 并由 SDA 串行读回 HT24LC16 所传回的 8 位数据;再来就是检查、等待 HT24LC16 送出的 ACK 信号,以确认是否完成有效的命令或数据传输。在程序中就以 WriteByte、ReadByte 与 CheckACK 这 3 个子程序来达成上述的 3 个需求,以下是这 3 个子程序的流程图与说明。

(1) WRITE_BYTE:此子程序利用 I2C_DATA.7 的状态决定 SDA 脚位的逻辑电平,并搭配 SCL 信号送至 HT24LC16。由于每送出一个位 I2C_DATA 即左移一次,所以数据是由 MSB 至 LSB 位分成 8 次串行由 SDA 搭配 SCL 信号逐一传送至 HT24LC16;附带一提的是:HT24LC16 是在 SCL 由"1"变"0"的瞬间将 SDA 的逻辑电平视为欲写入的位状态(0 或 1)。流程图如图 5.17.8 所示。

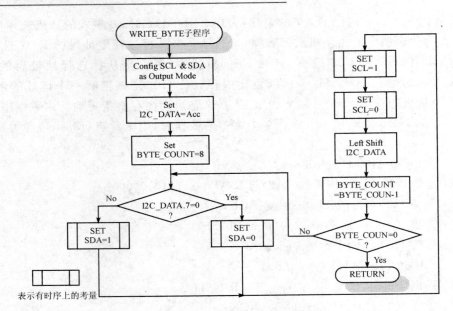

图 5.17.8　WRITE_BYTE 子程序流程图

(2) READ_BYTE：在读取 HT24LC16 时，必须先了解其是在 SCL 由"0"变"1"后将数据位的状态送至 SDA，而且是由 MSB 开始传送。程序中每当送出 SCL 由"0"变"1"后，即借由 SDA 状态决定 I2C_DATA.0 该为 1 或 0，而且每读入一个位即右移一次，因此 ReadByte 程序是由 MSB 至 LSB 逐一按照 SDA 回传的逻辑状态决定 I2C_DATA 各位的值。流程图如图 5.17.9 所示。

(3) CHECK_ACK：当 HT24LC16 正确的接收到 Master 送出的从机码、地址或数据时，会以 SDA=0 的信号响应 Master 端；因此 Master 每次送出上述的信息时，必须将 SCL 拉至高态并等待 HT24LC16 将 SDA 拉至低态，以确认其已正确接收到 Master 所送出的信息。流程图如图 5.17.10 所示。

经过上述说明，大概可以写程序来控制 M24C16。首先是在"START Condition"之后必须送出从机选择地址码，然后是地址等。仔细观察图 5.17.5 与图 5.17.7，前面两组送的信息都一样，而"Random Read"模式时，前、后两个从机选择地址码也只有最后一个位(R/W)不同而已。因此，笔者把它们整合成一个子程序模块，以方便读者调用使用。请参考图 5.17.11 的流程图，并配合图 5.17.5 与图 5.17.7 的时序要求：

在 HT24LC16 数据手册中，对于 SCL 与 SDA 的状态变化有一定的时间要求（实时序关系），在程序中以 DELAY10 子程序来达成，但是为了避免使流程图看起来过于复杂，在图中并未特别标示出来，请读者特别留意。

再来就是送出地址让 HT24LC16 知道该针对哪一个存储器位置做动作，其实与图 5.17.11 所述的流程大同小异，请参考图 5.17.12 的流程图。

最后就是数据读或写的动作，写数据的动作和写入地址是一样的，读者把 I2C_SET_ADRS 子程序中的地址(I2C_ADRS)改成数据就行了。不过在写入数据之前，是不是该让 HT24LC16 知道应把数据放到哪一个位置呢？所以必须先由单片机把地址信息送给它，流程如图 5.17.13 所示。其次依照图 5.17.5 HT24LC16"Write Byte"模式所要求的时序，完成写

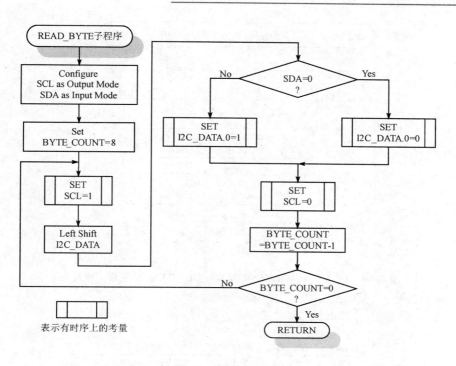

图 5.17.9　READ_BYTE 子程序流程图

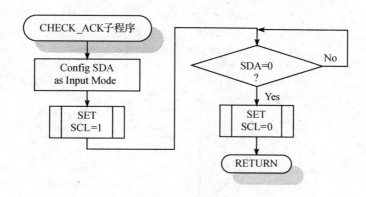

图 5.17.10　CHECK_ACK 子程序流程图

入一个 Byte 数据至指定地址的程序。

从 Byte Write 与 Random Read 的读、写过程中发现，每次的读、写动作都要送出地址告知 HT24LC16，不是既浪费时间又麻烦吗？其实在 HT24LC16 内部有一个地址计数器（Internal Address Counter，AC），每执行完一次读、写动作时，AC 就会自动加一。所以，如果读、写连续的存储器地址的话，其实是不需要每次都重新设定 AC 值的，如此可以提高单位时间的数据吞吐量。这也是读者在 HT24LC16 数据手册中可以发现有好几种不同读写模式的原因，请参考图 5.17.14 的"Page Write"模式与以下的说明。

所谓的"Page Write"模式就是告知 HT24LC16 地址之后连续写 N 个字节的数据，而且只需在最后一笔数据写完之后再以 STOP Condition 结束 Page Write 的动作。如此可以省去

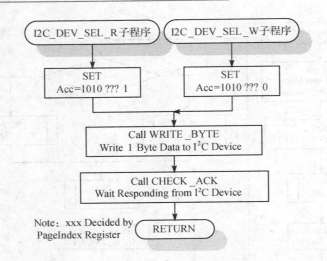

图 5.17.11　I2C_DEV_SEL_R 与 I2C_DEV_SEL_W 子程序流程图

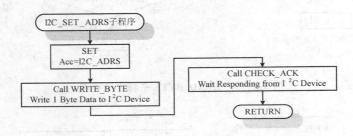

图 5.17.12　I2C_SET_ADRS 子程序流程图

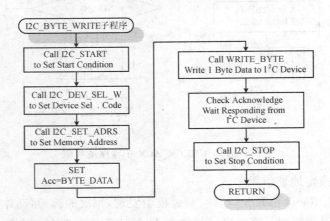

图 5.17.13　I2C_BYTE_WRITE 子程序流程图

"Byte Write"模式中每次都送地址的时间,不过有以下两个规则须遵守:① N 不得大于 16;② AC 递增时若低 4 位有进位时,其并不会累进至下一位。由于 E^2PROM 的写入速度较慢,所以在 HT24LC16 内部有一块存取速度较快的 RAM Buffer,外界写入的数据都先暂时存放在 RAM Buffer 内,待进入 STOP Condition 后,HT24LC16 再把 RAM Buffer 内的数据复制到 E^2PROM 中。这样做是为了提升与外部传输的速度,但是因为内部的 RAM Buffer 只有 16B,

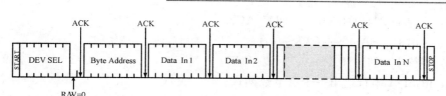

图 5.17.14　HT24LC16 "Page Write" 模式

所以外界一次最多只能连续写入 16B 的数据就必须进入 "STOP Condition"，否则将会覆盖前面写入 RAM Buffer 的数据；亦即只有最后写入的 16B 才会被真正复制到 E^2PROM。另外，由于 HT24LC16 内部地址计数器递增时的限制，使用 Page Write 模式时要特别注意，如果地址跨越 16 的界限（如 00Fh 递增至 010h、1FFh 递增至 200h 等）时必须重新设定 AC 的地址。附带一提的是 HT24LC16 把 RAM Buffer 内的数据复制到 E^2PROM 需要一定的时间，因此当 Master 发出 STOP Condition 必须间隔一定的时间才能再下达写入的命令，由表 5.17.1 可知 HT24LC16 将 Buffer 的数据复制到 E^2PROM 约需 5 ms 左右。然而 E^2PROM 的读取速度与 RAM 相当，在连续读取时是直接由 E^2PROM 中读出数据，所以就无此限制。当单片机欲以 "Page Write" 方式写入数据至 E^2PROM 时须采取以下步骤（流程图请参考图 5.17.15）。

Step1：送出 START Condition；

Step2：送出从机码、地址（A10～A8）与 R/W＝0　（10100000b）；

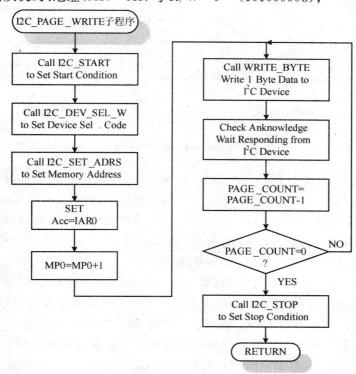

图 5.17.15　I2C_PAGE_WRITE 子程序流程图

Step3：等待 HT24LC16(Slave)回复 ACK；
Step4：送出 Byte Address(A7~A0)；
Step5：等待 HT24LC16(Slave)回复 ACK；
Step6：由 SDA 串行送出一个字节数据；
Step7：等待 HT24LC16(Slave)回复 ACK。若尚有数据要传送则至 Step6；
Step8：送出 STOP Condition,结束传输程序。

在 Page Write 模式的步骤中,Step3、Step5 与 Step7 的 ACK 信号是由 HT24LC16(Slave)将 SDA 拉至低态,表示其已收到 Master 所送来的命令或数据；而单片机则是在送出最后一笔数据后,以 STOP Condition 结束 Page Write 的传输程序。

前述的说明过程中,笔者曾提及 HT24LC16 内部有一个地址计数器—AC(Address Counter),它掌控着 HT24LC16 数据读、写的位置；前面所介绍的几种读、写模式都牵涉到地址的设定,其实就是在设定 AC 的值。不管是读或写,HT24LC16 内部都是针对 AC 值所指定的地址执行读取或写入的动作。而 AC 有一个自动增值的特性(Auto Increment),亦即每当完成一次的读或写后会自动加一；所以,若是要由前一次存取的位置继续读、写动作的话,就无须再重新设定 AC 值了,请见图 5.17.16(b)的"Current Address Read"模式。所谓"Current Address Read"是指直接读取目前 AC 值所指示的地址数据,不需在读取前先设定欲读取的地址。

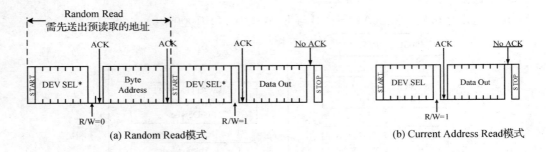

(a) Random Read 模式　　　　　(b) Current Address Read 模式

图 5.17.16　HT24LC16 "Random Read" 与 "Current Address Read" 模式

图 5.17.7 已经介绍过 HT24LC16 的"Random Read"数据读取模式,其与"Current Address Read"差异不大,比较图 5.17.16 的(a)与(b)时序格式,图中已标示出差异之处,读者应该可以很容易了解两者的区别。Current Address Read 仅需传送一次 DEV SEL 信息,因此单位时间的数据传输量要比 Random Read 的高。既然两者的差异不大,同样将其整合成一个程序模块以方便使用,请参考图 5.17.17 的流程图。

ACK(Acknowledge,逻辑 0)与 NoACK(Not Acknowledge,逻辑 1)信号在传输过程中扮演相当重要的角色,它并非固定由 Master 或 Slave 发送,而是由负责接收信息(Receiver)的从机所送出的。如图 5.17.16(a)的 Random Read 模式,前 3 个 ACK 信号是 HT24LC16 分别用以回应已正确接收单片机所送出的两组从机选择地址码以及一组地址数据；而第四个 No_ACK 则是单片机接收完 HT24LC16 回送的数据后,告知其不需再继续回送下一个地址数据的信号。有了这个概念之后,接下来介绍 HT24LC16 最后两种数据读取模式。

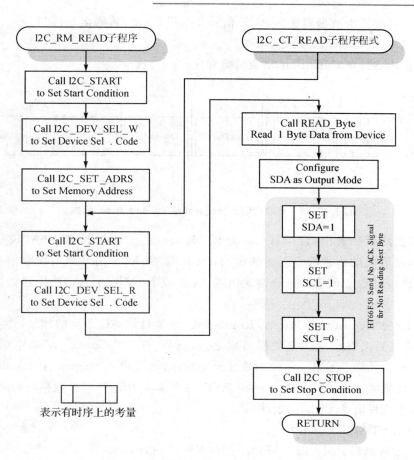

图 5.17.17　I2C_RM_READ 与 I2C_CT_READ 子程序流程图

图 5.17.18 为"Sequential Random Read"模式，即在告知 HT24LC16 地址之后，连续读取 n 个字节的数据，而且只需在最后一笔数据读完之后，单片机先以 No_ACK 响应 HT24LC16，再以"STOP Condition"结束读取的动作即可。读取数据时，n 并没有限制，不过要注意的是当读到 HT24LC16 的最后一个地址时（7FFh），AC 会重新归零，所以又会从第 0 个地址开始读起。当单片机欲以 Sequential Random Read 方式读取 HT24LC16 的数据时，须采取以下步骤：

Step1：送出 START Condition；
Step2：送出从机码、地址（A10～A8）与 R/W=0　（10100000b）；
Step3：等待 HT24LC16(Slave)回复 ACK；
Step4：送出 Byte Addres(A7～A0)；
Step5：等待 HT24LC16(Slave)回复 ACK；
Step6：再次送出 START Condition；
Step7：送出从机码、位（A10～A8）址与 R/W=1　（10100001b）；
Step8：等待 HT24LC16(Slave)回复 ACK；
Step9：由 SDA 串行读回 Data(8-Bit)；

Step10：若尚要读取数据则送出 ACK 信号并执行 Step9；否则至 Step11。
Step11：送出 No ACK 讯号；
Step12：送出 STOP Condition，结束传输程序。

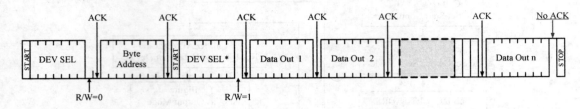

图 5.17.18　HT24LC16 "Sequential Random Read" 模式

读者可以很清晰的看出，HT24LC16 是以 Master 所送出 ACK 或 NoACK 信号来分辨是否还要继续读取的动作。综合上述的说明，ACK 与 NoACK 信号是由接收信息的一端负责送出，而传送信息者必须等待接收端送出的 ACK 或 NoACK 信号以决定是否继续传送的动作。

图 5.17.19 为 "Sequential Current Read" 模式，是依目前 AC 所指的地址，连续读取 n 个字节的数据，而且只需在最后一笔数据写完之后，再以 "STOP Condition" 结束读取的动作。与图 5.17.18 相比其减少了第一阶段的地址设定程序，可以说是 Sequential Random Read 的简化版。当单片机欲以 Sequential Current Read 方式读取 HT24LC16 数据时的步骤如下（两者整合后的程序流程请参考图 5.17.20）：

Step1：送出 START Condition；
Step2：送出从机码、位（A10～A8）址与 R/W=1　（10100001b）；
Step3：等待 HT24LC16(Slave) 回复 ACK；
Step4：由 SDA 串行读回 Data(8-Bit)；
Step5：若尚要读取数据则送出 ACK 信号并执行 Step4；否则至 Step6。
Step6：送出 No ACK 信号；
Step7：送出 STOP Condition，结束传输程序。

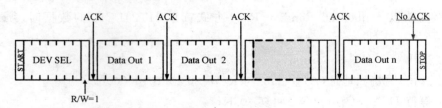

图 5.17.19　HT24LC16 "Sequential Current Read" 模式

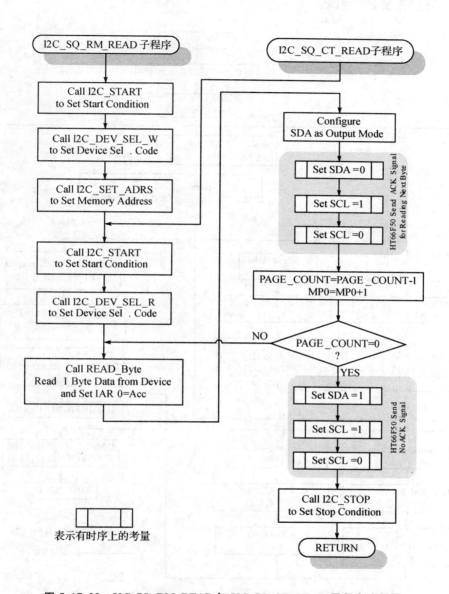

图 5.17.20 I2C_SQ_RM_READ 与 I2C_SQ_CT_READ 子程序流程图

5.17.4 程序及流程图

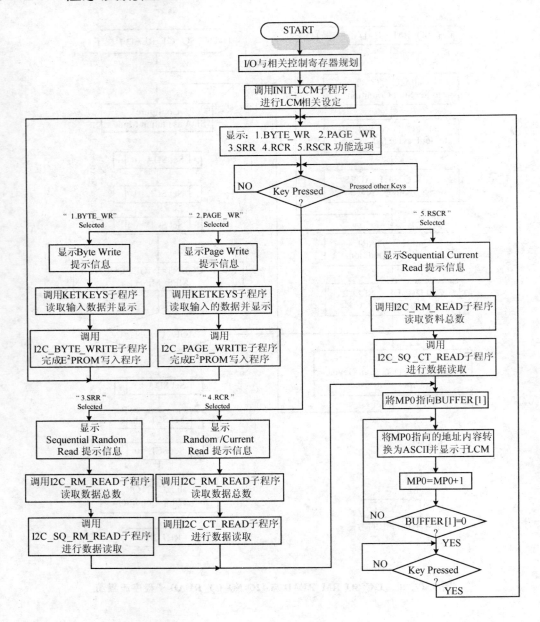

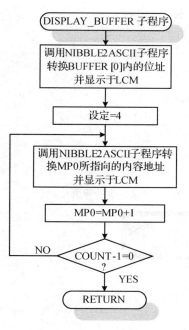
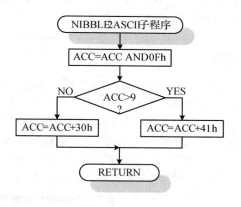
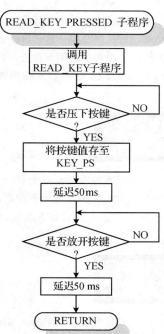
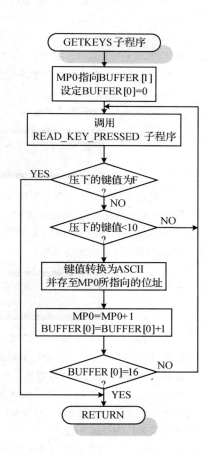

第 5 章 进阶实验篇

程序 5.17　HT66F50 I²C-Bus E²PROM 读写控制实验

程序内容请参考随书光盘。

程序说明：

行	说明
4	载入"5.17.INC"定义文件，其内容请参考随书光盘中的内容。
7～23	依序定义变量地址。
27	声明内存地址由 00h 开始(HT66Fx0 复位向量)。
30～32	关闭 CP0、CP1 功能，并设定 ADC 脚位输入为 I/O 功能。
33	调用 INIT_LCM 子程序，对 LCM 进行定义。
34～41	将光标位置设为第 1 列首行，其次在 LCM 上显示主功能选单，显示效果如下：

```
1.BYTE_WR   2.PAGE_WR
3.SRR   4.RCR   5.RSCR
```

1. BYTE_WR：以 Byte Write 方式将输入数据写至 HT24LC16；
2. PAGE_WR：以 Page Write 方式将输入数据写至 HT24LC16；
3. SRR：以 Sequential Random Read 方式读取 HT24LC16 的数据；
4. RCR：以 Random Read 与 Current Read 方式读取 HT24LC16 的数据；
5. RSCR：以 Random Read 与 Sequential Current Read 方式读取 HT24LC16 数据；

行	说明
43～58	调用 READ_KEY_PRESSED 子程序，并依使用者选择的功能("1"～"5")以计算式跳跃的方式(ADDM A,PCL)跳至各功能对应的程序进入点；若使用者压下非 1～5 的按键将不予理会。
59～90	"Byte Write"功能程序进入点：首先 60～63 行在 LCM 显示如下的文字，提示使用者输入"0"～"9"的数字或"ENTER"键结束输入。

```
BW: PRESS 0-9, ENTER
```

64 行调用 GETKEYS 子程序读取键值，此子程序会将使用者压下的按键值存于 BUFFER[ ] 数组并显示于 LCM 的第 2 列，BUFFER[0] 则代表压下的按键个数；所以 65～68 行的程序若发现 BUFFER[0] = 0，则不予理会并跳回 MAIN 处重新执行。69～72 行在 LCM 显示如下画面，提示使用者 HT24LC16 正准备进入烧录程序。

```
EEPROM WRITTING...
```

74、75 行分别将 I2C_PAGE_IDX、I2C_ADRS 寄存器清除为零，此目的是在设定写入 HT24LC16 的起始地址 A_{10}～A_0 为 000h；接着设定写入的字节数为 BUFFER[0]+1(因为除了写入使用者输入的按键值之外，尚需再包含输入的按键个数)。78～90 行是在设定 MP0 指向 BUFFER[0] 后，以间接寻址法将使用者输入的数据以 Byte Write 方式逐一写至 HT24LC16，待所有数据均写入后跳回 MAIN 处重新执行。请注意，此处采用的是 Byte Write 方式，所以在每笔数据的写入都需调用一次 I2C_BYTE_WRITE 子程序。

行	说明
91～115	"Page Write"功能程序进入点：92～95 行首先在 LCM 显示如下的文字，提示使用者输入"0"～"9"的数字或"ENTER"键结束输入。

96行调用GETKEYS子程序读取键值,此子程序会将使用者压下的按键值存于BUFFER[]数组并显示于LCM的第2列,BUFFER[0]则代表压下的按键个数;所以87~100行的程序若发现BUFFER[0]=0,则不予理会并跳回MAIN处重新执行。101~104行在LCM显示如下画面,提示使用者HT24LC16正准备进入烧录程序。

106、107行分别将I2C_PAGE_IDX、I2C_ADRS寄存器清除为零,此目的是在设定写入HT24LC16的起始地址$A_{10} \sim A_0$为000h;接着设定写入的字节数为BUFFER[0]+1(因为除了写入使用者输入的按键值之外,尚需再包含输入的按键个数)。110~115行是在设定MP0指向BUFFER[0]后,以间接寻址法将使用者输入的数据以Page Write方式写至HT24LC16,并跳回MAIN处重新执行。请注意,此处采用的是Page Write方式,所以只需调用一次I2C_PAGE_WRITE子程序就可将输入数据写至HT24LC16。

116~129　"Sequential Random Read"功能程序进入点:117~118行首先在LCM显示如下的文字,提示使用者此功能所采取的读取方法为Sequential Random Read。

119~120行将I2C_PAGE_IDX、I2C_ADRS寄存器清除为零,此目的是在设定读取HT24LC16的起始地址$A_{10} \sim A_0$为000h;接着调用I2C_RM_READ子程序读取当初所存数据的字节总数。123~127行则重新设定I2C_ADRS为001h与读取的字节个数,并将MP0指向BUFFER[1]的起始地址,紧接着就调用I2C_SQ_RM_READ子程序读取HT24LC16的数据并跳至RSCR_1进行数据显示的程序。

130~147　"Random Read"与"Current Read"功能程序进入点:131~132行首先在LCM显示如下的文字,提示使用者此功能所采取的读取方法为Random Read与Current Read的结合。

133~134行将I2C_PAGE_IDX、I2C_ADRS寄存器清除为零,此目的是在设定读取HT24LC16的起始地址$A_{10} \sim A_0$为000h;接着调用I2C_RM_READ子程序读取当初所存数据的字节总数,经此次读取后,HT24LC16内部的地址计数器为01h,恰可做为Current Read读取数据时的起始地址。137~140行则设定读取的字节总数,并将MP0指向BUFFER[1]的起始地址,紧接着就调用I2C_CT_READ子程序逐一读取HT24LC16的数据并跳至RSCR_1进行数据显示的程序。请注意,此处采用的是Current Read方式,所以每笔数据的读取都需调用一次I2C_CT_READ子程序。

148~179　"Sequential Current Read"功能程序进入点:149~150行首先在LCM显示如下的文字,提示使用者此功能所采取的读取方法为Sequential Current Read。

第 5 章　进阶实验篇

```
SEQ. CURRENT READ
```

　　151～152 行将 I2C_PAGE_IDX、I2C_ADRS 寄存器清除为零,此目的是在设定读取 HT24LC16 的起始地址 A_{10}～A_0 为 000h;接着调用 I2C_RM_READ 子程序读取当初所存数据的字节总数,经此次读取后,HT24LC16 内部的地址计数器为 01h,恰可做为 Sequential Current Read 读取数据时的起始地址。154～159 行则设定读取的字节总数,并将 MP0 指向 BUFFER[1] 的起始地址,紧接着就调用 I2C_SQ_CT_READ 子程序读取 HT24LC16 的数据并跳至 RSCR_1 进行数据显示的程序。请注意,此处采用的是 Sequential Current Read 方式,所以只调用一次 I2C_SQ_CT_READ 子程序即可读取所存储的数据。

行号	说明
161～174	将读回的数值显示于 LCM 上;此时 BUFFER[0] 代表读回的字节总数,所以 161～164 行若判断 BUFFER[0] 为零时将不予理会,并跳至 MAIN 处重新执行程序。否则,以间接寻址法将读回的数据逐一由 BUFFER 取出,并转换为 ASCII 码后显示于 LCM 上。
175～179	等待使用者压下"ENTER"键后跳至 MAIN 处重新执行程序。
185～199	I2C_START 子程序,产生 I2C-BUS 传输中的"START"Condition,参考图 5.17.4。
207～219	I2C_DEV_SEL_W 与 I2C_DEV_SEL_R 子程序,送出从机选择地址码、R/W 句柄以及 A_{10}～A_8 地址信息;请参考本实验前述的说明。
227～232	I2C_SET_ADRS 子程序,送出 A_7～A_0 地址信息;并调用 CHECK_ACK 子程序以确认是否有从机对此地址产生响应,详情请参考本实验前述的说明。
243～261	I2C_RM_READ、I2C_CT_READ 子程序,实现 HT24LC16 Random Read 与 Current Read 读取程序,其间的差异仅在与后者不需送出地址信息,其所读取的地址由 HT24LC16 内部的 AC(地址计数器)决定;请参考图 5.17.17。
274～299	I2C_SQ_RM_READ、I2C_SQ_CT_READ 子程序,实现 HT24LC16 Sequential Random Read 与 Sequential Current Read 读取程序,其间的差异仅在与后者不需送出地址信息,其所读取的地址由 HT24LC16 内部的 AC(地址计数器)决定;请参考图 5.17.20。这两个读取子程序与 I2C_RM_READ、I2C_CT_READ 子程序其实大同小异,灌上 Sequential 是代表其连续读取数个(由 PAGE_COUNT 指定)地址的内容;而 I2C_RM_READ、I2C_CT_READ 则仅读取一个地址的内容。
310～328	I2C_BYTE_WRITE 子程序,实现 HT24LC16 Byte Write 写入程序;请参考图 5.17.5。
339～362	I2C_PAGE_WRITE 子程序,实现 HT24LC16 Byte Write 写入程序;请参考图 5.17.20。写入个数由 PAGE_COUNT 寄存器指定,但注意 PAGE_COUNT ≤ 16 的限制。
368～379	I2C_STOP 子程序,产生 I2C-BUS 传输中的"STOP"Condition,参考图 5.17.4。
387～405	WRITE_BYTE 子程序,搭配 SCL、SDA 控制脚位的状态变化,将 8-Bit 数据(I2C_DATA)传送给 HT24LC16;请参考图 5.17.8。
413～430	READ_BYTE 子程序,搭配 SCL、SDA 控制脚位的状态变化,由 HT24LC16 读回 8-Bit 数据(I2C_DATA);请参考图 5.17.9。
436～448	CHECK_ACK 子程序,搭配 SCL、SDA 控制引脚的状态变化,等待从机回传 ACK 信号;请参考本实验前述的说明。
453～457	DELAY_10 子程序,在工作频率为 4 MHz 时延迟 10 μs。
466～490	GETKEYS 子程序,调用 READ_KEY_PRESSED 读取按键值(0～9)存放至 BUFFER[1]～BUFFER[15] 寄存器,并显示于 LCM。当压下"F"键或输入键值已达 15 个则跳离程序并将输入按键个数存于 BUFFER[0] 寄存器;若压下"0"～"9"与"F"以外的按键将不予理会。

行号	说明
498~518	READ_KEY_PRESSED 子程序,调用 READ_KEY 读取按键值当有键压下时则将键值存至 KEY_PS 寄存器,在确认压下的键放开后始返回原调用处。
523~551	READ_KEY 子程序,请参考实验 4.7 的说明。
558~568	PRINT 子程序,此子程序负责将定义好的字符串依序显示于 LCM 上。在调用此子程序之前,除了必须先设定好 LCM 的位置之外,尚需先于 Acc 寄存器中指定字符串的起始地址(字符串必须存放于最末程序页 – Last Page),并请于字符串的最后一个字符塞入 NULL,代表字符串结束。
574~591	INIT_LCM 子程序,其功能是对 LCM 进行定义:
575~580	LCM_EN、LCM_RW 与 LCM_RS 定义为输出模式,并设定状态为"0"。
582~583	将 LCM 设定为双行显示(N = 1)、使用八位(DB7 ~ DB0)控制模式(DL = 1)、5×7 点矩阵字型(F = 0)。
584~585	将 LCM 设定为显示所有数据(D = 1)、显示光标(C = 1)、光标所在位置的字会闪烁(B = 1)。
586~587	将 LCM 的地址计数器(AC)设为递增(I/D = 1)、显示器画面不因读写数据而移动(S = 0)。
588~589	将 LCM 整个显示器清空。
599~626	WLCMDM 与 WLCMCM 子程序,请参考实验 5.6 中的说明。
633~646	DELAY 子程序,延迟时间的计算请参考实验 4.1 中的说明。
647~655	最末页数据键表区,存放本实验所使用的字符串数据。

I^2C-BUS 是由 Philips 公司开发的两线式串行传输接口,用于连接单片机及其接口从机。I^2C-BUS 产生于 20 世纪 80 年代,最初是为音频和视频设备开发,如今主要在服务器管理中使用,其中包括从机状态的通信。例如管理员可对各个从机进行查询,通过配置管理系统掌握各从机的功能状态,如电源和系统风扇,可随时监控硬盘、网络、系统温度等多种参数,增加了系统的安全性,更提升系统管理的方便性。I^2C-BUS 最主要的优点是其简单、并具备高效性。由于?I^2C 接口可直接附加于从机之上,占用的空间非常小,减少了电路板的面积及芯片引脚数,降低了从机间互联的成本。I^2C-BUS 的长度可达 25 英尺,并且能够以 10 kbps 的最大传输速率支持 40 个从机。I^2C-BUS 的另一个优点是支持"多主控(Multimastering)",Bus 上任何能够进行发送和接收的从机都可以成为主控者(Master)。主控者可控制信号的传输和频率;当然,在同一时间点上只能有一个主控者。

本实验虽是以 HT24LC16 E^2PROM 做为 I^2C-BUS 的学习对象,然而程序 5.17 中许多与 I^2C-BUS 相关的子程序只需稍加修改,有些甚至可以直接应用至其他具备 I^2C-BUS 接口从机的数据传输,如 CAT5270、CAT5271(安森美半导体公司的数字可程序电位计-DPP IC)、IR3725(International Rectifier 的功率监控器 IC)、LTC2301、LTC2305、LTC2309(Linear Technology 的 12 位模拟数字转换器)、APDS-9300(Avago Technology 的数字式环境光传感器)、MSi002(Mirics 发表的多波段调谐器 IC)等。提出这些说明,无非是希望激发读者学习的动力,对本实验的所介绍的内容能完全的消化、吸收。

5.17.5 动动脑+动动手

- 参考图 5.17.1 与程序 5.17,请以"E"键做为 Back-Delete Key,让使用者于输入过程中可以删、改已输入的数值。

- 若将图 5.17.1 电路中的 J1 排针设定由原来的"1-2"改为"2-3"短路；请问执行结果有何差异？

5.18 MicroWire-BUS 接口 E^2PROM 读写控制实验

5.18.1 目的

以 4×4 键盘为输入设备,选择程序功能：① WRITE；② WRITE ALL；③ ERASE；④ ERAL 与 ⑤ RD,这 5 个选项分别代表 HT93LC46 的"WRITE"、"WRAL"、"ERASE"、"ERAL"以及"Read"指令。当选择①、②时则可将输入数值储存至 HT93LC46；当选择⑤则可读出储存于 HT93LC46 的数据并显示于 LCM 上；③、④选项则可清除特定地址或所有地址内的储存数据。

5.18.2 学习重点

通过本实验,读者应熟悉 MicroWire-BUS 串行界面 E^2PROM－HT93LC46 的读、写控制方式；也应对本实验所提供相关子程序的原理与运用方式了如指掌。

5.18.3 电路图

MicroWire-BUS 是由 National Semiconductor 所发展的串行总线传输接口,以 4 条控制线(CS、Clock、Data In、Data OUT)完成数据传输的动作,其总线传输速度上限为 1 MHz。图 5.18.1 为 HT93LC46 读写控制实验电路图。表 5.18.1 为盛群半导体有限公司 3-Wire E^2PROM 产品型号,以下将以 HT93LC46 为例说明 MicroWire-BUS 接口的控制方式。图 5.18.2 为 HT93LC46 的引脚及其功能概述,完整的电气特性还是请读者参考光盘片中的原厂 IC 数据手册。

表 5.18.1 Holtek 3-Wire E^2PROM 产品型号

Part No.	Capacity	V_{DD}/V	Clock Rate /MHz	Write Speed @2.4V/ms	Operating Current @5V/mA	Standby Current @5V/μA
HT93LC46	64×16/128×8	2.2～5.5	2	5	5	10
HT93LC66	256×16/512×8	2.2～5.5	2	5	5	10
HT93LC86	1024×16/2048×8	2.2～5.5	2	5	5	10

所有 MicroWire-BUS 的控制动作及数据读写,都是通过 CS、SK、DI、DO 信号来完成的,为了适用各种型态的存储器数组读取(Memory Array)方式,HT93LC46 提供 7 种不同的指令(如表 5.18.2 所列)。HT93LCxx 系列的存储器架构可由 ORG 脚位定义成 8-Bit(ORG＝0)或 16-Bit(ORG＝1)的组织型态,以 HT93LC46 为例,其容量为 1 KBits 但可定义为 128×8-Bit 或 64×16-Bit 两种组织型态。

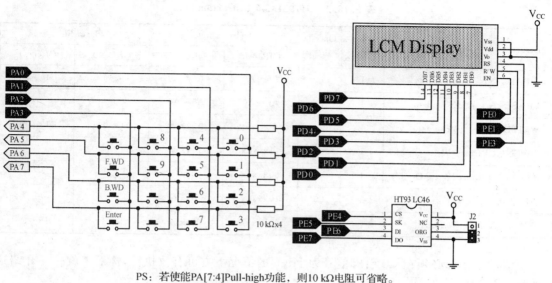

PS：若使能PA[7:4]Pull-high功能，则10 kΩ电阻可省略。

图 5.18.1　HT93LC46 读写控制实验电路

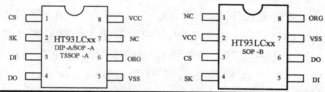

引 脚	功 能	概　　　　述
CS	Chip Select	芯片选择信号；当CS＝"High"方能进行数据的读、写、清除等动作。但请注意，CS 不能一直维持在"High"，因为HT93LC46 是以 CS 信号的上升沿(Rising Edge) 来重置内部的系统状态以便开始接收新的指令；而其下降沿(Falling Edge) 除了代表指令周期的结束之外，同时也是启动内部数据开始烧录至 E²PROM 的重要依据
SK	Serial Data Clock	串行时钟输入引脚：Master 与 HT93LC46 间的数据传输同步信号；在写入模式时，HT93LC46 是在 SK 信号的上升沿将 DI 上的数据抓入内部的寄存器中。在读出模式时，HT93LC46 是在 SK 信号的上升沿将寄存器中的数据移至 DO
DI	Seria Data Input	串行数据输入端，搭配 SK 信号将数据串行移至 HT93LC46 的内部寄存器
DO	Serial Data Ouput	串行数据输出端，搭配 SK 信号 HT93LC46 会将的内部寄存器数据串行送出至 DO
ORG	Internal Organization	内存结构型态。若接地则为 8 位内存组织型态；当浮接或接至 VCC 时则为 16 位内存组织型态
VSS	Ground	接地
NC	No Connect	
V_CC	Supply Voltage	工作电压输入端，工作电压 2.7~5.5 V

图 5.18.2　HT93LCxx 的引脚及功能

表 5.18.2 HT93LC46 Instruction Set

Instruction	Comments	Start Bit	Opcode Field	Address Field ORG=0	Address Field ORG=1	Data Field ORG=0	Data Field ORG=1
READ	Read data	1	10	A6~A0	A5~A0	D7~D0	D15~D0
ERASE	Erase data	1	11	A6~A0	A5~A0	—	—
WRITE	Write data	1	01	A6~A0	A5~A0	D7~D0	D15~D0
EWEN	Erase/Write Enable	1	00	11xxxxx	11xxxx	—	—
EWDS	Erase/Write Disable	1	00	00xxxxx	00xxxx	—	—
ERAL	Erase All	1	00	10xxxxx	10xxxx	—	—
WRAL	Write All	1	00	01xxxxx	01xxxx	D7~D0	D15~D0

所有的指令都必须在 CS 引脚信号为 High 的情况下方可有效执行，接下来就一一介绍这 7 种指令的功能：

(1) "READ" 指令：可用来读取 HT93LC46 内部的数据，至于是读取哪一个位置则是由 Address Field 的 A5~A0(ORG="1") 或 A6~A0(ORG="0") 决定，请参考图 5.18.3。在 CS 由 Low 拉为 High 后，接着要循序将 Start、Op-Code 与 AN~A0 等位送至 HT93LC46，请注意 HT93LC46 是在 SK 的 Rising Edge 将 DI 上的数据抓入内部的寄存器。所以在将 SK 信号拉为 High 之前，一定要确定所要写入的位值已经稳定的呈现在 DI 脚位上。当接收完 A0 位的同时，DO 脚位会呈现低电位状态(此即所谓"无效位(Dummy Bit)")；接着 HT93LC46 就会开始将 AN~A0 所指定的地址内容依序(MSB 先送)在 SK 的 Rising Edge 由 DO 串行移出。

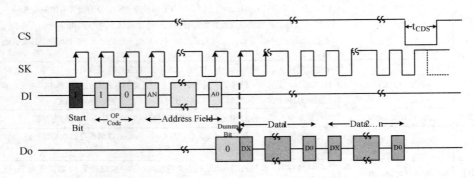

图 5.18.3 HT93LC46 Normal READ Cycle

另外，由于 HT93LC46 可定义成 128×8-Bit 或 64×16-Bit 两种组织型态，所以图 5.18.3 中的 AN 可为 A6(ORG=0,128×8-Bit 型态)或 A5(ORG=1,64×16-Bit 型态)；DX 则可能为 D7 或 D15。由于 HT93LC46 内部的地址寄存器具有自动递增的功能，如果要读取连续地址的多笔数据，可以在读取完第一笔数据后继续将读取频率送至 SK 脚位即可。

(2) "EWEN" 指令：执行任何写入指令("WRITE"、"WRALL")或清除动作("ERASE"、"ERAL")之前都必须先以"EWEN"(Erase/Write Enable)指令来使能 HT93LC46 的写入功

能。一旦执行过"EWEN"指令之后，HT93LC46 的写入功能将一直处于使能状态，除非执行"EWDS"指令或将电源（Vcc）完全移除才能恢复至禁止写入的状态；请参考图 5.18.4 的时序。

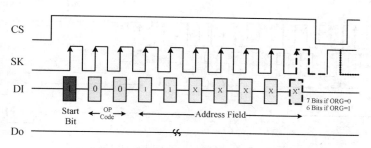

图 5.18.4　HT93LC46 Erase/Write Enable Cycle

请注意在图 5.18.4 中，地址字段（Address Field）的最高两位一定要为"11"，而其余位则可任意为"1"或"0"。"EWEN"指令是使能整个芯片的写入与清除功能，此时 Address Field 的内容并非代表地址，其最高两位与 Op-Code 字段组成一个完整的指令让 HT93LC46 的内部控制电路得以辨识；而且 Address Field 内的位总数一定要补足 7（ORG="0"）或 6（ORG="1"）个位。

(3)"WRITE"指令：此指令可将数据（D15～D0 或 D7～D0）写入 HT93LC46 的特定地址（A5～A0 或 A6～A0），不过请读者注意只有在 HT93LC46 处于写入使能的状态时才能完成有效的数据写入动作；所以在执行 WRITE 指令之前，必须先执行 EWEN 指令，让 HT93LC46 处于写入使能状态；请参考图 5.18.5 的时序。

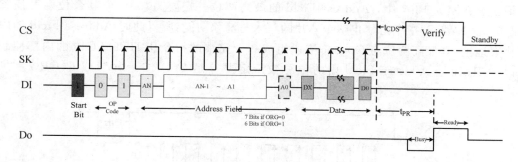

图 5.18.5　HT93LC46 Write Cycle

再次提醒读者：HT93LC46 是在 SK 的 Rising Edge 将 DI 上的数据抓入内部的寄存器，所以在将 SK 信号拉至 High 前，务必确定所要写入的位状态已稳定的呈现在 DI 引脚上。当数据串行移至 HT93LC46 时，并非直接写到 E^2PROM 存储器数组，而是先暂存于内部的寄存器中，待 CS 降为 Low 时才真正启动寄存器数据烧录至 E^2PROM 的动作。在时序中明确标示出 HT93LC46 至少需要 t_{PR}（Write Cycle Time，约 5 ms）的时间来完成烧录的动作，在此之前 HT93LC46 将处于内部忙碌状态（Busy）。使用者可以再次将 CS 信号拉为 High，并经由 DO 脚位来判定 HT93LC46 是处于忙碌（DO="0"）或非忙碌（DO="1"）状态，参考图 5.18.5 中的 Verify 阶段，务必确认是在非忙碌（Ready）状态后方能给 HT93LC46 新的指令。

(4) WRAL 指令：其实与 WRITE 指令类似，不过"WRAL"（Write All）指令会将指定数据（DX～D0）复制到 HT93LC46 内部所有的存储器数组，请参考图 5.18.6。

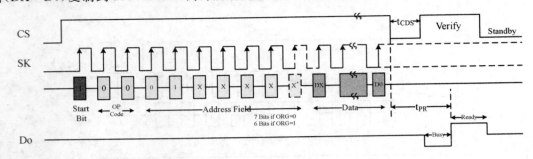

图 5.18.6　HT93LC46 Write All Cycle

请注意在图 5.18.6 中，Address Field 的最高两位一定要为"01"，而其余位则可任意为"1"或"0"。"WRAL"指令是将 DX～D0 写入所有存储器数组而非某一特定地址，所以此时 Address Field 的内容并非代表地址，其最高两位与 Op-Code 字段组成一个完整的指令让 HT93LC46 的内部控制电路得以辨识；而且 Address Field 内的位总数一定要补足 7（ORG=0）或 6（ORG=1）个位。

(5) EWDS 指令：此指令用来停止 HT93LC46 的写入以及清除功能，一旦执行"EWDS"（Erase/Write Disable）指令之后，任何写入（WRITE、WRALL）或清除（ERASE、ERAL）指令都无法对 HT93LC46 内存的数据产生影响，唯有再执行一次"EWEN"指令方能重新使能其写入或清除功能。通常在写入数据至 HT93LC46 之后会执行"EWDS"指令，以避免因意外的操作或电路上的噪声改变了原存放的数据。

请注意在图 5.18.7 中，Address Field 的最高两位一定要为"00"，而其余位则可任意为"1"或"0"。"EWDS"指令是禁止整个芯片的写入与清除功能，所以此时 Address Field 的内容并非代表地址，其最高两位与 Opcode 字段组成一个完整的指令让 HT93LC46 的内部控制电路得以辨识；而且 Address Field 内的位总数一定要补足 7（ORG="0"）或 6（ORG="1"）个位。

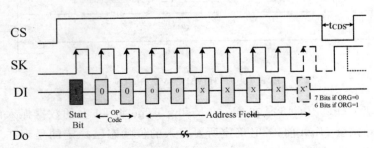

图 5.18.7　HT93LC46 Erase/Write Disable Cycle

(6) ERASE 指令：清除特定地址（AN～A0）的数据内容，而所谓"清除"其实是将"1"写入指定地址的各个位（DX～D0），所以 ERASE 就等同是 WRITE 指令，只不过 DX～D0 的位内容全部为"1"，请参考图 5.18.8。

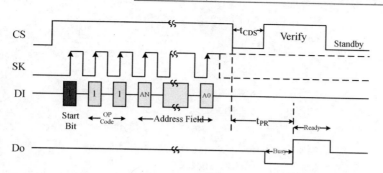

图 5.18.8　HT93LC46 Erase Cycle

（7）ERAL 指令：ERAL(Erase All)指令用来清除整个芯片内部的存储器数组，其实 ERAL 就等同是 WRALL 指令，只不过 DX～D0 的位内容全部为"1"，请参考图 5.18.9：

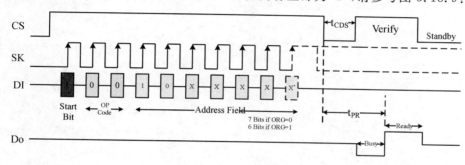

图 5.18.9　HT93LC46 Erase All Cycle

请注意在图 5.18.9 中，Address Field 的最高两位一定要为"00"，而其余位则可任意为"1"或"0"。"ERAL"指令是清除 HT93LC46 内部所有的存储器数组，所以此时 Address Field 的内容并非代表地址，其最高两位与 Op-Code 字段组成一个完整的指令让 HT93LC46 的内部控制电路得以辨识；而且 Address Field 内的位总数一定要补足 7（ORG＝"0"）或 6（ORG＝"1"）个位。

图 5.18.2 为本实验的电路连接方式，是以 HT66F50 的 PE7～PE4 控制 MicroWire-BUS 接口所需的传输信号；电路中是将 HT93LC46 的 ORG 引脚接地，因此数据的读写是以字节的架构进行；根据表 5.18.2 以及指令的说明，此模式下单片机与 HT93LC46 间的传输过程可分为：① 3 位命令码写入（含起始位）；② 7 位地址字段写入；③ 8 位数据写入；④ 8 位数据读取 4 大区块，以下的几个子程序就是以此区块为架构，再搭配前述说明中的时序所撰写，在本范例中经常调用使用，现就这些子程序的功能与原理加以说明。

WLCMD_93LC46 子程序：负责送出起始位、命令码及地址字段至 HT93LC46

```
1    WCMD_93LC46      PROC
2                     SET      MICORW_CS              ;SET CS = 1
3                     MOV      A,3
4                     MOV      COUNT_93LC46,A
5    WCMD_93LC46_1:
6                     CLR      MICORW_DI              ;SET DI = 0
7                     SZ       OPCODE_REG.2           ;IF BIT = 1,SET DI = 1
```

第5章 进阶实验篇

```
8               SET     MICORW_DI
9               NOP                             ;DELAY
10              SET     MICORW_SK               ;SET SK = 1
11              RL      OPCODE_REG
12              CLR     MICORW_SK               ;SET SK = 0
13              SDZ     COUNT_93LC46
14              JMP     WCMD_93LC46_1           ;NEXT OPCODE BIT
15              MOV     A,7
16              MOV     COUNT_93LC46,A
17  WCMD_93LC46_2:
18              CLR     MICORW_DI               ;SET DI = 0
19              SZ      ADRS_REG.6              ;IF BIT = 1,SET DI = 1
20              SET     MICORW_DI
21              NOP                             ;DELAY
22              SET     MICORW_SK               ;SET SK = 1
23              RL      ADRS_REG
24              CLR     MICORW_SK               ;SET SK = 0
25              SDZ     COUNT_93LC46
26              JMP     WCMD_93LC46_2           ;NEXT ADDRESS BIT
27              RL      ADRS_REG                ;KEEP ADRS_REG UNCHANGED
28              RET
29  WCMD_93LC46  ENDP
```

调用时的参数：

OPCODE_REG：OPCODE_REG[2]固定为"1"(Start Bit)，OPCODE_REG[1:0]则为各指令的两位 Op-Code。

ADRS_REG：ADRS_REG[6:0]为 7 位的 Address Field。

程序说明：

OPCODE_REG 的低 3 位是由一位的 Start Bit、两位 OP-Code 所组成，ADRS_REG 的低 7 位则为 Address Field(ORG = 0;Byte Mode,128×8 Bits)。在第 2 行令 CS = "1"后，就依序通过 SK 与 DI 引脚电平变化将上述两个寄存器中的 10-Bit 数据——送至 HT93LC46。或许读者感到疑惑，在第 6 行使能 HT93LC46 后不是应该在完成 10-Bit 的数据传送后(第 27 行)将其除能(Disable)吗？这主要是因为像 READ、WRITE 与 WRAL 指令当完成 Op-Code 码与地址的传送后，还有后续的数据传输程序需进行。因此笔者并未将失能的动作安排在此子程序内，以增加其通用性。

WDAT_93LC46 子程序：负责将 8 位数据写至 HT93LC46

```
1   WDAT_93LC46     PROC
2                   MOV     A,8
3                   MOV     COUNT_93LC46,A
4   WDAT_93LC46_1:
5                   CLR     MICORW_DI       ;SET DI = 0
```

6		SZ	DATA_REG.7	;IF BIT = 1,SET DI = 1
7		SET	MICORW_DI	
8		NOP		;DELAY
9		SET	MICORW_SK	;SET SK = 1
10		RL	DATA_REG	
11		CLR	MICORW_SK	;SET SK = 0
12		SDZ	COUNT_93LC46	
13		JMP	WDAT_93LC46_1	;NEXT DATA BIT
14		RET		
15	WDAT_93LC46	ENDP		

调用时的参数:

DATA_REG:欲写入 HT93LC46 的数据。

程序说明:

WDAT_93LC46 与 WLCMD_93LC46 子程序其实是完全相同的撰写方式,差异在于 WDAT_93LC46 只传送 DATA_REG 内所存放的 8-Bit 的数据(ORG = 0,128×8 Bits)。

READ_93LC46 子程序: 负责由 HT93LC46 读取 8 位数据

1	READ_93LC46	PROC		
2		MOV	A,8	
3		CLR	DATA_REG	;SET DATA_REG = 0
4		MOV	COUNT_93LC46,A	
5	READ_93LC46_1:			
6		SET	MICORW_SK	;SET SK = 1
7		SZ	MICORW_DO	;IF DO = 1,SET BIT = 1
8		SET	DATA_REG.7	
9		RL	DATA_REG	
10		CLR	MICORW_SK	;SET SK = 0
11		SDZ	COUNT_93LC46	
12		JMP	READ_93LC46_1	;NEXT DATA BIT
13		RET		
14	READ_93LC46	ENDP		

回传参数:

DATA_REG:由 HT93LC46 读回的 8 位数据。

程序说明:

首先将寄存器 DATA_REG 清除为 00h(第 3 行),其次将 SK 引脚设为 High(第 6 行),此时 HT93LC46 会将数据位由 DO 引脚输出;接着在第 7 行判断 DO 脚位的状态,若为 High 则将 Data_REG.7 设定为"1",否则就维持该位原为"0"的状态,请参考图 5.18.3。

WAIT_93LC46 子程序：等待 HT93LC46 结束忙碌状态

```
1       WAIT_93LC46     PROC
2                       SET     MICORW_CS           ;SET CS = 1
3       WAIT_93LC46_1:
4                       SET     MICORW_SK           ;SET SK = 1
5                       NOP
6                       CLR     MICORW_SK           ;SET SK = 0
7                       SNZ     MICORW_DO
8                       JMP     WAIT_93LC46_1
9                       CLR     MICORW_CS           ;SET CS = 0
10                      RET
11      WAIT_93LC46     ENDP
```

在执行 ERASE、ERAL、WRITE 与 WRAL 命令之后，可以通过读取 DO 脚位的状态判定 HT93LC46 是否已经完成动作以便进行后续的命令。子程序中首先将其使能（第 2 行），接着 4~6 行于 SK 引脚产生高到低的脉波，此时 HT93LC46 会将内部状态由 DO 引脚输出，若为 "0" 则表示其内部尚在处理，若为 "1" 则表示其可接收新的命令。

洞悉这 4 个子程序的原理之后，请读者务必搭配前述有关命令的说明，彻底明了如何将其搭配运用；例如，若要实现 HT93LC46 的 "EWEN" 命令，可采用下列的程序代码完成：

```
        EWEN    PROC
                MOV     A,00000100B         ;SET EWEN OPCODE
                MOV     OPCODE_REG,A
                MOV     A,01100000B         ;SET EWEN OPCODE
                MOV     ADRS_REG,A
                CALL    WCMD_93LC46         ;WRITE OPCODE AND ADDRESS TO 93LC46
                CLR     MICORW_CS           ;SET CS = 0
                RET
        EWEN    ENDP
```

又例，若欲实现 WRITE 命令，则程序编码如下，在调用此程序之前只要先在 ADRS_REG 设定地址，并将写入的数据置于 DATA_REG 寄存器就可以了：

```
        WRITE   PROC
                MOV     A,00000101B         ;SET WRITE OPCODE
                MOV     OPCODE_REG,A
                CALL    WCMD_93LC46         ;WRITE OPCODE AND ADDRESS TO 93LC46
                CALL    WDAT_93LC46         ;WRITE DATA TO 93LC46
                CLR     MICORW_CS           ;SET CS = 0
                RET
        WRITE   ENDP
```

在调用 WRITE 程序之前，读者别忘了要确认已执行过 EWEN 命令使能 HT93LC46 的写入功能。当然，在执行完 WRITE 程序后还需调用 WAIT_93LC46 等待其完成写入的动作才能再下达新的指令。以下的范例程序是以 4×4 键盘输入结合 LCM 显示为主体展现 HT93LC46 的读写控制；因为多了按键输入以及 LCM 显示上的处理程序，所以看起来有点冗长、繁复，但其基本上还是在上述几个子程序的基础运行，读者若能耐心体会，相信必能掌握 MicroWire-BUS 的操作方式了。

5.18.4 程序及流程图

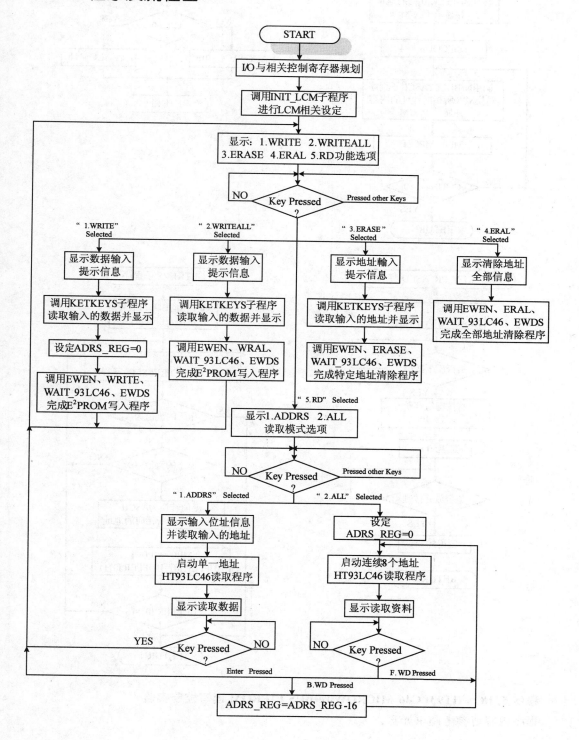

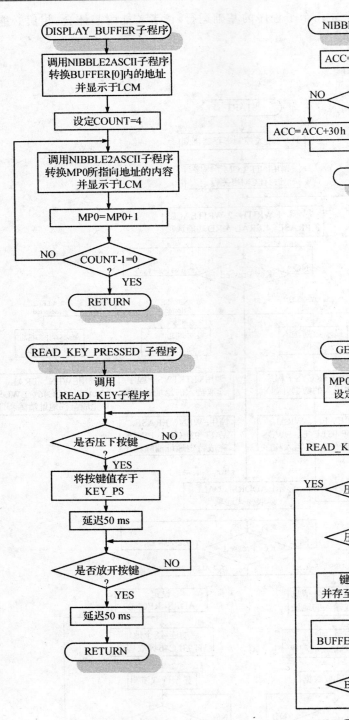

程序 5.18　HT93LC46 MICROWire-BUS E²PROM 读写控制实验

程序内容请参考随书光盘。

程序说明：

4	载入"5.18.INC"定义文件，其内容请参考随书光盘中的文件。
7~23	依序定义变量地址。
26	声明内存地址由00h开始(HT66Fx0复位向量)。
37~30	关闭CP0、CP1功能，并设定ADC脚位输入为I/O功能。
31	调用INIT_93LC46子程序，对HT93LC46进行初始设定。
32	调用INIT_LCM子程序，对LCM进行定义。
33~40	在LCM上显示主功能选单，LCM的显示效果如下：

```
1.WRITE    2.WRITEALL
3.ERASE    4.ERAL   5.RD
```

1. WRITE：以WRITE指令将输入数据写至HT93LC16；
2. WRITEALL：以WRAL指令将输入的一笔数据写至HT93LC46所有地址；
3. ERASE：以ERASE指令清除HT93LC46特定地址的数据；
4. ERAL：以ERAL指令清除HT93LC46所有地址的数据；
5. RD：以READ指令读取HT93LC46的数据。

41~56	调用READ_KEY_PRESSED子程序，并依使用者选择的功能("1"~"5")以计算式跳跃的方式(ADDM A,PCL)跳至各功能对应的程序进入点；若使用者压下非"1"~"5"的按键将不予理会。
57~88	"WRITE"功能程序进入点：首先58~61行在LCM显示如下的文字，提示使用者输入"0"~"9"的数字或"ENTER"键结束输入。

```
WR: PRESS 0-9, ENTER
```

62行调用GETKEYS子程序读取键值，此子程序会将使用者压下的按键值存于BUFFER[]数组并显示于LCM的第二列，BUFFER[0]则代表输入的按键个数；所以63~66行的程序若发现BUFFER[0]=0，则不予理会并跳回MAIN处重新执行。68~71行在LCM显示如下画面，提示使用者HT93LC46正准备进入烧录程序。

72~84行是在设定MP0指向BUFFER[1]并以EWEN程序使能写入功能后，以间接寻址法逐一将使用者输入的数据写至HT93LC46，每写完一次并调用WAIT_93LC46子程序以确认HT93LC46已完成写入动作。当所有输入数据都烧写完毕后，在第85行以EWDS程序禁能写入功能，并跳回MAIN处重新执行。

89~109 "WRITEALL"功能程序进入点：90~95行首先在LCM显示如下的文字，提示使用者输入两位数的十六进制数值。

```
I/P 2 DIG HEX DATA
DATA=>
```

96行调用GET2KEYS子程序读取键值，此子程序会将使用者压下的两个按键值显示于LCM的第二列并将按键值整合于 BUFFER[0] 寄存器。97～100 行在 LCM 显示如下画面,提示使用者 HT93LC46 正准备进入烧录程序(假设使用者输入:"8"与"C")。

```
EEPROM WRITTING.....
DATA=>8C
```

101～109 行是以 EWEN 程序使能写入功能后,以"WRAL"指令将使用者输入的数据写至 HT93LC46 所有的地址空间,并调用 WAIT_93LC46 子程序以确认 HT93LC46 已完成写入动作;最后再失能写入功能后跳回 MAIN 处重新执行。

110～134　"ERASE"功能程序进入点:112～114 行首先在 LCM 显示如下的文字,提示使用者输入两位数的十六进制数值,此数值代表要清除的内存地址:

```
I/P 2 DIG ADDRESS:
```

114 行调用 GET2KEYS 子程序读取键值,此子程序会将使用者压下的两个按键值显示于 LCM 并将按键值整合于 BUFFER[0] 寄存器。116～119 行则判断输入的数值是否超出 HT93LC46 的地址范围(当 ORG="0"时为 00h～7Fh),若是则不予理会,并跳至 DOERASE 重新要求输入。121～124 行在 LCM 显示如下画面,提示使用者 HT93LC46 正准备进入清除单一地址程序(假设使用者输入:"6"与"B")。

```
I/P 2 DIG ADDRESS:6B
ERASING 1 LOCATION
```

126～134 行是以 EWEN 程序使能写入功能后,以"ERASE"指令清除指定地址的内容,并调用 WAIT_93LC46 子程序以确认 HT93LC46 已完成清除动作;最后再失能写入功能后跳回 MAIN 处重新执行。

135～144　"ERAL"功能程序进入点:136～137 行在 LCM 显示如下的文字,提示使用者 HT93LC46 正准备进入内存全部清除程序:

```
ERASING ALL.......
```

1387～144 行是以 EWEN 程序使能写入功能后,以"ERAL"指令清除所有内存内容,并调用 WAIT_93LC46 子程序以确认 HT93LC46 已完成清除动作;最后跳回 MAIN 处重新执行。

145～234　"READ"功能程序进入点:145～146 行在 LCM 显示如下的文字,提示使用者输入"特定地址"读取或"全部地址"读取:

```
SELECT 1)ADDRS 2)ALL
```

148～156 行调用 READ_KEY_PRESSED 子程序,并依使用者选择的功能("1"或"2")跳至各对应的程序进入点;若使用者压下"1"、"2"以外的按键将不予理会。

157～187　使用者选择"特定地址"读取功能的程序进入点,158～165 行首先在 LCM 显示如下的文字,提示使用者输入两位数的十六进制数值,此数值代表要读取的内存地址:

```
┌────────────────────────────┐
│ I/P 2 DIG ADDRESS:         │
│ ADDRS =>                   │
└────────────────────────────┘
```

166 行调用 GET2KEYS 子程序读取键值,此子程序会将使用者压下的两个按键值显示于 LCM 并将按键值整合于 BUFFER[0] 寄存器。167~170 行则判断输入的数值是否超出 HT93LC46 的地址范围(当 ORG = "0"时为 00h~7Fh),若是则不予理会,并跳至 DOREAD_1 重新要求输入。171~173 行则根据使用者输入的地址执行 READ 程序读取数据;174~181 行将读回的数据转换为 ASCII 码后显示于 LCM 上,显示画面如下(假设使用者输入:"3"与"B",而 3Bh 的内容为 55h):

```
┌────────────────────────────┐
│ I/P 2 DIG ADDRESS:         │
│ ADDRS =>3B    DATA=55      │
└────────────────────────────┘
```

183~187 行是调用 READ_KEY_PRESSED 子程序,若使用者压下"ENTER"键,则结束 READ 程序并跳回 MAIN 处重新执行;压下非"ENTER"的按键将不予理会。

188~234　使用者选择"全部地址"读取功能的程序计入点,189 行首先清除 ADRS_REG 寄存器,以确定执行 READ 程序时是由 HT93LC46 的地址 00h 开始读取。190~204 行则为读取循环,此段程序根据 ADRS_REG 为起始地址至 HT93LC46 连续读取 8 个地址的数据,并以间接寻址法依序将其存放于 BUFFER[1]~BUFFER[8] 寄存器中。205~214 行则在 LCM 显示地址与所读出的 8 笔数据,请参考以下的范例画面:

```
┌────────────────────────────┐
│ 00  01 02 55 AA            │
│ 04  FF FF FF FF            │
└────────────────────────────┘
```

在"-"之前所显示的为地址,其后是四笔连续地址内的数据;每次只在 LCM 显示 8 笔数据。
216 行调用 READ_KEY_PRESSED 子程序,若使用者压下"ENTER"键(Forward),则结束"全部地址"读取程序并跳回 MAIN 处重新执行。若压下"F.WD"键,则表示继续读取,此时会跳至 224 行执行程序,判断是否已读至最末笔数据,若是则重新设定 ADRS_REG 为零,然后跳至 DOREAD_4 重新读取并显示。

若压下"B.WD"键(Backward),则表示读取前 8 个地址的数据,此时会跳至 228 行执行程序,判断是否已读至第一笔数据,若是则重新设定 ADRS_REG 为 78h,然后跳至 DOREAD_4 重新读取并显示。

240~264　BUFFER_DISPLAY 子程序,以十六进制显示 BUFFER[0] 的数值,接着印出"-"分隔符;接着再以间接寻址法连续印出 MP0 所指示的 4 笔数据,每笔数据间并以空白符号为间隔。

271~278　NIBBLE2ASCII 子程序,将 ACC 的低 4 位转换为 ASCII 码,请参考表 5.18.3 字符码与字型对应表。其基本原理是:若数值为 0~9 则直接加上 30h 即可转换成 ASCII 码(30h~39h);若为 0Ah~0Fh 则直接加上 37h 即可转换成 ASCII 码(41h~46h)。

283~292　INIT_93LC46 子程序,定义控制 HT93LC46 的脚位的输入/输出模式,并将输出脚位状态设为低电位。

301~308　READ 子程序,实现 HT93LC46"READ"指令功能;请参考本实验前述的说明。
315~323　EWEN 子程序,实现 HT93LC46"EWEN"指令功能;请参考本实验前述的说明。
332~339　WRITE 子程序,实现 HT93LC46"WRITE"指令功能;请参考本实验前述的说明。
347~356　WRAL 子程序,实现 HT93LC46"WRAL"指令功能;请参考本实验前述的说明。
363~371　EWDS 子程序,实现 HT93LC46"EWDS"指令功能;请参考本实验前述的说明。
379~385　ERASE 子程序,实现 HT93LC46"ERASE"指令功能;请参考本实验前述的说明。
392~400　ERAL 子程序,实现 HT93LC46"ERAL"指令功能;请参考本实验前述的说明。

第5章 进阶实验篇

行号	说明
480～436	WLCMD_93LC46 子程序，搭配 CS、DI、SK 控制脚位的状态变化，将 3-Bit OPCODE_REG 与 7-Bit ADRS_REG 所组合的"命令"或"命令+地址"传送给 HT93LC46；请参考本实验前述的说明。
443～457	WDAT_93LC46 子程序，搭配 CS、DI、SK 控制脚位的状态变化，将 8-Bit DATA_REG 的数据传送至 HT93LC46；请参考本实验前述的说明。
464～477	READ_93LC46 子程序，搭配 CS、DO、SK 控制脚位的状态变化，由 HT93LC46 读回 8-Bit 的数据并存置于 DATA_REG 寄存器；请参考本实验前述的说明。
482～492	WAIT_93LC46 子程序，搭配 CS、DO、SK 控制脚位的状态变化，读回 HT93LC46 8-Bit 的状态，并持续此动作至其回复至 Ready 状态止；请参考本实验前述的说明。
500～511	GET2KEYS 子程序，调用 READ_KEY_PRESSED 读取按键值，并显示于 LCM，再将前后两次读取的键值整合于 BUFFER[0] 寄存器中。
520～544	GETKEYS 子程序，调用 READ_KEY_PRESSED 读取按键值（0～9）存放至 BUFFER[1]～BUFFER[15] 寄存器，并显示于 LCM。当压下"F"键或输入键值已达 15 个则跳离程序并将输入按键个数存于 BUFFER[0] 寄存器；若压下"0"～"9"与"F"以外的按键将不予理会。
553～573	READ_KEY_PRESSED 子程序，调用 READ_KEY 读取按键值当有键压下时则将键值存至 KEY_PS 寄存器，在确认压下的键放开后即返回原调用处。
580～607	READ_KEY 子程序，请参考实验 4.7 的说明。
614～624	PRINT 子程序，此子程序负责将定义好的字符串依序显示于 LCM 上。在调用此子程序之前，除了必须先设定好 LCM 的位置之外，尚需先于 Acc 寄存器中指定字符串的起始地址（字符串必须存放于最末程序页-Last Page），并请于字符串的最后一个字符塞入 NULL，代表字符串结束。
630～647	INIT_LCM 子程序，其功能是对 LCM 进行定义：
631～636	LCM_EN、LCM_RW 与 LCM_RS 定义为输出模式，并设定状态为"0"。
638～639	将 LCM 设定为双行显示（N=1）、使用 8 位（DB7～DB0）控制模式（DL=1）、5×7 点矩阵字型（F=0）。
640～641	将 LCM 设定为显示所有数据（D=1）、显示光标（C=1）、光标所在位置的字会闪烁（B=1）。
642～643	将 LCM 的地址计数器（AC）设为递加（I/D=1）、显示器画面不因读写数据而移动（S=0）。
644～645	将 LCM 整个显示器清空。
655～682	WLCMDM 与 WLCMCM 子程序，请参考实验 5.6 中的说明。
689～701	DELAY 子程序，延迟时间的计算请参考实验 4.1 中的说明。
703～716	最末页数据建表区，存放本实验所使用的字符串数据。

Microwire-Bus 是由美国国家半导体公司开发的一种三线同步接口，原使用于该公司的 COP8 处理器系列产品。Microwire-Bus 也是一种主/从（Master/Slave）总线，包括主控端发出的串行数据（DO）、主控端接收的串行数据（DI）及信号频率（SK）等 3 路信号；此外还有一个"芯片选择信号（$\overline{SS}$）"。Microwire-Bus 是一种全双工（Full-deplux）总线，速度可达 625 kbps。

串行外围接口（Serial Port Interface，SPI）是由摩托罗拉公司（Motorola）开发的一种同步串行总线，用于该公司的多种单片机中；SPI-Bus 的传输方式与 Microwire-Bus 相当类似；其由 4 个信号组成，分别是主出从入（MOSI）、主入从出（MISO）、串行时钟（SCK）及芯片选择信号（$\overline{SS}$）；分别对应于 Microwire-Bus 的 DO、DI、SK 及 $\overline{CS}$。SPI 也是一种 Multu-master/Slave 设备的通信协议，Master 与选定的 Slave 间使用单向 MISO 和 MOSI 线进行通信，速率可达 1 Mbps，亦为全双工模式。由 Master 产生 SCK 脉冲，数据以同步方式传输于 Master 与 Slave 间。SPI 协议有 4 种不同的频率类型，视 SCK 信号的极性和相位而定（读者可以参考实验 4.18 或 2.8.2 节的内容）；必须确保这些信号在主控端和 Slave 间相互兼容。尽管在电容配置得当且速率较低时，SPI-Bus 和 Microwire-Bus 通信距离可长达 10 英尺，但它们通常都局限于板内数据传输，距离不超过六英寸。

5.18.5 动动脑+动动手

- 程序 5.18 当选择"全部读取"模式时，若使用者每压一次"F. WD"、"B. WD"按键，LCM 的显示地址就会以 4 笔数据为单位递增、递减，以方便使用者观察 E^2PROM 地址的内容。试将其改为"自动卷动"型式；亦即当压下"F. WD"、"B. WD"按键时，即自动每隔 0.8 s 依次递增、递减的地址显示 E^2PROM 的内容，卷动过程若按下任何键时即暂停画面。再次按下"F. WD"、"B. WD"按键则恢复卷动，但若压下"ENTER"键，则跳至 MAIN 处，重新进行功能选项的程序。
- 若将图 5.18.1 电路中的 J2 排针设定，由原来的"1-2"改为"2-3"短路；并改写程序 5.18，使读、写的数据宽度为 16 位模式。

附 录

A. HT66FX0 指令速查表
B. HT66FX0 系列程序内存映射图
C. HT66FX0 系列特殊功能寄存器配置
D. HT66FX0 的频率来源结构与操作模式
E. HT66X0 计时相关单元架构
F. HT66F40/50 中断机制
G. LCM 指令速查表
H. 常用图表页码速查表

A. HT66Fx0 指令速查表

助记符号		指令功能描述	指令周期	受影响标志位					
				C	AC	Z	OV	PDF	TO
算术指令－Arithmetic									
ADD	A,[m]	累加器 A 与数据存储器[m]相加,结果存至累加器 A	1						
ADDM	A,[m]	数据存储器[m]与累加器 A 相加,结果存至[m]	1注						
ADD	A,x	累加器 A 与常数 x 相加,结果存至累加器 A	1						
ADC	A,[m]	累加器 A、数据存储器[m]与进位标志 C 相加,结果存至累加器 A	1						
ADCM	A,[m]	数据存储器[m]、累加器 A 与进位标志 C 相加,结果存至[m]	1注						
SUB	A,x	累加器 A 与常数 x 相减,结果存至累加器 A	1						
SUB	A,[m]	累加器 A 与数据存储器[m]相减,结果存至累加器 A	1						
SUBM	A,[m]	累加器 A 与数据存储器[m]相减,结果存至[m]	1注						
SBC	A,[m]	累加器 A 与数据存储器[m]、进位标志 C 相减,结果存至 A	1						
SBCM	A,[m]	累加器 A 与数据存储器[m]、进位标志 C 相减,结果存至[m]	1注						
DAA	[m]	累加器 A 的内容转成 BCD 码后存至[m]	1注						
逻辑运算指令－Logic Operation									
AND	A,[m]	累加器 A 与数据存储器[m]执行 AND 运算,结果存至累加器 A	1						
OR	A,[m]	累加器 A 与数据存储器[m]执行 OR 运算,结果存至累加器 A	1						
XOR	A,[m]	累加器 A 与数据存储器[m]执行 XOR 运算,结果存至累加器 A	1						
ANDM	A,[m]	数据存储器[m]与累加器 A 执行 AND 运算,结果存至[m]	1注						
ORM	A,[m]	数据存储器[m]与累加器 A 执行 OR 运算,结果存至[m]	1注						
XORM	A,[m]	累加器 A 与数据存储器[m]执行 XOR 运算,结果存至[m]	1注						
AND	A,x	累加器 A 与常数 x 执行 AND 运算,结果存至累加器 A	1						
OR	A,x	累加器 A 与常数 x 执行 OR 运算,结果存至累加器 A	1						
XOR	A,x	累加器 A 与常数 x 执行 XOR 运算,结果存至累加器 A	1						
CPL	[m]	对数据存储器[m]内容取补码,再将结果回存至[m]	1注						
CPLA	[m]	对数据存储器[m]内容取补码,再将结果存至 A	1						

续表

助记符号		指令功能描述	指令周期	C	AC	Z	OV	PDF	TO
递增与递减—Increment & Decrement									
INCA	[m]	数据存储器[m]+1,结果存至累加器A	1			■			
INC	[m]	数据存储器[m]+1,结果存至[m]	1注			■			
DECA	[m]	数据存储器[m]-1,结果存至累加器A	1			■			
DEC	[m]	数据存储器[m]-1,结果存至数据存储器[m]	1注			■			
移位指令—Rotate									
RRA	[m]	数据存储器[m]内容右移一个位后,将结果存至累加器A	1						
RR	[m]	数据存储器[m]内容右移一个位	1注						
RRCA	[m]	数据存储器[m]内容连同进位标志C一起右移一个位后,将结果存至A	1	■					
RRC	[m]	数据存储器[m]内容连同进位标志C一起右移一个位	1注	■					
RLA	[m]	数据存储器[m]内容左移一个位后,将结果存至累加器A	1						
RL	[m]	数据存储器[m]内容左移一个位	1注						
RLCA	[m]	数据存储器[m]内容连同进位标志C一起左移一个位后,将结果存至A	1	■					
RLC	[m]	数据存储器[m]内容连同进位标志C一起左移一个位	1注	■					
数据搬移—Data Move									
MOV	A,[m]	将数据存储器[m]内容放入累加器A	1						
MOV	[m],A	将累加器A内容放入数据存储器[m]	1注						
MOV	A,x	将常数x放入A	1						
位运算指令—Bit Operation									
CLR	[m].i	将数据存储器[m]的第i位清除为0 (i=0~7)	1注						
SET	[m].i	将数据存储器[m]的第i位设定为1 (i=0~7)	1注						
转移指令—Branch									
JMP	Addr	跳跃至地址Addr(PC=Addr)	2						
SZ	[m]	若数据存储器[m]内容为0则跳过下一行	1注						
SZA	[m]	将数据存储器[m]内容存至累加器A,若为0则跳过下一行	1注						
SZ	[m],i	若数据存储器[m]的第i(i=0~7)位为0则跳过下一行	1注						
SNZ	[m],i	若数据存储器[m]的第i(i=0~7)位不为0则跳过下一行	1注						
SIZ	[m]	将数据存储器[m]+1结果存至数据存储器[m],若结果为0则跳过下一行	1注						
SDZ	[m]	将数据存储器[m]-1结果存至数据存储器[m],若结果为0则跳过下一行	1注						

续表

助记符号		指令功能描述	指令周期	受影响标志位					
				C	AC	Z	OV	PDF	TO
SIZA	[m]	将数据存储器[m]+1结果存至累加器A,若结果为0则跳过下一行	1注						
SDZA	[m]	将数据存储器[m]-1结果存至累加器A,若结果为0则跳过下一行	1注						
CALL	Addr	调用子程序指令(PC=Addr)	2						
RET		子程序返回指令(PC=Top of Stack)	2						
RET	A,x	子程序返回指令(PC=Top of Stack),并将常数x放入累加器A	2						
RETI		中断子程序返回指令(PC=Top of Stack),并设定EMI Flag=1	2						
查表指令—Table Read									
TABRD	[m]	依据TBHP、TBLP读取程序内存之值并存放至TBLH与[m]	2注						
TABRDL	[m]	依据TBLP读取程序内存最末页之值并存放至TBLH与[m]	2注						
其他—Miscellaneous									
NOP		不动作	1						
CLR	[m]	将数据存储器[m]内容清除为0	1注						
SET	[m]	将数据存储器[m]内容设定为FFh	1注						
CLR	WDT	清除看门狗时器	1						
CLR	WDT1	看门狗时器清除指令1	1						
CLR	WDT2	看门狗时器清除指令2	1						
SWAP	[m]	将数据存储器[m]的高低四位互换	1注						
SWAPA	[m]	将数据存储器[m]的高低四位互换后之结果存至累加器A	1						
HALT		进入省电模式	1						

i=某个位(0~7);x=8位常数;[m]=数据存储器位置;Addr=程序内存位置;■=标志受影响;□=标志不受影响。

注:1. 对跳转指令而言,如果比较的结果牵涉到跳转即需两个周期,如果没有发生跳转,则只需一个周期。
2. 任何指令若要改变PCL的内容将需要两个周期来执行。
3. 对于"CLR WDT1"或"CLR WDT2"指令而言,TO和PDF标志位也许会受执行结果影响,"CLR WDT1"和"CLR WDT2"被连续地执行后,TO和PDF标志位会被清除,除此之外TO和PDF标志位保持不变。

B. HT66Fx0 系列程序内存映像图

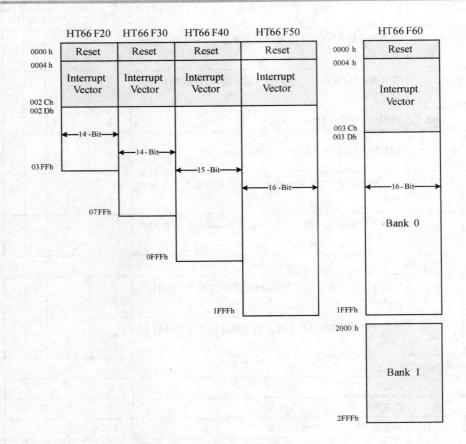

C. HT66Fx0 系列特殊功能寄存器配置

RAM Address	Device HT66F					Register Name	Register Description
	20	30	40	50	60		
00H	●	●	●	●	●	IAR0	Indirect Addressing Register 0
01H	●	●	●	●	●	MP0	Memory Pointer 0
02H					●	IAR1	Indirect Addressing Register 1
03H	●	●	●	●	●	MP1	Memory Pointer 1
04H	●	●	●	●	●	BP	Bank Pointer
05H	●	●	●	●	●	ACC	Accumulator
06H	●	●	●	●	●	PCL	Program Counter Low Byte
07H	●	●	●	●	●	TBLP	Table Pointer Low Byte
08H	●	●	●	●	●	TBLH	Table Data High Byte

续表

RAM Address	Device HT66F					Register Name	Register Description
	20	30	40	50	60		
09H	●	●	●	●	●	TBHP	Table Pointer High Byte
0AH	●	●	●	●	●	STATUS	Status Register
0BH	●	●	●	●	●	SMOD	System Mode
0CH	●	●	●	●	●	LVDC	Low Voltage Detect
0DH	●	●	●	●	●	INTEG	Interrupt Edge Select
0EH	●	●	●	●	●	WDTC	Watchdog Control
0FH	●	●	●	●	●	TBC	Time Base Control
10H	●	●	●	●	●	INTC0	Interrupt Control Register 0
11H	●	●	●	●	●	INTC1	Interrupt Control Register 1
12H	●	●	●	●	●	INTC2	Interrupt Control Register 2
13H					●	INTC3	Interrupt Control Register 3
14H	●	●	●	●	●	MFI0	Multi Function Interrupt 0
15H	●	●	●	●	●	MFI1	Multi Function Interrupt 1
16H	●	●	●	●	●	MFI2	Multi Function Interrupt 2
17H					●	MFI3	Multi Function Interrupt 3
18H	●	●	●	●	●	PAWU	Port A Wake-up
19H	●	●	●	●	●	PAPU	Port A Pull-high
1AH	●	●	●	●	●	PA	Port A Data
1BH	●	●	●	●	●	PAC	Port A Control
1CH	●	●	●	●	●	PBPU	Port B Pull-high
1DH	●	●	●	●	●	PB	Port B Data
1EH	●	●	●	●	●	PBC	Port B Control
1FH	●	●	●	●	●	PCPU	Port C Pull-high
20H	●	●	●	●	●	PC	Port C Data
21H	●	●	●	●	●	PCC	Port C Control
22H			●	●	●	PDPU	Port D Pull-high
23H			●	●	●	PD	Port D Data
24H			●	●	●	PDC	Port D Control
25H				●	●	PEPU	Port E Pull-high
26H				●	●	PE	Port E Data
27H			●	●	●	PEC	Port E Control

续表

RAM Address	Device HT66F					Register Name	Register Description
	20	30	40	50	60		
28H			●	●	●	PFPU	Port F Pull-high
29H			●	●	●	PF	Port F Data
2AH			●	●	●	PFC	Port F Control
2BH					●	PGPU	Port G Pull-high
2CH					●	PG	Port G Data
2DH					●	PGC	Port G Control
2EH	●	●	●	●	●	ADRL	A/D Data Low Byte
2FH	●	●	●	●	●	ADRH	A/D Data High Byte
30H	●	●	●	●	●	ADCR0	A/D Control 0
31H	●	●	●	●	●	ADCR1	A/D Control 1
32H	●	●	●	●	●	ACERL	A/D Channel Select 0
33H					●	ACERH	A/D Channel Select 1
34H	●	●	●	●	●	CP0C	Comparator 0 Control
35H	●	●	●	●	●	CP1C	Comparator 1 Control
36H	●	●	●	●	●	SIMC0	SIM Control 0
37H	●	●	●	●	●	SIMC1	SIM Control 1
38H	●	●	●	●	●	SIMD	SIM Data Register
39H	●	●	●	●	●	SIMA/ SIMC2	I^2C SlaveAddress/ SIM Control 2
3AH	●	●	●	●	●	TM0C0	TM0 Control 0
3BH	●	●	●	●	●	TM0C1	TM0 Control 1
3CH	●	●	●	●	●	TM0DL	TM0 Counter Low Byte
3DH	●	●	●	●	●	TM0DH	TM0 Counter High Byte
3EH	●	●	●	●	●	TM0AL	TM0 CCRA Low Byte
3FH	●	●	●	●	●	TM0AH	TM0 CCRA High Byte
40H						Unsed	In Bank 0
40H	●	●	●	●	●	EEC	In Bank 1
41H	●	●	●	●	●	EEA	EEPROM Address
42H	●	●	●	●	●	EED	EEPROM Data
43H	●	●	●	●	●	TMPC0	TM Pin Control 0
44H	●	●	●	●	●	TMPC1	TM Pin Control 1
45H		●	●	●	●	PRM0	Pin-remapping Register 0
46H			●	●	●	PRM1	Pin-remapping Register 1

RAM Address	Device HT66F					Register Name	Register Description
	20	30	40	50	60		
47H			●	●	●	PRM2	Pin-remapping Register 2
48H	●	●	●	●	●	TM1C0	TM1 Control 0
49H	●	●	●	●	●	TM1C1	TM1 Control 1
4AH	●	●	●	●	●	TM1C2	TM1 Control 2
4BH	●	●	●	●	●	TM1DL	TM1 Counter Low Byte
4CH	●	●	●	●	●	TM1DH	TM1 Counter High Byte
4DH	●	●	●	●	●	TM1AL	TM1 CCRA Low Byte
4EH	●	●	●	●	●	TM1AH	TM1 CCRA High Byte
4FH			●	●	●	TM1BL	TM1 CCRB Low Byte
50H			●	●	●	TM1BH	TM1 CCRB High Byte
51H			●	●	●	TM2C0	TM2 Control 0
52H			●	●	●	TM2C1	TM2 Control 1
53H			●	●	●	TM2DL	TM2 Counter Low Byte
54H			●	●	●	TM2DH	TM2 Counter High Byte
55H			●	●	●	TM2AL	TM2 CCRA Low Byte
56H			●	●	●	TM2AH	TM2 CCRA High Byte
57H			●	●	●	TM2RP	TM2 CCRP
58H				●	●	TM3C0	TM3 Control 0
59H				●	●	TM3C1	TM3 Control 1
5AH				●	●	TM3DL	TM3 Counter Low Byte
5BH				●	●	TM3DH	TM3 Counter High Byte
5CH				●	●	TM3AL	TM3 CCRA Low Byte
5DH				●	●	TM3AH	TM3 CCRA High Byte
5EH	●	●	●	●	●	SCOMC	LCD Control
5FH							Unused
60H ⋮ 7FH	GPR	GPR	Unused	Unused	Unused	Unused	此区域为 HT66F20/30 的 General Purpose Data Memory

D. HT66Fx0 的频率来源结构与操作模式

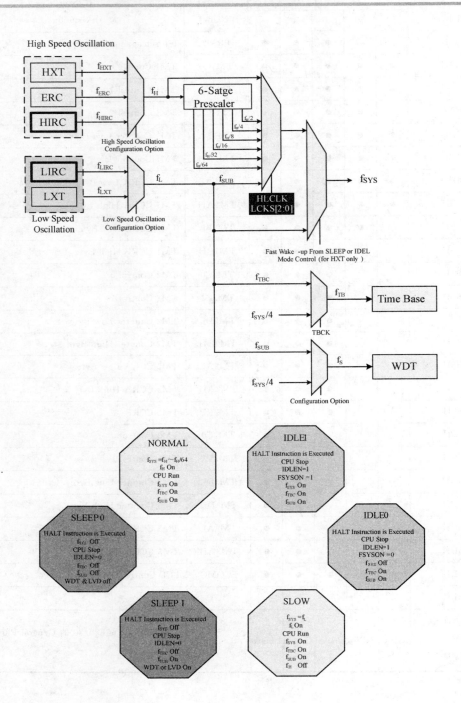

E. HT66x0 计时相关单元架构

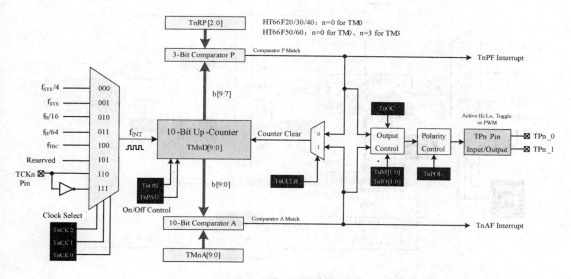

图1 CTM 计时模块内部结构

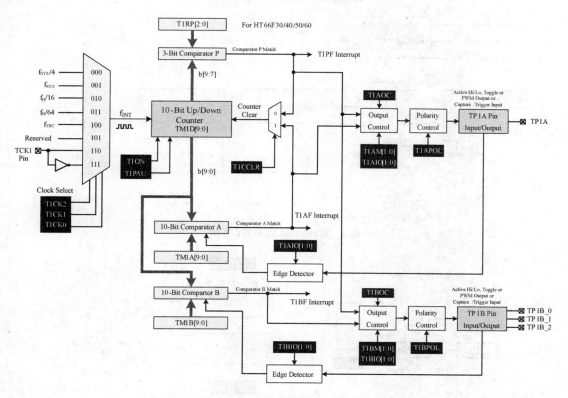

图2 ETM 计时模块内部结构（FOR HT66F30/40/50/60）

附录

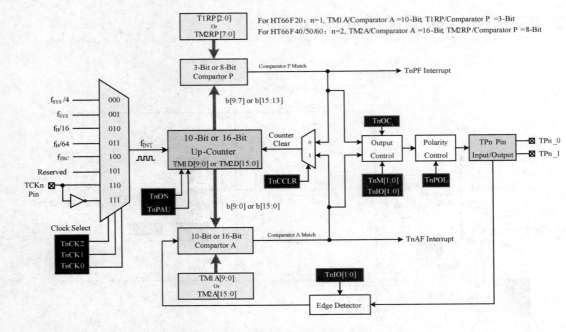

图 3　STM 计时模块内部结构

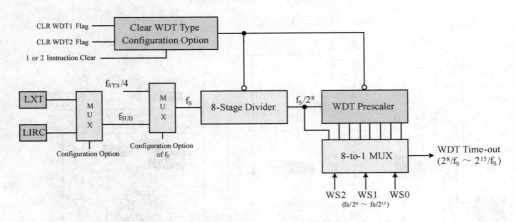

图 4　HT66FX0 的 WDT 结构

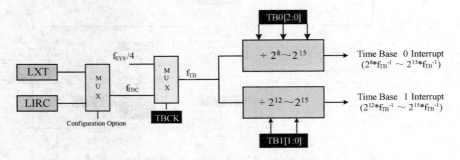

图 5　HT66FX0 的 TB 内部结构

F. HT66F40/50 中断机制

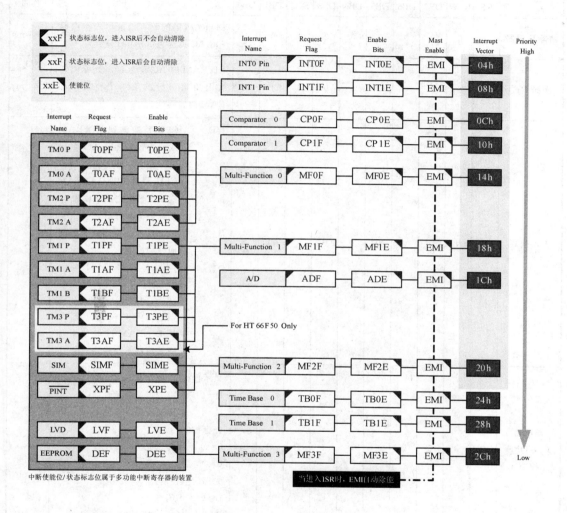

附 录

G. LCM 指令速查表

指令	指令码									指令说明	执行时间
	RS	R/W	DB7	DB6	DB5	DB4	DB3	DB2	DB1	DB0		
清除显示器	0	0	0	0	0	0	0	0	0	1	DD RAM 里的所有地址填入空白码 20h，AC 设定为 00h，I/D 设定为"1"。	1.64 ms
光标归位	0	0	0	0	0	0	0	0	1	X	DD RAM 的 AC 设为 00h，光标回到左上角第一行的第一个位置，DD RAM 内容不变。	1.64 ms
进入模式	0	0	0	0	0	0	0	1	I/D	S	I/D=0　CPU 写数据到 DD RAM 或读取数据之后 AC 减 1，光标会向左移动。 I/D=1　CPU 写数据到 DD RAM 或读取数据之后 AC 加 1，光标会向右移动。 S=0　显示器画面不因读写数据而移动。 S=1　CPU 写数据到 DD RAM 后，整个显示器会向左移动(若 I/D=0)或向右移动(若 I/D=1)一个位置，但从 DD RAM 读取数据时则显示器不会移动。	40 μs
显示器 ON/OFF 控制	0	0	0	0	0	0	1	D	C	B	显示器控制： D=0　所有数据不显示 D=1　显示所有数据 光标控制： C=0　不显示光标 C=1　显示光标 光标闪数控制： B=0　不闪烁 B=1　光标所在位置的字会闪烁	40 μs
光标或显示器移动	0	0	0	0	0	1	S/C	R/L	X	X	S/C=0　R/L=0　光标位置向左移（AC 值减 1） S/C=0　R/L=1　光标位置向右移（AC 值加 1） S/C=1　R/L=0　显示器与光标一起向左移 S/C=1　R/L=1　显示器与光标一起向右移	40 μs

续表

指令	指令码										指令说明	执行时间
	RS	R/W	DB7	DB6	DB5	DB4	DB3	DB2	DB1	DB0		
功能设定	0	0	0	0	1	DL	N	F	X	X	设定数据位长度： DL=0　使用四位(DB7~DB4)控制模式。 DL=1　使用八位(DB7~DB0)控制模式。 设定显示器的行数： N=0　单行显示。 N=1　双行显示两行。 设定字型： F=0　5×7 点矩阵字型。 F=1　5×10 点矩阵字型。	40 μs
CG RAM 地址设定	0	0	0	1	CGRAM Address						将 CG RAM 的地址(DB5~DB0)写入 AC	40 μs
DDRAM 地址设定	0	0	1	DDRAM Address							将 DD RAM 的地址(DB6~DB0)写入 AC	40 μs
读取忙碌旗号和地址	0	1	BF	Address Counter							BF=1，表示目前 LCD 正忙着内部的工作，因此无法接受外部的命令，必须等到 BF=0 之后，才可以接受外部的命令。在(DB6~DB0)可读出 AC 值。	0
写资料到 CG 或 DD RAM	1	0	Write Data								将数据写入 DD RAM 或 CG RAM。	40 μs
从 CG 或 DD RAM 读取资料	1	1	Read Data								读取 CG RAM 或 DD RAM 数据。	40 μs

H. 常用图表页码速查表

【表 1.1.1】盛群半导体公司主要产品一览表 ……………………………………………… 6
【表 1.2.1】HT66Fx0 系列家族成员 ………………………………………………………… 8
【图 1.3.1】HT66F20 各式封装与引脚 ……………………………………………………… 11
【图 1.3.2】HT66F30 各式封装与引脚 ……………………………………………………… 12
【图 1.3.3】HT66F40 各式封装与引脚 ……………………………………………………… 12
【图 1.3.4】HT66F50 各式封装与引脚 ……………………………………………………… 14
【图 1.3.5】HT66F60 各式封装与引脚 ……………………………………………………… 15
【表 1.3.4】HT66F50 引脚功能摘要 ………………………………………………………… 20

附 录

【图 1.4.2】HXT 振荡电路连接方式 …………………………………………… 26
【图 1.4.3】ERC 振荡电路连接方式 …………………………………………… 26
【图 1.4.4】LXT 振荡电路连接方式 …………………………………………… 27
【表 2.2.1】HT66Fx0 系列 PC、寻址能力与堆栈层数 …………………………… 35
【图 2.2.1】HT66Fx0 系列程序存储器映像图 ……………………………………… 36
【图 2.3.1】HT66Fx0 系列 RAM 数据存储器与特殊功能寄存器 ………………… 38
【表 2.3.2】HT66Fx0 系列特殊功能寄存器配置 …………………………………… 40
【表 2.3.3】HT66Fx0 系列 BP 特殊功能寄存器 …………………………………… 44
【表 2.3.4】HT66Fx0 的 STATUS 寄存器 …………………………………………… 47
【表 2.3.5】HT66Fx0 系列 EEC 寄存器 ……………………………………………… 48
【表 2.3.6】HT66Fx0 系列 EED 寄存器 ……………………………………………… 49
【表 2.3.7】HT66Fx0 系列 EEA 寄存器 ……………………………………………… 49
【表 2.3.8】HT66Fx0 系列特殊功能寄存器名称与位定义速查表 ………………… 51
【表 2.4.1】HT66Fx0 系列中断相关 SFR 位 ………………………………………… 55
【表 2.4.2】HT66Fx0 系列中断相关特殊功能寄存器 ……………………………… 56
【图 2.4.1】HT66F20/30 中断机制 …………………………………………………… 58
【图 2.4.2】HT66F60 中断机制 ……………………………………………………… 59
【图 2.4.3】HT66F40/50 中断机制 …………………………………………………… 60
【图 2.4.4】HT66Fx0 外部中断触发形式 …………………………………………… 61
【表 2.4.3】HT66Fx0 INTEG 特殊功能寄存器 ……………………………………… 61
【表 2.5.3】HT66Fx0 单片机各类型 TM 所配置引脚名称与控制寄存器 ………… 64
【表 2.5.4】HT66Fx0 的 TM Output Pin Control Register ………………………… 64
【图 2.5.1】HT66F40/50/60 TM1 功能引脚控制机制 ……………………………… 65
【图 2.5.2】HT66F20 TM0/TM1 功能引脚控制机制 ……………………………… 66
【图 2.5.3】HT66F30/40/50/60 TM0 功能引脚控制机制 ………………………… 67
【图 2.5.4】HT66F30 TM1 功能引脚控制机制 ……………………………………… 67
【图 2.5.5】HT66F40/50/60 TM2 功能引脚控制机制 ……………………………… 68
【图 2.5.6】HT66F50/60 TM3 功能引脚控制机制 ………………………………… 68
【表 2.5.5】比较输出模式快速启动程序 …………………………………………… 69
【表 2.5.6】定计时/计数器模式快速启动程序 …………………………………… 70
【表 2.5.7】脉宽调制/单一脉冲模式快速启动程序 ……………………………… 71
【表 2.5.8】输入捕捉模式快速启动程序 …………………………………………… 72
【表 2.5.9】HT66Fx0 家族所配置的 CTM 模块 …………………………………… 73
【图 2.5.7】CTM 定时器模块内部结构 ……………………………………………… 73
【表 2.5.10】TMnDH 与 TMnDL 计数器 …………………………………………… 74
【表 2.5.11】TMnAL 与 TMnAH 寄存器 …………………………………………… 74
【表 2.5.12】TMnC0 控制寄存器 …………………………………………………… 74
【表 2.5.13】TMnC1 控制寄存器 …………………………………………………… 75
【表 2.5.14】HT66Fx0 家族所配置的 STM 模块 …………………………………… 84

【图2.5.13】STM定时器模块内部结构 ················· 85
【表2.5.15】HT66Fx0 的 TMnDL 与 TMnDH 控制寄存器 ················· 86
【表2.5.16】HT66Fx0 的 TMnAL 与 TMnAH 控制寄存器 ················· 86
【表2.5.17】HT66Fx0 的 TM2RP 控制寄存器(for HT66F40/50/60) ················· 86
【表2.5.18】HT66Fx0 的 TMnC0 控制寄存器 ················· 87
【表2.5.19】HT66Fx0 的 TMnC1 寄存器 ················· 88
【图2.5.17】ETM定时器模块内部结构(for HT66F30/40/50/60) ················· 95
【表2.5.21】TM1D 寄存器(for HT66F30/40/50/60) ················· 95
【表2.5.22】TM1A 寄存器(for HT66F30/40/50/60) ················· 96
【表2.5.23】TM1B 寄存器(for HT66F30/40/50/60) ················· 96
【表2.5.24】TM1C0 控制寄存器(for HT66F30/40/50/60) ················· 96
【表2.5.25】TM1C1 控制寄存器(for HT66F30/40/50/60) ················· 97
【表2.5.26】TM1C2 控制寄存器(for HT66F30/40/50/60) ················· 99
【表2.6.1】HT66Fx0 的 PA~PG 寄存器与引脚数配置 ················· 120
【表2.6.2】HT66Fx0 PAC~PGC 控制寄存器 ················· 121
【表2.6.3】HT66Fx0 PAPU~PGPU 控制寄存器 ················· 122
【表2.6.4】HT66Fx0 PAWU 控制寄存器 ················· 123
【表2.6.5】HT66F30 PRM0 控制寄存器 ················· 126
【表2.6.6】HT66F40/50/60 PRM0 控制寄存器 ················· 126
【表2.6.7】HT66F40/50/60 PRM1 控制寄存器 ················· 127
【表2.6.8】HT66F40/50/60 PRM2 控制寄存器 ················· 127
【图2.7.1】HT66Fx0 模拟比较器接口电路 ················· 129
【表2.7.1】HT66Fx0 比较器 CP0C/CP1C 控制寄存器 ················· 129
【表2.8.1】HT66Fx0 SIMD 寄存器 ················· 131
【表2.8.2】HT66Fx0 SIMC0 控制寄存器 ················· 131
【表2.8.3】HT66Fx0 SIMC2 控制寄存器 ················· 133
【图2.8.2】HT66Fx0 SPI 界面结构 ················· 134
【图2.8.8】I^2C Bus 上的装置分类 ················· 138
【图2.8.9】HT66Fx0 I^2C 界面结构 ················· 139
【表2.8.7】HT66Fx0 SIMA 寄存器 ················· 140
【表2.8.8】HT66Fx0 SIMC1 控制寄存器 ················· 140
【图2.9.1】A/D 转换模块内部结构 ················· 144
【表2.9.1】HT66Fx0 的 A/D 转换结果存放格式 ················· 145
【表2.9.2】HT66Fx0 家族 A/D 通道摘要 ················· 145
【表2.9.3】HT66Fx0 的 ADCR0 控制寄存器 ················· 145
【表2.9.4】HT66Fx0 的 ACERL 控制寄存器 ················· 146
【表2.9.5】HT66F60 的 ACERH 控制寄存器 ················· 147
【图2.9.2】A/D 转换器输入结构 ················· 147
【表2.9.6】HT66Fx0 的 ADCR1 控制寄存器 ················· 148

附 录

【图 2.9.3】HT66Fx0 的 A/D 转换时序图 ……………………………………… 148
【图 2.10.1】LCD 驱动接口架构 …………………………………………………… 151
【表 2.10.1】HT66Fx0 的 SCOMC 控制寄存器 ………………………………… 151
【图 2.11.1】HT66Fx0 系统频率结构 …………………………………………… 152
【图 2.11.2】HT66Fx0 外接石英/陶瓷振荡器参考电路 ………………………… 153
【图 2.11.3】HT66Fx0 外接 RC 振荡器参考电路 ……………………………… 154
【图 2.11.4】HT66Fx0 LXT 振荡器参考电路 …………………………………… 154
【图 2.12.1】HT66Fx0 单片机 WDT 结构 ……………………………………… 155
【表 2.12.1】HT66Fx0 的 WDTC 控制寄存器 …………………………………… 155
【图 2.13.1】HT66Fx0 的 TBC 内部结构 ………………………………………… 158
【表 2.13.1】HT66Fx0 的 TBC 控制寄存器 ……………………………………… 158
【表 2.14.1】Reset 后，TO 与 PDF 位的状态 …………………………………… 161
【表 2.14.2】复位后系统状态 ……………………………………………………… 161
【表 2.14.3】HT66Fx0 复位后的内部寄存器状态 ……………………………… 161
【表 2.15.1】HT66Fx0 各工作模式的电流消耗比较 …………………………… 165
【图 2.17.1】HT66Fx0 LVD 模块内部方框图 …………………………………… 169
【表 2.17.1】HT66Fx0 LVDC 控制寄存器 ……………………………………… 169
【表 2.18.1】HT66Fx0 SMOD 控制寄存器 ……………………………………… 171
【图 2.18.1】HT66Fx0 频率来源结构 …………………………………………… 172
【表 2.18.2】HT66Fx0 的工作模式 ……………………………………………… 172
【图 2.18.2】HT66Fx0 工作模式切换 …………………………………………… 174
【表 2.18.3】HT66Fx0 的工作模式 ……………………………………………… 176
【图 2.18.3】HT66Fx0 工作模式 ………………………………………………… 177
【表 2.19.1】HT66Fx0 Configuration Options ………………………………… 177
【表 2.20.1】实验导读指引表 ……………………………………………………… 178